12th Edition

영양과 식이

Nutrition & Diet Therapy

CENGAGE

***Nutrition and Diet Therapy*, 12th Edition**

Ruth A. Roth
Kathy L. Wehrle

ISBN-13: 978-89-6069-766-9

Cengage Learning Korea Ltd.
14F YTN Newsquare 76 Sangamsan-ro
Mapo-gu Seoul 03926 Korea
Tel: (82) 2 330 7000
Fax: (82) 2 330 7001

Cengage Learning is a leading provider of customized learning solutions with office locations around the globe, including Singapore, the United Kingdom, Australia, Mexico, Brazil, and Japan. Locate your local office at: **www.cengage.com**

Cengage Learning products are represented in Canada by Nelson Education, Ltd.

To learn more about Cengage Learning Solutions, visit **www.cengageasia.com**

Printed in Korea
Print Number: 01 Print Year: 2019

12th Edition

영양과 식이

Nutrition & Diet Therapy

Ruth A. Roth · Kathy L. Wehrle 공저

하주영 · 국지연 · 김소희 · 김지영 · 민혜영 · 박진화 · 신승이 · 이은희 · 최선미 · 홍주영 외 공역

학지사메디컬
HAKJISA MEDICAL

12th Edition

영양과 식이

Nutrition & Diet Therapy

2019년 2월 20일 1판 1쇄 인쇄
2019년 2월 28일 1판 1쇄 발행

지은이 | Ruth A. Roth·Kathy L. Wehrle
옮긴이 | 하주영 외
펴낸이 | 김진환
펴낸곳 | 학지사메디컬 HAKJISA MEDICAL
04031 서울특별시 마포구 양화로 15길 20 마인드월드빌딩
대표전화_ 02-330-5188 팩스_ 02-326-0338
등 록 | 2010년 2월 8일 제313-2010-36호
메 일 | hakjisamd@hakjisamd.co.kr
홈페이지 | http://www.hakjisamd.co.kr

ISBN 978-89-6069-766-9 93510

가 격 | 32,000원

역자 소개

대표 역자

하주영 부산대학교

편집위원

국지연 전남과학대학교

김소희 영산대학교

김지영 동의대학교

민혜영 동의대학교

박진화 대구가톨릭대학교

신승이 동아보건대학교

이은희 백석문화대학교

최선미 유원대학교

홍주영 경운대학교

집필진

김경미 고신대학교

서영숙 대구보건대학교

정추영 대구보건대학교

성정혜 수성대학교

황경미 서라벌대학교

이정숙 영남이공대학교

이영옥 영진전문대학교

역자 서문

먹는다는 것은 살아가는 데 있어 매우 중요한 문제이다.

특히 평균수명이 늘어나면서 건강하게 오래 살고자 하는 현대인에게는 *건강한 삶을 위한 영양*에 관심이 높을 수밖에 없다. 그래서 무엇을 먹어야 할지 혹은 먹지 말아야 할지 그리고 어떻게 먹어야 할지에 관해 고민하게 되고 내게 맞는 영양 관리 정보를 찾게 된다. 이러한 사회적 요구에 부응하기 위해 간호사는 전반적인 영양 상태를 향상시키거나 특별한 건강 상태 혹은 질환과 관련된 식이에 관해 정확하게 알고 필요한 정보를 제공할 수 있어야 한다.

본 저서는 이와같은 목적에 부응할 수 있도록 영양에 관한 기초적인 정보에서부터 임상에서 사용할 수 있는 영양 요법에 이르는 내용을 다루고 있다. Section 1은 영양의 기초에 관한 내용으로, 영양과 건강의 관계를 설명하고 6가지 필수영양소(탄수화물, 지방, 단백질, 비타민, 무기질, 물)의 기능과 함께 체내에서 이루어지는 소화, 흡수, 대사 과정을 소개하고 있다. Section 2는 생애주기별 영양에 관한 내용으로, 임신기, 영아기, 아동기와 청소년기, 성인기에 적절한 영양과 관련 건강문제 등을 다루고 있으며, Section 3은 임상 영양 요법에 관한 내용으로, 체중관리, 당뇨, 심장질환, 콩팥질환, 위장장애, 암, 알러지, 불내성 및 특별한 요구도를 가진 환자들의 영양관리를 설명하고 있다.

그밖에도 Supersize USA를 통해 비만 관리를 위한 각종 연구와 사례를 소개하고 있으며, 삶의 길잡이는 영양학적 문제와 요구도에 따른 건강관리방법을, 그리고 최신자료에 대한 내용과 관련 웹사이트를 실어 추가적인 정보를 탐색할 수 있도록 하고 있다. 각 단원에서 학습한 내용은 요약사례를 통해 이해도를 높일 수 있으며 연습문제에서 학습한 내용을 최종 점검할 수 있게 구성하였다.

역서를 출판해 본 경험이 있는 사람이라면 반복되는 번역과 검토 과정이 지난한 시간임을 잘 알 것이다. 이 책이 출간될 수 있도록 애써주신 역자 여러분과 학지사메디컬에 진심으로 감사한 마음을 전한다.

2019년 2월

대표역자 하 주 영

차례

contents

SECTION 1

CHAPTER 7 비타민 115

CHAPTER 8 무기질 143

CHAPTER 9 물 165

SECTION 2

생애주기별 영양 *177*

CHAPTER 10 임신과 수유 중 영양 179

SECTION 1

영양의 기초

Fundamentals of Nutrition

CHAPTER 1

주요용어_KEY TERMS

- 24시간 회상
- 갑상샘종
- 건강격차
- 건강지식
- 결핍 질환
- 골다공증
- 골연화증
- 구루병
- 누적 효과
- 단백질
- 무기질
- 물
- 배출
- 비만
- 비타민
- 생화학검사
- 소화
- 순환
- 식이-사회력
- 신체 측정
- 영양
- 영양가 있는
- 영양사
- 영양 상태
- 영양소
- 영양소 밀도
- 영양실조
- 영양평가
- 음식일기

(계속)

영양과 건강의 관계

THE RELATIONSHIP OF NUTRITION AND HEALTH

학습목표

- 6가지 영양소와 주요 기능을 명명할 수 있다.
- 영양이 풍부한 사람들의 공통적인 특징을 인식할 수 있다.
- 영양실조 증상을 인식할 수 있다.
- 영양과 건강이 관계되는 방식을 설명할 수 있다.
- 영양평가의 4가지 기본 단계를 나열할 수 있다.

영양은 신체의 성장, 유지 및 건강과 관련된 식품의 영양소를 연구하는 과학의 한 분야이다. 음식은 인간의 생명을 유지하는 연료이며 사실상 모든 신체 활동에 필요하다. 그리고 시간이 지남에 따라 섭취하는 음식의 질은 대부분 개인 건강, 성장 및 발달을 결정한다.

지금은 그 어느 때보다 식단이 건강에 미치는 영향에 대해 과학적으로 지지되고 있다. 당뇨병, 심장병 및 뇌졸중과 같은 많은 만성질환은 예방할 수 있으며, 식이습관 및 생활습관이 좋지 않아 생기는 것으로 알려져 있다. 미래의

주요용어_KEY TERMS (계속)

임상시험
종합적 건강
죽상경화증
지방(지질)
철분결핍
캘리퍼
탄수화물
필수영양소
호흡

임상의로서 건강 증진을 위한 식생활과 관련된 사회적, 문화적, 정치적, 경제적 환경을 만들기 위해 적극적 조치가 취해질 필요가 있는 긴급성을 이해하기 시작할 것이다.

*Healthy People*은 모든 미국인의 건강과 복지증진을 향상시키기 위해 10년마다 국가목표로 제공하는 기본 정부 플랫폼이다. *건강한 사람들*은 개인에게 정보에 입각한 결정을 내릴 수 있는 권한을 부여하고 건강 관련 행동을 위해 지역 사회에서의 협력을 장려하며 그러한 전략적 영향을 측정하는 역할을 한다. *Healthy People 2020*은 미국 아동 및 성인의 비만, 신체 활동 및 과일, 채소 소비를 포함한 주요 건강지표에 도달할 목표를 설정했다. 건강의 환경적 · 사회적 결정 요인에 대한 관심이 커지고 있다. 따라서 *건강한 사람들 2020*의 가장 중요한 목표는 건강지식 증진 및 건강격차의 해소와 함께 공평성을 유지하는 것이다.

건강을 돌보는 것은 예방에 관한 것이다. 과거에는 예방에 거의 관심을 기울이지 않고 질병 치료에만 초점을 두었다. 그러나 예방은 종종 치료보다 비용이 적게 들고 개인과 지역사회 모두에게 더 나은 삶의 질을 제공한다. 영양 및 식단 선택은 삶의 질을 향상시키기 위한 예방적인 건강관리조치 및 교육을 위한 논리적 출발점을 형성한다.

종합적으로 건강해진다는 것은 개인이 조금 더 성공적인 삶을 향해 정보에 입각해 선택하는 능동적인 과정이다. 종합적으로 건강해진다는 것은 질병의 부재뿐만 아니라 최적의 웰빙 상태이다. 그것은 다차원적이고 정신, 신체 및 영혼의 측면에서 사람의 전체적 관점을 제공한다. 이것은 건강에 좋은 음식 선택, 금연, 정기적인 신체 활동에 참여, 건강한 체중유지와 같은 라이프 스타일 변화를 통해 이루어질 수 있다. 지속적인 교육과 영양 및 기타 분야에서 정신을 넓히고 삶의 변화에 대처할 내적 힘의 근원을 찾는 것이 종합적 건강에 도움이 된다.

건강에 문제없이 장수하면서 살 수 있다. 더 젊다는 것은 긍정적인 변화를 만드는 것이고, 더 건강한 것은 수명을 통해서이다.

영양소와 기능

건강과 기능을 적절하게 유지하기 위해서는 신체는 영양소를 제공받아야 한다. 영양소는 평생 필요한 화학물질이다. 그것은 6개의 종류로 분류된다:

- 탄수화물
- 지방(지질)
- 단백질
- 비타민

건강지식 health literacy
적절한 건강 결정을 내리는 데 필요한 기본 건강 정보를 이해하고, 획득하고, 처리할 수 있는 능력

건강격차 health disparities
소그룹 간의 건강 결과의 차이는 사회적, 경제적 또는 환경적 불리함과 관련이 있음

종합적 건강 wellness
신체적, 정신적, 사회적 웰빙 상태

영양소 nutrients
좋은 건강을 위해 필요한 음식에서 발견되는 화학 물질

- 무기질
- 물

몸은 소량의 영양분을 만들 수 있지만, 대부분은 신체의 필요를 충족시키기 위해 음식에서 얻은 것이 반드시 있어야 한다. 음식에서만 얻을 수 있는 것을 필수영양소라고 한다. 필수영양소는 약 40가지가 있으며, 6가지 영양소로 분류된다.

6가지 영양소 종류는 화학적으로 2가지 범주로 구분된다: 유기적 및 무기적(**표 1-1**). 유기적 영양소에는 수소, 산소 및 탄소가 포함되어 있다. (탄소는 모든 생물에서 발견되는 원소이다.) 신체가 유기적 영양소를 사용하기 전에 가장 작은 성분으로 분해되어야 한다. 무기적 영양소는 몸이 물을 제외하고 섭취할 때 이미 가장 단순한 형태로 존재한다.

각 영양소는 다음 기능 중 적어도 하나에 관여한다:

- 신체에 에너지 공급
- 신체 조직 구축 및 수리
- 신체 활동 조절

탄수화물, 단백질 및 지방(지질)은 에너지를 제공한다. 또한 단백질은 비타민과 무기질의 도움으로 신체 조직을 만들고 치료하는 데 사용된다. 비타민, 무기질 및 물은 순환, 호흡, 소화 및 배출과 같은 다양한 신체 활동을 조절한다.

각 영양소는 중요하지만 아무도 혼자 작용하지 않는다. 예를 들어, 탄수화물, 단백질 및 지방은 에너지에 필수적이지만 이를 제공하기 위해서는 비타민, 무기질 및 물의 도움이 필요하다. 단백질은 신체 조직을 구축하고 치료하는 데 필수적이지만 비타민, 무기질 및 물이 없으면 효과가 없다. C, E, 베타-카로틴과 같은 항산화 비타민이 풍부한 음식을 섭취하면 면역체계를 강화하는 데 도움이 될 수 있다. 많은 양의 영양소가 들어있는 식품은 영양가 있는 것으로 묘사된다. 영양소에 대해서는 4~9장에서 자세히 설명한다.

표 1-1 6대 필수영양소와 기능

유기 영양소	기능
탄수화물	에너지 공급
지방	에너지 공급
단백질	신체 조직을 생산하고 복구; 에너지를 공급
비타민	신체 과정 조절
무기 영양소	**기능**
무기질	신체 과정 조절
물	신체 과정 조절

필수영양소 essential nutrients
음식에서만 발견되는 영양소

탄수화물 carbohydrates (CHO)
평균적인 식단의 주요 에너지원을 제공하는 영양소 군

단백질 proteins
질소를 함유한 6개의 필수영양소 중 하나

지방(지질) fats (lipids)
최고의 열량값 영양소 군

비타민 vitamins
비록 독립적으로 에너지를 제공하지 않지만 생명에 필요한 유기 물질

무기질 minerals
생명에 필수적인 많은 무기물 중의 하나

물 water
모든 살아있는 세포의 주요 구성 요소; 수소와 산소로 구성

순환 circulation
피가 몸 전체로 이동하는 신체 과정

호흡 respiration
숨쉬기

소화 digestion
체내로 흡수를 위해 음식을 분해

배출 elimination
노폐물 방출

영양가 있는 nutritious
상당한 양의 필수영양소를 함유한 영양가 있는 영양음식 또는 음료

그림 1-1 좋은 영양은 아이들에게 행복한 얼굴이 나타난다.

좋은 영양의 특성

대부분의 사람들은 먹는 것에 즐거움을 느낀다. 식사를 하면 즐거운 환경에서 가족이나 친구들과 연결할 수 있다. 이 연결은 즐거운 추억을 만들어낸다. 불행히도 사회적 상황에서는 건강에 도움이 되지 않는 음식을 선택하기 쉽다.

먹을 때를 언제 결정해야 할까? 음식을 볼 때 또는 먹을 때나 시간이 지나면 몸이 배고프다는 신호를 줄 때까지 기다릴까? 배고픔은 음식을 필요로 하는 생리적 요구이다. 식욕은 즐거운 추억에 기초한 음식에 대한 심리적인 욕구이다. 신체가 굶주림 신호를 보내면 몸에 에너지를 공급하는 혈당 수치가 감소함을 나타낸다. 만약에 신호를 무시하고 배고픔이 심해지면 나쁜 음식을 선택할 수 있다. 이 선택은 영양 상태를 결정하게 된다. 습관적으로 삶의 감정을 극복하는 방법으로 과식하거나 먹지 않는 것을 선택하는 사람은 섭식 장애로 고통받을 수 있다. 다양한 섭식 장애는 14장에서 논의될 것이다.

음식을 섭취했을 때 신체는 그 음식을 사용하기 전에 섭취하는 과정이 필요하다. 영양은 신체가 성장, 발달 및 건강 유지를 위해 섭취하고 섭취하는 과정의 결과다. 이러한 과정에는 소화, 흡수 및 신진대사가 포함된다(3장에서 논의된다). 식이에 의해 결정되는 신체 상태를 영양 상태라고 한다.

영양은 개인의 키와 몸무게를 결정하는 데 도움이 된다. 영양은 또한 질병에 저항할 수 있는 능력, 수명, 신체적, 정신적 건강 상태에 영향을 줄 수 있다(**그림 1-1**).

좋은 영양은 일반적으로 외모를 향상시키고 윤기 있는 머리카락, 맑은 피부, 맑은 눈, 직립 자세, 당당한 표정 및 잘 발달된 골격에 바른 신체를 유지하는 것을 예시한다. 좋은 영양은 정서적 건강을 돕고 체력을 제공하며 건강한 식욕을 촉진한다. 또한 규칙적인 수면 및 제거 습관을 수립하는 데 도움이 된다(**표 1-2**).

영양실조

영양실조는 몸이 충분한 양분을 받지 못할 때 나타나는 상태이다. 신체의 세포는 식이 섭취가 불량하거나 음식물의 활용도가 낮기 때문에 적절한 필수영양소를 받아들이지 못한다. 이는 개인이 신체요구(영양 부족)를 충족시키는 필수영양소를 제공하는 식품을 충분히 섭취하지 못할 때 발생할 수 있다. 영양실조가 체중이 낮은 개인에게 나타난다고 생각하나, 정상적인 체중 또는 비만인 사람이 만일 식이의 질이 낮을 경우 어느 정도 영양실조를 겪을 수 있다. 영양이 과한 과체중 및 비만이 영양 부족 상태에 있거나 심각한 급성 질환을 앓거나 심각한 외상을 경험하는 사람들은 영양실조의 위험에 노출되어 집중적인 영양 섭취가 필요하다. 다른 때에는 균형 잡힌 식단을 먹을 수도 있지만 정상적인 영양소 사용을 방해하는 소화나 흡수 질환을 앓을 수 있다. 영양실조는 질병률과 사망률이 증가하는 데 기여

영양 nutrition
육체가 성장, 발달 및 건강 유지를 위해 음식을 섭취하고 사용하는 과정의 결과

영양 상태 nutritional status
식이요법으로 결정되는 신체 상태

영양실조 malnutrition
영양 불균형

표 1-2 영양 상태의 특징

좋음	결핍
표현	냉담
윤기 있는 머리카락	광택 없는, 생기 없는 머리카락
맑은 피부	안색이 좋지 않은 흠집이 많은 피부
밝고 맑은 눈	흐릿하고 충혈된 눈
분홍색의 견고한 잇몸, 잘 발달된 치아	빨갛고, 부어오르고, 움푹 들어간 잇몸이거나 분실 또는 충치가 되기 쉬운 치아
단단한 복부	불룩한 복부
단단하고 잘 발달된 근육과 힘	이완되고 소실된 근육, 허약, 그리고 손의 잡는 힘 감소
잘 발달된 뼈 구조	오다리(bowed legs), 새가슴("pigeon"chest)
키에 대한 정상 중량	과체중 또는 저체중, 최근 체중 감소
올바른 자세	구부러진 자세
정서적 안정성	쉽게 자극됨; 우울; 주의력 부족
좋은 체력; 좀처럼 아프지 않다	쉽게 피로; 자주 아프다
건강한 식욕	과식과 식욕 부진
건강한, 정상적인 수면 습관	밤에 불면증; 낮에는 피곤함
정상적인 배출	변비 또는 설사

하고 입원하는 빈도와 기간이 늘어나는 데 주된 결정적 요인이다.

영양결핍

영양결핍은 일정 기간 동안 하나 이상의 영양소가 부족한 경우 발생한다. 영양부족은 일차 또는 이차로 분류된다. 일차결핍은 식이섭취 부족으로 발생한다. 이차적인 결핍은 식이 이외의 다른 원인, 예를 들면 흡수장애, 배설 증가 또는 영양소의 파괴를 초래할 수 있는 질병 상태에 의해 발생한다. 영양결핍은 영양실조로 이어질 수 있다.

영양 섭취 부족으로 위험에 처한 사람들

모든 연령대의 사람들과 모든 삶을 살아가는 사람들은 영양 섭취가 위험할 수 있다. 최근에 질병, 입원 또는 수술을 받은 사람은 섭취가 중단되어 위험을 초래할 수 있다. 다른 사람들은 에너지 섭취량을 충족시켰거나 초과할 수 있지만 영양가가 낮은 음식을 섭취할 수 있다. 영양소 밀도가 낮은 식품은 풍부한 칼로리를 제공하지만, 영양소는 주로 탄수화물(특히 첨가 당)과 지방이며 나트륨을 제외하고는 매우 제한된 양의 단백질, 비타민 및 무기질을 제공한다.

일부 개인은 예산 문제 때문에 영양가 있는 음식을 구입하지 못하고 영양부족 섭취 위험이 높아질 수 있다. 지리적 위치 때문에 건강식품에 대한 접근성이

패스트푸드 산업에서 식당에서의 대량 섭취는 일부 혼란을 초래한다. 초대형화된 세계에서 자라는 사람들은 정상적인 부분을 구성하는 개념이 없을 수 있다. 접시에 만들어진 모든 음식을 먹었거나 먹을 것을 강요받은 아이들은 과식하는 식사를 마쳐서 비만과 제2형 당뇨병에 쉽게 걸릴 수 있게 된다.

영양소 밀도 nutrient density
칼로리 수치로 나타내는 식품의 영양가

삶의 길잡이
SPOTLIGHT on Life Cycle

유아, 아동, 10대 소녀 및 성인은 철분결핍빈혈의 위험이 있다. 만삭 아기는 4~6개월을 위해 충분한 철을 저장해 가지고 태어난다. 미숙아는 철분결핍빈혈의 위험이 훨씬 더 크다. 유아용 식품 및 곡물에는 철분이 들어 있어 아동들의 철분결핍 예방에 도움이 된다. 저체중 청소년이나 월별로 많은 10대 소녀는 철분결핍빈혈 위험이 높다. 가임기 여성도 위험에 처해 있다. 임산부는 임신 기간 동안 철분에 대한 필요성 증가로 빈혈이 되기 쉽다. 임산부는 철분이 많은 보조제를 처방할 수 있다. 내부 출혈로 인한 철분결핍빈혈을 유발할 수 있다. 신장투석이나 위 우회수술은 받은 대상자들 또한 위험이 증가한다. 치료에는 식이요법 변경 및 보조제, 의약품 및 수술이 포함된다.

출처: Adapted from "Who Is at Risk for Iron-Deficiency Anemia?" National Heart, Lung, and Blood Institute. U.S. Department of Health and Human Services. 2014. http://www.nhlbi.nih.gov

웹사이트 탐색
EXPLORING THE WEB

골연화증(osteomalacia) 및 골다공증(osteoporosis)에 대한 정보를 찾으려면 웹을 검색하시오. 주요 원인은 무엇인가? 칼슘과 비타민 D 보조제를 복용해야 하는가?

누적 효과 cumulative effects
수년에 걸쳐 반복적으로 행해진 결과

죽상경화증 atherosclerosis
동맥벽의 내막(내부 라이닝)에 영향을 주는 한 형태의 동맥 경화

비만 obesity
과다 체지방 및 BMI 30 이상

결핍 질환 deficiency diseases
하나 이상의 특정 영양소가 부족하여 생기는 질병

철분결핍 iron deficiency
부적절한 섭취, 출혈 또는 흡수 문제로 인하여 신체에 충분한 철분이 부족한 상태

부족한 사람들도 있다. 약 2천 9백만 명의 미국인이 건강하고 저렴한 식품에 대한 접근성이 부족한 것으로 알려져 있다. 이들은 식량 사막에 산다. 즉, 도시 지역에 거주하는 경우 집에서 1.6km 이내, 시골 지역에 거주하는 경우 16km 이내에 식료품점이 없다는 의미이다. 저소득층 지역에 사는 사람들은 식이관련 질환과 비만을 가장 많이 겪고 있는 것으로 보인다. 국민의 건강과 영양 상태를 추적하는 국민건강 및 영양검사측정(National Health and Nutrition Examination Survey, NHANES)은 미국 전역의 지역 사회에서 건강에 대한 심각한 격차를 강조하는 정보의 출처이다.

우리는 10대들이 일반적으로 많이 건강하다고 생각한다. 그러나 청소년들은 자주 먹지만 비정상적인 시간에 먹는다. 정기적인 식사를 놓치거나 허기가 졌을 때, 감자칩, 케이크, 소다, 사탕과 같은 영양소 밀도가 낮은 음식으로 배고픔을 만족시킬 수 있다. 10대는 또래의 영향을 받는다. 즉 친구들의 의견에 쉽게 영향을 받는다. 만일 친구들이 낮은 영양 밀도의 음식을 좋아한다면, 10대들이 그들과 함께 하지 않는 것은 어려울 것이다. 일시적으로 유행하는 다이어트는 유감스럽게도 10대들 사이에서 흔히 볼 수 있고 때때로 영양실조의 결과를 가져온다. 영양실조 상태는 먹는 음식의 종류가 심각하게 간소화될 때 식품으로부터 일부 영양소가 식단에서 결핍되기 때문에 발생한다.

임신은 여성의 배고픔과 특정 영양소, 특히 단백질, 무기질 및 비타민의 필요성을 증가시킨다. 청소년기의 임신은 음식선택 시 극도의 주의가 필요하다. 어린 엄마는 아직 성장기인 자기 자신뿐만 아니라 발달 중인 태아를 위해 충분한 영양을 제공하는 식이가 요구된다.

많은 요소가 노인 영양에 영향을 미친다. 우울증, 외로움, 수입 부족, 쇼핑 불가능, 식사 준비 불능 및 전반적인 건강상태는 모두 영양실조로 이어질 수 있다.

영양의 누적 효과

건강전문가들 사이에 영양의 누적 효과에 대한 관심이 증가하고 있다. 누적 효과는 수년에 걸쳐 반복적으로 수행되는 결과이다. 예를 들어 과도한 양의 포화 지방(포화 지방은 5장에서 논의됨)을 수년간 섭취하면 심장 발작을 일으키는 죽상경화증의 원인이 된다. 여러 해 과식을 하게 되면 비만을 유발할 수 있으며 고혈압, 제2형(비인슐린 의존성) 당뇨병, 담낭질환, 발 문제, 특정 암 및 성격장애에도 원인이 될 수 있다.

결핍 질환

장기간에 걸쳐 식이요법에서 영양소가 심각하게 부족할 때 결핍 질환이 발생할 수 있다. 미국에서 가장 흔한 유형의 결핍 질환은 철분결핍으로, 이는 철분 부족이 원인으로 철분결핍빈혈을 유발할 수 있으며 이는 8장에서 더 자세히 논의된다. 철분결핍은 특히 어린이와 여성에게 흔하다. 철분은 혈액의 필수구성 요소이며 각

표 1-3 영양결핍 질환과 원인

결핍 질환	결핍 영양소
철분결핍	철
철분결핍빈혈	철
각기병	티아민
야맹증	비타민 A
갑상샘종	요오드
단백질성 소모증	단백질
유아의 소모증	모든 영양소
골다공증	칼슘과 비타민 D
골연화증	칼슘과 비타민 D, 인, 마그네슘과 불소
펠라그라	니아신
구루병	칼슘과 비타민 D
괴혈병	비타민 C
안구건조증(실명)	비타민 A

월경기간 동안 소실된다. 또한 아동과 임신 중에 필요한 철분의 양은 아동이나 태아의 성장 때문에 정상보다 더 많이 필요하다.

구루병은 결핍 질환의 또 다른 예이다. 소아에서 불량한 뼈 형성을 일으키며 불충분한 칼슘과 비타민 D 때문이다. 같은 결핍은 젊은 성인에서 골연화증을 일으키고 노년층에서는 골다공증을 유발한다. 골연화증은 때로는 '성인 구루병'이라고 한다. 뼈가 부드럽게 되고 척추가 구부러지고 다리가 구부러질 수 있다. 골다공증은 뼈가 다공성이 되고 과도하게 부서지기 쉬운 상태이다. 요오드가 너무 적으면 갑상샘종을 일으킬 수 있으며 심각한 비타민 A 부족은 실명을 초래할 수 있다.

다른 결핍 질환(및 그 원인)의 예는 **표 1-3**에 포함되어 있다. 이런 조건에 관한 정보는 주어진 영양소에 관련된 장에서 찾을 수 있다.

영양평가

"당신이 먹는 것은 당신이다."라는 속담은 사실이다. 하지만 누군가는 "당신이 먹는 것이 *당신이 될 것이다.*"라고 읽는 것을 약간 바꿀 수 있다. 좋은 영양은 좋은 건강을 얻고 유지하는 데 필수적이다. 임상 환경에서 위험에 처한 사람이 있는지 여부를 결정하려면 등록된 영양사 또는 위험에 처한 사람을 전문적으로 진단하는 특별히 훈련된 의료 전문가가 수행하는 일상적인 검사의 일부인 영양평가를 완료해야 한다. 적절한 영양평가에는 신체 측정, 임상시험, 생화학검사, 식이-사회력이 포함된다. 수집된 데이터는 등록된 영양사가 영양 관리 모델을 사용하여 적절한 영양 진단을 하도록 안내한다. 다음으로 후속 모니터링 및 평가로 치료가 시작된다.

구루병 rickets
비타민 D의 부족으로 인한 결핍 질병; 유아와 아동에게 뼈의 기형과 뼈의 통증을 유발

골연화증 osteomalacia
뼈가 부드러워지는 상태로, 보통 성인에서 칼슘 손실과 비타민 D 결핍 때문에 발생

골다공증 osteoporosis
무기질 퇴적물, 특히 칼슘이 부족하여 뼈가 부서지기 쉬운 상태

갑상샘종 goiter
요오드 결핍으로 갑상샘 조직이 커짐

영양사 dietitian nutritionist (RDN)
영양 과학을 건강 증진을 위한 실질적인 해결책으로 바꾸는 전문가들

영양평가 nutrition assessment
영양 상태 평가

신체 측정 anthropometric measurements
신장, 체중, 머리, 가슴, 피부의 측정

임상시험 clinical examination
육체적 관찰

생화학검사 biochemical tests
혈액, 소변 및 대변에 대한 실험실 분석

식이-사회력 dietary-social history
음식을 구입하고 준비하는 대상자의 능력을 포함한 식습관에 대한 평가

신체 측정에는 신장과 체중, 머리(아동용), 가슴 및 척추의 측정이 포함된다(그림 1-2). 피부층(skinfold) 측정은 캘리퍼를 사용하여 수행한다. 그것들은 신체의 지방질과 근육 조직의 비율을 결정하는 데 사용된다. 기대에 어긋나게 측정하면 이는 모두 영양결핍이나 과도함이 반영되어 아동들이 잘 자라지 못하고, 피부가 손상(이화 작용)되거나 부종이 생기거나 비만이 생길 수 있다.

캘리퍼 caliper
피부층(skinfold) 측정으로 체지방률을 측정하는 데 사용되는 기계 장치

임상시험 중에 영양결핍 징후가 나타난다. 괴혈병, 구루병, 철분결핍 및 췌장염과 같은 일부는 명백히 영양결핍 질환이다. 영양결핍의 다른 형태는 훨씬 더 미묘할 수 있다. 표 1-4는 몇 가지 임상 징후 및 영양결핍의 가능한 원인을 나열한다.

생화학검사에는 다양한 혈액, 소변 및 대변 검사가 포함된다. 결핍 또는 독성은 샘플의 실험실 분석에 의해 결정될 수 있다. 등록된 영양사가 영양평가를 완료할 때 평가하는 다양한 혈액검사가 있다. 혈액 요소 질소(BUN)는 신부전, 신장 혈

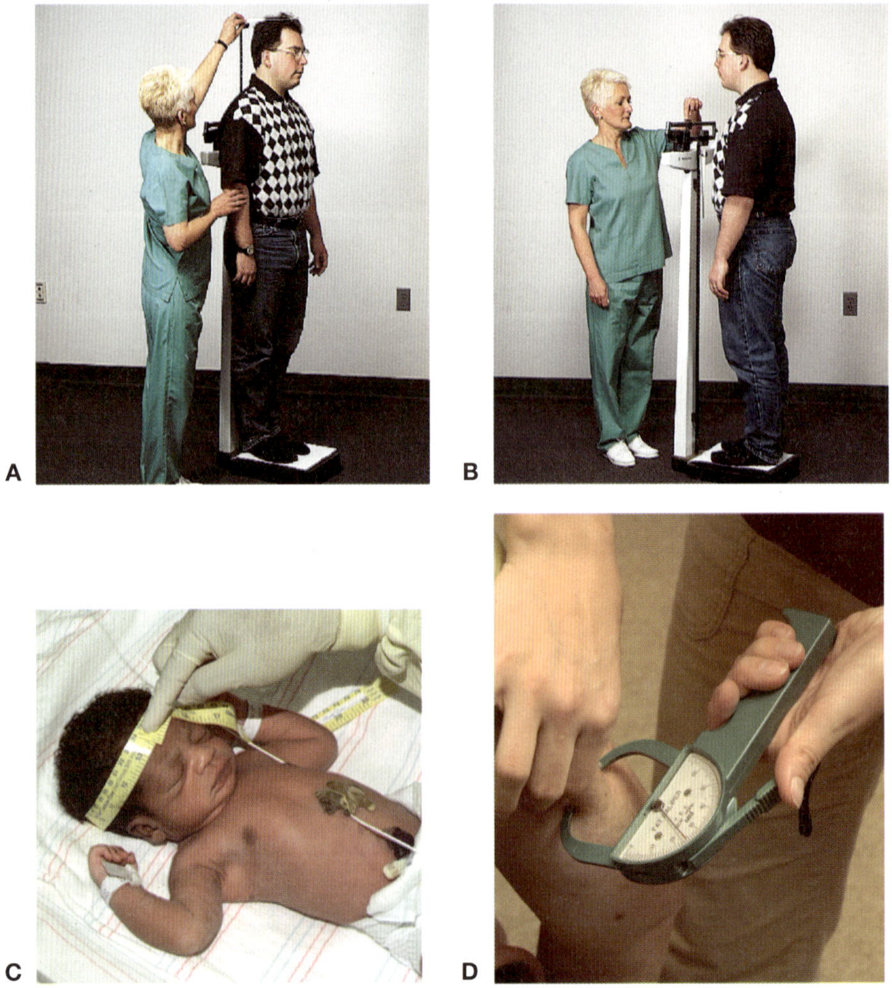

그림 1-2 (A) 신장은 영양평가에 사용된 신체 측정 방법 중 하나이다. (B) 체중은 영양평가에 사용된 신체 측정학적 측정값이다. (C) 머리 둘레는 생후 첫 해의 뇌 발달을 평가하기 위해 사용되는 신체 측정학적 측정값이다. (D) 피부층은 지방에 비해 근육량을 측정하기 위해 사용되는 신체 계측 측정치이다.

표 1-4 영양결핍의 임상 증상

임상 징후	결핍 가능성
창백; 눈 아래 파란색 반원	철, 구리, 아연, B12, B6, 바이오틴
부종	단백질
울퉁불퉁한 '거위 살'	비타민 A
입 주변의 병변	리보플라빈
장염	엽산
수많은 '멍이 든 자국'	비타민 C 반점과 작고 붉은 점 피부 아래 '아주 작은 점' 출혈
쇠약	탄수화물, 단백질; 칼로리
모양이 잘못된 뼈 또는 치아	아동의 비타민 D 또는 칼슘 또는 지연된 치아모양
혈액의 느린 응고	비타민 K
비정상적인 신경증, 피부염	일부 의뢰인의 니아신 설사
테타니	칼슘, 칼륨, 나트륨
갑상샘종	요오드
습진	지방(리놀레산)

액공급 부족 또는 요로 폐쇄를 나타낼 수 있다. 혈청 크레아티닌은 신장 기능을 평가하는 데 사용된다. 24시간 크레아티닌 배설 검사는 근육량 감소를 추정하는 데 사용될 수 있다. 다른 평가로는 헤모글로빈(Hgb), 헤마토크릿(Hct), 적혈구(RBC) 및 백혈구(WBC) 검사가 있다. 낮은 Hgb 및 Hct는 빈혈을 나타낼 수 있다. 심장질환이 있는 대상자는 총 혈청 콜레스테롤, 고밀도 지질단백질(HDL), 저밀도 지질단백질(LDL) 및 혈청 중성지방을 포함한 지질 프로필을 요청할 수 있다. 소변 검사는 또한 신장 질환과 당뇨병을 나타낼 수 있는 소변의 단백질과 당을 감지할 수 있다. Hb1Ac 및/또는 공복 혈당 검사는 혈당 조절을 결정하는 데 사용된다(15장 참조).

알부민과 프레알부민 혈액검사가 영양실조의 진단 지표로 사용되어 왔지만, 최근에는 이 급성기 단백질들이 지속적으로 영양실조를 암시하지 않으며 염증 반응에 대한 심각도의 기능이라는 증거가 알려지고 있다. 따라서 이러한 값들은 주의해서 해석해야 한다. 2012년 5월, 미국 영양 및 식이요법 학회(Academy of Nutrition and Dietetics)에서는 성인영양실조를 진단하기 위해 지표와 함께 6개의 표준화된 특성에 대한 합의문을 *Journal of Parenteral and Enteral Nutrition*에 발표하였다. 요약하면, 다음과 같다:

- 불충분한 에너지 섭취
- 체중 감소
- 근육 질량의 손실
- 피하지방의 손실

최근 자료 IN THE MEDIA

필라델피아 식료품 불모지에서 번성하는 식료품 체인점

미국에는 6,500개 이상의 음식 불모지가 있기 때문에, 나라의 비만 확산을 억제하기 위해 더 건강한 음식에 접근할 수 있는 혁신적인 접근법이 취해지고 있다. Brown's Super Stores는 이제 필라델피아 주변의 저소득층 지역에서 7개의 수익성 있는 슈퍼마켓을 열었다. 주요 성공 요소는 지역 사회의 식료품 가게에서 원하는 대로 지역사회 지도자들로부터 의견을 얻는 것이었다.

출처: Adapted from "Why One Grocery Store Chain Is Thriving in Philadelphia's Food Deserts." National Public Radio. May 14, 2015. http://www.npr.org

SUPERSIZE USA

당신의 거주지는? 국내에서 가장 비활동적인 주 중 하나인가? 내림차순으로 10개의 비활동적인 주 목록을 확인하시오.

1. 미시시피
2. 테네시
3. 알칸사스
4. 오클라호마
5. 루이지애나
6. 앨러배마
7. 웨스트 버지니아
8. 인디애나
9. 켄터키
10. 텍사스

출처: State Indicator Report on Physical Activity. 2014. http://www.cdc.gov

- 국소적 또는 전신적 체액 축적(때로는 체중 감소를 막을 수 있음)
- 악력으로 측정한 기능상태 감소

식이-사회력은 음식 습관에 대한 평가를 포함하며 모든 대상자의 영양 평가에서 매우 중요하다. 정확한 식이평가를 얻는 것이 어려울 수 있다. 가장 일반적인 방법은 24시간 회상이다. 이 방법에서 대상자는 일반적으로 영양사와 면담을 하고 승인 전 24시간 내에 먹은 모든 음식에 사용된 유형, 양 및 준비를 제공해야 한다. 또 다른 방법은 음식일기이다. 대상자는 3~4일 주기로 먹었던 모든 음식을 나열해야 한다. 대상자가 먹는 습관에 대해 항상 진실한 것은 아니거나 잊어버리기 때문에 이 방법은 전적으로 정확하지는 않다. 그들은 때로는 그렇게 해야 한다는 것을 알기 때문에 특정 음식을 먹었다고 말하기 쉽다. 식이요법의 컴퓨터 분석은 영양 섭취가 적절한지 판단하는 가장 좋은 방법이다. 그것은 어떤 영양결핍이나 독성을 보여줄 것이다.

식이-사회력은 대상자가 필요한 음식을 얻는 데 필요한 재정적 자원과 집에 음식을 제대로 저장하고 조리할 수 있는 능력을 가지고 있는지가 결정하는 데 중요하다. 식이-사회력을 마친 후에 영양사는 영양실조로 이어질 수 있는 식품-약물 상호작용의 위험을 평가할 수 있다(부록 B 참조). 영양사는 대상자에게 가능한 상호작용에 대해 지시해야 한다.

앞의 단계들을 함께 평가할 때, 그리고 대상자의 의학적 상태의 맥락에서 영양사는 대상자에 대한 정확한 영양평가를 할 수 있는 최상의 기회를 갖게 된다. 이 평가는 전체 의료팀에서 사용할 수 있다. 의사는 환자의 상태와 치료를 평가하는 데 도움이 될 것이다. 영양사는 이 정보를 사용하여 환자의 식이요법과 상담을 계획할 수 있으며, 다른 의료 전문가는 도움과 상담에 이 정보를 사용할 수 있다.

웹사이트 탐색
EXPLORING THE WEB

영양평가 도구는 웹을 검색하시오. 건강관리 전문가가 대상자의 영양평가를 하는 데 이용할 수 있는 자원은 무엇인가? 찾은 각 도구의 장점과 단점을 평가한다.

건강과 영양 고려사항

영양은 개인의 웰빙의 기초적인 부분이다. 긍정적인 식이요법과 생활 습관 변화는 활기찬 건강을 촉진시키고 만성질환의 위험을 줄이는 데 도움이 될 수 있다. 영양장애로 인한 건강문제가 발생하는 동안 적시에 평가하고 양질의 영양 섭취를 함으로써 결과를 개선할 수 있다(그림 1-3). 건강전문가는 영양에 대한 확실한 지식을 갖춰야 한다. 당신의 미래 대상자들은 그것에 의존할 뿐만 아니라, 당신의 개인적인 건강뿐만 아니라 당신의 가족의 건강도 마찬가지이다. 부모는 자신과 자녀의 건강을 위해 영양에 대한 기본 지식을 갖추어야 한다. 사실, 식사를 계획하고 준비하는 사람은 누구나 건강한 영양 관리의 원칙을 소중히 여기고, 지식을 가지고, 적용할 수 있어야 한다.

그림 1-3 영양 섭취는 병원 환자의 결과를 개선할 수 있다.

24시간 회상 24-hour recall
지난 24시간 동안 먹은 모든 음식의 종류, 양 및 준비 내용을 열거하는 것

음식일기 food diary
특정 기간 내에 섭취한 모든 음식 및 음료을 서면기록하는 것

대상자들은 그들의 식습관에 대해 질문과 불만을 가질 것이다. 건강전문가가 제공하는 명확하고 간단한 설명으로 그들의 걱정을 덜어 줄 수 있다. 때때로

대상자들은 의사들에 의해 규정된 식이요법을 받아야 하는데, 식이요법은 병원에서 받는 치료의 일부가 된다. 많은 경우에 식이요법은 대상자의 평생 습관이 되어야 할 것이다. 이러한 경우 식습관은 바뀌어야 하며, 대상자는 등록된 영양사의 조언이나 지시와 다른 건강전문가들의 지원을 필요로 할 것이다.

영양은 현재 대중적인 주제이다. 영양과 관련된 일부 서적 및 기사는 과학적으로 정확하지 않을 수 있음을 인식하는 것이 중요하다. 또한, 식품 광고는 오해의 소지가 있을 수 있다. 웹사이트의 영양 정보가 항상 정확하거나 심지어 사실적이지 않을 수도 있다. 건전한 영양 관리법을 알고 있는 사람들은 잘못 인도될 가능성이 적다. 그들은 일시적인 유행을 인식하고 그것을 사실과 구별할 것이다.

요약_SUMMARY

영양은 건강과 직접적으로 관련이 있고, 그 영향은 누적된다. 좋은 영양은 보통 건강에 의해 반영된다. 영양부족은 건강을 악화시킬 수도 있고 심지어 질병에도 영향을 미칠 수 있다. 영양부족 습관은 죽상경화증, 골다공증, 비만, 당뇨, 그리고 몇몇 암에 영향을 미친다.

영양이 잘 공급되기 위해서는 탄수화물, 지방, 단백질, 무기질, 비타민, 그리고 물과 같은 6가지 필수영양소가 들어 있는 음식을 먹어야 한다. 이 영양소들은 신체에 에너지를 공급하고, 신체 조직을 만들고 회복시키고, 신체과정을 조절한다. 특정 영양소가 심각하게 부족하면 결핍 질환이 발생할 수 있다. 결핍을 판단하는 가장 좋은 방법은 영양평가를 하는 것이다.

영양에 대한 건전한 지식과 함께, 건강전문가는 효과적인 건강관리 제공자가 될 것이고 가족, 친구, 그리고 자신에게 도움이 될 것이다.

토의 주제_DISCUSSION TOPICS

1. 당신 지역에서 발생할 수 있는 건강 불균형에 대해 생각해 보시오. 기여 요인은 무엇인가? 해결책은 무엇인가?
2. 영양과 유전이 다음의 각각과 어떤 관계를 가질 수 있는가?
   a. 체격
   b. 질병에 저항할 수 있는 능력
   c. 수명
3. 좋은 영양 섭취 이외에 어떤 습관이 사람을 건강하게 만드는가?
4. 6가지 영양소는 무엇인가? 이들의 3가지 기본 기능은 무엇인가?
5. 왜 몇몇 음식들은 저영양 식품이라고 불리는가? 자판기에서 찾아볼 수 있는 몇 가지 예를 들어보시오.
6. 특히 영양실조와 관련하여 입원한 환자의 영양관리를 간호의 관점에서 지원하는 것이 중요한 이유를 알아보시오.
7. "당신이 먹는 것은 당신이다."라는 말은 무슨 뜻인가? 우리가 먹는 음식이 우리의 몸과 장기적인 결과에 어떻게 영향을 미칠 수 있는지 구체적인 예를 들어보시오.
8. "영양의 누적 효과"라는 문구는 무엇을 의미하는가? 몇 가지를 설명해 보시오.
9. 동시에 어떻게 누군가는 과체중이고 영양실조도 겪을 수 있는가?
10. 왜 건강관리 전문가들이 영양에 대해 잘 알아야 하는지 토론하시오.

연습문제_REVIEW

가장 적절한 답을 고르시오.

1. 신체가 건강의 성장, 발달 및 유지를 위해 음식을 섭취하고 사용하는 과정의 결과는 무엇인가?
a. 호흡 c. 영양
b. 식이요법 d. 소화

2. 영양 상태는 무엇에 의해 결정되는가?
a. 유전 c. 성격
b. 고용 d. 식이

3. 신체에 적절한 영양을 주고 건강을 유지하려면 반드시 해야 할 것은?
a. 모든 낮은 밀도 영양식품을 피한다.
b. 6종류의 영양소가 들어있는 음식을 먹는다.
c. 매 식사마다 지방을 포함시킨다.
d. 아침식사 시 단백질을 제한한다.

4. 신체에 에너지를 공급하기 위해 주로 사용되는 영양소는?
a. 비타민, 물, 무기질
b. 탄수화물, 단백질 및 지방
c. 단백질, 비타민 및 지방
d. 비타민, 무기질 및 탄수화물

5. 신체 조직을 만들고 복구하기 위해 주로 사용되는 영양소는?
a. 단백질, 비타민 및 무기질
b. 탄수화물, 지방, 무기질
c. 지방, 물, 무기질
d. 지방, 비타민 및 무기질

6. 감자칩, 케이크, 소다 및 사탕과 같은 음식은 무엇인가?
a. 고밀도 영양 식품 c. 저밀도 영양 식품
b. 필수 영양 식품 d. 영양가 있는 음식

7. 식이에서 6가지 영양소의 부족이 가져올 수 있는 결과는?
a. 증가된 에너지 c. 소화불량
b. 영양실조 d. 당뇨병

8. 고지방식이의 누적 효과가 될 수 있는 것은?
a. 철분결핍 c. 심장병
b. 실명 d. 진성 당뇨병

9. 누적 상태는 다음 중 어떤 경우에 나타나는가?
a. 아주 짧은 기간 내에
b. 몇 년 동안
c. 52세 미만 여성에서만
d. 미숙아에서

10. 영양실조는 다음에 의해 평가된다.
a. 식품기록 및 비타민 상태 측정
b. 얼마나 빨리 체중이 감소했고, 설사가 있는지
c. 질병 진행과 혈압 불안정
d. 체중 감소, 근육 및 지방 손실, 악력 및 부종

11. 영양 상태는 다음과 같다.
a. 유전에 의해 결정된다.
b. 정신 건강에는 아무런 영향을 미치지 않다.
c. 외모에 반영되지 않는다.
d. 질병에 저항하는 신체의 능력에 영향을 줄 수 있다.

12. 영유아, 아동, 청소년, 임신한 청소년 및 노인은 다음과 같다.
a. 일반적으로 과체중인 경우이다.
b. 영양실조에 걸리기 쉽다.
c. 모두 일반적으로 골연화증으로 고생한다.
d. 기본적으로 영양결핍을 겪지 않는다.

13. 유기영양소는 다음과 같다.
a. 농약 없이 재배된 제품에서만 발견된다.
b. 오로지 건강식품 매장에서만 판매된다.
c. 분해할 수 없는 물질이다.
d. 탄소 원자를 포함하는 물질이다.

14. 다음 중 유기영양소는 어느 것인가?
a. 지방 c. 칼슘
b. 엽산 d. 셀레늄

15. 신체 측정은 무엇을 측정하는가?
a. 철분 상태 c. 뼈 밀도
b. 수분 섭취 d. 무게

요점사례_CASE IN POINT

JAYDEN: 영양실조에 대한 대처

Jayden은 최근까지 어머니 Trina와 함께 아파트에서 살고 있었는데, 최근까지 그는 위탁 가정에 맡겨졌다. Jayden의 이모는 여동생의 정신 건강과 Jayden을 돌볼 수 있는 능력에 대해 걱정하고 있었기 때문에 아동 보호국과 접촉했었다. Jayden은 겨우 5세이고 그의 어머니 Trina는 여러 정신 질환을 앓고 있다. Trina는 편집증적 정신분열증으로 진단받았고, 그녀가 그것을 구입할 수 있는지 여부에 따라 약을 복용하거나 복용하지 않았다. Trina가 Jayden의 복지에 대해 생각하지 않고 오랜 시간 동안 떠나는 것은 드문 일이 아니었다. 그는 자주 음식, 충분한 옷, 그리고 깨끗한 환경이 아닌 상태에 있었다. Trina가 집에 있었을 때, 그녀는 종종 잠을 자고 있었고 Jayden은 여전히 혼자 방치되었다. 사회복지사가 집에 도착했을 때, 그녀는 그것이 혼란스럽다는 것을 알았다. 부엌에는 음식이 거의 없었고 쓰레기와 잡동사니들은 집안 곳곳에 널려 있었다. Jayden은 매우 마르고 창백하며 지저분하게 보였다. Jayden은 101cm의 키와 13kg의 무게밖에 되지 않는다. 그 사회복지사는 그의 몸에 상처가 있는 것을 발견했고, 그의 복부는 매우 부어 오른 것처럼 보였다. 그녀는 지난 24시간 동안 비공식 식이 회상을 실시하여 식사의 질이 좋지 않았고 식사가 부족한 것으로 나타났다. Jayden은 다리에서 통증을 호소하고 걷기가 힘들었다. 사회복지사는 Jayden을 진단하기 위해 응급실로 데려갔고 양부모가 배정될 수 있도록 준비했다.

사정

1. 영양 상태가 좋지 않은 5가지 특징을 열거하시오.
2. Jayden이 겪고 있는 영양실조의 특징을 확인하시오.
3. Jayden에게 좋은 영양과 적절한 칼로리를 제공해야 한다. Jayden에게 식사를 제공할 때 고려해야 할 중요한 사항은 무엇인가?

진단

4. Jayden의 간호진단을 작성하시오.

계획/목표

5. 도움이 되고 영양가 있는 식단의 도입으로 어떤 2가지 변화를 예측할 수 있는가?
6. 누구에게 도움을 청할 수 있는가?

수행

7. Jayden의 영양 상태를 개선하기 위해 사용될 수 있는 간호중재를 최소한 3가지 말하시오.
8. Jayden의 영양이 치아 상태에 어떤 영향을 미칠까?
9. Jayden과 돌봄제공자에게 가정 방문이 도움이 될까?

평가/결과 기준

10. 의사는 다음 진료 권한에서 계획이 효과가 있는지 여부를 알기 위해 무엇을 평가할 수 있는가?
11. 돌봄제공자는 계획의 성공에 대해 어떤 관찰을 할 수 있는가?
12. Jayden의 중요한 정보는 무엇이 될 수 있는가?

생각해보기

13. 돌봄제공자에게 인터넷이 어떻게 도움이 될 수 있는가?

✓ rate this plate

Jayden은 또래의 아이로 인해 많은 고통을 겪었다. 그는 양부모의 집에 있고 그의 양어머니는 그가 그들과 함께 첫 저녁 식사를 위해 무엇을 먹고 싶은지 물어본다. 그는 생각하고, 생각하고, 마침내 다음 방침을 결정했다. 이 식단의 등급을 매긴다. Jayden은 영양실조이고, 최근에 많이 먹지 않았으며, 영양분이 많이 부족하다는 것을 고려해보시오.

튀긴 닭 다리

으깬 감자와 1/2컵과 그레이비 2큰술

버터와 옥수수 1/2컵

버터와 비스킷

2% 우유 – 236cc

Jayden이 모든 것을 먹을 수 있을까? 이 식단은 변화가 필요한데, 어떻게 변화시키겠는가?

요점사례_CASE IN POINT

ASNAKU: 비타민 A 결핍

Asnaku는 에티오피아의 작은 마을에 살고 있다. 그녀의 가족은 부유하지 않고 의사를 보러 갈 수 없다. 1년에 몇 차례씩 마을을 방문하는 간호사가 있지만, 이것이 Asnaku의 가족이 받는 의료서비스 범위이다. 지난번 간호사가 방문했을 때, 그녀는 Asnaku의 어머니와 그녀의 가족이 전형적으로 먹는 것에 대해 이야기했다. 간호사는 Asnaku의 가족이 주로 곡식을 먹는 것에 대해 조금 걱정했다. 그들은 고기, 과일, 채소를 거의 먹지 않는다. 그녀는 Asnaku의 어머니와 더 다양한 음식에 거의 접근하지 못하는 식단에서 생길 수 있는 비타민 결핍의 징후와 증상에 대해 이야기했다. 간호사는 그녀의 엄마에게 몇 달 후에 돌아올 것이라고 말했고 그녀와 함께 선교팀을 가질 것이다. 이 간호사와 의사들은 마을 전체에 의료와 지원을 제공하기 위해 왔다. 그녀는 Asnaku의 어머니에게 그들이 다른 약뿐만 아니라 영양결핍을 예방하는 것을 도울 비타민 보조제를 가져올 것이라고 말했다. Asnaku의 어머니는 한동안 Asnaku가 눈에 문제가 있을 수 있다고 걱정했다. Asnaku는 이제 7세이고 그녀의 자기 관리로 상당히 독립적이었다. 하지만 엄마는 Asnaku가 밤에 화장실을 가려고 하다가 길을 잃은 것을 알아차렸다. Asnaku는 또한 태양이 지고 난 후 그녀의 엄마가 부탁한 일들에 어려움을 겪었다. 그녀의 어머니는 그녀가 잘 볼 수 없다고 걱정하지만; 낮 동안에는 Asnaku가 괜찮아 보인다. 선교팀은 2주 후에 돌아올 예정이며, 그녀의 어머니는 Asnaku에게 무엇이 잘못될 수 있는지를 평가해 줄 것을 요청했다.

사정

1. 비타민 A 결핍의 증상은 무엇인가?
2. Asnaku는 비타민 A 결핍을 암시하는 경험이 있는가?
3. Asnaku의 식단에 포함되어야 하는 비타민 A가 높은 음식 목록을 만든다.
4. Asnaku의 곡물 기반 식단에 대해 생각해보시오. 그녀가 가질 수 있는 다른 비타민이나 무기질 결함은 무엇인가?

진단

5. Asnaku의 간호진단을 작성하시오.

계획/목표

6. 비타민 A의 도입으로 예상되는 변화는 무엇인가?
7. Asnaku가 몸에 필요한 비타민 A를 얻을 수 있도록 하기 위해 할 수 있는 일은 무엇인가?

수행

8. 만약 Asnaku가 치료를 받고 입원했다면 어떤 조치를 취할 것을 제안할 수 있는가?
9. 미국에서는 제3세계 국가에 비해 비타민 A 결핍은 드물다. 미국에는 칼로리 섭취를 하지 않고 영양가가 거의 없는 식단을 가진 아이들이 있다. 왜 미국의 비타민 A 결핍은 다른 나라들보다 훨씬 낮은가?
10. 비타민이나 무기질의 부족을 피하기 위해 강화된 음식의 다른 예를 생각해 볼 수 있는가?

평가/결과 기준

11. 간호사는 다음 번 Asnaku 마을을 방문 때 계획이 효과가 있는지 알아보기 위해 무엇을 평가할 수 있는가?

생각해 보기

12. 세계 보건기구의 웹 페이지에 접속하여 전 세계 국가에 비타민 A 보조제를 제공하는 프로그램에 관해 읽어보시오. 이 프로그램과 이 문제의 심각성에 대해 간단하게 토론하시오.

✓ rate this plate

Asnaku의 야맹증은 비타민 A 결핍처럼 들린다. 가족은 채소나 과일과 같은 재배된 음식을 먹지 않으므로 영양결핍이 생길 수 있다. 비타민 A, 철분, 아연 및 요오드 등의 영양소를 Asnaku와 그녀의 가족에게 제공할 수 있다. Asnaku는 다음을 먹었다.

강화된 쌀 1/2컵

채소 1/4컵

단 빵 조각 1조각

Asnaku가 하루에 세 번씩 이 식사를 먹으면 강화된 쌀이 그녀에게 비타민 A와 철분 요구량의 100%를 충분히 제공할 수 있는가? 바이오 강화 쌀 안에 있는 각 영양소의 역할은 무엇인가?

CHAPTER 2

주요용어_*KEY TERMS*

MyPlate
균형잡힌 식단
마사 해리나
미국인을 위한 식이지침
미린
미소
설명어
식습관
식품규정
영양소 섭취기준
와사비(고추냉이)
유제품과 달걀을 먹는 채식주의자
유제품을 먹는 채식주의자
융합, 융해
음식 습관
일별값
젖당불내증
채식주의자
콩류
플라보노이드

건강식이 계획하기

PLANNING A HEALTHY DIET

학습목표

- 균형잡힌 식단을 정의할 수 있다.
- 미국 정부의 미국인을 위한 식이지침을 열거하고 각각에 대해 설명할 수 있다.
- 식품군과 MyPlate를 확인할 수 있다.
- 식품표시에 주로 있는 정보를 설명할 수 있다.
- 다문화 대상자의 음식 습관을 설명할 수 있다.
- 음식 습관의 발달을 설명할 수 있다.

'균형잡힌 식단'이라는 말은 너무나 자주 반복되고 있어 자칫 이에 대한 중요성을 잊기 쉽다. 하지만 이는 모든 연령에서 너무나 중요한 말이다. 균형잡힌 식단은 건강을 보존하고 증진시키기 위한 6대 영양소와 칼로리를 포함한다.

영양소 섭취기준과 권장식이허용량(Recommended Dietary Allowances, RDAs)을 매일 검토하는 것은 균형잡힌 식단을 계획하는 데 충분한 정보를 제공할 것이다. 하지만 평소의 식단계획은 매 끼니 계획되어야 한다면 귀찮

웹사이트 탐색
EXPLORING THE WEB

미국인을 위한 식이지침 2015~2020(8차 개정) 건강한 영양과 신체 활동을 통해 건강을 증진시키는 과학 기반 조언과 추천을 제공한다. 이 지침은 건강한 식생활과 규칙적인 신체 활동이 미국인들이 건강을 유지하고 전 생애 동안 만성질환의 위험을 줄이도록 하는 데 도움이 되도록 상기시켜주고 있다. 식이지침의 역사와 새로운 기준에 대한 근거는 다음 사이트에 있다. http://www. health.gov/dietaryguidelines/2015/를 참고한다.

고 시간이 오래 걸린다. 다행히도 미국 농무부(U.S. Department of Agriculture, USDA)와 미국 보건사회복지부(U.S. Department of Health and Human Services, USDHHS)는 보건의료인과 정책가들이 미국인들에게 영향을 주는 음식과 영양프로그램을 디자인하고 수행하도록 필수자원을 개발하였다. 이를 **미국인을 위한 식이지침**이라고 불리며 현재는 8차 개정판을 사용 중이다(2015~2020). 추가로 **MyPlate**는 미국 농무부에서 소비자 친화적인 식품 지침이자 식이지침에 근거한 일일 음식 선택에 실제적인 도구로 2010년에 처음 발표하였다.

사람들이 건강하게 섭취하도록 돕는 것을 생각한다면 음식선택에 있어 문화적 다양성을 고려해야 한다. 미국은 역사적으로 더 나은 삶을 찾기 위한 희망으로 이 나라로 이민 온 많은 국적의 사람들인 "melting pot"으로 불리기 때문이다. 다른 인종배경을 가진 일부는 음식이나 관습을 계속적으로 선호하기도 하겠지만 다른 사람들은 서구화된 음식 습관에 섞일 것이다. 무슨 요리법을 선호하든지 간에 의료인은 이러한 요리법 내에서 좀 더 건강한 선택을 하도록 대상자를 이끄는 것이 중요하다.

미국인을 위한 식이지침

식이지침은 식이와 신체적 활동을 통해 건강을 증진하고 만성질환의 위험을 줄이기 위한 과학에 기반한 조언을 제공한다. 지침은 의료인들이 2세 이상의 모든 대상자와 가족이 건강하고 영양적으로 적절한 식이를 하는 것을 도울 수 있도록 고안되었다. 이 최신의 지침은 미국인들이 시간이 흐름에 따라 식습관에 집중하고, 더 건강한 것에 초점을 두고 음식 섭취를 하도록 격려한다. 다소 엄격한 처방보다는 이 지침은 개인이 자신의 예산에 맞추어 개인적, 문화적, 전통적 선호도를 충족하는 음식을 즐길 수 있도록 적용 가능한 틀을 찾도록 도움을 주고 있다.

이전의 식이지침은 개인이 음식군과 영양소에 맞추어 변화하는 데 초점을 둔 반면에, 새로운 지침은 개인이 큰 그림에 초점을 두어 전반적으로 건강한 식습관을 갖도록 하는 데 있다. 5가지의 매우 중요한 지침이 다음(**그림 2-1**)에 있다.

- 생애에 걸쳐 건강한 식습관을 따른다.
- 다양성, 영양소 밀도, 양에 집중한다.
- 첨가당과 포화지방으로부터의 열량을 제한하고 나트륨 섭취를 줄인다.
- 더 건강한 음식과 음료 선택으로 전환한다.
- 모두를 위한 건강한 식습관을 지지한다.

균형잡힌 식단 balanced diet
적절한 양으로 모든 필수 영양소를 포함하고 있는 것

영양소 섭취기준 Dietary Reference Intakes (DRIs)
개개인의 권장식이허용량(Recommended Dietary Allowances), 적정 섭취량(Adequate Intake), 평균요구량(Estimated Average Requirements), 상한섭취량(Tolerable Upper Intake Levels)을 개인의 시간에 따른 평균 일일 영양소 섭취(average daily nutrient intake of individuals)의 하나의 값으로 나타낸다.

미국인을 위한 식이지침 Dietary Guidelines for Americans
질병예방과 최상의 건강을 위한 국가의 건강 식습관 지침

MyPlate
미국 농무부에서 *미국인을 위한 식이지침*에 근거해 소비자들이 선택하도록 한 실제적인 음식 지침

생애에 걸쳐 건강한 식이계획 따르기

이 첫 번째 주제는 대상자들이 건강을 위해 점차 변화를 하도록 하는 건강한 음식

U.S. Department of Agriculture and U.S. Department of Health and Human Services. Dietary Guidelines for Americans 2015–2020 (8th ed). Washington, DC: U.S. January 2016

그림 2-1 새로운 식이지침 요약.

과 음료를 선택하는 것을 이해하도록 돕는다. 만성 식이관련 질환은 생활방식 행동의 변화로 생긴다. 안 먹는 것과 신체 활동을 하지 않은 과거력은 축척된 결과를 가져오며 심혈관계 질병, 고혈압, 제2형 당뇨, 암, 불량한 뼈의 건강과 같은 결과를 일으킨다. 게다가 20년 이상 지속된 비만은 많은 만성질환을 일으킬 수 있는 단계에 놓여있고, 실제로 만성질환 그 자체로 보여진다.

적절한 열량 수준에서 건강한 식습관을 갖는 것은 영양소 적절성이 지지되고, 건강한 체중을 달성시키며, 만성질환의 위험성을 감소시킨다. 대상자는 적절한 열량 수준 내에서 모든 음식과 음료를 고려한 건강한 식습관을 하도록 안내된다.

주요 권장사항

건강한 식습관은 다음을 포함한다.

- 모든 하위 군으로부터의 다양한 채소—어두운 녹색 오렌지, 빨간 오렌지; 콩류(콩과 완두콩); 전분
- 과일(특히 전체 과일)
- 곡물(최소 반 이상은 통곡물)
- 우유, 요거트, 치즈, 강화된 두유를 포함한 무지방이나 저지방 유제품
- 해산물, 살코기, 가금류, 달걀, 콩류(콩과 완두콩)와 견과, 씨앗과 두유 제품를 포함한 다양한 단백식품
- 오일

MyPlate는 ChooseMyPlate.gov 사이트에서 찾을 수 있으며, 건강한 식이 해법을 만들기 위한 소비자 친화적인 식품지침 플랫폼이다. 이 사이트는 모든 연령층을 위한 실질적인 조언, 팁 및 도구를 제공한다. 여러분은 자신의 식사를 추적하고, 체질량지수(BMI)를 알아내고, 소아 성장 차트를 보고, 식생활 권장사항을 보고, 요리법을 찾고, 비디오를 보고, 교육용 인쇄물을 다운로드할 수 있다.

웹사이트에서 볼 수 있듯이, MyPlate의 그래픽은 5가지 음식 그룹을 나타내는 5가지 색상의 부분을 보여준다. 플레이트의 분류는 균형 식이를 위해 필요한 각 특정 식품군에서 제공하는 일반적인 개념을 제공한다(**그림 2-2**). 5가지 음식 그룹과 특성은 다음과 같다.

- *곡물*—밀, 쌀, 귀리, 옥수수, 보리 또는 기타 곡물로 만든 모든 식품은 곡물 제품으로 간주된다. 곡식 제공의 절반은 통곡물이 되어야 한다. 통곡물은 식이섬유, 비타민 B, 철 그리고 마그네슘을 제공한다. 영양이 풍부한 음식에는 비타민 B와 철분도 함유되어 있지만, 통곡물로 만들어지지 않았으면 섬유질은 적게 함유되어 있다.
- *채소*—채소는 탄수화물, 일부 단백질, 식이섬유, 비타민 A, 비타민 B-복합체, 비타민 C, 비타민 E, 비타민 K뿐만 아니라 철분, 칼슘, 인, 마그네슘, 구리, 망간, 그리고 몰리브덴 일부와 같은 다양한 비타민과 무

U.S. Department of Agriculture, Center for Nutrition Policy and Promotions. http://www.choosemyplate.gov

그림 2-2 ChooseMyPlate 웹사이트는 소비자 친화적인 많은 도구를 제공한다.

기질을 제공한다. 채소에는 건강을 증진시키는 식물성분이나 플라보노이드와 같은 자연 발생 식물 물질을 포함해 다양한 영양소가 들어있다. 대상자는 모든 하위 그룹을 포함하도록 권장된다(특정 권장사항은 다음 지침을 참조한다).

- *짙은 녹색 채소*—브로콜리, 시금치, 잎이 많은 샐러드 채소(로메인 상추 포함), 콜라드(케일의 일종), 청경채, 케일, 순무, 겨자 채소와 녹색 허브
- *빨간색 및 주황색 채소*—토마토, 당근, 토마토 주스, 고구마, 고추, 겨울 호박(겨울 스쿼시), 호박
- *콩류(콩과 완두콩)*—핀토빈(얼룩덜룩한 강낭콩), 흰강낭콩, 덩굴강낭콩, 블랙빈(검은콩); 렌틸콩; 병아리콩; 리마콩; 쪼개진 완두콩; 녹색콩
- *녹말 채소*—감자, 옥수수, 완두콩, 리마콩, 바나나(plantains), 카사바(cassava)
- *기타 채소*—양파, 줄콩(green beans), 오이, 셀러리, 청피망, 양배추, 버섯, 아보카도, 여름 호박(summer squash), 콜리플라워, 아스파라거스, 스노우 완두콩(snow peas), 근대(beets), 상추 등

- *과일*—과일은 비타민 A와 비타민 C, 칼륨, 마그네슘, 탄수화물, 그리고 섬유질을 제공한다. 과일 중 일부는 철분을 가지고 있다. 오렌지, 자몽, 포도, 키위, 멜론, 딸기, 사과, 바나나, 살구, 파인애플 등 통째로 과일을 많이 먹는 것이 중요하다.
- *유제품*—우유, 요구르트(요거트), 치즈는 칼슘, 인, 마그네슘의 훌륭한 공급원이다. 우유와 요구르트는 치즈보다 더 많은 농도의 락토오스(유

플라보노이드 flavonoids
산화 방지제 역할을 하는 자연에서 만들어지는 수용성 식물 색소

콩류 legumes
꼬투리에서 자란 식품(예: 콩 또는 완두콩)

당)를 함유하고 있다. 리보플라빈, 비타민 A, 비타민 B_{12}, 비타민 D는 우유에 들어 있다. 최상의 건강에는 무지방 또는 저지방 제품이 선호된다.

- *단백질*—모든 고기, 가금류, 생선, 달걀, 콩, 마른 콩과 완두콩, 렌틸콩, 견과류와 씨앗류은 단백질 그룹에 포함된다. 이 음식들은 단백질뿐만 아니라 철분, 구리, 인, 아연, 나트륨, 요오드, 비타민 B를 제공하며, 일부는 지방과 콜레스테롤을 함유하고 있다. 선택하는 음식은 포화지방과 콜레스테롤이 적은 좀 더 건강한 성질의 것이어야 한다.

건강한 미국 식습관에 대한 지침은 **표 2-1**을 참조한다.

다양성, 영양소 밀도, 양에 집중

총 칼로리 한계를 초과하지 않고 권장된 양으로 건강 요구를 충족시키기 위해서는 모든 식품군의 하위군에서 다양하고 영양소 밀도가 높은 식품과 음료가 필요하다. 영양소 밀도가 높은 음식이나 음료를 고를 때, 건강에 좋은 영향을 주는 비타민, 무기질, 그리고 다른 물질들이 있다. 영양소 밀도가 높은 식품의 특성은 식이섬유와 같은 자연에서 만들어진 성분을 함유하고 있고 고체 지방, 첨가당, 정제된 녹말이나 나트륨을 거의 또는 전혀 함유하지 않는 형태라는 것이다. 모든 채소, 과일, 통곡물, 해산물, 달걀, 콩, 완두콩, 무염 견과류와 씨앗, 무지방 및 저지방 유제품, 살코기와 가금류는 영양분이 풍부한 음식으로 여겨진다.

칼로리 균형을 위한 주요 권장사항

건강한 식습관 내에서 칼로리 균형의 고려는 중요하다. 에너지 '섭취량'(식품, 음료)은 에너지 '배출량'(정상적인 대사 과정과 신체 활동에서 소비되는 칼로리)과의 균형을 맞춰야 한다. 체중 모니터링과 음식 섭취 및 신체 활동을 조절하는 것은 환자들이 좋은 건강상태를 유지하도록 하는 데 도움이 된다.

어린이와 10대, 성인 및 노인을 포함한 모든 미국인들은 건강한 체중을 달성하고 유지하도록 권장된다. 구체적인 권장사항은 다음과 같다.

- *아동과 청소년*—정상 집단 및 발달을 지원하기 위해 칼로리 균형을 유지한다. 과체중이나 비만인 경우 식사 및 신체 활동을 조절하여 성장에 영향을 주지 않아야 한다.
- *임산부*—임신하기 전에 여성은 건강한 체중에 도달하고 유지하도록 권장한다. 이미 임신한 여성은 임신 체중 가이드라인 내에서 체중 증가를 권장해야 한다.
- *성인*—비만 성인은 추가 체중 증가를 막거나 체중 감소를 촉진하기 위해 식사와 활동을 바꾸는 것이 좋다. 과체중인 성인은 추가로 체중이 증가하지 않아야 하며 심혈관질환 위험인자(고혈압, 고지질혈증)가 하나

표 2-1 건강한 미국 스타일 식습관

각 군으로부터 식품의 일일량

건강한 미국 스타일 패턴은 수명 주기 동안 개인의 요구량을 충족시키기 위해 12칼로리 수준을 포함한다. 적절한 칼로리 수준을 확인하고 영양소가 풍부한 음식, 살코기로 지방이 적은 음식, 첨가된 지방, 첨가당, 정제된 녹말이나 소금이 없이 준비된 음식 중에서 권장량 내에서 다양하게 선택하도록 한다. 적은 수의 칼로리가 패턴의 전체 칼로리 한계(예, 다른 사용을 위한 칼로리 제한) 내에 남아 있어야 한다. 지정된 한계까지의 칼로리는 첨가당, 첨가된 정제된 녹말, 고체 지방, 알코올을 위해 사용될 수 있으며, 식품군에서 권장량 이상의 음식을 섭취하는 데 사용될 수 있다. 또한 전체 식습관은 첨가당에서 열량의 10% 이하, 포화지방의 열량의 10% 이하를 넘지 말아야 한다.

칼로리 수준[1]

	1,000	1,200	1,400	1,600	1,800	2,000	2,200	2,400	2,600	2,800	3,000	3,200
과일	1컵	1컵	1.5컵	1.5컵	1.5컵	2컵	2컵	2컵	2컵	2.5컵	2.5컵	2.5컵
채소	1컵	1.5컵	1.5컵	2컵	2.5컵	2.5컵	3컵	3컵	3.5컵	3.5컵	4컵	4컵
곡물	85g	113g	142g	142g	170g	170g	198g	227g	255g	284g	284g	284g
고기와 콩	57g	85g	113g	142g	142g	156g	170g	184g	184g	198g	198g	198g
우유	2컵	2.5컵	2.5컵	3컵	3컵	3컵	3컵	3컵	3컵	3컵	3컵	3컵
유류(1티스푼 = 5g 지방)	15g	17g	17g	22g	24g	27g	29g	31g	34g	36g	44g	51g
다른 용도의 칼로리 제한 −열량의 %	150	100	110	130	170	270	280	350	380	400	470	610

추정된 매일 칼로리요구량

어떤 음식 섭취 패턴을 사용할지 결정하기 위해 이 차트에서 개별 칼로리 요구량을 확인한다. 칼로리 범위는 나이, 성별, 신체 활동 수준에 근거한다. 비활동적: 일상 생활과 관련된 가벼운 신체 활동. 활동적: 일반적인 일상 생활 활동 외에도 하루에 5~6km 정도 이상 걷는 것과 동등한 신체 활동.

	칼로리 범위		
	비활동적	→	활동적
아동			
2~3세	1,000	→	1,400
여성			
4~8세	1,200	→	1,800
9~13	1,600	→	2,200
14~18	1,800	→	2,400
19~30	2,000	→	2,400
31~50	1,800	→	2,200
51+	1,600	→	2,200
남성			
4~8세	1,400	→	2,000
9~13	1,800	→	2,600
14~18	2,200	→	3,200
19~30	2,400	→	3,000
31~50	2,200	→	3,000
51+	2,000	→	2,800

[1] 칼로리 수준은 대상자 개별의 요구를 수용하기 위해 다양한 범위에서 설정된다.

출처: Adapted from U.S. Department of Health and Human Services and U.S. Department of Agriculture. 2015~2020 *Dietary Guidelines for Americans* (8th ed.). December 2015. http://health.gov/dietaryguidelines/2015/guidelines/.

이상 있는 있는 사람은 체중 감량을 위해 라이프 스타일을 변경해야 한다. 주당 0.5~0.7kg의 체중 감량을 위해서는 일일섭취량을 500~750칼로리 감소시켜야 한다. 여성의 경우 하루 1,200~1,500칼로리, 남성의 경우 1,500~1,800칼로리 수준이 체중 감소를 위해 충분한다.

- *노인*—과체중 또는 비만인 65세 이상인 사람들은 추가적인 체중 증가를 막을 것을 권장한다. 비만인 사람들, 특히 심장혈관 위험인자를 가진

사람들은 체중 감량을 고려해야 한다. 이는 삶의 질이 향상되고 만성질환 및 관련 장애의 위험을 줄일 수 있다.

신체 활동을 위한 주요 권장사항

식이 외에도 신체 활동은 미국인들이 건강을 개선하고 만성질환의 위험을 줄이기 위해 할 수 있는 가장 중요한 일 중 하나이다. 성인 중 20%만이 유산소 및 근육 강화 활동을 위한 신체활동지침(Physical Activity Guidelines)을 지킨다. 성인 남성은 여성에 비해 정기적인 신체 활동을 더 많이 한다(각각 24% 및 17%). 사춘기 소년들은 시간의 30%를 운동에 할애하지만 사춘기 소녀들은 13%이다. 성인 중 30%는 여가 시간에 신체 활동을 하지 않는다. 불행히도, 소득이 낮고 교육 수준이 낮은 사람들은 여가 시간에 신체 활동을 하지 않으며 신체 활동 비율도 낮은 불평등이 존재한다.

다이어트와 신체 활동은 체중 관리에 도움이 되는 칼로리 밸런스 방정식의 주된 원리(tenets)이다. 식이지침(Dietary Guidelines)에는 미국인을 위한 신체활동지침(Physical Activity Guidelines)을 충족시키는 주요 권장사항이 포함되어 있다(표 2-2).

첨가당과 포화지방으로부터의 열량을 제한하고 나트륨 섭취 줄이기

건강한 식습관은 공중보건 문제가 있는 여러 가지 식품 성분을 제한하는 것이다. 이에 아래와 같이 권장한다.

- *일일 칼로리의 10% 미만의 첨가당을 섭취하기*—첨가당의 칼로리 섭취를 제한하는 것은 식습관과 건강을 조사하는 연구결과와도 일치한다. 첨가당류 섭취를 줄이는 식습관은 성인의 심혈관질환뿐만 아니라 비만, 제2형 당뇨병, 암의 일부 유형의 위험성을 줄이는 것과 관련이 있다. 아동과 성인에서 첨가당과 치아 우식증 사이의 관계에 대한 근거도 이를 제시하고 있다. 미국 음식에서 첨가당의 2가지 주요 식품원은 가당 음료와 스낵과 과자이다. 이와 같은 식품은 필수영양소나 식이섬유가 거의 없어서 식이의 질에 좋은 영향을 주지 않는다. 과체중인 사람에게는 인공감미료와의 교환이 반드시 필요한 것은 아니다. 고강도 인공감미료는 장기적인 체중 관리 전략으로 도움이 된다고 입증되지 않았다.
- *일일 칼로리의 10% 미만의 포화지방을 섭취하기*—포화지방을 불포화지방(특히 고도 불포화지방)으로 대체하는 것은 총 콜레스테롤 및 저밀도 지단백(LDL) 콜레스테롤의 혈중 농도 감소와 관련이 있다. 미국 식단의 포화지방의 주된 식품원은 햄버거, 샌드위치, 타코, 피자, 고기, 가금류 및 해산물 요리와 같이 치즈, 고기 또는 둘 다를 포함하는 혼합된 음식이다.

표 2-2 국가 신체 활동 지침

연령군	지침
6~17세	아동과 청소년은 매일 60분 이상(1시간 이상)의 신체 활동을 해야 한다. • 유산소 운동: 매일 60분 이상의 중등도(a) 또는 격렬한(b) 강도의 유산소 신체 활동을 해야 하며 여기에 일주일에 최소 3일 이상의 격렬한 강도의 신체 활동이 포함되어야 한다. • 근력강화 운동(c): 매일 60분의 신체 활동에 아동과 청소년은 일주일에 최소 3일의 근력강화 운동이 포함되어야 한다. • 뼈 강화 운동(d): 매일 60분의 신체 활동에 아동과 청소년은 일주일에 최소 3일의 뼈 강화 운동이 포함되어야 한다. • 대상자의 연령에 적합하면서 즐길 수 있으며 다양성을 제공하는 신체 활동에 참여하도록 격려하는 것이 중요하다.
18~64세	모든 성인은 비활동성을 피해야 한다. 일부 신체 활동은 안하는 것보다 나으며 어느 정도의 신체 활동에 참여하는 성인은 약간의 건강상의 이점이 있다. • 실제적인 건강상의 이점을 위해 성인은 일주일에 중등도 강도로 최소 150분(2시간 30분)이나 일주일에 격렬한 강도로 최소 75분(1시간 15분)의 유산소 활동을 해야 한다. 또는 이에 상등하는 중등도와 격렬한 유산소 활동을 해야 한다. 유산소 운동은 최소 10분은 수행되어야 하며, 가급적 일주일 내내 해야 한다. • 추가적이고 좀 더 건강상의 이점을 위해서는 성인은 일주일에 중등도 강도로 300분(5시간)의 신체 활동이나 일주일에 150분 정도의 격렬한 강도의 유산소 활동, 또는 이에 상응하는 중등도와 격렬한 강도의 활동을 해야 한다. 추가적인 건강상의 이점은 이 정도 이상의 신체 활동에 참여함으로써 이루어진다. • 성인은 일주일에 2일 이상 주요 근육군을 포함한 근력강화 활동을 해야 한다.
65세 이상	노인은 성인의 지침을 따른다. 노인이 성인의 지침을 따를 수 없을 때, 자신의 능력과 조건이 허락하는 만큼 신체적으로 활동적이어야 한다. • 노인은 낙상의 위험이 있는 경우 균형을 유지하거나 향상시키는 운동을 해야 한다. • 노인들은 신체 활동 수준을 자신의 건강 수준에 맞추어 정해야 한다. • 만성질환을 가진 노인들은 자신의 질환이 규칙적인 신체 활동을 하는 데 안전한지의 여부와 어떻게 영향을 미치는지 이해해야 한다.

a. 중등도 강도의 신체 활동: 대상자의 심박수와 어느 정도의 호흡을 증가시키는 유산소 운동. 대상자의 능력에 따라, 중등도 강도의 활동이 주로 1~10 정도에서 5~6 정도가 되게 한다. 빨리 걷기, 댄스, 수영, 자전거 타기가 그 예이다.
b. 격렬한 강도의 신체 활동: 대상자의 심박수와 호흡을 매우 높이는 유산소 운동. 대상자의 능력에 따라, 격렬한 강도의 활독이 주로 1~10 정도에서 7~8 정도가 되게 한다. 조깅, 단식테니스, 쉬지 않고 계속 왔다 갔다 수영하기, 오르막길 자전거 타기가 그 예이다.
c. 근력강화 운동: 골격근의 강도와 힘, 지구력, 질량을 증가시키는 운동을 포함하는 신체 활동. 체력 훈련, 저항력 훈련, 근력 및 지구력 운동 등이 포함된다.
d. 뼈 강화 운동: 뼈에 충격이나 장력을 일으키는 신체 활동으로 뼈의 성장과 힘을 키운다. 달리기, 줄넘기, 역기 들기 등이 포함된다.

출처: Adapted from U.S. Department of Health and Human Services. *2008 Physical Activity Guidelines for Americans*. Washington, DC. 2008. Accessed February 2016. http://health.gov/paguidelines

- *일일 2,300mg 미만의 나트륨 섭취하기*—하루 평균 나트륨 섭취량은 3,440mg이다. 가이드라인은 14세 이상의 아동과 성인에게 나트륨 섭취를 2,300mg으로 줄이는 것이 중요하다고 강조한다. 14세 미만의 아동을 위한 나트륨 상한섭취량(Tolerable Upper Intake Level, UL)이 설정되어 있으며, 식이지침에 나와 있다. 고혈압 전 단계이거나 고혈압이 있는 성인은 하루 1,500mg으로 낮추는 것이 좋다. 더 많은 자료에 따르면 혈압을 낮춰야 하는 성인은 고혈압 방지를 위한 식이접근법(dietary approaches to stop hypertension, DASH) 식단을 고려해야 한다. DASH 섭취 계획은 심혈관 장에서 자세히 설명할 것이다. 전문가들은 우리가 섭취하는 나트륨의 75%가 이미 식품에서 소비하고 있다고 한다.
- *술을 마실 경우 적당히 마시기*—이는 여성의 경우 하루에 최대 1잔, 남

성의 경우 최대 하루 2잔에 해당한다. 식이지침에서는 술을 마시지 않는 사람은 어떤 이유로든 술을 마시는 것이 좋다고 권하지는 않는다. 알코올은 USDA 식품 패턴의 구성요소가 아니다.

더 건강한 음식과 음료 선택으로 전환

미국의 많은 사람들의 전형적인 식습관은 미국인을 위한 식이지침과 맞지 않다. 전형적인 식습관 패턴에 대한 분석에서는 다음과 같은 다양한 경향이 두드러지게 보인다.

- 인구의 약 4분의 3은 채소, 과일, 유제품 및 기름을 적게 섭취하는 경향을 보인다.
- 인구의 절반 이상이 통곡물 및 단백질 식품을 충분히 섭취하고 있거나 초과하여 섭취하고 있기는 하지만 이러한 각 식품군 내에서 보다 건강한 하위군에 대한 권장사항은 충족하지 못하고 있다.
- 대부분의 사람들은 첨가당, 포화지방, 나트륨에 대한 권장사항을 초과한다. 또한 성인 중 2/3 이상, 아동과 청소년의 약 1/3이 과체중 또는 비만이라는 사실로 알 수 있듯이 칼로리를 과소비하고 있다.

그림 2-3은 현재 섭취량이 실제 권장치와 다른 것을 보여주고 있다.

이러한 음식 군 또는 식이 구성요소 이외에 공중보건 문제가 되는 부족한 영양소가 있다고 알려져 있다. 이는 칼슘, 칼륨, 식이섬유, 비타민 D이다. 또한 어린 자녀, 임신 가능한 여성, 임신 중인 여성의 경우 철분 섭취가 적어 공중보건 문제가 있다. 콜린; 마그네슘; 비타민 A, 비타민 E, 비타민 C는 평균요구량(Estimated Average Requirement)이나 충분섭취량(Adequate Intake)보다 적게 섭취하고 있다.

참고로, 현 섭취량을 권장치와 일치시키기 위해서는 다음과 같은 전환이 필요하다.

- *더 많은 채소를 섭취하도록 전환하기*—제시된 건강한 식사 패턴을 위해 노력하면 대부분의 대상자의 채소 섭취는 늘려야 할 것이다. 영양이 풍부한 형태를 포함하고 다양한 채소의 증가는 건강 결과를 크게 향상시킬 것이다. 자주 과식하게 되는 정제된 곡물이나 지방이 많고 짠 육류의 음식을 줄이면서 혼합 채소 함량을 증가시키도록 한다. 또한 잎이 많은 녹색 샐러드 또는 채소를 반찬으로 선택하고 채소를 대부분의 식사와 스낵에 혼합하면 채소 섭취가 크게 늘어난다.
- *더 많은 과일을 섭취하도록 전환하기*—과일을 대부분 통째로 많이 섭취하면 대부분의 대상자들에게 도움이 된다. 케이크, 파이, 쿠키, 도너츠, 아이스크림, 사탕과 같은 첨가당 식품 대신 스낵, 샐러드, 반찬, 디저트

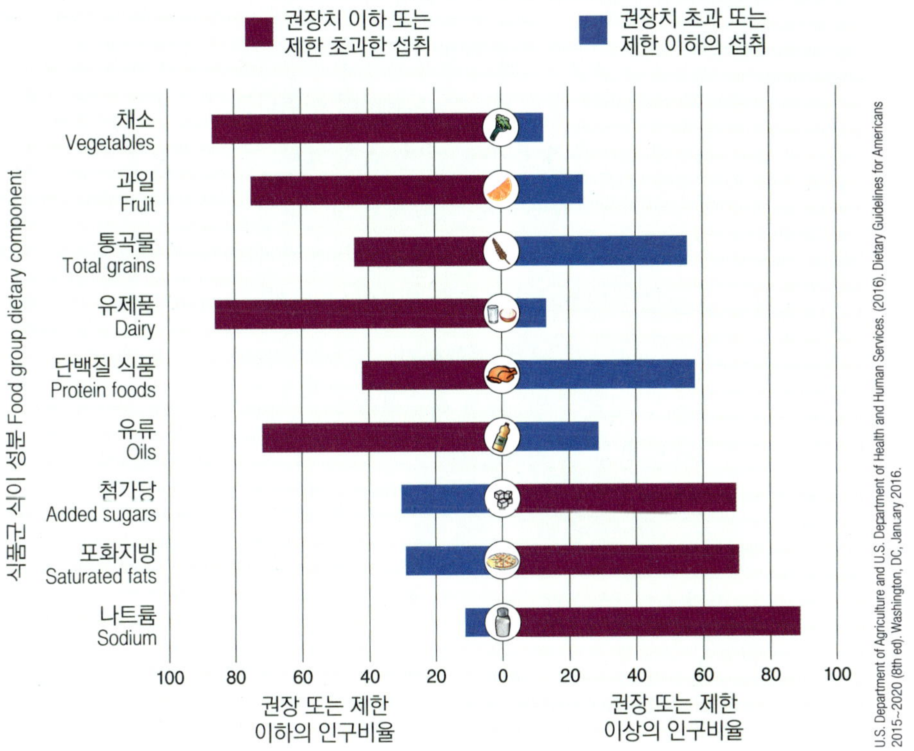

그림 2-3 섭취량과 권장치의 비교. 각 식품 목표 또는 제한 이하/이상인 1세 이상 인구 비율.

등에 과일을 더 많이 포함하도록 변화하면 과일을 많이 섭취하게 된다.

- *소비되는 모든 곡물의 절반을 통곡물로 전환하기*—정제 곡물 대신 통곡물 형태의 일반음식으로 대신하면 권장사항을 충족하는 데 도움이 된다. 흰빵에서 100% 통밀빵, 흰곡물 파스타에서 통곡물 파스타, 흰밥에서 갈색밥으로 가면 통곡물 섭취량이 증가하고 정제 곡물 섭취량은 감소한다. 권고사항은 통곡물을 첫 번째 곡물 성분으로 나열한 식품을 선택하도록 하고 있다. 또한, 과잉 칼로리의 흔한 원인인 정제 곡물 디저트와 케이크, 쿠키 및 패스트리와 같은 달콤한 스낵을 줄이면 이 목표를 달성하는 데 도움이 된다. 버터를 첨가한 팝콘 대신 평범한 팝콘, 크로와상 대신 빵, 그리고 비스킷 대신 영국식 머핀과 같은 영양분이 많은 형태를 선택하는 것 역시 권장된다.
- *영양소 밀도가 높은 형태로 더 많은 유제품을 섭취하도록 전환하기*—무지방 또는 저지방 유제품, 요구르트, 치즈 또는 강화된 두유로 전환하면 이러한 권장사항을 충족하는 데 도움이 된다. 그러나 치즈에는 우유나 요구르트보다 더 많은 나트륨, 포화지방이 포함되어 있고 칼륨, 비타민 A, 비타민 D가 적기 때문에, 치즈보다 무지방 또는 저지방 우유 및 요구르트를 섭취하는 형식으로 더 많은 유제품을 섭취하는 것이 가장 좋다. 요구르트를 스낵이나 샐러드 드레싱이나 스프레드로 선택하는 것이 좋다.

- *단백질 식품 선택의 다양성을 늘리고 더 영양가 높은 선택을 하도록 전환하기*—육류 또는 가금류 대신 일주일에 두 번 해산물 섭취를 늘리고 콩류 또는 견과류와 씨 종류를 혼합하여 섭취하는 것이 목표를 달성하도록 하는 데 올바른 방향이다. 연어, 참치 요리, 콩, 칠리를 선택하거나 아몬드를 샐러드에 넣으면 모두 단백질 다양성이 증가할 수 있다. 청소년 남성과 성인 남성은 단백질 식품의 전반적인 섭취를 줄여야 한다. 그러나, 다른 모든 대상자의 단백질 식품의 총 섭취량은 권장사항에 가깝다.
- *고형 지방에서 기름으로 전환하기*—고형 지방(버터, 스틱 마가린, 쇼트닝, 라드, 코코넛 오일) 대신 식물성 기름을 사용하면 요리 시 건강에 도움이 된다. 육류 및 가금류 대신에 해산물과 견과류와 같은 기름을 자연적으로 함유하는 음식을 섭취하는 것과 고체 지방 대신 기름으로 만든 샐러드 드레싱과 스프레드와 같은 다른 음식으로 전환하는 것을 높이도록 한다.
- *첨가당 소비량을 칼로리의 10% 미만으로 줄이도록 전환하기*—설탕이 첨가된 음료 대신 물과 같은 설탕이 없는 음료를 선택한다. 곡물 및 유제품 디저트 및 달콤한 스낵의 크기를 줄인다. 무가당 또는 설탕이 첨가되지 않은 통조림 과일, 과일 소스(사과 소스) 및 요구르트를 선택하도록 한다.
- *포화지방 섭취량을 칼로리의 10% 미만으로 줄이도록 전환하기*—고형 지방을 함유한 저지방 형태의 음식 및 음료(고기 지방보다는 살코기, 일반 치즈 대신 저지방 치즈 등)를 선택하는 것이 이 목표를 달성하는 데 도움이 된다. 지방이 많은 고기나 일반 치즈 대신에 채소, 통곡물, 살코기 및 저지방 치즈의 양을 늘리도록 재료를 변경하면 이러한 권장 전환에 도움이 된다. 포화지방이 낮고 고도 불포화지방 및 불포화지방이 많은 포장 식품을 선택하기 위해 식품 표시를 읽는 것 역시 소비자에게 도움이 된다. 버터, 스틱 마가린, 크림 치즈 대신에 유성 드레싱과 스프레드를 사용하는 것이 바람직하다.
- *나트륨 섭취를 줄일 수 있는 음식을 선택하기*—소비자는 식품의 나트륨 함량을 비교하고 나트륨 함량이 적은 제품을 선택하고 저나트륨, 저염 또는 무염 첨가 제품을 구매하고 영양성분표를 사용하도록 한다. 가공된 육류 및 가금류보다는 신선하고 냉동(소스 또는 조미료가 없음)되거나 소금이 첨가되지 않은 통조림 채소와 신선한 가금류, 해산물 및 살코기를 선택한다. 집에서 음식을 자주 먹고 나트륨을 조절하기 위해 요리한다면 이 지침을 지키는 데 도움이 된다. 소스, 믹스 및 맛을 첨가한 쌀, 인스턴트 라면 및 기성품 파스타를 포함한 '인스턴트' 제품을 제한하

는 것은 나트륨을 줄이는 방향으로의 단계이다. 소금 대신 허브와 향신료로 맛을 내는 음식도 도움이 될 수 있다.

음식 선택으로 어떻게 더 건강해질 수 있는지에 대한 실질적인 표현은 그림 2-4를 참조한다.

채소, 과일, 통곡물 및 유제품을 더 많이 섭취하는 것으로 전화하는 것은 공중보건 문제의 영양분 섭취를 증가시킨다. 섬유 섭취량이 적은 이유는 채소, 과일 및 통곡물 섭취량이 적기 때문이다. 미국인들의 칼륨 섭취량이 적은 이유는 주로 채소, 과일, 유제품 섭취가 적기 때문이다. 낮은 칼슘 섭취량은 유제품의 낮은 섭취량과 관련이 있다. 비타민 D가 강화된 더 많은 음식과 함께 연어, 청어, 참치와 같은 더 많은 지방질의 생선을 섭취하면 인구는 더 높은 수준의 비타민 D를 볼 수 있다.

MyPlate, MyWins는 ChooseMyPlate 웹사이트의 새로운 섹션으로, 식이 지침을 충족하기 위해 먹는 데 있어 어떻게 실용적인 방식으로 필요한 전환을 실행할 수 있는 방법을 소비자가 익히는 데 도움을 준다. 이 부분의 음식 안내는 건강한 선택을 하기 위한 작은 변화로 시작하는 것이 중요하다는 것을 강조한다(그림 2-5).

모두를 위한 건강한 식습관 지지하기

우리는 일상 생활을 하면서 좀 더 건강한 식습관을 지지하는 역할을 한다. 건강한 생활 방식 선택은 쉽고 접근 가능해야 하며 가정, 학교, 직장, 지역사회 및 식품 소매점에서 식품을 선택할 때 가격이 알맞아야 한다. 정책가들은 미국인의 건강을

U.S. Department of Agriculture and U.S. Department of Health and Human Services. Dietary Guidelines for Americans 2015–2020 (8th ed). Washington, DC, January 2016

그림 2-4 식이지침에 적합하도록 바꾼 음식의 예

MyPlate, MyWins

그림 2-5 MyPlate, MyWins에서 보내는 주요 메시지.

U.S. Department of Agriculture and U.S. Department of Health and Human Services. Dietary Guidelines for Americans 2015–2020 (8th ed.). Washington, DC, January 2016

지원하기 위한 새로운 방식을 만들기 위해 집단 행동이 필요하다는 것을 알고 있다. 설득력 있고 힘을 실어주는 정보 전달은 무엇보다도 우리 국가의 건강을 변화시키는 확실한 단계가 될 것이다.

영향의 계층(layers of influence)은 사람의 식사 선택과 스타일 및 신체 활동을 형성한다. 가족의 전통과 유산 그리고 어떤 이에게는 종교와 같이 당신이 진실이라 믿는 것이 당신의 결정에 영향을 미친다. 일부는 건강에 우선권을 부여하고, 다른 이는 우리가 먹고 신체를 움직이는 것과 궁극적인 건강 결과 사이 연관성을 흔쾌히 인정하지 않는다.

우리가 살고 있는 곳은 건강한 식품에 대한 우리의 접근과 신체적으로 활발히 하는 데에 영향을 줄 수 있다. 교육, 건강 관리, 조직, 비즈니스 및 산업과 같은 부문의 변화는 사람들이 건강한 식품 및 신체 활동에 접근할 수 있는 정도의 큰 영향을 줄 수 있다. 조기 보육 및 교육(유아원, 유치원), 학교, 작업장, 커뮤니티 센터, 식료품점 및 레스토랑과 같은 환경은 식이지침과 일치하는 전략이 함께 수행될 수 있고 수행되어야 하는 곳이다. 다음은 우리가 생각할 수 있는 몇 가지 전략이다.

- *가정에서*—매일 저녁 산책을 가며 화면을 보는 시간을 줄이는 등의 작은 변화를 시도한다. 가족 식사에 채소를 더 추가한다. 집에서 더 많이 요리하고 덜 외식한다. 직장에 점심 도시락을 싸 가지고 가도록 한다.
- *학교에서*—카페테리아, 자동판매기 등에서 건강에 좋은 식품을 선택하도록 한다. 낮 동안의 신체 활동뿐만 아니라 영양교육프로그램을 지원한다. 가정에서 부모가 건강한 변화를 시작하도록 격려한다.
- *직장에서*—직장은 카페테리아 및 자동판매기에 보다 건강한 식품을 제공할 수 있다. 회의 시 건강한 식품 선택을 하도록 하는 정책을 만들 수도 있다. 직원들이 운동을 하거나 걷거나 활발한 휴식을 취할 수 있는 장소를 제공할 수 있다. 직원들의 건강 및 복지 프로그램 참여 및 영양상담을 지원할 수 있다.
- *지역사회에서*—다양한 단체가 공동체 정원, 농민 시장, 피난처 및 푸드 뱅크를 지원함으로써 가격이 알맞고 건강한 식품 선택을 하도록 할 수 있다. 지자체는 안전하게 움직이고 운동할 수 있는 장소를 제공함으로써 걷기 쉬운 지역사회를 만들 수 있다. 식료품점은 식품 구매 시 건전한 의사결정을 지원할 수 있다. 점점 더 많은 식료품 체인이 영양사를 고용할 수 있다. 우리는 외식할 때보다 건강한 선택을 하기 위한 곳을 찾고 있어 식당에서는 메뉴 항목을 개선할 수 있다.

웹사이트 탐색 EXPLORING THE WEB

웹사이트를 방문하여 평균 미국인이 매일 소비하는 나트륨의 양이 얼마나 되며 이 양이 미국인에 대한 2015년 식이요법 지침에 명시된 권장사항과 어느 정도의 양인지 비교하여 본다. 나트륨 함량이 높은 음식은 무엇인가? 미국 식단에서 나트륨 섭취량을 줄이는 데 도움이 되는 전략은 무엇인가? 나트륨 섭취 증가와 관련된 건강상의 위험은 무엇인가? 자세한 내용은 CDC 및/또는 FDA를 찾아보도록 한다.

웹사이트 탐색 EXPLORING THE WEB

밀 식품 위원회 웹사이트(http://www.wheatfoods.org)는 곡물 및 영양에 대한 풍부한 정보를 제공한다. 정보 섹션을 방문하여 대상자와 공유할 슬라이드 쇼 및 정보를 찾는다. 이 사이트에서 찾은 정보로부터 자료를 대상자에게 배포할 수 있다.

삶의 길잡이 SPOTLIGHT on Life Cycle

2가지 중요한 영양소—칼슘과 철

적절한 칼슘 섭취와 체중 부하 운동은 뼈의 질량을 최적화하고 골다공증의 위험을 줄이는 중요한 요소이다. 칼슘 소비는 뼈가 가장 빠른 속도로 성장하는 10대 이전과 10대에 특히 중요하다. 17세까지, 대부분의 10대들은 자신의 성장 스퍼트(분출)를 끝냈고 성인 뼈 질량의 90%를 형성했다. 안타깝게도, 10대들의 대부분은 칼슘 권장 섭취량(1,300mg/일)을 충족시키지 못한다. 칼슘의 풍부한 공급원에는 저지방 또는 무지방 우유, 치즈, 요구르트, 짙은 녹색 잎이 많은 채소, 오렌지 주스, 시리얼, 빵, 두부 제품과 같은 칼슘 강화 식품, 그리고 아몬드와 같은 견과류가 있다. 적절한 체중 부하 운동은 최대 뼈 질량을 달성하고 유지하는 데 중요하다. 걷기, 테니스 또는 농구, 줄넘기, 춤, 그리고 역도 같은 활동들은 뼈를 건강하게 하기 위한 운동 계획에 포함될 수 있다.

세계에서 가장 흔한 영양결핍은 철분 부족이다. 이것은 특히 유아, 청소년, 임신 및 생리 중인 여성들 사이에서 흔하다. 그것은 철분결핍빈혈의 원인이 될 수 있다. 의료인은 아래와 같이 행함으로써 도움을 줄 수 있다.

- 위험에 있는 대상자를 확인하기(예: 2세 미만, 청소년, 생리주기가 심한 여성, 임신 여성, 영양결핍증 환자, 위장출혈)
- 고위험 대상자의 전체적인 영양 사정을 수행하기
- 대상자에게 철분이 많은 음식을 섭취하도록 권장하기. 이러한 것들은 지방이 적은 고기, 가금류, 생선, 풍부한 빵, 콩류, 잎이 많은 녹색 채소, 말린 과일 그리고 견과류를 포함한다.

섭취량와 신체 활동을 개선하기 위한 많은 전략이 있다. 공동체, 기업 및 산업, 조직, 정부 및 기타 사회 분야 전문가들 간에 공동의 노력을 기울이면 우리는 공중보건에 변화를 가져올 수 있다. 그리고 이는 현재와 미래 세대의 건강에 의미 있는 영향을 미치므로, 당장 행동 변화가 이루어져야 한다.

식품 표시

1990년 영양 표시 및 교육법의(NLEA) 의회 통과로 1994년 5월 거의 모든 가공식품에 대해 영양 표시 규정이 의무화되었다. 변화의 주요 목적은 표시를 함으로써 식품에 일관된 영양 정보를 제공하는 것이다. 새로운 식품 표시는 소비자에게 식품의 영양 성분과 그 영양소가 건강에 미치는 영향에 대해 이전 표시보다 더 많은 정보를 제공한다. 표시에 허용된 건강 강조 표시는 미국식품의약국(Food and Drug Administration, FDA)에 의해 제한되고 설정된다. 섭취량 크기는 FDA에 의해 결정되며 개별 식품 가공 업체는 결정하지 않는다. 식품을 기술하는 용어가 표준화되었는데, 예를 들어 *저지방*은 각 섭취 시에 3g 이하의 지방이 들어 있음을 의미한다.

영양 표시에는 영양 정보라는 형식이 정해진 공간이 있다. 현재 식품 표시에는 총 칼로리, 지방에서 얻은 칼로리, 총 지방, 포화지방, 트랜스지방, 콜레스테롤, 나트륨, 총 탄수화물, 식이섬유, 당류, 단백질, 비타민 A, 칼슘 및 철 성분에 대한 정보가 포함되어 있다.

새롭고 이해하기 쉬운 식품 표시가 FDA에 의해 승인되었다(**그림 2-6**). 식품 표시가 업데이트된 지 20년이 지난 지금, FDA와 다양한 보건 전문가는 새로운 공중보건 및 영양 과학 정보를 기반으로 변경이 되어야 한다고 한다. 새로운 표시는 사람들이 실제로 소비하는 음식과 음료의 양을 반영하기 위한 섭취량 요건에 대한 정보가 업데이트되어 있다. 쉽게 읽을 수 있는 형식으로, 특히 섭취량, 칼로리 및 하루 치 퍼센트가 더 분명하다.

식품에 설탕을 첨가하는 것과 같은 첨가당에 대해 공중보건상 우려가 증가함에 따라 제안된 식품 표시에는 '첨가당'에 대한 칸이 추가되어 있다. FDA는 첨가당이 총 칼로리의 10%를 초과하지 않도록 하는 권장을 기반으로 첨가당에 대한 하루 치 퍼센트 제안을 고려하고 있다.

식품의 칼슘 및 철분 함량뿐만 아니라 해당 제품이 제공하는 일별값도 표기될 것이다. 비타민 C와 비타민 A 정보는 식품 표시에서 빠지고 미국인 식단에서 중요성이 커지고 있는 영양소 정보(비타민 D와 칼륨)로 대체된다. FDA는 대상자가 일별값을 아는 데 도움이 되도록 이해하기 쉬운 각주를 제안하고 있다.

식품 가공업자는 자발적으로 식품에 대한 추가 정보를 포함할 수 있다. 건강 강조 표시가 되어 있거나 선택 영양소가 풍부하거나 강화된 경우에는 영양소에 대한 영양정보가 필요하게 된다. 표준화된 섭취량은 일반적으로 섭취하는 특정 식품의 양을 기준으로 하며 영어와 미터법으로 모두 표기된다(**표 2-3**).

웹사이트 탐색
EXPLORING THE WEB

미국 FDA(식품의약국, http://www.fda.gov)의 식품안전 및 응용 영양 센터 웹사이트에는 식품 표시 사용에 관한 정보가 풍부하다. 웹사이트를 방문하여 체중 감량, 소금 섭취량 감소, 당뇨병 조절, 심장병 예방에 식품 표시를 사용하는 방법에 대한 자료를 작성한다. 이 자료는 또한 대상자 교육에 사용될 수 있다.

표 2-3 환산 단위 계산법

HOUSEHOLD	METRIC
1 teaspoon (tsp) =	5 milliliters (mL)
1 tablespoon (Tbsp) =	15 milliliters (mL)
1 cup (C) =	240 milliliters (mL)
1 fluid ounce (fl oz) =	30 milliliters (mL)
1 ounce (oz) =	28 grams (g)

라벨의 일별값은 일일섭취량 2,000칼로리를 기준으로 식품 표시에 기재된 각 영양소 1회 섭취량의 백분율에 대한 정보를 소비자에게 알려주고 있다. 예를 들어 그림 2-6에서 총 지방은 8g인데, 이는 2,000칼로리 식단의 12%를 나타낸다.

성분 목록은 영양 분석도표(nutrition facts panel) 하단에 있다. 성분목록은 각 성분 중 많이 포함되어 있는 순서로 되어 있다(그림 2-6).

건강 강조 표시

식이요법은 심장질환, 뇌졸중, 선천성 기형 및 암에 영향을 미치기 때문에 영양소와 건강 관련 상태를 연결하는 다음의 *건강 강조 표시*가 표시에 허용된다. 이는

Nutrition Facts
Serving Size 2/3 cup (55g)
Servings Per Container About 8

Amount Per Serving	
Calories 230	Calories from Fat 72
	% Daily Value*
Total Fat 8g	**12%**
Saturated Fat 1g	**5%**
Trans Fat 0g	
Cholesterol 0mg	**0%**
Sodium 160mg	**7%**
Total Carbohydrate 37g	**12%**
Dietary Fiber 4g	**16%**
Sugars 1g	
Protein 3g	
Vitamin A	10%
Vitamin C	8%
Calcium	20%
Iron	45%

* Percent Daily Values are based on a 2,000 calorie diet. Your daily value may be higher or lower depending on your calorie needs:

	Calories:	2,000	2,500
Total Fat	Less than	65g	80g
Sat Fat	Less than	20g	25g
Cholesterol	Less than	300mg	300mg
Sodium	Less than	2,400mg	2,400mg
Total Carbohydrate		300g	375g
Dietary Fiber		25g	30g

Nutrition Facts
8 servings per container
Serving size 2/3 cup (55g)

Amount per 2/3 cup
Calories **230**

% DV*	
12%	**Total Fat** 8g
5%	**Saturated Fat** 1g
	***Trans* Fat** 0g
0%	**Cholesterol** 0mg
7%	**Sodium** 160mg
12%	**Total Carbs** 37g
14%	**Dietary Fiber** 4g
	Sugars 1g
	Added Sugars 0g
	Protein 3g
10%	**Vitamin D** 2mcg
20%	**Calcium** 260mg
45%	**Iron** 8mg
5%	**Potassium** 235mg

* Footnote on Daily Values (DV) and calories reference to be inserted here.

그림 2-6 식품 표시 비교—현재(왼쪽)와 제안된 표시(오른쪽)

일별값 daily values
일일섭취량 2,000칼로리를 기준으로 식품 라벨(표시)에 기재된 각 영양소 1회 섭취량의 백분율을 나타낸다.

소비자가 자신의 건강에 가장 좋은 식품을 선택하고 표시에 있는 허위 광고에 속지 않도록 하기 위함이다. 허용된 강조 표시는 다음 간의 관계에 대한 것이다.

- 칼슘과 *골다공증*
- 나트륨과 *고혈압*
- 포화지방과 콜레스테롤 수치가 낮고 섬유소를 함유하고 있는 과일, 채소, 곡물이 많은 식이와 *관상동맥 심장질환*
- 지방이 함량이 적고 섬유소와 항산화제를 함유하고 있는 과일과 채소가 많은 식이와 비타민 A, 비타민 C와 *암*
- 지방 함량이 적고 곡물, 과일, 채소를 함유한 섬유소가 많은 식이와 *암*
- 엽산과 *신경관 결함*
- 콩 단백질과 *관상동맥 심장질환*

다음의 2가지 추가 기준도 충족해야 한다.

1. 건강 강조 표시가 있는 식품은 적어도 다음 영양소 중 최소 한 가지 이상 자연적으로 좋은 공급원이어야 함(적어도 일별값의 10%를 포함): 단백질, 비타민 A, 비타민 C, 철, 칼슘, 섬유소
2. 표준 섭취가 총 지방, 포화지방, 콜레스테롤, 나트륨에 대한 일별값의 20% 이상을 포함하는 경우에는 식품에 대한 건강 강조 표시를 할 수 없다.

용어

FDA는 소비자가 가장 적합하고 건강에 좋은 식품을 선택할 수 있도록 식품 표시에 설명어(제품을 설명하기 위해 제조업체에서 사용하는 용어)를 표준화했다. 다음은 그 예이다.

- *저칼로리*는 한 끼에 40칼로리 이하를 의미한다.
- *칼로리가 없다*는 것은 1인분당 섭취량이 5칼로리 이하임을 의미한다.
- *저지방*이란 식품의 1인분 또는 100g당 3g 이하의 지방을 함유하고 있음을 의미한다.
- *무지방*이란 음식이 1인분당 0.5g 이하의 지방을 함유하고 있음을 의미한다.
- *낮은 포화지방*은 1g 이하의 포화지방을 의미한다.
- *낮은 콜레스테롤*은 1인분당 20mg 이하의 콜레스테롤을 의미한다.
- *콜레스테롤이 없는* 것은 1인분당 2mg 미만의 콜레스테롤을 의미한다.
- *무가당*은 준비 및 포장 과정에서 어떤 종류의 설탕이나 감미료가 첨가되지 않았음을 의미한다. 이러한 용어를 사용할 때, 만약 실제로는 그렇지 않다면, 저칼로리나 칼로리 감소가 아니라고 명시해야 한다.
- *저나트륨*은 1인분당 140mg 이하의 나트륨을 의미한다.

SUPERSIZE USA

오늘날 스마트폰은 사람들이 개인적인 건강 목표를 달성하는 것을 돕기 위해 다운로드 받을 수 있는 다양한 무료 앱을 제공한다. 체중 감량과 건강 관련 앱뿐만 아니라 금연, 저축, 음주, 수면 향상 앱도 찾을 수 있다. iOS 및 Android 기기의 경우 운동 목표 및 운동 섭취량을 추적하여 운동 목표를 달성할 수 있다. 다른 체중 감량 및 피트니스 앱에는 MyFitnessPal, Pact 및 Diet Hero 앱이 있다. Nike Training Club 앱에는 100개가 넘는 운동이 포함되어 있으며 초급, 중급 및 고급 사용자를 도울 수 있다. Smoke Free를 사용하면 흡연을 중단하려는 노력의 진행 상황을 모니터링할 수 있을 뿐만 아니라, 사용자가 얼마나 많은 돈을 절약하고 있는지, 그리고 그들의 건강이 얼마나 개선되고 있는지를 추적할 수 있게 해준다. DrinkControl 앱은 사용자가 음주 허용치를 초과하면 사용자에게 알리고 소비된 알코올 및 칼로리 단위를 추적하는 데 사용할 수 있다. 이러한 앱들을 다른 많은 앱들과 함께 확인해보시오. 여러분의 건강에 더 좋은 단계를 밟는 데 도움을 줄 것이다.

출처: Adapted from Marniit, Aaron. (2015, December 25). "*Apps to Help You Keep Your New Years Resolutions: Losing Weight, Quitting Smoking and More.*" *Tech Times*. Accessed January 2015. http://www.techtimes.com/articles/119286/20151225/best-apps-to-help-you-keep-your-new-years-resolutions-losing-weight-quitting-smoking-and-more.htm

설명어 descriptors
무언가를 설명하기 위해 사용되는 용어

- *매우 낮은 나트륨*은 1인분당 35mg 이하의 나트륨을 의미한다.

분명히, 식품 표시에 대한 정보는 모든 소비자, 특히 치료식품을 위해 식품을 선택해야 하는 사람들에게 유용하다. 의료인들은 표시법(라벨링법)에 대해 확실하게 알고 있어야 한다. 요청하면, 많은 식품 제조업자들은 소비자들에게 자신의 제품에 대한 추가적인 세부 정보를 제공할 것이다.

많은 소비자들이 식료품 가게에서 식품을 선택하는 데 어려움을 겪을 수 있다. 평균적으로 식료품 가게에는 60만 개 이상의 제품이 있다고 한다. 많은 식품 제조업자들은 포장을 매력적으로 보이게 하고 자신의 제품이 건강에 좋은 성분으로 가득 찬 것처럼 보이도록 하지만 가끔은 그렇지 않을 수도 있다. 재료 목록과 영양에 관한 *진짜* 정보를 찾는 데 지식이 있어야 한다. 전반적으로, 영양 성분이 표시된 목록 중 구성 성분에 대해 목록이 짧은 식품을 선택하는 것이 최선책이다. 길고 복잡한 식품첨가제, 충전제, 방부제를 피하는 것이 가장 좋다. 영양검출소(Nutrition Detectives™)는 식품 표시를 판독하는 쉬운 방법을 원하는 초등학생 및 다른 학생들을 위한 혁신적인 온라인 교육 도구이다.

음식 습관

MyPlate 및 Nutrition Facts 표시(사용 가능한 경우)는 영양적으로 건전한 식단을 계획하는 데 유용하지만, 식사와 종교적 습관도 고려해야 한다. 각 나라의 사람들만의 가장 좋아하는 음식이 있다. 특정 국가의 작은 지역에서만 유래되는 독특한 **음식 습관**들이 종종 있다. 특정 지역의 사람들은 이용 가능하고 경제적이기 때문에 그 지역에서 생산되는 음식을 선호한다. 일부 종교에는 특정 음식 습관을 요구하는 **식품규정**이 있다. 대부분의 사람들이 자라면서 익숙했던 음식을 선호하기 때문에, 음식 습관은 종종 국적과 종교에 기반을 두고 있다.

사람의 경제적 지위와 사회적 지위도 식습관에 기여한다. 예를 들어, 가난한 사람들은 소갈비의 맛을 모른 채 성장한 반면에, 부유층은 적어도 소갈비를 좋아하는지 여부에 상관없이 소갈비의 맛에 익숙해져 있을 수 있다. 특정 사회 계층의 사람들은 그들 계층의 다른 사람들과 동일한 음식을 섭취하기 쉽다. 그리고 사람들이 선택하는 음식은 아마도 자신이 하는 일에 따라 다를 것이다. 예를 들어, 열심히 육체 노동을 하는 사람들은 앉아서 일하는 사람들보다 더 높은 칼로리 식품을 필요로 할 것이다.

사람들이 한 국가에서 다른 국가로 또는 한 지역에서 다른 지역으로 이사할 때 경제 상태가 바뀔 수 있다. 이들은 새로운 음식과 새로운 음식 습관에 노출될 것이다. 비록 그들의 원래 음식 습관이 영양적으로 충분할지라도 새로운 환경으로 인해 식습관이 바뀔 수 있다. 예를 들어, 우유가 이동하기 전에 식단에서 주요(기본) 음식이었고 새로운 환경에서 유별나게 비싼 경우, 우유는 소다, 커피, 차와 같은 값이 더

웹사이트 탐색
EXPLORING THE WEB

웹에서 다양한 문화 및 경제적 수준과 관련된 음식 패턴의 영양가에 대한 정보를 검색한다. 당신이 살고 있는 공동체에서 대표되는 문화와 경제적 수준을 선택한다. 또한 USDA 웹사이트(http://www.usda.gov)에서도 귀중한 자료를 찾을 수 있다. 어떤 추가 정보를 찾을 수 있었는가?

음식 습관 food customs
식습관

식품규정 dietary laws
일부 종교에서 식사 계획에서 따라야 할 규칙

싸고 영양가가 낮은 음료로 교체될 수 있다. 이전 환경에서 사탕은 사치 품목이라 할 수 있었다면, 새로운 환경에서 저렴하고 대중적일 수 있다. 결과적으로 가족은 탄산음료나 사탕의 소비를 늘리고 더 영양가 있는 식품 구매를 줄일 수 있다. 식품의 영양가에 익숙하지 않은 사람은 식품 선택에서 그러한 실수를 쉽게 할 수 있다.

자신의 식사 패턴과 다른 국가 및 종교 단체의 식사 패턴이 다른 것이 이상하게 보일 수도 있다. 하지만, 영양적으로 충분할 수도 있다. 대상자의 식습관을 바로잡아야 할 때, 대상자의 음식 습관을 알고 이해한다면 이러한 수정이 가장 쉽게 이루어질 수 있다. 의료인은 대상자와 이야기하고 자신의 배경에 대해 학습함으로써 이러한 지식을 얻을 수 있다. 영양사는 대상자에게 어필하는 음식으로 구성된 영양이 풍부한 메뉴를 계획하는 데 자신의 지식을 사용한다. 그러면 식이요법에서 필요한 조정은 점진적이고 효과적으로 이루어질 수 있다.

미국 문화의 식이요법 영향

미국 요리법(요리 스타일)은 수많은 국가별, 지역별, 문화적, 종교적 음식 습관들이 혼합된 놀라운 음식이다. 따라서 대상자의 음식 습관을 분류하는 것은 어려울 수 있다. 그럼에도 불구하고, 어느 정도까지 그렇게 하는 것은 때로는 도움이 되는 경우가 있다. 아픈 사람들은 보통 음식에 거의 관심이 없다. 때로는 어린시절에 익숙했던 음식이 다른 종류의 음식들보다 그들을 유혹하기 더 쉽다. 다음 절에서는 다양한 문화, 지역, 국가의 대표적인 음식 패턴을 간략히 논의한다. 물론 한 분류 내에서 엄청난 다양함이 있을 수 있다.

아메리카 원주민 영향

오늘날 미국에서 흔히 먹는 식용 식물의 약 절반은 이 아메리카 원주민으로부터 유래되었다고 여겨진다. 예를 들면 옥수수, 감자, 호박(squash), 크랜베리, 단호박(pumkin), 고추, 콩, 야생 쌀, 해바라기씨, 고구마, 아보카도, 파파야, 코코아 콩 등이 있다. 게다가 야생과일, 사냥, 생선도 인기가 있다. 음식은 보통 수프와 스튜로 준비되거나 건조된다. 원래의 아메리카 원주민의 식단은 아마도 많이 달고 짠, 스낵 형태의 영양소 밀도가 낮은 음식으로 종종 구성된 현재의 식단보다 영양적으로 더 적합했을 것이다. 오늘날 아메리카 원주민들의 식단은 칼슘, 비타민 A, 비타민 C, 리보플라빈이 부족할 수 있다.

미국 남부 영향

남부의 음식은 미국 남부에 정착한 사람들만큼 다양하다. 남부의 영향을 받은 음식은 미국인들의 음식 문화의 많은 부분을 차지하고 있기 때문에 원산지를 알지 못한 채로 많이 먹어왔을 것이다.

아프리카계 미국인 영향

옥수수빵, 비스킷, 크래클린 빵과 같은 집에서 만든 빵은 대부분의 식사와 함께 제공된다. 콜라드(케일의 일종), 순무, 겨자 채소는 맛을 위해 비계살과 준비된다. 검은 눈콩, 오크라, 고구마, 땅콩, 옥수수, 껍질 콩(green bean), 고춧가루, 리마콩, 쌀은 아프리카계 미국인 유산의 중요한 부분이다(그림 2-7). 돼지고기, 닭고기, 튀긴 생선이 자주 나온다. *영혼의 음식(소울푸드)*이라는 용어는 1960년대에 아프리카계 미국인들의 식습관(음식 전통이나 음식 습관)과 준비 스타일을 강조하기 위해 만들어졌다. 너무 많은 지방과 나트륨이 소비된다. 이 식단은 탄수화물은 너무 많지만 철분, 칼슘, 섬유소, 칼륨, 비타민 C가 부족할 수 있다.

© Otokimus/Shutterstock.com

그림 2-7 전통적인 남부 식단은 닭 튀김, 검은 눈콩, 콜라드 채소, 옥수수빵과 비스킷, 그리고 달콤한 차와 같은 음식이 있다.

프랑스계 미국인 영향

케이준(Cajun)과 크리올(Creole: 신대륙 발견 후 아메리카 대륙에서 태어난 에스파냐인과 프랑스인의 자손들) 요리는 루이지애나의 '바우(bayou)'라는 지방이 원산지로, 프랑스 요리와 스페인 요리가 융합된 음식이다. 케이준은 자급자족하면서 수로에서 살았다. 케이준 요리사는 사냥감, 해산물, 채소, 허브, 쌀, 토마토, 소시지, 고추, 가재류를 사용한다(그림 2-8). 케이준은 대개 한 냄비에서 식사를 한다. 크리올 요리는 많은 동일한 음식을 사용하지만 칼로리를 높이는 풍부한 소스를 추가한다. 칼슘과 비타민 D, 비타민 E, 비타민 C는 식단에 부족할 수 있으므로, 과일을 추가해야 한다.

© David Lee/Shutterstock.com

그림 2-8 가재류는 케이준 및 크리올 요리에 널리 사용된다.

스페인 영향

스페인 사람들은 훌륭한 항해 탐험가였다. 그들은 멕시코와 남아메리카의 서쪽 해안과 함께 카리브해의 대부분의 섬을 찾고 이름을 붙이는 일을 담당했다. 스페인과 이 나라들에 살았던 원주민들도 미국 음식에 큰 영향을 미쳤다.

멕시코 영향

멕시코 음식은 스페인어와 아메리카 원주민의 혼합물이다. 콩, 쌀, 토마토, 양파, 자래프 노(jalape nos), 고추, 마사 해리나(옥수수로 만든 전통적인 밀가루)는 라틴 아메리카인들의 주요 재료이다. 옥수수 토르티야(tortillas)는 마사 해리나로 만들어지고 치즈, 소고기, 돼지고기, 그리고 다른 재료들로 채워진 빵으로도 사용된다. 돼지고기, 염소, 마늘, 밀, 삶아서 튀겨 놓은 콩(frijoles refritos, refried beans), 아보카도, 치즈는 흔한 음식이다(그림 2-9). 카라멜 소스를 곁들인 커스터드 모양의 푸딩 플란(Flan)은 가장 인기있는 디저트이다. 이 식단은 비타민 C가 부족하고 녹색과 노란색 채소와 과일도 부족하다. 치즈는 식단에 약간의 칼슘을 공급하지만, 젖당불내증 때문에 칼슘 섭취량이 낮을 수 있다.

© vahamrick/Shutterstock.com

그림 2-9 멕시코 요리에 사용되는 재료로는 아보카도, 고추, 쌀, 토마토 등이 있다.

식습관 foodways
집단의 음식 전통과 음식 습관

융합 fusion
다른 문화나 나라의 재료와 기술을 결합한 요리 방식

마사 해리나 masa harina
옥수수로 만든 전통적인 밀가루

젖당불내증 lactose intolerance
락타아제 분해 효소 결핍으로 락타아제를 소화하지 못함; 복부 경련과 설사를 일으킴

푸에르토리코 영향

푸에르토리코 요리는 스페인, 아프리카, 타이노(Taino) 인디언(최초 주민)의 영향을 받았다. 이 요리는 옥수수, 밀, 해산물, 쇠고기, 돼지고기, 쌀, 올리브 오일, 닭고기, 핀토 콩, 오크라를 사용한다. 바나나의 한 종류(Plantains), 녹색 바나나, 흰색과 노란색 고구마, 차요테 호박, 타로, 빵나무(breadfruit)는 전분이 많은 채소이며 자주 먹는다. 파인애플, 망고, 파파야, 구아바, 코코넛과 같은 열대 과일은 디저트에 자주 사용된다. 전통적인 디저트로는 플란, 계피, 정향, 코코넛을 곁들인 고구마 공, 그리고 하얀 치즈와 함께 제공되는 구아바 젤리가 있다. 우유는 자주 소비되지 않는다. 무전분 채소의 높은 소비는 다양성을 더하고 약간의 탄수화물을 제거할 것이다.

지중해 영향

지중해식 식단은 세계에서 가장 건강에 좋다(그림 2-10). 이탈리아 지중해 식단의

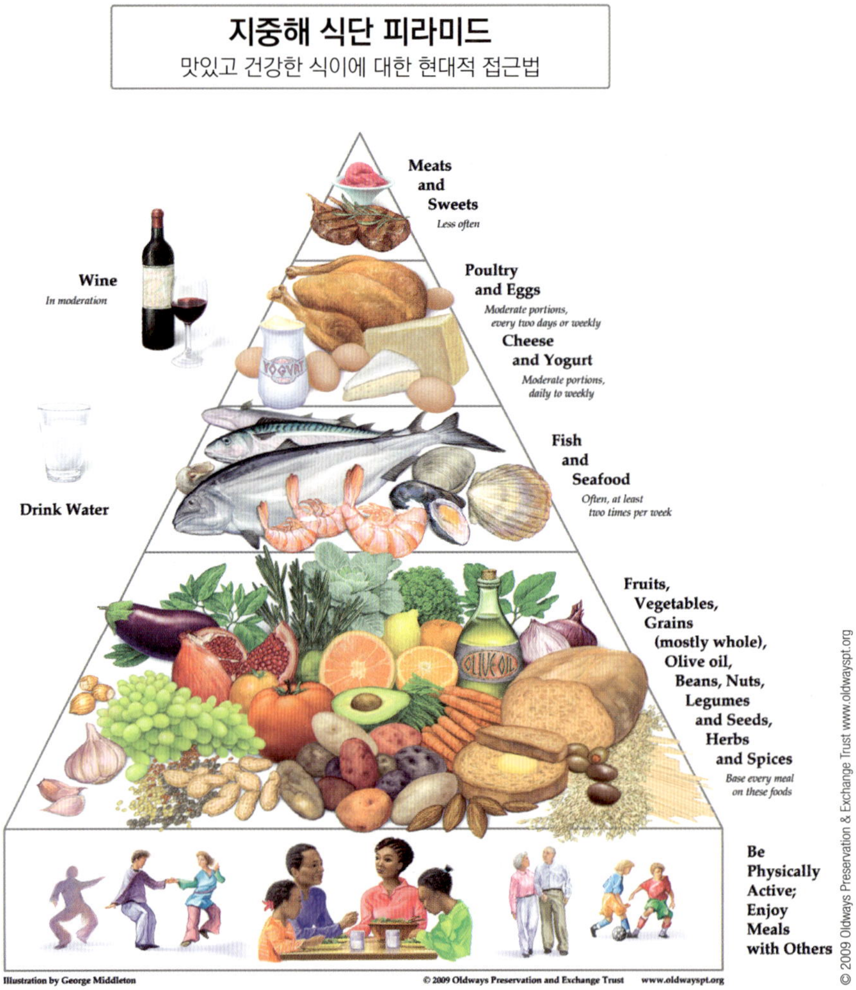

그림 2-10 지중해 식이 가이드 피라미드를 따르면 당신은 세계에서 가장 건강한 식이를 하는 것이다.

가장 중요한 측면은 올리브 오일의 사용과 소량의 음식을 먹는 것이다. 지중해의 이탈리아인들은 식습관 때문에 심장질환 발병률이 가장 낮다.

그림 2-11 올리브 오일, 허브, 마늘, 파스타, 토마토는 이탈리아 요리에 흔히 사용되는 재료이다.

© Juriah Mosin/Shutterstock.com

이탈리아 영향

이탈리아인들은 파스타, 쌀, 콩, 올리브, 과일, 채소 및 해산물을 건강하게 혼합하여 소비한다(그림 2-11). 쇠고기는 이탈리아의 지중해 지역에서 거의 먹지 않는다. 프로슈토(돼지고기 훈제 햄), 송아지 고기, 돼지고기와 같은 육류가 선호된다. 치즈는 이탈리아 요리에 중요하지만 종종 그 자체로도 먹는다. 작은 부분이 표준이다. 주로 사용되는 지방은 올리브 오일이다. 디저트는 보통 신선한 과일이다. 이탈리아 사람들은 점심에 주 식사를 한다. 저녁은 가벼운 식사이며 피자(미국식 버전이 아님)일 수도 있다. 무지방 우유와 저지방 고기를 추가하면 이미 영양가 있는 식단으로 개선된다.

그리스 영향

과거에 그리고 심지어 오늘날에도, 그리스인들은 계절 음식만을 먹는다. 브로콜리와 컬리플라워는 그리스에서 처음 재배되었다. 그리스인들은 야생 채소, 아티초크(국화과 식물), 잠두(fava beans), 껍질 콩(green beans), 가지, 콩류, 집에서 가공한 올리브(home-cured olives), 요거트, 페타 치즈(feta cheese)를 먹는다. 빵은 그리스 식사의 기본이고, 과실 올리브유는 그리스 식단의 주요 지방이다. 신선하거나 가공 생선과 해산물이 풍부하고 규칙적으로 먹는다. 양, 염소, 그리고 돼지고기와 같은 육류들도 식단에 포함되어 있다. 디저트는 보통 신선한 과일로 구성되어 있다. 그리스인들은 항상 지중해식 음식을 먹어왔지만(대다수는 지금도 계속하고 있음), 대도시에 대한 서양의 영향은 젊은 세대의 식습관을 변화시켰다.

북유럽과 서유럽 영향

북유럽과 서유럽에는 미국의 음식에 영향을 준 20개의 나라가 있다. 이러한 국가들은 '고기와 감자'라는 사고방식을 주었다(그림 2-12). 북유럽식 식단은 많은 양의 고기, 가금류, 생선 등과 적은 양의 채소와 전분으로 구성되어 있다. 대부분의 국가들은 채소, 감자, 근대(beets), 버섯, 보리, 자두, 호밀과 같은 지역적으로 재배된 음식을 사용한다. 소시지(혈액 소시지 포함), 헤드 치즈(head cheese), 다크빵, 유제품은 그들의 식단에 필수적인 음식이다. 절인 청어는 많은 나라에서 인기가 있다. 북유럽과 서유럽의 일부 국가들은 극도로 추워서, 성장기에는 제한하고 있다. 신선한 과일과 채소를 추가하면 섬유질과 많은 비타민과 무기질이 첨가된다.

그림 2-12 북유럽과 서유럽의 국가들은 소금에 절인 쇠고기, 양배추, 감자와 같은 전통적인 '고기와 감자' 요리를 가지고 있다.

© Sarah Bossert/Shutterstock.com

중부 유럽 영향

중부 유럽에는 16개국이 있고, 모두 매우 비슷한 요리법을 가지고 있다. 돼지고기와 닭고기는 가장 흔히 먹는 육류이지만 쇠고기, 소시지, 생선, 사냥감도 인기가 있다. 양배추, 사우어크라우트(독일식 김치, sauerkraut), 당근, 순무, 감자, 콩, 렌틸콩, 양파가 많은 식사에 나온다. 스팻즐(Spatzle), 다크 빵, 뮤즐리(muesli)는 탄수화물의 주요 공급원이다. 달걀과 유제품은 많이 사용된다. 생채소와 과일은 비타민, 무기질, 섬유질을 증가시킨다. 더 적은 계란과 저지방 또는 무지방 유제품의 사용은 이 식단에서 지방을 줄이는 데 도움이 될 것이다.

중동 영향

그림 2-13 중동 요리에서는 납작한 빵을 종종 허무스, 타블레 또는 바바 가누스와 함께 먹는다.

중동의 음식 통로는 서로 얽혀서 다른 나라로 이주해 왔다. 어린 양이 소비되는 주요 고기이다. 시큼한 빵과 함께 피타와 납작한 빵(평지 빵, 누룩을 넣지 않은 것)을 식사와 함께 먹는다(그림 2-13). 콩류는 식이에 중요한 부분인데 콩류는 허무스(hummus)를 만드는 데 사용되는 병아리콩(chickpeas, garbanzo beans)이 포함된다. 요거트와 페타치즈의 형태로 된 유제품은 많이 사용된다. 다행히도, 신선한 과일은 간식과 디저트로 먹는다. 수 세기 동안, 대추야자열매와 무화과는 주요 음식이 되어왔다. 피스타치오는 아주 달콤한 디저트인 바클라바(baklava)를 만드는 데 사용된다. 식사가 끝나면, 진한 달콤한 커피가 제공된다. 신선한 채소를 추가하면 비타민, 무기질, 섬유질을 증가시킬 수 있다.

아시아 영향

아시아 각국에는 전통 음식이 있다. 가장 친숙한 것은 중국 음식이지만, 일본 음식은 동남아시아의 음식처럼 점점 더 많이 이용 가능해지고 있다. 비록 모든 부엌에서는 아니지만, 볶는 기술은 흔한 일상이 되었다. 채소를 잘게 썰고 빨리 요리하면 영양분이 보존된다. 각 나라에서 소비되는 일반적인 음식을 읽고 집이나 식당에서 얼마나 많이 먹었는지 확인해본다.

중국 영향

그림 2-14 찌고, 굽고, 튀긴 딤섬(작은 만두 요리)은 전통 중국 요리의 일부이다.

중국인은 생명의 5가지 필수 곡물이 쌀, 콩, 보리, 밀, 수수라고 믿는다. 그들의 식단은 콩나물, 표고 버섯, 다양한 종류의 버섯, 브로콜리, 고추, 눈콩, 양파, 줄콩, 청경채, 배추, 아스파라거스, 칠리 페퍼, 해조류, 오이와 같은 많은 채소를 사용한다(그림 2-14). 단백질은 해산물, 달걀, 돼지고기, 닭고기, 쇠고기, 두부(콩두부)에서 얻는다. 볶음용 땅콩 기름과 튀김용 옥수수 기름은 광범위하게 사용된다. 올방개, 호두, 아몬드, 캐슈, 참깨는 디저트와 볶음 요리에 사용된다. 두부 발견 이후 채식주의가 확대되었다. 선호되는 조미료 중 일부는 간장, 마늘, 신선한 생강과 다양한 향신료이다. 간장과 MSG(글루타민산 나트륨)를 사용하면 고혈압이 발생할 수 있다. 아시아 인구에서 젖당불내증 때문에 칼슘 공급원이 부족한 것 같다.

일본 영향

고대에는 전통 일본 요리의 대부분이 중국인과 한국인의 영향을 받았다. 중세 시대에는 새로운 맛과 향이 점차적으로 변했다. 일본인들은 가장 신선한 재료만을 사용하려고 노력한다. 필수 재료는 죽순, 두부, 오이, 가지, 팽이버섯과 다른 버섯, 시금치, 생강, 해초, 쌀, 참깨, 파를 포함한다. 일본인들의 단백질은 해산물(날것과 조리된 것), 달걀 및 닭에서 나온다. 조미료는 미린(설탕 40~50%의 청주), 간장, 미소된장(콩으로 만든 두꺼운 발효된 페이스트), 와사비(일본 고추냉이)가 광범위하게 사용된다. 스시는 잘 알려진 식품이다(그림 2-15). 일본인은 우유보다는 녹차를 마신다. 젖당불내증은 이들의 선택에 중요한 역할을 한다. 신선한 과일이 추가로 필요하다.

© Jan Matoška/Shutterstock.com

그림 2-15 초밥은 인기 있는 일본 요리이다.

동남아시아 영향

인도와 중국은 많은 요리에 영향을 주었다. 인구의 75%가 농업을 기반으로 하기 때문에 많은 채소가 섭취된다. 쌀은 주식이지만 국수도 자주 사용된다(그림 2-16). 다른 육류와 비교하여 2배나 많은 양의 생선이 섭취된다; 돼지고기, 닭고기, 소고기를 덜 먹는다. 동남아시아인들은 어떤 유제품보다 코코넛 우유를 더 좋아한다. 다른 아시아인들과 마찬가지로 두유, 된장, 간장, 생강을 사용한다. 과일은 식사의 일부이다. 베트남을 제외한 동남아시아의 주민들은 손가락으로 음식을 먹지만 이것은 변하고 있다. 고나트륨 식단에 의한 고혈압이 문제가 될 수 있다. 젖당불내승 때문에 소의 우유 대안으로 콩이나 쌀 우유가 선호된다.

© Kheng Guan Toh/Shutterstock.com

그림 2-16 매운 카레 찜 생선 푸딩과 쌀의 이 태국 음식은 전통 동남아시아 요리의 한 예이다.

인도 영향

종교와 기후는 인도의 식습관을 발전시키는 2가지 요소이다. 80% 이상의 채식주의가 만연하고 있는 것은 종교적인 믿음 때문이다. 렌틸콩, 콩, 우유와 유제품은 인도인의 식단에 단백질을 공급한다. 인구의 나머지는 단백질을 위해 적은 양의 고기와 생선을 먹는다. 현지에서 재배되는 채소는 남쪽의 쌀과 북쪽의 밀 제품과 결합된다(그림 2-17). 마늘과 가지는 인도가 원산지이다. 카레는 향신료이지만 인도 음식을 나타낸다. 손가락으로 먹는 것은 허용된다. 해바라기, 코코넛, 겨자 기름이 요리에 사용된다. 우유 섭취가 불충분하면 칼슘이 문제가 될 수 있다.

© Joe Gough/Shutterstock.com

그림 2-17 인도 전통 카레 요리의 표본

새로운 이민자 영향

미국은 자국 출신의 흥미로운 다양한 음식을 가지고 오는 이민자들로 구성되어 있다. 이민자들은 항상 자신의 토착 음식을 준비하고 다른 사람들과 나누는 것을 즐길 것이다. 여러분은 자신의 가족이 먹는 전통 음식과 그 근원지에 대해 생각해 본 적이 있는가?

미린 mirin
설탕이 40~50%인 청주

미소 miso
콩으로 만든 진한 발효장

와사비 wasabi
일본식 고추냉이

소말리아 영향

종교 교리로 인해 돼지고기는 먹지 않는다; 그러나 소말리아인들은 양고기, 염소, 닭고기, 소고기를 먹는다. 소말리아인들은 음식을 튀기는 것을 좋아한다. 이들은 쌀, 납작한 빵, 테프(벼과), 옥수수 가루를 사용하며, 채소와 과일을 조금 먹는다. 그들은 고기 소스와 카레를 만든다. 불행히도, 몇몇은 차와 탄산음료를 마시고, 아동에게는 과일 주스를 너무 많이 먹이기도 한다. 일부는 충분한 칼슘을 섭취하지 못할 수도 있다. 서양화된 식단의 적응은 패스트푸드와 고지방 간식의 소비로 이어졌다.

아이티 영향

아프리카, 스페인, 프랑스 요리의 영향으로 아이티식 식습관이 형성되었다. 식단은 쌀, 옥수수, 수수, 참마, 콩과 같은 전분 주요 산물을 기본으로 한다. 오직 부자들만이 고기, 바닷가재, 새우, 오리, 달콤한 디저트를 먹는다. 국가의 대표요리는 쌀과 콩이다. 맛을 내기 위해 라드(돼지비계를 정제하여 하얗게 굳힌 것)로 음식을 볶는다. 아보카도, 망고, 파인애플, 코코넛, 구아바 같은 열대 과일은 아이티에서 풍부하다. 식단에서 유제품이 부족하면 칼슘이 결핍될 것이다.

한국 영향

그림 2-18 김치, 밥, 고추장, 소스와 함께 제공되는 전통적인 한국 식사.

한국의 쌀 재배는 기원전 2000년으로 거슬러 올라간다. 수수, 콩, 팥, 기타 곡식도 생산되었다. 붉은 고기는 부족하지만 닭고기와 해산물이 풍부하다. 쌀은 채소와 함께 끼니마다 먹는다. 한국의 대표 요리는 매운 양념, 파, 무가 들어가 발효된 양배추인 김치이다. 한국 음식은 고추장, 파, 생강, 마늘, 된장 등을 사용하여 매우 맵다(그림 2-18). 간장은 널리 사용된다. 사과, 배, 감, 멜론과 같은 신선한 과일이나 말린 과일은 간식과 디저트로 먹는다. 거의 남한의 모든 한국인이 충분한 영양분을 섭취한다.

도미니카 공화국 영향

도미니카 공화국 요리는 스페인과 타이노 인디언(Taino Indian)의 혼합물이다. 염소고기와 닭고기는 가장 자주 먹는 고기이다. 새우, 마히마히, 닭새우(대하, rock lobster), 청새치와 같은 신선한 해산물은 해변가에서 종종 제공된다. 바나나, 파파야, 파인애플, 망고, 아보카도와 같은 열대 과일을 자주 먹는다. 플렌테인(plantains), 유까(yuca, cassava), 차요테(chayote), 쌀은 식단에서 녹말이 많은 음식이다. 샐러드는 보통 정오 식사와 함께 먹는다.

버마 영향

버마인들은 파인애플, 파파야, 오렌지, 바나나, 망고와 같은 열대 과일을 많이 먹는다. 양배추, 오이, 콜리플라워, 근대, 당근, 콩나물, 토마토는 먹는 채소 중 일부이다. 탄수화물 공급원은 쌀, 국수, 붉은 렌틸콩, 녹두이다(그림 2-19). 단백질 공급원은 돼지고기, 소고기, 양고기, 닭고기, 오리, 생선, 큰새우, 두부, 달걀이다. 신선한 과일은 디저트로 제공되지만, 단것을 간식이나 아침식사로 먹는다.

그림 2-19 버마 버전 비리야니는 종종 쌀, 닭고기, 캐슈넛, 요거트, 건포도, 완두콩, 정향, 계피, 사프란, 월계수 잎으로 만들어진다.

종교 또는 철학에 기초한 음식 패턴

유대인

유대인들의 식습관에 대한 해석은 다양하다. 정통파의 관점을 고수하는 사람들은 전통을 중요시하며 항상 식이요법을 준수한다. 이러한 법칙에 따라 준비된 식품을 *코셔*(*kosher*)라고 한다(그림 2-20). 보수적인 유대인들은 집에서만 규칙을 지키려고 한다. 개혁주의 유대인들은 식습관을 본질적으로 의식적인 것으로 생각하고 중요성을 최소화한다. 기본적으로 법칙은 다음을 요구한다.

그림 2-20 코셔 음식 표시

- 도축은 유자격자에 의해 규정된 방식으로 이루어져야 한다. 고기나 가금류는 먼저 경정맥 및 경동맥을 잘라서 요리하기 전에 소금물에 담가 핏물을 빼야 한다.
- 육류와 육류 제품은 우유나 유제품과 준비하지 않는다.
- 육류 제품의 준비와 제공에 사용되는 음식은 유제품과 별도로 보관한다.
- 유제품과 고기는 함께 먹지 않는다. 고기를 먹은 후 최소 6시간이 지난 후 유제품을 먹도록 하며, 유제품을 먹은 후에는 30분에서 1시간이 지난 후 고기를 먹어야 한다.
- 입은 생선을 먹은 후와 고기를 먹기 전에 헹궈야 한다.
- 유월절 주간(Passover Week), 속죄일(Yom Kippur), 부림절(Feast of Purim) 등이 정해진 단식일이 있다.
- 금요일 해가 질 때부터 토요일 해가 질 때까지의 안식일에는 요리하지 않는다.

유대인 식이규정은 다음을 금지하고 있다.

- 발굽이 없거나 찢어진 발굽을 가진 동물의 육체나 되새김질하지 않는 동물의 육체
- 모든 동물의 둔부
- 비늘이나 지느러미가 없는 조개류 또는 어류
- 맹금(독수리, 매, 올빼미 등)
- 파충류와 곤충
- 유월절 주간에 발효(부풀어 오르도록 하는 성분들을 포함)된 빵

일반적으로 제공되는 음식은 풍부하다. 닭고기와 신선한 훈제 생선과 소금

최근 자료
IN THE MEDIA

유학생을 위한 친숙한 음식

미국의 대학들은 보다 친숙한 음식, 문화 행사, 종교적 기회를 제공함으로써 유학생들이 편안하게 느끼도록 하기 위해 노력했다. 대학 급식 서비스는 더 많은 인종의 요리를 제공하고 있으며, 다양한 국제적인 입맛에 맞추기 위해 캠퍼스 안팎으로 많은 식당이 문을 열었다. 휴스턴 대학교(University of Houston)에서는 타코, 포(pho)를 판매하는 식품 트럭과 아시아 시장을 찾아볼 수 있다. 대학은 유학생들이 참여하고 메뉴 항목을 제안하고, 그것으로 샘플로 만들고 비평하며, 다양한 음식을 식당 메뉴에 통합하는 것을 돕고 있다.

출처: Adapted from Grant, Mary Lee. (2015, April 29). "U.S. Universities Offer International Students a Taste of Home." U.S. News. Accessed January 2016. http://www.usnews.com/education/best-colleges/articles/2015/04/29/us-universities-offering-international-students-a-taste-of-home

에 절인 생선이 인기가 있으며 국수, 계란, 밀가루 요리도 인기가 있다. 이러한 음식들은 신선한 채소와 우유가 부족할 수 있다.

로마 가톨릭

로마 가톨릭 종교의 식단 제한은 자유화되었지만, 재의 수요일(사순절이 시작되는 첫날)과 성금요일(부활절 직전의 금요일)에는 육류가 허용되지 않으며, 교황은 사순절 동안의 금요일에는 삼가하도록 요구한다.

동방 정교회

동방 정교회에는 중동, 러시아, 그리스의 기독교인들이 포함된다. 식이요법 해석은 다양하지만 육류, 가금류, 생선, 유제품은 사순절과 강림절의 수요일과 금요일에는 제한된다.

제 칠일 안식일 예수 재림 교인

일반적으로 제 칠일 안식일 예수 재림 교인은 유제품과 달걀을 사용하지만 육류, 생선, 가금류를 사용하지 않는 **유제품과 달걀을 먹는 채식주의자**이다. 이들은 또한 견과류, 콩류, 고기 유사체(대용품)와 두부를 사용할 수 있다. 그들은 커피, 차, 술을 해롭다고 생각한다.

모르몬교(후기 성도들)

모르몬교도들에 의해 관찰되는 유일한 음식 제한은 커피, 차, 그리고 알코올 음료의 금지이다.

이슬람교

이슬람 신자들은 이슬람교도라고 불린다. 이들의 식품규정(dietary laws)들은 돼지고기와 술의 사용을 금지하고 있고, 다른 육류는 특정 규정에 따라 도축되어야 한다. 라마단(Ramadan) 기간 동안 이슬람교인들은 낮에 먹거나 마시지 않는다.

힌두교

힌두교인들에게는 모든 생명체는 신성하며 동물들은 조상들의 영혼을 담고 있다. 따라서 대부분의 힌두교인들은 채식주의자이다. 달걀은 생명을 대표하기 때문에 사용하지 않는다.

다른 음식 패턴

채식주의자

유제품과 달걀을 먹는 채식주의자
lacto-ovo vegetarians
유제품과 달걀을 사용하지만 육류, 생선, 가금류를 먹지 않는 채식주의자

채식주의 식단이 몇 가지 있다. 그들 사이의 공통점은 고기를 포함하지 않는다는 것이다. 어떤 것들은 달걀, 우유, 치즈를 포함하고 있고, 어떤 것들은 그렇지 않

다. 신중하게 계획한다면, 이러한 식단은 영양가가 있을 수 있다. 이것들은 심지어 비만 감소와 고혈압, 심장질환, 일부 암, 당뇨병의 위험을 줄이는 데 기여할 수 있다. 식단에 필요한 영양분을 모두 포함시키기 위해 세심하게 계획해야 한다.

유제품과 달걀을 먹는 채식주의자들(lacto-ovo vegetarians)들은 유제품과 달걀을 사용하지만 고기, 가금류, 생선은 사용하지 않는다. **유제품을 먹는 채식주의자**들은 유제품을 사용하지만 고기, 가금류, 달걀은 사용하지 않는다. **채식주의자**들은 모든 동물성 음식을 피한다. 그들은 콩, 병아리 콩, 고기 유사품, 두부를 사용한다. 식단에 필수 아미노산의 적절한 조합이 포함되도록 세심하게 계획해야 한다. 예를 들어 콩은 옥수수와 함께 제공되거나 쌀과 함께 제공한다. 아니면 밀과 함께 먹는 땅콩은 하나만 먹는 그 어떤 것보다도 더 좋다. 채식주의자는 충분한 칼슘, 비타민 D, 비타민 B_{12}, 철분, 아연, 단백질을 섭취하는 데 초점을 맞출 필요가 있다. ChooseMyPlate는 채식주의자를 위한 식사 조언이 있고 *미국인들을 위한 식이지침* 2015~2020년은 건강한 채식주의자 식단 계획을 제공하고 있다.

선-자연식 식이(Zen-Macrobiotic Diets)

자연식 식이는 선불교(Zen Buddhism)로부터 개발된 10가지 식단 계획 체계이다. 낮은 수의 식이부터 높은 수로 갈수록 점차적으로 다음 순서로 음식을 포기한다: 디저트, 샐러드, 과일, 동물성 식품, 수프, 그리고 궁극적으로는 채소까지, 주로 현미인 시리얼이 소비될 때까지. 음료수는 최소한으로 유지되고 유기농 식품만 사용된다. 음식은 양(남성)이나 음(여성)으로 분류된다. 양과 음의 5:1 비율이 중요하게 여겨진다. 대부분의 자연식 식이는 영양적으로 부적절하다. 신봉자들이 계획에 따라 음식을 포기함에 따라, 식단은 점점 더 부적절해진다. 열렬한 신봉자들이 달성할 수 없는 식단으로부터 의학적인 치유를 약속하기 때문에, 필요한 의료 치료를 지연시킬 수 있어 이러한 식단은 특히 위험할 수 있다.

건강과 영양 고려사항

식이지침은 국민의 건강을 증진시키기 위한 현재의 근거 기반 권장사항을 제공하고 있다. 이 지침이 제공하는 도구를 배우고 이해하면 모든 의료인이 대상자에게 식이요법과 신체 활동 권장사항을 안내하는 데 도움이 될 것이다. 모든 대상자는 의료인과 다를 수 있는 음식 습관을 가지고 있고 의료인은 이를 존중해야 한다. 영양사는 입원환자를 위한 특정 식단 계획을 도울 것이다. 영양사는 대상자의 좋아하는 것, 싫어하는 것, 음식 습관을 고려한다.

유제품을 먹는 채식주의자 lacto-vegetarians

채식주의자 vegans
모든 동물성 음식을 먹지 않는 채식주의자들

요약_SUMMARY

많은 미국인들이 식이요법 지침에 규정된 식품과 활동 지침을 충족하지 못하고 있다. 결과적으로 만성질환 발생률은 여전히 높다. 전문가들은 건강을 크게 증진시키기 위해 식사와 운동의 변화를 만드는 데 있어 기여해야 한다. USDA의 사용자 친화적인 ChooseMyPlate 플랫폼을 사용하면 개인이 식사와 운동에 간단한 도구와 개념을 적용할 수 있다.

식습관에는 다양한 기원이 있다. 국적, 종교, 경제적 지위, 사회적 지위는 모두 그들의 발전에 영향을 미친다. 음식 습관으로 인해 식이가 부적절한 경우 점진적으로 교정해 나가야 한다. 교정은 쉽게 할 수 있으며 음식 습관의 원인을 이해한다면 더욱 효과적이다.

토의 주제_DISCUSSION TOPICS

1. 의료인은 좋은 영양의 규칙을 스스로 실천해야 하는가?
2. 식습관은 어떻게 시작되는가?
3. 환경은 특정 식습관에 어떤 영향을 미치는가? 새로운 환경의 영향으로 식이요법을 개선하고 언제 그것들을 손상시키는가?
4. 개인적인 경험에서, 왜 특정 음식들이 그 지역에서 흔히 볼 수 있는 다른 음식들보다 더 많이 즐겨지는지 설명하시오.
5. 왜 스칸디나비아인들은 헝가리인들보다 생선을 더 좋아하는가?
6. 좋아하는 것과 싫어하는 것을 반영하는 문화적 식단을 골라보시오. 만약 당신이 그 나라로 이주한다면, 당신은 음식 습관에 적응할 수 있는가? 왜 그런가? 혹은 왜 그렇지 않은가?
7. 채식주의 식단에 대해 토론하시오. 이것들은 안전한가? 설명하시오.
8. 왜 다른 사람에게 식습관을 바꾸라고 설득하는 것이 어려운가? 토의하시오.
9. 균형잡힌 식사를 정의하시오.
10. 각 그룹에 대해 권장되는 제공량 횟수 또는 부분 크기를 포함하여 건강한 식사 패턴을 설명하시오.
11. 우유를 마시지 않는 4세의 식단에 어떻게 우유를 포함시킬 수 있는가?
12. 요거트가 임산부에게 좋은 간식이나 디저트가 되는 이유는 무엇인가?
13. 식이요법 지침의 주요 원칙을 지키기 위해 누구나 할 수 있는 식생활의 5가지 예는 무엇입니까?
14. '폭풍 다이어트' 또는 '유행 다이어트'를 피해야 하는 이유는 무엇인가? 더 나은 대안은 무엇인가? 왜?
15. 학교 식당에서 영양가가 낮은 식품의 판매에 대해 논의한다. 좋은 연습인가? 만약 그렇다면, 왜? 그렇지 않다면, 왜? 만약 당신이 초등학교의 교장이었다면 이 주제에 대한 당신의 입장은 무엇인가? 중학교나 고등학교의 교장이라면 당신의 입장은 무엇인가?

연습문제_REVIEW

가장 적절한 답을 고르시오.

1. 음식 습관은 사람의 ______을(를) 의미한다.
   a. 식품 영양소
   b. 식습관
   c. 음식 요구 사항
   d. 위의 모두

2. 음식 습관은 ______.
   a. 종교 또는 국적에 기반할 수 있다.
   b. 항상 영양가가 있다.
   c. 쉽게 바뀐다.
   d. 사회적 지위에 영향을 받지 않는다.

3. 새로운 환경으로 이동하거나 급여 변화를 경험하는 것은 ________.
   a. 확립된 식습관은 거의 변하지 않는다.
   b. 보통 확립된 식습관에 영향을 미친다.
   c. 항상 먹는 음식의 양을 줄인다.
   d. 절대로 음식의 질을 떨어뜨리지 않는다.

4. 쌀은 ______에서 인기있는 탄수화물 식품이다.
   a. 푸에르토리코
   b. 중부 유럽
   c. 북유럽
   d. 위의 모두

5. 새로 제안된 식품 표시(라벨)는 ______.
   a. 모든 제품의 전면 커버에 표시한다.
   b. 비타민 D, E, C에 대한 정보를 포함한다.
   c. 첨가당을 별도의 선으로 표시한다.
   d. 대부분의 미국인들이 단백질 영양소를 충족시키므로 더 이상 단백질을 나열하지 않는다.

6. 얼마나 많은 미국인들이 채소 요구사항을 충족시키지 못하는가?
   a. 거의 25%
   b. 거의 75%
   c. 50% 미만
   d. 모두 요구 조건을 충족한다.

7. 균형잡힌 식단은 ______을 포힘힌다.
   a. 같은 양의 탄수화물과 지방
   b. 채소로서는 옥수수, 콩, 그리고 감자만
   c. 6가지 종류의 영양소
   d. 과일보다 더 많은 채소

8. 과일과 채소는 ______의 풍부한 공급원이다.
   a. 비타민
   b. 지방
   c. 단백질과 섬유소
   d. 비타민 B만

9. 10대들은 우유(또는 그 대용품)를 ______ 마셔야 한다.
   a. 하루에 두 번 이하
   b. 하루에 세 번
   c. 일주일에 4번 이하
   d. 과체중이라면 전혀 마시지 않는다.

10. 얼마나 많은 성인들이 유산소 운동과 근육강화 운동을 위한 신체활동지침을 충족하는가?
   a. 15%
   b. 20%
   c. 30%
   d. 60%

11. 우유와 유제품들은 ______의 가장 좋은 식이 공급원이다.
   a. 단백질과 지방
   b. 칼슘과 비타민 D
   c. 탄수화물
   d. 위의 모두

12. 빵, 시리얼, 쌀, 파스타는 ________의 풍부한 공급원이다.
   a. 비타민 D
   b. 지방
   c. 탄수화물
   d. 위의 모두

13. 2,000칼로리 식단을 위한 단백질(고기) 그룹의 일일 섭취량은 _____이다.
   a. 57g
   b. 156g
   c. 227g
   d. 312g

14. 고지방 육류와 달걀노른자는 다량의 ______를 포함하고 있다.
   a. 나트륨
   b. 섬유소
   c. 지방과 콜레스테롤
   d. 탄수화물과 나트륨

15. 고영양 밀도를 가진 아침식사의 예는 다음 중 어느 것인가?
   a. 팬케이크와 코코아
   b. 멜론, 브랜 머핀(밀기울 머핀), 그리고 무지방 우유로 만든 코코아
   c. 과일맛 음료, 계피빵, 커피
   d. 달걀 프라이, 베이컨, 커피

16. 식단에서 과도한 양의 소금은 ______.
   a. 콜레스테롤 수치를 상당히 증가시킨다.
   b. 고혈압에 기여한다고 생각된다.
   c. 간경화를 일으킨다.
   d. 영양 상태와는 아무런 관련성이 없다.

17. MyPlate는 ______.
   a. 식품군은 영양학적으로 상호 교환 가능하다.
   b. 성인만을 위한 식사 계획의 개요이다.
   c. 과일과 채소를 적당히 섭취하도록 권고한다.
   d. 5개의 식품군에 대한 부분 범위를 권장한다.

18. 1990년 영양 표시 및 교육법은 ______.
   a. 식품에 사용되는 설명어를 표준화해야 한다.
   b. 각 음식에 허용되는 최대 콜레스테롤을 설정한다.
   c. 식품 용기에 건강 강조 표시를 허용하지 않는다.
   d. 식품 제조사 또는 가공업자가 칼로리, 나트륨, 섬

유소의 각 제공물의 총량을 기재할 것을 요구하지 않는다.

19. 통밀빵과 시리얼과 같은 복합 탄수화물이 풍부한 식품은 또한 _____의 좋은 공급원이다.
   a. 칼슘과 인
   b. 비타민 C와 비타민 D
   c. 섬유소와 비타민 B
   d. 단백질과 지방

20. 육류, 가금류, 어류 식품군에서 식품을 선택할 때, _________음식을 선택하도록 한다.
   a. 칼슘과 인이 풍부한
   b. 탄수화물에 대한 하루 요구량의 최소 절반을 제공하는
   c. 단백질과 철분의 양이 제한되어 있는
   d. 포화지방과 콜레스테롤이 낮은

21. 식품 표시에 1접시 양으로 반드시 포함되어야 할 제안된 식품 표시의 2가지 새로운 영양소는 _____이다.
   a. 비타민 A와 티아민
   b. 니아신 및 엽산
   c. 비타민 D와 칼륨
   d. 비타민 D와 K

22. 알코올 음료 섭취는 ______.
   a. 임산부의 경우 태아의 선천적 결함을 일으킬 수 있다.
   b. 남성에게만 간경화를 일으킬 수 있다.
   c. 영양 상태에 거의 또는 전혀 영향을 미치지 않는다.
   d. 식욕에 영향을 미치지 않는다.

23. 유대교인들은 ______ 때문에 코셔식 음식을 먹는다.
   a. 고기만 좋아하기
   b. 그들을 더 오래 살게 한다고 믿기
   c. 엄격한 식단법을 준수하기
   d. 식단이 더 많은 나트륨을 포함하기

요점사례_CASE IN POINT

MARA: 독립심을 기르면서 건강한 식단 유지하기

Mara의 부모는 Mara가 어렸을 때 멕시코에서 미국으로 이주했다. Mara는 미국으로 이주한 후 농장주를 위해 일하는 부모와 함께 살았다. 그들은 농부들이 재배한 많은 신선한 채소와 과일을 즐겨 먹을 수 있었다. 또한 그녀의 부모는 농부들에게 농산물을 배달하는 지역의 농민 시장에 접근할 수 있어 시장에서 신선한 고기와 해산물을 구입해왔다. 그녀의 어머니는 요리하기를 좋아해서 외식을 거의 하지 않았다. Mara가 고등학교를 마치면서, 대학 장학금을 받았다. 대학은 근처에 있지만 Mara는 부모님과 함께 살지 않고 캠퍼스에서 살 것이다. Mara의 어머니는 Mara가 대학에 다닐 때 떨어져 있기 때문에 Mara의 건강과 영양에 대해 걱정하고 있다. Mara의 엄마는 Mara가 영양에 대한 교육을 받지 않는다면 좋지 않은 영양선택을 할 것이라고 걱정한다. Mara 엄마는 Mara가 패스트푸드와 알코올 섭취의 결과에 대해 알고 있기를 바란다. Mara와 부모님은 수업 등록을 위해 곧 대학으로 여행을 올 것이다. Mara의 엄마는 떠나기 전에 지역 병원의 영양사와 약속을 잡았다. Mara 엄마는 그 영양사가 Mara를 위해 건강한 영양에 대해 검토하기를 원하며, Mara와 함께 건강한 식단을 유지하면서 미국음식을 통합하고 외식하는 방법에 대해 의논하기를 원한다. Mara는 현재 163cm에 54kg이다. Mara는 현재 몸무게에 만족하고 자신에 대해 좋게 느낀다. Mara는 자신이 무엇을 먹고 있는지 더 잘 알고 싶다고 영양사에게 말한다. Mara는 자신이 지식이 있다면 새로운 독립에서 건강한 식사를 준비하는 것이 더 쉬울 것이라는 것을 알고 있다.

사정

1. Mara가 대학에 다니는 동안 Mara에게 영향을 주는 요소는 무엇인가?
2. Mara와 그녀의 어머니의 식습관에 관해 얻을 수 있는 주관적인 정보를 나열하시오.
3. Mara가 대학세계의 영양에 입문하는 것에 대해 경고할 수 있는 것은 무엇인가?
4. 이러한 문제들은 얼마나 중요한 것인가?
5. Mara는 현재 키에 비해 건강한 체중인가?

진단

6. Mara의 간호진단을 작성하시오.

계획/목표

7. Mara가 덜 건강하게 먹기로 결정했다면, 어떤 변화가 있을 것으로 기대하는가?
8. Mara에게 가장 스트레스가 되는 상황은 무엇인가?
9. Mara는 영양과 음식 섭취를 계속 유지하기 위해 무엇을 할 수 있는가?
10. Mara가 몸무게와 건강을 유지하는 데 도움이 되도록 어떤 목표를 세울 수 있는가?

수행

11. Mara가 건강을 유지하기 위해 사용할 수 있는 몇 가지 전략을 열거하시오.
12. Mara가 군중들과 잘 어울리고 여전히 잘 먹게 하기 위해 만들 수 있는 대안은 무엇인가?
13. 스트레스 상황과 관련하여 Mara에 대해 무엇을 주의하도록 하겠는가?

평가/결과 기준

14. Mara는 자신의 건강한 식습관에 대한 성공을 어떻게 결정할 수 있는가?
15. Mara는 몸의 변화를 나쁜 음식 선택과 얼마나 잘 연관시킬 수 있는가?
16. 영양사는 Mara의 진행 상황을 어떻게 평가할 수 있는가?

생각해보기

17. Mara의 음식 선택으로 누가 또 이득을 볼 것인가?
18. Mara가 목표를 달성하는 데 도움이 되는 자원은 무엇인가?

✓ rate this plate

Mara가 준비한 저녁 식사를 분석하시오. Mara에게 적절한 제공량인가? 올바르지 않다고 생각하는 부분의 제공량을 어떻게 바꾸겠는가? 이 접시를 다시 채우시오.

양상추, 토마토, 치즈, 양파가 들어간 닭고기 타코 2개

쌀 1컵

라드로 만든 콩 3/4컵

일정한 소다 354cc

요점사례_CASE IN POINT

THOMAS: 채식주의자 라이프스타일을 고려

Thomas는 항상 운동선수였다. 고등학교 시절 내내 다양한 스포츠를 했다. 그는 대학에서도 매우 활동적이었다. 보디빌딩을 한 적이 있으며 항상 단백질과 육류 공급원에서 칼로리를 많이 섭취하고 있다. Thomas는 26살이고 백인이다. 현재 175cm이고, 98kg이다. 최근 자신이 진정으로 사랑하는 여자와 사귀고 있다. 그의 유일한 걱정은 여자친구가 인도의 품위를 지키며 문화적, 종교적 신념 때문에 완전 채식주의자라는 것이다. 여자친구는 완전채식주의 생활 방식을 선택하라고 강요하지 않았다. 하지만 그는 집에서 여자친구와 함께 식사를 하는 것은 결코 동물성 단백질을 포함하지 않을 것이라는 것을 알고 있다. Thomas는 다른 단백질 공급원을 선택하고 육류 공급원을 포기할 수 있을지 확신하지 못한다. 그는 주로 역도와 보디빌딩 활동에 필요한 충분한 단백질을 섭취하지 못할 것을 우려하고 있다. 그는 자신의 걱정거리를 의사와 상의하는 것이 그의 최대 관심사라고 판단했다. 그의 주치의는 영양사와의 만남을 통해 칼로리와 단백질의 요구량을 검토하고 대체 단백질 공급원에 대한 옵션을 논의할 것을 제안했다.

사정

1. Thomas는 키는 175cm이다. 그에게 이상적인 체중은 얼마인가?
2. Thomas는 키에 비해 건강한 몸무게인가?
3. 표 2-1을 사용하여 Thomas에게 적합한 칼로리 범위는 얼마가 될 것으로 예상하는가?
4. 채식주의 식단 계획 시 Thomas와 무엇을 상의하는 것이 중요한가?

진단

5. Thomas의 간호진단을 작성하시오.

계획/목표

6. Thomas는 적절한 영양 섭취와 다량 영양소와 미량 영양소 요구를 충족시키기 위해 무엇을 할 수 있는가?

수행

7. Thomas가 섭취할 수 있는 칼슘이 많은 식품원의 이름을 적으시오.
8. Thomas가 섭취할 수 있는 비타민 B12가 많은 식품원의 이름을 적으시오.
9. Thomas가 섭취할 수 있는 철분이 많이 든 식품원의 이름을 적으시오.
10. Thomas가 섭취할 수 있는 오메가-3 지방산이 많은 식품원의 이름을 적으시오.

평가/결과 기준

11. Thomas는 자신의 새로운 채식 생활 방식으로 전환한 것에 대한 성공을 어떻게 결정할 수 있는가?

생각해보기

12. Thomas가 동물성 식품 공급원을 포함시키고 싶다면 어떤 종류의 채식주의 생활방식을 선택할 수 있는가?

✓ rate this plate

Thomas는 채식주의 식단에 충분한 단백질을 얻는 것에 대해 걱정하고 있다. 이 식사는 Thomas에 충분한 단백질을 공급할 수 있는가? Thomas는 그의 단백질 요구를 충족시키기 위해 식사와 간식으로 어떤 채식주의 단백질 공급원을 포함할 수 있는가? 이 그릇을 평가하시오.

브로콜리, 스노우 완두콩, 당근, 양파를 넣고 볶은 두부

현미 1/2컵

얇게 썬 캔털루프의 1/6

탄산 과일 음료

CHAPTER 3

주요용어_KEY TERMS

가수분해
가스트린
결장, 잘록창자
공장, 빈창자
기계적 소화
기초 대사율
담즙
대변
대사
동화작용
들문조임근, 분문괄약근
락타아제
림프계
말타아제
모세혈관
세크레틴
소화
수크라아제
식도
식괴
십이지장, 샘창자
에너지 균형
에너지 요구량
연동운동
연소열 열량계
위장관
위저(위)
위즙
유문, 날문
유미관
유미즙
융모
이화작용
제지방량
지방 조직
촉매
췌장
췌장 리파아제
췌장 아밀라아제
췌장 프로테아제

(계속)

소화, 흡수, 대사

DIGESTION, ABSORPTION, AND METABOLISM

학습목표

- 소화, 흡수, 대사과정을 설명할 수 있다.
- 소화기 계통의 기관을 명명하고 그 기능을 설명할 수 있다.
- 소화기 계통의 각 기관과 샘에서 분비되는 효소 또는 소화액을 명명할 수 있다.
- 당신의 기초 대사율을 계산할 수 있다.

신체는 자동차 엔진보다 무한히 복잡하지만 연료를 필요로 하기 때문에 엔진과 비교할 수 있다. 물론 몸의 연료는 음식이다. 몸이 연료를 사용하기 위해서는 우선 음식을 준비하고 나서 적절히 분배해야 한다. 이것은 소화와 흡수의 과정을 통해 이루어진다. 에너지를 발생시키는 연료로서 음식을 실제적으로 사용하는 것을 대사라고 부른다.

주요용어_*KEY TERMS* (계속)

칼로리
콜레시스토키닌
크렙스 주기
킬로칼로리
타액
타액 아밀라아제
펩신
펩티다아제
혐기성 대사
호기성 대사
호르몬
화학적 소화
회장, 돌창자
효소
휴식기 에너지 소비량
흡수

대사 metabolism
에너지를 발생시키는, 소화 후 체내 음식물 사용의

소화 digestion
흡수를 준비하기 위해 체내에서의 음식물 분해

위장관 gastrointestinal (GI) tract
소화기 계통과 연관

소화

소화는 음식이 더 작은 입자로 분해되고, 화학적으로 변화되고, 위장 시스템을 통해 이동하는 과정이다. 위장관은 소화에 관여하는 신체 구조로 구성된다. 소화는 입에서 시작해서 항문에서 끝난다. 전체 위장관을 따라, 점액 분비물이 점막을 윤활하고 보호한다. 소화 과정에 대해 **그림 3-1**을 참조하고 소화 구조의 위치와 기능에 대해 주목하여 논의한다.

소화는 기계 및 화학의 2가지 유형의 작용을 통해 발생한다. 기계적 소화 과정에서 음식은 치아에 의해 더 작은 조각으로 나뉜다. 그런 다음 식도, 위 및 내장을 통해 위장관을 따라 이동한다. 이 움직임은 연동운동이라는 근육 벽의 리드미컬한 수축으로 인해 발생한다. 기계적 소화는 식품을 소화하기 위해 작은 조각으로 분해하여 음식을 준비하는 데 도움이 된다. 여러 개의 작은 조각들은 큰 조각보다 표면적이 더 넓어서 소화액에 의해 더 쉽게 분해된다.

화학적 소화 과정에서 탄수화물, 단백질 및 지방의 구성이 바뀐다. 화학물질의 변화는 물을 첨가하고 이로 인해 식품 분자가 분열되거나 파괴됨으로써 발생한다. 이 과정을 가수분해라고 한다. 음식은 조직이 흡수하고 사용할 수 있는 영양소로 분해된다. 가수분해에는 식품 물질에 작용하는 소화 효소가 포함되어 있

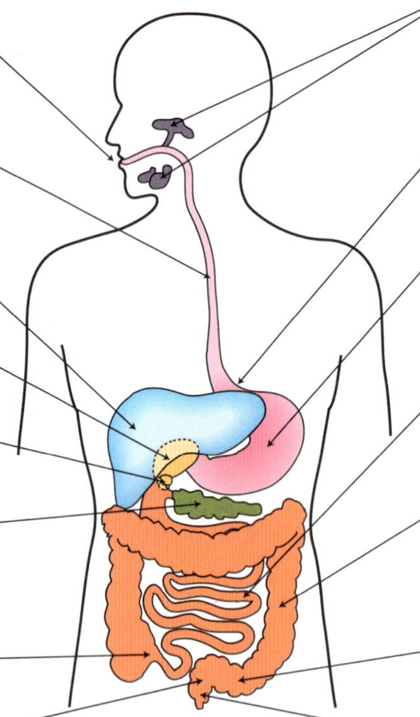

그림 3-1 소화기 계통과 그 기능.

표 3-1 효소와 작용하는 식품

분비원	효소	작용하는 식품
구강	타액 아밀라아제	전분
위	펩신	단백질
	레닌	우유에 든 단백질
	위장 리파아제	유화 지방
소장	췌장 아밀라아제	전분
	췌장 프로테아제	단백질
	(트립신)	
	(키모 트립신)	
	(카르복시 펩티다제)	
	췌장 리파아제	지방
	(steapsin)	
	락타아제	락토오스(유당)
	말타아제	말토오스(엿당)
	수크라아제	수크로스(자당)
	펩티다아제	단백질

웹사이트 탐색
EXPLORING THE WEB

미국 소화기내과[American College of Gastroenterology (http://www.acg.gi.org)]의 웹사이트를 방문해보시오. 웹사이트를 둘러보고 소화와 위장관과 관련된 흔한 문제들과 익숙해지시오. 흔한 장애에 대한 자료표를 만들고 그것들을 다룰 수 있는 팁을 포함시키시오. 수업 중 토론을 위해 웹사이트에서 주제를 하나 선정하시오.

기 때문에 간단한 화합물로 분해된다. 효소는 또한 **촉매**로 작용할 수 있으며, 이는 공정에서 그 자체가 변하지 않고 화학 반응을 가속화한다. 소화 효소는 입, 위, **췌장** 및 소장에 의해 분비된다(**표 3-1** 참조). 효소는 종종 그것이 작용하는 물질의 이름이 붙여진다. 예를 들어, 효소 수크라아제(sucrase)는 수크로스(sucrose, 자당)에 작용하고, 효소 말타아제(maltase)는 말토오스(maltose, 엿당)에 작용하며, 락타아제에 작용한다.

입안의 소화

소화는 구강 내에서 시작되며, 음식은 치아에 의해 더 작은 조각으로 분해되고 타액과 혼합된다. 이 시점에서, 삼킬 준비가 되어 있는 한입의 음식을 **식괴**라고 한다. **타액**은 물, 소금 및 복합성 탄수화물(전분)에 작용하는 **타액 아밀라아제**(ptyalin이라고도 함)라는 소화 효소가 포함되어 있는 타액으로 타액 분비선에서 분비된다. 음식은 보통 너무 짧은 시간 동안 입안에 머물러 적은 양의 탄수화물만 화학적으로 변화한다. 타액선은 또한 이 덩어리를 삼키는 것을 돕기 위해 음식물의 입자를 윤활하게 결합시키는 점막을 분비한다. 탄수화물의 최종 화학적 소화는 소장에서 일어난다.

식도

식도는 음식이 입에서 위로 이동하는 25cm 근육 관이다. 삼켰을 때, 음식 덩어리

기계적 소화 mechanical digestion
씹기, 삼키는 것, 연동운동과 같은 기계적인 움직임이 필요한 소화의 부분

연동운동 peristalsis
장 기관의 리듬 운동; 유미즙(chyme)을 따라 움직인다.

화학적 소화 chemical digestion
가수분해로 인한 소화 중의 음식의 화학적 변화

가수분해 hydrolysis
물을 첨가하여 분자를 분해

효소 enzymes
다른 물질의 변화를 일으키는 유기 물질

촉매 catalyst
다른 물질을 반응시키는 물질

췌장 pancreas
소화를 위해 필수적인 분비선이고 포도당 대사에 필수적인 인슐린에 필수적인 효소를 분비하는 분비기관

식괴 bolus
삼킬 준비가 되어있는 입안의 음식

타액 saliva
타액선 분비물

타액 아밀라아제 salivary amylase
또한 ptyalin이라고 불린다. 침샘이 전분에 작용하도록 분비하는 효소

식도 esophagus
입에서 위로 이어지는 관; 위장 시스템의 일부

는 연동운동과 중력에 의해 식도로 이동된다. 식도 하부 끝에 식도 괄약근으로도 알려져 있는 들문조임근이 열리면서, 조영제가 위로 들어갈 수 있다. 들문조임근은 위의 산성 농도가 식도로 다시 흐르는 것을 막아 준다. 이 조임근이 오작동하면 산이 역류하게 된다.

위장에서 소화

위는 위저로 알려진 상부, 위의 몸으로 알려진 중간 영역, 그리고 유문이라고 불리는 소장에 가장 가까운 끝으로 구성된다. 음식은 위저부로 들어가 위장 근육이 점차적으로 음식을 반죽하고 나눠지며 위액과 비타민 B_{12}의 흡수에 필요한 내재적 인자를 혼합한다. 느리고 통제된 움직임 속에서 앞으로 나아갈 수 있다. 음식은 유미즙이라고 하는 반유체 덩어리가 된다. 유미즙이 유문에 들어갈 때, 그것은 팽창과 위즙의 방출을 증가시키는 호르몬 가스트린의 방출을 일으킨다.

위즙은 위장의 소화 분비물이다. 그것은 염산, 펩신 및 점액을 함유하고 있다. 염산은 효소인 펩신을 활성화시키고, 단백질 분자가 펩신에 의해 부분적으로 소화되도록 준비하며, 섭취된 음식에서 대부분의 박테리아를 파괴하고, 철 및 칼슘을 더 잘 용해시킨다. 염산이 방출되면 강산으로부터 위를 보호하기 위해 두꺼운 점액이 또한 분비된다. 소아에게는 우유단백질과 카제인에 작용하는 렌닌과 우유의 버터 지방 분자를 더 작은 분자로 분해하는 위장성 리파아제라는 2가지 추가 효소가 있다.

요약하면 위장의 기능은 다음과 같다.

- 일시적인 음식 저장
- 위즙과 음식의 혼합
- 느리고, 통제된 장으로의 음식물 이동의 조절
- 장 비타민 B_{12}에 대한 내재적 인자의 분비(7장에서 논의됨)
- 부주의하게 섭취된 대부분의 박테리아의 파괴

소장에서의 소화

소장에서 소화된 유미즙은 유문 조임근을 통해 소장의 첫 번째 부분인 십이지장으로 이동한다. 그 다음으로 소장의 중간인 공장과 소장의 마지막 부분인 회장을 통과한다.

음식이 소장에 도달할 때 호르몬 세크레틴은 췌장이 중탄산나트륨을 분비하여 유미즙의 산도를 중화시킨다. 지방이 들어갈 때 소장 점막으로부터 분비된 콜레시스토키닌 호르몬은 장 점액샘에 의해 생성되어 담낭이 담즙을 분비한다. 담즙은 간에서 생성되지만 담낭에 저장된다. 담즙은 소장으로 분비된 후 지방을 유

들문조임근 cardiac sphincter
위 식도 역류가 식도로 들어가는 것을 막는 식도 기저부의 근육

위저(위) fundus (of the stomach)
위 윗부분

유문 pylorus
장에서 가장 가까운 위의 끝

유미즙 chyme ("kime"이라고 발음)
위액과 혼합된 음식 덩어리

가스트린 gastrin
위에서 분비되는 호르몬

위즙 gastric juices
위장의 소화 분비물

펩신 pepsin
단백질 소화에 필수적인 위장에서 분비되는 효소

십이지장, 샘창자 duodenum
소장의 첫 번째(그리고 가장 작은) 부분

공장, 빈창자 jejunum
소장의 약 5분의 2를 차지하는 중간 부분

회장, 돌창자 ileum
소장의 마지막 부분

세크레틴 secretin
호르몬은 췌장이 중탄산나트륨을 방출하여 유미즙의 산성도를 중화시킨다.

콜레시스토키닌 cholecystokinin (CCK)
담즙을 분비하는 쓸개에서 작동하는 호르몬

담즙 bile
담낭에 저장되어있는 지방 분비에 필수적인 간 분비물

화시킨다. 이 작용으로 효소가 지방을 보다 쉽게 소화할 수 있다.

유미즙 또한 췌장을 자극하여 췌장액을 소장으로 분비한다. 췌장액에는 다음과 같은 효소가 들어 있다:

- 트립신(trypsin), 키모트립신은 단백질을 더 작은 물질로 분해한다. 이것은 췌장에서 생성되는 단백질 분열 효소이기 때문에 **췌장 프로테아제**라고 한다.
- **췌장 아밀라아제**는 전분(polysaccharides)을 단당류로 전환한다.
- **췌장 리파아제**는 지방을 지방산과 글리세롤로 감소시킨다.
- 소장은 락타아제, 말타아제 그리고 수크라아제를 포함하는 장액을 생산한다. 이 효소들은 **락타아제**, **말타아제**, **수크라아제**를 각각 단당류로 분해한다. 소장은 또한 단백질을 아미노산으로 분해하는 **펩티다아제**라고 불리는 효소를 생산한다.

대장

대장, 즉 **결장**은 맹장, 결장 및 직장으로 이루어져 있다. 맹장은 복부의 우측 하부 사분의 일면에 있는 눈 먼, 주머니처럼 생긴 결장의 시작이다. 충수는 맹장을 벗어나는 게실이다. 맹장은 회맹판(ileocecal valve)에 의해 회장과 분리되어 있으며 대장(결장)의 시작으로 간주된다. 그것의 주요 기능은 소화되지 않은 음식에서 물과 소금을 흡수하는 것이다. 흡수력을 높이기 위해 내용물을 반죽할 수 있는 근육벽이 있다. 맹장에서 발효의 최종 생성물 중 하나는 휘발성 지방산이다. 주요 휘발성 지방산은 아세테이트(acetate), 프로피오네이트(propionate), 부티레이트(butyrate)이다. 대장에서 흡수되어 에너지원으로 사용된다. 소화가 된 음식은 상행 결장으로 들어가 횡행결장을 통과하여 하행결장, S결장, 직장 및 항문관으로 이동한다.

흡수

소화 후 신체의 음식 사용에 있어 다음 단계는 흡수이다. **흡수**란 혈액 또는 **림프계**로 영양분이 통과하는 것을 말한다(림프 혈관은 지용성 입자와 혈류를 따라 모세혈관을 통하기 너무 어려운 큰 분자가 운반된다).

흡수되기 위해서는 영양분이 가장 간단한 형태여야 한다. 탄수화물은 간단한 당(포도당, 과당 및 갈락토오스), 단백질을 아미노산으로, 지방을 지방산 및 글리세롤로 분해해야 한다. 영양분의 대부분 흡수는 소장에서 발생하지만 일부는 대장에서 발생한다. 물은 위장, 소장 및 대장에 흡수된다.

췌장 프로테아제 pancreatic proteases
단백질 소화에 필수적인 췌장에서 분비되는 효소

췌장 아밀라아제 pancreatic amylase
전분 소화에 필수적인 췌장에서 분비되는 효소

췌장 리파아제 pancreatic lipase
지방 소화에 필수적인 췌장에서 분비되는 효소

락타아제 lactase
소장에서 유즙 분비를 위해 분비되는 효소

말타아제 maltase
소장에 의해 분비되는 말토오스의 소화에 필수적인 효소

수크라아제 sucrase
소장에서 분비되는 자당 소화 촉진효소

펩티다아제 peptidases
단백질 소화에 필수적인 소장에서 분비되는 효소

결장 colon
대장

흡수 absorption
혈액이나 림프계로의 영양소 통과

림프계 lymphatic system
지용성 물질을 소장에서 혈관계로 수송

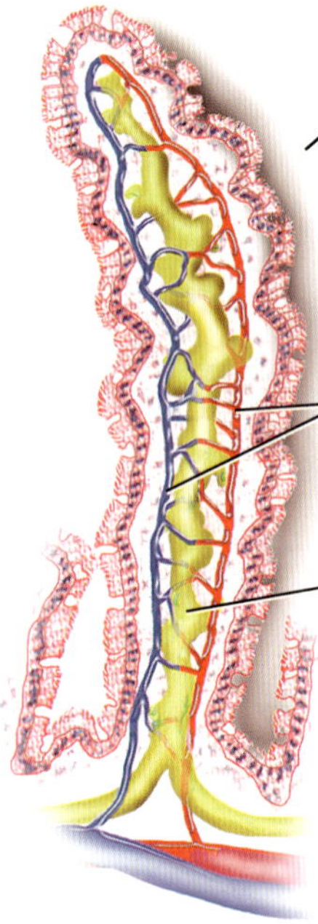

그림 3-2 소장의 벽

소장에서의 흡수

소장은 길이가 약 690cm인 가장 긴 소화기 구조로 점막 주름, 융모 및 내부 표면에 미세융모가 있어 흡수율을 극대화한다. 융모라고 불리는 손가락 모양의 돌출부에는 미세덩어리(microvilli)라 불리는 현미경으로 관찰된 수백 가지의 돌기가 있다. 미생물은 우리 몸의 영양요구에 매우 민감하다(그림 3-2 참조). 각 융모에는 수많은 혈액 모세혈관(작은 혈관)과 유미관(림프관)이 있다. 융모는 혈액 모세 혈관과 유미관을 통해 유미즙의 영양분을 흡수하여 혈류로 이동시킨다. 포도당, 과당, 갈락토오스, 아미노산, 무기질 및 수용성 비타민은 모세혈관에 흡수된다. 과당과 갈락토오스는 이어서 간으로 운반되어 포도당으로 전환된다. 유미관은 지용성 비타민과 함께 글리세롤과 지방산(지방 분해의 최종 생성물)을 흡수한다.

대장에서의 흡수

유미즙이 대장에 도달하면, 대부분의 소화와 흡수가 이미 발생한다. 결장은 길이가 약 152cm이고 지름이 91cm이다. 그것의 벽은 점액을 분비하여 회맹판(ileocecal valve)을 통해서 작은 창자에서 오는 유미즙에 있는 산성 소화 주스로부터 보호된다.

대장의 주요 임무는 물을 흡수하고, 일부 비타민 B와 비타민 K(혈액응고에 필수적)를 합성하고, 음식 잔유물을 수집하는 것이다. 음식 찌꺼기는 신체의 효소 작용으로 소화되지 못하여 신체가 흡수할 수 없는 음식의 일부이다. 이러한 잔유물은 일반적으로 식이섬유라고 한다. 예를 들면, 옥수수 알맹이와 밀 곡물, 셀러리, 사과껍질 등이 있다. 음식에 적절한 섬유질이 들어 있는 것이 중요하다. 왜냐하면 그것은 더 부드러운 대변과 더 빈번한 장 움직임을 만들어 내는 것을 돕기 때문이다.

배설

소화되지 않은 음식은 대변으로 직장을 통해 배설된다. 배설하고 싶은 충동은 음식물 쓰레기의 축적으로 인해 직장이 팽창할 때 일어난다. 신체 노폐물은 식이섬유, 소화가 되지 않는 육류의 결합조직, 무기질에 결합된 지방, 박테리아, 색소, 점액 및 물과 결합된 다양한 물질로 이루어져 있다. 건강한 사람들은 탄수화물 99%, 지방 95%, 단백질 92%가 흡수된다. 음식물 섭취에서 제거까지의 전반적인 이동 시간은 16~27시간으로 다양할 수 있지만 크게 다를 수 있다.

대사

소화 흡수 후, 영양분은 혈액에 의해 신체의 세포로 운반된다. 세포 내에서 영양소는 신진대사라는 복잡한 과정을 통해 에너지로 바뀐다. 호기성 대사 과정에서

융모 villi
영양소가 흡수되는 소장에 있는 작은, 해발 고도의 구조물

모세혈관 capillaries
정맥과 동맥을 연결하는 작은 혈관

유미관 acteals
지방산과 글리세롤을 흡수하는 소장의 임파선

대변 feces
대장에서 나오는 고형 배설물

호기성 대사 aerobic metabolism
세포 내에서 산소와 영양물을 결합시키는 단계; 산화라고도 함

영양소는 각 세포 내의 산소와 결합된다. 이 과정을 산화라고 한다. 산화는 마침내 탄수화물을 이산화탄소와 물로 감소시킨다; 단백질은 이산화탄소, 물 및 질소로 환원된다. 혐기성 대사는 산소를 사용하지 않고 지방을 감소시킨다. 탄수화물, 단백질 및 지방의 완전한 산화는 일반적으로 크렙스 주기라고 한다.

영양소가 산화됨에 따라 에너지가 방출된다. 이 방출된 에너지가 더 간단한 물질로부터 새로운 물질을 만드는 데 사용되면, 그 과정을 동화작용이라고 한다. 동화작용의 한 예는 새로운 신체 조직을 형성하는 것이다. 방출된 에너지가 물질을 더 단순한 것으로 줄이기 위해 사용될 때, 그 과정을 이화작용이라고 한다. 물질의 합성(동화작용)과 분해(이화작용)는 신체 내의 지속적인 과정(물질대사)이며 지속적인 영양 공급이 필요하다.

웹사이트 탐색 EXPLORING THE WEB

많은 사람들이 건강한 체중을 유지하기 위해 신진대사를 활성화시키고 싶어 한다. 하지만 무엇이 신진대사를 촉진시키는가? 이 질문에 답을 찾기 위해 웹사이트를 검색하시오. 근육을 만드는 운동을 통해 신진대사를 증가시킬 수 있는가? 신진대사를 활발하게 할 수 있는 식단 조절이 있는가? 믿을 만한 과학 기반의 웹사이트에서 일치된 자료를 구성하고, 수업에서 5분간 발표할 자료를 준비하시오.

대사와 갑상샘

신진대사는 주로 갑상샘에 의해 분비되는 호르몬에 의해 좌우된다. 이 분비물은 *트리요오드티로닌*(T_3)과 *티록신*(T_4)이다. 갑상샘이 이 호르몬을 너무 많이 분비하면 갑상샘기능항진증(hyperthyroidism)으로 알려진 병이 생길 수 있다. 이 경우 신체가 음식을 너무 빨리 대사시켜 체중을 줄인다. T_4와 T_3의 양이 너무 적으면 갑상샘기능저하증(hypothyroidism)이 발생할 수 있다. 이 경우 신체가 음식을 너무 천천히 대사하고 환자가 기능이 부진해져서 지방을 축적하는 경향이 있다.

에너지

에너지는 신체 조직 및 온도의 유지 및 자발적인 활동뿐만 아니라 성장(비자발적 활동)을 위해 끊임없이 필요하다. 자발적인 활동의 예로는 걷기, 달리기, 수영, 정원 가꾸기 등이 있다. 신체에 에너지를 공급하는 3가지 영양소 그룹은 탄수화물, 단백질 및 지방이다. 탄수화물은 1차 에너지원이다(4장 참조).

에너지 측정

식품의 에너지값을 측정하는 데 사용되는 단위는 일반적으로 큰 칼로리 또는 칼로리로 알려진 킬로칼로리(kcal)이다. 계량 시스템에서 이를 킬로줄(kilojoule)이라고 한다. 1킬로칼로리는 4.184킬로줄과 같지만, 이것은 4.2킬로줄로 반올림 될 수 있다. 1칼로리란 1kg의 물을 1도(°C)까지 끌어올리는 데 필요한 열량을 말한다.

한 음식에 들어 있는 칼로리의 숫자는 에너지 가치, 즉 칼로리 밀도이다. 음식의 에너지 가치는 음식마다 어떤 영양소가 들어 있는지에 따라 결정되기 때문에 매우 다양하다.

1그램의 탄수화물은 4칼로리를 생산한다; 단백질 1g은 4칼로리를 생산한다. 지방 1g은 9칼로리를 생산한다. 1그램의 알코올은 7칼로리를 생산한다.

혐기성 대사 anaerobic metabolism
산소를 사용하지 않고 지방을 감소시킴

크렙스 주기 Krebs cycle
세포 에너지의 주 원인이 되는 일련의 효소 반응

동화작용 anabolism
신진대사 과정에서 새로운 화합물 합성

이화작용 catabolism
신진대사 중 화합물의 분해

호르몬 hormones
다양한 땀샘에 의해 분비되는 화학적 메신저

칼로리 calorie
1kg의 물의 온도를 섭씨 1도(°C)까지 올리는 데 필요한 열량을 나타낸다.

킬로칼로리 kilocalorie (kcal)
식품의 연료 가치를 측정하는 데 사용되는 단위

최근 자료
IN THE MEDIA

생균제(probiotics)에 대해 알아야 할 것은 무엇인가?

생균제는 건강한 소화 시스템에 필요한 살아 있는 박테리아와 이스트이다. 그것들은 내장에 나쁜 박테리아에 대한 보호 장벽을 형성한다. 생균제는 식품에서 자연적으로 발견될 수 있다. 하지만, 보조제 판매는 지난 5년 동안 30% 증가했다. 비록 연구가 아직 진행 중이지만, 생균제는 다양한 소화 문제를 개선하고 면역력을 높이고 체중 감량을 도울 수 있다. 보조제를 선택하면, 다음의 박테리아 종들이 특히 중요하다: 유산균과 bifidobacterium, saccharomyces를 포함한다. 생균제는 또한 폐와 간의 악성 종양뿐만 아니라 기분과 우울증을 개선하는 역할을 하기 위해 엄격하게 연구되고 있다.

출처: "What to Know About Probiotics." ABC News. August 11, 2015. http://www.abcnews.go.com

식품의 에너지 값은 **연소열 열량계**로 알려진 장치에 의해 결정된다. 칼로리미터의 내부는 측정된 양의 음식을 보유하고 외부는 물을 보유한다. 음식은 태워지며, 칼로리 값은 주변 물 온도의 증가에 의해 결정된다.

기초 대사율

하나의 기초 신진대사는 신체가 휴식을 취하는 동안 모든 비자발적인 필수과정을 수행하는 데 필요한 에너지이다. 이러한 과정은 호흡, 순환, 체온 조절, 세포 활동 및 유지 관리이다. 신체 유지를 위해서만 필요한 에너지를 **기초 대사율**이라고 한다. BMR은 **휴식기 에너지 소비량**이라고 할 수 있다.

의학적 검사가 BMR(또는 REE)을 결정할 수 있다. 몸이 휴식하는 동안, 필수적이고 비자발적인 기능만을 수행하면서 검사가 시행된다. 자발적인 활동은 BMR 테스트에서 측정되지 않는다. BMR에 영향을 미치는 요인은 체내의 제지방량, 신체의 크기, 성별, 나이, 유전, 신체조건 및 기후이다.

제지방량은 지방 조직과 대조적으로, 근육이다. 지방 조직이나 뼈 조직보다 근육 조직에 더 많은 대사 활동이 있기 때문에 근육 조직은 지방이나 뼈 조직보다 더 많은 칼로리를 필요로 한다. 큰 몸집을 가진 사람들은 작은 몸집을 가진 사람들보다 더 많은 칼로리를 요구한다. 왜냐하면 전자는 더 많은 신체 질량을 유지하고 움직일 수 있기 때문이다.

남자들은 보통 여자들보다 더 많은 에너지를 필요로 한다. 그들은 여성보다 몸집이 크고 제지방량이 많은 경향이 있다.

아이들은 자라고 있기 때문에 몸무게의 kg당 더 많은 칼로리를 필요로 한다. 사람들이 나이를 먹을수록 체질량은 감소하고, 그에 따라 기초 대사율은 감소한다. 유전 또한 결정적인 요인이다. 외모와 마찬가지로 BMR은 부모를 닮을 수 있다. 한 사람의 신체적 상태 또한 BMR에 영향을 미친다. 예를 들어, 여성들은 다른 때보다 임신과 수유 기간 동안 더 많은 칼로리를 필요로 한다. 기초 대사율은 고열이나 칼로리 섭취가 심하게 줄어들 때 감소한다. 극도로 추운 기후나 따뜻한 기후에서 생활하고 일하는 사람들은 온화한 기후보다 정상적인 체온을 유지하기 위해 보다 더 많은 칼로리가 필요하다.

식품의 열 효과

몸은 음식(소화, 흡수, 수송, 기초 대사 및 저장)을 처리하는 데 에너지가 필요하다. 이 요구 사항은 일일 에너지(칼로리) 섭취량의 10%를 나타낸다. BMR에 0.10을 곱하고 활동계수를 계산하기 전에 BMR (REE)에 더한다.

연소열 열량계 bomb calorimeter
식품의 kcal 값을 과학적으로 결정하는 데 사용되는 장치

기초 대사율
basal metabolism rate (BMR)
신체유지를 위해 에너지가 필요한 비율; 휴식에너지소비(resting energy expenditure, REE)

휴식기 에너지 소비량
resting energy expenditure (REE)
기초 대사율(BMR)과 동일

제지방량 lean body mass
근육 조직의 비율

BMR 계산

영양사는 일반적으로 해리스–베네딕트 방정식을 사용하여 18세 이상의 사람들의 BMR (REE)을 결정한다. 이 방정식은 신장, 체중 및 연령을 요인으로 사용하고 일부 다른 방법보다 REE를 더 개별화한 추정치를 산출한다(그림 3-3).

BMR 또는 REE를 측정하는 또 다른 방법은 다음과 같다.

1. 파운드를 2.2파운드(2.2파운드 = 1kg)로 나누어 파운드에서 킬로그램(kg)으로 체중을 변환하시오.
2. 킬로그램에 24시간을 곱하시오(하루당 시간).

Female: **REE = 655 + (9.6 × weight in kg) + (1.8 × height in cm) – (4.7 × age)**

Male: **REE = 66 + (13.7 × weight in kg) + (5 × height in cm) – (6.8 × age)**

W = weight in kilograms (kg) (weight in pounds ÷ 2.2 = kg)
H = height in centimeters (cm) (height in inches × 2.54 = cm)
A = age in years

그림 3-3 해리스–베네딕트 방정식.

SUPERSIZE USA

패스트푸드점을 지나갈 때, 다음과 같은 최악의 패스트푸드 선택을 기억하시오:

주문	칼로리	지방	탄수화물	단백질	나트륨
맥도널드 앵거스 치킨틀 BBQ 베이컨 버거	830	41g	67g	48g	2,060mg
버거킹 텐더크리스프 치킨 시저 가든 드레싱을 곁들인 샐러드	650	43g	39g	30g	1,670mg
데니의 나라튀김 육즙스프레이 스테이크	1,010	69g	64g	33g	2,490mg
버거킹소시지, 계란, 치즈 크로와상	500	33g	32g	19g	930mg
웬디 초콜렛 차가운 쉐이크, 대형	580	15g	96g	16g	270mg
애플 비엣 오리엔탈 치킨 샐러드	1,400	99g	92g	40g	1,630mg
피자헛 고기 연인의 팬 피자(3조각)	930	51g	81g	39g	2,250mg

출처: Data retrieved from website for each fast food restaurant, 2015

3. 2단계에서 얻은 답에 여성의 경우 0.9를 곱하고 남자의 경우 1.0을 곱하시오.

예를 들어, 여성의 체중이 110파운드라고 가정하라. 50kg의 응답을 위해 110을 2.2로 나눈다. 하루에 50kg을 곱해 1,200칼로리의 답을 얻는다. 그런 다음 1,200칼로리에 0.9를 곱하여 1,080칼로리의 답을 얻는다. 이것은 특정 여성에 대해 예상되는 기초 대사 에너지 요구량이다.

총 에너지 요구량 계산

개인의 평균 일일 에너지 요구량은 24시간 내에 필요한 총 칼로리 수이다. 사람들의 에너지 요구량은 BMR (REE) 및 활동에 따라 다르다. 피아노 치는 것보다 축구하는 것에 더 많은 에너지가 소모된다. MyPlate에 따른 칼로리 지침은 **표 3-2**를 참조하라.

표 3-3은 신장에 따른 권장 성인 체중을 보여준다.

에너지 균형

칼로리를 소모하는 사람은 보통 체중이 줄어든다. 만약 누군가가 그녀 또는 그가 열량을 태우는 것보다 더 많은 칼로리를 섭취한다면, 신체는 그것들을 지방 조직(지방)으로 저장한다. 일부 지방 조직은 신체를 보호하고 장기를 지탱하기 위해 필요하다. 단열재가 건물의 온도를 조절하는 것처럼 지방 조직도 체온을 조절하는 데 도움이 된다. 그러나 지방 조직의 과다한 섭취는 비만을 초래할 수 있고, 이것은 신체 기관과 시스템에 더 많은 부담을 주기 때문에 건강을 위험에 빠뜨릴 수 있

에너지 요구량 energy requirement
매일 신체가 필요로 하는 칼로리 수

지방 조직 adipose tissue
지방 조직

표 3-2 일일 칼로리요구 추정치

각 나이 및 성별의 칼로리 범위는 앉아있는 사람에서부터 활동적인 사람까지의 신체 활동 수준을 기준으로 한다. 몸을 많이 움직이지 않는다는 것은 일반적인 일상생활과 관련된 가벼운 신체 활동만을 포함하는 라이프스타일을 의미한다. 능동적인 생활이란 전형적인 일상생활과 관련된 가벼운 신체 활동 외에도 시간당 4~6km의 속도로 하루 4km 이상 걷는 것과 같은 신체 활동을 포함하는 생활방식을 의미한다.

	칼로리 범위				칼로리 범위		
	좌식생활	→	활동		좌식생활	→	활동
아동				**남성**			
2~3세	1,000	→	1,400	4~8세	1,400	→	2,000
여성				9~13	1,800	→	2,600
4~8세	1,200	→	1,800	14~18	2,200	→	3,200
9~13	1,600	→	2,200	19~30	2,400	→	3,000
14~18	1,800	→	2,400	31~50	2,200	→	3,000
19~30	2,000	→	2,400	50+	2,000	→	2,800
31~50	1,800	→	2,200				
51+	1,600	→	2,200				

출처: Adapted from U.S. Department of Health and Human Services and U.S. Department of Agriculture. (December 2015). *2015-2020 Dietary Guidelines for Americans* (8th ed.). Available at http://health.gov/dietaryguidelines/2015/guidelines/

표 3-3 성인에게 권장되는 체중

신장(신발 미착용)	19~34세의 파운드 체중	의복 미착용 시 35세 이상의 체중
5'0"	97~128	108~138
5'1"	101~132	111~143
5'2"	104~137	115~148
5'3"	107~141	119~152
5'4"	111~146	122~157
5'5"	114~150	126~162
5'6"	118~155	130~167
5'7"	121~160	134~172
5'8"	125~164	138~178
5'9"	129~169	142~183
5'10"	132~174	146~188
5'11"	136~179	151~194
6'0"	140~184	155~199
6'1"	144~189	159~205
6'2"	148~195	164~210
6'3"	152~200	168~216
6'4"	156~205	173~222
6'5"	160~211	177~228
6'6"	164~216	182~234

참고: 범위의 높은 가중치는 일반적으로 근육과 뼈가 더 많은 경향이 있는 남성에게 적용된다. 낮은 체중은 근육과 뼈가 적은 여성에게 더 자주 적용된다.
출처: U.S. Department of Health and Human Services and U.S. Department of Agriculture. *Dietary Guidelines for Americans* (3rd ed.). Washington, DC. Accessed August 31, 2015. http://www.cnpp.usda.gov

다. 건강한 사람에게 목표는 에너지 균형이다. 이는 소비되는 칼로리의 양이 BMR(REE)과 활동에 필요한 칼로리의 양과 일치한다는 것을 의미한다.

건강과 영양 고려사항

의료 전문가는 대상자가 신체 활동 방식에 관한 광범위한 진술을 할 수 있음을 알게 될 것이다. 예를 들면 다음과 같다: "우유는 제게 맞지 않아요." 이것은 "그것이 통풍(가스)을 유발하는가?" 또는 "즉시 화장실에 가야 하는가?"와 같은 적절한 질문이 필요할 때이다. 첫째는 락토오스 소화 장애의 전형적인 증상인 데 반해, 후자는 알려지나 다른 심각한 문제들을 나타낼 수 있다. 신진대사와 에너지 요구사항에 대한 교육을 필요로 하는 대상자들은 그들이 아무것도 먹지 않고 계속 살이 찌거나 항상 운동을 하지만 살이 잘 빠지지 않는다고 말할지도 모른다. 대상자는 최신의 정확한 건강 정보를 제공받아야 한다. 따라서 의료 전문가는 대상자에게 가장 정확한 정보를 제공하기 위해 지속적으로 교육해야 한다.

삶의 길잡이 SPOTLIGHT on Life Cycle

에너지 또는 칼로리를 유지하는 것은 "에너지 유입"과 "에너지 방출"의 균형을 맞춰 균형을 이룰 수 있다. 먹고 마시는 것은 "에너지 유입"이다. 일상적인 활동과 신체 활동을 통해 에너지가 소비되고 "에너지 방출"로 간주될 수 있다. "에너지 유입"이 시간이 지남에 따라 "에너지 배출"이 같을 때 체중은 그대로 유지된다. 시간이 지남에 따라 "방출"보다 "유입"이 더 많으면 체중 증가가 발생할 수 있다. 시간이 지남에 따라 "유입"보다 "방출"이 많으면 체중 감량이 발생할 수 있다. 하루 150칼로리를 추가로 섭취하면 체중이 4kg 증가할 수 있다. "에너지 유입"을 줄이거나 "에너지 방출"을 늘리는 것은 사람이 원치 않는 체중을 줄이는 데 도움이 될 수 있다. 다음은 150칼로리를 줄이는 몇 가지 방법이 있다("에너지 유입"):

- 354cc의 일반 소다 대신 물을 마신다.
- 중간 분량 감자튀김 대신 소량의 감자튀김을 주문하시오.
- 계란 전체 대신 계란 흰자 오믈렛을 먹는다.
- 기름 대신 참치 통조림 물을 사용하시오.

다음은 30분 만에 150칼로리("에너지 방출")를 태우는 몇 가지 방법이 있다(68kg 사람의 경우) :

- 굴렁쇠 굴리기
- 3km 걷기
- 정원 가꾸기
- 자전거 타기
- 가족이나 친구와 춤추기

출처: Adapted from the National Heart Lung and Blood Institute. "Balance Food and Activity." Accessed August 30, 2015. http://www.nhlbi.nih.gov

에너지 균형 energy balance
섭취한 음식의 칼로리가 소비된 칼로리와 같을 때 발생

요약_SUMMARY

신체는 둘 다 연료를 필요로 하기 때문에 자동차 엔진과 비슷하다. 음식은 연료 역할을 하지만 사용할 수 있으려면 소화, 흡수, 대사를 포함하는 일련의 과정을 거쳐야 한다. 소화는 음식이 더 작은 부분으로 분해되고 화학적으로 바뀌며 위장관을 따라 움직이는 과정이다. 기계적 소화는 소화기계의 치아와 근육에 의해 수행되는 과정의 한 부분을 말한다. 화학적 소화는 음식이 혈액이 흡수할 수 있는 분자로 분해되는 것을 의미한다. 효소는 화학적 소화에 필수적이다. 소화 후, 영양분은 주로 소장에서 혈액과 림프계에 의해 운반된 다음 모든 신체 조직으로 운반된다. 흡수 후 음식물은 대사된다. 대사 동안, 탄수화물과 단백질은 산화라고 불리는 과정에서 산소와 결합한다. 산화 중에 방출되는 에너지는 칼로리로 측정된다. 음식의 칼로리 값은 사람들의 에너지 요구량과 마찬가지로 다양하다. 요구 조건은 나이, 신체 크기, 성별, 제지방량, 신체 조건, 기후, 활동에 따라 달라진다.

토의 주제_DISCUSSION TOPICS

1. 소화 과정을 설명하시오.
2. 소화에 필요한 효소는 무엇인가? 그 영양소에 작용하는 효능과 5개의 효소를 명명하시오.
3. 영양소의 흡수를 설명하시오.
4. 신진대사를 설명하시오.
5. 신체가 수면 중에도 연료를 필요로 하는 이유를 설명하시오.
6. *에너지 값*과 *에너지 요구 조건*의 차이점을 설명하시오.

연습문제_REVIEW

가장 적절한 답을 고르시오.

1. 소화가 어디에서 시작되는가?
   a. 입
   b. 위장
   c. 간
   d. 소장
2. 대부분의 소화 과정은 어디에서 일어나는가?
   a. 입
   b. 위장
   c. 소장
   d. 대장
3. 소장은 세 부분으로 나뉘어져 있다. 그들은 내림차순으로 나타낸 것은 무엇인가?
   a. 회장, 공장, 십이지장
   b. 공장, 회장, 십이지장
   c. 십이지장, 회장, 공장
   d. 십이지장, 공장, 회장
4. 위장에서 유문조임근을 통해 이동하는 액체 혼합물을 무엇이라 하는가?
   a. 식괴(음식물 덩어리)
   b. 유미즙
   c. 음식
   d. 가스트린
5. 위장관 아래로 음식을 움직이는 근육의 움직임을 무엇이라고 하는가?
   a. 위장관 펌프
   b. 연동운동
   c. 림프 순환
   d. 원형 추진력
6. 어떤 신체 시스템이 지방을 몸 전체로 운반하는가?
   a. 림프계
   b. 순환계
   c. 소화기계
   d. 혈액계
7. 다른 물질의 변화를 일으키는 유기 물질은 무엇인가?
   a. 호르몬
   b. 박테리아
   c. 효소
   d. 산
8. 말타아제, 수크라아제 및 락타아제는 어디에서 생산되는가?
   a. 위장
   c. 대장

b. 소장 d. 췌장

9. 담즙은 무엇을 소화하기 위해 필요한가?
a. 지방 c. 단백질
b. 섬유 d. 탄수화물

10. 에너지 섭취량이 에너지 생산량보다 많으면 체중이
a. 그대로 있다. c. 증가 및 감소
b. 감소 d. 증가

11. 77kg짜리 남자의 BMR은 얼마인가?
a. 1,854 c. 1,720
b. 2,010 d. 1,400

요점사례_CASE IN POINT

JANEESHA: 금연 후 체중유지

Janeesha는 거의 10년 동안 담배를 피워 왔다. 그녀의 부모님은 둘 다 흡연자여서, 그녀는 약 15세에 담배를 피우기 시작했다. 그녀는 여기저기서 조금씩 시작했지만, 점차적으로 하루에 한 갑 정도 하게 되었다. 그녀가 처음 담배를 피우기 시작했을 때, 그녀는 자신의 몸에 대한 건강상의 위험에 대해 걱정하지 않았다. 그녀는 그것이 멋지다고 생각했고, 그녀의 많은 친구들도 담배를 피우고 있었다. 이제 그녀는 나이가 들면서 흡연이 무엇을 할 수 있는지 직접 보았다. 그녀의 어머니는 폐암 진단을 받았고 그녀의 아버지는 지금 폐기종으로 인한 호흡 곤란을 돕기 위해 산소를 사용하고 있다. 게다가, Janeesha는 작년에 결혼했고 그녀의 남편은 흡연자가 아니다. 그는 그녀에게 담배를 끊으라고 권해 왔다. 그는 그녀의 건강을 염려하고 있으며, 만약 그들이 아이를 갖는 것을 선택한다면, 그는 그녀가 임신 중에 담배를 피우는 것을 원하지 않을 것이다. Janeesha는 담배를 끊을 준비가 되어 있다. 그녀는 금연 교실에 다니고 있다. 그녀는 또한 의사와 함께 금연을 위한 약물 복용법을 논의했다. Janeesha가 걱정하는 것 중 하나는 많은 사람들이 경험하는 체중 증가이다. Janeesha는 아프리카계 미국인이다, 그리고 그녀는 현재 키가 157cm이고 63kg이다. 그녀는 자신이 이미 약간 과체중이라는 것을 알고 있지만, 자신의 더 풍만한 몸매를 좋아한다. 그녀의 남편은 그녀가 현재 체중이 아름답다고 생각한다. 그러나 그녀는 흡연을 중단하면서 더 많은 체중을 얻고 추가적인 건강 문제를 유발하기를 원하지 않는다. 의사와 우려에 대해 이야기하면서 Janeesha는 영양사와 약속을 정하고 영양 교육을 받고 칼로리 요구량을 계산할 것을 제안한다. Janeesha는 영양사가 건강에 좋은 식사와 스낵에 대한 제안을 줄 수 있기를 희망한다.

사정

1. 이 사례 연구에서 중요한 자료를 규명한다.
2. 해리스-베네딕트 방정식을 사용하여 Janeesha의 REE를 계산하고 음식의 열효과(TEF)를 설명하시오.
3. 금연을 돕기 위해 Janeesha는 의사와 무엇을 의논해야 하는가?
4. Janeesha가 영양사와 상의하기를 원하는 질문이나 우려사항은 무엇인가?

진단

5. Janeesha의 간호진단을 작성하시오.

계획/목표

6. Janeesha는 체중 증가를 막기 위해 어떤 변화를 시행할 수 있는가?
7. 추가적인 체중 증가를 방지하기 위해 이 과정에서 Janeesha를 위해 2가지 측정이 가능하고 현실적인 목표를 설정한다.
8. 운동에 대한 정보가 Janeesha에게 어떻게 도움이 될 수 있을까?

수행

9. Janeesha가 자신의 음식 소비량과 먹는 데 걸리는 시간을 알 수 있도록 어떤 전략을 사용할 수 있는가?
10. Janeesha가 이러한 목표를 달성하는 데 도움이 되는 행동은 무엇인가?
11. 누가 그녀를 도와줄 수 있는가?

평가/결과 기준

12. Janeesha는 이 계획이 성공적인지 아닌지를 확인할 수 있을 것인가?
13. 그녀가 성공의 증거로 무엇을 측정할 수 있을까?

생각해보기

14. Janeesha의 남편은 그녀가 담배를 피우는 것에 대해 걱정하고 있다. 그는 만약 Janeesha가 임신을 하게 된다면, 그녀가 건강뿐만 아니라 그의 간접흡연과 그들의 잠재적인 아이들을 위해서 그만두기를 바란다. 흡연과 관련된 위험 요소들과 금연으로 인한 부가적인 이득들에는 어떤 것들이 있나요?

✓ rate this plate

금연과 함께, Janeesha는 습관이었기 때문에, 그녀의 손이 담배를 찾을 것이라는 것을 깨달을 필요가 있다. 대부분의 사람들은 유혹을 채우기 위해 무언가를 먹을 것이다. Janeesha가 현재 체중을 유지할 수 있는지 식단을 평가해보시오.

상추, 토마토, 양파를 곁들인 치즈버거

감자 튀김

저지방 목장 드레싱을 곁들인 사이드 샐러드

보통 소다 946cc

이 식사의 칼로리를 계산하고 하루에 필요한 칼로리의 3분의 1인지 확인하시오. 지방과 칼로리를 줄이기 위해 이 식사에서 무엇을 제거할 수 있는가?

요점사례_CASE IN POINT

ED: 크론병 증후 조절

Ed는 16세 때 크론병으로 진단받았다. 이제 그는 28세가 되었으므로, 증상을 조절하는 데 어려움을 겪고 있다. 그의 병은 주로 대장균에 영향을 미친다. Ed는 키가 184cm이고 101kg이나 나간다. 그는 자신이 살을 잘 빼는 경향이 있다는 것을 알고 있고 먹는 것에 주의해야 한다. 그의 유발 요인은 탄수화물, 단백질, 지방 등과 같은 다량 영양소의 흡수 장애가 될 수 있다. Ed와 그의 아내는 최근에 엘살바도르에 있는 가족을 방문했다. 그는 장모님이 준비하신 음식을 아주 맛있게 먹었다. 그녀는 요리를 아주 잘하신다. 그들이 방문하는 동안, 증상들이 폭발하기 시작했다. 그는 맛있는 음식을 먹는 것을 멈출 수가 없었다. 그 요리는 맵고 짜고 달콤한 맛이 섞여 있어서 그는 그 모든 것을 좋아했다. 집에 돌아온 후 2주 동안 그는 주로 설사를 하고 있다. 그는 체중이 3kg 줄었다. 그는 체중을 줄이고 싶었지만 이것이 체중 감량을 위한 방법이 아니라는 것을 알고 있다. 그의 아내는 매운 음식이 그의 문제를 야기시켰을 수도 있다는 것에 대해 끔찍해 한다. 그녀는 Ed에게 병원에 가도록 격려했다. 그는 의사와 약속을 잡는다. 그의 의사는 CBC, 알부민, 엽산 및 B_{12} 수치를 요구한다. 또한 그녀는 Ed가 영양사를 보기를 원한다. 그녀는 그가 저락토오스, 저지방, 저섬유소 및 고단백 식단을 시작하기를 바란다.

사정

1. Ed의 문제와 관련된 적절한 객관적이고 주관적인 자료는 무엇인가?
2. 표 3-2 및 3-2에 따라 Ed의 목표 칼로리 섭취량과 체중 범위를 계산한다.

진단

3. Ed의 간호진단을 작성하시오.
4. Ed의 배설 문제의 원인은 무엇인가?

계획/목표

5. Ed의 설사 억제를 위한 측정 가능한 목표를 작성하시오.
6. Ed가 자신의 새로운 식단에 적응할 수 있도록 목표를 작성하시오. Ed의 체중 감량 의욕을 반영하시오.
7. 영양사는 자신의 질병 및 관련 영양 문제에 대한 이해를 높이기 위해 어디에서 정보를 얻을 수 있는가?

수행

8. Ed가 각 목표를 달성하는 데 도움이 되는 적어도 하나의 행동을 열거하시오.
9. Ed가 피해야 하는 2가지 식품을 열거하시오.
10. Ed가 자신의 식단에 포함시켜야 할 3가지를 열거하시오.
11. 크론과 궤양성 대장염에 대한 웹사이트 http://www.ccfa.org가 Ed에게 도움이 될 수 있는 방법은 무엇인가?

평가/결과 기준

12. 당신의 크론병에 대한 당신의 계획이 효과적일 때 Ed는 무엇을 보고할 것인가?
13. Ed는 그의 새로운 식단이 성공적인지 어떻게 알 수 있을까?
14. 모든 목표가 성공적일 때 의사는 무엇을 측정할 수 있을까?
15. 계획이 성공적하지 않은 경우 Ed는 어떤 경험을 하게 될까?
16. 이러한 식습관 변화로 인해 예상치 못하고 바람직하지 않은 결과는 무엇이 될 수 있는가?

생각해보기

17. 만성적인 진행성 질환에 직면한 Ed에게 어떤 변화가 있는가?

✓ rate this plate

Ed의 의사는 저유당, 저지방, 고섬유질 및 고단백질 식이로 증상을 치료하기를 권장한다. Ed는 저녁 식사를 위해 다음 식사를 먹었다. 이 식단을 평가하시오.

리베이 스테이크 283g

사워 크림, 베이컨 조각, 버터를 곁들인 구운 감자

리마 콩 1/2컵

버터를 바른 통밀 롤 우유 295cc

으깬 통밀 과일

Ed에게 크론병의 지속적인 증상을 주는 음식은 무엇인가? 의사가 정한 식사에 맞추기 위해 이 식사를 어떻게 조절할 수 있는가?

CHAPTER 4

주요용어_KEY TERMS

갈락토오스
고창
고혈당
과당
글루카곤
글리코겐
다당류
단당류
락토오스
랑게르한스 섬
리그닌
말토오스
밀기울
배젖
세균
셀룰로오스
수크로스
식이섬유
유청
이당류
인슐린
저혈당
전분
점액
정제된 곡물
케톤
케톤증
통곡물
펙틴
포도당
헤미셀룰로오스

탄수화물

CARBOHYDRATES

학습목표

- 탄수화물의 기능을 규명할 수 있다.
- 탄수화물의 주요 공급원을 명명할 수 있다.
- 탄수화물의 분류를 설명할 수 있다.

탄수화물은 에너지와 부산물, 열을 방출하기 위해 신체에 의해 빠르게 산화될 수 있는 에너지 식품으로 간주된다. 탄수화물, 지방 및 단백질은 신체에 에너지를 제공하지만 탄수화물이 주요 공급원이다. 탄수화물은 다른 식품군에 비해 다소 저렴하고 에너지 영양소가 풍부하다. 과일, 채소, 콩류 및 곡물과 같은 탄수화물이 풍부한 식품은 대부분의 기후에서 쉽게 자란다.

탄수화물은 전 세계 인구에게 주요 에너지 공급원이다. 탄수화물은 미국 인구의 칼로리의 약 50%를 제공한다. 지방과 단백질이 부족하거나 비싼 일부 지역에서는 탄수화물이 칼로리의 80~100%를 제공한다. 탄수화물은 탄소(C), 수소(H) 및 산소(O)의 화학 원소로 구성된다.

A

B

그림 4-1 탄수화물은 활동(A) 또는 휴식(B) 여부에 관계없이 일정하게 요구된다.

그림 4-2 과일, 채소, 곡물 및 일부 유제품은 탄수화물의 좋은 공급원이다.

케톤 ketones
지방산이 간에서 분해되는 물질

케톤증 ketosis
케톤이 혈액에서 축적되는 상태; 에너지가 부족한 포도당으로 인해 생긴다.

기능

*에너지 공급*은 탄수화물의 주요 기능이다. 탄수화물 1g당 4칼로리가 제공된다. 신체는 일정한 에너지 공급을 유지해야 한다(**그림 4-1** 참조). 따라서, 필요에 따라 사용하기 위해 간 및 근육에 탄수화물을 글리코겐의 형태로 약 절반을 공급한다.

*단백질 보충 작용*은 탄수화물의 중요한 기능이다. 사람의 에너지 요구량을 공급하기에 충분한 탄수화물(최소 50~100g/일)이 섭취되면, 신체 조직을 구성하고 재생하는 주요 기능을 위해 단백질을 보충한다.

*정상 지방 대사*는 충분한 탄수화물 공급을 필요로 한다. 에너지 요구량을 충족시킬 수 있는 탄수화물이 충분하지 않은 경우 신체는 자체적으로 연료를 공급할 수 있는 대체 방법에 의존한다. 과도한 지방은 포도당을 공급하기 위해 분해된다. 긴급한 에너지 요구를 대체하는 동안 세포의 지방 산화가 완료되지 않고 케톤이라는 물질이 생성된다. 케톤은 혈액과 소변에 축적되고 케톤증이 된다.

임신하지 않은 건강한 사람의 경우, 탄수화물 50g 미만을 섭취하면 3~4일 후에 케톤증이 발생한다. 케톤증이 있는 경우 배고픔을 덜 느끼게 된다. 따라서 일부 사람들은 저탄수화물 식습관을 일반적으로 체중 감소 전략으로 채택한다. 그러나 케톤산증은 케톤 수치가 비정상적으로 높게 나타나는 심각한 상태이며, 당뇨병 환자가 인슐린이 충분하지 않거나 아프거나 탈수된 경우에 발생한다. 이것은 15장에서 기술되어 있다.

충분한 탄수화물이 섭취되면 신체는 케톤으로부터 보호된다. 이것은 때때로 탄수화물의 항균 효과(antiketogenic effect)라고 한다.

식이에 *섬유질을 공급*하는 것은 탄수화물의 또 다른 중요한 기능이다. 섬유질은 곡물, 채소 및 과일에 있다. 섬유는 대장을 빠르게 통과하는 부드럽고 부피가 큰 대변을 형성한다.

식품원

탄수화물의 주요 공급원은 식물성 식품으로 시리얼 곡물, 콩류, 채소, 과일 및 당류이다(**그림 4-2** 참조). 유일한 탄수화물의 동물 공급원은 우유이다.

*시리얼 곡물*과 그 제품은 세계의 거의 모든 지역에서 필수적인 식생활을 차지한다. 쌀은 라틴 아메리카, 아프리카, 아시아 및 미국의 여러 지역의 기본 식품이다. 밀과 옥수수는 미국과 유럽의 식단에 공통적인 빵, 시리얼, 파스타 및 스낵과 같은 다양한 식품에 사용된다. 라이와 귀리는 일반적으로 미국과 유럽의 빵과 시리얼에 사용된다. 시리얼은 또한 비타민, 무기질 및 일부 단백질을 함유하고 있다. 가공 과정에서 이러한 영양물 중 일부가 손실된다. 이 손실을 보상하기 위해 미국의 식품 생산자는 일반적으로 B 비타민—티아민, 리보플라빈 및 니아신—철

삶의 길잡이
SPOTLIGHT on Life Cycle

섬유질이 많은 식단이 질병 예방에 도움이 되는 것으로 나타났으므로, 많은 성인들이 식사에서 양질의 섬유를 섭취하는 것은 유익하다. 체중 감소 및 대장암, 직장암, 심장질환(혈청 콜레스테롤 수치 감소), 치아 충치, 변비 및 게실증의 위험이 감소된다.

섬유질이 풍부한 식이요법을 위해 다음을 권고하도록 한다.

- 가공식품 대신 신선 식품을 섭취하도록 한다.
- 더 많은 전분 콩(콩류)과 청과물을 섭취하도록 한다.
- 현미 전체, 특히 현미, 퀴노아, 보리, 빻은 밀, 귀리 등의 곡물을 섭취하도록 한다.
- 최소 하루 6~8잔으로 물 섭취를 늘리도록 한다.
- 보조제보다는 섬유질을 섭취하도록 한다.

을 최종 제품에 첨가한다. 이런 제품을 *강화된*(enriched) 제품이라고 한다. 곡물의 일부가 아닌 영양소가 첨가되면 곡물은 *강화*되었다고(*fortified*) 한다. 영양강화(fortification)의 예로는 신경관 결손(neural tube defects)을 예방하기 위해 시리얼에 엽산을 첨가하는 방법이 있다(7장 참조).

감자, 사탕무, 완두콩, 리마 콩과 같은 진분 콩 및 옥수수와 같은 *채소*는 충분한 양의 탄수화물(전분의 형태로)을 제공한다. 녹색 잎 채소는 섬유질을 제공한다. 그 모든 식품은 또한 비타민과 무기질을 공급한다.

*과일*은 과일 설탕, 섬유, 비타민 및 무기질을 제공한다.

설탕, 시럽 및 꿀과 같은 *설탕*과 디저트 및 사탕과 같은 설탕이 많은 음식은 지방을 제외하고는 설탕의 형태로 탄수화물을 제공한다. 따라서 이들이 주로 섭취하는 식품은 흔히 저영양소 고밀도 식품이라고 한다.

분류

탄수화물은 단당류, 이당류 및 다당류로 나눈다(**표 4-1**).

단당류

단당류는 탄수화물 중 가장 단순한 형태이다. 달콤하며, 소화가 필요 없고 소장에서 직접 혈류로 흡수될 수 있다. 포도당, 과당 및 갈락토오스가 포함된다.

덱스트로스라 불리는 **포도당**은 다른 모든 형태가 최종 신진대사를 위해 전환되는 탄수화물 형태이다. 옥수수 시럽과 과일과 채소에서 자연적으로 발견된다. 중추신경계, 적혈구 및 뇌는 포도당만을 에너지원으로 사용한다. 따라서 지속적인 공급이 필요하다.

레불로스 또는 과일 설탕이라고도 하는 **과당**은 많은 과일과 꿀에 포함되어 있다. 단당류 중에서 가장 달콤하다.

단당류 monosaccharides
가장 구성이 단순한 탄수화물; 가수분해로 더 이상 감소시킬 수 없는 당; 포도당, 과당 및 갈락토오스가 있다.

포도당 glucose
탄수화물이 흡수되기 위해 분해되어야 하는 단순한 설탕(*덱스트로스*)

과당 fructose
과일과 꿀에서 발견되는 단순한 설탕(단당류)

표 4-1 탄수화물

유형	공급원	기능	결핍 증상
단당류			
포도당	딸기 포도 단 옥수수 옥수수 시럽	에너지 공급 예비 단백질 케톤증 예방	피로 체중 감소
과당	익은 과일 꿀 청량 음료	과일은 비타민, 무기질 및 섬유 제공	
갈락토오스	젖당		
이당류			
수크로스	사탕수수 사탕무 그래뉼러 당 저제 설탕 갈색설탕 당밀 메이플 시럽 사탕 잼과 젤리	에너지 공급 예비 단백질 케톤증 예방	피로 체중 감소
말토오스(엿당)	전분 소화		
락토오스(유당)	우유		
다당류			
전분	시리얼 곡물 및 제품: 시리얼, 빵, 쌀, 밀가루, 파스타, 크래커 감자, 옥수수 리마콩 참마 강낭콩 녹색 바나나 고구마	에너지 공급 케톤증 예방 채소는 비타민, 무기질 및 섬유 제공	피로 체중 감소
덱스트린	전분 가수분해		
글리코겐	간과 근육에 저장된 포도당		
셀룰로오스	밀기울, 곡물 시리얼, 녹색 및 잎이 많은 채소, 과일, 특히 사과, 배, 오렌지, 자몽, 포도	섬유 공급	변비 대장암 게실증

갈락토오스 galactose
소화 중에 락토오스가 분해되는 단순한 설탕(단당류)

이당류 disaccharides
가수분해에 의해 단당류로 감소되는 이중 당; 수크로스, 말토오스 및 락토오스가 있다.

갈락토오스는 우유 소화의 산물이다. 이것은 자연적으로 발견되지 않는다.

이당류

이당류는 위의 세 가지 단당류의 쌍이다. 이당류는 흡수되기 전에 가수분해에 의해 단당류로 전환된다. 이당류에는 수크로스, 말토오스 및 락토오스가 포함된다.

수크로스는 포도당과 과당으로 구성되어 있다. 정제된, 가루의, 갈색 설탕 및 당밀에 존재하는 탄수화물 형태이다. 가장 달콤하고 가장 저렴한 설탕 중 하나이다. 사탕수수, 사탕무 및 단풍나무의 수액에서 공급된다.

말토오스(엿당)는 전분의 가수분해 중간 생성물인 이당류이다. 전신의 소화 과정에서 효소 작용에 의해 생성된다. 또한 알코올을 생성하는 발효 과정에서 만들어진다. 일부 유아용 조제액, 맥아 음료 제품 및 맥주에서 발견할 수 있다. 그것은 포도당이나 수크로스보다 훨씬 덜 달콤하다.

락토오스(유당)는 우유에서 발견되는 설탕이다. 식물에서 발견되지 않기 때문에 다른 대부분의 당과 구별된다. 락토오스는 신체가 칼슘을 흡수하는 데 도움이 된다. 젖당은 단당류나 다른 이당류보다 덜 달콤하다.

많은 성인이 락토오스를 소화할 수 없으며 우유를 마시거나 가공 치즈와 같은 우유 기반 식품을 섭취한 후 복부팽만, 복부 경련 및 설사 증상이 나타난다. 이 반응을 젖당불내증이라 한다. 이것은 락토오스 소화에 필요한 효소인 락타아제 부족 때문이다. 일반 우유 대신 저락토오스 우유 제품이 있다. 락타아제 함유 제품도 구입할 수 있다.

단단한 치즈를 만드는 과정에서 우유는 커드(고체 부분)와 유청(액체 부분)으로 분리된다. 락토오스는 커드가 아니라 유청의 일부가 된다. 따라서 락토오스는 천연 치즈의 성분이 아니다. 그러나 제조사는 가공 치즈에 우유나 우유 고형분을 첨가할 수 있으므로 락토오스 내성이 없는 사람들은 치즈 제품의 표시를 확인하는 것이 중요하다.

유제품을 지속적으로 섭취하면 고창, 설사 및 복통의 증상이 나타나기 때문에 의사는 유제품을 식이에서 제외하고 일정 기간 후에 다시 섭취하여 환자의 반응을 확인할 수 있다. 증상이 지속되면 환자는 젖당불내증이다. 의사는 젖당불내증을 측정하기 위해 수소 호흡 검사(hydrogen breath test), 특정 양의 락토오스를 섭취시킨 후 혈당을 측정하는 젖당불내증 검사를 처방할 수 있다.

다당류

다당류는 많은 단당류(단순 당)의 화합물이기 때문에 일반적으로 *복합 탄수화물*로 불린다. 전분, 글리코겐, 섬유소 등의 세 가지 다당류는 영양소에 중요하다.

전분은 곡물과 채소에서 발견되는 다당류이다. 그것은 식물에서 포도당의 저장 형태이다. 채소는 수분 함량이 높기 때문에 곡물보다 전분이 적다. 콩류(마른 콩과 완두콩)는 섬유질과 단백질뿐만 아니라 전분의 또 다른 중요한 공급원이다. 전분은 단당류 또는 이당류보다 더 복잡하며, 소화하는 데 시간이 오래 걸린다. 따라서, 다당류는 장기간에 걸쳐 에너지를 공급한다. 곡물의 전분은 주로 배젖(곡물의 중앙 부분)에서 발견된다. 이것은 흰 밀가루가 만들어지는 부분이다. 곡물 알맹이의 거친 외피를 밀기울이라고 한다(그림 4-3 참조). 밀기울은 거친 곡

수크로스 sucrose
이중 당 또는 이당류; 정제된, 가루의, 갈색 설탕이 있다.

말토오스 maltose
곡물 소화의 결과로 생기는 이중 당(이당류)

락토오스 lactose
우유에 있는 이당류

유청 whey
단단한 치즈를 만드는 동안 커드(curd; 고체 부분)로부터 분리되는 우유의 액체 부분

다당류 polysaccharides
단당류 조합의 복합 탄수화물; 전분, 덱스트린, 셀룰로오스 및 글리코겐을 포함한다.

전분 starch
곡물과 채소에서 발견되는 다당류

배젖 endosperm
곡물 알맹이의 내부 부분; 탄수화물을 함유하고 있다.

밀기울 bran
곡물 외피

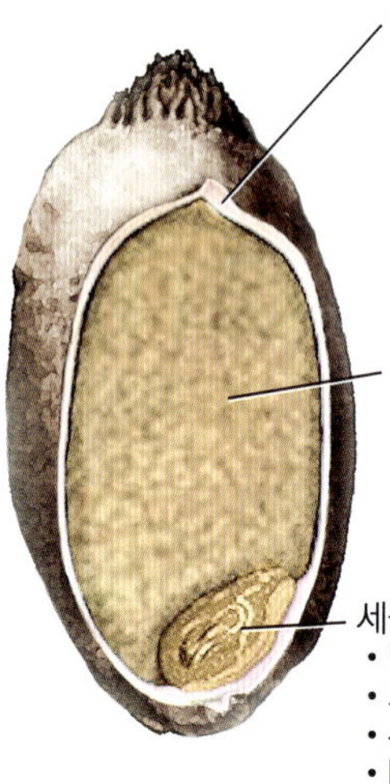

그림 4-3 한 곡물은 세 부분으로 나뉜다. 모든 부분은 통밀가루에서 사용된다; 배젖만이 흰 밀가루에 사용된다.

물과 통 밀가루에 사용된다. 세균은 곡물의 가장 작은 부분이며 B 비타민, 비타민 E, 무기질 및 단백질의 풍부한 공급원이다. 밀 세균은 통밀로 만든 제품에 포함된다. 또한 구운 제품이나 아침 시리얼에 추가로 구입하여 사용할 수 있다.

전곡(whole grains)은 밀기울, 세균 및 배젖을 포함하는 100%의 알맹이이다. 이 3개의 층이 존재할 때, 통곡물로 불린다. 사용된 가공 방법에 따라 최종 제품의 영양 상태가 결정된다. 맛과 밀기울과 세균층을 포함하는 전곡은 정제된 곡물보다 영양적으로 우수하다. 소화가 일어나면 전분이 설탕으로 전환되는 속도가 느려지고 더 오래 머물러 혈당이 증가하는 것을 방지한다.

정제된 곡물에는 밀기울과 세균층이 제거되어 배젖만 남고 대부분이 정제된 전분이다. 이것은 소화가 빠르고 혈당 반응이 빨라지기 때문에 건강에 좋지 않은 경향이 있다. 정제된 곡물 제품은 미국 식량 공급에서 상당 부분을 차지한다. 그러나 식이지침은 곡물의 절반 이상을 전곡으로 섭취할 것을 권장한다.

글리코겐은 체내 포도당 저장 형태이다. 건강한 성인에서는 약 1/2일의 에너지 공급이 간 및 근육에 글리코겐으로 저장된다. 호르몬인 글루카곤은 간에 필요한 글리코겐을 포도당으로 전환시키는 것을 돕는다. (당원 부하에 대한 내용은 12장을 참조하라.)

섬유질

식이섬유는 소화 효소에 의해 분해될 수 없기 때문에 섬유질 식품이다. 일부 섬유는 불수용성(물에 쉽게 용해되지 않음)이고 일부는 수용성(물에 부분적으로 용해됨)이다(**그림 4-4** 참조). 불수용성 섬유에는 셀룰로오스, 일부 헤미셀룰로오스 및 리그닌이 포함된다. 수용성 섬유에는 껌류, 펙틴, 일부 헤미셀룰로오스 및 점액이 있다. 식품 공급원은 **표 4-2**와 같다. 셀룰로오스는 식이섬유의 주요 원천이다. 과일의 껍질, 채소의 잎과 줄기, 콩과 식물에서 발견된다. 흰 빵, 파스타(통 밀 제외) 및 패스트리와 같은 가공식품은 셀룰로오스가 거의 포함되어 있지 않다. 왜냐하면 가공 중에 셀룰로오스가 제거되기 때문이다. 사람은 셀룰로오스를 소화할 수 없으므로 에너지 가치가 없다. 셀룰로오스는 대변에 대용량을 제공하기 때문에 유용하다.

헤미셀룰로오스는 주로 곡물 시리얼에서 발견된다. 일부 헤미셀룰로오스는 수용성이다; 일부는 그렇지 않다. 리그닌은 당근, 아스파라거스 또는 딸기의 작은

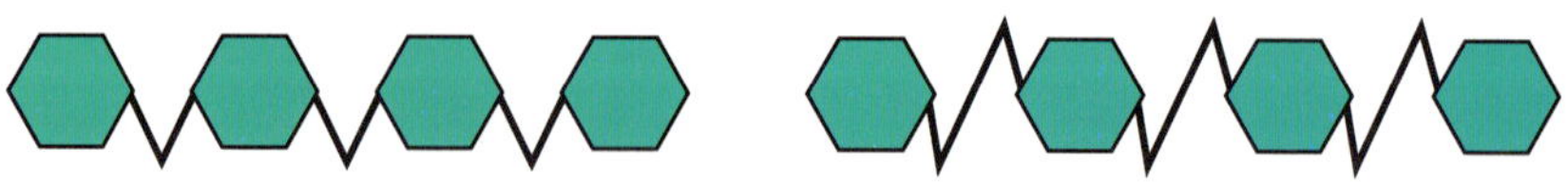

그림 4-4 포도당 분자를 함께 연결시키는 알파 결합은 소화 중에 분해될 수 있다. 셀룰로오스의 베타 결합은 소화 효소에 의해 파괴될 수 없고 소화되지 않고 제거된다.

세균 germ
각 알갱이의 배아의 중심

통곡물 intact grain
밀기울, 세균 및 배젖을 그대로 유지한 3가지 곡물

정제된 곡물 intact grain
밀기울과 세균을 제거하고 분쇄한 곡물

글리코겐 glycogen
간과 근육에 저장된 포도당

글루카곤 glucagon
췌장의 알파 세포로부터의 호르몬; 세포가 에너지를 방출하도록 돕는다.

식이섬유 dietary fiber
식물의 소화가 안 되는 부분; 대장에서 물을 흡수하여 부드럽고 부피가 큰 대변을 만든다. 일부는 결장에서 콜레스테롤과 결합하여 체내 콜레스테롤을 제거하는 것으로 알려져 있다. 일부는 혈당 수치를 낮추는 것으로 알려져 있다.

셀룰로오스 cellulose
소화가 되지 않는 탄수화물; 식이에 섬유를 제공한다.

헤미셀룰로오스 hemicellulose
전곡(whole grains)에서 발견된 식이섬유

리그닌 lignins
채소의 목본(woody) 부분에서 발견된 식이섬유

표 4-2 수용성 및 불수용성 섬유 공급원

수용성 섬유		불수용성 섬유
과일(펙틴)	**곡물**	모든 채소
사과	귀리	과일
복숭아	보리	전곡
매실과 자두	**콩류**	현미
바나나	말린 완두콩	와일드 라이스
	콩	밀기울
	렌틸콩	견과
		씨앗

씨앗과 같은 부분이다. 그들은 탄수화물이 아니다.

펙틴, 일부 헤미셀룰로오스, 껌류 및 점액은 물에 녹으며 창자 대량 공급에 도움이 되는 젤을 형성한다. 또한 콜레스테롤에 결합하여 혈액이 흡수할 수 있는 양을 줄이기 때문에 유용하다.

웹사이트 탐색
EXPLORING THE WEB

탄수화물과 건강의 역할에 대한 정보를 웹에서 검색하시오. 어떤 자원을 찾을 수 있는가? 탄수화물 신진대사에 관한 새로운 연구가 있는가? 특히 곡물에 대해 새롭게 발견된 정보에 대한 보고서를 작성하시오. 기능에 대한 플래시 카드를 만들고 탄수화물의 권장 사항을 스스로 검토하시오.

SUPERSIZE USA

부분 왜곡(식당식사 1인분 양이 점점 증가하고 있는 현상)은 과체중과 비만을 야기한다. 1회 제공량에 대한 현실적인 시각적 이미지가 있으면 식사 준비 및 음식 선택에 도움이 된다.

1회 제공	크기 또는 양의 시각화
고기 85g, 가금류 또는 생선	카드 한 벌 또는 여자의 손바닥
고기 28g, 가금류, 생선 또는 치즈	1in. 큐브 또는 롤링 주사위
버터 또는 마가린(1인분)	스크래블 타일
땅콩 버터 2Tbsp	탁구공
샐러드 드레싱 28g	작은 식당 국자
신선한 채소 1컵	테니스공
마요네즈 1Tbsp	여자의 엄지
칩 또는 프레즐 28g	한 줌—쌓아 두지 않음
중형 감자 1개	컴퓨터 마우스
표준 베이글 1개	하키 퍽
1컵 으깬 감자, 쌀, 또는 파스타	사람의 주먹 또는 테니스공
중형 오렌지 또는 사과 1개	야구공
1/2컵의 채소 요리	1/2 야구공 또는 7~8 아기 당근, 옥수수자루 1개, 브로콜리 3개
견과류, 건포도, 사탕 28g	소량, 2Tbsp

펙틴 pectin
식용 농축제

점액 mucilage
젤 형성 식이섬유

Nutrition Facts
Serving Size 2/3 cup (55g)
Servings Per Container About 8

Amount Per Serving

Calories 230	Calories from Fat 72
	% Daily Value*
Total Fat 8g	**12%**
Saturated Fat 1g	**5%**
Trans Fat 0g	
Cholesterol 0mg	**0%**
Sodium 160mg	**7%**
Total Carbohydrate 37g	**12%**
Dietary Fiber 4g	**16%**
Sugars 1g	
Protein 3g	

Vitamin A 10% • Vitamin C 8%
Calcium 20% • Iron 45%

* Percent Daily Values are based on a 2,000 calorie diet. Your daily value may be higher or lower depending on your calorie needs:

	Calories	2,000	2,500
Total Fat	Less than	65g	80g
Sat Fat	Less than	20g	25g
Cholesterol	Less than	300mg	300mg
Sodium	Less than	2,400mg	2,400mg
Total Carbohydrate		300g	375g
Dietary Fiber		25g	30g

그림 4-5 항목에 포함된 섬유의 그램 수를 결정하려면 영양 정보 레이블을 참조하시오.

섬유질은 혈당을 낮추는 데 도움이 되기 때문에 당뇨병 환자에게 유용하다. 대장을 통해 대장균을 빠르게 옮겨 대장암을 예방할 수 있어 발암 가능성을 줄이기 위해 대장의 노출 시간을 단축시킨다. 섬유는 대변을 부드럽게 하고 크기를 증가시켜 변비, 치질 및 게실 질환을 예방한다.

섬유 섭취량의 최적의 권장량은 20~35g/일이다. 정상적인 미국 식단에는 약 11g이 들어 있다고 생각된다. 일반적으로 미국인들은 충분한 양의 과일과 채소를 섭취하지 않는다. 질병관리본부(Centers for Disease Control and Prevention, CDC)는 2013년에 13.1%만이 과일 섭취 권장량을 충족시켰고 8.9%만이 채소 섭취 권장량을 충족시켰다고 보고하였다. 하루에 2,000칼로리를 섭취해야 하는 사람에게 권장되는 과일 섭취량은 하루에 2컵이며, 채소 섭취량은 하루에 2½컵이다. 섬유 섭취량은 점진적으로 증가해야 하며 물 섭취 증가와 함께 이루어져야 한다. 짧은 시간에 너무 많은 섬유를 섭취하면 불편감, 고창(복부 가스) 및 설사가 발생할 수 있다. 섭취량이 50g을 초과하면 위장관을 막을 수도 있다. 불수용성 섬유에는 곡물과 채소의 겉면에서 발견되는 결합체(피트산 또는 파이테이트)가 있다. 이것은 칼슘, 철, 아연 및 마그네슘과 같은 무기질의 흡수를 막을 수 있으므로 과다 섭취는 피해야 한다.

미국인들은 섬유질을 더 많이 섭취해야 한다는 것을 알고 있기 때문에 식품회사는 섬유질을 제조 식품에 첨가하기 시작했다. 이눌린(치커리 뿌리에서 유래한 것), 말토덱스트린 및 메틸셀룰로오스는 몇 가지 유형의 섬유가 추가된 것이다. 이상적으로는 섭취하는 섬유질의 종류가 가공식품이 아닌 천연 식품 원료에서 나온 것이어야 한다. 왜냐하면 식품에는 섬유질뿐 아니라 비타민, 무기질 및 파이토케미컬이 포함되어 있기 때문이다. **그림 4-5**는 Nutrition Facts에 일 인당 섬유질을 보여준다. "섬유질이 많음"이라고 표시된 식품에는 1회 섭취량당 5g 이상의 섬유가 들어 있어야 한다. Nutrition Facts에 나열된 일일 비율의 관점에서, 5% 이하는 낮은 것으로 간주되고 20% 이상은 해당 영양소의 높은 것으로 간주된다. **표 4-3**은 선택된 식품의 식이섬유 함량을 나열하였다.

소화와 흡수

단당류인 포도당, 과당 및 갈락토오스는 내장에서 혈류로 직접 흡수될 수 있는 단순한 당류이다. 단당류는 간으로 운반되어 과당과 갈락토오스가 포도당으로 바뀐다. 혈액이 포도당을 세포로 운반한다.

이당류—수크로스, 말토오스(엿당) 및 락토오스(유당)—추가 소화 단계가 필요하다. 이당류는 혈류에 흡수되기 전에 단순한 당류인 포도당으로 전환되어야 한다. 이 전환은 효소 수크라아제, 말타아제 및 락타아제에 의해 이루어지는데, 이는 3장에서 논의되었다(**표 3-1** 참조).

고창 flatulence
장내 가스

표 4-3 선별된 식품의 식이섬유 함유

식품군	항목	1회 제공(portion)	섬유(gms)
과일	사과	1 중간 크기	3
	바나나	1 중간 크기	3
	블랙베리	1컵	8
	블루베리	1컵	4
	멜론	1컵 큐브	1
	자몽	1 대형	2
	포도	1컵	1
	키위	1 대형	3
	복숭아	1 대형	3
	오렌지	1 대형	4
	배	1 중간 크기	5
	파인애플	1컵, 다이스	2
	자두	2 소량	2
	말린 자두	3 전체	2
	라즈베리	1컵	8
	딸기	1컵, 슬라이스	3
	수박	1볼컵	1
채소	아스파라거스	1컵	4
	비트, 요리한	1컵	3
	브로콜리, 요리한	1컵	5
	(싹이 긴) 양배추	1컵	4
	양배추, 요리한	1컵	3
	당근, 요리한	1컵	5
	당근, 가공되지 않은	1컵	4
	콜리플라워	1컵	3
	샐러리, 다이스	1컵, 다이스	2
	콜라드그린, 요리한	1컵	4
	옥수수	1컵	5
	오이	1컵	1
	강낭콩, 요리한	1컵	4
	녹색 완두콩	1컵	9
	케일, 요리한	1컵	3
	버섯, 요리한	1컵	2
	잘게 잘린 고추	1컵	2
	감자, 껍질 있는	1컵	3
	로메인 상추	1컵	1
	시금치, 가공되지 않은	1컵	1
	고구마	1컵	8

(계속)

표 4-3 선별된 식품의 식이섬유 함유(계속)

식품군	항목	1회 제공(portion)	섬유(gms)
	토마토, 가공되지 않은, 잘게 잘린	1컵	2
	겨울 호박, 구워진	1컵	9
	서양 호박, 껍질채 요리한	1컵	2
곡류, 콩류, 씨앗, 견과류	보리, 요리한	1컵	6
	밀기울 조각	1컵 마른	7
	빵, 흰색	1 슬라이스	1
	빵, 통밀	1 슬라이스	3
	콘 플레이크	1컵 마른	1
	콘 토르티야	1 중간 크기	2
	크래커, 통밀	5	1
	콩류: 요리한 콩, 전체 평균	1/2컵	7
	오트밀, 요리한	1컵	4
	파스타(정제)	1컵	2
	퀴노아, 요리한	1/2컵	2
	해바라기 씨, 땅콩 또는 아몬드	1/4컵	3
	밀 토르티야	15cm	3
	통밀 파스타	1컵	4

출처: Adapted from *USDA National Nutrient Database for Standard Reference* Release 28. http://ndb.nal.usda.gov/ndb/foods

다당류는 더 복잡하고 소화율이 다양하다. 셀룰로오스 벽을 분해한 후, 전분을 중간 생성물 덱스트린으로 바꾼다. 이것은 최종 말토오스로, 글루코스로 전환된다. 요리는 전분을 덱스트린으로 바꿀 수 있다. 예를 들어, 빵을 토스트한 경우 전분이 덱스트린으로 바뀌기 때문에 황금 갈색을 띠고 더 맛이 난다.

전분의 소화는 구강 내에서 시작되며 효소 타액 아밀라아제는 전분을 덱스트린으로 바꾸기 시작한다. 두 번째 단계는 음식이 위액과 혼합되는 위에서 발생한다. 마지막 단계는 소장에서 발생하며 소화가 가능한 탄수화물은 췌장 아밀라아제의 효소 작용에 의해 단순 당으로 전환하고 혈액으로 흡수된다.

대사와 배설

대사가 세포에서 일어나기 전에 모든 탄수화물은 간단한 설탕 포도당으로 바뀐다. 포도당이 혈액에 의해 세포로 옮겨지면 산화될 수 있다. 종종 세포에 도달하는 포도당의 양은 세포가 사용할 수 있는 양을 초과한다. 이 경우 포도당은 글리코겐으로 변환되어 간과 근육에 저장된다. (글리코겐은 이후 간에서만 분해되어 에너지로 필요할 때 포도당으로 방출된다.) 신체가 즉시 사용하거나 글리코겐 형태로 저

최근 자료 IN THE MEDIA

설탕 과잉?

미국에서는 달콤한 음식을 좋아한다. 설탕은 우리의 허리둘레를 증가시킬 뿐 아니라 심혈관질환, 고혈압, 제2형 당뇨병, 신장질환 및 지방간의 발병을 야기하는 것으로 보고되고 있다. 왜 우리는 설탕을 그냥 두지 못하는가? 설탕은 현재 포장 식품의 약 75%를 차지하고 있으며, 미국인들이 첨가한 당류 섭취량은 지금까지 결코 증가하지 않았다. 설탕이 뇌경로를 자극하고 마약처럼 "높고" 즐거운 감정을 제공한다. 연구에 따르면 실험실 쥐들은 코카인보다 설탕을 선택하는 경향이 있는 것으로 나타났다. 우리는 식량 공급 변화에 대비하기 위한 인식과 행동 촉구로 시작해야 한다. 결국 우리는 전체 자연 식품의 소비를 주장해야 한다.

출처: Adapted from "Sugar Season. It's Everywhere and Addictive." *New York Times*. December 23, 2014. http://www.nytimes.com

웹사이트 탐색 EXPLORING THE WEB

어디에서나 숨어있는 탄수화물이 있다. 그것은 단순하거나 복잡할 수 있지만 우리가 어떻게 탄수화물에 도달하는가? 미국인이 좋아하는 디저트인 쿠키를 고려해 보자. 쿠키 하나를 섭취하는 것이, 여러 개 또는 다량의 섭취로 이어진다. 집에서 만든 쿠키와 가게에서 구입할 수 있는 쿠키의 칼로리를 웹에서 검색해보시오. 수제 땅콩버터 쿠키 28g은 143칼로리이다. 가게의 초콜릿칩 쿠키 28g은 200칼로리이다. 다음에 좋아하는 탄수화물을 찾게 되면, National Nutrient Database에서 일반적인 식품의 칼로리 및 영양 정보에 대한 표준 참조서를 검색하시오: http://nbd.nal.usda.gov.

장할 수 있는 것보다 더 많은 포도당이 섭취되면, 지방으로 변환되어 지방 조직으로 저장된다.

포도당 대사 과정은 주로 췌장의 **랑게르한스 섬**에서 분비되는 호르몬 **인슐린**에 의해 조절되며 정상적인 혈당치는 70~110mg/dl로 유지된다. 인슐린 분비가 손상되거나 결핍되면 혈액 내의 포도당 수준이 지나치게 높아진다. 이 상태는 **고혈당**(혈당치가 126mg/dl 이상)이라고 하며 대개 당뇨병의 증상이다. 식이요법에 의한 통제가 효과가 없다면, 경구용 저혈당제 또는 인슐린 주사를 사용하여 혈당을 조절해야 한다. 인슐린이 투여되면 당뇨병 환자의 인슐린 섭취량과 인슐린의 균형을 맞추기 위해 당뇨병 환자의 탄수화물 섭취량을 주의 깊게 조절해야 한다(15장 참조). 혈당 수치가 비정상적으로 낮으면 이 상태를 **저혈당**(혈당치가 70mg/dl 미만)이라고 한다. 식사 사이에 너무 오래 기다리거나 췌장이 너무 많은 인슐린을 분비하면 경미한 저혈당증이 발생할 수 있다. 증상으로는 피로, 떨림, 발한 및 두통이 있다.

포도당의 산화로 인해 에너지가 발생한다. 셀룰로오스를 제외하고 탄수화물 대사의 유일한 부산물은 이산화탄소와 물이다. 탄수화물은 매우 효율적인 영양소이다.

영양 필요량

탄수화물에 대한 특정 일일 영양 필요량은 없지만 미국 국립연구회의 식품 및 영양위원회(Food and Nutrition Board of the National Research Council)는 탄수화물, 바람직하게는 복합 탄수화물로 인한 에너지를 요구량의 절반을 권장한다. 예를 들어, 총 에너지 요구량이 2,000칼로리라고 가정한다. 이 중 절반은 1,000이다. 250g/일의 예상 탄수화물 요구량에 대해 1,000칼로리를 4(탄수화물 1g당 칼

랑게르한스 섬 islets of Langerhans
인슐린이 분비되는 췌장의 일부

인슐린 insulin
췌장의 랑게르한스 섬에서 분비; 포도당의 적절한 신진대사에 필수적이다.

고혈당 hyperglycemia
혈액 내 포도당 과량

저혈당 hypoglycemia
정상 이하 수준의 혈당

로리)로 나눈다. 미국인의 높은 설탕 섭취로 인해 단순 당에서 섭취하는 칼로리를 섭취량의 10% 이상 넘지 않도록 권장하고 있다. 미국인은 평균 하루 약 12티스푼 정도이다. 미국심장학회(American Heart Association)는 남성은 하루에 9티스푼의 설탕, 여성은 하루에 6티스푼 이상을 섭취하지 말 것을 주장하고 있다.

약간의 탄수화물 결핍은 체중 감소와 피로를 초래할 수 있다. 탄수화물이 심각하게 부족한 식단은 케톤증을 일으킬 수 있는데, 간에 저장된 글리코겐이 고갈되고 금식 모드로 전환될 때 발생하는 신진대사의 단계이다. 이때 지방에서 나오는 에너지가 간에 동원되어 포도당 합성에 사용된다. 지방 분해의 부산물은 혈류에서 축적되어 신장을 통해 방출되는 케톤이다. 이러한 효과를 방지하려면 매일 최소 50~120g의 탄수화물이 필요하다.

비만은 미국의 주요 건강 문제이며 일부 사람들은 과도한 탄수화물 섭취가 이러한 현상을 초래한다고 생각한다. 잉여 탄수화물은 글리코겐으로 바뀌지만 잉여의 대부분은 지방 조직이 된다. 그러나 섭취하는 탄수화물의 질과 유형이 기본 요소로 작용할 수 있는 것으로 나타났다. 많은 건강전문가들은 정제된 탄수화물과 특히 단순 과당이 비만을 야기한다고 생각한다. 급속하게 소화된 탄수화물은 혈당의 갑작스러운 변화로 이어져 인슐린 저항성을 유발할 수 있으며 이는 비만, 고혈압 및 제2형 당뇨병의 주요 원인이 된다. 또한 일부 전문가들은 이러한 유형의 탄수화물이 식욕을 자극할 수 있다고 생각한다.

건강과 영양 고려사항

탄수화물 교육에서의 의료 전문가의 역할은 복잡할 수 있다. 일부 환자들은 구운 감자와 감자칩, 전곡 토스트와 덴마크 페이스트리, 신선한 복숭아와 통조림 과일 칵테일의 영양 차이를 가르쳐야 한다. 많은 사람들은 식이섬유가 무엇인지, 그것은 어디에 포함되어 있는지, 그것이 필요한 이유를 알아야 한다. 어떤 사람들은 적당히 설탕을 사용해야 한다는 것, 과도하게 사용하면 안 된다는 것을 배울 필요가 있다. 모든 사람들은 건강관리 전문가의 도움이 필요하다.

요약_SUMMARY

에너지 식품은 에너지를 방출하기 위해 신체에서 빠르게 산화될 수 있는 식품이다. 탄수화물은 에너지의 주요 원천이다. 탄수화물은 탄소, 수소 및 산소로 구성되어 있다. 1g의 탄수화물은 4칼로리를 제공한다. 탄수화물은 저렴하며 가장 풍부한 영양소이다. 탄수화물의 주요 공급원은 곡물 및 그 제품, 채소, 과일, 콩류 및 당류와 같은 식물 제품이다. 에너지를 공급하는 것 외에도 탄수화물은 여분의 단백질을 공급하고 정상적인 지방 대사를 유지하며 섬유질을 제공한다. 탄수화물의 소화는 입에서 시작하여 위에서 계속되고 소장에서 완료된다. 신체 건강에 필수적이지만, 잘못된 유형의 탄수화물을 섭취하면 치아 충치, 소화 장애 및 비만이 발생할 수 있다.

토의주제_DISCUSSION TOPICS

1. 탄수화물의 3가지 유형은 무엇인가? 각 유형에 있는 음식을 나열하시오.
2. 탄수화물의 과도한 섭취에 따른 영향에 대해 토론하시오.
3. 식이섬유 식이요법을 해야 하는 이유는 무엇인가? 식이섬유의 3가지 공급원을 기술하시오.
4. 탄수화물의 소화 및 대사를 기술하시오.
5. 다음 메뉴에 대해 토론하시오. 어떤 음식에 단당 및/또는 복합 탄수화물이 포함되어 있는가? 어떤 음식이 통곡물인가?

오렌지 주스	구운 닭고기	양상추와 토마토
스틸컷 귀리	와일드 라이스	와 함께
우유와 설탕	강낭콩	통밀로 만든 빵의
토스트	콜슬로	치즈 샌드위치
버터와 젤리	빵과 버터	당근과 셀러리 스틱
커피	라즈베리	신선한 과일
	셔벗	쿠키
	우유	우유

6. 복합 탄수화물이 단순 당보다 왜 더 좋은가?
7. *강화*에 대해 논의하시오. 음식을 풍성하게 하는 것은 무엇을 의미하는가? 왜 하는가? 미국에서 일반적으로 어느 음식이 풍부한가? 풍부한 음식을 구입하는 것을 권고하는가? 그 이유는 무엇인가?
8. 많은 사람들이 말하는 것처럼 "탄수화물은 살찐다"는 말이 사실인가? 설명하시오.

연습문제_REVIEW

가장 적절한 답을 고르시오.

1. 탄수화물의 3가지 유형은 다음과 같다.
   a. 지방, 단백질, 무기질
   b. 포도당, 과당 및 갈락토오스
   c. 단당류, 이당류 및 다당류
   d. 수크로스, 셀룰로오스 및 글리코겐
2. 통곡물은 ___________.
   a. 소화시키기 어렵고 식단에 포함되어서는 안 된다.
   b. 요리할 때 함께 사용한다.
   c. 상대적으로 종자의 모든 3가지 층이 있다(밀기울, 세균 및 배젖).
   d. 매일 칼로리 섭취량의 10%를 차지해야 한다.
3. 모든 탄수화물이 궁극적으로 전환되는 단순 당은 ___________이다.
   a. 수크로스 c. 갈락토오스
   b. 포도당 d. 말토오스

4. 소화되지 않는 섬유질 형태의 탄수화물은 _____이다.
   a. 포도당　c. 셀룰로오스
   b. 글리코겐　d. 지방

5. 글리코겐은 여기에 저장된다.
   a. 심장과 폐　c. 췌장과 쓸개
   b. 간과 근육　d. 소장과 대장

6. 포도당, 과당, 칼락토오스는 ________이다.
   a. 다당류　c. 효소
   b. 이당류　d. 단당류

7. 어떻게 락토오스(유당)를 섭취할 수 있는가?
   a. 빵　c. 곡물
   b. 꿀　d. 요거트

8. 뇌가 사용하는 탄수화물의 유일한 유형의 에너지원은 _________이다.
   a. 글리코겐　c. 포도당
   b. 갈락토오스　d. 글루카곤

9. 섭취한 탄수화물이 부족하면 간에서는 다음을 생산한다.
   a. 갈락토오스　c. 티록신
   b. 에스트로겐　d. 케톤

10. 전분은 ________.
   a. 포도당이 식물에 저장되는 형태이다.
   b. 단당류이다.
   c. 불수용성 식이섬유이다.
   d. 곡물에서만 발견된다.

11. 불수용성 식이섬유는 ________.
   a. 혈당을 증가시킨다.
   b. 혈중 콜레스테롤을 낮춘다.
   c. 일반적으로 게실 질환의 원인이다.
   d. 제조 식품을 통해 공급된다.

12. 전분의 소화를 시작하는 효소는?
   a. 타액 ptyalin　c. 수크라아제
   b. 타액 아밀라아제　d. 리파아제

13. 섬유 섭취에 대한 최적의 권장 사항은 다음과 같다.
   a. 매년 1g　c. 하루에 20~35g
   b. 하루에 9~11g　d. 하루에 40~50g

14. 탄수화물은 ________.
   a. 지방이 풍부하다.
   b. 일반적으로 비싸다.
   c. 미국 식단에서 칼로리의 약 절반을 제공해야 한다.
   d. 식단에서 단백질을 대체할 수 있다.

15. 포도당 대사는 ________.
   a. 주로 호르몬 인슐린에 의해 조절된다.
   b. 췌장에서 랑게르한스 섬의 분비에 영향을 받지 않는다.
   c. 글루카곤에 의해 전적으로 관리된다.
   d. 인간의 에너지 수준과 관련이 없다.

요점사례_CASE IN POINT

ANGELA: 스테로이드에 의한 당뇨병 조절

Angela는 2년 동안 왼쪽 고관절에 문제가 있었으며, 대치술을 하기로 결정했다. 루푸스와 동반된 관절염은 고관절 통증을 견딜 수 없게 만들었다. 그녀는 키가 168cm이고 몸무게가 89kg인 62세의 히스패닉계 여성이다. 그녀는 수술 당일 병원에 일찍 도착하였다. 수술 준비를 위해 약물을 포함하여 금식상태를 유지하였다. Angela는 수술 일주일 후 추후관리를 위해 의사를 만났다. 의사는 절개부위가 치유되지 않아 걱정하였다. Angela가 루푸스를 위해 프레드니손을 일상적으로 복용하였기 때문에 혈당치를 다시 검사하는 것이 필요하다고 결정했다. 혈당치는 342mg/dl이었다. 그는 스테로이드에 의한 당뇨병으로 진단하였다. 가능한 한 빨리 주치의와 상담하도록 요청하였다. 지역 당뇨병 센터를 통해 당뇨병 치료의 다른 측면과 더불어 식사 계획을 검토하였다.

사정

1. 영양사는 Angela가 식단을 조절할 수 있도록 도움을 줄 수 있다. 표 3-2와 3-3, 해리스-베네딕트 방정식 및 음식의 열효과(TEF)를 사용하여 Angela의 이상적인 칼로리 섭취량과 체중을 계산하시오.
2. 영양사는 Angela의 식사 선택에 대해 무엇을 알아야 하는가?
3. 영양사는 Angela의 생활 방식에 대해 무엇을 알아야 하는가?
4. Angela가 퇴원하고 집에 있을 때 어떤 정보가 도움이 되는가?
5. 체중 감량에 가장 도움이 되는 탄수화물의 공급원은 무엇인가?

진단

6. Angela의 간호진단을 작성하시오.

계획/목표

7. Angela가 당뇨병 교육이 끝날 때 달성해야 하는 체중 감소와 관련된 목표를 작성하시오.
8. 그녀의 식이요법과 혈당과 관련된 Angela의 2가지 목표를 기술하시오.

수행

9. Angela에게 자신의 목표를 달성하도록 교육할 주제를 열거하시오.
10. Angela가 자신의 목표를 달성할 수 있도록 돕기 위해 제공할 수 있는 기관이나 지역사회기관 정보는 무엇인가?

평가/결과 기준

11. Angela가 당신이 교육한 것을 이해하고 있다는 것을 확인하기 위해 무엇을 기대할 수 있습니까?
12. Angela의 공복 혈당은 얼마여야 하는가?
13. Angela가 새로운 식이요법을 익히고, 혈당을 확인하고, 새로운 운동 계획을 익히고, 일상생활과의 통합을 하기까지 얼마나 걸릴 것이라고 생각하는가?

생각해보기

14. Angela가 지난 몇 개월 동안 혈당을 정상 수준으로 유지했다면 의사는 어떤 혈액 검사를 해볼 수 있는가?
15. Angela가 당뇨병을 잘 관리하지 못한다면 심각한 건강상의 결과는 무엇인가?

✓ rate this plate

당뇨병 센터에서 Angela는 당뇨병 환자의 식이 계획에 대해 교육받았다. 식습관과 함께 약물이 어떻게 혈당치에 영향을 줄 수 있는지에 대해 계속해서 배우고 있다. 그녀가 1,600~1,800 칼로리 식이 계획에 맞게 아침 식사를 계획했는지 이 식사를 평가하시오.

프렌치 토스트 2조각

베이컨 2개

혼합 과일 1컵

크림과 설탕이 든 커피

요점사례_CASE IN POINT

JEROME: 위 마비 대처

Jerome은 6세 때부터 제1형 당뇨병을 진단받았다. 어린 나이에 진단받은 후, 부모님은 인슐린, 혈당 검사 및 식이 계획을 도와 주었다. 성장하며 Jerome은 당뇨병 관리를 소홀히 하였다. Jerome은 원한 것을 먹었고, 설탕을 조절하지 않았으며, 기억났을 때만 인슐린을 투여하였다. 그는 거의 3년간 의사의 진료를 받지 못했지만 41세인 현재 특정 문제를 인식하게 되었다. Jerome은 자신의 시야에 어려움을 겪기 시작했다. 또한 발과 다리에 아린감과 작열감이 나타났다. 최근 그는 식사 후 몇 번이나 오심 구토를 경험하였다. Jerome은 의사에게 찾아가기로 결정했다. 의사는 Jerome의 합병증에 대해 매우 걱정하였다. Jerome에게 더 적극적으로 당뇨병을 관리하는 것이 매우 중요하다고 설명하였다. Jerome에게 오심과 구토가 위 마비로 알려진 당뇨병 합병증과 관련이 있다고 말하였다. 위를 둘러싼 신경이 손상되었다. 신경 손상은 위장 마비를 일으키고 음식물 비우기를 지연시킨다. 증상을 조절하기 위한 식이 계획에 더 많은 초점을 기울이도록 하였다. Jerome은 교육을 위해 영양사를 소개받았다. 영양사는 Jerome과 함께 위 마비에 대한 식이 계획의 요점을 논의하였다. 매일 소량이지만 자주(4~6) 식사를 해야 하고, 저지방, 저섬유 식이요법을 따라야 한다. Jerome은 브로콜리, 옥수수, 팝콘, 견과류, 씨앗과 같은 소화하기 어려운 음식을 삼키기 전에 완전히 씹어야 할 필요가 있다.

사정

1. Jerome이 현재 경험하고 있는 위 마비를 일으킨 원인은 무엇인가?
2. Jerome은 어떤 증상을 나타내었는가?
3. 질병은 어떻게 그의 삶을 바꿀 것인가?
4. 이 질병은 얼마나 중요한가?

진단

5. Jerome의 잠재적인 영양 변화에 대한 진단을 작성하시오.
6. 새로운 식이요법과 관련된 Jerome의 부족한 지식에 대한 진단을 작성하시오.

계획/목표

7. Jerome에게 측정 가능한 목표는 무엇인가?
8. Jerome을 위해 구체적이고 측정 가능한 교육 목표는 무엇인가?

수행

9. Jerome이 필요한 식이요법을 하기 위해 이해해야 하는 위 마비에 대한 주요 주제는 무엇인가?
10. Jerome이 증상을 조절하기 위해 배워야 할 식이 변화는 무엇인가?

평가/결과 기준

11. 추후 관리 시 의사가 계획이 성공적이었는지 여부를 묻는 질문은 무엇인가?

생각해보기

12. 위 마비가 치료될 수 있는가?
13. 이 질병을 관리하는 데 도움이 되는 약물은 무엇인가?

✔ rate this plate

Jerome은 소화하기 쉽고 위를 쉬게 하기 위해 지방과 섬유질이 낮은 식사를 하도록 지시받았다. 영양사의 권고에 따라 다음 식사를 계획할 때 그는 어떤가? 접시를 평가해보시오.

쇠고기 로스트 113g, 조리된 감자, 당근, 셀러리, 양파

사과 샐러드 3/4컵

통밀롤 1개

CHAPTER 5

주요용어_*KEY TERMS*

가시지방
고도 불포화지방
고밀도 지질단백질
고콜레스테롤혈증
글리세롤
단일 불포화지방
레시틴
리놀레산
리놀렌산
비 가시지방
수소화
오메가-3 지방산
유미미립
저밀도 지질단백질
지방산
지질
지질단백질
초저밀도 지질단백질
콜레스테롤
트랜스지방산
트리글리세라이드
포만감
포화지방
플라크, 판

지질(지방)

LIPIDS (FATS)

학습목표

- 체내 지방의 기능을 진술할 수 있다.
- 식이 지방 공급원을 규명할 수 있다.
- 지방의 일반적인 분류를 설명할 수 있다.
- 지방의 과다 사용과 관련된 질병 상태를 기술할 수 있다.

지방은 지질이라는 유기화합물 그룹에 속한다. 지질이라는 단어는 지방에 대한 그리스어로 *지질*에서 파생된다. 이 단어의 형태는 *지방*(혈중 지방), 고지방혈증 [hyper*lipid*emia(혈액 내 높은 수준의 지방)], 지질단백질(신체혈액 중 지방 운반체)과 같은 여러 가지 지방과 관련된 건강 용어에서 찾아볼 수 있다.

지방은 물에 용해되지 않는 기름성분이다. 그들은 에테르, 벤젠, 클로로포름과 같은 용제에 용해된다. 그들은 탄수화물보다 더 농축된 에너지원을 제공한다; 지방 1그램은 9칼로리를 포함한다. 이것은 탄수화물의 칼로리 함량의 두 배 이상이다. 지방이 풍부한 음식은 일반적으로 탄수화물이 풍부한 음식보다 더 비싸다. 탄수화물과 마찬가지로 지방은 탄소, 수소, 산소로 이루어져 있지만 산소의 비율은 상당히 낮다.

기능

에너지를 공급하는 것 외에도 지방은 신체 조직의 기능과 구조에 필수적이다(표 5-1 참조). 지방은 세포막(세포벽)의 필수 부분이다. 그들은 필수지방산을 함유하고 지용성 비타민 A, D, E 및 K의 운반자 역할을 한다. 신체 조직에 저장된 지방은 음식을 먹을 수 없을 때, 어떤 질병이나 복부 수술 후에 일어날 수 있는 에너지를 제공한다. 지방 조직은 보호 완충 및 지지 역할을 함으로써 장기 및 뼈를 부상으로부터 보호한다. 체지방은 또한 추위로부터 단열 역할을 한다. 또한 지방은 식사 후 포만감을 준다. 이것은 부분적으로 지방들이 다른 음식에 풍미를 주고, 부분적으로 배고픔을 지연시켜 느린 소화율을 주는 것에 기인한다.

식품원

지방은 동물성 식품과 식물성 식품 모두에 존재한다. 가장 풍부한 지방을 제공하는 동물성 식품은 붉은색 육류이다. 고지방 가금류는 넓적다리와 날개와 같은 피부로 잘린다. 전체, 저지방 및 저지방 우유; 크림; 버터; 크림으로 만든 치즈; 달걀노른자(달걀 흰자위에 지방이 들어 있지 않으며; 거의 단백질과 물이다); 참치

표 5-1 지방

기능	결핍징후	공급원
에너지 공급	습진	동물
지용성 비타민 운반	체중 감소	육류 및 가금류
필수지방산 공급	지연된 성장	우유
장기 및 뼈 보호 및 지탱		버터, 치즈
추위로부터 보온		크림
식사 후 포만감을 제공		달걀노른자
		연어와 같은 지방이 많은 생선
		식물
		식물성 오일
		견과류와 씨앗
		초콜릿
		아보카도
		올리브
		마가린, 샐러드드레싱과 마요네즈

지질 lipids
지방들

포만감 satiety
만족감: 충만

와 연어와 같은 지방이 많은 생선. 일반적으로 동물성 식품에서 섭취한 포화지방은 혈청 콜레스테롤을 상승시켜 심장질환에 기여할 수 있다.

가장 풍부한 지방을 함유하고 있는 식물성 식품은 올리브로 만든 식용유이다. 해바라기, 홍화, 또는 참깨에서; 또는 옥수수, 땅콩, 카놀라유; 또는 콩, 마가린, 샐러드드레싱; 또는 마요네즈(식물성 기름으로 만들어짐), 견과류, 씨앗, 아보카도, 코코넛, 코코아 버터가 포함된다. 식물성 지방질은 콜레스테롤을 올리지 않으므로 심장이 더 건강하다.

음식의 가시지방과 비 가시지방

때때로 지방은 식품원에 따라 가시 혹은 비 가시지방으로 언급된다. 버터, 마가린, 라드, 식용유와 같은 지방으로 구입되어 사용되는 지방을 가시지방이라고 한다. 숨겨진 혹은 비 가시지방은 고기, 크림, 전유, 치즈, 달걀노른자, 튀긴 음식, 파스트리, 아보카도, 견과류 등 다른 음식에서 발견되는 지방이다.

그것은 종종 한정된 지방 식단을 먹는 대상자들이 지방 섭취를 조절하기가 어렵게 만드는 것이 보이지 않는 지방이다. 예를 들어, 7cm 도너츠 1개는 12g의 지방을 함유하고 있는 반면, 7cm 베이글 1개는 2g의 지방만을 포함하고 있다. 프라이드치킨 닭다리 1개는 11g의 지방을 함유하고 있는 반면, 구운 닭다리 1개는 2g의 지방만을 포함할 수 있다.

제한된 지방 다이어트를 하는 대상자가 숨겨진 지방의 출처에 대해 주의 깊게 교육 받았음을 건강관리 전문가가 확인하는 것이 중요하다.

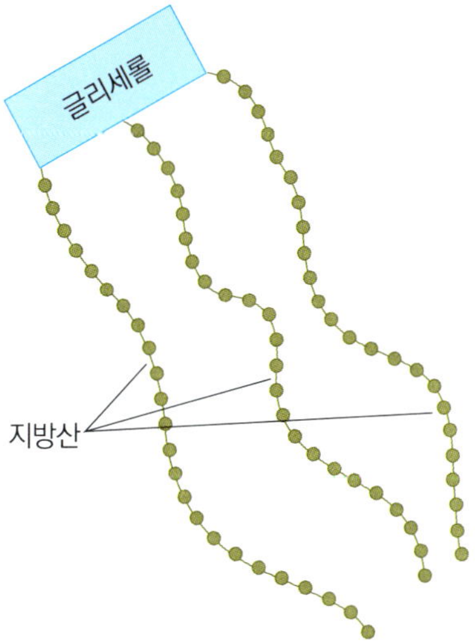

그림 5-1 트리글리세라이드는 글리세롤 골격에 부착된 3개의 지방산으로 구성되어 있다.

분류

트리글리세라이드, *인지질* 및 *스테롤*은 모두 음식과 인체에서 발견되는 지질이다. 신체 대부분의 지질(95%)은 트리글리세라이드이다. 그들은 체세포에 있고 혈액 속에 순환한다.

트리글리세라이드는 글리세롤 골격에 붙어있는 3개의 (*트리*: *tri*) 지방산으로 구성되어 있다(**그림 5-1** 참조). 글리세롤은 수용성 탄수화물에서 추출된다. 지방산은 수소 원자가 붙어있는 탄소 원자의 유기 화합물이다. 그것은 2가지로 분류된다: 필수적이거나 비필수적이다. *필수지방산*은 사람이 합성할 수 없다. 필수지방산은 식이요법을 통해 얻는다. 필수지방산은 리놀레산 및 리놀렌산으로부터 유도된 장쇄 불포화지방산(long-chain polyunsaturated fatty acids)이다. 필수지방산에는 오메가-3와 오메가-6의 2가지 계열이 있다. 오메가-9 지방산은 필수적이지만 신체가 필수지방산이 있는 한 적당량을 만들 수 있기 때문에 비필수적이다. (고도 불포화지방에 대해 후반 부분을 참고.)

지방산의 다른 분류 방법은 수소 원자로 포화도를 유지하는 것이다. 이 방

가시지방 visible fats
버터나 마가린과 같은 지방으로 구입되고 사용되는 음식 속의 지방

비 가시지방 invisible fats
달걀노른자, 치즈, 크림, 샐러드드레싱과 같이 즉각 눈에 띄지 않는 지방

트리글리세라이드 triglycerides
글리세롤 골격에 부착된 3개 지방산

글리세롤 glycerol
지방 성분; 수용성 탄수화물에서 추출

지방산 fatty acids
지방 분류를 결정하는 지방 성분

리놀레산 linoleic acid
인간에게 필수적인 지방산; 신체에 의해 합성될 수 없음

리놀렌산 linolenic acid
인간에게 필수적인 지방산; 신체에 의해 합성될 수 없음

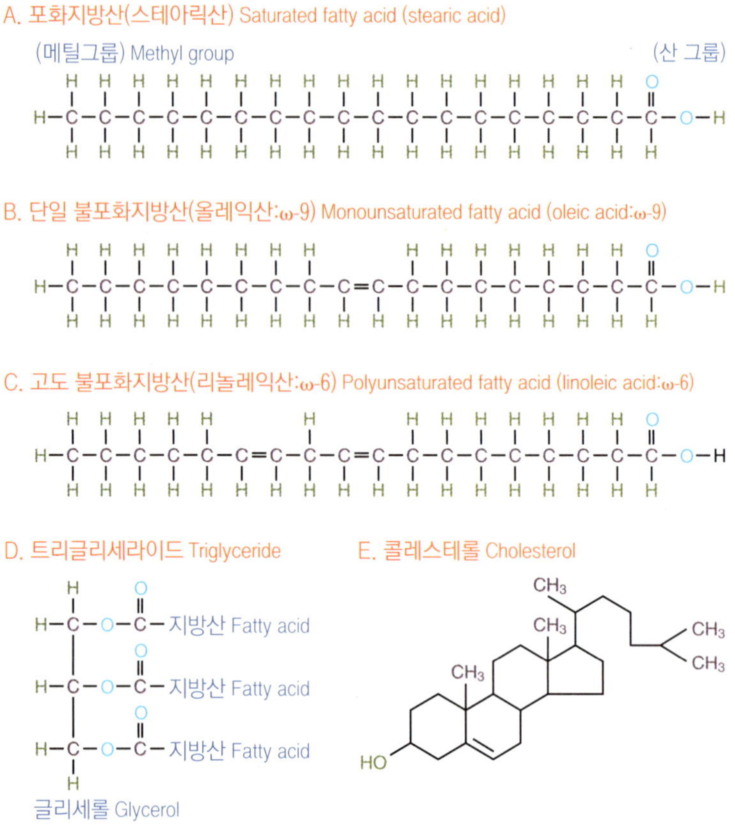

그림 5-2 (A) 포화지방산, (B) 단일 불포화지방산, (C) 고도 불포화지방산, (D) 트리글리세라이드, (E) 콜레스테롤의 화학 구조식.

법에서는 수소 함량에 따라 *포화*, *단일 불포화* 또는 *고도 불포화*로 나타낸다(**그림 5-2**).

포화지방

포화지방으로, 각각의 지방산 탄소 원자는 가능한 모든 수소 원자를 운반한다. 일반적으로 동물성 식품에는 불포화지방산보다 포화지방산이 많이 함유되어 있다. 예를 들면 고기, 가금류, 달걀노른자, 전유, 전유 치즈, 크림, 아이스크림, 버터 등이 있다. 식물성 식품에는 일반적으로 포화지방산보다 고도 불포화지방산이 포함되어 있지만 초콜릿, 코코넛, 팜유 및 팜 커널오일은 예외이다. 그것은 상당량의 포화지방산을 함유하고 있다. 포화지방의 비율이 높은 식품은 일반적으로 상온에서 고체이다. 포화지방으로 1일 총 칼로리를 10% 이상 섭취하지 않는 것이 좋다. 미국 심장협회(American Heart Association)는 보다 강한 입장을 취하고 포화지방에서 칼로리를 7% 이상 섭취하지 말 것을 권장하며, 지질이 높고 심장질환에 대한 우려가 있는 경우는 총 칼로리의 5~6%를 추가로 줄이길 권장한다.

포화지방 saturated fats
탄소 원자가 모든 수소 원자를 포함하는 지방; 죽상경화증에 기여하는 요인으로 간주

단일 불포화지방 monounsaturated fats
포화되거나 고도 불포화 상태가 아니며 죽상경화증에 거의 관여하지 않는 지방

단일 불포화지방

단일 불포화지방의 경우, 지방산의 탄소 원자들 사이에 포화지방보다 적은 수소 원자가 붙어있다. 단일 불포화지방을 함유한 식품의 예로는 올리브 오일, 땅콩기

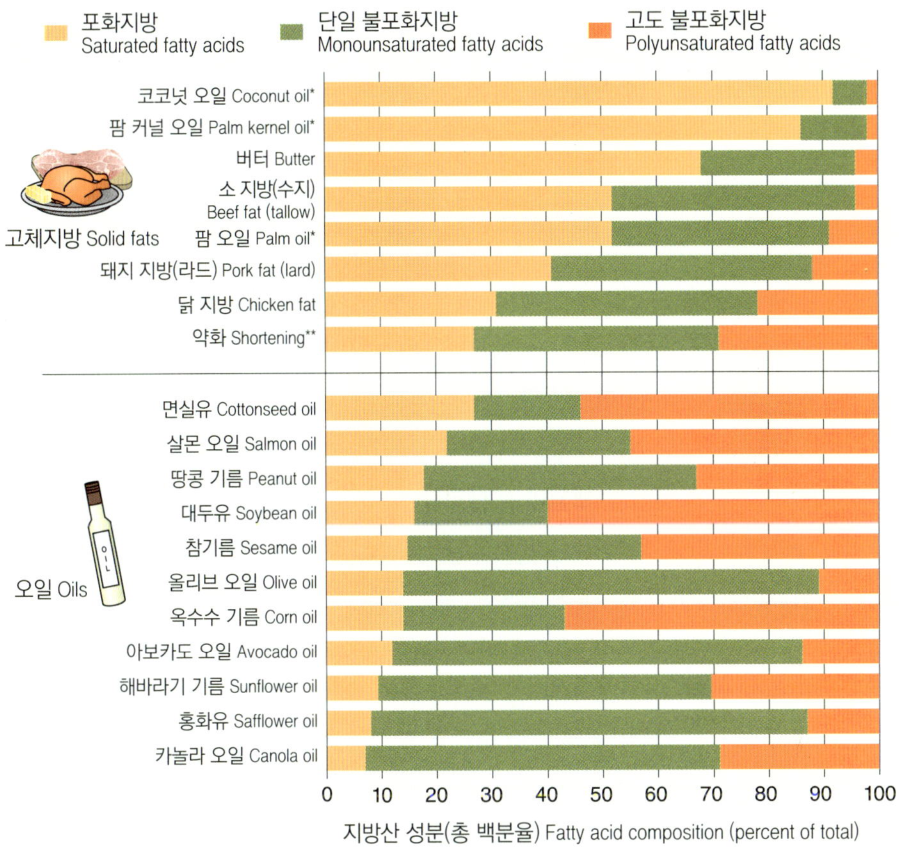

그림 5-3 일반적인 지방과 오일의 지방산 프로파일.

름, 카놀라유, 아보카도 및 캐슈너트가 있다. 연구에 따르면 단일 불포화지방은 혈중 저밀도 지질단백질(LDL; "나쁜 콜레스테롤")의 양을 낮추지만 식이요법에서 포화지방을 대체할 때만 나타난다. 고밀도 지질단백질(HDL; "좋은 콜레스테롤")에는 효과가 없다. 단일 불포화지방으로서 하루 총 칼로리의 20%를 섭취하는 것이 좋다(그림 5-3).

고도 불포화지방

고도 불포화지방의 경우 결합된 수소 원자가 포화지방보다 적은 지방산의 탄소 원자 사이에 2가지 이상의 위치가 있다. 고도 불포화지방산에서 탄소-탄소 이중 결합이 발생하는 지점은 신체가 어떻게 대사하는지에 대한 결정 요인이다. 이중 결합의 위치에 의해 표시되는 2가지 주요 지방산은 오메가-3와 오메가-6 지방산이다. 오메가-3 지방산은 심장질환의 위험을 낮추는 데 도움이 되는 것으로 보고되었다. 오메가-3 지방산이 어유에서 발견되기 때문에 지방산을 많이 섭취하는 것이 좋다. 오메가-6(리놀레산)은 콜레스테롤 저하 효과가 있다. 이 지방산 중 하나의 보조제의 사용은 권장하지 않는다. 고도 불포화지방을 함유하는 식품의 예로는 해바라기, 홍화 또는 참깨 또는 옥수수 또는 대두에서 제조된 식용유; 주요 성분이

고도 불포화지방 polyunsaturated fats
탄소 원자가 수소의 제한된 양만 함유한 지방

오메가-3 지방산 omega-3 fatty acids
심장질환의 위험을 낮추는 데 도움이 됨

액체 식물성 기름인 부드러운 마가린; 그리고 물고기가 있다. 고도 불포화지방을 많이 함유한 식품은 보통 부드럽거나 기름지다. 고도 불포화지방은 매일 총 칼로리의 10%를 초과해서는 안 된다.

트랜스지방산

트랜스지방산은 수소 원자가 단일 불포화지방 또는 다중 불포화지방에 첨가되어 마가린 및 쇼트닝과 같은 반고체 생성물을 생성할 때 생성된다. 부분적으로 수소화된 식물성 기름이 라벨의 처음 3가지 성분에 포함되어 있다면 제품에 상당한 양의 트랜스지방산(TFAs)이 포함될 가능성이 있다. 식이요법에 있어 트랜스지방산(TFAs)의 주요 공급원은 구운 식품과 식당에서 먹는 식품이다. 트랜스지방산은 2006년에 식품 표시에 등재되어야 했다. TFAs는 LDL을 높이지만 HDL을 감소시킨다. 트랜스지방을 먹으면 심장병과 뇌졸중이 발생할 위험이 높아진다. 트랜스지방은 제2형 당뇨병 발병 위험이 높다.

수소화 첨가 지방

수소화 지방은 수소가 상온에서 고체로 만들기 위해 상업적으로 첨가된 고도 불포화 식물성 기름이다. 수소화라고 하는 이 과정은 고도 불포화 식물성 기름을 포화지방으로 전환시킨다. 마가린은 이런 식으로 만들어진다(부드러운 마가린은 단단한 마가린보다 포화지방이 적다).

콜레스테롤

콜레스테롤은 스테롤이다(그림 5-2 참고). 이것은 진짜 지방이 아니라 동물성 식품과 체세포에 존재하는 지방과 같은 물질이다. 그것은 식물 음식에 존재하지 않는다. 콜레스테롤은 담즙, 성호르몬, 코티손, 그리고 비타민 D의 합성에 필수적이며, 신체의 모든 세포에 필요하다. 몸은 하루에 800~1,000mg의 콜레스테롤을 생산한다.

콜레스테롤은 달걀노른자, 지방성 육류, 조개류, 버터, 크림, 치즈, 전유, 육류의 기관(간, 신장, 두뇌, 췌장)에서 매우 풍부하게 발견되기 때문에 일상 식단의 공통적인 구성 성분이다(표 5-2 참고).

콜레스테롤은 고콜레스테롤혈증이라고 하는 높은 혈청 콜레스테롤이 죽상경화증 환자에게 흔히 발생하기 때문에 심장질환에 기여하는 요인으로 생각된다. 아테롬성 동맥경화증은 동맥벽 내부에 플라크(콜레스테롤 및 기타 물질이 포함된 지방질 침착물)가 형성되어 혈행 공간을 줄이는 심혈관질환이다. 혈액이 심장 근처의 동맥을 통해 흐를 수 없는 경우 심장마비가 발생한다. 이것이 뇌 근처에서 발생하면 뇌졸중이 발생한다(16장 참고).

트랜스지방산 trans-fatty acids (TFAs)
액체 지방에 수소 원자를 첨가하여 생성된 고체

수소화 hydrogenation
지방을 수소와 결합시켜서 상온에서 포화지방과 고체로 만듦

콜레스테롤 cholesterol
체세포의 구성 성분인 지방성 물질은 간에 합성되며 동물성 식품에도 사용 가능

고콜레스테롤혈증 hypercholesterolemia
혈중 콜레스테롤 수치가 비정상적으로 높음; 고 혈청 콜레스테롤이라고도 알려짐

플라크 plaque
동맥벽 내부의 지방 축적물

SUPERSIZE USA

Taco Bell®은 젊은 세대들이 즐겨 먹는 곳이다. 내 아들은 부드러운 타코 3개, 바삭바삭한 타코 3개, 나초 벨 그란데 1개, 그리고 큰 콜라를 가지고 집에 오곤 했다. 그의 식사의 칼로리, 지방, 나트륨 함량을 살펴보자.

식품 품목	칼로리	지방 (g)	나트륨 (mg)
부드러운 쇠고기 타코	210	9/4	530
바삭한 쇠고기 타코	170	10/3.5	290
나초 벨 그란데	770	42/7	1,020
대형 콜라	200		13
아들의 식사 합계 :			
3개의 부드러운 쇠고기 타코	630	27/12	1,590
3개의 바삭한 쇠고기 타코	510	30/10.5	870
나초 벨 그란데	770	42/7	1,020
대형 콜라	200		40
총 합계	**2,110**	**99/29.5**	**3,520**

얼마나 맛있는 음식인가! 그가 즐겨먹는 곳이고 그의 예산에 적절하기 때문에 그는 계속 그곳에서 먹어야 하는가? 어머니이자 영양사로서, 나는 그의 몸에 대한 문제점을 말하려고 했으나, 모든 아이들처럼 그는 이미 모두 알고 있다고 한다. 그는 충분히 운동하지 않으면서 체중에 대해서 걱정한다. 그는 자신의 몸을 키우고 있다.

출처: Accessed October 2011. http://www.tacobell.com/nutrition/information

웹사이트 탐색 EXPLORING THE WEB

콜레스테롤 감소 제품에 관한 웹을 검색하시오. 이 제품들은 어떤 주장을 하는가? 음식-약물 상호작용에 대해 언급했는가? 과학적 연구와 사실에 근거한 주장인가? 그러한 제품에 대해 문의하는 대상자에게 어떤 조언을 제공하는가? 지방과 콜레스테롤에 관련된 미신이 나열된 자료표를 만들고, 이러한 미신을 없앨 진실을 발표하시오.

표 5-2 흔한 일부 음식의 지방과 콜레스테롤 함량

식품	양	포화지방(g)	콜레스테롤(mg)	총 지방(g)	총 열량
유제품					
크림화된 코티지치즈(4% 지방)	1컵	6.4	34	10	235
크림화되지 않은 코티지치즈(0.5% 지방)	1컵	0.4	10	1	125
크림치즈	28g	6.2	31	10	100
스위스치즈	28g	5.0	24	8	105
미국식 가공치즈	28g	5.6	27	9	105
우유와 크림을 반반 섞은 혼합물	1Tbsp	1.1	6	2	20
단단한 크림	1Tbsp	3.5	21	6	54
모조 유제품의 크리머	1Tbsp	1.4	0	1	20
전유	1컵	5.1	33	8	150
지방을 줄인 우유	1컵	2.9	18	5	120
저지방 우유	1컵	1.6	10	3	100
무지방 우유	1컵	0	4	0	90
초콜릿 밀크셰이크	250cc	4.8	30	8	335
아이스크림(11% 지방)	1/2컵	8.9	59	14	270
달걀(큰)	1	1.6	213	5	75

(계속)

표 5-2 흔한 일부 음식의 지방과 콜레스테롤 함량(계속)

식품	양	포화지방(g)	콜레스테롤(mg)	총 지방(g)	총 열량
오일					
버터	1Tbsp	7.1	31	11	100
마가린	1Tbsp	2.2	0	11	100
옥수수오일	1Tbsp	1.8	0	14	125
해산물					
게살(캔)	1컵	0.5	135	3	135
연어(캔)	85g	0.9	34	5	120
새우(캔)	85g	0.2	128	1	100
참치					
워터 팩	85g	0.3	48	1	135
오일 팩	85g	1.4	55	7	165
채소					
아보카도	1/2	2.2	0	15	150
빵					
바질	1	0.3	0	2	200
도넛	1	2.8	20	12	210
영국머핀	1	0.3	0	1	140
견과류					
땅콩(건조구이)	28g	2.0	0	15	170
고기					
갈아놓은 쇠고기(기름기가 없는)	85g	6.2	74	16	230
쇠고기 구이(기름기가 없는)	124g	7.2	100	18	300
양다리 고기(기름기가 없는)	147g	4.8	130	12	280
양다리 고기(기름기가 없는 것과 기름진)	170g	11.2	156	26	410
베이컨	3 슬라이스	3.3	16	9	110
돼지 갈비(기름기가 없는)	141g	5.2	142	16	330
쇠고기가 섞인 소시지	42g	4.8	23	13	145
닭다리, 튀김(고기와 피부)	141g	6.0	124	22	390
닭다리, 구이(고기만)	90g	1.4	82	4	150

출처: U.S. Department of Agriculture. "Nutritive Values of Foods." *Home and Garden Bulletin*, No. 72. 2002 (rev. ed.). Revised 2011

혈중 콜레스테롤 수치는 200mg/dL(혈액 1dL당 200mg 콜레스테롤)을 초과하지 않는 것이 좋다. 전체 지방, 포화지방 및 콜레스테롤 양의 감소와 식이요법, 체중 감소 및 운동에서의 단일 불포화지방의 양 증가는 모두 혈청 콜레스테롤 수치를 낮추는 데 도움이 된다. 수용성 식이섬유는 또한 콜레스테롤이 섬유에 결합하여 대변을 통해 제거되어 소장에 흡수되는 것을 방지하기 때문에 혈중 콜레스테롤을 낮추는 데 도움이 된다. 다이어트, 체중 감소 및 운동으로 혈청 콜레스테롤을 충분히 낮추지 않으면 약물을 처방할 수 있다.

플라그가 생기는 것이 누적되기 때문에, 플라그 생성을 피하거나 최소한 그 생성을 제한하기 위해 선호하는 방법은 평생 콜레스테롤과 지방 섭취를 제한하는 것이다. 만약 아동들이 정기적으로 고콜레스테롤 식품을 섭취하지 않으면 어른이 되어서 과다 섭취할 가능성이 줄어든다. 따라서 심장마비와 뇌졸중의 위험 또한 감소한다.

소화와 흡수

섭취된 지방의 95%가 소화되지만, 이것은 복잡한 과정이다. 지방의 화학적 소화는 주로 소장에서 일어난다. 지방은 입안에서 소화되지 않는다. 그것들은 위장에서 약간만 소화되며, 위의 지방 분해 효소는 크림이나 달걀노른자에서 발견되는 것과 같은 유화 지방에 작용한다. 지방은 소장에 들어가기 전에 위액과 잘 섞여야 한다. 소장에서는 담즙이 지방을 유화시키고 췌장 리파아제 효소는 지방을 지방산과 글리세롤로 분해하여 감소시킨 후 융모를 통해 흡수한다(그림 5-4 참고).

지질단백질

지방은 혈액의 주요 성분인 물에 녹지 않는다. 따라서, 지방들이 혈액에 의해 흡수되고 체세포로 운반될 수 있도록 특별한 운반체가 제공되어야 한다. 흡수의 초기 단계에서, 담즙은 지방을 운반하기 위해 지방 소화의 생산물과 결합한다. 나중에, 단백질은 지방 소화의 최종 생산물과 결합되어 지질단백질이라고 불리는 특별한 매개체를 형성한다. 그 후에 지방질들은 혈액을 통해 지방을 체세포로 운반한다.

지질단백질은 이동성과 밀도에 따라 유미미립, 초저밀도 지질단백질, 저밀도 지질단백질 및 고밀도 지질단백질로 분류된다. 유미미립은 식사 후 확인된 최초의 지질단백질이다. 그것은 가장 큰 지질단백질이며 가장 가볍다. 그들은

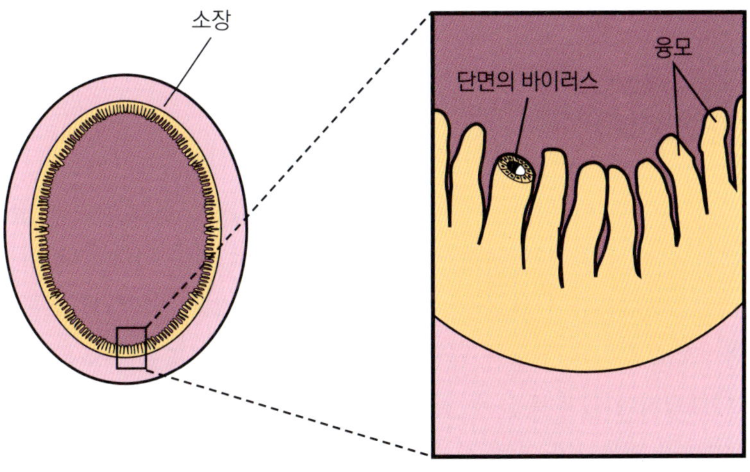

그림 5-4 신체는 소장의 융모를 통해 지방산과 글리세롤을 흡수한다.

지질단백질 lipoproteins
혈액 속의 지방 운반자

유미미립 chylomicrons
가장 큰 지질단백질; 소화시킨 후 신체로 지질을 운반한다.

초저밀도 지질단백질 very-low-density lipoproteins (VLDLs)
간에 의해 만들어지는 초저밀도 지질단백질(VLDL)은 몸 전체로 지질을 운반

저밀도 지질단백질 low-density lipoproteins (LDL)
세포에 혈중 콜레스테롤을 운반한다.

고밀도 지질단백질 high-density lipoproteins (HDL)
콜레스테롤을 세포에서 간으로 운반하여 결국 배설되는 지질단백질

80~90% 트리글리세라이드로 구성되어 있다. 지질단백질 리파아제는 트리글리세라이드를 유리 지방산과 글리세롤로 분해한다. 이 효소가 없으면 지방이 세포 안으로 들어갈 수 없다.

초저밀도 지질단백질은 주로 간세포에서 만들어지며 55~65% 트리글리 세라이드로 구성된다. 그것은 모든 세포에 트리글리세라이드와 다른 지질을 운반한다. 초저밀도 지질단백질이 트리글리세라이드를 잃을 때, 그것은 혈액에 있는 다른 지질단백질들로부터 콜레스테롤과 결합하고 나서 저밀도 지질단백질이 된다. 저밀도 지질단백질은 트리글리세라이드가 거의 없는 약 45% 콜레스테롤이다. 그들은 대부분의 혈중 콜레스테롤을 간에서 세포로 옮긴다. 저밀도 지질단백질(LDL) 130mg/dL 이상의 혈액 수치가 상승한 것은 동맥경화증의 원인이 되는 요인으로 여겨진다. 저밀도 지질단백질(LDL)은 가끔 *나쁜 콜레스테롤*(*bad cholesterol*)이라고 불린다.

고밀도 지질단백질은 콜레스테롤을 세포에서 간으로 운반하여 배설한다. 낮은 고밀도 지질단백질(HDL)이 심장질환의 주요 위험 요소가 되는 수준이 40mg/dL로 설정되었다. 연구에 따르면 60mg/dL 이상의 HDL 수치가 심장병을 예방하는 것으로 알려져 있다. 고밀도 지질단백질은 때로는 *좋은 콜레스테롤*(*good cholesterol*)이라고도 한다. 운동, 바람직한 체중 유지 및 흡연 포기는 모두 HDL을 높이는 모든 방법이다.

대사와 배설

간은 지방 대사를 조절한다. 그것은 트리글리세라이드를 가수분해하고 필요에 따라서 가수분해로부터 새로운 것들을 형성한다. 궁극적으로, 지방 대사는 세포에서 일어나며, 지방산이 이산화탄소와 물로 분해되어 에너지를 방출한다. 즉각적으로 사용되지 않은 지방 부분은 지방 조직으로 저장된다. 이산화탄소와 물은 순환계, 호흡기 및 배출 시스템에 의해 신체에서 사용되거나 제거되는 부산물이다.

지방과 소비자

지방은 계속해서 소비자에게 특별한 관심을 보이고 있다. 대부분의 사람들은 지방이 고칼로리 음식이고 심장병과 관련되어 있다는 것을 알고 있다. 그러나 건강 분야에 속하지 않는 사람들은 지방이 건강에 *어떻게* 영향을 미치는지 모를 수도 있다. 결과적으로 기발한 광고나 영업 사원이 영양 보조제 또는 새로운 "건강식품" 제품을 마케팅하여 쉽게 속일 수 있다.

건강관리 전문가가 영양 강조 표시가 작성된 새로운 영양 "보조 식품"을 주의 깊게 평가하는 것이 중요하다. 예를 들어, 오메가-3 지방산, 어유 및 비타민 E를 보충하는 것은 복용하기 전에 의사의 승인을 받아야 한다. RDA, DRI 또는 AI에 포함되지 않은 경우에는 의학 연구가 필수적이라고 판단하지 않았다고 가정해도 무방하다. 아이러니하게도, 알려지지 않은 가치의 식품 보조제의 섭취는 사람의 건강에 해를 끼칠 수 있다.

레시틴

레시틴은 인지질로 분류된 지방성 물질이다. 그것은 식물과 동물성 식품 모두에서 발견되며 간에서 합성된다. 혈류에서 지방을 운반하는 데 도움이 되는 천연 유화제이다. 식품을 부드럽게 만들기 위해 상업적으로 사용된다.

레시틴 보조제는 일부 건강식품 판매원이 심혈관질환을 예방할 수 있는 것으로 홍보되었다. 현재까지, 이것은 과학적으로 입증되지 않았다.

지방 대안

지방 대안에 대한 연구는 수십 년 동안 진행되어 왔다. 올레스트라(olestra)는 설탕과 지방산으로 만들어진 지방 대체물의 한 예이다. FDA는 올레스트라를 감자칩, 토르티야칩, 크래커와 같은 스낵류에만 사용하도록 승인했다. 정부는 올레스트라가 "일부 비타민 및 다른 영양소의 흡수를 억제한다"는 식품 표시를 요구한다. 따라서 지용성 비타민 A, D, E 및 K가 올레스트라를 함유한 식품에 첨가되었다. 올레스트라는 칼로리가 없지만 경련과 설사를 일으킬 수 있다. 올레스트라로 제조 된 제품은 적당히 사용해야 한다.

심플레제(simplesse)는 달걀흰자 또는 우유 단백질로 만들어지며 1.3kcal/g을 함유하고 있다. 가열하면 두껍거나 젤이 되기 때문에 아이스크림과 같은 찬 음식에서만 사용할 수 있고 집에서 사용할 수 없다.

오트림(oatrim)은 탄수화물을 기반으로 하며 귀리 섬유에서 추출된다. 오트림은 열에 안정적이며 제빵에는 사용할 수 있지만 튀김에는 사용할 수 없다. 제조업체들은 수년간 탄수화물계 화합물을 증점제로 사용해 왔다. 오트림은 칼로리를 제공하지만 지방은 현저히 적다.

이러한 제품들이 인간의 건강과 영양에 미치는 장기적인 영향은 알려지지 않았다. 만약 그것들이 미국 인구가 인공 감미료를 사용하는 방식으로 사용된다면, 그들은 식단에서 실제 지방 함유량을 줄이지 않을 것이다. 그것들은 단순히 그것에 추가된 것일 수도 있다. 영양학자들의 한 가지 걱정은 지방 외에 비타민, 무기질, 단백질, 탄수화물도 제공하는 영양가 있는 음식 대신 사용될 것이라는 점이다.

최근 자료 IN THE MEDIA

남부 음식 섭취는 위험을 초래한다

새로운 연구 결과에 따르면 남부식 요리를 정기적으로 먹으면 심장 발작 위험이 높아질 수 있다. 이번 연구는 6년 동안 17,000명 이상이 실시한 결과, 심장마비 위험이 56% 증가했다. 튀긴 고기와 닭고기, 풍부한 그레이비, 비스킷, 달콤한 차, 베이컨 지방으로 조리한 채소와 같은 남부 식단의 특징은 포화지방, 질산염 및 설탕을 제공하여 콜레스테롤, 인슐린 저항성 및 체중을 증가시켜 위험을 증가시킨다. 이러한 음식의 요리 변형에 대한 새로운 변화는 남부 보건 시스템의 영양 전문가들에 의해 진행되고 있다.

출처: Adapted from "Southern Diet Linked to Big Increases in Heart Diseases." CBS News. August 11, 2015. http://www.cbsnews.com

레시틴 lecithin
식물 및 동물성 식품에서 발견되는 지방성 물질; 혈류에서 지방을 운반하는 데 도움이 되는 천연 유화제. 식품을 매끄럽게 만들기 위해 상업적으로 사용

삶의 길잡이 SPOTLIGHT on Life Cycle

어른들을 위한 운동 활동에 대해 생각할 때, 우리는 러닝머신 달리기 또는 체육관에 합류하는 것을 생각한다. 그러나 아동의 경우 운동은 친구와 놀기, 학교에서 신체 활동을 하는 것, 과외 활동에 참여하는 것으로 구성된다. 슬프게도, 연구 결과에 따르면 아이들은 하루 평균 4.5시간 동안 TV를 보는 데 평균적으로 시간을 보내는 아이들이 앉아있는 경향이 있다는 것이다. 텔레비전, 비디오 게임 및 컴퓨터 시간은 아이들이 자전거 타기, 밖에서 놀기, 신체 활동을 하는 시간을 대체했다. 미국 소아과 학회(American Academy of Pediatrics)는 2세 미만의 아동은 TV를 전혀 시청하지 않으며, 2세 이상의 아동에게는 양질의 프로그램을 1~2시간으로 제한해야 한다고 권고한다. 부모는 뼈와 근육의 성장에 긍정적인 영향을 미치고 아동기 과체중이나 비만을 예방하기 위해 자녀가 충분한 운동을 하고 있는지 확인해야 한다. 신체 활동을 즐겁게 하고 더 건강한 생활방식을 채택하면 자녀뿐만 아니라 가족도 규칙적인 운동에 참여할 수 있다.

출처: Adapted from KidsHealth. "Kids and Exercise." Accessed August 30, 2015. http://www.kidshealth.org

영양 필요량

지방에 대한 특정 영양 필요량이 RDA와 DRI에 포함되어 있지는 않지만 지방이 총 일일 칼로리 요구량의 10% 미만일 때 결핍 증상이 발생한다. 심한 결핍이 생기면 습진(염증이 생기고 비늘 모양의 피부 상태)이 나타날 수 있다. 이것은 필수지방산 리놀레산이 결핍된 제형을 먹은 신생아와 리놀레산이 부족한 정맥 영양 공급에서 오랜 기간 동안 유지된 대상자에게서 관찰되었다. 또한 다이어트에 지방이 심각하게 부족할 때 성장이 지연되고 체중 감소가 발생할 수 있다.

반면에, 과도한 지방은 비만이나 심장병을 초래할 수 있다. 게다가, 연구는 고지방 식단과 대장, 유방암, 자궁, 전립선의 암 사이의 연관성을 지적한다.

미국 식품영양협회의 식이건강위원회(Food and Nutrition Board's Committee on Diet and Health)는 식이 및 건강에 관해서 사람들이 지방 섭취를 총 칼로리의 30%로 줄일 것을 권장한다. 미국 심장협회(American Heart Association)의 최신 권장사항은 포화지방의 7% 이하, 10% 이상의 고도 불포화지방 및 20%의 단일 불포화지방을 섭취하는 것이다. 메이요 클리닉(Mayo Clinic)에 따르면 현재 미국 식단의 칼로리의 35%는 고형지방과 설탕에서 추출한 것이다.

건강과 영양 고려사항

식이 변화를 달성하려면, 건강관리 전문가는 대상자들과 함께 그들의 일상적인 식이를 살펴봐야 한다. 변화는 그런 다음에야 대상자의 적극적인 참여와 함께 명확하고 민감하게 시작될 수 있다. 대상자가 *왜* 식이 변화가 필요한지 이해하지 못하고, 원하지 않는다면, 그들은 그들의 식이를 변화시키지 않는다.

요약_SUMMARY

지방은 중요한 에너지원을 제공할 뿐만 아니라 필수지방산 및 지용성 비타민을 운반하고, 장기 및 뼈를 보호하고, 추위로부터 보온하며, 식사에 포만감을 제공한다. 그것은 탄소, 수소, 산소로 구성되어 있고 동물과 식물 음식에서 발견된다. 지방의 각 그램은 9칼로리를 제공한다. 지방 소화는 주로 소장에서 발생하는데, 소장은 지방산과 글리세롤로 분해된다. 식단에서 지방을 과다하게 섭취하면 비만과 심장병 또는 암을 유발할 수 있다.

토의 주제_DISCUSSION TOPICS

1. 지방은 왜 탄수화물보다 더 농축된 에너지원으로 여겨지는가?
2. 몸에 지방은 어떤 가치가 있는가? 지방이 많은 음식을 나열하시오.
3. 지방 조직을 논의하시오. 좋은가? 나쁜가? 설명하시오.
4. 죽상경화증에 대해 설명하시오. 그것의 효과는 누적된다고 한다. 설명하시오.

5. 지방의 소화와 대사를 설명하시오. 지방 소화의 최종 산물은 무엇인가?
6. 왜 저지방 다이어트를 하는 대상자가 불평을 하는가? 의료 전문가가 이런 경우에 어떻게 도움이 되는가?
7. 수소화지방은 무엇인가? 그것들은 다불포화(polyunsaturated)인가? 설명하시오.
8. 왜 미국 식단에서 지방 부족보다 지방 과다의 위험이 더 큰가?
9. 저지방 식단에 미치는 보이지 않는 지방과 그 잠재적 영향에 대해 논의하시오.
10. 오메가3 지방산 캡슐과 레시틴이 일반 대중들에게 그렇게 인기를 끌게 된 이유는 무엇인가?

연습문제_REVIEW

가장 적절한 답을 고르시오.

1. 지방이 가장 집중적인 형태로 제공하는 것은 무엇인가?
   a. 탄소 c. 지질
   b. 산소 d. 에너지
2. 지방 조직은 무엇에 유용한가?
   a. 보호와 절연
   b. 습진을 예방
   c. 포만감
   d. 트리글리세라이드를 합성
3. 죽상경화증은 무엇의 위험을 증가시키는가?
   a. 암 c. 심근경색증
   b. 플라크 d. 고콜레스테롤혈증
4. 지방이 많이 부족한 식단은 무엇이 결핍되어 있는가?
   a. 지방산 c. 콜레스테롤
   b. 리놀레산 d. 트리글리세라이드
5. 눈에 보이지 않는 지방은 무엇에서 발견될 수 있는가?
   a. 케이크와 쿠키
   b. 오렌지 그리고 토마토 주스
   c. 달걀흰자와 탈지 우유
   d. 상추와 토마토
6. 포화지방을 함유하고 있는 식물성 음식은 무엇인가?
   a. 올리브와 아보카도
   b. 코코넛과 초콜릿
   c. 옥수수 및 콩
   d. 캐슈너트와 카놀라 오일
7. 다불포화 식물성 기름을 포화지방으로 바꾸는 그 과정은 무엇인가?
   a. 가수분해 c. 수소화
   b. 고콜레스테롤혈증 d. 고지혈증
8. 리놀레산은 어떤 지방산 중 하나인가?
   a. 트리글리세라이드
   b. 포화지방산
   c. 단일 불포화지방산
   d. 인체에 필수적인 지방산
9. 콜레스테롤은 무엇인가?
   a. 인간의 식단에 필수적이지 않음
   b. 죽상경화증에 기여할 것으로 생각됨
   c. 동물성 식품에서 발견되지 않음
   d. 무기질로 분류됨
10. 아이스크림 공장에서 일하는 나는 아이스크림의 지방 대체품을 선택할 책임이 있다. 어떤 제품을 사용해야 하는가?
    a. 오트림 c. 심플레제
    b. 트루비아 d. 올레스트라
11. 인간의 몸과 음식에 천연으로 존재하는 세 그룹의 지질들이 트리글리세라이드, 인지질, 그리고 무엇이 있는가?
    a. 코티손 c. 스테롤스
    b. 스테로이드 d. 수소화지방
12. 지방산은 탄소 원자와 무엇으로 구성된 유기 화합물인가?
    a. 수소원자 c. 트리글리세라이드
    b. 아라키돈산 d. 글리세롤
13. 콜레스테롤은 무엇인가?
    a. 식물과 동물 모두에서 발견된다.
    b. 식물에서만 발견된다.
    c. 심장병에 어떠한 방법으로도 기여하지 않는다.
    d. 스테롤이다.
14. 고밀도 지질단백질(HDL)은
    a. 좋은 콜레스테롤이라고도 한다.

b. 세포로 지질을 운반하는 것이다.
c. 리파아제와 같다.
d. 수준이 사람 혈액 40mg/dL 미만이어야 한다.

15. 소화하는 동안 지방은 지방 분해 효소 외에 무엇의 도움이 필요한가?
a. 담즙 및 지방산
b. 담즙 및 췌장 리파아제
c. 췌장 리파아제 및 글리세롤
d. 콜레스테롤 및 담즙

16. 지방 13g에 몇 칼로리가 있는가?
a. 117 c. 210
b. 130 d. 155

17. 닭튀김 시 가장 건강한 지방은 무엇인가?
a. 라드 b. 올리브 오일
c. 고형 쇼트닝 d. 카놀라유

요점사례_CASE IN POINT

MURALI: 가족력과 높은 콜레스테롤

Murali는 스리랑카 출신이다. 그는 19세 때 미국으로 이주했다. 그의 가족은 심장질환 및 높은 콜레스테롤 병력이 있다. Murali의 아버지와 형제 모두 40대에 심장마비로 사망했다. Murali는 현재 52세이다. 그의 아내 Annika는 그의 건강에 대해 걱정하고 있다. Annika는 식사 준비에 신중을 기했다. 수년 동안, Murali의 콜레스테롤은 높은 정상 범위였고 약물 치료가 필요하지 않았다. 그는 최근 *포춘지* 선정 500대 기업과의 새로운 계약을 맺었다. 그는 점심과 저녁모임으로 매우 바빴다. 그는 항상 디저트를 포함하는 4개의 코스요리를 먹기 위해 마을의 많은 고급 레스토랑에 고객을 데리고 왔다. 몇 달 동안 이 계약에 관한 일을 해왔다. 새로운 라이프스타일의 스트레스로 인해 그는 건강한 식사를 거의 하지 않았다. 그는 또한 그의 오래된 흡연습관을 시작했다. 그는 너무 바빠서 어떤 운동도 할 시간이 거의 없다. Annika는 걱정이 되고 Murali가 그의 의사를 만나도록 설득한다. 그의 의사는 428mg/dL의 총 콜레스테롤, 263mg/dL의 LDL 및 28 mg/dL의 HDL을 나타내는 혈액작업을 처방한다. 그의 가족력으로 인해 그의 주치의는 콜레스테롤을 낮추는 약물을 처방한다. 그러나 그는 Murali에게 이것이 좋은 영양과 운동을 대체할 수 없다고 강조한다. 그는 Murali를 영양학 및 건강관련 정보 모두를 위한 심장 교육 수업으로 지칭한다. 그는 또한 Murali를 금연 프로그램으로 안내한다.

사정

1. Murali에 대해 어떤 데이터가 있는가?
2. 간호사로서 어떤 결론을 내릴 수 있는가? Murali의 실험실 결과는?
3. 현재 먹는 습관에 대해 무엇을 알아야만 하는가? 알 수 없는 지방함량을 가진 음식이 현재의 식사에 영향을 줄 수 있는가? 24시간 식단 일기가 어떻게 도움이 될 수 있는가?
4. 흡연과 음주와 같은 그의 건강 습관을 염려해야 하는가?
5. Murali는 심장을 위해 건강한 것을 하고 있는가?

진단

6. 신체의 요구량 이상일 때 Murali의 불균형 영양의 원인은 무엇인가?
7. 다음 진단을 완성하시오. Murali의 라이프스타일의 변화는 __와 관련이 있다.

계획/목표

8. Murali에게 가능한 2가지 목표는 무엇인가?

수행

9. 식이 지방과 관련하여 어떤 주제를 다루어야 하는가?
10. Murali가 패스트푸드 레스토랑에서 숨겨진 지방을 인지하는 것을 돕기 위해 할 수 있는 세 가지 이름을 나열하시오.
11. 누가 Murali와 함께 수업에 참여해야 하는가?
12. 집에서 Murali를 지원하기 위해 어떤 기관이나 자원을 제공할 수 있는가?
13. 미국 심장협회 웹사이트(http://www.americanheart.org)의 정보가 Murali에게 어떻게 도움이 될 수 있는가?

평가/결과 기준

14. 의사가 계획의 유효성을 위해 무엇을 측정할 수 있는가?
15. Murali가 계획 준수를 입증하기 위해 무엇을 제공할 수 있는가?

생각해보기

16. Murali가 콜레스테롤을 감소시키지 않으면 최악의 결과는 무엇인가?
17. 가족 역사는 Murali의 결과와 어떤 관련이 있는가?
18. 인생을 위한 식이요법과 운동 계획을 유지하는 것의 도전은 무엇인가?

rate this plate

Murali는 외식하는 동안 건강한 음식을 선택하는 방법을 배우기 위해 영양 수업에 참석했다. 그는 고객과의 저녁 모임에 참석해서 다음 식사를 주문했다. 다량의 콜레스테롤과 지방이 들어있는 음식에 대한 식단을 평가하시오.

새우칵테일 애피타이저 113g

티베트 시저샐러드 2컵과 라이트 비네그레트 드레싱 2Tbsp

크림 버터가 있는 2가지의 뜨거운 저녁 식사

딸기가 있는 치즈케이크 한 조각

아이스 티 591cc

요점사례_CASE IN POINT

CECELIA: 콜레스테롤과 트랜스지방 증가

Cecelia는 어린 소녀였을 때 어머니와 아버지와 함께 이탈리아에서 뉴욕으로 이사했다. 그녀의 부모님은 이탈리아 빵집을 열고 Cecelia는 자라는 데 많은 시간을 거기에서 보냈다. 그녀의 부모님은 지금 빵집을 Cecelia에게 넘겨서 은퇴할 수 있다. 42세의 나이에 그녀는 베이커리를 담당하게 되어 매우 기쁘다. 그녀는 항상 베이킹을 즐겼으며 몇 년 동안 사업을 운영하는 것에 대해 많은 것을 배웠다. 그녀의 부모님은 최근에 신체검사를 받았고 둘 다 콜레스테롤이 높았다. 그들은 Cecelia를 걱정했고 그녀에게 의사에게 진찰받고 콜레스테롤 검사도 해달라고 부탁했다. Cecelia는 항상 꽤 건강했지만, 이것이 나쁜 생각은 아니라고 결심한다. Cecelia가 그녀의 의사를 보았을 때, 그는 그녀 또한 콜레스테롤을 증가시켰다고 그녀에게 알려준다. 그녀의 총 콜레스테롤은 282이다. 그녀의 LDL은 186이고 그녀의 HDL은 27이다. 그는 그녀와 체중 감량의 중요성에 대해 의논했다. 그녀는 현재 키가 162cm이고 체중이 78kg이다. 그는 또한 그녀의 식단에 대한 평가를 위해 그녀에게 영양사를 언급한다. 그 영양사는 콜레스테롤 수치에 영향을 미칠 수 있는 음식을 그녀와 상의한다. 그녀는 포화지방 외에도 트랜스지방을 언급한다. Cecelia는 이 용어를 전에 들어본 적이 있지만, 그것의 의미를 전혀 이해하지 못했다. 이 영양사는 트랜스지방은 식물성 기름을 수소화(응고)시킴으로써 만들어지는 것이라고 설명한다. 그 영양사는 Cecelia에게 트랜스지방이 보통 제빵 제품에 있다고 말한다. 그녀는 또한 뉴욕시가 식당의 트랜스지방을 금지하는 법을 통과시켰다고 Cecelia와 논의한다. 그녀는 Cecelia에게 그녀의 식단에서 트랜스지방을 제거하는 것뿐만 아니라 그녀의 부모님이 모든 트랜스지방을 제거하기 위해 베이커리 품목의 조리법을 조절했는지 확인해야 한다.

사정

1. Cecelia의 부모는 왜 콜레스테롤 수치에 관심이 있는가?
2. Cecelia의 의사는 지질위원회의 결과를 그녀와 공유한다. Cecelia의 총 콜레스테롤, LDL 및 HDL 수치에 대한 권장사항은 무엇인가?
3. Cecelia의 이상적인 체중 범위는 무엇인가? 현재의 체중이 이상적인 범위 안에 있는가?
4. 트랜스지방은 무엇이며 트랜스지방이 인체에 미치는 영향은 무엇인가?

진단

5. Cecelia의 간호진단을 작성하시오.

계획/목표

6. Cecilia는 어떤 음식이 콜레스테롤 수치를 높이는지를 교육받아야 한다. 이 음식 중 일부는 무엇인가?
7. Cecilia는 콜레스테롤이 식품뿐 아니라 다른 데에서 비롯된다는 사실을 이해해야 한다.
8. Cecelia에 대해 어떤 목표를 설정하는가?

수행

9. 트랜스지방에 대해 Cecelia가 이해하는 것이 중요한 이유는 무엇인가?
10. Cecelia는 얼마나 자주 콜레스테롤 수치를 측정해야 하는가?

평가/결과 기준

11. Cecelia와 의사는 자신의 목표를 성공적으로 달성했는지 어떻게 알 수 있는가?

생각해보기

12. 국립 콜레스테롤 교육프로그램 웹사이트(http://www.nhlbi.nih.gov)에서 콜레스테롤 수치를 검색하고 콜레스테롤 수치에 대한 National Cholesterol Education Program 웹사이트(http://www.nhlbi.nih.gov)의 가이드라인을 검색하고 페이지 하단의 10년 위험 평가를 받으시오. 향후 10년 이내에 심장질환에 걸릴 위험이 있는가? 위험을 감소시키는 데 도움이 될 수 있는 식단의 변화가 있는가?

✓ rate this plate

Cecelia는 가족들과 고객들을 더 건강하게 하기 위해 다음의 다크초콜릿 케이크 요리법을 수정하고자 한다. 더 건강해지도록 어떤 성분들이 조정될 수 있는가?

끓는 물 2컵
단맛을 들이지 않은 코코아 가루 1컵
다용도 밀가루 2/3컵
베이킹 소다 2 작은술
베이킹파우더 1/2 작은술
소금 1/2 작은술
부드럽게 한 버터 1컵
흰 설탕 2¼컵
달걀 4개
바닐라 추출물 1 1/2 작은술

CHAPTER 6

주요용어_*KEY TERMS*

단백열량부족증
단백질 에너지 영양실조
보완단백질
불완전 단백질
생체 이용가능성
소모증
신체적 외상
아미노산
알부민
양성질소평형
완전 단백질
음성질소평형
정신지체
질소
질소평형
카르복시펩티다아제
키모트립신
트립신
폴리펩티드

단백질
PROTEINS

학습목표

- 체내 단백질의 기능을 진술할 수 있다.
- 단백질의 구성요소를 규명할 수 있다.
- 단백질 결핍의 영향에 대해서 설명할 수 있다.
- 단백질 열량에 대해서 말할 수 있다.
- 완전 단백질 식품원과 불완전 단백질 식품원을 적어도 6가지씩 규명할 수 있다.

단백질은 모든 신체 세포를 구성하는 기본 물질이다. 4세가 되면 체내 단백질 함량이 성인 수준인, 체중의 약 18%에 이르게 된다. 일상적인 식사를 통한 적절한 단백질 공급은 정상적인 성장 발달과 건강유지를 위해서 필수적이다. 그런 의미에서 단백질이란 이름은 적절하다. *단백질(protein)*이라는 단어는 '가장 중요한'이라는 의미의 그리스어에서 기원한다.

기능

단백질은 신체 조직을 만들고 회복시키며, 다양한 신체기능을 조절하는 데 있어서 주요한 역할을 하고, 탄수화물과 지방 섭취가 부족할 때 에너지를 제공한다.

신체 조직의 구성과 회복

단백질의 주된 기능은 신체 조직을 만들고 회복시키는 것이다. 이것은 식사를 통해서 올바른 유형과 수의 아미노산이 공급될 때 가능하다. 또한, 대사가 진행되는 동안 세포가 분해되기(이화작용, catabolism) 때문에, 혈액 속으로 들어간 아미노산이 새로운 조직을 만들고 다른 조직을 회복시키는 데(동화작용, anabolism) 재사용된다. 신체는 재생된 아미노산을 음식으로부터 확보된 아미노산만큼 효율적으로 사용한다.

신체기능 조절

단백질은 대사와 소화의 조절에 필수적인 호르몬과 효소의 중요한 구성요소이다. 단백질은 신체의 수분과 전해질을 유지해서 부종(비정상적인 체액의 정체/보유)을 예방하는 것을 돕는다. 또한, 단백질은 항체의 형성과 그로 인한 건강한 면역체계에 있어서 아주 중요하다.

에너지 공급

식사를 통한 탄수화물과 지방의 공급이 충분하지 않을 때 단백질이 에너지를 공급할 수 있다. 단백질 1g당 4칼로리를 제공한다. 그러나 이것은 단백질을 잘 사용하는 방법이 아니다. 일반적으로 단백질의 가치가 탄수화물보다 더 크며, 대부분의 완전 단백질에는 포화지방과 콜레스테롤도 함유되어 있다.

식품원

단백질은 동물성 식품과 식물성 식품 모두에서 발견된다(**표 6-1**). 동물성 식품은 가장 양질의 완전 단백질을 제공한다. 여기에는 고기, 생선, 가금류, 달걀, 우유, 치즈가 포함된다.

표 6-1 풍부한 단백질 공급원

완전 단백질		불완전 단백질	
고기	달걀	콩(대두)	곡물
생선	우유	땅콩	견과류
가금류	치즈	완두콩	해바라기 씨
		흰 강낭콩	참깨

동물성 식품은 생물학적 가치가 높은 단백질을 제공하지만, 이러한 단백질은 포화지방과 콜레스테롤도 제공한다. 결과적으로, 완전 단백질은 생선이나 가금류, 살코기, 그리고 저지방 유제품과 같이 건강에 좋도록 마련된 저지방 동물성 식품에서 주의 깊게 선택해야 한다. 고지질혈증이 있다면 전란의 섭취는 일주일에 2~3개로 제한해야 한다.

고기를 선호한다면, 아래와 같이 건강에 좋은 단백질로 이를 대체할 수 있다:

- 튀긴 생선 대신에 구운 연어를 선택한다.
- 더블 치즈버거 대신에 석쇠에 구운(그릴) 칠면조 버거를 선택한다.
- 바비큐 갈비(립) 대신에 석쇠에 구운 등심 폭찹을 선택한다.

식물성 식품에서 찾을 수 있는 단백질은 불완전 단백질이며, 동물성 식품에서 발견되는 단백질보다 생물학적 질이 낮다. 그렇지만 식물성 식품을 매일 다양하게 섭취한다면 중요한 단백질 공급원이 된다. 단백질을 포함하고 있는 식물성 식품의 예로는 견과류, 해바라기 씨, 참깨, 그리고 대두, 흰 강낭콩, 강낭콩(핀토빈), 말린 완두콩, 병아리콩, 땅콩과 같은 콩류가 있다. 밀, 보리, 옥수수, 그리고 쌀과 같은 곡류를 포함하는 식사도 불완전 단백질을 제공한다.

식물성 단백질은 유사체라고도 불리는 가공 대두 단백질과 두부를 만드는 데 사용될 수 있다. 대두를 사용해서 만든 고기 대체식품(유사체)에는 다양한 종류의 고기와 유사하게 만들기 위해서 대두 단백질과 그 외 다른 성분들이 섞여있다. 고기 대체식품은 캔으로 가공되거나, 건조 또는 냉동될 수 있다. 유사체는 단백질, 철분, 그리고 비타민 B의 훌륭한 공급원이다.

두부는 대두를 사용해서 만든, 치즈와 유사한 부드러운 식품이다. 두부는 함께 요리되는 재료의 풍미를 쉽게 흡수하는 자극적이지 않은 식품이다. 두부에는 양질의 단백질과 비타민 B가 풍부하고 나트륨 함량이 낮다. 가공 대두 단백질과 두부는 모두 경제적이고 영양가가 높은 고기 대체식품이다.

대부분의 유제품과 달걀을 먹는 채식주의자와 유제품을 먹는 채식주의자는 유제품과 달걀, 또는 유제품을 먹기 때문에, 우유와 유제품, 강화 곡물, 견과류, 그리고 콩류를 포함하는 균형잡힌 식사를 통해서 자신들에게 필요한 단백질 섭취를 충족할 수 있다. 동물성 식품을 전혀 섭취하지 않는 엄격한 채식주의자는 더욱 신중하게 대두나 두유, 그리고 두부와 같은 단백질이 풍부한 다른 식품들을 포함할 필요가 있다.

채식주의자들은 아래와 같이 건강에 좋은 단백질로 대체할 수 있다:

- 마카로니와 치즈 대신에 채소와 두부를 넣은 현미 볶음밥을 선택한다.
- 가공된 채소 핫도그 대신에 렌틸콩 스프와 미정제 곡물빵을 선택한다.
- 냉동 치즈피자 대신에 지방이 적은 치즈가 들어간 얇은 미정제 곡물빵으로 만든 채소 피자를 선택한다.

삶의 길잡이 SPOTLIGHT on Life Cycle

나이가 들어감에 따라서 점진적으로 진행되는 근육 소실이 발생하는데, 이는 힘과 체력의 감소를 초래한다. 연구에 따르면, 약 50세쯤에는 근육량의 손실이 평균적으로 연간 1~2%인 것으로 나타났다. 60세가 되면 근력이 매년 평균 3%씩 감소하여 70세가 되었을 때는 근력의 약 20~40%를 잃게 된다. 단백질 섭취는 노화관련 근육 소실을 예방하는 데 핵심적이다. 노인들에 대한 단백질 일일 권장량인, 몸무게 1kg당 하루 0.8g 섭취의 적정성에 대한 의문이 있다. 최근 연구는 노인들에게 하루에 몸무게 1kg당 1.0~1.3g의 단백질 섭취를 권장하는 것이 상당하고 일관적인 증거가 있음을 제안했지만, 정부는 지금까지 일일 권장량을 바꾸지 않았다. 이렇게 좀 더 많은 양의 단백질을 섭취하면서 매주 2회의 근력 운동을 하는 것이 근육량과 근력 소실을 막는 최선의 방법일 것이다.

출처: (2015, Aug 14). *Nutrients*, 7(8), pp. 6874–6899.

산업화된 식품 생산, 특히 가축에 대한 산업적 식품 생산의 환경적 영향에 대한 우려가 지속됨에 따라서, 환경파괴 없는 식량 지속 가능성이라는 주제에 대한 논의가 국제적으로도 가속화되고 있다. 미국인들이 육류(주로 쇠고기) 선호와 다량섭취로 인해서 대부분의 미국 농업이 동물의 사료로 사용될 수 있는 상품작물을 기르는 것에 주력하고 있다. 특히 공장식 농장에서 소를 사육하는 것이 더 문제가 되는데, 소는 상당한 온실가스를 방출하고 이로 인해서 물과 같은 중요한 자원이 요구되며 다량의 고형 폐기물(오물)을 발생시킨다. 미국인이 고기를 멀리하고 더 많은 과일, 채소, 그리고 식물성 단백질을 섭취하는 식사를 하도록 하는 것은 우리 자신뿐만 아니라, 지구 전체의 건강을 위해서 중요하다. 식이요법(식사) 지침은 붉은 고기와 가동된 고기를 적게 섭취하도록 명확하게 권고하고 있다.

분류

단백질의 분류와 질은 포함된 아미노산의 수와 유형에 따라 다르다. 20개의 아미노산이 있지만, 10개의 아미노산만이 인간에게 필수적인 것으로 여겨진다(**표 6-2**). 변형이 진행되는 동안에 2가지의 아미노산이 추가적으로 단백질에 포함되기도 한다: 셀레노시스테인(selenocysteine)과 피롤리신(pyrrolysine). 필수 아미노산은 정상적인 성장과 발달을 위해서 필요하므로 식사를 통해서 반드시 공급되어야 한다. 모든 필수 아미노산을 포함하는 단백질은 생물학적 가치가 높다; 이러한 단백질을 완전 단백질이라고 하며 생체 이용가능성이 아주 높다. 비필수 아미노산은 체내에서 필수 아미노산, 비타민, 그리고 무기질에 의해서 생산될 수 있다.

불완전 단백질은 한 개 이상의 필수 아미노산이 부족한 단백질이다. 결론적으로 말하면, 불완전 단백질은 다른 단백질의 도움 없이는 신체 조직을 만들 수 없다. 각각의 불완전 단백질이 동일한 식사시간이 아니더라도 같은 날에 다른 불완전 단백질과 함께 섭취되면 그 가치가 증가한다. 이런 식으로, 하나의 불완전 단백질이 다른 불완전 단백질이 가지고 있지 않는 필수 아미노산을 제공할 수 있다. 따라

표 6-2 아미노산

필수 아미노산		비필수 아미노산	
Arginine*	Phenylalanine	Alanine	Glutamine
Histidine*	Threonine	Arginine*	Glycine
Isoleucine	Tryptophan	Asparagine	Histidine*
Leucine	Valine	Aspartic acid	Proline
Lysine		Cysteine	Serine
Methionine		Glutamic acid	Tyrosine

* 아동기에만 필수임.

완전 단백질 complete proteins
모든 필수 아미노산을 포함하는 단백질

생체 이용가능성 bioavailable
체내에서 쉽게 흡수되고 사용될 수 있는 영양소의 능력

불완전 단백질 incomplete proteins
모든 필수 아미노산을 포함하지 않는 단백질

표 6-3 보완단백질 식품의 예

단백질 1	+(결합)	단백질 2
밥		콩
빵		땅콩버터
빵		말린 완두 스프
빵		치즈
밥		두부
마카로니		치즈
시리얼		우유

서 이러한 결합이 모든 필수 아미노산을 제공할 수 있다(그림 6-1). 이러한 현상이 일어날 때의 단백질을 보완단백질이라고 한다(표 6-3). 젤라틴은 유일한 동물성 불완전 단백질이다.

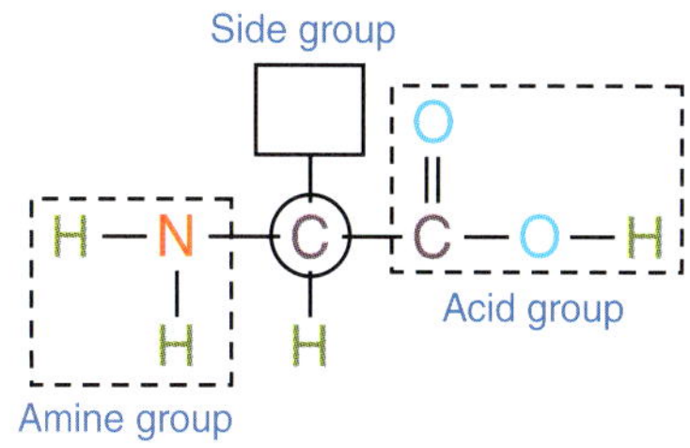

그림 6-1 서로 다른 2가지 음식(예, 곡물과 유제품)이 각각 따로는 모든 필수 아미노산을 제공하지 못할 수 있다. 그러나 이러한 음식이 함께 결합됨으로써 완전 단백질을 형성하고 그로 인해서 보완단백질이 된다.

구성

탄수화물이나 지방과 마찬가지로 단백질은 탄소, 수소, 그리고 산소를 포함하고 있지만 그 특성들이 다르다. 또한, 가장 중요한 사실은 단백질이 질소를 포함하는 유일한 영양소이며 일부는 황을 포함하고 있다는 것이다. 그림 6-1은 질소(N) 분자를 포함하는 아미노산의 한 예이다.

단백질은 아미노산이라고 불리는 화학혼합물로 구성되어 있다(그림 6-2). 아미노산은 인간의 체내에서 수천 개의 단백질을 형성하기 위해서 결합되기 때문에 단백질 구성블록(요소)이라고도 불린다. 유전이 각 개인의 체내를 구성하는 구체적인 단백질 유형을 결정한다.

소화와 흡수

단백질의 기계적 소화는 치아가 음식을 잘게 부수는 입에서 시작된다. 화학적 소화는 위에서 시작된다. 염산은 펩신효소가 단백질을 폴리펩티드로 분해시키는 역

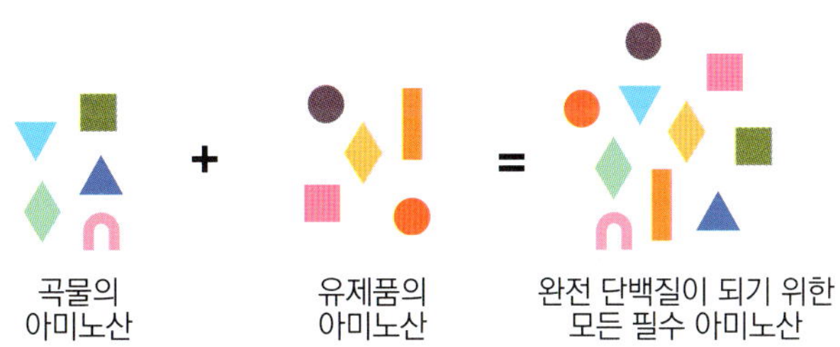

그림 6-2 모든 아미노산은 화학적 중추인 탄소 원자; 질소를 포함하는 아민기; 산기, 그리고 잔기를 가진다. 각 아미노산에 독특한 특징을 부여하는 것은 잔기의 화학적 구조이다.

보완단백질 complementary proteins
서로 결합될 때 모든 10개의 필수 아미노산을 제공하는 불완전 단백질

질소 nitrogen
단백질에서 발견되는 화학 원소; 생명에 필수적임

아미노산 amino acids
단백질을 구성하는 질소를 포함한 화학성분

폴리펩티드 polypeptides
함께 결합된 10개 이상의 아미노산

할을 시작할 수 있도록 위를 준비시킨다.

폴리펩티드가 소장에 도달한 후에는 췌장의 세 가지 효소(트립신, 키모트립신, 카르복시펩티다아제)가 계속해서 화학적 소화를 한다. 장 내의 펩티다아제가 최종적으로 단백질을 아미노산으로 분해시킨다.

소화가 끝난 후에는 소장의 아미노산이 융모로 흡수되어 혈액을 통해서 모든 신체 조직으로 이동된다. 아미노산은 그러한 조직에서 필요한 단백질을 만들기 위해서 사용된다.

대사와 배설

세포를 만들고 필요할 때 이를 회복시키기 위해서는 모든 필수 아미노산이 있어야만 한다. 아미노산이 분해될 때 질소를 포함하는 아민기가 떨어져 나간다. 이러한 과정을 탈아미노작용이라고 한다. 탈아미노작용은 암모니아를 생산하는데, 이는 세포에 의해서 혈류로 방출된다. 간이 이러한 암모니아를 흡수하여 요소로 전환시켜서 다시 혈류로 내보내면, 신장이 이를 걸러내고 배출시킨다. 이러한 과정을 거치지 않고 남아있는 아미노산은 에너지로 쓰이기 위해서 저장되거나, 탄수화물이나 지방으로 전환되어 글리코겐이나 지방조직으로 저장된다.

영양 필요량

개인의 단백질 요구량은 신체사이즈, 나이, 성별, 그리고 신체적 · 정서적 상태에 의해서 결정된다. 체격이 큰 사람은 작은 사람에 비해서 유지해야 할 세포가 더 많다. 성장하는 어린이, 임산부, 또는 모유수유를 하는 여성은 보통의 성인에 비해서 몸무게 1kg당 더 많은 단백질을 필요로 한다. 운동선수와 활동적인 사람들에게는 더 많은 단백질이 요구된다.

소화가 비효율적이면 체내로 흡수되는 아미노산이 적다; 따라서 단백질 요구량이 더 높다. 주로 노인들이 이러한 경우에 해당되며, 이 문제는 13장에서 더 논의된다. 소실된 조직을 대체하고 항체를 생산하기 위해서 수술 후나 중증화상, 또는 감염이 있는 경우에 일반적으로 더 많은 양의 단백질이 요구된다. 또한, 정서적 외상이 있을 경우에 신체가 더 많은 질소를 배출하기 때문에 단백질 식품이 더 필요하다.

미 국립 과학원의 국립 연구회의는 평균적인 성인의 일일 단백질 요구량이 몸무게 1kg당 0.8g이라고 본다. 자신의 단백질 요구량을 다음과 같이 확인할 수 있다:

1. 몸무게를 2.2로 나눈다(kg당 파운드 수).

2. 1단계에서 얻은 수와 0.8을 곱한다(몸무게 1kg당 단백질 g).

2002년에 미 국립 과학원이 단백질 영양소 섭취기준(DRIs)을 발표했다(표

트립신 trypsin
췌장효소; 단백질의 소화를 돕는다

키모트립신 chymotrypsin
단백질의 소화를 위해서 필요한 췌장효소

카르복시펩티다아제 carboxypeptidase
단백질의 소화를 위해서 필요한 췌장효소

표 6-4 단백질 권장식이허용량

생애단계 분류	연령	단백질(gram/day)
영아	0~6개월	9.1*
	7~12개월	11*
아동	1~3세	13
	4~8세	19
남성	9~13세	34
	14~18세	52
	19~30세	56
	31~50세	56
	51~70세	56
	70세 이상	56
여성	9~13세	34
	14~18세	46
	19~30세	46
	31~50세	46
	51~70세	46
	70세 이상	46
임신기	14~18세	71
수유기	19~30세	71
	31~50세	71
	14~18세	71
	19~30세	71
	31~50세	71

* 영아의 값은 충분섭취량(AI)이다; 그 외 모든 값은 권장식이허용량(RDA)이다.
출처: Reprinted with permission from the National Academies Press, Copyright © 2006, National Academy of Sciences. *Dietary Reference Intakes: The Essential Guide to Nutrient Requirements*.

SUPERSIZE USA

체중관리에 있어 우리가 섭취하는 단백질과 고탄수화물의 형태를 지속적으로 변화시키는 것이 중요하다는 연구가 증가하고 있다. 몸무게가 늘어나는 사람들은 가공된 붉은 고기와 함께 흰 밀가루 빵, 그 외 정제된 곡물, 흰 감자, 그리고 설탕이 들어간 식품과 같은 혈당부하지수가 높은 질이 낮은 탄수화물을 먹는 경향이 있다. 자신의 몸무게를 가장 잘 관리하는 사람들은 해산물, 껍질 벗긴 닭, 견과류, 그리고 요거트와 같은 건강한 단백질과 함께 채소(감자와 옥수수 제외), 비정제 곡물(현미와 오트밀)과 과일(바나나와 파인애플과 같은 열대과일 제외) 같은 혈당부하지수가 적은 음식을 섭취하는 사람들이다. 많은 연구가들은 칼로리를 계산하는 것이 장기적으로는 몸무게 관리를 위한 가장 효과적인 전략이 아니라고 보고, 그 대신 어떠한 식품이 몸무게 증가를 예방하고 어떤 식품이 몸무게 증가를 악화시키는지에 대한 조사에 몰두하고 있다.

출처: Adapted from "Choice of Protein- and Carbohydrate-Rich Foods May Have Big Effects on Long-Term Weight Gain." Science Daily (2015, April 9). Tufts University. http://www.sciencedaily .com/releases/2015/04/150409133206.htm

6-4 참조). 0~6세 영아에 대한 충분섭취량을 설정하고, 그 외 다른 권장량은 권장식이허용량을 기준으로 했다. 몸무게 1g당 기준으로 볼 때 아동의 권장식이허용량이 성인보다 높다. 임신한 여성이나 모유수유 중인 여성의 권장식이허용량 또한 더 높다; 그 외 모든 권장량은 몸무게 1kg당 0.8g을 기준으로 한다.

"Choose My Plate" 웹사이트는 연령에 따른 단백질의 "온스(oz) 해당량"을 열거하는 유용한 일상적 단백질 식품차트를 제공한다. 일반적으로, 28g의 고기, 가금류, 또는 생선; 1/4컵의 요리된 콩; 달걀 1개; 땅콩버터 한 테이블스푼; 또는 견과류나 씨앗 14g이 단백질 식품 그룹의 1온스에 해당하는 것으로 볼 수 있다. 표 6-5는 일반적인 하루 식사에서의 단백질 양을 알 수 있는 정보를 제공한다.

단백질 과다

선진국 사람들은 신체가 필요로 하는 양보다 더 많은 단백질을 섭취하기 쉽다. 이

최근 자료
IN THE MEDIA

단백질 파우더

최근에 식료품 가게들이 성장하면서 천연 비타민과 무기질, 그리고 영양 보조제를 판매하는 새로운 매장들이 생겨났다. 이러한 매장에는 인기가 있는 단백질 파우더, 쉐이크, 바 등이 있으며, 특히 근육을 만들고자 하는 사람들에게 인기가 많다. 신체는 약 450g의 근육을 추가하기 위해서 10~14g의 단백질을 추가적으로 필요로 한다; 그러나 일부 운동선수들은 정상적인 음식섭취에 의해서는 절대 충족될 수 없는 과도한 양의 단백질이 필요하다고 생각한다. 단백질 파우더는 다양한 원료로 만들어질 수 있으며 가장 일반적인 것이 유청이지만, 카세인, 대두, 콩, 쌀, 삼(헴프)을 사용할 수도 있다. 단백질 파우더, 바, 쉐이크를 가끔 섭취할 때는 건강에 해가 되지 않지만, 이러한 식품을 주기적으로 복용하는 사람들은 단백질을 과도하게 섭취함으로써 신장과 간에 무리를 주고, 칼슘 흡수를 방해하고, 많은 양의 수분섭취를 요구하게 되는 것과 같은 건강에 좋지 않은 영향을 받을 수 있다. 단백질 파우더가 자연식품을 대체해서는 안 된다. 그러나 단백질 파우더를 사고자 결정한다면, 원료와 첨가제가 적고 설탕이나 인공감미료가 포함되어 있지 않으며, 중금속이나 독성이 낮고, 유기농이면서 GMO가 아니고, 산업기준을 지키는 시설에서 생산되었음을 보여주는 GMP(제조 및 품질관리기준) 표시가 있는 것을 선택하는 것이 중요하다.

표 6-5 일반적인 하루 식사에 포함된 단백질

	제공량	단백질	칼로리
아침			
오렌지 주스	1/2컵	1	45
오트밀	1컵	6	166
설탕 추가	2 티스푼		30
통밀 토스트	1 슬라이스	4	75
땅콩버터	1 테이블스푼	4	95
1% 우유	1/2컵	4	50
점심			
포도주스	1/2컵	1	50
참치 샐러드	2/3컵	20	220
통밀 피타 추가	큰 것 1개	6	170
양상추			
당근 스틱	당근 1개	1	25
캔으로 가공된 배	1/2컵	1	100
오트밀 쿠키	2개	1	160
1% 우유	1컵	8	100
저녁			
닭가슴살	85g	26	160
구운 붉은 감자	중간 사이즈 1개	4	150
아스파라거스	1/2컵		25
슬라이스 토마토 샐러드	토마토 1개	1	25
롤	1개	2	100
버터 추가	1 테이블스푼		100
신선한 사과	중간 사이즈 1개		80
1% 우유	1컵	9	100
		98	2,025

러한 과다 섭취는 많은 이유로 인해서 피해야 한다. 단백질 식품을 완성하기 위해 흔히 사용되는 포화지방과 콜레스테롤은 심장질환을 유발하고 불필요한 칼로리를 제공한다. 일부 연구는 장기적인 고단백질 식사와 직장암과의 관계, 그리고 뼈의 칼슘을 감소시켜서 골다공증에 이르게 할 수 있는 칼슘 과다 배출과의 관계를 보여준다. 과다한 양의 고단백질 식품을 섭취하는 사람들은 필수적인 과일과 채소의 섭취를 간과할 수도 있으며, 과다한 단백질 섭취는 간과(질소가 요소로 변환) 신장이 처리할 수 있는 것보다 많은 과도한 요소를 배출하도록 요구하게 된다. 따라서, 미국질병통제예방센터는 단백질 섭취가 일일 칼로리 섭취의 10~35%를 넘지 않고 영양섭취기준 표(**표 6-4** 참고)에 제시된 양의 두 배를 초과하지 않도록 권고한다.

단백질과 아미노산 보조제

단백질과 아미노산은 여러 가지 이유로 섭취된다. 미디어 속의 정보로 인해서 운동효과를 늘리고 "몸집을 키우기" 위한 근육을 만들기 위해서 특정 단백질과 아미노산 보조제를 복용해야 하는 것으로 생각하는 소비자들이 종종 있다. 운동선수에게는 더 많은 단백질이 필요하다는 것이 이제는 일반적으로 받아들여지는데, 단백질은 식사를 통해서 가장 쉽게 충족될 수 있다. 정상적인 건강한 식사를 하지 못하는 일부 운동선수들은 보조제를 선택할 수 있다. 질병이나 수술로 인해서 추가적인 단백질을 보충할 필요가 있는 사람들도 있다.

이유가 무엇이든 상관없이, 소비자들은 적극적으로 단백질과 아미노산 보조제를 찾고 있다. 단백질 쉐이크, 바, 그리고 파우더는 거의 모든 건강 식품점, 약국, 피트니스 센터, 그리고 식료품점에서 구매 가능하다. 단백질은 유청(가장 일반적임), 카세인, 대두, 콩, 또는 땅콩 단백질을 원료로 한다. 이러한 보조제에 함유된 단백질의 양에는 상당한 차이가 있다. 평균적으로 단백질 파우더 한 숟갈에는 20g의 단백질이 포함되어 있다. 일부 단백질 파우더는 한 번 복용량에 80g에 달하는 단백질을 제공한다. 과도한 단백질은 본질적으로 신장과 간에 무리를 줄 위험이 있다.

양질의 단백질이 비싼 보조제보다 생체 이용가능성이 더 크다. 아미노산을 단독으로 복용하는 것은 신체에 유해할 수 있으며 음식에서 자연적으로 발생하지 않는다. 우리 몸은 보조제가 아닌, 음식을 처리하도록 만들어졌다. 하나의 아미노산을 단독으로 섭취하도록 권고받았다면, 아미노산을 이용하기 전에 반드시 의사와 상담하는 것이 중요하다.

웹사이트 탐색 EXPLORING THE WEB

웹에서 단백질 보조제에 대한 정보를 찾아보시오. 이러한 제품에 대한 주장에는 어떠한 것이 있는가? 이러한 주장은 확실한 연구와 사실에 근거하는가? 단백질 보조제에 대한 일반적인 근거 없는 믿음을 인용하고 이러한 믿음에 대한 진실을 제공하는 자료를 만든다. 단백질 보조제의 사용에 대해서 문의하는 사람들에게 어떻게 접근하겠는가?

질소평형

단백질 요구량은 질소평형의 관점에서 논의될 수 있다. 이는 질소 섭취가 배출되는 질소의 양과 동일할 때 발생한다. 양성질소평형은 질소 섭취가 배출된 양보다 많을 때 발생한다. 이러한 상태는 새로운 조직이 생성되고 있음을 나타내며, 임신 중일 때, 아동의 성장기간 동안, 운동선수가 추가적인 근육조직을 만들 때, 그리고 질병이나 부상과 같은 신체적 외상 후에 조직이 재생성될 때 발생한다. 음성질소평형은 단백질이 손실되고 있음을 나타낸다. 이러한 상태는 열, 부상, 수술, 화상, 굶주림, 또는 고정화에 의해서 유발될 수 있다.

단백질 결핍

오랜 기간 동안 단백질을 적절하게 공급받지 못하게 되면 근육 소실이 발생하고 팔과 다리가 아주 가늘어진다. 이와 동시에, 알부민 결핍이 부종을 야기해서 외관상 극도로 부어 보이게 된다. 충분한 단백질을 섭취하면 수분이 배출된다. 이러한 경우 사람들은 입맛을 잃고, 힘과 몸무게가 감소하게 되며, 상처의 치유가

질소평형 nitrogen balance
질소 섭취가 배출되는 질소와 동일할 때

양성질소평형 positive nitrogen balance
질소 섭취가 배출을 초과함

신체적 외상 physical trauma
극도의 신체적 스트레스

음성질소평형 negative nitrogen balance
섭취되는 질소보다 더 많은 질소가 손실됨

알부민 albumin
혈장 내 단백질

웹사이트 탐색
EXPLORING THE WEB

웹에서 단백질-결핍 장애에 대한 정보를 찾으시오. 미국에서 흔하게 발견되는 이러한 질병 유형이 있는가? 여러분이 거주하는 지역에서는 어떠한가? 찾을 수 있는 모든 질병에 대해서 각 질병의 증상과 결핍을 바로잡기 위해 할 수 있는 식이변화에 대해서 설명하는 자료를 만든다.

느려질 수 있다. 부종을 겪고 있는 대상자들은 무기력하고 우울감을 느끼게 된다. 이러한 징후들은 극도로 방치된 아동이나 노인들, 또는 경제적으로 열악하거나 신체를 움직이지 못하는(불구인) 사람들에게 나타난다. 채식주의 식단을 따르는 사람들, 특히 비건은 단백질 결핍을 피하기 위해서 자신들의 식사에 포함된 단백질의 유형과 양을 세심하게 계산하는 것이 아주 중요하다.

단백질 에너지 영양실조

단백질 에너지 영양실조를 겪고 있는 사람들은 단백질과 에너지가 풍부한 음식이 모두 부족한 상태이다. 이러한 질병은 단백질과 에너지가 풍부한 음식이 모두 장기적으로 부족한 개발도상국가에서 흔하다. 충분한 단백질이 부족한 아이들은 자신들의 잠재적인 신체 크기만큼 성장하지 못한다. 임신 기간 중에 불충분한 단백질을 섭취한 산모에게 태어난 영아는 영구적인 정신장애를 가질 수 있다.

아이들에게 영향을 미치는 2가지 결핍질환은 극도로 부적절한 단백질이나 에너지 공급, 또는 2가지 원인 모두에 의해서 유발된다. 중증 영양결핍에 의한 질병인 소모증은 에너지와 단백질뿐만 아니라 비타민과 무기질이 부족한 아동들과 성인들에게 발생한다. 소모증을 앓는 영아들은 쇠약해 보이지만 부종은 없다. 모발이 윤기가 없고 건조하며, 피부가 얇고 주름이 진다(그림 6-3). 아이들뿐만 아니라 성인들도 괴롭히는 나머지 단백질-결핍 질병은 단백열량부족증이다(그림 6-4). 단백열량부족증은 단백질이 포함된 식품이 갑작스럽게 또는 최근에 결핍되었을 때(기근과 같은 기간) 생긴다. 이 질병은 지방이 간에 축적되도록 야기시키며, 단백질과 호르몬의 부족은 부종, 통증을 동반한 피부 병변, 그리고 피부와 모발 색소의 변화를 유발한다. 단백열량부족증을 가진 대상자의 사망률은 높다.

단백질 에너지 영양실조 protein energy malnutrition (PEM)
단백질과 에너지가 풍부한 식품의 부적절한 섭취로 인한 영양실조; 소모증과 단백열량부족증

소모증 marasmus
단백질과 모든 영양분의 결핍, 또는 불완전한 흡수에 의해서 야기되는 중증 쇠약증; 단백질 에너지 영양실조

단백열량부족증 kwashiorkor
극심하게 부족한 단백질로 인한 결핍질환

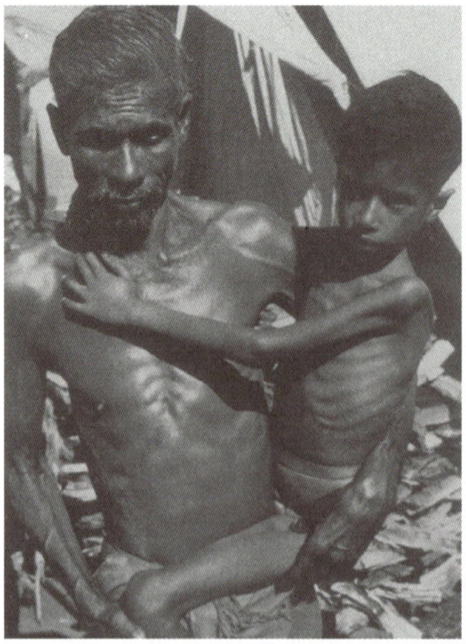
CDC/Don Eddins

그림 6-3 눈으로 확인할 수 있는 소모증의 징후에는 극도의 쇠약함, 주름진 피부, 그리고 과민성이 포함된다.

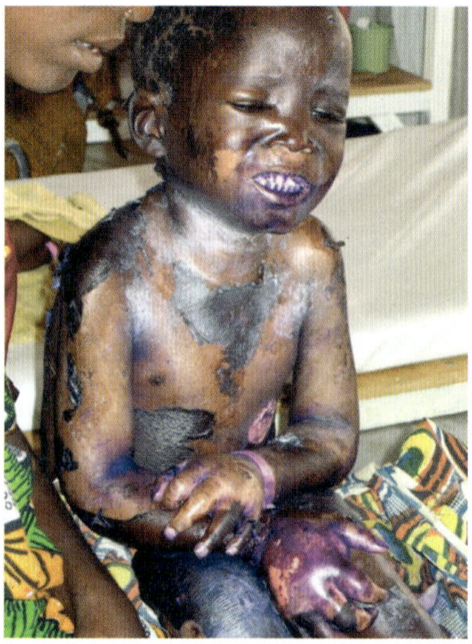
© Francis Temman/AFP/Getty Images

그림 6-4 부종, 피부 병변, 그리고 모발 변화는 단백열량부족증의 일반적인 징후이다.

표 6-6 소모증과 단백열량부족증의 구분

소모증	단백열량부족증
총 표면지방*과 상완위 근육둘레의 감소	총 표면지방과 상완위 근육둘레가 정상범위 내에 있음
몸무게 감소	몸무게는 정상범위일 수 있음
내장 단백질(알부민)이 정상범위이거나 감소	내장 단백질 감소
면역기능이 정상범위 내에 있음	면역기능 감소
윤기가 없고 건조한 모발	붉은색의 모발
수척하고 주름진 외모	부은 것 같은 외모
단백질과 총 에너지 부족	부종

* 총 표면지방과 상완위 근육둘레는 영양사에 의한 신체 계측 측정으로 결정될 수 있다(1장 참조). 그 결과는 많은 수의 사람들에 대한 측정에서 얻은 표준치와 비교된다.

이러한 결핍질환을 극복하고 살아남은 사람들은 영구적인 정신지체를 겪을 수 있다. 아동들에게 있어서 음식부족이 초래하는 극단적 대가는 아주 크다. 표 6-6은 소모증과 단백열량부족증을 구분하는 것을 돕는 몇 가지 징후를 열거하고 있다.

건강과 영양 고려사항

단백질은 미국의 일반 대중 사이에서 편파적으로 높은 가치를 얻었다. 또한, 많은 사람들이 단백질이 동물성에서만 발견된다고 생각한다. 그 결과로, 완전 단백질이 대부분의 식사에서 과도하게 사용되는 경향이 있다.

식사에서 단백질의 과도한 사용이 미치는 누적 영향에 대한 연구는 단백질의 과도한 사용이 신장을 손상시키고, 골다공증과 암을 유발할 수 있으며, 과체중과 심장질환의 원인이 된다고 제안하기 시작하고 있다.

건강관리 전문가는 단백질 섭취를 총 칼로리의 10~35%로 줄이도록 대상자들을 재교육시키는 것이 어려운 과제임을 깨달을 것이다.

정신지체 mental retardation
정상 이하의 지적 능력

요약_SUMMARY

단백질은 성장과 건강유지를 위해 필요한 질소성분을 포함한다. 또한, 단백질은 신체 조직을 구성하고 회복시키기 위해서 체내 과정을 조절하고 에너지를 공급할 수 있다. 단백질 1g은 4칼로리의 열량을 제공한다. 단백질은 아미노산으로 구성되는데, 이 중 10개의 아미노산은 성장과 신체 조직의 회복을 위해서 필수적이다.

완전 단백질에는 모든 필수 아미노산이 다 포함되어 있으며 조직을 구성할 수 있다. 완전 단백질의 가장 좋은 공급원은 고기, 생선, 가금류, 달걀, 우유, 치즈와 같은 동물성 식품이다. 불완전 단백질에는 필수 아미노산이 모두 다 포함되어 있지 않으며, 이러한 단백질이 2가지 이상 결합되어 조직을 구성할 수 있다. 불완전 단백질의 가장 좋은 공급원은 콩류, 옥수수, 곡물, 그리고 견과류이다. 불완전 단백질의 영양적 가치는 하루 동안 2가지 이상의 불완전 단백질을 섭취함으로써 증가될 수 있다. 단백질의 화학적 소화는 위와 소장에서 일어난다. 단백질이 아미노산으로 분해되고 최종적으로는 소장의 융모를 통해서 혈액으로 흡수된다.

식사에서의 극심한 단백질 결핍은 아동과 성인에 있어서 단백열량부족증을 유발시키고 소모증을 초래할 수 있다. 이 2가지 질병은 모두 신체장애와 정신발달장애에 이르게 할 수 있다.

토의 주제_DISCUSSION TOPICS

1. 단백질이 아이들과 임산부, 그리고 질병이 있는 사람들에게 특히 중요한 이유는 무엇인가?
2. 단백질은 어떤 요소(성분)로 구성되어 있는가?
3. 단백질이 체내에서 수행하는 기능은 무엇인가?
4. 단백질을 에너지 식품으로 사용하는 것이 현명하지 못한 이유에 대해서 논의한다.
5. 아동과 성인에 있어서 단백질 결핍의 영향에 대해서 논의한다.
6. 단백질의 소화에 대해서 설명한다.
7. 단백질의 대사에 대해서 설명한다.
8. 아미노산이 무엇인지 말하고 그 중요성에 대해서 설명한다. 이러한 아미노산을 어디에서 발견할 수 있는지 말한다.
9. 완전 단백질과 불완전 단백질 식품에 대해서 설명하고 각 유형의 예를 몇 가지 열거한다.
10. 자신에게 요구되는 단백질 요구량을 어떻게 결정하는가? 자신의 어머니와 아버지의 단백질 요구량을 계산한다.
11. 고관절이 골절된 환자가 병원에서 음성질소평형을 일으킬 수 있는 이유는 무엇인가?

연습문제_REVIEW

가장 적절한 답을 고르시오.

1. 단백질의 구성블록(요소)은 __________.
   a. 아스코르브산이다.
   b. 아미노산이다.
   c. 질소와 황으로만 구성된다.
   d. 고기와 생선이다.
2. 단백질이 아주 중요한 이유는 다음의 성분을 포함하는 유일한 영양소이기 때문이다.
   a. 질소 c. 엽산
   b. 니코틴산 d. 탄소
3. 옥수수, 완두콩, 그리고 콩은 __________.
   a. 완전 단백질 식품이다.
   b. 불완전 단백질 식품이다.
   c. 단백질을 포함하고 있지 않다.
   d. 요리를 하는 동안 단백질이 손실된다.
4. 단백질 결핍은 다음과 같은 결과를 초래할 수 있다.
   a. 각기병 c. 부종
   b. 갑상샘종 d. 백혈병
5. 완전 단백질을 공급하는 좋은 공급원은?
   a. 달걀과 닭 c. 버터와 마가린
   b. 빵과 시리얼 d. 콩류와 견과류
6. 1그램의 단백질이 제공하는 칼로리는?
   a. 4칼로리 c. 7칼로리
   b. 9칼로리 d. 19칼로리
7. 단백질은 체내에서 분해되어 다음과 같은 성분이 된다.
   a. 펩티드 c. 아미노산
   b. 아스코르브산 d. 칼로리
8. 단백질의 *주된(1차적)* 기능은 __________.
   a. 신체 세포를 구성하고 회복시키는 것이다.
   b. 에너지를 공급하는 것이다.

c. 무기질과 비타민을 소화시키는 것이다.
d. 해당사항 없음.

9. 단백질이 소장에 도달하게 되면 소화는 다음 성분의 활성화를 통해서 계속된다.

a. 레닌
b. 췌장효소
c. 담즙
d. 염산

10. 과도한 양의 단백질을 섭취하는 것이 현명하지 못한 이유는?

a. 양성질소평형을 초래하기 때문이다.
b. 신장의 기능을 감소시키기 때문이다.
c. 심장질환의 원인이 되기 때문이다.
d. 요독증을 유발하기 때문이다.

11. 다음 중 소모증을 설명하는 증상이 아닌 것은?

a. 단백질 부족
b. 부종
c. 칼로리 영양실조
d. 수척한 외모

12. 다음 식품들을 완전 단백질 공급원과 불완전 단백질 공급원으로 분류하여 나열하라.

스크램블 에그
리프라이드 빈(말린 콩을 삶아서 으깬 후 튀긴 것)
두부
병아리콩과 쌀
무지방 우유
칠면조 버거
구운 콩
저민 생선살
그릴 치킨
땅콩
스위스 치즈

요점사례_CASE IN POINT

ANNELIESE: 고단백 식이

Anneliese는 독일에서 온 교환 대학생이다. 대학에 다니는 동안 그녀는 체중이 증가했다는 것을 알게 되었다. 그녀는 168cm의 키에 체중은 현재 74kg이다. 몇몇 친구들이 원하는 체중 감량을 위해 Atkins 다이어트를 하고 있었다. 그들은 어떻게 그녀를 함께 따라하게 할지에 대해 의논하였다. 그녀는 지난 2개월 동안 시도하였고 체중이 약간 줄어든 것처럼 보였다. 하지만 그녀는 그것을 유지하기가 점점 더 힘들어졌다. 그녀는 독일에서 자랄 때 매일 많은 과일과 채소를 섭취하였다. 그녀는 새로운 다이어트를 시도하였고 그것은 더 많은 음식을 소비하게 하였다. 그녀는 많은 다이어트를 발견하였고 그녀가 원하는 체중 감소를 약속했다. 그녀는 또 다른 다이어트가 그녀의 딜레마에 대한 답이라고 결심하였다. 그녀는 확실히 고단백 음식에 채소와 과일이 포함된 식사를 더 좋아했다. 그녀는 이 식사가 자신이 늘 겪어왔던 변비에 도움이 될거라 믿는다. 한 친구는 영양학을 공부하고 있는데 Anneliese에게 영양사를 만나서 건강한 다이어트에 대해 도움을 받아보라고 했다. Anneliese는 영양사와의 상담이 자신의 체중 감소와 유지, 그리고 음식을 좋아하는 자신에게 최선책이 되길 바란다.

사정

1. Anneliese의 식습관에 대해 당신이 가지고 있는 정보는 무엇인가?
2. 당신은 Anneliese의 습관을 발전시키기 위한 그녀의 능력에 대해 무엇을 알고 있는가?
3. 최근에 발생한 문제의 원인은 무엇인가?

진단

4. 다음의 진단을 완성하시오: ___________에 근거한 신체 요구량보다 많은 영양 불균형
5. 다음의 진단을 완성하시오: ___________에 대한 정보부족으로 인한 지식부족

계획/목표

6. Anneliese를 위한 측정 가능하고 합리적인 2가지 목표는 무엇인가?

수행

7. Anneliese의 다이어트에서 변경해야 할 음식은 무엇인가?
8. Anneliese가 자신의 다이어트에 추가해야 할 필요가 있는 것은 무엇인가?
9. 선호도를 고려해볼 때 Anneliese의 체중 감소에 도움이 될 수 있는 대체식단을 제안해보시오.

평가/결과 기준

10. 영양사가 Anneliese의 성공을 알아보기 위해 어떤 기준을 사용할 수 있는가?
11. Anneliese가 고지방단백 섭취를 줄이면 어떤 질환을 피할 수 있는가?

생각해보기

12. 가장 경제적이고 칼로리가 적은 단백질 공급원은 무엇인가?
13. 다른 상황에서 이러한 정보는 어떻게 유용하게 쓰이는가?

✔ rate this plate

Anneliese는 체중을 줄이기 위해 많은 양의 단백질이 필요하지 않다. 그녀는 하루에 단지 155g의 단백질이 필요하다. 식단에서 단백질의 양을 줄임으로써 칼로리는 줄어들 것이고 체중도 감소될 것이다. 그녀가 영양사를 만나기 전에 먹었던 Atkins 다이어트를 평가하시오.

튀긴 닭가슴살 200g

토마토, 양파, 달걀, 말린 크린베리, 크루통을 곁들인 시금치 샐러드

식초드레싱

브로콜리 ¾컵

건강한 선택을 격려하고 Atkins 다이어트를 하지 않으면서 계속 체중을 줄이기 위해 이 식단에서 무엇을 바꾸어야 하는가?

요점사례_CASE IN POINT

TALIL: 단백질 에너지 영양실조

Erin은 정식 영양사로 최근 간호사와 의사 의료선교단과 함께 남부 아시아를 다녀왔다. 사절단의 목적은 어떠한 치료도 받아본 적 없는 그 지역의 많은 사람들에 도움을 주는 것이다. Talil은 가족들과 함께 남아시아에 살고 있다. 그들의 주식은 자신들이 농사지은 쌀과 근처 나무나 덤불에서 딴 과일과 산딸기 등이다. 그의 어머니는 두 살 난 Talil이 걱정되었다. 8개월 전에 두 번째 아이를 출산한 후에 그녀는 Talil의 젖을 끊고 두 번째 아이에게 젖을 주고 있다. 그 후로 Talil은 극도로 여위었으나 배는 볼록해졌고 얼굴은 부어올랐다. 어머니는 왜 아이의 배와 얼굴이 불러져서 체중이 늘어나는지 이해하지 못했다. 그녀는 최근 아이의 피부에 색이 옅어지고 나른 부분은 발진 같은 붉은 부분을 발견하였다. 아이는 졸린 듯하고 불안정하게 보이고 심한 설사도 여러 번 하였다. 어머니는 아이를 선교팀이 일하는 진료소에 데리고 왔다. 의사는 Talil을 단백열량부족증으로 진단하고 Erin에게 Talil의 어머니를 만나서 단백열량부족증이 무엇이며 Talil의 건강을 회복시켜 잘 지내게 하기 위해 무엇이 필요한지에 대해 설명해주도록 요청하였다. Erin은 Talil의 어머니에게 아이가 단백질을 제대로 섭취하지 못해서라고 설명하고 아이의 식단에 고기나 유제품을 공급해주는 것이 중요하다고 했다. 만약 고기나 유제품 섭취가 어렵다면 렌틸콩을 아이의 밥에 섞어주어야 한다고 하면서 Talil의 어머니에게 렌틸을 한 통 주었다. 의료선교팀은 전 세계에서 이 지역에 단백열량부족증 발생률이 높다는 것을 알게 된 몇 사례를 가지고 왔다. Erin은 Talil의 어머니와 렌틸콩이 다 떨어지기 전에 추가적인 단백질원을 찾는 것의 중요성에 대해 이야기하였다. Talil의 어머니는 Erin에게 가까운 호수에서 물고기를 구해 먹이면 좋은 단백질이 될지에 대해 질문하였고 Erin은 그것은 단백질 혼합식을 시작하는 훌륭한 방법이라고 확인시켜주었다.

사정

1. Talil의 식이에서 무엇이 부족한가?
2. 단백열량부족증의 원인은 무엇인가?
3. Talil에게 단백열량부족증이 발생한 이유는 무엇인가?
4. 만약 Talil의 단백열량부족증이 지속된다면 어떤 결과가 발생할 것인가?

진단

5. Talil의 간호진단을 작성하시오.

계획/목표

6. Talil의 단백열량부족증을 치료하기 위해 Erin은 영양사로서 Talil의 어머니에게 어떤 도움을 줄 수 있는가?

수행

7. Talil의 어머니가 자신의 아이와 그 마을의 다른 아이들의 단백열량부족증을 예방하기 위해 어떤 도움을 줄 수 있을 것인가?
8. 단백열량부족증이 왜 부종, 피부병변과 피부색의 변화를 일으키는지 설명하라.

평가/결과 기준

9. Talil의 어머니가 단백열량부족증을 해결하기 위해 수행할 전략들을 어떻게 알게 될 것인가?

생각해보기

10. 표 6-6을 보면 단백열량부족증과 소모증의 가장 큰 차이점은 무엇인가?

✓ rate this plate

Talil은 단백질 섭취 부족으로 단백열량부족증 진단을 받았다. 어머니는 영양사에게 훌륭한 단백질 공급원과 주변에서 찾을 수 있는 우유에 대해 물었다. Talil의 어머니는 다음과 같은 음식을 준비하였다. 이 식단의 단백질 함량을 평가하시오.

조리된 생선 30g

밥 1/3컵

채소 1/4컵

두유 113g

CHAPTER 7

비타민

VITAMINS

주요용어_KEY TERMS

(천연)엽산/(합성)엽산
각기병
거대적혈구모빈혈
괴혈병
국제단위(IUs)
내인자
니아신
니아신 당량(NE)
대량투여, 초고용량
레티놀
레티놀 당량(RE)
리보플라빈
무뇌증
비오틴
비타민결핍증
비타민과다증
비타민 보조제
비헴철
수용성
수초
신경관결손
아교질(콜라겐)
아세트산
악성빈혈
안구건조증
용혈
응고
이분척추
자유기

(계속)

학습목표

- 논의된 13가지 비타민 각각의 기능을 하나 이상 말할 수 있다.
- 논의된 각 비타민의 식품원을 최소 2가지 규명할 수 있다.
- 논의된 비타민의 결핍으로 인한 증상들 또는 질병을 규명할 수 있다.

비타민은 신체 과정에서 소량을 필요로 하는 유기물(탄소 포함)이다. 비타민 자체는 에너지를 제공하지 않는다. 비타민은 신체가 탄수화물, 지방 그리고 단백질에 의해 제공되는 에너지를 사용할 수 있게 도와준다. "비타민"이란 이름은 라틴어에서 "생명"을 의미하는 것처럼 비타민의 중요성을 암시한다. 그러나 그것들은 신체적 또는 정신적 질병에 대한 만병통치약이나 삶에서 스트레스 요인을 완화하는 방법을 대표하지 않으며, 남용해서는 안 된다. 더 많은 것이 반드시 더 나은 것은 아니다. 사실, **대량투여**는 독성을 나타낼 수 있다. 한때 균형 잡힌 식사를 하는 건강한 사람은 비타민을 포함한 필요한 모든 영양소를 얻을 수 있다고 믿었었다. 그건 과거의 일이며, 오늘날의 현실은 방과후 스포츠, 댄

주요용어_*KEY TERMS (계속)*

전구체
조효소
지용성
출혈
카로티노이드
코발라민
토코트리에놀
토코페롤
티아민
판토텐산
펠라그라(홍반병)
프로비타민
프로호르몬
항산화제
헴철

표 7-1 비타민

지용성(4)	수용성(9)	
비타민 A	비타민 B 복합체	
비타민 D	• 티아민(B_1)	• 비타민 B_{12}(코발라민)
비타민 E	• 리보플라빈(B_2)	• 엽산
비타민 K	• 니아신	• 비오틴
	• 비타민 B_6	• 판토텐산
	비타민 C(아세트산)	

스 레슨, 밴드 연습 또는 레슨, 부모 모두 일하는 것 등으로 시간 및 에너지 모두 부족 상태에 있다는 것이다. 그래서 많은 가정에서는 집에서 만든 가족식이 패스트푸드, 가정 배달, 반찬, 자동판매기, 가공식품으로 대체됨에 따라 대부분은 MyPlate에서 과일과 채소 권장사항을 찾을 수 없게 되었다.

비타민의 존재는 20세기 초부터 알려져 왔다. 순수 단백질, 탄수화물, 지방, 그리고 무기질을 섭취한 동물들은 비타민을 포함한 정상적인 식단을 먹은 동물들처럼 번성하지 않았다는 것이 밝혀졌다.

비타민은 원래 문자로 명명되었으나, 후속 연구를 통해 원래 단일 물질로 생각되었던 많은 비타민들이 실제로 몸에서 유사한 작용을 하는 물질의 그룹이라는 것을 보여주었고 비타민 B, 즉 B_1, B_6, B_{12} 등은 2가지 이상의 화합물이며, 결과적으로 B 복합체로 알려져 있다. 알려진 13가지 비타민 중 많은 비타민은 현재 신체의 화학적 구성이나 기능에 따라 이름이 지어졌다(**표 7-1**).

비타민은 식품에서 아주 적은 양으로 발견된다. 식품의 특정 양과 비타민 종류는 다양하다.

영양 필요량

1997년부터, 의학 연구소의 식품영양위원회(Food and Nutrition Board)는 **표 7-2**에 설명된 대로 권장식이허용량(Recommended Dietary Allowances, RDAs)을 대체하기 위해 영양소 섭취기준(Dietary Reference Intakes, DRIs)을 수립해 왔다. 상환섭취량(tolerable upper limits, ULs)은 또한 일부 비타민과 무기질에 대해 설정되었다. 상환섭취량은 부작용을 일으킬 가능성이 없는 일일 섭취의 최대 수준이며 권장 섭취량은 아니다. 비타민 허용치는 무게—밀리그램(mg) 또는 마이크로그램(μg 또는 mcg)—로 표시된다.

비타민 결핍은 발생할 수 있고 질병을 일으킬 수 있다. 균형잡힌 식단을 먹지 않기 때문에 비타민 결핍에 걸린 사람은 알코올 중독자, 가난하고 무능력한 노인, 식욕에 영향을 미치는 심각한 질병을 가진 환자, 지적 장애가 있는 사람들, 부적절한 치료를 받는 아동들이 포함된다. 또한, 지용성 비타민의 결핍은 낭포성 섬유증,

대량투여 megadoses
엄청나게 많은 양

표 7-2 비오틴과 판토텐산의 충분섭취

분류	연령	비오틴(mg)	판토텐산(mg)
영아	0~6mo	5	1.7
	7~12mo	6	1.8
아동 및 청소년	1~3y	8	2
	4~8y	12	3
	9~13y	20	4
	14~18y	25	5
성인	19~70y	30	5
임신		30	6
수유		35	6

출처: Reprinted with permission from the National Academies Press, Copyright © 2006, National Academy of Sciences. *Dietary Reference Intakes: The Essential Guide to Nutrient Requirements*.

삶의 길잡이
SPOTLIGHT on Life Cycle

비타민과다증은 매우 위험할 수 있다. 몇 년 전, 나는 언니가 알츠하이머 진단을 받았고 나를 더 이상 알아보지 못할 때까지 약 3년이 걸렸다는 편지를 받았다. 나는 낙담했다. 내 여동생은 당뇨병에 대한 최신 영양정보(그녀는 제2형 당뇨병이 있다)와 일반적 영양, 보조제를 계속해서 잘 관리하는 매우 똑똑한 사람이다. 수년간 우리는 현재 84세인 언니의 나이에 어떤 보조제가 도움이 될 것인지에 대해 많은 논의를 했다.

내가 몰랐던 것은 플로리다에 살고 있는 그녀와 형부가 함께 건강 식품점에 가서 다수의 비타민, 무기질, 그리고 허브 보조제들을 먹었다는 것이다. 다음 방문 때, 니는 그들이 약 2년 동안 먹었던 비타민, 무기질, 허브 보조제들이 가득한 옷장 서랍 하나를 발견했다. 나보다 언니를 더 자주 방문했던 남동생은 언니의 인지능력에 변화가 있었다는 것을 알고 있었다. 그녀는 말하는 중간에 멈추고, 생각의 흐름을 잃고, 심지어 그녀의 말은 불분명했다. 그래서 내가 전화를 걸었을 때, 그녀는 오랫동안 얘기하고 싶어하지 않았다. 내 남동생과 나는 그녀의 증상을 보면서 그녀가 정말 알츠하이머병에 걸렸다는 것을 받아들이기가 힘들었다.

다음 방문 때, 내 남동생과 나는 모든 보조제를 없애고 언니가 은퇴자 공동체의 생활 보조 분야에 지원할 수 있도록 도왔다. 우리는 언니의 약과 승인된 보조제가 정해진 시간에 주어질 수 있도록 작업을 수행했다. 그 이후로 2년이 흘렀고 나의 언니는 알츠하이머병에 걸리지 않았다. 그녀의 인지능력은 좋았다. 그녀는 더 이상 불분명하지 않으며, 저혈압(과도한 칼륨에 의한)이 있고, 단지 건망증이 조금 있을 뿐이다. 나는 비타민, 무기질, 허브 보조제의 과다 소비로 인해 언니를 거의 잃을 뻔했는데, 이제 그녀를 되찾았고 나는 정말 너무 감사하다!

소아질환, 그리고 크론병 같은 만성흡수질환을 가진 환자들에서 발생한다.

비타민결핍증이라는 용어는 "비타민이 없는 것"이라는 뜻인 반면, 비타민과다증은 하나 이상의 비타민을 과잉섭취하는 것을 의미한다. 특정 비타민의 이름이 뒤따르는 용어는 해당 비타민의 심각한 부족 또는 과다를 나타내기 위해 사용된다. 비타민이 부족하거나 지나치게 많이 섭취하면 건강에 해로울 수 있다.

식단에서 섭취한 비타민 외에 섭취한 비타민을 비타민 보조제라고 한다. 사람들은 알약, 캡슐, 방울로 농축된 형태를 얻을 수 있다. 비타민 농축액은 때때로

비타민결핍증 avitaminosis
비타민이 없는 것

비타민과다증 hypervitaminosis
하나 이상의 비타민을 과잉섭취한 상태

비타민 보조제 vitamin supplements
비타민 농축형태; 정제, 또는 액체 형태일 수 있음.

웹사이트 탐색
EXPLORING THE WEB

웹에서 비타민 보조제를 검색하시오. 보고할 보조제를 선택하시오. 이 제품에 의해 어떤 주장이 제기되었는가? 무엇에 기반을 두고 있는가? 이 제품의 건강상 이점과 이 제품이 미칠 수 있는 부작용을 강조하는 사실 자료를 준비하시오. 이 제품을 복용하는 소비자는 무엇을 알아야 하는가?

천연 또는 *합성*이라고 불린다. 어떤 사람들은 2가지 유형 사이에 의미 있는 차이가 존재하고 천연이 합성보다 훨씬 우수하다고 믿는다. 하지만, 미국식품의약국(U.S. Food and Drug Administration, FDA)에 따르면, 신체는 식물이나 동물의 비타민과 실험실에서 만들어진 비타민을 구별할 수 없다. 왜냐하면 그것들이 일단 소화 체계에 의해 분해되면, 두 종류의 비타민은 화학적으로 동일해진다.

합성 비타민은 가공과정에서 자주 식품에 첨가되며 그러한 식품들은 농축 또는 강화된 것으로 묘사된다. 예를 들면, 티아민, 니아신, 리보플라빈, 엽산, 무기질 철이 첨가된 농축 빵과 시리얼이 있으며, 비타민 A와 D는 강화된 우유와 마가린에 첨가된다.

식품에 비타민 함량 보존

때때로, 비타민은 음식 가공 중에 없어진다. 대부분의 경우, 식품생산자들은 이러한 비타민을 합성 비타민으로 대체하여 가공식품과 가공되지 않은 식품을 영양적으로 동일하게 만들 수 있다. 비타민이 대체된 식품을 강화식품이라고 한다.

어떤 비타민들은 빛, 공기, 열, 그리고 물에 의해 쉽게 파괴되기 때문에, 준비와 조리 동안 식품의 비타민 함량을 보존하는 방법을 아는 것이 중요하다. 비타민 손실은 다음을 통해 방지할 수 있다:

- 가장 신선하고 발효되지 않은 채소 및 과일을 현지에서 구매하여 하루 내에 사용
- 제공하기 직전에 신선한 채소 및 과일 준비
- 통조림 채소를 액체 상태로 빠르게 가열
- 냉동 채소나 과일 사용 시 포장 지침 따르기
- 요리 시 가능한 적은 양의 물을 사용하고 끓인 물에 채소를 넣거나 가급적 찌도록 함
- 팬은 덮고, 채소의 색이 밝아지고 바삭바삭해질 때까지 요리
- 나중에 수프, 스튜 및 육즙소스에 사용하기 위해 조리용 액체를 남겨두기
- 시원하고 어두운 곳에 신선한 채소와 대부분의 과일을 저장
- 과일 및 채소를 전자레인지로 이용할 때는 1~2 테이블스푼의 물을 사용
- 옥수수는 종이수건에 싸서 전자레인지에 조리
- 채소를 삶는 대신 영양분을 보존하기 위해 굽기

분류

비타민은 일반적으로 용해성에 따라 분류된다. 비타민 A, D, E, K는 지용성이고, B 복합체와 C는 수용성이다(**표 7-3**). 또한 비타민 D는 호르몬으로 분류되기도 하고, B 복합체 그룹은 촉매 또는 조효소로 분류되기도 한다. 비타민은 다른 화학적

지용성 fat soluble
지방에 용해될 수 있다.

수용성 water soluble
물에 용해될 수 있다.

조효소 coenzymes
효소의 완성 부분

표 7-3 지용성과 수용성 비타민

비타민	식품원	기능	결핍/독성
지용성 비타민			
비타민 A (레티놀, retinol)	동물 • 간 • 전유 • 버터 • 크림 • 간유 식물 • 녹황색 채소 • 황색 및 오렌지색 과일 • 마가린	• 희미한 조명에서의 시력유지 • 점막과 건강한 피부관리 • 뼈의 성장과 발달 • 복제 • 건강한 면역체계 • 산화방지제	결핍 • 야맹증 • 황달 • 호흡기 감염 • 뼈 성장 중단 독성 • 선천적 결함 • 뼈 통증 • 거식증 • 간 확대
비타민 D (칼시페롤, calciferol)	동물 • 연어 및 참치 • 강화우유 및 요구르트 • 강화 마가린 • 강화 오렌지 주스 식물 • 없음 다른 소스 • 햇빛	• 칼슘과 인의 흡수 조절 • 정상적인 뼈와 치아의 구축과 유지 • 강직 예방 • 면역 및 근육 기능 • 염증 감소	결핍 • 구루병 • 골연화증 • 골다공증 • 발달이 안 된 치아 및 뼈 • 근육경련 독성 • 신장결석 • 연조직의 교정
비타민 E (토코페롤, tocopherol)	동물 • 없음 식물 • 잎이 많은 녹색채소 • 마가린 • 샐러드 드레싱 • 밀 배아 • 식물성 오일 • 견과류	• 항산화제 • 적혈구세포 보호를 위해 필수적인 것으로 간주	결핍 • 적혈구 파괴 독성 • 출혈
비타민 K	동물 • 간 • 우유 식물 • 잎이 많은 녹색채소 • 양배추, 브로콜리 • 싹 양배추	• 혈액응고	결핍 • 혈액응고 지연 및 출혈 독성 • 용혈성 빈혈 • 항응고약물 작용 방해
수용성 비타민			
티아민 (비타민 B_1)	동물 • 순살돼지고기 • 쇠고기 • 간 • 달걀 • 생선 식물 • 통곡물 및 농축 곡물 • 콩류 • Brewer's 효모	• 탄수화물과 일부 아미노산의 대사 • 정상적 식욕유지 및 신경계 기능 유지	결핍 • 위장관, 신경계 및 심혈관계 질환 문제 • 각기병 독성 • 없음

(계속)

표 7-3 지용성과 수용성 비타민(계속)

비타민	식품원	기능	결핍/독성
리보플라빈 (비타민 B_2)	동물 • 간, 신장, 심장 • 우유 • 치즈 식물 • 잎이 많은 녹색채소 • 시리얼 • 강화 빵	• 식품으로부터 에너지 방출을 돕는다. • 구강조직 건강 • 건강한 눈	결핍 • 입술증(구순증) • 눈 감수성 • 피부염 • 설염 • 빛 공포증 독성 • 없음
니아신 (nicotinic acid)	동물 • 우유 • 달걀 • 생선 • 가금류 식물 • 강화 빵과 시리얼	• 에너지 대사 • 건강한 피부, 신경계 및 소화기관	결핍 • 펠라그라(pellagra)—피부염, 치매, 설사 독성 • 혈관확장
피리독신 (비타민 B_6)	동물 • 돼지고기 • 생선 • 가금류 • 간, 신장 • 우유 • 달걀 식물 • 전곡 곡물 • 콩류	• 트립토판의 니아신 전환 • 글리코겐으로부터 포도당 방출 • 단백질 대사 및 비필수 아미노산의 합성	결핍 • 구순염 • 설염 • 피부염 • 혼란 • 우울증 • 불안정 독성 • 우울증 • 신경손상
비타민 B_{12} (코발라민, cobalamin)	동물 • 연어 • 가금류 • 간, 신장 • 육류 • 달걀 • 우유 • 치즈 식물 • 없음	• 적혈구 합성 • 미엘린(myelin) 유지 관리 • 악성빈혈 치료 • 엽산 대사	결핍 • 미엘린(myelin) 퇴행 • 악성빈혈 • 인후통 및 혀통증 • 식욕부진 • 신경 장애 독성 • 없음
엽산 (folic acid)	동물 • 간 식물 • 잎이 많은 녹색채소 • 시금치 • 콩류 • 씨앗 • 브로콜리 • 엽산이 강화된 시리얼과 밀가루 • 과일	• 적혈구 합성 • DNA 합성	결핍 • 빈혈 • 설염 • 신경관 결손증과 이분척추 독성 • B_{12} 결핍을 숨길 수 있음

(계속)

표 7-3 지용성과 수용성 비타민(계속)

비타민	식품원	기능	결핍/독성
비오틴(biotin)	동물 • 우유 • 간, 신장 • 달걀노른자 식물 • 콩류 • Brewer's 효모 • 콩가루 • 시리얼 • 과일	• 탄수화물과 아미노산 신진대사의 효소 • 트립토판으로부터 니아신 합성	결핍 • 피부염 • 구역 • 식욕부진 • 우울 • 탈모 독성 • 없음
판토텐산 (pantothenic acid)	동물 • 달걀 • 간 • 연어 • 가금류 식물 • 버섯 • 콜리 플라워 • 땅콩 • Brewer's 효모	• 탄수화물, 지질, 단백질 대사 • 지방산, 콜레스테롤, 스테로이드 호르몬 합성	결핍 • 드묾: burning feet syndrome; 구토; 피로 독성 • 없음
비타민 C (아스코르브산, ascorbic acid)	동물 • 없음 식물 • 모든 감귤류 • 브로콜리 • 멜론 • 딸기 • 토마토 • 싹 양배추 • 감자 • 양배추 • 피망	• 괴혈병 예방 • 콜라겐 형성 • 상처 치유 • 스트레스호르몬 방출 • 철 흡수 • 산화방지 • 감염에 대한 저항력	결핍 • 괴혈병 • 근육경련 • 잇몸 궤양 • 쉽게 멍이 드는 경향 독성 • 요산수치 증가 • 용혈성 빈혈 • 신장결석 • 반동 괴혈병

형태를 가지고 있지만, 신체에서 같은 목적으로 사용되면 그것은 비타민제라고 불린다. 비타민 E가 그 예이다. 때때로 전구체 또는 프로비타민이 식품에서 발견된다. 이것은 신체가 특정 비타민을 합성할 수 있는 물질이다. 카로티노이드는 비타민 A의 전구체이며, 비타민 A라고 한다.

지용성 비타민

지용성 비타민 A, D, E, K는 화학적으로 유사하다. 그것들은 요리할 때 쉽게 잃어버리지는 않지만 무기질 오일을 섭취하면 없어진다. 무기질 오일은 사람에 의해 흡수되지 않는다. 흡수한 후에 지용성 비타민은 물에 녹지 않기 때문에 단백질에 의해 혈액을 통해 운반된다. 과도한 양은 간에 저장될 수 있다. 그러므로 지용성

전구체 precursor
다른 어떤 것보다 먼저 오는 것; 비타민에서 그것은 프로비타민이라 불리고, 신체에서 특정 비타민을 합성할 수 있다.

프로비타민 provitamin
비타민의 전구체

카르티노이드 carotenoids
식물 색소, 일부는 비타민 A

비타민의 결핍은 수용성 비타민의 부족으로 인한 것보다 느리게 나타난다. 신체의 저장 능력 때문에 많은 양의 지용성 비타민은 독성수준에 도달할 수 있으므로 피해야 한다.

비타민 A

비타민 A는 2가지 기본적인 식이 형태로 구성되어 있다. 비타민 A가 활성 형태일 때, 레티놀이라고 하고, 비타민 A가 비활성 형태일 때 카로티노이드라고 하며, 식물에서 발견된다.

기능

비타민 A는 시력, 뼈 성장, 생식, 세포 분화에 중요한 역할을 하는 지용성 화합물의 계열이다. 그것은 면역체계를 조절하여 감염을 막아준다. 비타민 A는 다음과 같은 경우에 항산화제로 분류되고, 사실 프로비타민 A(카로티노이드, carotenoids)는 항산화제 역할을 하는 종류 중 일부분이다. 항산화제는 자유기에서 세포를 보호한다. 자유기는 홀수(짝이 없는, unpaired)의 전자 수를 가진 원자 또는 원자의 그룹이며, 산소가 특정 분자와 상호작용을 할 때 형성될 수 있다. 일단 형성되면, 고반응성 래디컬은 연쇄반응을 시작할 수 있다. DNA나 세포막과 같은 중요한 세포구성요소와 반응할 때 큰 손상이 발생한다. 항산화제는 중요한 세포가 손상되기 전에 활성산소와 안전하게 상호작용하고 연쇄반응을 막는 기능을 가지고 있다.

최초의 조직 자유기는 1900년 Moses Gomberg에 의해 발견되었다. 1950년대 Dr. Denman Harman은 최초로 노화의 자유기 이론을 제안했다.

공급원

비타민 A는 2가지 형태가 있다: preform된 비타민 A와 프로비타민 A이다. 레티놀은 preform된 비타민 A이며 가장 활동적이고 유용한 형태의 비타민 A이다. 레티놀은 레티날과 레티노산(retinoic acid)으로 전환될 수 있으며, 다른 활성 형태의 비타민 A이다.

프로비타민 A 카로티노이드는 과일과 채소의 짙은 녹황색 색소에서 비타민 A로 전환될 수 있다. 일반적으로 카로티노이드는 베타카로틴, 루테인, 리코펜 및 아크산틴(zeaxanthin)이 있다. 베타카로틴은 가장 효율적으로 레티놀로 전환된다. 과일과 채소를 "하루에 5번" 섭취하는 것이 좋다. 베타카로틴의 가장 좋은 공급원은 당근, 고구마, 시금치, 브로콜리, 호박, 스쿼시(butternut), 망고 및 오렌지색 멜론(cantaloupe)이다.

연구결과에 따르면 카로티노이드가 풍부한 식품을 정기적으로 섭취하면 항산화 효과로 인해 일부 암의 위험이 감소한다는 사실이 밝혀졌다. 하지만 베타카

SUPERSIZE USA

최근 중국에서 시행된 연구에 따르면 칼슘섭취와 비타민 D_3 보조제가 과체중이며 저칼슘섭취로 인한 비만한 대학생의 지방감소를 촉진한다는 사실을 발견했다. 연구에 따르면 낮은 비타민 D 수치가 과체중 및 비만성인들에게서 종종 발견된다. 지방이 풍부한 생선, 우유, 강화된 주스, 시리얼 섭취를 증가시키고 햇볕에 대한 노출을 증가시킴으로써 건강한 비타민 D와 칼슘 수준을 달성할 수 있다. 하지만, 일부 자료에 따르면 단지 밖으로 나가거나 칼슘이 풍부한 음식을 섭취하는 것만으로 충분하지 않을 수도 있다는 것을 보여준다. 보조제는 적절한 비타민 D 수준을 확보하는 데 도움이 될 수 있지만 특정 결핍을 결정하기 위해 추가적인 테스트를 할 수 있다.

출처: Wei, Z, et al. (2013). "Calcium Plus Vitamin D3 Supplementation Facilitated Fat Loss in Overweight and Obese College Students with Very Low Calcium Consumption: A Randomized Trial." Nutrition Journal, 12:43. http://www.ncbi.nlm.nih.gov/pubmed/23297844

레티놀 retinol
미리 형성된 비타민 A

항산화제 antioxidant
산소에 의한 손상을 방지하는 물질

자유기 free radicals
특정 분자와 산소가 상호작용할 때 형성될 수 있는 홀수(짝이 없는) 전자를 가진 원자 또는 원자그룹

로틴 보조제를 복용 시 동일한 결과가 나타나지 않았다.

미리 형성된 비타민 A(레티놀, retinol)는 간, 버터, 크림, 전유, 전유 치즈, 달걀노른자 같은 동물성 식품에서 발견된다. 그것은 또한 저지방 우유제품 및 비타민 A가 강화된 시리얼에도 함유되어 있으나, 최상의 공급원은 아니다.

요구량

필요한 양의 비타민 A를 얻기 위해서는 균형잡힌 식단이 선호된다. 비타민 A 값은 일반적으로 레티놀 당량으로 표시된다. 레티놀 당량은 레티놀 1mcg 또는 베타카로틴 6mcg이다.

비타민과다증

비타민 A의 과다 섭취는 심각한 결과를 초래할 수 있기 때문에 단일 비타민 보조제의 사용은 권장되지 말아야 한다. 비타민과다증 A의 징후로는 선천성결함, 탈모, 건성피부, 두통, 메스꺼움, 점막건조, 간 손상 및 뼈 및 관절 통증 등이 있다. 일반적으로 이러한 증상은 과도한 섭취가 중단되면 사라지는 경향이 있다.

결핍

비타민 A의 결핍의 징후로는 야맹증; 건조하고 거친 피부; 그리고 감염에 대한 민감성 증가를 포함한다. 비타민 A는 눈이 건조하고, 윤기없는 점막으로 특징지어지는 상태인 실명 또는 안구건조증을 유발할 수 있다. 비타민 A의 결핍은 세계에서 실명의 주된 원인이다.

비타민 D

비타민 D는 2가지 형태로 존재한다—D_2(에르고칼시페롤)과 D_3(콜레칼시페롤). 각각은 자외선으로 조사(노출)될 때 프로비타민으로 형성된다. 2가지 형태 모두 인간의 영양에 있어 똑같이 효과적이지만, D_3는 피부 속의 콜레스테롤로부터 인간에게서 형성되는 것이다. D_2는 식물에서 형성된다. 비타민 D는 신체의 호르몬으로 전환되기 때문에 프로호르몬으로 여겨진다.

비타민 D는 열에 견딜 수 있고 쉽게 산화되지 않기 때문에 저장, 음식 처리 또는 조리에 의해 손상되지 않는다.

기능

비타민 D의 주요 기능은 칼슘과 인의 체내 흡수를 촉진하는 것이다. 이러한 무기질의 흡수에 기여함으로써, 정상적인 뼈와 치아의 무기화가 발생할 수 있고 강직(tetany; 비자발적 근육 운동)이 예방될 수 있도록 혈액 내 그들의 농도를 높이는 데 도움이 된다. (혈액 내에 칼슘이 너무 적으면 강직이 발생할 수 있다. 이 상태

레티놀 당량 retinol equivalent (RE)
비타민 A의 3.33 IUs에 상당하는 양

안구건조증 xerophthalmia
비타민 A 결핍에 의한 눈의 건조한 점막이 특징인 심각한 눈질환

프로호르몬 prohormone
신체가 호르몬을 합성할 수 있도록 선행되는 물질

를 저칼슘혈증이라고 한다.) 비타민 D는 세포 성장, 신경근육 및 면역 기능, 염증 감소를 포함한 신체 내에서의 다른 역할을 가지고 있다.

비타민 D는 장에 흡수되고 간과 신장에서 화학적으로 변한다. 과도한 양의 비타민 D는 간이나 지방 조직에 저장된다.

공급원

비타민 D의 가장 좋은 공급원은 햇빛인데, 이것은 신체의 비타민 D_3로 프로비타민을 변화시킨 것이다. 그것은 때때로 햇빛 비타민이라고 불린다. 형성되는 비타민 D의 양은 개인의 색소침착(피부의 색소)과 이용 가능한 햇빛의 양에 따라 달라진다. 비타민 D의 가장 좋은 식품은 기름진 생선, 강화 우유, 생선 간유, 달걀노른자, 버터, 그리고 강화된 마가린이다. 비타민 D의 식품공급원의 수가 비교적 제한적이고 햇빛의 예측이 불가능하기 때문에, 보건 당국은 비타민이 일반 식품에 첨가되어야 한다고 결정했다. 1930년부터 우유는 한 잔당 100IU의 비타민 D로 강화되어 왔다.

요구량

2010년 말, 국립의학연구소(Institute of Medicine, IOM)는 600개의 국제단위(IUs)로 비타민 D 섭취량을 늘릴 것을 권고했다—즉, 1~70세까지의 남성과 여성의 경우 15mcg이다. 식단을 통해 비타민 D의 요구조건을 충족시키기 위해서는 우유 3컵, 달걀 1개, 강화된 요구르트 177cc 및 강화오렌지 주스 1컵을 먹어야 할 것이다. 비타민 D의 추가 공급원은 표 7-4에 나와 있다. 종종 소비자들이 식단을 통해 비타민 D의 요구조건을 충족시키기는 어렵다. 따라서 비타민 D 보조제가 필요할 수 있다. 많은 일반 종합 비타민은 400IU의 비타민 D_3를 함유하고 있다. 칼슘 보조제는 다양한 양의 비타민 D도 포함하고 있다.

비타민 D, 또는 특히 칼시페롤 값은 영양소 섭취기준 차트(표 7-5)에 마이크

국제단위 international units (IUs)
몇몇 비타민의 측정단위; 5 mcg = 200 IUs

표 7-4 비타민 D의 선별된 식품원

식품	IU
연어(sockeye), 조리된, 88.7cc	447IU
참치, 물로 포장되고, 물이 버려진, 88.7cc	154IU
우유, 강화된(무지방, 저지방, 전체) 1컵	115~124IU
요거트, 비타민 D의 1일 20% 강화된 177.4cc	88IU
달걀 1개	41IU
강화된 마가린, 1Tbsp	60IU
바로 섭취할 수 있는 시리얼, 1일 비타민 D의 10%로 강화된, 3/4-1컵	40IU
비타민 D로 강화된 오렌지 주스 1컵	137IU

출처: U.S. Department of Agriculture, Agricultural Research Service. 2011. *USDA National Nutrient Database for Standard Reference*. Release 24. Nutrient Data Laboratory Home Page, http://www.ars.usda.gov/ba/bhnrc/ndl

표 7-5 비타민 D의 권장식이허용량(RDAs)

연령	남성	여성	임신	수유
0~12개월*	400IU (10mcg)	400IU (10mcg)		
1~13세	600IU (15mcg)	600IU (15mcg)		
14~18세	600IU (15mcg)	600IU (15mcg)	600IU (15mcg)	600IU (15mcg)
19~50세	600IU (15mcg)	600IU (15mcg)	600IU (15mcg)	600IU (15mcg)
51~70세	600IU (15mcg)	600IU (15mcg)	600IU (15mcg)	600IU (15mcg)
>70세	800IU (20mcg)	800IU (20mcg)		

* 충분섭취량(AI).

출처: Reprinted with permission from the National Academies Press, Copyright © 2011, National Academy of Sciences. Dietary Reference Intakes for Calcium and Vitamin D.

로그램으로 제공되지만; 대부분의 보조제는 IUs로 양을 명시하고 있다.

비타민과다증

비타민과다증 D는 연조직에 칼슘과 인의 침착, 신장, 심장손상, 뼈의 약화를 유발할 수 있기 때문에 피해야 한다. 새로운 연구에 근거하여, 국립의학연구소는 성인의 경우 1일 소비량을 4,000IUs로 상한선을 높였다.

결핍

비타민 D의 결핍은 소장에서 칼슘과 인의 흡수를 억제하고 뼈와 치아의 형성을 악화시킨다. 소아에서 비타민 D 결핍은 구루병을 유발할 수 있으며, 이로 인해 뼈의 기형, 통증, 치아의 형성이 불량해진다(그림 7-1 참고). 비타민 D가 부족한 성인들은 뼈가 부드러워지는 골연화증을 일으킬 수 있다. 결핍은 골다공증(취약, 구멍난 뼈)의 원인이 된다.

실외활동을 잘 하지 않는 사람들, 자외선 차단제를 사용하는 사람들, 그리고 일 년에 3~4개월 동안 햇빛이 거의 없는 지역에 사는 사람들은 비타민 D의 권장식이허용량을 얻기 위해 특히 주의해야 한다. 비타민 D 결핍의 위험이 있는 다른 그룹에는 모유수유 유아, 노인, 피부가 어두운(검은) 사람, 지방 흡수장애가 있는 사람, 그리고 비만인 사람, 또는 위 우회수술을 받은 사람들이 포함된다. 비타민 D 결핍은 일반 인구에서 널리 퍼져 있으며, 어떤 사람들은 40~75%까지 결핍을 추정했다. 최근의 연구는 최적의 혈액 수치가 이전에 생각했던 것보다 훨씬 높다는 것을 보여주었다(>.30ng/mL 대 >.20ng/mL). 새로운 과학은 높은 수준의 비타민 D와 수많은 질병의 발생률을 줄여주는 것을 연결시키고 있다. 연구자들은 비타민 D가 우리 몸에 있는 229개의 유전자의 발현에 영향을 미친다는 사실을 증명한다. 만약 현재 연구가 확인된다면, 비타민 D는 암 예방, 면역, 신경근육 기능, 심혈관 건강, 자가 면역 질환 예방, 포도당 내성 및 당뇨에 중요한 역할을 할 것이다.

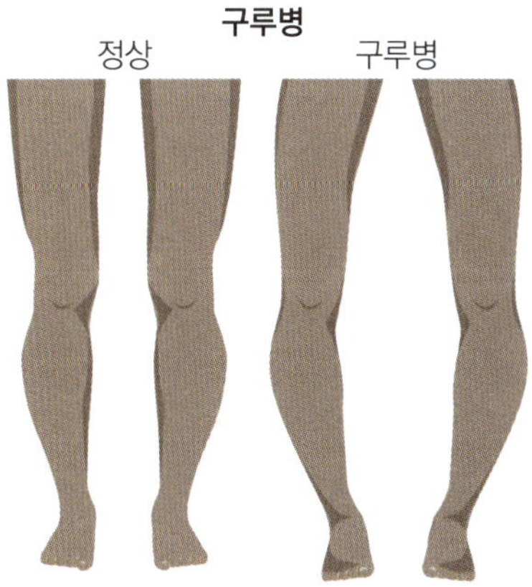

그림 7-1 구루병에 걸린 다리와 정상 다리 형태 비교.

비타민 E

비타민 E는 두 그룹의 화학 화합물로 구성되어 있다. 그것들은 토코페롤과 토코트리에놀이다. 토코페롤에는 알파, 베타, 델타, 감마의 4가지 종류가 있다. 이들 중 가장 생물학적으로 활성인 성분은 알파 토코페롤이다.

기능

비타민 E는 항산화제이다. 그것은 비타민 C와 무기질 셀레늄의 도움을 받는다. 그것은 지단백질에 의해 혈액 내로 운반된다. 혈액 내의 비타민 E의 양이 적을 때, 적혈구 용혈이 정상보다 높게 나타난다. 비타민 E는 미숙아의 용혈성 빈혈 예방에 도움이 되는 것으로 밝혀졌다. 그것은 또한 면역체계를 강화시킬 수 있다. 항산화 특성 때문에, 부패를 지연시키기 위해 상용 식품에서 일반적으로 사용된다.

공급원

옥수수, 콩, 홍화, 면화씨로 만든 식물성 기름과 마가린이 비타민 E의 가장 좋은 공급원이다. 밀 배아, 견과류, 잎이 많은 녹색 채소, 땅콩버터, 브로콜리, 키위 등도 좋은 공급원이다. 동물성 식품, 과일, 그리고 대부분의 채소는 빈약한 공급원이다.

요구량

연구결과에 따르면 식단에서 불포화지방산의 양이 증가하면 비타민 E 요구량이 증가한다. 그러나 일반적으로, 미국의 식단은 충분한 비타민 E를 포함하고 있다고 여겨진다.

비타민과다증

비타민 E는 비교적 독성이 없는 것으로 보이지만, 지용성 비타민이며, 초과분은 지방 조직에 저장된다. 따라서, 비타민 E를 장기적으로 고용량을 섭취하는 것은 피하는 것이 바람직해 보인다.

결핍

비타민 E의 결핍은 미숙아, 저체중아 및 지방을 정상적으로 흡수할 수 없는 대상자들에게서 발견됐다. 흡수불량은 아이들에게 심각한 신경학적 결함을 일으킬 수 있다. 성인의 경우, 결핍 증상이 나타나기까지 5~10년이 걸린다.

토코페롤 tocopherols
비타민 E의 비타민

토코트리에놀 tocotrienols
비타민 E의 형태

용혈 hemolysis
적혈구의 파괴

비타민 K

비타민 K는 혈액응고에 필수적인 여러 화합물로 구성되어 있다. 비타민 K_1은 보통 필로퀴논(phyelloquinone)이라고 불리며, 음식 공급원으로는 특히 시금치와 같은 잎이 많은 녹색 채소들에서 발견된다. 메나퀴논(menaquinone)이라고 불리는 비타민 K_2는 박테리아에 의해 장에서 합성되고 동물 조직에서도 발견된다. 게다가, 메나디온(menadione)이라고 불리는 합성비타민 K가 있다. 비타민 K는 빛과 알칼리에 의해 파괴된다.

비타민 K는 주로 소장에서 지방으로 흡수되며 대장에서 약간 흡수된다. 이것의 흡수는 간을 통한 담즙의 정상적인 흐름을 필요로 하며, 식단에 지방이 있을 때 향상된다.

기능

비타민 K는 적절한 혈액응고를 가능하게 하는 프로트롬빈의 형성에 필수적이다. 모유는 비타민 K를 거의 포함하고 있지 않고 신생아의 장은 박테리아를 거의 포함하고 있지 않기 때문에 출생 직후 신생아에게 비타민 K가 투여될 수도 있다. 비타민 K가 부족하면 신생아들은 두개 내 출혈(머릿속 출혈)의 위험에 노출될 수 있다.

비타민 K는 지방흡수에 문제가 있는 대상자들에게 제공될 수 있다; 장 내 박테리아를 파괴하기 때문에 광범위 항생제 치료 후 대상자(감염 치료를 위한 항생제 섭취); 항응고제의 과다복용[와파린(wafafin) 같은 혈전용해제, 코마딘(Comadine) 또는 와파린으로 판매]; 또는 출혈을 치료하기 위해서.

공급원

비타민 K의 가장 좋은 음식 공급원은 브로콜리, 양배추, 시금치, 케일과 같은 잎이 많은 녹색 채소들이다. 유제품, 달걀, 육류, 과일, 그리고 시리얼은 약간의 비타민 K를 함유하고 있다. 소의 우유는 인간의 우유보다 비타민 K의 훨씬 더 좋은 공급원이다. 소장에서 박테리아에 의한 비타민 K의 합성은 그 자체로 충분한 공급을 제공하지 못하므로, 식품공급원으로 보충해야만 한다.

요구량

비타민 K는 마이크로그램(mcg)으로 측정된다. 비타민 K의 충분섭취량은 남성의 경우 120mcg, 여성의 경우 90mcg이다. 이것은 임신이나 수유 동안 증가되지 않는다. 6개월까지의 유아들은 하루에 2.0mcg를 섭취해야 한다. 6개월에서 1년 사이의 유아들은 1일 2.5mcg을 섭취해야 한다. 비타민 K는 매일 섭취해야 한다. 당일 섭취되는 것들은 간에 매우 소량 저장되거나 즉시 사용될 것이다.

비타민과다증

합성 비타민 K의 과다 섭취는 독성이 있고 빈혈을 유발할 수 있다.

결핍

비타민 K 결핍의 유일한 주요 징후는 혈액응고 결함이다. 이는 응고 시간을 지연

출혈 hemorrhage
비정상적으로 심한 출혈

응고 coagulation
걸쭉한

시켜 대상자가 출혈을 더 잘 일으키게 한다. 신체의 결핍은 결함있는 지방 신진대사, 제산제, 항생제 치료, 부적절한 식단 또는 항응고제에 의해 야기될 수 있다.

수용성 비타민

수용성 비타민은 B 복합체와 비타민과 C를 포함한다. 이 비타민들은 물에 용해되며 공기, 빛, 그리고 요리 시 쉽게 파괴된다. 수용성 비타민은 지용성 비타민이 저장되는 정도까지 신체에 저장되지는 않는다.

비타민 B 복합체

각기병은 신경계, 심혈관계, 위장계에 영향을 미치는 질병이다. 다리는 무겁게, 발은 타오르는 것처럼 느껴지고, 근육은 퇴화한다. 대상자들은 신경질적이고 두통, 우울증, 식욕부진, 변비, 빈맥(빠른 심박수), 부종 및 심부전으로 고통받는다.

19세기 말, 인도네시아의 한 의사는 쌀밥의 식탁 찌꺼기를 먹은 닭이 각기병을 앓고 있는 대상자의 증상과 매우 흡사한 증상을 보인다는 것을 발견했다. 이 닭들이 나중에 현미밥(unpolished)을 먹었을 때 회복되었다.

몇 년 후, 이 미처리 쌀의 신비한 성분이 필수 식품 물질로 인식되었고 비타민 B로 명명되었다. 그 후에, 비타민이 여러 화합물로 이루어졌다는 것이 발견되었기 때문에 비타민 B *복합체*로 이름이 붙여졌다. B형 복합 비타민은 **표 7-1**에 수록되어 있다.

티아민

조효소인 티아민은 원래 비타민 B_1으로 명명되었다. 그것은 열과 알칼리에 의해 부분적으로 파괴되고 조리용 물에서 손실된다.

기능

티아민은 탄수화물과 일부 아미노산의 신진대사에 필수적이다. 또한 신경과 근육 활동에 필수적이며, 소장에서 흡수된다.

공급원

티아민은 많은 식품에서 발견되지만, 일반적으로 소량으로 발견된다. 티아민의 가장 좋은 천연 식품공급원 중 일부는 정제되지 않은 농축된 시리얼, 곡류, 순살돼지고기, 간, 씨앗, 견과류, 콩류이다.

각기병 beriberi
비타민 B_1(티아민) 부족으로 인한 결핍 질환

티아민 thiamine
비타민 B_1

요구량

티아민은 밀리그램(mg)으로 측정된다. 평균 성인 여성의 일일 요구량은 1.1mg이며, 성인 남성의 경우 하루에 1.2mg이다. 그 요건은 나이가 들수록 증가하지는 않는다. 그러나 일반적으로 칼로리가 증가하면 티아민의 필요성이 증가한다.

미국의 대부분의 빵과 곡류는 티아민이 풍부하여 대다수의 사람들이 권장 섭취량을 쉽게 이행할 수 있고 그렇게 할 수 있다.

결핍

티아민 결핍의 증상은 식욕 감퇴, 피로, 신경 자극, 변비가 있다. 극도의 결핍은 각기병을 유발한다. 그러나, 티아민의 결핍은 티아민의 요구조건이 증가하거나 흡수가 감소되는 동안 티아민 함량이 감소된 식이요법을 하는 알코올 중독자들 사이에서 주로 발생하는 드문 경우이다. 위험에 처한 다른 대상자들은 장기투석 대상자, 체중 감량을 위한 우회수술을 받은 대상자 및 주로 쌀을 먹는 대상자들이 포함된다.

일부 생선회는 티아민의 정상적인 작용을 억제하는 효소인 티아미나아제(thiaminase)를 함유하고 있기 때문에, 많은 양의 회를 자주 섭취하면 티아민 결핍증이 유발될 수 있다. 생선회를 먹는 것을 권장하지 않으며, 조리하면 이 효소가 불활성화된다.

티아민의 과도한 경구섭취로 인한 부작용은 알려진 바 없지만, 만약 과도한 양이 정맥에 투여된다면 독성이 있을 수 있다.

리보플라빈

리보플라빈은 때때로 B_2라고 불린다. 그것은 빛과 방사선에 의해 파괴되고 알칼리에서 불안정하다.

기능

리보플라빈은 탄수화물, 지방, 단백질 신진대사에 필수적이고 조직 유지, 특히 입 주변의 피부와 건강한 눈을 위해 필요하며, 소장에서 흡수된다.

공급원

리보플라빈은 동물성이나 식물성 식품에 광범위하게 분포되어 있지만 소량이다. 우유, 육류, 가금류, 생선, 그리고 강화된 빵과 시리얼은 그것의 가장 풍부한 공급원 중 일부이다. 브로콜리, 시금치, 아스파라거스와 같은 몇몇 녹색 채소들도 좋은 공급원이다.

요구량

리보플라빈은 밀리그램(mg)으로 측정된다. 평균 성인 여성의 일일 요구량은 1.1mg이고 성인 남성의 요구량은 1.3mg이다. 리보플라빈 요건은 에너지 소비량이 증가함에 따라 증가하는 것으로 보인다. 연령에 따라 요구사항은 감소하지 않는다.

리보플라빈 riboflavin
비타민 B_2

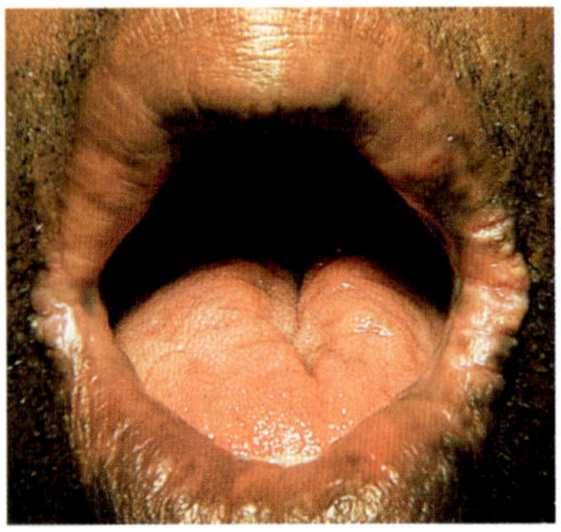

Courtesy of Dr. Joseph Konzelman, School of Dentistry, Medical College of George

그림 7-2 입술증(구순증)은 리보플라빈 결핍에 의해 입 가장자리에 발생하는 징후이다.

결핍

식품에 소량의 리보플라빈과 체내의 저장량이 제한되어 있기 때문에 리보플라빈의 결핍이 발생할 수 있다. 식단에 무지방 우유를 많이 사용하는 것은 이 비타민의 결핍을 예방할 수 있다. 그러나 리보플라빈은 빛에 의해 파괴될 수 있기 때문에 우유를 불투명한 용기에 보관하는 것이 중요하다. 섬유완화제는 리보플라빈 흡수를 감소시킬 수 있으므로 장기간 사용은 권장되지 않는다.

리보플라빈의 결핍은 입술증이 발생하고, 입술의 염증과 입 가장자리의 갈라짐(그림 7-2), 설염(혀의 염증), 피부염 그리고 눈의 피로를 야기시킬 수 있다. 그것의 독성은 알려져 있지 않다.

니아신

니아신은 니코틴산(nicotinic acid)과 니코틴아미드(nicotinamide)의 일반적 이름이다. 니아신은 식품에서 상당히 안정적이며, 적당한 양의 열과 산을 견딜 수 있고 음식을 저장하는 동안 파괴되지 않는다.

기능

니아신은 에너지 대사에서 조효소 역할을 하므로 모든 신체 세포에 필수적이다. 또한 니아신은 펠라그라 예방에 필수적이다. 펠라그라는 피부에 염증이 생기고 설사, 불안, 혼란, 과민성, 기억력 부족, 현기증, 치료하지 않으면 사망하는 질환이다. 콜레스테롤을 낮추는 물질로 사용되는 니아신은 간 손상이나 소화성 궤양과 같은 역효과를 초래할 수 있기 때문에 의사의 세심한 감독을 받아야 한다.

공급원

니아신의 가장 좋은 공급원은 고기, 가금류, 생선이다. 땅콩과 다른 콩류 또한 좋은 공급원이다. 강화된 빵과 시리얼 또한 약간 함유되어 있다. 우유와 달걀은 그 자체로는 니아신을 제공하지는 않지만, 그 전구체인 트립토판(아미노산)의 좋은 공급원이다. 채소와 과일에는 니아신이 거의 포함되어 있지 않다.

요구량

니아신은 니아신 당량으로 측정된다. 하나의 NE는 1mg의 니아신 또는 60mg의 트립토판과 같다. 일반적인 권고사항은 성인 여성의 경우 매일 14mg/NE, 성인 남성의 경우 16mg/NE를 섭취하는 것이다. 과도한 양의 니아신은 혈관확장으로 홍조를 유발하기 때문에 니아신 농축액의 자가 처방량이 섭취되지 않아야 한다. 다른 증상으로는 위장 장애와 가려움증이 있다. 과도한 양의 니아신을 섭취하면 간 손상이 발생할 수 있다.

니아신 niacin
비타민 B

펠라그라 pellagra
니아신 부족으로 인한 결핍질환

니아신 당량 niacin equivalent (NE)
니아신 측정단위; 1 NE는 니아신 1 mg 또는 트립토판 60 mg와 같다.

결핍

리보플라빈의 결핍이 있으면 니아신 결핍이 나타난다. 니아신 결핍의 증상에는 허약, 식욕부진, 소화불량, 불안 및 과민반응이 있다. 극단적인 경우 펠라그라가 발생할 수 있다.

비타민 B_6

비타민 B_6는 피리독신(pyridoxine), 피리독살(pyridoxal), 피리독사민(pyridoxamine)의 3가지 형태로 구성되어 있다. 열에 안정적이지만 빛과 알칼리에 민감하다.

기능

비타민 B_6는 단백질 대사 및 흡수에 필수적이며 글리코겐으로부터 포도당을 방출하는 데 도움을 준다. 비타민 B_6의 도움으로, 과도한 양의 아미노산은 몸이 일시적으로 부족한 아미노산으로 전환될 수 있다. 그것은 또한 트립토판을 니아신으로 전환시키는 촉매제 역할을 하며, 아미노산의 다른 물질 형성에 도움이 된다. 한 가지 예는 세로토닌과 도파민과 같은 신경 전달 물질의 합성이다.

공급원

영양가가 높은 비타민 B_6의 일부는 가금류, 생선, 간, 신장, 감자, 바나나 및 시금치이다. 통곡물, 특히 귀리, 밀은 비타민 B_6의 좋은 공급원이지만, 이 비타민은 제분 중에 없어지고 농축 과정에서 대체되지 않기 때문에 정제된 곡물은 좋은 공급원이 아니다.

요구량

비타민 B_6는 밀리그램(mg)으로 측정되고 단백질 섭취량이 증가함에 따라 필요성도 증가한다. 성인 여성의 경우 일일 요구량은 1.3~1.5mg, 남성의 경우 1.3~1.7mg이다. 비타민 B_6는 신체가 필수 아미노산에서 비필수 아미노산을 제조하는 데 필요하다. 경구 피임은 비타민 B_6의 신진대사를 방해하고 결핍을 초래할 수 있다.

결핍

비타민 B_6의 결핍은 보통 다른 비타민 B의 결핍과 함께 발견된다. 증상으로는 과민성, 우울증, 피부염 등이 있다. 유아들의 경우, 이 결핍은 다양한 신경학적 증상과 복부 문제를 일으킬 수 있다. 독성은 드물지만 일시적인 신경질환을 일으킬 수 있다.

비타민 B_{12}

비타민 B_{12}(코발라민)는 무기질 코발트를 함유한 화합물이다. 물에 약간 용해되고

코발라민 cobalamin
비타민 B_{12}로 알려진 유기화합물

열에 상당히 안정적이지만 강한 산이나 알칼리 및 빛에 의해 손상된다. 그것은 신체에 3~5년 동안 보관될 수 있다.

기능

비타민 B_{12}는 엽산 신진대사, 수초 피복의 유지, 건강한 적혈구와 관련이 있다. 비타민 B_{12}가 흡수되기 위해서는 위의 위 분비물에 존재하는 당 단백질(내인자)과 결합하여 소장으로 이동하여 췌장 프로테아제와 결합하여 회장으로 이동하고 특수 수용체에 의해 흡수된다. 질병이나 수술로 인해 위 분비물, 췌장 프로테아제, 내인자 또는 특수 수용체 세포를 생산할 능력을 잃은 대상자는 악성빈혈을 일으킬 수 있다.

공급원

B_{12}의 가장 좋은 식품공급원은 동물성 식품, 특히 내장육, 살코기, 해산물, 달걀 및 유제품이다.

요구량

비타민 B_{12}는 마이크로그램(mcg)으로 측정된다. 성인을 위한 영양소 섭취기준은 하루에 2~4mcg이지만, 임신과 수유 중에는 증가한다. 흡수된 양은 현재의 필요에 따라 달라진다.

결핍

다행히도 비타민 B_{12} 결핍증은 드물며 선천적인 흡수문제로 인해 충분한 양의 비타민 B_{12}를 흡수하거나 합성하는 신체의 능력이 저해되는 것으로 생각된다. 채식주의자들은 B_{12} 부족을 피하기 위해 음식을 현명하게 선택해야 한다.

B_{12}의 양이 충분하지 않으면 거대적혈모구빈혈이 발생할 수 있다. 내적인자가 없으면 악성빈혈이 발생한다. 내적인자는 위의 외과적으로 많은 부분의 제거 때문에, 또는 회장에 영향을 주는 질병이나 수술로 인해 없어질 수 있다. 식이요법은 효과가 없을 것이다. 대상자는 일반적으로 매월 B_{12}의 근육 주사를 맞아야 한다.

비타민 B_{12} 결핍은 또한 수초 합성이 불충분해질 수 있다. 이 결핍은 신경계에 손상을 준다. 비타민 B_{12} 결핍징후에는 식욕부진, 설염, 입과 혀의 통증, 창백, 우울증과 현기증과 같은 신경학적 혼란, 체중 감소가 포함된다.

엽산

엽산염, 엽산은 화학적으로 유사한 화합물이다. 그들의 이름은 종종 같은 의미로 사용된다.

최근 자료 IN THE MEDIA

종합비타민

종합비타민은 우리의 식이요법에서 영양 부족을 채우기 위해 사용될 수 있다. *American College of Nutrition* 저널의 2015년 1월 연구에 따르면 성인의 약 40%가 비타민 A, C, D, E 및 무기질 칼슘과 마그네슘이 결핍되어 있다고 추정한다. 또한 2015년 1월에 *Journal of Postgraduate Medicine*에서도 매일 종합비타민제와 무기질 보조제로 68,000건의 암을 예방할 수 있다고 보고되었다. 그 연구는 암 병력을 가진 남성들의 암 발병률이 27% 감소했고, 암 발병력이 없는 남성들의 암 발병률은 8% 감소하였다. 이 기사에 인용된 의사는 종합비타민과 무기질 보조제를 복용하면 암, 심장병, 치매, 그리고 다른 질병의 질병 위험을 줄일 수 있다고 믿고 있다. 최고의 고품질 보조제를 골라내는 팁에는 인공 코팅 및 착색제와 같은 독성 충전제가 함유된 보조제를 피하고 흡수를 극대화하기 위해 올바른 "형태"의 비타민을 함유하도록 하는 것이 포함된다.

출처: the Multivitamin Debate: Why Taking One May Actually Save Your Life." Fox News. Accessed September 2015. http://www.foxnews.com/health/2015/02/02/endingmultivitamin-debate-why-taking-one-mayactually-save-your-life/

수초 myelin
신경보호에 필수적인 지질단백질

내인자 intrinsic factor
B_{12} 흡수에 필수적인 위점막 분비

악성빈혈 pernicious anemia
B_{12} 결핍에 의한 심각한 만성적 빈혈; 보통 B_{12}를 흡수할 수 없는 신체 때문

엽산염/엽산 folate/folic acid
비타민 B 형태, 또는 folacin이라 불림; 신진대사에 필수적

기능

엽산은 DNA 합성, 단백질 대사, 헤모글로빈 형성을 위해 필요하다. 연구자들은 엽산이 대장암, 자궁 경부암, 식도암, 위암 및 췌장암을 예방하는 데 도움이 된다고 결론 내렸다. 엽산은 또한 뇌졸중, 혈관 질환, 황반병, 알츠하이머병을 예방하는 데 도움이 되는 호모시스틴 수치를 증가시킨다.

공급원

엽산은 많은 식품에서 발견되지만, 최상의 공급원은 잎이 많은 녹색 채소, 콩류, 해바라기 씨, 그리고 오렌지 주스와 딸기 같은 과일들로 강화된 시리얼들이다. 열, 산화, 자외선은 모두 엽산을 파괴하며, 음식 처리와 준비 과정에서 50~90%의 엽산이 파괴될 것으로 추정된다. 따라서 가능하면 과일과 채소를 조리하지 않거나 가볍게 조리하는 것이 바람직하다.

요구량

엽산은 마이크로그램(mcg)으로 측정된다. 모든 성인(남성과 여성)의 일일 평균 요구량은 400 mcg이다. 산모와 태아의 체내에서 세포 분열과 DNA 합성속도가 증가하기 때문에 임신 기간과 성장기 동안 엽산 필요성이 증가한다. 결과적으로, 가임기 여성들이 좋은 엽산 섭취를 유지하는 것이 매우 중요하다. 임신 1개월 전과 임신 6주 동안 여성의 권장량은 하루에 600mcg이다.

결핍

엽산 결핍증은 이분척추(척수 또는 척수액이 허리를 통해 팽창; 그림 7-3) 및 무뇌증

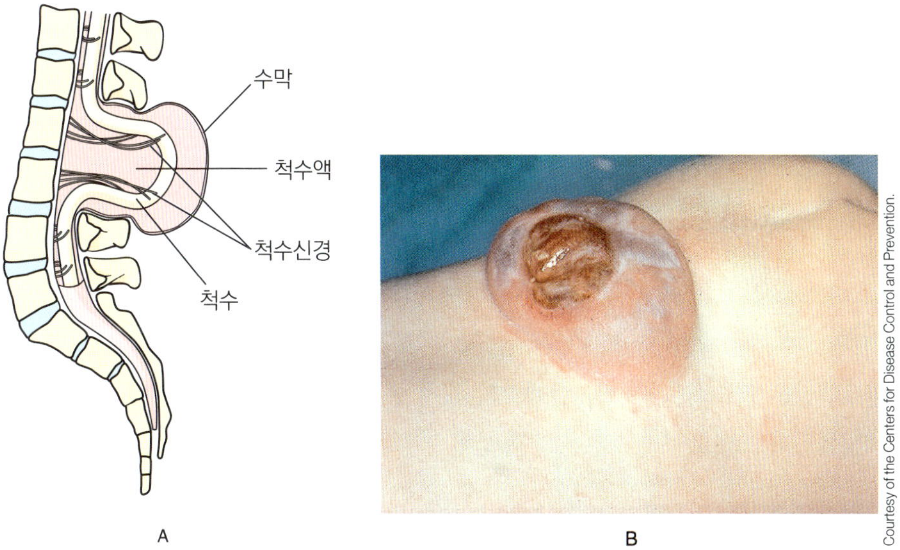

그림 7-3 영아의 이분척추

이분척추 spina bifida
척추 또는 척수액의 등쪽으로 팽창

무뇌증 anencephaly
뇌의 부재

(뇌가 없음)과 같은 태아의 신경관결손과 관련이 있다. 결핍의 다른 징후로는 입과 혀의 염증, 성장지연, 우울증과 정신 혼란, 신경기능의 문제, 적혈구가 크고 미숙하고 산소를 제대로 운반할 수 없는 거대적혈구모빈혈이 있다.

비타민과다증

FDA는 처방전 없이 구입할 수 있는 보조제의 엽산 섭취량을 유아의 경우 100mcg, 아동의 경우 300mcg, 성인의 경우 400mcg로 제한하고 있다. 과량의 엽산을 섭취하면 비타민 B_{12} 결핍이 보이지 않게 되고 간질치료제로 사용되는 항경련제인 페니토인(phenytoin)을 비활성화시킬 수 있기 때문이다.

비오틴

비오틴은 비타민 B 복합체의 일원이고 비타민 H로도 알려져 있다.

기능 및 공급원

비오틴은 지방산과 아미노산 합성에 조효소로 참여한다. 가장 좋은 식품원은 달걀노른자, 우유, 가금류, 생선, 브로콜리, 시금치, 콜리플라워이다. 비오틴은 또한 미생물에 의해 대장에서 합성되지만 흡수할 수 있는 양은 알려져 있지 않다.

요구량

비오틴은 마이크로그램(mcg)으로 측정된다. 국립의학연구소의 식품영양위원회(Food and Nutrition Board of Medicine)는 성인 충분섭취량을 30mcg으로 설정하였다(표 7-2 참조).

결핍

결핍 증상으로는 메스꺼움, 식욕부진, 우울증, 창백(피부색), 피부염(피부 염증), 혈청 콜레스테롤 증가가 있으며, 과다 섭취로 인한 독성은 알려져 있지 않다.

판토텐산

판토텐산은 그리스어 *판토텐*이 "여러 곳에서"를 의미하기 때문에 적절한 명칭이다. 그것은 상당히 안정적이지만 산과 알칼리에 의해 손상될 수 있다.

기능

판토텐산은 탄수화물, 지방, 단백질의 대사에 관여하며, 또한 신경전달물질인 아세틸콜린과 스테로이드 호르몬의 합성에 필수적이다.

공급원

판토텐산은 식품, 특히 육류, 가금류, 생선, 달걀과 같은 동물성 식품에서 광범위

신경관결손 neural tube defects (NTDs)
배아발달 과정에서 신경관의 실패로 인한 뇌 및 또는 척추의 선천선 기형

거대적혈구모빈혈 megaloblastic anemia
적혈구가 비정상적으로 크고 완전히 성숙하지 않은 빈혈

비오틴 biotin
비타민 B; 신진대사에 필수적

판토텐산 pantothenic acid
비타민 B

하게 발견된다. 또한 통곡의 시리얼 및 콩류에서 발견된다. 게다가 그것은 신체에 의해 합성되는 것으로 생각된다.

요구량

판토텐산에 대한 영양소 섭취기준은 없지만, 식품영양위원회는 정상 성인에 대해 하루 4~7mg의 섭취량을 예상하고 있다(표 7-2 참조).

결핍

자연적 결핍은 알려져 있지 않았으나, 결핍은 실험적으로 만들어졌다. 그 징후로는 쇠약, 피로, 그리고 발의 불타는 느낌이 포함된다. 과다 섭취로 인한 독성은 확인되지 않았다.

비타민 C

비타민 C는 아스코르브산으로도 알려져 있다. 항산화 특성을 가지고 있고 산화로부터 음식을 보호하고 모든 세포 신진대사에 필요하며 열, 공기, 알칼리 등에 의해 쉽게 파괴되며, 조리용수에서 쉽게 손실된다.

기능

비타민 C는 괴혈병을 예방하는 것으로 알려져 있다. 이것은 치은염(부드러운, 출혈성 잇몸, 느슨한 치아)이 특징이다; 쉽게 멍이 들고; 작은, 피부의 점출혈, 상처 치유 지연; 관절과 근육 통증; 체중 감소(그림 7-4). 심각한 경우 괴혈병으로 사망할 수 있다. 괴혈병은 신선한 과일이나 채소 없이 몇 달 동안 빵, 생선, 소금에 절인 고기를 먹고 살았던 선원들 사이에서 흔히 발병했다. 18세기 중반에, 그들의 식단에 라임이나 레몬을 첨가하면서 이 질병을 예방했다.

비타민 C는 또한 체세포를 결합시켜 상처치료에 필요한 단백질 물질인 콜라겐의 형성에 중요한 역할을 한다. 따라서, 비타민 C에 대한 요구량은 외상, 열, 그리고 성장기 동안에 증가한다. 작고 정확한 출혈은 콜라겐 붕괴의 증상이다.

비타민 C는 2가지 영양소를 동시에 섭취할 때 소장에서 비헴철(식물 및 동물 공급원에서 추출하여 헴철보다 덜 쉽게 흡수되지 않음—8장 참조)의 흡수를 돕는다. 이 때문에, 이것을 철 흡수촉진제(강화제)라고 한다.

비타민 C는 또한 잘 이해되지 않는 신체에 여러 가지 다른 기능을 가지고 있는 것으로 보인다. 예를 들어, 노르에피네프린(신경전달물질 및 스트레스성 상태에 대처하는 신체를 돕는 혈관 수축제), 일부 아미노산, 엽산, 백혈구, 면역체계 및 알러지 반응의 형성 또는 기능과 관련이 있을 수 있다.

그것은 자연적인 항히스타민이기 때문에 감기의 심각성을 줄이는 것으로 믿어지고, 어떤 경우에는 식품 속의 아질산염을 줄임으로써 암 위험을 줄일 수 있

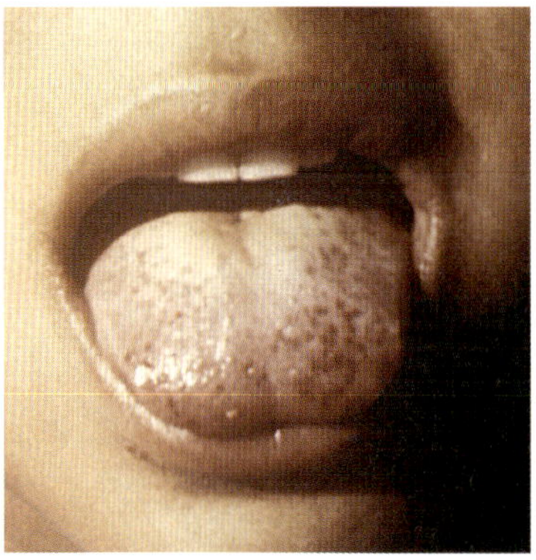

Courtesy of the Centers for Disease Control and Prevention. http://phil.cdc.gov/phil/details.asp

그림 7-4 괴혈병과 관련된 괴혈병의 혀

아스코르브산 ascorbic acid
비타민 C

괴혈병 scurvy
비타민 C 부족에 의한 결핍 질환

콜라겐 collagen
체세포를 결합시키는 단백질 물질

비헴철 nonheme iron
헤모글로빈 분자의 일부가 아닌 동물성 식품의 철분 및 식물성 식품의 모든 철분

헴철 heme iron
동물성 식품에서 헤모글로빈 분자의 일부

그림 7-5 비타민 C 식품공급원

다. 비타민 C는 소장에서 흡수된다.

공급원

비타민 C의 가장 좋은 공급원은 감귤류, 멜론, 딸기, 토마토, 감자, 붉은 피망, 양배추 및 브로콜리이다(그림 7-5).

요구량

비타민 C는 밀리그램(mg)으로 측정된다. 정상적인 상황에서, 미국의 성인 여성은 하루에 평균 75mg, 남성은 90mg이 필요하다. 스트레스를 받으면 필요성이 증가한다. 정기적인 흡연자들은 하루에 125mg 이상을 섭취하는 것이 좋다.

그것은 일반적으로 비독성으로 간주되지만 확인되지 않았다. 과다 섭취는 설사, 메스꺼움, 경련, 식품철분의 과도한 흡수, 반동성 괴혈병(대량투여가 갑자기 중단될 때), 그리고 옥살산염의 신장 결석이 발생될 수 있다.

결핍

비타민 C의 결핍은 잇몸출혈, 느슨한 치아, 쉽게 멍이 발생할 수 있고, 상처치유가 지연되고, 궁극적으로 괴혈병이 나타난다.

보조제

MyPlate의 지침을 사용하여 다양한 음식을 먹는 건강한 사람들은 건강을 유지하기 위해 필요한 모든 비타민을 얻을 수 있어야 한다. 하지만, 어떤 사람들은 식품이 더 이상 적절한 영양소를 포함하지 않는다고 믿기 때문에 보조제를 먹고; 보조제는 근육을 "확대"하고 운동 능력을 향상시킬 수 있고; 비타민은 필요한 에너지를 제공한다; 그리고 비타민과 무기질은 심장 문제, 감기, 그리고 암을 치료할 수 있다.

사실은 다음과 같다. (1) 균형잡힌 식단은 건강한 사람들의 영양요구를 제공할 수 있지만, 많은 사람들이 건강한 식사 계획을 따르지 않고, 패스트푸드에 의존하며, 가공된 식품; 그리고 열을 주고, 먹고, 외식을 한다. 따라서, 미국 의학 협회(American Medical Association)에서는 모든 사람들에게 하루에 한 개의 종합 비타민을 먹으라고 권장하고 있다. (2) 많은 양의 비타민은 근육을 만들지 않으며, 역도(weightlifting)만이 그렇게 할 수 있다. (3) 비타민은 스스로 에너지를 제공하지 않으며, 사람들이 섭취하는 탄수화물, 단백질, 지방 내에서 에너지를 방출하는 것을 돕는다. (4) 비타민 결핍으로 인한 특정 질병(각기병, 괴혈병, 구루병 같은)만이 비타민 보조제로 치료할 수 있으며, 심장병, 암, 일반 감기는 그렇지 않다.

거의 모든 사람이 독성에 대한 두려움 없이 매일 종합비타민과 무기질 보조제를 복용할 수 있지만, 결핍증을 교정하거나, 질병예방에 도움이 되는 과다복용(권장식이허용량/영양소 섭취기준의 10배)은 의사가 처방해야만 한다. 만약 종합

웹사이트 탐색
EXPLORING THE WEB

웹에서 비타민 결핍 장애에 대한 정보를 검색해 보시오. 장애를 선택하고 그것과 관련된 징후와 증상을 조사하시오. 대상자의 현재 식단에 부족한 비타민 함량으로 발생할 수 있는 질환으로 고통받는 대상자를 위해 식이요법을 준비하시오. 치료식품을 계획할 때 고려해야 할 다른 요소는 무엇인가?

비타민-무기질을 보조제로 사용하는 경우 각 비타민과 무기질에 대해 권장식이 허용량/영양소 섭취기준의 100%를 초과하지 않는 것이 가장 좋다. 비타민 1개 또는 무기질 1개를 과다하게 섭취하면 다른 비타민과 무기질의 흡수나 이용에 부정적인 영향을 미칠 수 있다. 비타민 보조제가 필요하다고 생각되면 의사나 등록된 영양사에게 상담하는 것이 가장 좋다.

허브 제품은 또한 "보조식품"이라는 제목 아래 포함되어 있다. 어떤 사람들은 허브들이 건강을 증진시킬 수 있고, 처방전이 필요하지 않으며, 종종 처방약보다 저렴하다고 믿기 때문에 허브에 관심이 있다.

미국 식품의약청(U.S. food and drug administration, FDA)은 처방전 및 처방전 없이 살 수 있는 의약품 제조업체에게 제품을 판매하기 전에 임상 시험의 실행, 모니터링 및 결과를 보고할 것을 요구한다. 용량이 확립되고, 부작용(side effect)과 유해반응(adverse reactions)이 과학저널에 보고된다. 또한 FDA는 원료의 순도를 확인하기 위해 의약품 제조 시설을 검사할 수 있다.

그러나 *1994년의 식품 보조식품 건강 및 교육법은 FDA가 제품이 해롭다는 증거를 가지고 있지 않으면 FDA 평가에서 식이요법 보조제를 제외했다*. 그러나 의심스러운 제품이 가게 진열대에서 제거되기 전에 FDA는 그것이 안전하지 않다는 것을 증명해야 한다. 보조제 제조업자들은 그들의 제품이 질병을 치료하거나 예방할 수 있다고 주장할 수는 없지만, 그들은 "구조 기능"을 주장할 수 있다. 예를 들어, 그들은 비타민 A가 암을 예방한다고 말할 수는 없지만, 비타민 A는 항산화 특성을 가지고 있고 항산화제는 암 발생률 감소와 관련이 있다고 말할 수 있다.

보조제에 관한 잘못된 정보는 널리 보급되어 있다. 건강관리 전문가들은 보조제에 대해 잘 알고, 정확한 정보를 제공해야 한다. 대상자에게 정보를 제공하고, 대상자에게 보조제를 사용하기 전에 의사나 등록된 영양사와 상담할 것을 촉구해야 한다. 일부 허브 제품들은 실제로 도움이 될 수도 있지만, 어떤 것들은 해로울 수도 있다. 대상자가 미국약전(United States Pharmacopia, USP), NSF 국제 또는 소비자 실험실(Consumer Labs)과 같은 재료의 표준화를 위한 제3자 인증을 찾도록 권장한다. 정부 식약청에는 유용한 자료표가 많이 있다.

웹사이트 탐색
EXPLORING THE WEB

웹에서 허브 식이 보조제에 대한 정보를 검색하시오. 이 제품들은 어떤 주장을 하고 있는가? 당신이 발견한 정보에서 사실과 거짓을 구별하시오. 여러분이 발견한 각각의 허브 보조제에 대한 사실자료를 만들고 보조제의 사용에 관한 사실과 미신을 제시하시오. 또한, 보완적 주장으로 얻을 수 있는 동일한 혜택을 제공하는 대체 식품 선택을 제공하시오. 이러한 제품의 사용에 대해 문의하는 내상사에게 어떤 조언을 하겠는가?

건강과 영양 고려사항

비타민은 많은 사람들이 강한 신념을 가지고 있는 인기 있는 주제이다. 어떤 신념들은 사실에 근거한다; 많은 믿음들은 정확하지 않다. 오늘날의 잡지, 인터넷, 신문들은 종종 비타민에 대한 기사를 포함하지만, 그것들이 항상 사실인 것은 아니다. 영양 정보의 다른 공급원을 가지고 있지 않은 대상자들은 그 기사의 진술들을 믿는 경향이 있다. 대상자는 비타민에 대한 정확한 정보를 가지고 있어야 한다(그림 7-6). 빈약한 식단의 지속이나 비타민 보조제의 지속적인 남용은 대상자에게

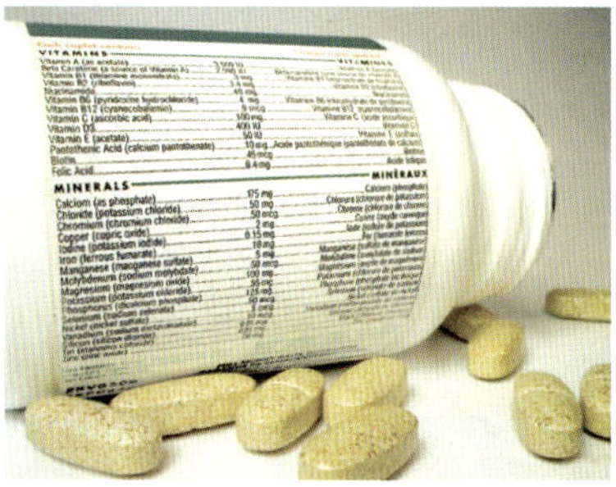

그림 7-6 비타민에 대한 대상자 교육은 중요하다.

잠재적으로 위험하다.

건강관리 전문가들은 비타민에 대한 확실한 지식, 설득력 있는 태도, 필요한 경우 대상자를 재교육하기 위한 엄청난 인내심이 필요할 것이다. 일부 대상자들은 비타민 E가 심장마비를 예방할 것이고, 비타민 C의 유일한 공급원은 오렌지 주스이거나, 초고용량의 비타민 A가 암을 예방할 것이라고 믿을 것이다. 다른 사람들은 밀리그램(mg)과 그램(gm)을 혼동할 것이다.

비타민에 대한 대상자 교육은 건강관리 전문가가 대상자의 신뢰를 얻기 전까지는 어려울 수 있다. 정보를 강화하기 위한 간단하고 명확한 서면 자료는 대상자에게 도움이 될 것이다.

요약_SUMMARY

비타민은 신체의 기능을 조절하고 성장을 촉진하는 유기 화합물이다. 각각의 비타민은 신체 내 기능 또는 특수한 기능을 가지고 있다. 비타민의 공급원은 다양하지만, 일반적으로 균형잡힌 식단은 신체 요구량을 충족하기에 충분한 비타민을 제공한다. 비타민 결핍은 부적절한 식습관이나 비타민을 이용하지 못하는 신체의 무능력에서 기인할 수 있다. 비타민은 농축된 형태로 제공되지만, 과다 섭취는 건강에 해로울 수 있기 때문에 그 사용을 주의 깊게 관찰해야 한다. 비타민 A, D, E, K는 지용성이다. 비타민 B 복합체와 비타민 C는 수용성이다. 수용성 비타민은 음식 준비 중에 파괴될 수 있다. 비타민 함량을 보존하기 위해 음식을 준비하는 동안 주의를 기울이는 것이 중요하다.

토의 주제_DISCUSSION TOPICS

1. 비타민은 신체에 에너지를 공급하는 데 어떻게 도움이 되는가?
2. 하나 이상의 비타민에 대한 비타민결핍증이 발생할 수 있는 가능한 시기를 토의하시오.
3. 학급원들이 관찰한 비타민 결핍에 대해 토론하시오. 어떤 치료가 처방되었는가?
4. 의사나 영양사가 아닌 사람이 비타민 보조제를 처방하는 것이 왜 현명하지 못한지에 대해 토의하시오.
5. 농축 및 *강화*된 용어에 대해 토의하시오. 그들이 식품과 관련하여 의미하는 것은 무엇인가? 농축되거나 강화된 식품의 이름을 기재해보시오.
6. 비타민 함유량을 유지하기 위해 식품을 적절히 보관하고 조리하는 것에 대해 토의해보시오.
7. 만약 학급의 어떤 학생이 야맹증을 경험한 적이 있다면, 그녀나 그에게 그것을 설명해 달라고 요청해보시오. 이 상태가 어떻게 발생하고 어떻게 예방할 수 있는지 토의하시오.
8. 채소 요리에서 남은 액체를 사용하는 것이 왜 좋은가? 이것들은 어떻게 사용할 수 있는가?
9. 콜라겐 형성과 상처 치유에 있어 비타민 C의 역할을 설명하시오.
10. 수업 중에 비타민 C를 집중적으로 섭취한 경우 이유를 물어보시오. 도움이 되었다면, 어떻게 도움이 되었는지 물어보시오.
11. 비타민을 왜 프로호르몬이라고 하는가? 조효소? 예를 들어보시오.
12. 전구체란 무엇인가? 예를 들어보시오.
13. 왜 그렇게 많은 미국인들이 비타민 D의 혈액량이 부족한지 조사하시오. 혈중농도가 낮으면 평상시 혈중 복용량은 얼마나 되는가? 비타민 D가 관여된 다른 역할은 무엇인가?
14. 각기병이란 무엇이며 어떻게 예방할 수 있는가?
15. 우유가 불투명한 용기에 담겨 판매되는 이유는 무엇인가?

연습문제_REVIEW

가장 적절한 답을 고르시오.

1. 비타민 일일 필요 조건은(요구량은)?
   a. 균형잡힌 식사를 하는 것
   b. 아침으로 감귤류 과일 1인분 먹기
   c. 비타민 보조제의 많은 형태 중 하나를 섭취하는 것
   d. 하루에 적어도 한 그릇의 고기를 먹는 것

2. 다음 모든 조치는 다음을 제외한 식품의 비타민 함량을 보존하는 것이다.
   a. 생채소와 과일 사용
   b. 서빙하기 직전에 신선한 채소와 과일 준비
   c. 적은 양의 차가운 물에 생채소를 넣고 끓이기 위해 가열
   d. 시원한 곳에 신선한 채소 저장

3. 지용성 비타민은 __________.
   a. 신체에 저장할 수 없다.
   b. 요리하는 동안 쉽게 손실된다.
   c. 물에 의해 용해된다.
   d. 비타민 결핍이 수용성 비타민보다 느리다.

4. 야간 시력은 _________에 의해 결핍이 유발된다.
   a. 비타민 A c. 니아신
   b. 티아민 d. 비타민 C

5. 티아민의 좋은 공급원은 다음과 같다.
   a. 감귤류 과일과 토마토
   b. 밀 배아 및 간
   d. 카로틴 및 생선 간유
   d. 견과류와 우유

6. 수용성 비타민은 다음을 포함한다.
   a. A, D, E, K
   b. A, B_6, C
   c. 티아민, 니아신, 레티놀
   d. 티아민, 리보플라빈, 니아신, B_6, B_{12}

7. 시각장애는 다음의 심각한 장애로 인해 발생할 수 있다.
   a. 비타민 K c. 티아민
   b. 비타민 A d. 비타민 E

8. 기관고기(내장육)는 다음 비타민의 좋은 공급원이다.
   a. 티아민, 리보플라빈, B_{12}
   b. 비오틴과 비타민 C
   c. 비타민 E와 K
   d. 위의 모든 것

9. 강화된 우유는 다음의 좋은 공급원이다.
   a. 비타민 E c. 비타민 K
   b. 비타민 D d. 비타민 C

10. 비타민 C의 좋은 공급원은?
    a. 고기 c. 빵과 시리얼
    b. 우유 및 유제품 d. 감귤류 과일

11. 구루병을 예방하는 데 도움이 되는 비타민은?
    a. 비타민 A c. 비타민 C
    b. 티아민 d. 비타민 D

12. 혈액의 적절한 응고에 필요한 비타민은?
    a. 비타민 A c. 비타민 D
    b. 비타민 K d. 니아신

13. 빵과 시리얼에 일반적으로 첨가되는 비타민은?
    a. 비타민 A, D, K
    b. 티아민, 리보플라빈, 니아신, 그리고 엽산
    c. 비타민 E, B_6, B_{12}
    d. 아스코르브산, 판토텐산, 엽산

14. 괴혈병을 예방하는 비타민은?
    a. 비타민 A c. 비타민 C
    b. 비타민 B 복합체 d. 비타민 D

15. 이분척추(spina bifida)와 같은 신경관결손과 관련된 비타민 결핍은?
    a. 비타민 K c. 비오틴
    b. 엽산 d. 비타민 E

16. 악성빈혈을 일으키는 비타민 결핍은?
    a. 비타민 B_6 c. 비타민 B_{12}
    b. 잎 d. 비타민 A, C, E

요점사례_CASE IN POINT

KRYSTYNA: 심부정맥혈전증

Krystyna는 최근 첫 아이를 낳았다. 그녀는 조기진통으로 많은 어려움을 겪었고 임신 마지막 달에는 휴식을 취해야 했다. 그녀는 집 밖으로 나와 새로 태어난 아이와 햇빛을 즐기게 되어 매우 안도했다. 오늘 아침에 그녀가 침대에서 일어날 때 왼쪽 다리와 종아리에 상당한 통증을 느꼈다. 옷을 입고 있을 때 그녀는 왼쪽 다리가 매우 부어 있었고 심지어 붉어진 것처럼 보였다. 그녀는 임신 중에 다리가 붓는 것에 익숙해졌지만, 하지만 그 일은 출산 이후에는 해결되었다. 게다가, 다리 부기는 전형적으로 양쪽 다리를 포함했는데 단지 왼쪽 다리만 부어서 Krystyna는 걱정이 됐다.

그녀는 의사에게 전화할 정도로 고통스럽다고 판단했다. 의사는 Krystyna를 검사한 후 심부정맥혈전증이라고 불리는 것이 발견됐다고 말했다. 그녀는 Krystyna에게 출산 후 때때로 생길 수 있는 혈액응고라고 말했다. Krystyna의 의사는 그녀에게 치료를 받기 위해 병원에 입원해야 한다고 말했다. 그녀는 몇 가지 추가 검사를 실시했고 Krystyna에게 혈전용해제를 투여했다. 게다가, 그녀는 Krystyna에게 무엇보다도 잎이 많은 녹색 채소들과 같은 높은 수준의 비타민 K가 들어 있는 음식을 먹을 때 조심할 필요가 있다고 말했다. 이 식품에 들어있는 비타민 K는 더 많은 응고의 가능성을 증가시킬 수 있다. Krystyna의 의사는 병원 영양사에게 방문하여 이 음식 공급원에 대해 이야기해 줄 것을 요청했다.

사정

1. Krystyna에 대한 정보는 무엇인가?
2. Krystyna가 심부정맥혈전증 발병의 위험에 처하게 된 요인은?
3. 영양사로서, Krystyna의 역사에서 어떤 점이 도움이 될 것이라고 생각하는가?

진단

4. Krystyna의 간호진단을 작성하시오.

계획/목표

5. Krystyna의 식단과 관련하여 구체적으로 측정할 수 있는 목표는 무엇인가?

수행

6. 비타민 K가 풍부해서 Krystyna가 피해야 할 음식은?

평가/결과 기준

7. Krystyna는 그녀의 행동의 성공을 평가하기 위해 어떤 기준을 사용해야 하는가?

생각해보기

8. Krystyna의 비타민 K 제한에 대해 알아야 할 다른 사람은?

✔ rate this plate

영양사는 혈전증이 치유될 때까지 Krystyna에게 비타민 K가 많은 채소를 피하는 것을 교육시켰다. Krystyna가 점심으로 주문한 접시를 평가해 보시오.

시금치 라자냐 3×3 조각 중 1개

마늘빵 1개

찐 브로콜리 1/2컵

애플파이 1/6 조각

아이스티 약 354cc

비타민 K가 풍부한 음식을 나열하고 비타민 K가 적은 공급원으로 대체하시오.

요점사례_CASE IN POINT

TINA: 알코올 중독으로부터 회복

Tina는 어렸을 때 술을 마시기 시작했다. 그녀는 때때로 그녀의 부모님도 술을 많이 마신 것도 기억한다. 그녀는 어린 시절에 몇 번 붙잡혔지만 그것에 대해 전혀 생각하지 않았다. 그녀에게는 알코올을 가지고 실험을 했던 많은 친구들이 있었다. 그건 대단한 게 아니었다. Tina가 대학에 갔을 때, 그녀는 즐거운 시간을 보냈다. 술집과 친목회 그리고 모든 종류의 파티가 있었다. 술은 어디에나 있었다. 그녀는 한 무리의 소녀들과 함께 보통 술집이나 파티에 함께 가지만, 오래전에 집에 갈 준비가 되었음을 알게 되었다. 그녀는 종종 친구들에게 가서 떠나라고 말하곤 했다. 그녀는 항상 집까지 태워다 줄 수 있다는 것을 알고 있었다. 어느 날 밤, Tina의 친구들은 그녀를 정말 걱정했다. 아침까지 그녀는 집에 돌아오지 않았고 그들 중 아무에게도 전화하지 않았다. 마침내 정오쯤 그녀는 집에 도착했다. 그녀는 신발이 없었고 그녀의 옷은 얼룩으로 더러웠다. 그녀는 전날 밤 있었던 파티에서 3km 이상 떨어진 집으로 걸어왔다. Tina는 친구들에게 자신은 괜찮다고 확신시켰다. 시간이 흐르면서, 이러한 일이 계속해서 반복적으로 일어났다. Tina는 그 전날 밤에 있었던 일을 거의 기억하지 못하고 아침에 종종 집에 도착하곤 했다. 마침내, 어느날 밤 경찰은 Tina를 공공장소 주취로 체포했다. 그녀를 감옥으로 이송하기 전에 그녀는 의료허가서를 받기 위해 지역 병원으로 이송되었다. 응급실 의사는 Tina가 혈중 알코올 농도 0.24임를 발견했다. Tina의 룸메이트는 병원에 도착해서 직원들에게 Tina가 최근 알코올 중독으로 인해 여러 번 의식을 잃었다고 알렸다. 그녀와 그녀의 다른 친구들은 Tina가 알코올 중독자일까 봐 걱정했다. 그녀는 거의 먹지 않았고 꽤 많은 체중이 감량됐고, 밤이고 낮이고 언제든지 술을 마시는 모습을 발견할 수 있었다.

병원에서 Tina의 의사는 그녀의 티아민 상태를 평가했다. 많은 알코올 중독자들이 티아민을 흡수하고 사용할 수 없다는 것을 알기 때문에 이것은 알코올 중독자들 사이에서 가장 흔한 결핍 중 하나이다. Tina의 티아민 수치는 매우 낮다. 그는 티아민 대체 요법을 처방하고 Tina를 재활 시설에 수용했다.

사정

1. Tina가 알코올 중독자임을 나타낼 수 있는 위험신호를 나타내는 것은(빨간 깃발) 무엇인가?
2. Tina의 신체가 과도한 음주로 티아민을 흡수하지 못하는 결과는 무엇인가?
3. Tina는 혈중 알코올 농도 0.24로 체포되었다. 그녀의 혈중 알코올 농도와 대부분의 주에서의 법적혈중알코올 농도와 어떻게 비교되는가?

진단

4. Tina의 영양 섭취와 관련된 간호진단을 작성하시오.
5. 알코올 남용과 재활에 관한 간호진단을 작성하시오.

계획/목표

6. Tina는 몸에 음식을 다시 섭취해야 한다. 이 문제를 해결하는 가장 좋은 방법은 무엇인가?

수행

7. Tina는 그녀의 영양과 회복에 대해 무엇을 이해해야 하는가?

평가/결과 기준

8. 그녀의 회복 계획이 성공적이라면 6개월 후에 Tina는 무엇을 기대할 수 있겠는가?

생각해보기

9. 단주모임(Alcoholics Anonymous)에 대한 웹페이지를 보시오. 이 조직의 프로그램과 이 프로그램이 대상자에게 제공하는 기능에 대해 읽어보시오. AA의 연대표를 http://www.aa.org/aatimeline/에서 확인하시오.

rate this plate

재활시설에 있는 영양사가 Tina를 위해 처방한 식사를 평가해보시오.

통밀빵에 돼지고기 85g

감자칩 약 57g

중간 크기 오렌지 1개

호두브라우니 2×2 중 1개

우유 약 236cc

영양사가 Tina를 위해 티아민이 풍부한 식사를 잘 계획했는가? 이 식사에서 개선될 수 있는 부분은 어디인가?

CHAPTER 8

주요용어_KEY TERMS

강화식품
고칼륨혈증
고혈압
독성
미오글로빈
병인
부종
산증
삼투압
세포내
세포외
심혈관
알칼리성
알칼리증
요오드화 소금
이뇨제
이온
저칼륨혈증
전해질
철분결핍빈혈
케산병
탈수
탈염화
테타니

무기질

MINERALS

학습목표

- 주어진 무기질의 식품공급원을 최소 2가지 열거할 수 있다.
- 주어진 무기질의 기능을 하나 이상 열거할 수 있다.
- 무기질 결핍 예방을 위한 권장 방법에 대해 설명할 수 있다.

화학 분석 결과, 신체는 특정 화학 원소들로 구성되어 있다. 산소, 탄소, 수소, 질소 등 4가지 요소는 체질량의 96%를 차지한다. 나머지 모든 원소는 체중의 4%만을 나타내는 *무기질*이며 소량임에도 불구하고 건강을 위해 필수적이다.

무기질은 신체를 조직하고, 체액을 조절하거나, 다양한 신체 기능을 돕는 데 필요한 요소이다. 무기질은 모든 신체 조직에서 발견되며 혈액 내 농도변화를 통해 다양한 질병을 진단하는 데 도움을 줄 수 있다. 무기질 자체는 에너지를 제공할 수 없지만, 신체 규제 기관으로서의 역할로 신체 내에서 에너지의 생산에 기여한다.

무기질은 단백질, 탄수화물, 지방, 비타민과 함께 물과 자연 식품에서 발견

웹사이트 탐색
EXPLORING THE WEB

웹에서 스포츠 음료, 전해질이 들어 있는 음료 및 에너지 드링크를 검색하시오. 이 음료의 제조사들이 주장하는 바는 무엇인가? 이러한 음료가 제공하는 이점은 무엇인가? 이 음료의 타겟 시장은 어디인가? 이 음료들에 대한 다른 식사 대안은 무엇인가? 영유아에게 이런 음료를 주는 것에 대한 경고가 포함되어 있는가?

된다. 흙 속의 무기질은 자라는 식물들에 의해 흡수된다. 인간은 무기질이 풍부한 토양에서 자란 식물을 먹거나 그러한 식물을 먹은 동물을 먹음으로써 무기질을 얻는다. 음식의 특정 무기질 함량은 음식을 태우고 남은 재를 화학적으로 분석함으로써 결정된다.

설탕이나 흰 밀가루와 같이 가공되거나 정제된 음식에는 무기질이 거의 함유되어 있지 않다. 흰 밀가루와 곡류에는 철분과 비타민 B(티아민, 리보플라빈, 니아신, 엽산)가 첨가되어 있다. 이 밀가루와 곡류는 강화식품으로 분류된다.

음식에 들어있는 대부분의 무기질은 물에 용해되는 소금으로 발생한다. 따라서 무기질은 음식을 떠나 요리 용수에 남아있게 된다. 음식은 가능한 한 적은 양의 물로 조리해야 하며, 수프, 육수, 화이트 소스에 사용될 수 있도록 저장한다. 이 액체를 사용하면 음식의 풍미와 영양소 함량이 향상된다.

분류

무기질은 두 종류로 분류된다. 하루 100mg 이상 섭취해야 하는 무기질을 주요 무기질이라 하며, 하루 100mg보다 적은 양이 필요한 무기질을 미량 무기질이라 한다(표 8-1, 8-2).

무기질은 물에 녹을 때 분리되어 전기적으로 분해된다. 이온이라고 불리는 충전된 입자 이온은 양전하인 경우 양이온이라고 한다. 음전하인 경우, 그것들은 음이온이다. 양이온과 음이온은 반드시 체액 내에서 균형을 맞춰야 한다. 예를 들어, 체액에 200개의 양(+)의 전하가 포함된 경우 200개의 음(2가지)의 전하가 포함되어야 한다. 이 이온들은 전해질이라고 알려져 있다.

전기는 신체의 유체 균형을 유지하는 데 필수적이다. 전기 균형에 기여하고, 신경 자극의 전달과 근육의 수축에 도움을 주며, 산-염기 균형을 조절하는 데 도움을 준다(9장 참고).

보통, 균형잡힌 식단은 전해질 균형을 유지한다. 그러나 심한 설사, 구토, 고열 또는 화상의 경우 전해질이 손실되어 전해질 균형이 깨질 수 있다. 손실된 전해질을 대체하려면 치료가 필요하다.

과학자들은 일부 미량 원소에 대한 정확한 정보가 부족하지만, 미량원소가 건강에 필수적이라는 것은 알고 있다. 이러한 연구는 인간의 영양에 대한 그들의 특정한 관계를 밝히고 있다. 무기질이 필요한 양으로 포함된 균형잡힌 식단은 건강을 유지하는 안전한 방법이다.

국가연구위원회(National Research Council, NRC)의 국립과학식품영양위원회(Food and Nutrition Board of the National Academy of Sciences)는 연구를 통해 무기질에 대한 식이허용량을 권장하고 있다. 국가연구위원회는 신체 요구량과 관련해 불확실성이 존재하는 무기질일 경우, 선택된 무기질의 충분섭취량

강화식품 enriched foods
영양가를 높이기 위해 영양소, 보통 B 비타민과 철분이 첨가된 식품

이온 ions
화학 반응에 의한 전하를 띤 원자

전해질 electrolytes
물에 용해되는 화합물이 이온이라 불리는 전하를 띤 원자

(adequate intakes, AIs) 표를 제공했다(표 8-3). 국가연구위원회는 상위에 열거된 용량의 상한선을 초과하지 않도록 권고한다(표 8-1 및 8-2에는 가장 좋은 공급원, 기

표 8-1 주요 무기질

무기질	식품원	기능	결핍/독성
칼슘(Ca^{++})	• 우유, 치즈 • 정어리 • 연어 • 녹황색 채소 • 요거트	• 뼈와 치아 형성 • 신경 자극 전달 • 혈액 응고 • 정상적인 심장 작용 • 정상적인 근육 활동	결핍 • 골다공증 • 골연화증 • 구루병 • 근육강직성 경련 • 성장 지연 • 치아 및 뼈 형성 불량
인(P)	• 우유, 치즈 • 고기 • 가금류 • 생선 • 통곡 시리얼 • 콩류 • 견과류	• 뼈와 치아의 형성 • 혈액내 산-염기 균형 • 모든 체세포 구성 • 일부 비타민의 효능 시 필요 • 탄수화물, 지방 및 단백질의 대사	결핍 • 치아 및 뼈 형성 불량 • 허약 • 식욕부진 • 불안
칼륨(K^{+})	• 오렌지, 바나나 • 말린 과일 • 채소 • 콩류 • 우유 • 시리얼 • 고기	• 근육 수축 • 체액 유지 • 신경 자극 전달 • 삼투 • 규칙적인 심장 박동 • 세포 대사	결핍 • 저칼륨혈증 • 근육 약화 • 혼란 • 비정상적인 심박동 독성 • 고칼륨혈증 • 불규칙한 심장 박동
나트륨(Na^{+})	• 소금 • 쇠고기, 달걀 • 가금류 • 우유, 치즈	• 체액 유지 • 신경 자극 전달 • 삼투 • 산-염기 균형 • 근육 및 신경 자극	결핍 • 오심 • 피로 • 근육 경련 독성 • 고혈압 • 부종
염소(Cl^{-})	• 소금 • 달걀 • 해산물 • 우유	• 소화를 위한 염산 생성 • 삼투압의 조절 • 삼투 • 체액 유지 • 산-염기 균형 • 염산의 형성	결핍 • 위산 불균형 • 혈액 pH 불균형 • 오심 • 피로
마그네슘(Mg^{++})	• 녹황색 채소 • 통곡물 • 아보카도 • 견과류 • 우유 • 콩류 • 바나나	• ATP 합성 • 신경 자극 전달 • 대사 효소의 활성화 • 뼈, 근육 및 붉은 혈액세포의 구성 • 건강한 근육과 신경을 위해 필요	결핍 • 정상적으로 알려지지 않음 • 정신, 감정, 근육 장애
황(S)	• 달걀 • 가금류 • 생선	• 단백질 구조의 구성인자 • 머리카락, 손톱 및 모든 신체 조직 형성 • 모든 체세포 구성	• 알려지지 않음

표 8-2 미량 무기질

무기질	식품원	기능	결핍/독성
철(Fe^{+})	• 고기 • 가금류 • 조개 • 간 • 콩류 • 말린 과일 • 전곡 또는 통밀빵, 강화밀 • 짙은 녹색 및 잎이 많은 채소 • 당밀	• 산소 및 이산화탄소 운반 • 헤모글로빈 및 미오글로빈의 성분 • 에너지 생산 부족에 필수적인 세포효소의 성분	결핍 • 현기증, 체중 감소, 창백함 등 철분결핍 빈혈 독성 • 혈색소증 • 어린이에게 치명적 • 심장질환 기여요인 • 간손상
요오드(I^{-})	• 요오드화된 소금 • 해산물	• 기초대사 조절	결핍 • 갑산선종 • 크레틴병 • 점액수종
아연(Zn^{+})	• 해산물, 특히 굴 • 간 • 달걀 • 우유 • 밀빵 • 콩류	• 콜라겐의 생성 • 인슐린의 성분 • 효소의 여러 가지 필수 구성 요소 • 상처 치료 • 맛의 예민함 • 성장에 필수 • 면역반응	결핍 • 난소증, 저혈당증, 빈혈 • 식욕 저하 • 피부 변화 • 상처 치유 감소 • 맛의 정확성 저하
셀레늄(Se^{-})	• 해산물 • 신장 • 간 • 고기 • 통곡류	• 대부분의 신체 조직 구성 • 지방대사 필요 • 산화 방지 기능	결핍 • 분명하진 않지만 케산병(Keshan)과 관련됨 • 근육 약화 독성 • 구토 • 머리카락과 손톱 손실 • 피부 병변
구리(Cu^{+})	• 간 • 조개, 굴 • 콩류 • 견과류 • 통곡물	• 헤모글로빈과 적혈구 형성에 필수 • 효소의 성분 • 상처 치료 • 에너지의 방출을 위한 신진대사에 필요	결핍 • 빈혈 • 뼈 질환 • 성장 및 신진대사 독성 • 구토, 설사 • 윌슨병(유전)
망간(Mn^{+})	• 통곡물 • 견과류 • 과일 • 차	• 효소의 성분 • 뼈 형성 • 대사 과정	결핍 • 알려지지 않음 독성 • 뇌 질환 가능성
불소(F^{-})	• 불소 첨가된 식수 • 해산물	• 충치에 대한 저항 증가 • 치아, 뼈의 구성 요소	결핍 • 치아 부식 • 골다공증 가능성 독성 • 치아의 변색
크롬(Cr)	• 고기 • 식물성 오일 • 통곡 시리얼, 견과류 • 이스트	• 포도당과 지방 대사 관련	결핍 • 포도당 신진대사 방해 가능성

(계속)

표 8-2 미량 무기질(계속)

무기질	식품원	기능	결핍/독성
몰리브덴(Mo)	• 녹황색 채소들 • 간 • 시리얼 • 콩	• 효소 기능 • 대사 작용	결핍 • 알려지지 않음 독성 • 구리 흡수 억제

표 8-3 미량무기질의 권장식이허용량(RDAs)과 충분섭취량(AIs)

분류	연령	구리(mcg)	망간(mg)	크롬(mcg)	몰리브덴(mcg)
영아	0~6mo	200*	0.003*	0.2*	2*
	6~12mo	220*	0.6*	5.5*	3*
유아 및 청소년	1~3y	340	1.2*	11*	17
	4~8y	440	1.5*	15*	22
	9~13y	700	1.9 남성*	25 남성*	34
	14~18y	890	1.6 여성*	21 여성*	43
			2.2 남성*	35 남성*	
			1.6 여성*	24 여성*	
성인	19~50y	900	2.3 남성*	35 남성*	45
			1.8 여성*	25 여성*	
성인	51~70		2.3 남성*	30 남성*	45
			1.8 여성*	20 여성*	
임산부	14~18y	1,000	2.0*	29*	50
	19~50	1,000	2.0*	30*	50
성장기	14~18	1,300	2.6*	44*	50
	19~50	1,300	2.6*	45*	50

*충분섭취량(AI).

Reprinted with permission from the National Academies Press, Copyright © 2006, National Academy of Sciences. *Dietary Reference Intakes: The Essential Guide to Nutrient Requirements*.

능 및 결핍 증상이 나열되어 있다).

또한, 의학연구소(Institutes of Medicine, IOM)는 칼슘, 불소, 인, 마그네슘에 대한 일일 영양소 섭취기준(Daily Reference Intakes, DRIs)을 개발했다. 영양소 섭취기준에는 평균요구량(Estimated Average Requirements, EAR), 권장식이허용량, 상한섭취량(Tolerable Upper Intake Levels, ULs)이 통합되어 있다.

독성

무기질이 건강에 필수적인 것으로 알려져 있기 때문에, 몇몇 영양사들은 "더 많은 것이 더 좋다"고 주장할 것이다. 아이러니하게도, 무기질에 관해서라면 더 많은 것이 사람의 건강에 해로울 수 있다. 균형잡힌 식사를 하고 있는 건강한 사람의 경우, 땀과 침으로 인한 정상적인 무기질 손실이 발생할 것이며, 신체 필요 이상의 양은 소변과 대변에 배설될 것이다. 그러나 일정 기간 동안 농축된 형태의 무기질을 정기적으로 섭취하면 무기질이 축적되어 독성이 발생할 수 있다. 과도한 양의 무기질은 때때로 다른 무기질의 결핍과 혈액, 호르몬, 뼈, 근육, 혈관 그리고 거의 모든 조직에서 탈모와 변화를 일으킬 수 있다. 농축된 형태의 무기질은 의사의 조언에 따라 사용해야 한다.

주요 무기질

칼슘

칼슘은 체내에 가장 많은 무기질이다. 70kg인 사람의 몸은 대략 1.8kg의 칼슘을 함유하고 있다. 신체 칼슘의 약 99%는 뼈와 치아에 저장되며 나머지 1%는 혈액에서 발견된다.

기능

칼슘은 인과 결합되어 뼈와 치아의 구성 성분으로 강도와 경도를 제공한다. 뼈는 차례대로 칼슘을 저장한다. 칼슘은 정상적인 신경과 근육 작용, 혈액 응고, 심장 기능, 세포 신진대사에 필요하다.

혈중 칼슘

칼슘은 혈액에 의해 몸 전체로 운반되고 세포로의 전달은 호르몬 체계에 의해 조절된다. 섭취량이 적더라도 혈중 정상 칼슘 농도가 유지된다.

이는 혈중 칼슘 농도가 낮으면 (1) 부갑상샘에서 부갑상샘호르몬을 분비해 신장의 칼슘 보유가 증가한다. (2) 또한 이 호르몬은, 칼시트리올(활성호르몬 형태의 비타민 D)과 함께 작용하여, 골격을 자극함으로써 뼈에서 칼슘의 방출을 증가시킨다. 이 2가지 모두 혈액 칼슘 농도를 증가시킨다. 만약 칼슘 섭취가 일정 기간 동안 낮으면, 뼈에서 인출되는 양은 점점 더 줄어들어 골다공증이 발생할 수 있다.

혈중 칼슘 수치가 높으면 뼈의 질량이 증가한다. 성장기 동안 뼈세포들은 분화되는 것보다 더 많은 뼈질량을 만든다. 뼈질량은 대략 30세가 될 때까지 획득된다. 칼슘, 인, 비타민 D를 충분히 섭취하면 폐경이 될 때까지 여성의 골밀도는 안정될 것이다. 폐경 후 에스트로겐 호르몬 부족으로 뼈가 약해지기 시작한다. 특수 X선, DEXA 스캔을 사용하여 골밀도를 확인할 수 있다. 골밀도가 낮아져 부상을 입을 위험이 있는 경우 의사는 최선의 조치를 할 것이며 골밀도 감소를 예방하는 약물을 사용할 수 있다.

독성 toxicity
유독한 상태, 독성이 있는 상태

공급원

칼슘의 가장 좋은 공급원은 우유와 유제품이며 소량으로 많은 양의 칼슘을 제공한다. 예를 들어, 1컵의 우유는 300mg의 칼슘을 공급한다(그림 8-1). 28mg의 체다 치즈는 250mg의 칼슘을 제공한다.

칼슘은 진한 녹색 잎 채소에서도 발견되나 시금치, 꽃상추와 같이 옥살산을 포함하는 것은 칼슘이 흡수되는 것을 감소시킨다. 1일 섬유소 섭취량이 35g을 초과할 경우 피틴산(고섬유 시리얼에 발견되는 인 화합물)은 칼슘 흡수를 제안한다.

칼슘의 흡수를 향상시키는 요인으로는 유당, 충분한 비타민 D, 칼슘과 인의 비율이다. 체중부하 운동 부족은 칼슘 흡수량을 감소시킨다.

그림 8-1 우유는 칼슘과 인의 중요한 공급원이다. 뼈와 치아의 정상적인 성장과 발육에 필수적이다.

요구량

현재 칼슘의 예상 요구량이 충분섭취량으로 제시되고 있다. 칼슘은 밀리그램(mg)으로 측정된다. 다양한 나이와 조건에 따른 칼슘의 충분섭취량은 표 8-4에 나와 있으며 최적의 뼈 건강을 유지하고 골절 가능성을 줄이기 위해 권고된다.

칼슘 보조제는 젖당불내증이 있는 사람들, 우유를 싫어하는 사람들, 그리고 그들의 필요를 충족시키기 위해 충분한 유제품을 소비하지 못하는 사람들에게 권장된다. 칼슘 탄산염은 칼슘에 기반을 둔 해독제에서 발견되는 형태이며, 생화학 칼슘의 농도가 가장 높다. 칼슘 보조제는 500mg의 용량에서 섭취했을 때 가장 효율적으로 흡수되는 것으로 보인다.

칼슘 보조제 구입 시, 선택한 제품에 대한 미국 약전(United States Pharmacopeia, USP) 승인을 확인해야 한다(그림 8-2). 미국 약전이 승인한 제품에는 납

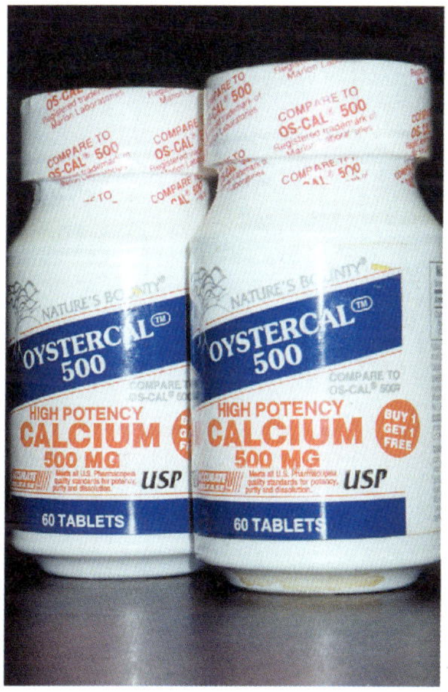

그림 8-2 보조제를 구입할 때는 항상 미국 약전의 승인을 확인하시오. 미국국가위생안전국(NSF International) 또는 소비자 실험실은 보조제의 적합성을 인증한다.

표 8-4 칼슘 권장섭취량(mg/day)

0~6mo*	200mg
6~12mo*	260mg
1~3y	700mg
4~8y	1,000mg
9~18y	1,300mg
19~50y	1,000mg
51~70y	1,000mg 남성
	1,200mg 여성
70+	1,200
임산부, 14~18y	1,300mg
임산부, 19~50y	1,000mg
수유여성	같은 연령 비수유여성과 동일

*충분섭취량.

또는 기타 독성물질이 함유되어 있지 않다. 뼈로 만든 식품에는 납이 함유되어 있을 수 있으므로 피하도록 한다.

결핍

칼슘 결핍은 구루병을 일으킬 수 있다. 이것은 초기 유년기에 발생해 뼈 구조가 부실하게 되는 질병이다. 이는 굽은 다리, "새가슴" 그리고 손목이나 발목의 증가를 유발한다. 심각한 경우 성장이 둔화될 수 있다. 칼슘이 부족하면 "성인 구루병"(골연화증, osteomalacia), 뼈가 부드러워지는 상태를 유발할 수 있다. 비록 골다공증의 정확한 병인은 알려지지 않았지만, 장기간 칼슘 결핍이 원인이라 추정된다. 골다공증을 일으키는 다른 요인으로는 비타민 D와 특정 호르몬의 결핍이 있다. 골다공증에 대한 자세한 내용은 13장의 노년기 부분에서 확인할 수 있다.

혈액 속에 칼슘이 부족하면 테타니라고 알려진 무의식적인 근육운동으로 특징지어지는 상태를 유발할 수 있다. 칼슘의 과다 섭취는 변비를 일으키거나 철과 아연의 흡수를 방해할 수 있다.

인

칼슘과 함께 인은 단단한 뼈와 치아를 형성하는 데 필요하다. 또한 탄수화물, 지방 및 단백질의 신진대사에서 중요하다. 인은 모든 체세포의 구성 요소이다. 혈액의 적절한 산-염기 균형에 필요하며, 여러 비타민 B의 효과적인 작용에 필수적이다. 칼슘과 마찬가지로 인은 뼈에 저장되며 비타민 D가 있으면 흡수가 증가한다.

공급원

인은 음식에 널리 분포되어 있지만, 인의 가장 좋은 공급원은 우유, 치즈, 고기, 가금류, 그리고 생선 같은 단백질이 풍부한 음식이다. 시리얼, 콩나물, 견과류, 그리고 탄산음료도 상당량 함유하고 있다.

요구량

인은 생후 12개월 동안은 충분섭취량으로, 그 이후로는 평균필요량으로 제시되고 있다(표 8-5). 인은 밀리그램(mg)으로 측정된다.

결핍

인은 많은 음식에서 발견되기 때문에, 인의 결핍은 드물다. 산화 방지제를 과도하게 사용하면 흡수하는 데 영향을 미치기 때문에 이를 유발할 수 있다. 인의 결핍의 증상은 뼈의 탈염화(무기질 손실), 피로, 식욕부진을 포함한다.

병인 etiology
원인

테타니 tetany
무의식적 근육운동

탈염화 demineralization
무기질 손실

표 8-5 인 충분섭취량(AIs) 및 권장식이허용량(RDAs)

인의 충분섭취량	
0~6mo	100mg*
7~12mo	275mg*
인의 권장식이허용량	
1~3y	460mg
4~8y	500mg
9~18y	1,250mg
19~70y	700mg
임산부 및 수유여성	같은 연령 가임기 여성 및 비 수유 여성과 동일

*충분섭취량.

Dietary Reference Intakes: *The Essential Guide to Nutrient Requirements*.

칼륨

칼륨은 주로 세포내 양이온으로 체액과 삼투압에 필수적이다. 칼륨은 세포내의 체액농도를 유지하고 나트륨은 세포 밖의 체액농도를 유지한다. 삼투압은 전해질 균형을 유지하기 위해 필요한 만큼 체액을 세포내 또는 세포외로 이동한다. 일반적으로 세포내에는 나트륨보다 칼륨이, 세포외에는 칼륨보다 나트륨이 더 많다. 만약 이 균형이 깨지고 세포내 나트륨이 증가한다면, 세포 내의 체액 또한 증가하여 부종을 일으킨다. 세포외 나트륨 수치가 떨어지면, 체액이 세포 안으로 들어가 칼륨 농도를 희석시켜 세포외 체액이 감소하게 된다. 나트륨의 손실과 세포 밖의 체액 감소로, 혈압의 감소와 탈수 현상이 발생할 수 있다.

또한 칼륨은 신경 자극의 전달과 근육수축 작용을 위한 역할을 한다.

공급원

칼륨은 많은 음식에서 발견된다. 과일(특히 멜론, 오렌지, 바나나, 복숭아)과 채소(버섯, 브뤼셀 콩나물, 감자, 토마토, 겨울 호박, 리마콩, 당근)은 특히 풍부한 공급원이다.

결핍 또는 과용

칼륨 결핍(저칼륨혈증)은 설사, 구토, 당뇨성 산증, 심각한 영양실조, 하제 또는 이뇨제의 과도한 사용으로 야기될 수 있다. 칼륨 결핍증상으로는 오심, 식욕부진, 피로, 근육 약화, 그리고 부정맥(빈맥)이다. 고칼륨혈증은 탈수, 신부전, 칼륨의 과도한 섭취 등으로 인해 발생할 수 있으며 심부전을 야기한다.

나트륨

나트륨은 전해질로서, 주요 기능은 체액균형유지로 세포외 삼투압 조절에 필수적

세포내 intracellular
세포 안

삼투압 osmosis
반투과성 막을 통한 물질의 이동

세포외 extracellular
세포 밖

저칼륨혈증 hypokalemia
혈중 칼륨 농도가 낮음

이뇨제 diuretics
소변량을 증가시키는 데 사용되는 물질

고칼륨혈증 hyperkalemia
혈중 칼륨 농도가 높음

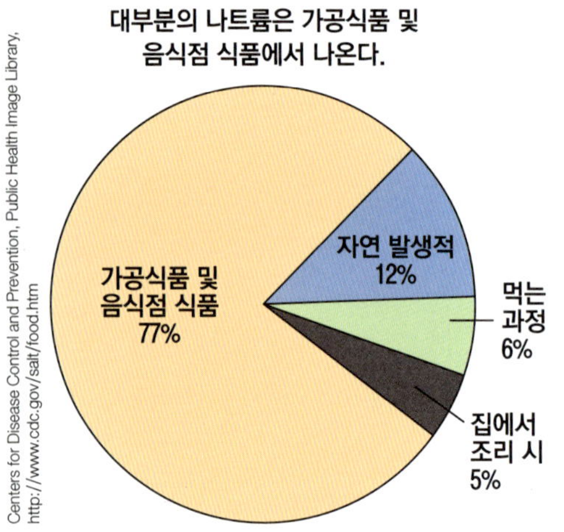

그림 8-3 식이에서 나트륨의 대부분은 식당음식과 가공식품에서 온다.

이다. 나트륨은 신체에 산-염기 균형을 유지하기 위해서도 필요하다. 또한, 정상적인 근육 기능에 필수적인 신경 흥분 전달에 관련이 있다.

공급원

대부분의 나트륨은 나트륨의 40%인 식용 소금(염화나트륨)으로, 식품에 들어있다. 식용 소금 한 티스푼에는 2,000mg의 나트륨을 함유하고 있다. 육류에도 소금이 첨가되어 있으며, 소금은 맛과 미생물의 성장을 통제함으로써 음식을 보존하기 때문에 가공식품에 첨가된다. 그림 8-3에서처럼 우리가 먹는 음식 나트륨의 77%는 가공식품과 음식점에서 나온다는 것을 주목하라. 과일과 채소는 나트륨을 거의 또는 전혀 함유하고 있지 않다. 먹는 물은 나트륨을 포함하지만 양은 다양하다. "연화된" 물은 "경화", 비연화된 물보다 훨씬 더 높은 나트륨 함량을 가진다.

요구량

나트륨에 대한 DRI는 성인 기준으로 1,500mg으로 설정되었다. 이는 신체 활동을 위한 기준량으로 "충분섭취량"으로 간주된다. 그러나 식이요법 지침에서는 의학연구소(Institutes of Medicine, IOM)에서 정한 대로 14세 이상의 개인에 대해 나트륨을 2,300mg 이하로 제한을 권장한다.

결핍 또는 과용

나트륨이 부족하거나 과도할 경우, 체액의 균형이 깨질 수 있다. 드물긴 하지만, 나트륨의 부족은 심한 구토, 설사, 또는 과도한 땀 배출 후에 일어날 수 있으며 이러한 경우 탈수가 발생할 수 있다. 나트륨 결핍은 또한 신체 산-염기 불균형을 일으킨다. 세포는 중성 또는 약간 알칼리성 상태에서 가장 잘 기능한다. 너무 많은 산이 손실되면(심각한 구토 중에 발생할 수 있음) 알칼리증으로 인한 테타니가 발생할 수 있다. 당뇨병 경우처럼 기아상태나 신진대사의 결과로 알칼리성 예비량이 부족하면 산증이 발생할 수 있다.

나트륨의 과다는 더 흔한 문제로 부종을 일으킬 수 있다. 이는 고혈압을 유발할 수 있는 동맥벽에 압력을 가한다. 따라서 나트륨의 과다는 고혈압이나 울혈성 심부전과 같은 심혈관질환과 연관있다. 특정 대상자는 나트륨 섭취의 감소에 대응해 혈압이 더 높거나 낮아진다. 혈압의 변화가 큰 사람은 나트륨에 민감한 반면, 혈압이 거의 또는 전혀 감소하지 않는 사람은 나트륨에 내성이 있다고 한다. 나트륨의 민감성 및 내성에 대해 심장전문의와 함께 판단하는 것이 가장 좋은 방법이다. 진단에 따라 식이요법은 3~4g[소금 무첨가(no-added salt) 또는 NAS] 또는 1~2g의 나트륨 제한식이가 될 수 있다. 이행하기 어렵기 때문에 의사는 1g 나트륨 식이는 거의 처방하지 않는다.

탈수 dehydration
수분 손실

알칼리성 alkaline
산을 중화시킬 수 있는

알칼리증 alkalosis
과도한 염기가 체내에 축적되거나 산이 손실되는 상태

산증 acidosis
과도한 산이 체내에 축적되거나 염기손실이 있는 상태

부종 edema
체액의 비정상적인 정체

고혈압 hypertension
정상 혈압보다 높음

심혈관 cardiovascular
심장 및 전체 순환계와 관련된

염소

체액, 전해질 및 산-염기 균형을 유지하는 데 필수적인 전해질이다. 나트륨처럼 세포 밖의 체액 성분이다. 또한 위액의 구성 요소로 수소와 결합하여 염산, 뇌척수액, 근육과 신경 조직에서 발견된다. 혈액이 이산화탄소를 폐로 운반하는 것을 돕고 백혈구가 이물질을 공격하는 면역 반응에 필요하다.

공급원

염소는 거의 식용 소금(염화나트륨) 또는 염화나트륨이 함유된 식품에서 얻을 수 있다.

요구량

정상 성인 기준 염소 섭취는 하루에 2,300mg이다.

결핍

염소는 소금에서 발견되기 때문에 결핍은 드물다. 그러나 심한 구토, 설사, 이뇨제의 과도한 사용으로 인해 알칼리증이 발생할 수 있다. 또한, 나트륨 제한 식단을 적용하는 대상자에게 나타날 수 있다. 이러한 경우, 이들에게 염소 대체 공급원을 제공할 수 있다.

마그네슘

마그네슘은 신체 조직 모두에 필수적이다. 또한 신진대사에 필수적이며 심장을 포함한 신경과 근육 기능을 조절하며 혈액 응고 과정에 중요한 역할을 한다.

공급원

인과 같이 마그네슘은 식품에 널리 분포되어 있으며 주로 식물성 식품에서 발견된다. 마그네슘이 풍부한 식품은 잎이 많은 녹색 채소, 콩류, 견과류, 통곡물, 그리고 아보카도와 바나나와 같은 몇몇 과일들이다. 우유도 충분히 섭취하면 좋은 공급원이다. 예를 들어, 무지방 우유 2컵은 약 60mg의 마그네슘을 제공한다.

마그네슘은 식품가공과 조리 중에 손실된다. 그래서 채소와 과일을 익히는 것보다 날것으로 먹는 것이 더 좋다.

요구량

마그네슘의 충분섭취량은 표 8-6으로 확인된다. 마그네슘은 밀리그램(mg)으로 측정된다.

SUPERSIZE USA

소금

대부분의 미국인들은 소금을 너무 많이 섭취하는데, 이것은 고혈압, 심장병, 신장병, 뇌졸중의 위험을 증가시킬 수 있다. 미국의 성인 3명 중 1명이 고혈압으로, 향후 건강의 위험을 줄이기 위해 나트륨 양을 줄이는 방법을 아는 것이 중요하다. 식품 표시에 있는 영양 성분을 읽는 것은 특정 식품 품목의 나트륨 성분을 식별하는 데 도움이 될 수 있다. 식품 표시의 일일 값(%)을 사용하여 제품을 비교한다. 1인분당 20% 이상의 나트륨을 함유한 식품은 "높음"으로 간주된다. 매일 2,300mg 이하의 나트륨을 섭취하는 것이 좋다. 놀랍게도 미국인의 나트륨 섭취는 주로 포장음식과 식당 음식(77%)에서 비롯되며, 11%만이 우리가 집에서 요리하거나 먹을 때 음식에 첨가하는 것에서 비롯되나 소금통을 사용하지 않고 집에서 음식을 준비하는 것이 도움이 될 수 있다. 식단에서 소금 양을 줄이기 위해 통조림 식품을 제한하고, 나트륨 대신 천연 허브와 향신료로 요리하고, 간장, 케첩, 샐러드 드레싱, 냉동식품, 소금에 절인 고기를 제한한다. 외식할 때는 저염식을 선택하는 데 도움이 되는 영양 정보를 확인하거나 소스와 드레싱은 따로 요청한다.

출처: U.S. Food and Drug Administration (2015, September 3). "Sodium in Your Diet: Using the Nutrition Facts Label to Reduce your Intake." Accessed September 28, 2015. http://www.fda.gov/Food/ResourcesForYou/Consumers/ucm315393.htm

표 8-6 칼륨, 나트륨, 염소의 충분섭취량과 마그네슘의 권장식이허용량

	칼륨 (g/d)	나트륨 (g/d)	염소 (g/d)	마그네슘 (mg/d)
생애주기별				
영아				
0~6mo	0.4	0.12	0.18	30*
6~12mo	0.7	0.37	0.57	75*
아동				
1~3y	3.0	1.0	1.5	80
4~8y	3.8	1.2	1.9	130
남성				
9~13y	4.5	1.5	2.3	240
14~18y	4.7	1.5	2.3	410
19~30y	4.7	1.5	2.3	400
31~50y	4.7	1.5	2.3	420
51~70y	4.7	1.3	2.0	420
>70y	4.7	1.2	1.8	420
여성				
9~13y	4.5	1.5	2.3	240
14~18y	4.7	1.5	2.3	360
19~30y	4.7	1.5	2.3	310
31~50y	4.7	1.5	2.3	320
51~70y	4.7	1.3	2.0	320
>70y	4.7	1.2	1.8	320
임산부				
14~18y	4.7	1.5	2.3	400
19~30y	4.7	1.5	2.3	350
31~50y	4.7	1.5	2.3	360
수유부				
14~18y	5.1	1.5	2.3	360
19~30y	5.1	1.5	2.3	310
31~50y	5.1	1.5	2.3	320

*영아의 마그네슘에 대한 충분섭취량이다.

Reprinted with permission from the National Academies Press, Copyright © 2006, National Academy of Sciences. *Dietary Reference Intakes: The Essential Guide to Nutrient Requirements*.

결핍

마그네슘의 폭넓은 이용 가능성 때문에 정상식이를 하는 대상자에게서의 결핍은 알려지지 않았다. 결핍의 증상은 메스꺼움과 정신적, 감정적 그리고 근육 질환이다.

황

황(S)은 모든 신체 조직에 필요하며 모든 체세포에서 발견된다. 체모와 조직 연소 시 독특한 냄새에 기여하며 신진대사에 필요하다.

공급원

황은 일부 아미노산의 구성요소이며, 단백질이 풍부한 식품에 들어 있다.

요구량 또는 결함

신체에 필요한 황의 양과 결핍은 알려져 있지 않다.

미량무기질

철

철(Fe)의 주요 역할은 신체 조직에 산소를 공급하며, 적혈구 색소인 헤모글로빈의 성분이다. 헤모글로빈은 적혈구가 폐에 있는 산소와 결합되어 체 조직으로 운반하게 한다.

또한 철은 근육의 단백질 화합물인 미오글로빈의 구성요소이다. 세포에 산소를 공급하며, 산소 운반과 관련된 다른 신체 화합물의 성분이다. 철은 아미노산, 호르몬, 신경전달물질과 관련된 효소에 의해 이용된다.

공급원

육류, 생선, 가금류는 헴철을 함유하고 있기 때문에 최고의 철 공급원이다. 동물성 식품의 헴철은 식물성 비헴철보다 두 배 이상 효율적으로 흡수된다. 비헴철의 공급원은 통곡물, 강화곡류 제품, 채소, 과일, 달걀, 고기, 생선 및 가금류에서 발견된다(그림 8-4 참조). 비헴철의 흡수 속도는 식이 요인과 신체의 철 저장고에 의해 크게 영향을 받는다. 표 8-7에 헴철과 비헴철 흡수에 영향을 미치는 요인이 나열되어 있다.

표 8-7 철흡수 영향요인

흡수 증가 요인	흡수 감소 요인
위산	피틴산
헴철	옥살산
적혈구 요구도 증가(출혈, 임신)	폴리페놀(차, 커피)
체내 철저장 감소	체내 철 저장 증가
고기단백질인자(MPF)	다른 무기질(아연, 망간, 칼슘)의 과도한 섭취 (특히 보조제로 복용할 때)
비타민 C	일부 제산제

삶의 길잡이 SPOTLIGHT on Life Cycle

고령자, 아프리카계 미국인 및 만성질환(고혈압, 당뇨병 및 신장 질환 포함)을 가진 사람들은 나트륨의 혈압상승에 특히 민감하여 매일 섭취하는 나트륨의 양에 대해 의사 또는 영양사의 조언을 따라야 한다. UL이 낮을 수도 있다. 이 그룹은 심혈관질환과 관련된 고혈압의 높은 발생 빈도를 경험한다. 처방은 3~4g(소금 무첨가 또는 NAS라고도 함) 또는 1~2g 나트륨 제한식이 중 하나일 수 있다. 이행하기 어렵기 때문에 의사는 1g 나트륨 식이는 거의 처방하지 않는다.

그림 8-4 헴철과 비헴철의 식품공급원

미오글로빈 myoglobin
세포에 산소를 공급하는 근육 내 단백질 화합물

철이 흡수되려면 화학적으로 제2철(ferric)에서 제1철(ferrous iron)로 바꾸어야 한다. 이 변화는 위 속의 염산에 의해 이루어진다. 비헴철의 흡수는 비타민 C가 풍부한 음식과 비헴 철분이 풍부한 음식을 같은 식사로 섭취함으로써 강화될 수 있다. 비타민 C는 철을 철분 형태로 유지시켜 흡수를 용이하게 한다. 고기단백질 인자(meat protein factor, MPF)는 비헴철의 흡수를 돕는 고기, 가금류 및 어류의 물질이다.

피틴산, 옥살산 같은 결합체, 차와 커피 중의 폴리페놀은 철의 흡수를 감소시킨다. 칼슘은 철분 흡수를 방해하기 때문에 칼슘과 칼슘 보조제는 식사 전이나 식사 후 몇 시간 후에 복용해야 한다.

요구량

국립과학식품영양위원회는 남성은 하루 약 1mg, 여성은 하루 1.5mg의 철분을 손실한다고 말한다. 섭취된 철분의 10%만이 흡수된다고 가정했을 때, 남성의 영양소 섭취기준은 10mg, 여성은 11세부터 임신 전까지 15mg로 설정되었다. 임신기간 동안에는 영양소 섭취기준은 2배로 증가하며 식이만으로 보충이 어렵기 때문에 철분보조제가 임신 중에 일반적으로 처방된다. 여성은 항상 철분이 풍부한 음식을 식단에 포함시키기 위해 특별한 노력을 해야 한다. 유아기와 사춘기의 빠른 성장 기간 또한 철분 섭취량 증가가 필요하다.

결핍 또는 독성

철분결핍은 특히 여성들에게 계속해서 문제가 되고 있다. 철분결핍은 섭취 부족, 흡수장애, 충분한 위산 부족 또는 과도한 혈액 손실로 인해 발생할 수 있으며, 이 중 어느 것이나 신체의 철분을 고갈시킬 수 있다. 철의 저장고 감소는 헤모글로빈 합성을 방지한다. 그 결과는 필요한 산소를 운반할 적혈구의 수가 충분하지 않다. 철분 부족으로 철분결핍빈혈이 될 수 있다. 철분결핍빈혈은 발전하는 데 오랜 시간이 걸리지만, 세계적으로 가장 흔한 영양결핍이다. 피로, 허약감, 불안정, 짧은 호흡 및 창백한 피부와 숟가락 모양의 손톱을 포함한다.

또한 *혈색소증*이 생길 수 있으며 이는 신진대사의 문제로 인해 철분의 과다 흡수를 유발한다. 이 병의 발병은 어느 연령대에나 일어날 수 있으며, 치료하지 않으면 간, 비장, 그리고 심장을 손상시킬 수 있다. 철흡수의 증가를 억제하기 위해, 환자들은 정기적으로 정맥절개술을 받아야 한다. 매 회기 동안, 대략 480ml의 혈액이 제거된다. 제거된 혈액은 과도한 철분이 포함되어 있기 때문에 헌혈에 사용될 수 없다.

철분결핍빈혈 iron deficiency anemia
혈액에 의해 세포로 운반되는 산소의 양을 감소시키면서, 식단에서 철분의 부적절한 양으로 야기되는 상태

요오드

요오드(I)는 갑상샘 호르몬, 티록신(T_4)과 삼요드티록신(T_3)의 구성요소이다. 그것

은 신진대사 속도를 결정하는 갑상샘의 정상적인 기능을 위해 필요하다.

공급원

요오드의 주요 공급원은 요오드화 소금, 해산물 그리고 바다 근처의 토양에서 자란 몇몇 식물 식품이다. 요오드화 소금은 일반 요리에 사용될 경우 충분한 요오드를 제공하는 양으로 요오드가 첨가된 일반적인 식용 소금이다.

요구량

성인용 영양소 섭취기준은 하루에 150mg이다. 임신과 수유 시에는 추가 양이 필요하다.

결핍

갑상샘에 충분한 요오드가 없을 때, 갑상샘의 티록신(T_4)과 삼요드티록신(T_3) 생산이 늦어진다. 요오드를 더 많이 섭취하려는 시도 및 갑상샘세포의 과다증식과 비후로, 목에 갑상샘종(goiter)이라 불리는 덩어리를 형성한다(그림 8-5). 갑상샘종은 남성보다 여성에서 더 흔하게 나타난다. 갑상샘저하증은 성인에게 점액부종을 일으키며, 임신기간 동안 요오드 결핍이 심하면 태아의 크레틴병을 초래한다.

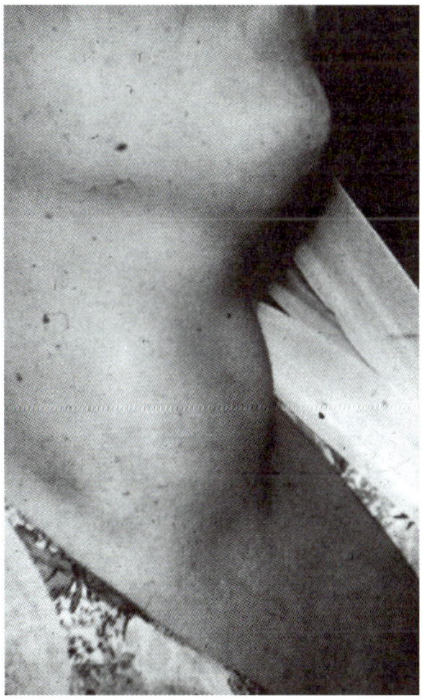

그림 8-5 목에 나타나는 갑상샘종, 요오드 결핍으로 발생한 갑상샘의 확장

아연

아연은 신체 내 300개 이상의 효소의 구성성분으로 신체 조직에 많은 영향을 미친다. 아연은 성장, 미각, 상처 치유, 포도당 내성, 신체 내 비타민 A의 이동에 필수적이다.

공급원

아연의 가장 좋은 공급원은 단백질 식품, 특히 고기, 생선, 달걀, 유제품, 밀 배아, 콩이다.

요구량

아연의 영양소 섭취기준은 정상 성인 남성 11mg, 성인 여성 8mg이며, 임신 시 요구량이 증가하며 수유 기간 동안 추가로 증가한다.

결핍

식욕감퇴, 성장장애, 왜소증, 성기능 저하(남성 생식기의 비정상적인 발달), 상처 치료 불량, 빈혈, 여드름과 같은 발진, 그리고 면역반응 저하가 모두 아연 결핍의 증상이다.

요오드화 소금 iodized salt
갑상샘종 방지를 위해 무기질 요오드가 첨가된 소금

최근 자료
IN THE MEDIA

식품보조제의 위험

강력한 자극제인 암페타민과 유사한 화학 물질인 BMPEA 화합물이 체중 감소에 많은 도움이 되는 것으로 알려져 미국 전역에서 판매되었다. 2014년 말, 캐나다에서는 심각한 건강상의 위험요인으로 인해 판매하지 않았다. 그러나 공중보건 평론가들은 FDA가 업계 최고 기관 규제 기관들이 직접 나서서 이해관계가 충돌하고 있기 때문에 그 제품을 따르기를 꺼린다고 주장한다. 보조제에 대한 규제가 논란거리가 되어왔다. 1994년 통과된 법에 따르면, 보조제는 처방약에 적용되는 더 엄격한 검사와 감독으로부터 면제되었다. 이는 보조제가 대중에게 판매되기 전에 안전이나 효과를 증명할 필요가 없다는 것을 의미한다. 보조제 산업은 스스로 규제하고 있는 상태로 FDA의 지지자들은 안전성이 우수하다고 생각한다. 그러나 2013년과 2014년에 국가제품협회는 FDA, 의회 및 FTC가 식품첨가물 표시법에 반대하는 로비활동에 거의 150만 달러를 지출했다는 점에 주목해야 한다.

출처: O'Connor, Anahad. (2015, April 7). "Study Warns of Diet Supplement Dangers." New York Times blog. Accessed October 2015. http://well.blogs.nytimes.com/2015/04/07/ study-warns-of-diet-supplement-dangers-keptquiet- by-f-d-a/?_r=0

셀레늄

셀레늄은 대부분의 신체 조직의 구성 성분이지만, 무기질 농도가 가장 높은 곳은 간, 신장, 심장이다.

기능

셀레늄은 산화 방지제 역할을 하는 효소의 구성요소이다. 산화로부터 세포를 보호하고 비타민 E를 저장한다.

공급원

셀레늄의 가장 좋은 공급원은 해산물, 육류 신장, 간 그리고 근육이다.

요구량

성인 남성과 여성의 셀레늄 영양소 섭취기준은 70mcg이다.

결핍 또는 독성

셀레늄 결핍의 증상은 확실하지 않지만, 셀레늄 보조제는 케샨병을 치료하는 데 효과가 있는 것으로 보인다. 고용량(매일 1mg 이상)은 독성을 일으키며 구토, 머리카락과 손톱의 손실 및 피부 병변이 나타날 수 있다.

케샨병 Keshan disease
심장 근육에 이상을 일으키는 상태

구리

구리는 모든 조직에서 발견되지만 가장 농도가 높은 곳은 간, 신장, 근육, 뇌이다. 여러 효소의 필수적인 구성요소로서, 그것은 헤모글로빈의 형성에 도움을 주고, 적혈구 형성을 위해 골수에 철을 전달하는 것을 돕고, 에너지 생산에 참여한다.

공급원

구리는 많은 음식에서 구할 수 있지만, 구리의 가장 좋은 공급원은 내장육(간)이다. 조개, 콩류, 견과류, 코코아, 통곡 시리얼, 모유는 구리의 좋은 공급원이지만 우유는 그렇지 않다.

요구량

구리의 영양소 섭취기준은 성인의 경우 900mg이다.

결핍 또는 독성

성인에게 구리 결핍은 극히 드물며, 흡수장애나 만성적인 단백질 부족 시(예: 단백질열량부족증)에 나타난다. 미숙아 또는 장기간 정맥으로 비경구영양 투여를 하는 대상자에게서도 구리 결핍이 나타나는 경우가 있다. 구리 결핍은 과량의 아연 보조제 섭취로 야기될 수 있다. 빈혈, 뼈의 탈염화 및 성장장애가 발생할 수 있다.

과도한 구리섭취는 독성반응을 일으키며 1회 복용량이 10~15mg 시 구토를 유발할 수 있다. 유전질환인 윌슨병(Wilson's disease)은 간, 뇌, 눈의 각막과 과도한 구리가 축적되어 간세포와 뉴런에 손상을 입힐 수 있다. 조기 발견 시 구리 결합제를 사용해 혈류내 구리를 결합하고 배출을 증가시킬 수 있다.

망간

망간은 신진대사와 관련된 여러 효소의 성분이며 뼈 형성에도 중요하다.

공급원

망간의 가장 좋은 공급원은 통곡물과 차이다. 채소와 과일 또한 적당한 양을 함유하고 있다.

요구량

성인용 영양소 섭취기준은 남성 2.3mg, 여성 1.8mg이다.

결핍 및 독성

결핍은 거의 나타나지 않는다. 망간 과다 섭취로 인한 독성은 알려져 있지 않지만, 고농도의 망간 먼지를 늘이마신 사람들은 신경학적 문제를 가지고 있다.

불소

불소(F)는 충치발생에 대한 저항력을 증가시킨다. 뼈의 무기질을 덜 용해시켜 재흡수를 낮게 하며 뼈와 치아를 강화시킨다.

공급원

주요 공급원은 불소화물이 첨가된 물이다. 또한 생선과 차에는 불소가 함유되어 있다. 제조 과정에서 불소화된 물을 사용한 제조식품에도 불소가 함유되어 있다.

요구량

불소 요구 충분섭취량은 남성 4mg, 여성 3mg이다.

결핍 또는 독성

불소가 부족하면 충치의 위험이 높아진다. 과도한 양의 음용수 불소는 치아 에나멜 변색시켜 반점과 갈색점 유발 및 치아에 구멍이 날수도 있다.

> **웹사이트 탐색**
> **EXPLORING THE WEB**
>
> 웹에서 무기질 보조제를 검색한다. 이 물질들의 사용과 관련하여 어떤 주장이 제기되고 있는가? 대상자에게 건강상의 이점을 설명하는 교육 체크리스트를 만들고 이러한 무기질의 사용과 관련된 위험들 보조제를 사용하지 않고 이러한 무기질을 얻을 수 있는 다른 원천을 설명한다.

크롬

크롬(Cr)은 포도당과 지질대사와 연관되어 있다. 크롬은 크롬이 축적되는 폐만 제외하고 나이가 들수록 감소한다.

공급원

크롬의 가장 좋은 공급원은 고기, 버섯, 견과류, 내장육, 그리고 밀 배아를 포함한다.

요구량

크롬에 대한 영양소 섭취기준은 없지만 성인용 충분섭취량은 남성 35mg, 여성 25mg이다. 균형잡힌 식단을 가지고 있을 때 이 요구량을 충족시키는 데는 어려움이 없다.

결핍

크롬 결핍 시 포도당 대사 장애가 나타난다.

몰리브덴

몰리브덴(Mo)은 효소의 성분이며 신진대사에 중요한 역할을 한다.

공급원

몰리브덴의 가장 좋은 공급원은 우유, 간, 콩류, 그리고 시리얼이다.

요구량

성인기준 적절한 일일섭취량은 45mcg이다. 보통 균형잡힌 식사로 공급된다.

결핍 또는 독성

정상식이를 하는 사람들에게서 결핍증상이 나타나지 않으며, 과다 섭취는 구리 흡수를 방해할 수 있다.

건강과 영양 고려사항

비타민 다음으로 무기질은 일반 대중들에게 큰 관심사이다. 종종 무기질 효과에 대한 잘못된 기사는 잘못된 믿음을 준다. 건강관리 전문가는 소량의 무기질도 위험하다는 것을 인식하고 대상자에게 의미 있는 방법으로 정보를 전달할 수 있어야 한다.

요약_SUMMARY

무기질은 성장을 촉진하고 몸의 신진대사를 조절하는 데 필요하다. 토양과 물에서 기원하며 음식과 음료를 통해 섭취된다. 결핍은 빈혈, 구루병과 같은 상태를 초래할 수 있다. 균형 잡힌 식단은 무기질 부족을 예방할 수 있다. 농축된 형태의 무기질(보조제)은 의사의 처방에 따라 섭취해야 한다. 과도한 무기질은 유독할 수 있어 탈모뿐 아니라 거의 모든 신체 조직에 변화를 일으킬 수 있다.

토의 주제_DISCUSSION TOPICS

1. 어린이와 임산부에게 특별히 칼슘과 인의 섭취 중요성에 대해 논의한다.
2. 우유를 싫어하는 성인의 식단에 충분한 양의 칼슘을 공급하는 방법을 나열하시오. 이 대상자를 위한 식단을 준비하시오.
3. 수업 중에 빈혈에 걸린 사람이 있는지 물어보시오. 만약 있다면, 친구에게 증상과 치료를 설명해 달라고 요청하시오. 어떤 종류의 빈혈이었는가? 예방이 가능하다면, 병의 재발 방지를 위해 어떤 조치를 취하고 있는가?
4. 식단에서 나트륨을 줄이려면 동물성 음식을 늘리거나 줄여야 하는가? 왜인가?
5. FNB/NAS는 왜 무기질에 대한 영양소 섭취기준의 상한을 습관적으로 초과하지 않도록 권장하는가?
6. 만약 학급의 누군가가 골다공증을 앓고 있는 사람을 알고 있다면, 친구에게 성별, 나이, 신체적 외모, 신체적 불만, 평생의 식생활 습관, 그리고 치료를 포함한 설명을 요청하시오.
7. 나트륨과 부종의 관계를 설명하시오.
8. 왜 나트륨 제한 식단을 사용하는 대상자들이 지역 물 공급의 무기질 성분을 평가하도록 권장하는가?
9. 나트륨과 칼륨의 관계에 대해 설명하시오.
10. 왜 의사는 칼륨을 동시에 처방하는가?
11. 비록 드물기는 하지만, 왜 염소 결핍은 때때로 장기 나트륨 제한 식이요법에서 일어나는가?
12. 헴철과 비헴철의 차이점을 토론하시오.
13. 왜 임산부에게 철이 일반적으로 처방되는가?
14. 왜 셀레늄이 비타민 E를 보충한다고 하는가?

연습문제_REVIEW

가장 적절한 답을 고르시오.

1. 무기질은 ______________ .
   a. 조직을 만들고 재생하는 데 도움이 된다.
   b. 뼈에서만 발견된다.
   c. 탄수화물이 부족할 때 에너지를 제공한다.
   d. 단백질 대신 쓰일 수 있다.
2. 신체의 미량 무기질은 ______________ 이다.
   a. 임상에서 검출되지 않는 무기질
   b. 매우 적은 양에서 발견되는 필수 무기질
   c. 건강에 필수적이지 않은 무기질
   d. 혈액에서만 발견되는 무기질
3. 무기질 ________는 건강한 뼈와 치아를 강화하고 유지하기 위해 칼슘과 함께 작용한다.
   a. 철 c. 인
   b. 유황 d. 몰리브덴
4. 인의 공급원은 ________ 이다.
   a. 가금류 c. 식물성 기름
   b. 보통의 소금 d. 잎이 무성한 채소

5. 혈색소는 ________ 이다.
   a. 골수 c. 헤모글로빈
   b. 림프절 d. 혈장

6. 철분결핍의 주요 원인은 ________ 이다.
   a. 흡수장애 c. 섭취 부족
   b. 위산 결핍 d. 위의 모든 것

7. 철분결핍빈혈의 일반적인 징후는 ________ 이다.
   a. 근육 경련과 간의 통증
   b. 휘어진 다리와 확대된 갑상샘
   c. 부종과 시력 상실
   d. 피로와 허약감

8. 요오드는 건강에 필수적이다. 왜냐하면 ________.
   a. 적혈구 생성에 필수적이다.
   b. 뼈와 치아를 튼튼하게 한다.
   c. 혈액이 산소를 세포로 운반하는 것을 돕는다.
   d. 신진대사 속도에 영향을 미친다.

9. 심혈관질환 대상자에게 나트륨 섭취는 종종 제한된다. 왜냐하면 ________.
   a. 심장을 천천히 뛰게 한다.
   b. 심장의 성장을 돕는다.
   c. 부종을 일으킨다.
   d. 혈당을 증가시킨다.

10. 철은 ______를 구성하기 위한 필수 요소이다.
    a. 지방 조직 c. 티로신
    b. 헤모글로빈 d. 아미노산

11. 채소 요리에서 나온 액체는 다른 음식을 준비하는 데 사용되어야 한다. 왜냐하면 ________.
    a. 무기질 소금은 물에 용해된다.
    b. 물의 수소와 산소는 무기질의 소화를 돕는다.
    c. 아미노산은 물에 용해된다.
    d. 관련 없음

12. 갑상샘종은 ______의 결핍으로 나타난다.
    a. 망간 c. 구리
    b. 마그네슘 d. 요오드

13. 칼슘 결핍은 ______의 원인이 될 수 있다.
    a. 젖당 소화장애증 c. 테타니
    b. 심한 메스꺼움 d. 고혈압

14. 나트륨은 특히 ______에 중요하다.
    a. 혈액응고 과정 c. 골연화증의 예방
    b. 골다공증 치료 d. 삼투압

15. 황은 __________.
    a. 뼈와 치아에서만 발견된다.
    b. 탄수화물이 풍부하다.
    c. 모든 체세포에서 발견된다.
    d. 결핍이 매우 흔하다.

16. 저칼륨혈증은 __________.
    a. 비정상적 심장 박동에 의한
    b. 칼륨 부족에 의한
    c. 종종 고지혈증의 전조
    d. 만성 과식의 일반적인 결과

17. 성장지연과 생식선 기능감퇴증은 어떤 무기질의 결핍인가?
    a. 비소 c. 셀레늄
    b. 아연 d. 구리

18. 어떤 우유가 구리의 좋은 공급원인가?
    a. 두유 c. 우유(염소)
    b. 우유(소) d. 모유

요점사례_CASE IN POINT

LIAN: 부종과 칼륨

Lian은 현재 법률회사에서 비서로 일하며 주로 책상에 앉아 있다. 그녀는 가사활동 외 특별한 활동은 없으며 남편과 가끔 산책을 한다. 그녀는 일과 중 활동을 위해 일하는 동안 엘리베이터 대신 계단을 사용하려고 한다. Lian은 56세에 중국 출신이며 키가 147cm로 작다. 몸무게는 77kg으로 현재 이상적인 몸무게보다 36kg 더 나간다. 그녀는 계단을 오를 때 점점 숨이 차게 된다는 것을 알게 되었다. 휴식 없이는 한 층을 오르기가 힘들었다. 그녀는 호흡곤란이 자신의 활동량 부족과 관련이 있다고 생각했다. 하지만 최근에 그녀의 발목이 부은 것을 알게 되었으며 퇴근 후 붓기를 줄이기 위해 발을 높이 올리고 있었다. 결국, 그녀는 의사에게 진찰을 받기로 결심한다. 그녀의 혈압은 192/98, 심장박동수는 96 bpm, EKG 결과는 정상이었다. 주치의는 그녀에게 나트륨 섭취를 일일 2,400mg 이하로 하며, 체중 감량 및 활동량 증가를 위한 노력이 필요하다고 말했다. 의사는 이 2가지가 그녀의 체력을 향상시킬 것이라고 설명했으며 부종과 혈압을 떨어뜨리기 위해 이뇨제를 처방했다. 이뇨제는 저칼륨혈증을 유발할 수도 있기 때문에 칼륨 보조제도 처방한다고 설명했다. 주치의는 Lian에게 3개월 후 혈액검사를 처방했다. 나트륨 섭취를 줄이기 위해 Lian은 식단의 소금을 염분대체 소금으로 바꾸기 시작했다. 하지만 그녀는 염분대체 소금이 나트륨 대신 칼륨을 함유하고 있다는 것을 알지 못했다. Lian의 3개월 후 혈액검사 결과, 주치의는 칼륨 수치가 매우 높다고 했다. 이는 매우 위험한 문제가 될 수 있고, 고칼륨혈증 치료를 위해 그녀는 병원에 입원해야 한다고 설명했다.

사정

1. Lian 식단에서 숨겨진 나트륨을 어떻게 식별할 수 있는가?
2. 어떤 원인이 그녀에게 부종을 일으키는가?
3. 갈증에 대한 어떤 질문이 도움이 될 수 있는가?
4. 24시간 식사 일기를 통해 의사가 얻을 수 있는 정보는 무엇인가?
5. 부종에 대한 어떤 정보가 Lian에게 스트레스를 줄 수 있는가?
6. Lian의 신체 활동 부족에 대한 어떤 정보가 그녀의 미래에 도움이 될 수 있는가?

진단

7. Lian의 간호진단을 작성하시오.

계획/목표

8. Lian은 나트륨 제한 식이요법을 시작할 때 어떤 음식을 먹을 수 있는가?
9. Lian이 먹고 싶어 할 칼륨이 많이 들어 있는 음식은 무엇인가?
10. Lian에게는 어떤 2가지 목표가 주어지는가?

수행

11. Lian이 무염 저지방 식단에 대해 이해하게 할 주요 내용은 무엇인가?
12. 다량의 수분섭취의 중요성을 설명한다.

평가/결과 기준

13. Lian은 자신이 성공했는지 어떻게 알 수 있는가?

생각해보기

14. 먼저 18장을 보시오. Lian의 고혈압에 영향을 줄 수 있는 다른 요소는 무엇인가?
15. Lian이 고혈압을 조절하는 것이 왜 중요한가? 그리고 만약 그녀가 고혈압을 조절하지 않는다면 어떤 결과들이 나타나는가?

✓ rate this plate

병원에 입원하는 동안, 영양사는 Lian에게 저칼로리, 저나트륨 식단에 대해 교육시켰다. 그 영양사는 Lian이 주문한 음식을 정기적으로 확인했다. 이 식단을 평가하시오.

스파게티와 미트볼

빵 1개

이탈리아 드레싱을 곁들인 샐러드

이 음식들이 저칼륨, 저나트륨 식단에 허용되는가? 칼륨이 많은 채소와 과일을 나열하시오.

요점사례_CASE IN POINT

AISHA: 철분결핍빈혈

Aisha는 13세 때 처음으로 월경을 시작했으며 매달 많은 어려움을 겪었다. 월경기간은 7~8일이며 5일 동안은 심한 출혈이 있다. 그녀의 소아과 의사는 그녀가 이 문제를 잘 극복해 나갈 것이라고 말했다. 여러 해 동안 Aisha는 자신의 증상을 극복하는 법을 배웠다. 그녀는 생리기간 첫 며칠 동안은 방과 후 집에 있거나 집에서 일을 해야 했다. 보통 너무 피곤해서 하루 종일 낮잠을 자야 했다.

Aisha는 이제 32세의 여성이다. 그녀는 결혼했고 2세의 딸이 있다. 그녀가 딸을 임신하고 출산하는 데 3년이 걸렸다. 출산 후에도 Aisha의 상황은 나아지지 않았다. 그녀는 점점 더 가사 일에 지치고 성격이 급해졌다. 그녀와 남편은 둘째 아이를 갖고 싶어하지만 Aisha는 그 생각을 고려하기에는 너무 지쳐있다고 느낀다. Aisha는 산부인과 주치의의 처방에 따라 혈액검사를 시행했으며 철분결핍빈혈을 진단받았다. 주치의는 Aisha의 월경기간을 조절하기 위해 약을 처방했으며, 철분 보조제와 변 완화제를 추천했다. 또한 영양사를 만날 것을 권하여 영양사와 함께 철분이 많은 음식을 논하였다. 영양사는 Aisha에게 비타민 C가 함유한 철분제를 복용하라고 권하며 이는 철을 더 잘 흡수하도록 도울 것이라고 말했다.

사정

1. 48시간 식사일기가 간호사로서 당신에게 도움이 되는가?
2. 식사일기에서 Aisha에게 철분이 낮게 나타나는 요인은 무엇인가?
3. Aisha는 의사 지시로 어떤 혈액 검사를 받을 것인가?
4. NRC에 따라 여성은 하루에 철을 얼마나 소실하는가?
5. 여성의 하루 철 요구량은 얼마인가?

진단

6. 다음의 진단을 완성하시오; _____와 관련된 적혈구 감소와 산소 운반 장애와 관련된 과민증
7. 다음의 진단을 완성하시오; _____의 이해 부족과 관련된 건강 추구 행위

계획/목표

8. Aisha의 2가지 목표는?

수행

9. Aisha의 식단에 포함시켜야 할 우선순위는?
10. Aisha는 철분 흡수를 돕기 위해 일상생활의 일부로 무엇을 포함할 수 있는가?
11. Aisha는 철분 보조제를 복용하면 도움이 되는가?

평가/결과 기준

12. 4개월 후에 Aisha가 주치의를 다시 보았을 때, 주치의는 치료효과를 평가하기 위해 무엇을 측정할 수 있는가?

생각해보기

13. Aisha는 자신의 프로그램을 준수하는지 여부를 판단할 수 있는 변화는 무엇인가?

✓ rate this plate

Aisha가 피곤한 것은 당연하다. 그녀는 철분이 부족해서 일을 계속할 수가 없다. 영양사는 그녀가 철분 보조제를 먹고 건강한 식단을 먹음으로써 결국 철분 수치를 유지할 수 있다는 것을 깨닫도록 도왔다. 철분 섭취에 대한 이 식단을 평가하시오.

등심 스테이크 142g
볶음밥 3/4컵
콜리플라워와 브로콜리를 곁들인 채소 모둠
버터를 바른 통밀 저녁 식사
초콜릿 크림 파이 조각
레몬에이드

철분 함량이 높은 것은 무엇인가? 만약 그녀가 건강상의 이유로 붉은 고기를 제한하고 싶다면, 어떤 다른 음식을 포함해야 하는가?

CHAPTER 9

주요용어_*KEY TERMS*

간질액
밀리그램당량
산-염기 균형
산도
삼투질 농도
세포내액
세포부종
세포외액
시상하부
완충장치
용매
용질
탈수상태인
항상성
혈관삼투압

물
WATER

학습목표

- 체내 물의 기능에 대해 설명할 수 있다.
- 체액균형과 유지를 설명할 수 있다.
- 물 부족에 대한 원인과 결과에 대해 말할 수 있다.
- 양의 체액균형의 원인과 결과에 대해 말할 수 있다.
- 신체의 산-염기 균형에 대해 설명할 수 있다.

비록 평균 체중의 사람은 음식 없이 30~45일을 살 수 있지만, 물이 없이는 오직 3~5일만을 살 수 있다. 물은 모든 신체 세포의 구성요소이고 평균 성인 몸무게의 50~60%를 구성한다. 비율은 여성보다 남성이 더 높은데 이는 평균적으로 남자는 여자보다 더 많은 근육조직을 가지고 있기 때문이다. 근육조직의 수분함량은 지방조직보다 높다. 수분함량의 비율은 신생아 때 가장 높으며 나이가 들수록 줄어든다.

체 수분은 기본적으로 2가지 구획으로 나누어진다: 세포내와 세포외. 세포

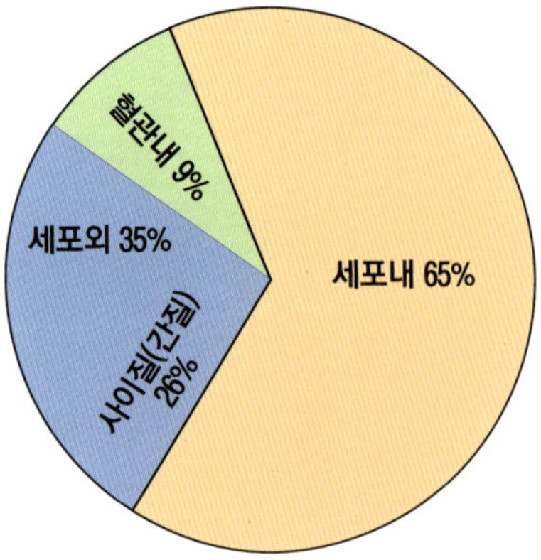

그림 9-1 총 체액의 퍼센트로의 체액구획. 체내의 모든 액체는 세포내이거나 세포외로 구분된다.

표 9-1 물의 기능

• 구조와 형태를 제공하는 모든 신체 조직의 구성요소
• 영양소, 신체 노폐물, 화학적 작용의 용매
• 혈액계와 림프계를 통한 영양소와 노폐물의 이동수단을 제공
• 가수분해에 필수이며 대사작용
• 관절과 소화에서의 윤활제 역할
• 땀의 증발을 통해 체온을 조절하는 데 도움을 줌
• 충격흡수로서의 역할

내액은 세포 안의 수분이며 총 체액의 약 65%를 차지한다(그림 9-1). 세포외액은 세포 밖의 수분이며 총 체액의 약 35%를 차지한다. 세포외액은 혈관내액와 간질액으로 구성된다.

물은 모든 신체 조직의 요소이기도 하지만 혈장의 가장 주요한 구성요소이다. 물은 영양소와 노폐물의 용매이며 이들이 혈액을 통해서 체세포로 또는 체세포로부터 이동하는 것을 돕는다. 물은 세포내 영양소의 가수분해에 필수이며 대사작용에 필요하다. 물은 관절과 소화에서의 윤활제로서 역할을 한다. 또한, 땀을 냄으로써 몸의 열을 내리고 이의 원천에 따라 몇몇의 무기원소를 제공할 수도 있다(표 9-1).

물의 최고 공급원은 물을 마시는 것이다. 표 9-2는 물에 대한 영양소 섭취기준을 나열한 것이다. 1리터는 4.2컵과 동등하다. 모든 종류의 음료는 두 번째로 좋은 공급원이다. 상당한 양이 음식, 특히 과일, 채소, 수프, 우유, 젤리 등에서 찾아볼 수 있다. 또한, 에너지 대사가 물을 만든다. 탄수화물, 지방, 단백질이 대사되면, 그들의 최종산물은 이산화탄소와 물이다(표 9-3).

체액과 전해질 균형

최상의 건강을 위해서는 반드시 항상성의 상태여야 한다. 항상성이 존재하기 위해서 신체는 *체액과 전해질 균형* 상태에 있어야 한다. 이것은 건강한 개인이 배뇨, 배설, 발한, 호흡기로부터 손실되는 수분이 용량과 전해질 면에서 대체되어야 한다는 것을 의미한다. 전해질은 밀리그램당량/리터(mEq/L)로 측정된다. 구토와 설사를 유발하는 질병은 수분과 전해질의 큰 손실을 가져올 수 있고 빨리 고려되어져야 한다. 소변으로 배출되는 수분은 의식할 수 있는(분명한) 수분손실로 알려져 있다. 불감성(간과되는) 수분손실은 대변, 발한, 호흡 등이다. 신체는 매일 500mL의 물을 소변으로 배출해야 하는데 이는 대사 노폐물을 제거하기 위해서이다(표 9-4).

물은 삼투에 의해 세포벽을 이동한다(그림 9-2). 물은 용질이 적은 쪽에서 용질 농도가 높은 쪽으로 흐른다. 전해질 나트륨, 염화물, 칼륨은 세포내액과 세포

세포내액 intracellular fluid (ICF)
세포 안의 수분; 총 체내수분의 대략 65%

세포외액 extracellular fluid (ECF)
세포 밖의 수분, 총 체내수분의 대략 35%

간질액 interstitial fluid
세포와 세포 사이의 수분

용매 solvent
수용액의 액체부분

항상성 homeostasis
신체균형 상태, 안정된 상태

밀리그램당량 milliequivalents
용액의 전해질 농도

용질 solute
수용액에 용해된 물질

표 9-2 물의 영양소 섭취기준(충분섭취량)*

발달단계	충분섭취량(L/일)
신생아	
0~6개월	0.7
6~12개월	0.8
아동	
1~3세	1.3
4~8세	1.7
남성	
9~13세	2.4
14~18세	3.3
19~30세	3.7
31~50세	3.7
51~70세	3.7
>70세	3.7
여성	
9~13세	2.1
14~18세	2.3
19~30세	2.7
31~50세	2.7
51~70세	2.7
>70세	2.7
임신부	3.0
수유부	3.8

** 총 수분량은 음식, 음료, 물을 마실 때의 모든 수분을 포함한다.*

출처: Reprinted with permission from the National Academies Press, Copyright © 2006, National Academy of Sciences. *Dietary Reference Intakes: The Essential Guide to Nutrient Requirements*.

표 9-3 성인 하루 수분 섭취량 측정치

마시는 물	1,500mL
식품 안의 물	700mL
산화로부터의 물	200mL
총	2,400mL

표 9-4 체액 불균형으로 이어지는 원인

원인	체액 결핍	체액 과다
환경적 요인	• 태양과 높은 기온에 노출	
개인적 행동	• 금식 • 유행 다이어트 요법 • 충분한 수분 공급 없이 운동	• 과도한 소금이나 수분 섭취 • 임신으로 인한 정맥 눌림

(계속)

최근 자료 IN THE MEDIA

코코넛 물(coconut water)

우리는 모두 운동 중에 반드시 수분유지를 해야 하는 것을 알고 있지만 어떤 종류의 음료가 가장 유익할까? 코코넛 제품은 최근에 열풍을 일으키고 있으며 마케터들은 코코넛 물이 물보다 수화에 뛰어나다고 주장한다. 스포츠 음료와 코코넛 물의 영양소 비교는 코코넛 물이 더 가볍고 더 자연적인 선택임을 보여준다. 순수한 한 컵의 코코넛 물은 45칼로리, 11g의 탄수화물, 70mg의 나트륨, 500mg의 칼륨을 포함하며 이에 비해 한 컵의 스포츠 음료는 55칼로리, 14g의 탄수화물(모두 당분이 첨가된 형태로), 105mg의 나트륨, 30mg의 칼륨을 포함한다. 몇몇의 연구는 증가되는 활동 수준에 따라 물, 코코넛 물, 스포츠 음료 간의 수화시키는 특성을 알려주고 있다. 정상적으로 60분 동안 또는 60분보다 적게 운동하는 사람에게 물은 최적으로 남아있다. 60분보다 길게 격렬한 신체 활동을 할 때 코코넛 물이나 스포츠 음료를 조금씩 마시는 것은 수행, 운동 회복, 체액저류를 강화하는 데 도움이 된다.

출처: Adapted from Penner, Elle, MPH, RD. "Is Coconut Water More Hydrating" July 30, 2015. http://www.huffingtonpost.com/elle-penner/is-coconut-water-more-hydrating_b_7882330.html

표 9-4 체액 불균형으로 이어지는 원인(*계속*)

원인	체액 결핍	체액 과다
심리적 영향	~(으)로 인한 마실 동기 상실 • 피로 • 우울 ~의 과도한 사용 • 변비약 • 관장 • 술 • 카페인	• 식욕 부진으로 인한 적은 단백질 섭취
질병의 결과	~(으)로 인한 체액실손 • 열 • 상처 배액 • 구토 • 설사 • 과도한 월경량 • 화상 ~(으)로 인한 삼킴곤란 • 구강 통증 • 피로 • 신경근육의 약화 통제할 수 없는 ___로 인한 과도한 소변 배출량 • 당뇨병 • 요붕증	~(으)로 인한 체액저류 • 신부전 • 심장상태 • 울혈성심부전 • 심장 판막 질환 • 좌심부전 • 간경변 • 암 • 손상된 정맥 환류

외액 간의 균형을 유지하는 용질이다. 칼륨은 세포내액의 주요한 전해질이다. 나트륨은 세포외액의 주요한 전해질이다. **삼투질 농도**는 수용액의 분자 단위이다.

세포외액의 전해질이 *증가하면*, 세포막 양쪽의 전해질 농도를 동등하게 만들려는 시도로 세포내액은 세포외액으로 움직인다. 이 이동은 세포 안의 물의 양을 줄인다. 그 다음에는 **시상하부**(식욕과 갈증을 규제하는 곳)의 세포가 **탈수상태**가 되며, 입과 혀에도 똑같이 탈수되고, 몸은 갈증을 느끼게 된다. 시상하부는

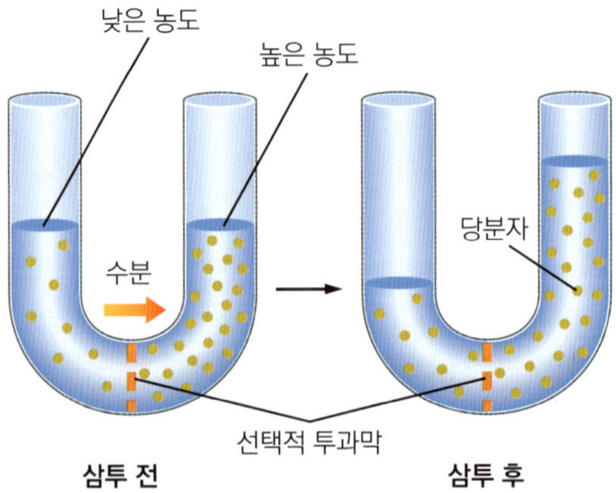

그림 9-2 삼투에서 물은 낮은 용질의 농도에서 높은 용질의 농도로 선택적으로 투과하는 세포막을 통해 이동한다.

삼투질 농도 osmolality
수용액의 킬로그램당 분자 수 ; 높은 삼투압의 수용액은 보다 적게 분자를 가지고 있는 수용액보다 더 많은 압력을 가한다.

시상하부 hypothalamus
식욕과 갈증을 규제하는 뇌의 바닥에 위치한 곳

탈수상태 dehydrated
많은 양의 수분을 손실한 상태

ADH(항이뇨호르몬)를 방출하는 뇌하수체를 전해질이 혈액에 너무 농축되어 있거나 혈량과 혈압이 너무 낮을 때 자극한다. 이 측정은 혈관삼투압이라 불린다. 이 ADH는 신장에서 물을 방출시키기보다 재흡수하게 한다. 이러한 때에, 갈증은 건강한 사람에게 액체를 마시게 만들며 이것은 세포가 필요로 하는 물과 전해질을 제공한다.

세포외액의 나트륨이 줄어들게 되면, 물이 세포외액에서 세포로 이동하고 세포부종을 일으킨다. 이것이 일어날 경우, 부신이 재흡수되는 나트륨 양을 증가시키게 신장을 자극하는 알도스테론을 방출한다. 손실된 나트륨이 세포외액에서 대체되고, 세포외액에서 세포로 나온 과도한 물이 다시 세포외액으로 돌아간다면 부종이 완화된다.

나이, 체격, 활동, 환경 온도, 신체 상태에 따라 매일 사용되고 필요로 하는 물의 양은 다르다. 평균 성인의 수분 필요량은 섭취된 음식의 1칼로리당 1mL이다. 예를 들어, 섭취된 음식의 1800칼로리에 사람은 수분 7.5컵을 필요로 한다. 의학연구소는 남자의 충분섭취량은 하루에 총 대략 3L 또는 13컵이라 밝혔다. 여자의 충분섭취량은 하루에 총 2.2L나 대략 9컵이다. 어린 나이, 열, 설사, 비정상적인 발한, 갑상샘기능항진증은 요구량을 증가시킨다.

탈수

몸에 있는 수분량이 충분하지 않다면 탈수가 일어난다. 부적절한 섭취나 비정상적인 손실에 의해 일어날 수 있다. 이러한 손실은 심각한 설사, 구토, 출혈, 화상, 당뇨, 과도한 발한, 과도한 배뇨, 이뇨제와 같은 특정한 약물 사용에 의해 일어난다. 탈수의 징후와 증상은 낮은 혈압, 갈증, 건조한 피부, 열, 혼돈 상태 등을 포함한다.

수분이 손실되면 전해질 또한 손실된다. 이와 같으면 치료는 전해질과 수분의 대체를 포함한다. 전해질 양은 필요시 검사해야 하고 교정되어야 한다. 체수분의 10% 소실은 심각한 문제를 야기한다. 혈량과 영양소 흡수가 줄어들고, 신장의 기능이 악화된다. 체수분의 20% 소실은 순환계 부전과 사망을 일으킬 수 있다. 예를 들어 신생아는 발열, 구토, 설사가 일어날 때 탈수의 고위험에 처한다. 충분한 액체가 구강으로 섭취되지 않는다면 정맥내로 수액이 필요하다.

목마른 느낌은 특히 노인, 유아, 운동선수, 병자에게 수분 요구량보다 종종 뒤쳐진다. 갈증을 느끼는 것은 몸이 물을 필요로 하는 때의 믿음직한 지표가 아니다. 수분은 탈수를 예방하기 위해 온종일 섭취되어야 한다(그림 9-3, 표 9-5)

탈수는 과도하게 땀을 흘리지만 발한으로 인한 손실량을 대체하기 위해 충분한 물을 섭취하지 않은 더운 날씨에 발생할 수 있다. 발한으로 손실된 수분을 대체하는 데에 실패하게 되면 열병의 4단계로 진행할 수 있다. (1) *열피로*가 갈증, 허약감, 피로 등을 야기한다. 이에 맞서기 위해 시원한 장소에 가고 쉬어야 하며 수분을 섭취해야 한다. (2) 나트륨과 칼륨의 손실로 인한 *열경련*은 다리경련이나

삶의 길잡이 SPOTLIGHT on Life Cycle

노인은 종종 수프, 과일주스, 유제품, 탄산음료, 차, 커피 등을 더 잘 마신다. 묽은 액체, 특히 물을 삼키는 것에 어려움을 느끼는 사람은 일정한 밀도의 젤라틴 음식, 과일 아이스, 요거트, 커스터드, 푸딩 등이 더 바람직할지도 모른다. 또한 파우더 제형의 물질은 묽은 액체를 걸쭉하게 만들어서 보다 쉽게 삼킬 수 있게 한다. 질식 없이 쉽게 삼켜진다면 물이 여전히 최고의 선택이다.

그림 9-3 탈수를 예방하는 것은 적절한 영양 섭취의 중요한 요소이다.

혈관삼투압 vascular osmotic pressure
혈액의 높은 농도의 전해질; 낮은 혈량이나 혈압

세포부종 cellular edema
세포외액의 부적절한 나트륨 양으로 인한 체세포의 부기

표 9-5 탈수의 징후

- 건강력은 불충분한 수분 섭취를 보여준다.
- 감소된 소변량
- 체중 감소(% 체중): 3~5% 경미한, 6~9% 중등도, 10~15% 심각한 탈수
- 움푹 패인 눈; 혀는 주름과 균열이 증가한다.
- 구강점막은 건조해진다.
- 감소한 피부의 긴장도(정상 피부는 탄력성이 있다)
- 중등도에서 심각한 탈수 시 신경학적 상태의 변화가 발생한다.

갈증의 원인이 된다. 이 또한 시원한 곳에 가서 쉬어야 하며 수분을 섭취해야 한다. (3) *일사병*은 갈증, 현기증, 오심, 두통, 많은 땀을 불러일으킨다. 치료로는 시원한 스펀지 목욕, 2~3일 휴식, 다량의 수분섭취 등을 포함한다. (4) *열사병*은 열을 동반하며 뇌와 신장의 손상을 일으킬 수 있다. 응급의료서비스(119)를 불러야 하며 환자는 차가운 물에 넣어지고 병원으로 이송된다. 사람들은 열사병으로 인해 죽을 수도 있다. 땀을 흘리지 못하는 사람은 열병의 모든 단계에 놓일 수 있는 높은 위험군이다.

운동 중의 체액균형

중등도의 강도로 일주일에 3~4회 30~60분 동안 평균적으로 운동하는 사람은 정상적으로 보통으로 먹고 마시는 것으로 쉽게 체액균형을 유지할 수 있다. 그러나 아침저녁으로 운동을 심하게 하는 운동선수는 만성적으로 탈수될 수 있다. 체액은 스포츠, 체격, 운동 강도, 옷의 두께, 기상상태, 훈련강도에 따라 다르게 필요하다. 많은 운동선수에게는 갈증 기전이 믿음직하지 않은 마셔야 할 신호일 수 있다. 이것은 어린 운동선수와 또한 노인에게도 문제가 많다.

물은 적은 강도와 짧은 기간의 운동에 최고의 액체이다. 그러나 전문적인 트레이너와 스포츠 영양학자는 격렬한 운동선수가 그들의 땀분비량을 알도록 함으로써 체액균형을 더욱 도와줄 필요가 있다. 이는 훈련과 대회 전후에 체중을 측정해보는 것으로 확인될 수 있다. 덧붙여 체액, 나트륨, 칼륨, 탄수화물 대체물 요구가 설명되어야 한다. 미국 스포츠 의학 대학은 더 많은 참고를 위한 운동과 액체의 대체물에 대한 대조표를 가지고 있다.

과도한 물의 축적

몇몇의 상황은 신체에 과도한 체액 축적을 야기한다. 이 상태를 양의 체액균형이라 한다. 이는 물이 체내에서 사용되거나 배출되는 것보다 체내에 많게 있을 때 일어나며 부종이 생긴다. 갑상샘기능저하증, 울혈성심부전, 저단백혈증(적은 양의 단백질), 감염, 암, 신장 상태는 수분정체를 야기하는데, 이는 나트륨이 정상적으로 배출되지 않기 때문이다. 체액과 나트륨은 대신 제한되어야 한다.

SUPERSIZE USA

비만 저널에 간행된 새로운 연구에 따르면 식사 전에 물을 마시는 것은 물을 마시지 않는 것에 비해 상당한 체중 감소를 낼 수 있다고 한다. 이 12주 연구의 참가자들은 정규 식사 30분 전에 500ml를 마시는 것과 식사 전에 배부르다는 상상을 하게 한 대조군 중에 무작위로 배정되었다. "식사 전 섭취" 군은 대조군에 비해 1.3kg 많이 감량하였다. 한 번이나 아예 전에 섭취하지 않은 사람이 단지 0.8kg만을 감량할 때 하루의 세끼 전 모두 섭취한 사람은 4.3kg을 감량하였다. 이 간단한 전략은 공공의 건강에 큰 기여를 할 가능성을 가지고 있다.

출처: "Efficacy of Water Preloading Before Main Meals as a Strategy for Weight Loss in Primary Care Patients with Obesity." Obesity (Silver Spring). 2015 Sep;23(9):1785-1791. Epub 2015 Aug 3. Accessed September 30, 2015. doi: 10.1002/oby.21167

수분 중독은 수분과잉일 때 일어날 수 있고 생명을 위협할 수 있다. 이것은 저나트륨혈증으로 이어진다. 정상적인 환경에서 우연히 엄청난 양의 수분을 소비하는 것은 드문 일이다; 하지만 이는 많은 수분을 마시는 마라톤 선수나 과도한 열과 습도에서 장시간 일하는 오래 일한 사람의 경우 많은 양의 물을 단시간에 마시게 될 경우 일어날 수 있다. 때때로 신생아가 신체질량이나 나트륨 보유량에 비해 많은 물을 마실 경우 문제가 일어날 수 있다. 또한 그들을 수분 중독의 위험에 빠지게 많은 양의 물을 마셔야만 한다고 생각하는 정신질환이 있을 수 있다.

산-염기 균형

체액과 전해질 균형을 유지하기 위해 신체는 산-염기 균형 또한 유지해야 한다. 이것은 체액의 수소이온의 조절이다[산도(pH) 균형].

수용액에서 산은 수소이온을 내보내고 염기는 그것을 가져온다. 염산은 몸에서 찾을 수 있는 산의 한 예이다. 위에서 분비하고 단백질의 소화에 필수적이다. 암모니아는 아미노산으로부터 신장에서 만들어지는 염기이다.

산의 물질은 pH 1부터 7까지 있으며 가장 낮은 숫자는 가장 산성(많은 수소이온을 포함하는 상태) 상태임을 나타낸다. 알칼리성 물질은 pH 7부터 14까지 있으며, 알칼리성은 숫자와 함께 높아진다(수소이온의 수는 줄어들면서). pH 7은 중성으로 간주된다. 혈장은 pH 7.35부터 7.45에 위치한다. 세포내액은 pH가 6.8이다. 신장은 어떤 이온을 잔류시키고 방출할지 선택함으로써 산-염기 균형을 유지시키는 최초의 역할을 한다. 대부분은 사람이 먹는 것은 소변이 산성이 아닌 신체의 산성에 영향을 미친다.

완충장치

신체는 체액의 수소 이온량을 조절하는 완충장치를 가지고 있다. 이러한 시스템은 수용액의 본질을 지키기 위해 반응을 하는 약한 산성과 강한 염기의 혼합물이다. 정상적인 완충장치에서는 염기와 산의 비율은 20:1이다. 예를 들어 강한 산성이 완충액에 첨가된다면 염기는 강한 산성의 수소이온을 가져와 약하게 만든다. 강한 염기가 수용액에 첨가된다면 완충 장치의 산성은 이 염기와 혼합되고 약해진다.

탄산과 중탄산나트륨의 혼합물은 신체의 주요 완충장치를 형성한다. 탄산은 강한 알칼리를 완충하고자 할 때 쉽게 움직이고 중탄산나트륨은 강한 산성을 완충시키고자 할 때 쉽게 움직인다. 양은 폐와 신장에 의해 적절한 요구량에 맞추어 조절된다. 예를 들어 대사의 마지막 산물은 이산화탄소와 물이며 이것은 탄산을 같이 형성한다. 혈액의 헤모글로빈은 초과량이 배출되는 곳인 폐로 이산화탄소를 옮긴다. 이산화탄소의 양이 많이 농축되어 있을 경우, 뇌의 연수는 호흡량을 증가시키게 한다. 결국 이렇게 증가시키면서 신체가 이산화탄소를 제거하는 속도

웹사이트 탐색
EXPLORING THE WEB

노인과 소아 환자의 물 요구량과 관련된 정보를 웹에서 검색해보시오. 두 환자 인구의 물 요구량이 어떻게 다를 수 있는가? 왜 차이가 있는가? 왜 이 두 인구는 탈수의 위험이 높은가? 두 환자 그룹에게 적절한 물 섭취량을 유지시키기 위해 줄 수 있는 조언에는 무엇이 있는가?

산-염기 균형 acid-base balance
체액의 수소이온의 조절

산도 pH
수용액의 산과 염기 정도의 상징

완충장치 buffer system
체액의 수소이온의 양을 규제하는 방어 시스템

를 증가시키는 것이다. 과도한 중탄산나트륨은 신장을 통해 배설된다. 신장은 pH 4.5~8에서 소변을 내보낸다. 평균 소변의 pH 6이다.

산증과 알칼리증

균형 있는 식이를 하는 건강한 사람은 보통은 산-염기 균형을 생각할 필요가 없다. 그러나 이런 슬픈 일은 몇몇의 질병에서 일어날 수 있다. 신부전, 조절되지 않는 당뇨, 굶주림, 심한 설사는 산증을 일으킬 수 있다. 이는 보유하고 있는 산의 양에서 필요한 염기의 요구를 조절하지 못하는 몸의 상태이다. 알칼리증은 심한 구토로 염산의 소실로 발생할 수 있으며 많은 제산제를 먹는 것과 같이 많은 알칼리를 소화했을 때 일어날 수 있다.

건강과 영양 고려사항

소금량과 액체섭취량의 제한이 필요한 대상자는 자신의 식이가 행복하지 않을 것이다. 이러한 사례에서 영양사가 그들을 위한 메뉴를 설계하는 현실적인 방법을 그들과 *함께* 토의하는 것이 도움이 된다. 이러한 메뉴는 당연히 좋은 영양소를 기반으로 하고 있지만 환자의 평소 습관과 요구사항을 최대한 많이 반영해야 한다. 대상자의 이전 식이는 대상자와 함께 검토되어야 한다. 고염, 고수분 음식은 짚고 넘어가며 긍정적인 방식으로 대체 음식을 설명해야 한다.

요약_*SUMMARY*

수분은 모든 조직의 구성요소이다. 수분은 영양소와 체내 노폐물을 위한 수용액이며 이동수단을 제공한다. 수분은 가수분해, 윤활제, 정상 체온의 유지를 위해 필수적이다. 최고의 공급원은 물, 음료, 과일, 채소, 수프, 물을 기반으로 한 디저트이다.

체액균형과 전해질 균형은 서로 의존적이다. 한쪽의 기능부전은 다른 쪽의 부전을 야기할 수 있다. 부적절한 물 공급량은 탈수를 가져오고, 이는 심각한 설사, 구토, 출혈, 화상, 과도한 발한, 배뇨로 일어날 수 있다. 갈증, 건조한 피부, 발열, 낮은 혈압, 의식 저하의 징후가 나타난다. 탈수는 죽음으로 갈 수 있다. 양의 수분 균형은 몸의 과도한 물의 축적이다. 이는 부종을 야기한다.

산-염기 균형은 몸 안의 수소이온의 조절이다. 과도한 산이나 불충분한 양의 염기는 산증을 일으킬 수 있다. 과도한 염기나 불충분한 양의 산은 알칼리증을 불러일으킬 수 있다.

균형 있는 음식을 먹는 건강한 사람은 체액, 전해질, 산-염기 균형을 걱정하지 않아도 되며, 신체는 이 모두를 위해 복잡한 유지 체계를 가지고 있다.

토의 주제_*DISCUSSION TOPICS*

1. 왜 사람은 물 없이 사는 것보다 음식 없이 오래 생존할 수 있는가?
2. 왜 물은 여자의 체중보다 남자의 체중에 더 많은 비율을 구성하고 있는가?
3. 상당히 운동하는 사람의 적절한 체액균형의 중요성에 대해 토의해보시오. 최고의 상태를 위해 정확하게 수화하는 방법을 나열해 보시오.
4. 폐는 과도한 산이 몸에 증가하는 것을 어떻게 막을 수

있는가?

5. 뜨거운 팬에 닿았을 때 피부는 어떤 일이 일어나는가? 어떻게 큰 규모의 체액과 전해질 균형을 깨트릴 수 있는가?

6. 알칼리증이 무엇인가? 이것을 야기하는 것은 무엇인가?

7. 어떻게 탈수가 성인, 신생아, 유아에게 위험한지 설명해보시오.

8. pH가 의미하는 것이 무엇인가? 어떻게 몸의 항상성과 연관될 수 있는가?

연습문제_REVIEW

가장 적절한 답을 고르시오.

1. 세포 안의 액체는 ____라고 불린다.
   a. 간질액　　c. 세포내액
   b. 세포외액　　d. 답 없음

2. 정맥 내 액체는 ____을(를) 포함한다.
   a. 간질액　　c. 세포내액
   b. 세포외액　　d. 답 없음

3. 설탕과 물의 혼합물에서 물은 ____이다.
   a. 용질　　c. 수용액
   b. 용매　　d. 답 없음

4. 물은 _____.
   a. 가수분해에 필수적이다.
   b. 수소화의 원인이다.
   c. 저단백혈증을 줄인다.
   d. 갑상샘기능저하증에 의해 생산된다.

5. 물의 좋은 공급원은 _____을(를) 포함한다.
   a. 오렌지와 멜론
   b. 해산물과 육류
   c. 구운 디저트와 밥
   d. 위의 모두

6. 세포외액의 용질 중 주로 체액균형을 유지하는 역할을 하는 것은 ____이다.
   a. 칼륨　　c. 칼슘
   b. 인　　d. 나트륨

7. 세포내액의 용질 중 주로 체액균형을 유지하는 역할을 하는 것은 ____이다.
   a. 칼슘　　c. 칼륨
   b. 인　　d. 나트륨

8. ADH는 신장에서 ____하는 결과를 가져온다.
   a. 물을 재흡수
   b. 체액을 보존
   c. 추가 나트륨을 방출
   d. 증가된 소변량을 방출

9. 개개인이 필요한 물의 양은 ______.
   a. 날마다 다르다.
   b. 사람의 활동에 영향받지 않는다.
   c. 열이 나면 줄어든다.
   d. 위의 모두

10. 갈증은 ____의 증상이다.
    a. 삼투성　　c. 세포부종
    b. 가수분해　　d. 탈수

11. 산-염기 균형을 조절하는 신체 체계는 무엇인가?
    a. 순환계　　c. 호흡계
    b. 완충장치　　d. 소화계

12. 세포내액과 세포외액의 균형을 유지하는 3가지 전해질은 무엇인가?
    a. 나트륨, 마그네슘, 인
    b. 나트륨, 염화물, 인
    c. 나트륨, 염화물, 칼륨
    d. 나트륨, 칼륨, 마그네슘

요점사례_CASE IN POINT

ESHE: 탈수에 대처

Eshe는 남아프리카에서 온 52세 여성이다. Eshe는 최근에 미국으로 이주했다. Eshe는 주위의 새 생활습관과 문화에 대해 어찌할 줄을 모른다. Eshe는 큰 기계의 부품을 만드는 강철 공장에 일하는 직업을 가져서 매우 행복해한다. 그녀가 고용되었을 때 공장 바닥이 종종 41℃ 온도까지 오른다는 것을 들었다. 교대는 법에 따른 정규적인 휴식을 포함하여 12시간 동안이라고 들었다. 그녀의 고용주는 Eshe에게 쉬는 시간을 이용하고 많은 양의 물을 마시라고 격려하였다. Eshe는 상사를 기쁘게 해주고 싶었고 열심히 일하는 노동자가 되었다.

Eshe는 공장에서 2주 동안 일하고 있었다. 공장은 매우 뜨거워서 자신이 평소보다 더 많은 양의 땀을 흘리는 것을 발견했다. 일의 모든 측면은 그녀에게 새로워서 그녀에게 주어진 일을 배우기 위해 열심히 일하고 있었다. 그녀는 정규 쉬는 시간을 보내고 있었지만 다른 노동자들에게 질문을 하는 것과 조언을 배우는 데에 시간을 더 보냈다. 이것 때문에 그녀는 그녀가 원하는 만큼 쉬는 시간에 물을 많이 마시지 못하고 있었다. 그녀가 집에 도착했을 때 그녀는 너무 피곤해서 침대로 바로 가곤 했다. 지난 이틀 밤에는 일을 마치고 너무 피곤해서 저녁을 먹지 않기까지 했다. 어제는 종아리와 발목 경련에 괴로워하며 잠을 깼다.

사정

1. Eshe에게 무슨 일이 일어나고 있는지 어떻게 설명할 수 있는가?
2. 어떠한 자료가 여러분의 결론을 지지할 수 있는가?
3. 일터에서 증가하는 격렬한 신체 활동의 상태에서 Eshe가 해야 하는 것은 무엇인가?
4. 다리 경련을 Eshe가 무시할 때 어떤 일이 예상될 수 있는가?

진단

5. Eshe의 간호진단을 작성하시오.

계획/목표

6. Eshe에게 응급처치는 무엇이 있는가?
7. 간호사 근무 때 Eshe에 대한 처치는 무엇이 있는가?

수행

8. 어떠한 음료가 Eshe에게 도움이 되는가? 왜?
9. Eshe는 얼마큼의 음료를 마셔야 하는가?
10. Eshe의 간호사는 자신의 근무 때 Eshe에 대해 무엇을 알고 있어야 하는가?

평가/결과 기준

11. Eshe의 계획이 효과적일 때 Eshe는 어떤 것을 찾아야 하는가?
12. 또 어떤 사람이 이 정보에 유익한가?

생각해보기

13. 어느 지점에서 Eshe의 경련 문제를 피할 수 있는가?

✓ rate this plate

Eshe는 발한으로 손실된 수분을 대체할 만큼의 충분한 액체를 마시지 않아서 탈수되어 버렸다. 어떻게 Eshe의 음식 섭취가 수화상태를 좋게 할 수 있었는가? 이 식단을 평가하시오.

통밀번의 햄 샌드위치(슬라이스 햄 85g, 토마토, 양상추가 포함된 샌드위치)

콘칩 56g

얇게 썬 사과 1컵

우유 236cc

인터넷을 사용하여서 이 음식 안의 물 비율을 찾아보시오. 어떤 음식이 물 함류량이 가장 많고 어떤 것이 가장 적은가? 이 음식에서 바꿔야 할 것이 있는가? 있으면 무엇인가?

요점사례_CASE IN POINT

BRANDON: 만성신부전

Brandon은 49세 아프리카계 미국 남성이다. 그는 강력한 고혈압 가족력을 가지고 있다. Brandon은 20대 초에 고혈압을 진단받았다. 그의 의사는 항고혈압제를 처방했지만, Brandon은 스스로 괜찮다고 느껴 복용하지 않기로 결정했다. Brandon은 자신에게 이상이 있을 때 증상이 나타날 것이라 예상했다. 몇 년이 지난 후 Brandon은 직장에서 신체검진을 받았고 다시 혈압이 올라갔다고 들었다. 의사는 다시 혈압을 낮추기 위한 약물을 처방해주었다. Brandon은 이번에는 약물을 복용하였지만 잠깐 뿐이었다. 그의 직장에서의 직위는 1년 뒤에 없어졌고, Brandon은 보험이 없어졌다. 좌절스럽게도 Brandon은 경제적 여유가 없었기 때문에 약물복용을 끊었다. 사실 Brandon은 몇 년 동안 의사를 보는 것을 피했기 때문에 보험이 없는 것에 대해 걱정할 필요가 없었다. 몇 달 후 몸이 좋지 않아 Brandon은 자신의 건강에 대해 걱정하기 시작했다. 그는 숨쉬기가 힘들고 몇 달 동안 다리가 부어 있었다. 종종 지남력이 없어지고 혼돈증상을 겪었다. 마침내 증상이 심각해 Brandon은 응급실에 가기로 결정했다. 입원 시에 Brandon의 혈압은 232/108mmHg이고 맥박은 112회/분이었다. 의사는 Brandon의 문제를 추가로 사정하기 위해 몇 가지 혈액검사를 지시하였다. BUN이 176이고 creatinine이 6.3이었다. 의사는 Brandon이 바로 투석이 필요하다고 결정했다. 빠르게 quentln 카테디기 경정맥에 위치하였고 투석이 시작되었다.

사정

1. Brandon이 이러한 문제에 빠지게 된 위험요인은 무엇이었는가?
2. 그의 건강문제는 얼마나 심각한가?
3. 투석 후에 그의 생활은 어떻게 되는가?

진단

4. Brandon이 고혈압과 신부전에 대해 무엇을 알아야 하는지 진단을 작성하시오.
5. 그의 체내의 과도한 체액 위험에 대해 기술하시오.
6. 신장문제를 가진 대상자에게 불이행의 위험에 대해 기술하시오.

계획/목표

7. Brandon의 새로운 신질환 식이요법은 3g의 나트륨, 3g의 칼륨, 80g의 단백질이다. 간호사로서 대상자의 새 신질환 식이에 대한 지식을 높이고 협조를 받기 위해 어떻게 할 수 있는가?
8. Brandon에게 중요한 목표는 무엇인가?

수행

9. Brandon과 토의할 때 영양사에게 어떤 주제가 중요한가?
10. 영양사의 새로운 식이요법을 사용하여서 Brandon의 하루 메뉴를 구성해보시오. 하루 동안 단백질 섭취량을 나누시오.
11. Brandon이 새로운 식이를 기억하는 데 도움이 될 영양사가 가르칠 조언은 무엇이 있는가?
12. 웹사이트 http://www.choosemyplate.gov가 식이 계획에 어떻게 도움을 줄 수 있는가?
13. 만성신부전이 Brandon의 직업에 어떤 영향을 미치는가? 그의 신체적 정신적 상태에 미칠 영향은 무엇인가?

평가/결과 기준

14. 병원을 퇴원 후, 의사는 Brandon이 식이와 약물을 잘 준수하고 있는지 어떻게 알 수 있는가?
15. 투석 치료 중에 Brandon이 적절한 혈액의 깨끗함과 여과된 체액을 가지기 위해 해야 할 중요한 것이 무엇이 있는가?

생각해보기

16. 대상자가 고혈압을 조절해야 하는 것이 왜 중요한가?
17. 대상자가 당뇨를 조절해야 하는 것이 왜 중요한가?

rate this plate

현재 Brandon은 투석을 받고 그의 단백질, 나트륨, 칼륨 섭취가 면밀하게 관찰되어야 한다. Brandon이 합병증을 경험하기 전에, 다음과 같은 음식을 준비하고 먹는 것을 좋아했다. 이 식단을 평가하시오.

튀긴 메기 필레 142g

고구마 튀김 1컵

돼지고기와 케일 3/4컵

버터 1 슬라이스를 바른 옥수수빵

멜론 1/2컵과 켄탈루프

달콤한 아이스티 591cc

추후의 합병증을 예방하기 위해, Brandon이 이와 같은 음식을 준비하는 것을 지속해도 되는가? 새로운 식이 계획을 준수하기 위해 식이가 어떻게 바뀌어야 하는가?

SECTION 2

생애주기별 영양

Nutrition through the Life Cycle

CHAPTER 10

임신과 수유 중 영양

NUTRITION DURING PREGNANCY AND LACTATION

주요용어_*KEY TERMS*

거대아
단백뇨
비경구영양
빈혈
산부인과의사
수유
수유전문가
양수
이식증
임신성 고혈압
임신성 당뇨병
임신오조증
입덧
자간 단계
자연유산
지체
첫임신분기
태반
태아
태아기형
태아알코올증후군

학습목표

- 임신과 수유 기간 동안 영양요구를 규명할 수 있다.
- 임신한 청소년의 영양요구를 기술할 수 있다.
- 임신 여성과 수유 여성의 요구도에 맞춰 정상 식단을 조정할 수 있다.

38~40주 정상임신 동안 좋은 영양은 어머니와 아이 모두에게 필수이다. 임산부는 그녀의 정상 영양요구량 외에 태아, 양수, 태반 그리고 증가하는 혈액량, 가슴, 자궁, 지방조직을 위해 영양소와 칼로리를 반드시 제공해야 한다.

연구들에서 어머니의 식사와 건강이 출산 시 아기의 건강과의 관계를 보여주고 있다. 또한 임신 전에 영양가 있는 음식을 섭취한 여성은 그렇지 않은 여성보다 건강한 아기를 낳는 경향이 있다. 어머니의 영양 부족은 태아의 성장 저하 및 정신지체를 일으키는 것으로 생각되고 있다. 저체중아(약 2.5kg 미만)는 정상 출생 체중 태아보다 사망률(죽음)이 높다.

최근 자료 IN THE MEDIA

임신 중 어류 소비

임신과 관련된 일반적인 미신 중 하나는 수은 노출 가능성 때문에 생선을 먹는 것을 피하는 것이다. 임신 중에 수은을 많이 섭취하면 성장 중인 아이의 뇌와 신경 손상을 일으킬 수 있다. 하지만 연구에 따르면, 저수은 어류를 섭취하면 성장하는 아기와 어머니에게 도움이 될 수 있다고 한다. 생선에는 단백질, 셀레늄, 비타민 E와 D와 같은 필수 영양소가 많이 들어있다. 특히 뇌 발달에 유익한 영향을 미친다는 것이 입증된 것은 다불포화지방산 DHA와 EPA (omega 3)이다. 야생 연어, 참치, 새우, 폴락, 메기, 대구와 같은 저지대 해산물을 매주 2~3번 섭취하는 것은 도움이 될 수 있다. 피해야 할 수은 함량이 높은 식품은 황새치, 옥돔, 상어, 고등어 등이 있다.

출처: Adapted from Radlicz, Christopher. (2015, October 8). "Fish Consumption During Pregnancy: Weighing the Risk-Benefit." The American Society for Nutrition.

임신 중 체중 증가

임신 중 체중 증가는 자연적이며 정상적으로 영아가 성장하는 데 필요하며, 어머니는 그녀의 건강을 유지해야 한다. 게다가 성장 중인 영아, 어머니의 자궁, 가슴, 태반, 혈액량, 체액 및 지방은 영아의 필요를 충족시키기 위해 모두 증가되어야만 한다. 대략적인 체중 증가량은 성장하는 태아(3.4kg), 태반(약 0.45kg), 양수 및 자궁(각각 0.9kg), 가슴(0.45~1.3kg) 혈액량 증가(1.8kg), 모유 지방(1.8kg 플러스)이다.

임신 중 평균 체중 증가는 약 11~16kg이다. 첫임신분기 동안에는 평균적으로 0.9~1.8kg의 체중 증가가 발생하며, 체중 증가의 대부분은 임신 2~3기 동안에 발생하며, 평균 일주일에 약 0.45kg 증가한다. 임신 중 2기 동안에는 모체 조직의 실질적인 증가가 발생하고, 임신 3기 중에는 태아가 최대한 성장하기 때문이다.

물론 체중 증가는 다양하다. 의학연구소(Institute of Medicine)는 임신 중 체중 증가를 위해 2009년 가이드라인을 업데이트했다. **표 10-1**에서 언급했듯이 수정된 임신 주수에 따른 체중 증가 지침은 임산부 체질량 지수를 기준으로 한다. 저체중 여성은 과체중 또는 비만인 여성보다 더 많은 것을 얻어야 한다. 의학연구소는 또한 쌍둥이 임신을 위한 별도의 가이드라인도 제공하고 있다.

임신 중에는 그 누구도 체중감량을 해서는 안 된다: 어머니와 아기 모두에게 영양결핍을 유발할 수 있다. 평균적으로 성인 임산부는 임신 1기동안에는 추가적 칼로리가 요구되지 않으며, 임신 2기 동안에는 340cal가 추가적으로 필요하고, 임신 3기 동안에는 450cal가 추가적으로 필요하다.

임신 중 영양요구

부부가 아이를 갖기로 결정하면 이상적으로 의사와 상의하여 건강상의 우려 또는 여성의 식단에 필요한 변화에 대해 의논해야 한다. 그때 의사는 임신 전 적어도 한 달 동안 엽산 보조제를 복용하는 것의 중요성에 대해 강조해야 한다. 1990년대 연구자들은 임신 전과 임신 초기에 엽산 섭취와 뇌 및 척수결함이 있는 아기와의 상관관계가 있음을 보고했다. 이 연구결과에 따라 미국정부는 곡물에 엽산을 추가할 것을 요구했다. 미국공중위생국(U.S. Pubulic Health Service)과 소아마비 구제를 위한 기부단체인 March of Dimes는 모든 출산 연령의 여성에게 종합비타민제 또는 엽산 400mcg을 매일 복용하도록 권장하고 있다.

임신하기 전에 라이프 스타일과 습관을 고려해야 한다. 특정 약품, 흡연, 불법약물 및 어머니의 알코올 사용은 모두 태아에게 해로울 수 있다. 아버지의 건강과 관련된 몇 가지 연구 결과에 의하면 알코올 사용은 선천적 결함과 출생 시 체중에 약한 연관성이 있음을 보고하고 있다. 약물 의존적인 아버지는 일반적으로

태아 fetus
자궁 내 영아

양수 amniotic fluid
자궁에서 태아를 둘러싸고 있음

태반 placenta
어머니와 영아의 혈액공급을 연결하는 자궁 내 기관

지체 retardation
정신발달이 지연

첫임신분기 trimester
석달 동안; 임신기간을 나타내는 데 일반적으로 사용

표 10-1 의학연구소의 임신 중 체중 증가 권고사항

임신 중 체중 분류	체질량지수	총 체중 증가(kg)의 권장범위	권장되는 체중 증가율(2, 3분기) (kg) [평균 범위 (kg/wk)]
저체중	> 18.5	약 13~18kg	0.45 (0.45~0.5)
정상체중	18.5~24.9	11~16kg	0.45 (0.36~0.45)
과체중	25~29.9	9~11kg	0.27 (0.23~0.32)
비만(모든 클래스 포함)	30 <	5~9kg	0.23 (0.18~0.27)

Calculations assume a 1.1–4.4 weight gain in the first trimester. Modified from Institute of Medicine (US). *Weight Gain During Pregnancy: Reexamining the Guidelines*. Washington, DC: National Academies Press, 2009.

정자에 이상을 가지고 있어 난자에 수정이 불가능하거나, 유산을 초래할 수 있다. 아버지의 영양 부족은 출생결함의 위험을 증가시키고 출생체중에 영향을 줄 수 있다. 양측 부모 모두를 위한 좋은 영양 상태와 건강습관은 임신 전과 임신 중에 필요하다.

웹사이트 탐색
EXPLORING THE WEB

임신과 영양에 관한 정보는 American College of Obstetricians and Gynecologists (http://www. acog.org)의 웹사이트를 검색하시오. 임신 전, 중, 후에 필요한 영양과 관련하여 어떤 정보를 찾을 수 있는가? 수유는 칼로리 요구량에 어떤 영향을 미치는가?

임신 중 영양 필요성

표 10-2에서 볼 수 있는 바와 같이, 임신 특정 영양요구가 크게 증가하고 있다. 이러한 수치는 일반적인 미국 인구에게 권장한다: 의사는 대상자의 영양 상태, 연령 및 활동에 따라 대체 수치를 제시할 수 있다.

임신 중 단백질 요구량은 하루 60g으로 증가한다. 단백질은 조직 구축에 필수적이며, 단백질이 풍부한 식품은 다른 많은 필수영양소, 특히 철, 구리, 아연 및 비타민 B의 훌륭한 공급원이다.

현재 연구에 따르면, 임신 중 비타민 A는 증가할 필요가 없다는 사실이 밝혀

표 10-2 임신과 수유를 위한 권장식이허용량(RDA)과 충분섭취량(AI)

지용성 비타민								수용성 비타민		
나이	체중 (kg) (lb)	키 (cm) (in)	단백질 (g/kg/day)	비타민 A (μg RE)	비타민 D (μg)	비타민 E (mg α-TE)	비타민 K (μg AI)	비타민 C (mg)	티아민 (mg)	리보플라빈 (mg)
임신			1.1	750; 700*	15	15	75; 90	80; 85	1.4	1.4
수유			1.3	1,200; 1,300*	15	19	75; 90	115; 2120	1.4	1.6

수용성 비타민				무기질							
니아신 (mg)	비타민 B_6 (mg)	엽산 (μg)	비타민 B_{12} (μg)	칼슘 (mg)	인 (mg) (Ai)	마그네슘 (mg)	불소 (mg) (Ai)	철 (mg)	아연 (mg)	요오드 (μg)	셀레늄 (μg)
18	1.9	600	2.6	1,300; 1,000	1,250; 700	360; 310	3	27	12; 11	220	60
17	2.0	500	2.8	1,300; 1,000	1,250; 700	360; 310	3	10	13; 12	290	70

* 첫 번째 값은 14~18세 여성이며, 두 번째 값은 19세 이상의 여성이다.

SUPERSIZE USA

임신 중 흔한 오해는 임산부가 "2인분을 섭취"해야 한다는 것이다. 임신 첫 3개월 동안, 여성은 추가적인 칼로리가 필요하지 않다. 칼로리는 임신 2기에 하루에 340cal, 임신 3기에 450cal가 필요하다. 코티즈 치즈(cottage cheese)와 과일 등의 건강에 좋은 간식, 견과류(nut)버터가 들어간 통곡 베이글, 채소가 들어간 후무스, 또는 그라놀라로 구성된 그리스 요구르트는 임신 중 칼로리 목표를 달성하는 데 도움이 된다. 정크 푸드나 칼로리가 높은 음식보다 건강에 좋고 영양분이 풍부한 간식을 선택하는 것이 어머니와 성장 중인 아기에게 좋은 대안이다. 전곡 섬유질, 과일, 채소, 그리고 저지방 유제품 섭취를 증가시키는 것은 임신 중에 필요한 추가적인 칼로리와 영양분을 제공하는 데 도움이 될 것이다.

졌다. 과도한 비타민 A (3,000RE 이상)는 뇌수종(뇌가 액체로 가득 차게 되어 확장됨), 소두증(작은 머리), 정신지체, 귀와 눈의 이상, 구개열 및 구순열, 심장결함과 같은 선천적 결함을 일으키는 것으로 알려져 있다. 비타민 D의 필요한 양은 15mcg 또는 600IU이다. 비타민 E에 대한 요구사항은 15mg α-TE이다. 비타민 K의 요구되는 양은 연령에 따라 충분섭취량 75~90mcg이다. 지용성 비타민의 필요성에 대한 자세한 내용은 7장을 참고하기 바란다.

임신 중 모든 수용성 비타민의 요구가 증가한다. 추가적 비타민 C는 콜라겐 발달과 철 흡수를 증가시키기 위해 필요하다. 비타민 B는 신진대사의 역할과 적혈구를 발달시키기 때문에 더 많은 양이 필요하다.

무기질 칼슘, 철, 아연, 요오드 그리고 셀레늄 모두 임신 중 요구가 증가한다. 칼슘은 태아의 뼈와 치아의 발달을 위해 반드시 필요할 뿐만 아니라, 혈액응고 및 근육활동에도 필수적이다. 어머니가 식사를 하는 동안 적절한 칼슘을 섭취하지 않는 경우, 아기는 어머니의 뼈로부터 칼슘을 얻을 것이다.

임신 중 혈액량이 증가하기 때문에 철의 필요성이 증가한다. 또한 태아는 혈액 100ml당 헤모글로빈 수준이 20~22g으로 증가한다. 이것은 인간의 정상적인 헤모글로빈 수준인 혈액 100ml당 13~14mg으로 거의 2배이다.

영아의 헤모글로빈 수준은 여분의 헤모글로빈이 붕괴됨에 따라 출생 직후 성공적으로 감소한다. 그 결과 간에 철이 저장되고, 본질적으로 모유 또는 수유를 할 때 영아의 생후 몇 개월 동안 필요시 이용된다. 따라서 철 보조제는 일반적으로 임신 중에 처방된다. 그러나 만약 임산부의 헤모글로빈이 보조제 없이 허용되는 수준으로 유지되면 의사는 보조제를 처방하지 않는다.

임신 중 영양요구의 충족

임신의 영양요구를 충족시키려면, 여성은 Myplate site에서 식사를 해야 할 것이다. 필요한 칼로리를 제공하도록 영양가가 높은 식품(**그림 10-1**) 선택에 주의를 기울여야 한다.

그림 10-1 임신한 여성을 위한 건강한 영양.

임신 중 여분의 칼로리를 소비하는 가장 좋은 방법 중 하나는 매일 2회 제공량의 우유를 더 마시는 것이다. 여분의 우유는 단백질, 칼슘, 인, 티아민, 리보플라빈, 그리고 니아신을 제공한다. 전유(whole milk)를 사용한다면 포화지방과 콜레스테롤 그리고 우유 236.6cc당 150칼로리를 제공한다. 무지방 우유는 지방이 없으며, 236.6cc당 90칼로리를 제공하므로 더 나은 선택이다.

임산부의 비타민 요구사항을 충족시키려면, 산부인과의사, 간호사, 조산사, 의사보조원(physician's assistants)이 비경구적 비타민 보충 및 철분 보조제를 처방할 수 있다. 그러나 비타민이나 무기질이 과도하게 많으면 어머니와 아기에게 독성이 발생할 수 있기 때문에 처방되지 않은 영양보조제를 복용하는 것은 좋지

산부인과의사 obstetricians
임신과 출산 중에 산모를 돌보는 의사

않다.

임신 중 특정 음식에 대한 비정상적인 갈망은 일반적으로 균형잡힌 식사를 방해하거나 과도한 체중 증가를 일으키지 않는 한 해가 없다.

임신 중 관심사

구역

때때로 구역(토할 것 같은 느낌)은 임신 1기 동안 발생한다. 구역의 유형은 일반적으로 입덧으로 알고 있지만 언제든지 발생할 수 있다. 일반적으로 임신 2기까지 진행된다. 다음 제안은 입덧을 완화하는 데 도움이 될 수 있다.

- 마른 크래커 또는 마른 토스트를 일어나기 전에 섭취
- 적고 잦은 식사
- 악취가 나는 음식 피하기
- 식사 시 액체 피하기

드문 경우, 구역이 지속되고, 심해지면 생명을 위협한다. 이 상태를 임신오조증이라고 부른다. 어머니는 병원에 입원해야 하고, 비경구영양, 즉 정맥을 통해 영양소를 제공받을 수 있다(자세한 내용은 21장 참고). 그러한 사례는 어렵고, 환자는 그들의 돌봄제공자로부터 낙관적 전망과 정서적 지지가 필요하다.

변비

변비와 치질은 고섬유질 식품 섭취, 일상 운동, 매일 적어도 8잔의 액체를 마시는 것, 그리고 대변 충동에 즉각적으로 반응함으로써 완화될 수 있다.

가슴쓰림

가슴쓰림은 심장 괄약근과 프로게스테론과 관련된 평활근의 이완으로 발생할 수 있다. 가슴쓰림은 임신 중에 흔히 나타나는 불편감이다. 태아가 자라면서 어머니의 위장을 밀면 위산이 하부 식도로 이동하고 거기서 타는 듯한 느낌이 일어날 수 있다. 가슴쓰림은 적게, 잦은 식사를 하면 완화될 수 있다; 매운 음식이나 기름기가 많은 음식 피하기; 액체와 함께 식사하기를 피하기; 식사 후 최소한 1시간 후 눕기; 운동은 적어도 2시간 후에 하기.

과도한 체중 증가

체중이 과도하게 증가하면, 임신부는 식단을 재평가하고 MyPlate에 적합하지 않은 음식을 제거(추가된 우유 약 500ml는 제외)해야 한다. 예를 들면 사탕, 쿠키, 풍부한 디저트, 칩, 샐러드 드레싱(무지방 이외에) 및 청량음료가 포함된다. 게다

입덧 morning sickness
이른 아침 구역은 일부 임신에서 흔하다.

임신오조증 hyperemesis gravidarum
생명을 위협할 만큼 심한 구역

비경구영양 parenteral nutrition
정맥을 통해 영양공급

가, 만약 그렇게 하지 않는다면, 그녀는 무지방 우유를 마실지도 모른다. 그러면 그녀의 칼로리는 줄어들겠지만 단백질, 비타민, 무기질 섭취는 줄지 않을 것이다. 여성이 락토오스(유당; 우유에 함유된 설탕)에 견딜 수 없는 경우를 제외하고 단백질, 비타민 및 무기질 성분을 감소시키기 때문에 칼슘제를 우유 대신 사용하는 것을 권장하지 않는다.

저지방 샐러드 드레싱이나 살사에 담긴 한 그릇의 깨끗하고 아삭한 생채소, 즉 브로콜리, 콜리플라워, 당근, 셀러리, 오이, 호박스틱 혹은 순무는 영양가와 포만감, 만족스러움, 저칼로리의 흥미로운 간식을 제공할 수 있다. 과일과 무지방 우유로 만든 커스터드는 영양가 있는 만족스러운 디저트이며 칼로리도 높지 않다. 튀긴 음식 대신에 석쇠나 오븐에 굽거나 끓인 음식은 칼로리 섭취를 더 줄일 수 있다.

임신성 고혈압

임신성 고혈압은 이전에는 *임신중독증* 또는 *자간전증*으로 불렸다. 그것은 임신 3기 동안 때때로 발생하며, 고혈압, 소변 내 알부빈(단백뇨)의 존재, 부종이 특징적이다. 부종으로 인해 갑자기 체중이 증가한다. 상태가 지속되면 자간(경련성) 단계에 도달하고, 경련, 혼수상태 및 어머니와 아기는 사망할 수도 있다. 임신성 고혈압의 원인은 알려지지 않았으나, 첫 임신, 다태임신, 병적인 비만여성, 임신한 여성의 불충분한 식사, 특히 단백질결핍 식사 시 더 자주 발생한다. 임신한 청소년은 임신한 성인보다 임신성 고혈압의 비율이 더 높다.

이식증

이식증은 녹말, 점토(흙), 얼음과 같은 비식품 물질에 대한 갈망이다. 사람들이 왜 갈망하는지 이유는 분명하지 않다. 남성과 여성 모두 영향을 받지만, 이식증은 임신부에게 가장 흔하다. 어떤 사람들은 그것이 구역을 완하시킨다고 믿는다. 다른 이들은 그 행위가 문화유산에 근거한다고 생각한다. 흙의 소비는 극도로 억제되어야 한다. 흙은 산모와 태아를 오염시킬 수 있는 박테리아를 포함하고 있다. 섭취한 흙은 장폐쇄를 일으킬 수 있으며, 흙에 있는 물질은 무기질과 결합하여 신체에 의한 흡수를 막아 영양결핍을 유발할 수 있다. 비식품 물질 중 어떤 것이 식단에서 영양이 풍부한 음식을 대체한다면, 이는 여러 가지 영양결핍을 초래할 것이다. 규칙적인 식사 외에 세탁풀(laundary starch)을 섭취하는 것은 불필요한 칼로리와 탄수화물을 가중시킬 것이다.

빈혈

빈혈은 적혈구, 헤모글로빈 또는 혈액량이 부족해서 생기는 질환이다. 환자는 혈

임신성 고혈압 pregnancy-induced hypertension (PIH)
전형적으로 임신 후기에 발생한다; 고혈압, 소변 내 알부민 및 부종이 특징적임

단백뇨 proteinuria
소변 내 단백질

자간 단계 eclamptic stage
임신중독증의 경련단계

이식증 pica
비식품물질에 대한 비정상적 갈망

빈혈 anemia
적혈구, 헤모글로빈 또는 혈액량 부족으로 인한 상태

액에서 충분한 산소를 공급받지 못하고 약하고 피곤하며 식욕이 감소하고 창백해 보인다. *철분결핍*이 가장 흔한 형태이다. 임신기간 동안 혈액량은 증가하고 철분이 추가적으로 필요하게 된다. 철이 식이요법 또는 어머니의 신체내에 있는 철 저장소에 의해 충족되지 못하면 철분결핍빈혈이 발생한다. 매일 철 보조제로 치료할 수 있다.

*엽산결핍*은 임신 중에 발생할 수 있는 거대적아구성 빈혈의 한 형태이다. 적혈구는 적고 미성숙한 적혈구가 많은 것이 특징적이다. 새로운 적혈구가 형성될 때 엽산 보조제의 요구량이 급격히 증가한다. 따라서 산부인과의사는 임신 중 400~600mcg/일의 엽산 보조제를 처방할 수 있다.

알코올, 카페인, 약물 및 담배

알코올 소비는 태아의 비정상적인 신체적, 정신적 발달과 관련이 있다. 이를 태아알코올증후군이라고 한다. 태아알코올증후군을 앓고 있는 많은 영아들은 조기에 출생하거나 저체중이다. 신체적 특징에는 작은 머리, 눈이 서로 멀리 떨어져 보이게 하는 짧은 눈구멍, 편평한 인중 및 얇은 윗입술이 포함된다. 일반적으로 성장장애(신장, 체중)가 있으며, 연령 기준의 최하위 10%에 있다. 또한 중추신경계 장애의 근거로 과다활동, 발작, 주의력 결핍, 소두증(작은 머리; 그림 10-2)이 있다. 임신 중 알코올 섭취로 인한 또 다른 증상은 태아알코올효과(fetal alcohol effect, FAE)이다. 태아알코올효과를 가진 아이들은 덜 극적이거나 신체적 결함이 없지만 태아알코올증후군과 관련된 행동 및 심리사회적 문제의 많은 부분을 가지고 태어

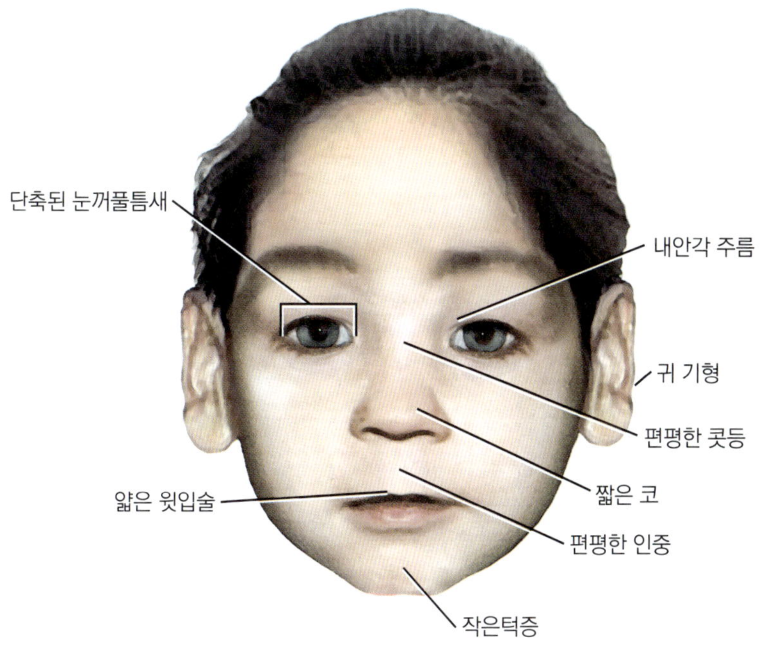

그림 10-2 태아알코올증후군이 있는 아동의 얼굴 특징

태아알코올증후군
fetal alcohol syndrome (FAS)
임신 중 어머니의 과도한 알코올 사용으로 인한 비정상적인 신체적, 정신적 발달

난다. 태아알코올효과를 가진 사람들은 정보 및 행동 및 사회능력부족으로 정상적인 삶을 살아갈 수 없다. 어머니가 술을 마시면 어머니에서처럼 같은 농도로 태아의 혈류에 들어가게 된다. 불행히도 태아는 어머니처럼 빨리 대사할 수 있는 능력이 없기 때문에 모체의 혈액보다 더 오래 머물러 있게 되므로 절제가 권장된다.

카페인은 태반을 통과하는 것으로 알려져 있으며 태아의 혈류에도 들어간다. 임신기간 동안 카페인 섭취량이 많은 신생아 생쥐에게서 출생결함이 관찰되었지만 인간에 대한 테이터가 없으므로 적당한 양의 카페인이 해로울 수 있음을 보여준다. 그러나 안전 조치로 임신부는 하루에 카페인 함유음료 2컵 또는 300mg 미만으로 카페인 섭취를 제한하는 것이 좋다.

약물은 효과 면에서 다양하지만, 비타민과 무기질 보조제와 위험한 불법 약물들을 포함한 자가처방된 약은 모두 태아를 손상시킬 수 있다. 비타민 A에서 추출한 약물은 태아의 기형과 자연유산을 일으킬 수 있다. 불법 약물들은 산모가 어떤 물질을 사용하든 간에 물질에 중독되어 태어날 수 있으며, 아마도 사람면역결핍바이러스(human immunodeficiency virus, HIV)로 태어날 수 있다. 임신한 여성이 HIV에 감염된 것으로 알려진 경우 의사는 발달 중인 태아에게 질병이 전파되는 것을 막기 위해 AZT를 처방할 수 있다.

임신한 여성이 흡연하게 되면 출생 시 체중이 감소한 아이와 관련이 있다. 어머니가 더 많이 담배를 피울수록 아기는 더 작아질 것이다. 왜냐하면 흡연은 혈액이 운반하는 산소와 영양분을 줄이기 때문이다. 흡연과 관련된 다른 위험으로는 영아돌연사증후군(sudden infant death syndrome, SIDS), 태아사망, 자연유산, 그리고 출생 시 합병증이 포함된다. 임신 중 흡연은 또한 아기의 지적, 행동발달에 영향을 줄 수 있다.

이 장에서 논의된 물질은 태아 문제를 일으킬 수 있으므로 임산부는 이를 피하는 것이 바람직하다.

당뇨가 있는 산모를 위한 식이

당뇨병(diabetes mellitus)이란 인슐린의 부적절한 생산이나 사용 때문에 포도당을 정상적으로 사용하거나 저장할 수 없는 질환의 집단이다. 이 손상된 신진대사는 혈중 포도당이 축적되게 하며, 통제되지 않으면 수많은 문제를 일으킨다(당뇨병에 대한 자세한 내용은 15장을 참고).

어떤 여성들은 임신했을 때 당뇨병을 앓는다. 다르게는 임신 동안 임신성 당뇨병으로 발전되기도 한다. 대부분의 경우, 이 후자의 유형은 아기가 태어난 후 사라지지만, 나중에 제2형 당뇨병(type 2 diabetes)에 걸릴 위험이 35~60% 증가한다. 2가지 유형 모두 혈당 수치가 정상 한계 내에서 주의 깊게 관찰되고 유지되지 않는 한 영아, 사산(stillbirth) 및 거대아(출생 시 체중 약 4kg 이상)에서 신체

태아 기형 fetal malformations
태아의 신체이상

자연유산 spontaneous abortion
자연적으로 발생; 유산

임신성 당뇨병 gestational diabetes
임신 중에 발생하는 당뇨병; 영아의 출산 후 보통 사라짐

거대아 macrosomia
4kg 이상의 출생체중

적 또는 정신적 결함의 위험을 증가시킨다.

임신 24~28주 사이에 모든 임산부는 당뇨 검사를 받아야 한다. 이 병에 걸린 사람들은 정상적인 혈당 수치를 유지하고 저혈당증과 고지혈증을 피하기 위해 식단을 감시하는 법을 배워야 한다.

일반적으로 당뇨병에 걸린 임산부의 영양소 요건은 정상적인 임산부와 같다. 이 식단은 인슐린의 종류와 주사 시간과 횟수에 따라 달라지기 때문에 공인된 영양사 또는 당뇨병 교육자와 함께 계획되어야 한다. 임신성 당뇨나 인슐린을 필요로 하지 않는 기존 당뇨병을 가진 환자들은 그들의 임신기간 동안 혈당 수치를 조절하기 위해 인슐린이 필요할 수 있다. 몇몇 경구 저혈당 약물들 또한 임신 중에 사용이 승인되었다. 간식은 혈당을 일정한 수준으로 유지하는 데 도움이 된다. 인공 감미료는 광범위하게 연구되어 왔으며 임신 중 사용이 안전한 것으로 밝혀졌다.

임신 중 건강한 식습관을 배우는 것은 모든 여성들에게 중요하다. 임신성 당뇨병을 가진 사람들은 건강한 영양의 기본을 배울 필요가 있을 뿐만 아니라 하루 종일 어떻게 식사를 계획하는지도 배워야 한다. 이것은 그들이 전형적으로 소비하는 탄수화물 공급원이 하루 동안 더 작고 더 빈번한 양으로 분배되어야 한다는 것을 의미할 수도 있다. 일반적으로 탄수화물을 계획하기 위한 가장 좋은 방법은 세 끼와 두세끼 간식이다. 이러한 식사와 간식은 하루 종일 2~3시간 정도 간격으로 소비될 수 있다. 아침 식사는 전형적으로 가장 탄수화물이 제한된다. 아침 일찍 일어나는 호르몬 수치는 아침 혈당을 조절하기가 더 어렵게 만든다. 아침 식사로 탄수화물 45g 이하를 섭취할 것을 권고하며, 과일이나 정제된 시리얼과 같은 단순 탄수화물은 점심 식사 후까지 피해야 한다. 이러한 대상자들에게 전곡, 과일, 우유와 같은 건강한 탄수화물이 제거되어서는 안 된다는 점을 강조해야 한다. 그것들은 태아의 성장과 뇌 형성에 필수적이다. 그러나 임신 중에 섭취하는 탄수화물의 양을 줄이는 경우 과자 및 스낵 식품과 같이 고도로 가공되고 정제된 탄수화물을 줄이는 것이 가장 좋다.

청소년 임신

10대 임신은 증가하는 걱정거리이다. 임신한 청소년에게 필요한 영양, 신체적, 심리적, 사회적, 경제적 요구는 엄청나다. 아기의 출생과 함께 그들도 증가한다. 아직도 양육과 재정적 지원이 필요한 젊은 여성들이 갑자기 무력한 신생아에게 책임이 있다. 만약 어머니가 충분한 도움을 받지 못한다면, 그녀와 아이에 대한 전체적인 영향은 치명적일 수 있다.

어린 여성은 산전관리가 필요하며; 유아보육, 심리적, 영양적, 경제적 상담뿐만 아니라 적절한 거주지를 찾는 데 도움이 될 것이다. 그리고 이때, 어린 여성의 가족들은 지지가 될 수도 아닐 수도 있다.

웹사이트 탐색
EXPLORING THE WEB

웹에서 WIC 프로그램에 대한 정보를 검색하시오. 임산부가 이용할 수 있는 서비스를 숙지하시오. 당신이 살고 있는 지역에서 이용할 수 있는 WIC 서비스를 조사하시오.

이러한 시기에 어떤 사람들은 영양습관이 덜 중요한 것으로 보일 수 있으나, 그들에게는 가장 중요하다. 사춘기 청소년들의 식습관은 자라나는 자신의 몸에 필요한 영양분을 충족시키기에 충분하지 않을 수 있다. 거기에 성장 중인 태아의 영양상태의 부담을 더하면 둘 다 위험에 처하게 된다. 청소년들은 분명히 임신성 고혈압과 조기분만에 취약하다. 임신성 고혈압은 나중에 심혈관 및 신장문제를 일으킬 수 있다. 조기분만은 신생아의 주요사망 원인이다. 어머니의 부적절한 영양은 정신적, 신체적 결함과 관련이 있다.

어린 여성들은 그들 자신의 영양요구와 임신의 추가 영양요구사항을 알아야 할 필요가 있다(**표 10-2** 참고). 정부가 후원하는 여성, 유아, 아동(Women, Infant, and Children, WIC) 프로그램은 가능한 한 최상의 결과를 위해 산전 진료, 영양교육 및 적절한 음식을 제공한다. 임신한 10대들은 영양개선이 이루어지기 전에 돌봄 경험이 많은 사람들로부터 많은 상담과 정서적인 지원이 필요할 것이다.

수유

여성은 아기가 태어나기 전에 모유수유 여부를 결정해야 한다. 거의 모든 여성들은 모유수유가 가능하며, 유방 크기는 장벽이 아니다. 그러나 유방확대나 감소를 선택한 여성들은 모유수유를 할 수 없다. 영아에게 영양을 공급할 목적으로 모유를 생산하고 분비하는 수유는 영아가 출산 후 다양한 호르몬의 상호작용으로 촉진되며, 옥시토신과 프로락틴이 수유 과정을 자극한다. 프로락틴은 모유생산을 담당하고, 옥시토신은 유방에서 모유를 분출하는 데 관여한다. 영아의 빨기반사는 옥시토신의 방출을 시작하고, 영아의 입으로 우유를 분출시킨다. 이것을 사출반사라고 한다. 그것은 공급과 수용의 메커니즘이다. 신생아 간호사가 많을수록 어머니는 더 많은 모유를 생산한다.

급식절차를 완전히 확립하는 데는 2~3주가 소요되며, 이 기간 동안 보충급식은 하지 않는 것이 좋다. 모유는 생후 6개월 동안 영아들의 영양요구를 충족시키도록 만들어졌다. 모유 속의 철분 함량은 매우 낮지만 흡수가 잘 되므로 모유를 수유 중인 아기들에게는 철 보조제가 필요하지 않다.

수유전문가

수유전문가는 모유수유 전문가로, 아기를 적절히 안는 데 문제가 있는 초보 어머니들을 돕는다. 이것은 유방을 아프게 하는 원인이 될 수 있고, 신입 어머니들을 낙담하게 할 수 있다. 아기들에게 가장 좋은 첫 번째 음식은 모유이기 때문에 수유전문가는 성공적인 모유수유를 위한 적절한 기술을 가르칠 수 있다. 수유전문가는 종종 병원의 일반적인 산부인과 서비스에 속하거나 의사진료 또는 개인진료에

수유 lactation
어머니가 아기에게 모유로 양육하는 기간

수유전문가 lactation specialist
모유수유 전문가

고용될 수 있다.

2013년 질병관리본부(The Centers for Disease Control and Prevention)는 모유수유 전략을 지원하는 유용한 지침을 발표했다. 미국 전역 대부분의 지역사회에서 성공적인 모유수유를 돕기 위한 자원이 존재한다. 이 가이드는 온라인 교육 또는 인쇄자료, La Leche League International의 전화지원 또는 전문적으로 주도하거나 동료가 주도하는 지원 그룹을 찾는 방법에 대한 정보 등 접근이 가능한 풍부한 정보를 제공한다.

모유수유의 장점

모유수유에는 여러 가지 긍정적인 이유가 있다.

- 모유는 뇌 발달, 성장 및 소화를 위한 탄수화물, 단백질, 지방, 비타민, 무기질의 적절한 혼합을 포함한다.
- 모유수유는 천식이나 알러지 위험을 낮춰준다. 모유는 수식에 포함되지 않는 성분이 적어도 100가지 이상이 포함되어 있다.
- 모유수유를 하는 아기들은 귀 감염, 설사, 바이러스 및 병원입원 발생률이 낮다. 모유를 수유한 아기들은 어머니가 앓았던 질병에 대해 어머니로부터 예방접종을 받는다. 아기가 아플 때, 병을 일으키는 박테리아는 아기가 모유수유를 하는 동안 어머니에게 전달되며 어머니의 면역체계는 아기를 위한 항체를 만들기 시작한다.
- 우유병보다 유방을 빠는 것은 모유를 얻기가 더 힘들기 때문에 좋은 턱 발달을 촉진하고, 운동은 턱을 튼튼하게 하고, 곧고 건강한 치아의 성장을 장려한다.
- 모유수유는 어머니와 아기의 유대감을 촉진시킨다. 피부접촉은 아기가 안전하고 사랑받는 것처럼 느끼도록 도와준다. 소아과 의사는 조산아의 어머니가 피부가 맞닿게 그들의 가슴에 아기를 안고 있도록 격려한다. 이것을 "캥거루 케어"라고 하며, 아기를 진정시키고, 체온을 유지하는데 도움을 주는 것으로 나타났다. 아버지들 역시 맨가슴에 아기를 올려줌으로써 캥거루 케어에 참여할 수 있다.
- 어머니를 위한 이점에는 임신 동안 증가된 몸무게를 감소시키고 자궁이 원래 크기로 퇴축하도록 자극하는 것을 돕는다. 휴식은 초보 어머니에게 중요한데, 모유수유는 그런 기회를 제공한다. 모유수유는 경제적이고 항상 적절한 온도로 준비되어 있는데, 특히 한밤중에도 그렇다.

직장에 복귀할 때 모유수유를 중단할 필요는 없다. 모유를 수유할 수 있는 유축기를 사용하여 모유를 수유할 수 있다. 게다가, 많은 회사들이 어머니가 직장에 있는 동안 수유실을 제공한다. CDC는 모유의 적절한 취급과 저장에 관한 유용

웹사이트 탐색
EXPLORING THE WEB

International Lactation Consultant Association (http://www.ilca.org)의 웹사이트를 방문하시오. 수유하는 동안 필요한 영양에 대한 정보를 찾을 수 있는가? 나이 든 여성들과 청소년들의 요구사항은 서로 다른가? 모유수유의 장점을 알아보시오. 모유수유를 결정할 때 여성들이 흔히 공통적으로 갖는 우려는 무엇인가? 이러한 우려에 어떻게 대응하겠는가? 국제수유센터 웹사이트(http://www.nbci.ca/)를 방문하여 동영상을 보고 모유수유 방법에 대해 자세히 알아보시오.

한 정보를 제공한다. 일반적으로 모유는 다음을 유지한다.

- 실온(18~22°C)에서 6~8시간
- 5일 냉장보관
- 냉장고 3~6개월까지 보관
- 냉동고 6~12개월까지 보관

이전에 냉동된 우유는 냉장실에서 해동한 후 24시간 이내에 사용해야 한다. 모유는 전자레인지나 스토브에서 가열하면 면역력 강화능력이 손상되기 때문에 직접가열하면 안 된다.

수유 중 칼로리요구량

수유기 동안 어머니의 칼로리요구량은 증가한다. 칼로리요구량은 생산되는 모유의 양에 달려 있다. 100ml의 모유를 생산하려면 약 85cal가 필요하다. 처음 6개월 동안 매일 평균 모유생산량은 750ml이며, 이를 위해 어머니는 하루에 약 640cal를 추가로 필요로 한다. 아기가 모유뿐만 아니라 음식을 먹기 시작하는 후반 6개월 동안 평균 일일 모유생산량은 600ml로 감소하고 칼로리요구량은 약 510cal로 줄어든다.

의학연구소는 모유수유의 첫 6개월 동안에는 1일 500cal를 증가시키고, 7~9개월 동안에는 1일 400cal를 증가시킬 것을 제안한다. 이는 임신 중 지방이 일부 저장되고 모유생산에 사용될 수 있다고 가정되기 때문에 실제 요구량보다 적다. 어머니가 필요로 하는 정확한 열량은 아기의 크기, 식욕, 어머니의 크기와 활동에 따라 다르다. 각 모유의 약 29.6cc는 20cal를 함유하고 있다.

만약 어머니의 식단에 칼로리가 불충분하면 많은 제3세계 국가에서처럼 모유의 양이 감소할 수 있다. 따라서 수유는 엄격한 체중 감량 다이어트를 하기에 좋은 시간이 아니다. 모유생산을 위해 저장된 지방을 태우면서 발생하는 자연스러운 체중 감소가 있을 것이다.

수유 중 영양 필요량

일반적으로 수유기간 동안 대부분의 영양요구량이 증가한다. 양은 어머니의 연령에 따라 달라진다(**표 10-2** 참고). 단백질은 매일 10g의 단백질이 모유에서 분비되는 것으로 추정되기 때문에 특히 중요하다.

MyPlate는 수유 중인 어머니를 위한 식사계획에 도움이 될 것이다. 충분한 과일과 채소, 특히 비타민 C가 풍부한 것을 포함해야 한다. 여분의 무지방 우유는 수유 중에 필요한 많은 영양소와 칼로리를 제공한다. 칩, 탄산음료, 사탕 그리고 디저트는 칼로리 이상을 제공한다. 채식주의자들은 충분한 칼로리, 철분, 아연, 구리, 단백질, 칼슘, 비타민 D가 부족하지는 않은지 주의할 필요가 있으며, 비타

삶의 길잡이 SPOTLIGHT on Life Cycle

모유수유는 아기가 아동기에 비만으로 발전할 가능성을 줄여주는가? 몇몇 연구에서는 모유수유를 한 아기들이 분유를 먹은 영아보다 소아 비만위험이 낮다고 보고하였으나, 다른 연구에서는 명확한 연관성이 없다고 보고하였다. 2014년에 최신 연구까지의 통찰을 제공하기 위해 대규모 재검토 연구가 시행되었다. 1997년부터 2014년까지 25개의 연구가 검토되었으며, 12개국에서 20만 명이 참여하였다. 이 분석은 모유수유 기간과 소아비만의 위험감소 사이의 용량-반응효과를 보여주었고, 특히 7개월 이상 모유를 수유한 아기들은 후기 아동기에 비만이 될 가능성이 현저히 낮다는 것을 보여주었다.

출처: Yan, et al. "The Association Between Breastfeeding and Childhood Obesity: A Meta-Analysis." *BMC Public Health* 2014, 14:1267. Accessed October 15, 2015

민 B_{12} 보조제가 처방될 수 있다.

수유하는 동안 어머니는 모유 손실을 대체할 수 있는 충분한 양의 수분을 공급하는 것이 중요하다. 물과 생과일주스가 최선의 선택이다.

어머니는 원치 않는 체중 증가를 피하기 위해 수유가 끝날 때쯤에는 칼로리 섭취를 줄여야 한다.

약품, 카페인, 알코올 및 담배

대부분의 화학물질이 모유에 포함될 수 있기 때문에 어머니는 약이나 영양보조제를 사용하기 전에 산부인과의사에게 확인하는 것이 필수적이다. 카페인은 영아를 자극할 수 있다. 과다한 음주, 담배 및 불법 마약은 매우 해로울 수 있다. 마리화나와 코카인과 같은 불법 약물들과 메타돈(methadone)이나 옥시코돈(oxycodone) 같은 처방약들은 아기들이 과도하게 졸려서 잘 먹지 못하게 할 수 있다. 자극성 약물은 아기를 자극할 수 있다. 가장 큰 관심사는 어머니와 아기의 중독이다.

건강과 영양 고려사항

임신 중 좋은 영양 섭취는 산모와 아기 모두에게 건강하고 생산적인 삶과 건강과 경제적 문제로 인해 충격적인 삶의 차이를 만들 수 있다.

대부분의 임산부들은 자신과 자녀들을 위해 최고의 영양을 원할 것이나, 또한 임신 중과 출산 후에 체중에 대해 걱정할 것이다. 임산부들은 제대로 훈련된 건강관리 전문가로부터 조언을 받는 것이 중요하다. 신문이나 잡지의 기사, 건강식품점의 팜플랫은 정확할 수도 그렇지 않을 수도 있으며, 식이요법 분야의 전문가가 승인하지 않는 한 액면 그대로 받아들여서는 안 된다.

영양은 현재 대중적인 주제로, 사람들은 인쇄물을 믿는 경향이 있다. 사람들이 읽는 정보가 정확하지 않다고 설득하는 것은 어려울 수 있다. 언제나 그렇듯 의료전문가들은 정보를 요청할 수도 있는 대상자들을 재교육하는 데 엄청난 인내심이 요구된다.

임신한 10대는 가장 큰 도전을 제시할 수 있다. 그녀의 요구는 엄청나지만 경험과 관점은 제한적이다. 임신한 청소년들에게 좋은 영양에 대해 가르치는 것은 어려울 수 있지만, 만약 성공한다면 그 특정 대상자뿐만 아니라 그녀의 아이들과 친구들을 도울 수 있다.

요약_SUMMARY

임산부는 균형잡힌 식단을 따를 경우 건강을 유지하고 건강한 아기를 낳을 가능성이 가장 높다. 연구에 따르면 모성영양은 아이의 정신적, 육체적 건강에 영향을 미칠 수 있다. 빈혈과 임신성 고혈압은 부절절한 영양섭취로 인해 발생할 수 있는 2가지 질환이다. 임산부(특히 청소년)와 모유수유를 하는 여성은 칼로리 및 영양요구량이 증가한다. 임신 중 평균 체중 증가는 11~16kg이다.

토의 주제_DISCUSSION TOPICS

1. "임신한 여성은 2인분을 먹어야 한다"라는 문구를 토론한다.
2. 임산부가 영양가가 높은 음식을 먹는 것이 특히 중요한 이유는 무엇인가?
3. 임신 1~9개월까지 체중 증가에 대해 논의하시오. 임신 중 과도한 체중 증가는 왜 바람직하지 않은가? 임신은 체중 감량을 실행하기 좋은 시기인가?
4. 임신 중에 단백질이 풍부한 음식이 왜 중요한가?
5. 임신 중 철분보조제를 처방하는 것은 왜 일반적인가? 산모가 충분한 철분을 공급받지 못한다면 어떤 일이 일어나는가? 아기에게는 어떠한 영향을 미치는가? 임산부는 스스로 산부인과의사가 처방한 것 외에 철분이나 비타민 보조제를 복용하는 것이 좋은가?
6. 산부인과의사가 임신 중 혈압, 소변, 체중을 정기적으로 검사하는 이유에 대해 토론하시오.
7. 입덧은 무엇이고, 어떻게 치료할 수 있는가? 만약 학급 친구가 임신을 했다면, 입덧에 관해 질문해 보시오. 정말 심각한 문제가 될 수 있는가?에 대해 토론하시오.
8. 임산부가 매 끼니마다 감귤류 또는 멜론을 포함시키는 것이 좋은 이유는 무엇인가?
9. 영아의 체중이 약 3.2~3.6kg일 때 임신 중 평균 체중 증가가 약 11~16kg인 이유는 무엇인가?
10. 이식증을 서술하시오. 왜 그것은 바람직하지 않은가?
11. 어머니가 약을 사용한다면 태아에 대한 위험성을 토론하시오.
12. 어머니의 당뇨병은 어떻게 태아에게 영향을 줄 수 있는가?

연습문제_REVIEW

가장 적절한 답을 고르시오.

1. 어머니의 자궁에서 성장하는 아기를 칭하는 용어는?
   a. 정자 c. 태반
   b. 태아 d. 난소
2. 빈혈의 흔한 형태는?
   a. 이식증 c. 철분결핍
   b. 과도한 비타민 A d. 비타민 B 결핍
3. 고혈압, 부종, 소변 중 알부민 증상이 모두 나타나는 것은?
   a. 칼슘 결핍 c. 나트륨 부족
   b. 빈혈 d. 임신성 고혈압
4. 임신 초기에 구역의 흔한 이름은?
   a. 입덧 c. 임신성 고혈압
   b. 이식증 d. 사망률

5. 엽산과 비타민 B_{12}이 임신기간 동안의 어떠한 역할 때문에 증가가 요구되는가?
a. 강한 뼈와 치아 생성
b. 태반에서 감염에 저항(반응)
c. 혈액 생성
d. 효소작용

6. 임신 2기 동안 임산부에게 1일 추가 에너지 요구량은?
a. 100cal　　c. 520cal
b. 340cal　　d. 1,000cal

7. 임신 중 필요한 추가 칼로리를 충족하기 위해 할 수 있는 행동은?
a. 매일 스테이크를 먹는다.
b. 매일 맥아우유를 마신다
c. 매일 무지방 우유 2잔을 마신다.
d. 철분보조제를 사용한다.

8. 임신기간 동안 비식품물질을 갈망하는 것은?
a. 빈혈　　c. 구역
b. 거대적아구성 빈혈　　d. 이식증

9. 임신기간 중 정상체중 어머니의 선호되는 평균 체중 증가는?
a. 9~11kg　　c. 11~24kg
b. 11~16kg　　d. 15~24kg

10. 모유수유의 이점이 *아닌* 것은?
a. 알러지 발생 및 아기의 감염률을 낮추어 줌
b. 어머니와 아이의 유대감을 강화시켜 줌
c. 아버지는 참여할 수 없음
d. 어머니의 체중 감량에 도움

11. 우유를 대체할 수 있는 식품으로 적절한 것은?
a. 오렌지주스와 토마토주스
b. 치즈와 요거트
c. 빵과 시리얼
d. 채소와 과일주스

12. 영양소 섭취기준에서 첫 6개월 동안 산모(nursing mother)에게 요구되는 추가 칼로리는?
a. 100　　c. 500
b. 300　　d. 1,000

13. 임신 및 수유 동안 매일의 식단은?
a. Myplate에 근거함
b. 최소 우유 2쿼터를 포함
c. 1,900cal로 제한
d. 위의 내용 모두

14. 임신 및 수유여성에게 적합한 간식은?
a. 과일과 생채소　　c. 탄산음료
b. 감자칩과 프레첼　　d. 딱딱한 사탕

15. 정상임신 기간은?
a. 34~36주　　c. 38~40주
b. 36~38주　　d. 40~42주

16. 자궁 내 태아를 둘러싸고 있는 액체를 무엇이라고 하는가?
a. 비경구액　　c. 양수
b. 세포내액　　d. 윤활액

17. 임신기간 중 비경구영양이 필요한 이유는?
a. 과도한 체중 증가
b. 임신오조증 고통
c. 우유내성이 있는 사람
d. 고기를 먹지 않는 사람

18. 가슴쓰림을 예방하기 위해서는?
a. 적게 자주 먹기
b. 음식섭취 후 바로 눕기
c. 아스피린 복용
d. 식사 시 수분섭취 증가

19. 임신성 고혈압이란?
a. 짠 음식으로 완화
b. 식단에 단백질이 부족할 때 발생
c. 철분결핍의 전조현상
d. 거대적아구성 빈혈이 발생

20. 임신성 당뇨병이란?
a. 저체중아 출산경향
b. 항상 제1형 인슐린 의존성 당뇨병으로 진행
c. 보통 출산 후 사라짐
d. 어머니와 아기에게 위험하지 않음

21. 어머니 영양실조?
a. 태아에게 거의 영향을 주지 않음
b. 태아 헤모글로빈 수치가 증가할 수 있음
c. 종종 거대아를 유발
d. 발달 또는 정신지체로 이어질 수 있음

22. 임신기간 중 철의 필요성이 증가하는 이유는?
    a. 산모의 갑상샘종 예방
    b. 뼈 발달에 필수적
    c. 태아 신진대사에 필요
    d. 증가된 혈액량

23. 영양이 풍부한 식품은 상당한 양의 _____를 제공한다.
    a. 비타민, 무기질 및 단백질
    b. 식품 그램당 칼로리
    c. 탄수화물, 지방 및 물
    d. 나트륨, 염화물 및 물

24. 임신 중 비타민 A의 과도한 섭취를 피해야 하는 이유는?
    a. 선천적 결함을 초래
    b. 임신성 당뇨병을 유발
    c. 태아에게 담석의 원인이 됨
    d. 어머니의 식욕 감소

요점사례_CASE IN POINT

JESSICA: 10대임신

Jessica는 항상 친구들과 어울리고 싶은 강한 열망을 가지고 있었고 종종 친구들이 받아들일 수 없는 일들을 하고 있다는 것을 알게 되었다. 이제 그녀는 고등학교에 다니기 시작했으므로 적응하는 데 특히 관심이 있는 것 같다. 그녀는 3.8의 평점을 가진 학생이지만, 가장 큰 걱정은 친구들로부터 승인을 얻는 것이다. 1학년 때부터 Jessica는 치어리더와 댄스팀에서 활동했다. 그녀는 이제 3학년이고 남자친구가 있고, 3학년 대부분을 Ryan과 데이트를 하고 있다. Ryan이 졸업파티에 가자고 했을 때 Jessica는 매우 흥분했다. 그녀와 Ryan은 졸업식과 이후 졸업파티행사에 참석했고, 그날 밤 다른 친구의 집에 머물렀다. Jessica는 Ryan과 사랑에 빠졌고 그녀가 자신과 헤어지지 않기를 바라는 모든 것을 쉽게 수행하도록 설득되었다.

3학년 후, Jessica는 여름방학 동안 동네 커피숍에서 일했다. 그녀는 아침 교대근무를 하러 도착했을 때 자주 속이 메스꺼웠다. 커피의 많은 향이 구역을 느끼게 한다는 것을 알아차리기 시작했다. 그녀는 종종 퇴근 후에 친구들에게 초대를 받았지만, 어울리는 것에 대해 거의 생각하지 않았으며, 종종 집에 가서 잠을 잤다. 마침내 그녀는 Ryan에게 생리를 두 달이나 하지 않았고 임신할 수도 있다는 걱정을 했다. 그는 그녀의 의심을 확인하기 위해 임신테스트를 받아야 한다고 주장했다. Jessica는 정말 임신을 했다. 그녀와 Ryan은 둘 다 겁이 나서 Jessica의 어머니를 믿기로 결정했다. Jessica의 어머니는 Jessica가 진찰을 받을 수 있도록 예약을 했다.

의사는 Jessica의 임신사실을 확인했고, 산전 비타민을 제공했다. 그녀는 의사에게 임신 중에 뚱뚱해지고 싶지 않다고 말했다. 의사는 그녀와 함께 체중 증가의 중요성과 적정량에 대해 논의했다. Jessica는 만약 체중이 증가한다면 Ryan과 헤어질까봐 걱정했다. Jessica의 어머니는 딸을 매우 걱정했다. 그녀는 그녀의 영양과 식습관에 대해 이야기하려고 했으나 Jessica는 듣지 않았다. 그녀는 새처럼 조금 먹고 살도 찌지 않았다. Jessica의 다음 진료에서 Jessica는 0.9kg이나 체중이 감소했다. Jessica와 그녀의 어머니는 체중 감소에 대해 상의한 후 그녀가 건강한 임신을 위해 적절한 음식을 영양사와 만나 의논해야 한다고 설명했다. 의사는 또한 Jessica가 임신 중에 무슨 일이 일어나고 있는지 이해하도록 Jessica를 약속한 날에 데리고 오라고 격려했다.

사정

1. Jessica에 대해 어떤 객관적인 자료가 있는가?
2. Jessica가 먹었던 것처럼 먹게 된 원인은 무엇인가?
3. Jessica의 비이행의 원인은 무엇인가?
4. Jessica의 출산 전 행동이 어떤 게 도움이 되었는가? 어떤 게 아니었는가?

진단

5. 다음 진단을 완성하시오: 건강한 임신과 유아건강에 대한 Jessica의 부족한 지식은 부족한 (______________)으로 입증된다.
6. Jessica의 상황에 적절한 간호진단을 작성하시오.

계획/목표

7. 출산 후 Jessica의 건강에 대한 계획은 무엇인가?
8. 영아돌연사증후군의 위험감소 및 발달지연과 관련하여 아기의 건강목표는 무엇인가?

수행

9. Jessica는 아기의 건강과 발달에 대해 어떤 주제를 배워야 하는가? 무호흡과 영아돌연사증후군에 대해 알아야 할 것은 무엇인가? 그녀는 정상적인 영아 성장발달에 대해 무엇을 배울 필요가 있는가?
10. 교육을 위해 누가 더 출석해야 하는가?
11. Jessica는 10대 어머니로서 어떤 유형의 의료 및 간호후속 조치가 필요한가? 가정간호방문이 도움이 되는가?
12. 아기에게 가장 염려되는 것은 무엇인가?

평가/결과 기준

13. 다음 방문 때, Jessica가 건강에 좋고 자신을 돌보는지를 보기 위해 간호사가 사용하는 기준은 무엇인가?

생각해보기

14. 10대 어머니가 성공하는 것을 더 어렵게 하는 다른 이슈는 무엇인가?
15. 10대 어머니에게 도움이 될 수 있는 다른 유형의 지원은 무엇인가?

✓ rate this plate

Jessica와 Ryan은 임신 중 적당한 영양섭취와 건강한 아기를 부양하기 위한 적절한 체중 증가에 대해 배우기 위해 영양사를 만났다. 그 영양사는 단백질과 철분의 좋은 공급원이 포함된 영양이 풍부한 식사를 하는 것이 중요하다고 강조했다. Jessica가 커피숍에서 일하면서 점심으로 구입한 음식을 평가해 보시오.

중간 크기의 건포도 베이글 1개, 저지방 크림치즈 2Tbsp

혼합과일 1/2, 크림 및 설탕이 든 일반커피 약 296cc

Jessica는 이 식사에서 얼마나 많은 칼로리, 단백질, 철분을 섭취했는가? 그것은 임신한 10대에게 충분한가? 그렇지 않다면 왜 그런가?

요점사례_CASE IN POINT

AH MAR MO: 임신성 당뇨 관리

Ah Mar Mo는 현재 첫 아이 임신 28주째이다. 그녀는 미얀마에서 미국으로 이민을 갔고 이제 막 영어 수업을 시작했다. 임신기간 동안, 그녀는 산전치료를 받았고 통역사도 함께 참석했다. Ah Mar Mo 키는 161.5cm이다. 임신 전 그녀의 몸무게는 67.6kg였고, 현재는 80kg이다. 오늘은 그녀의 진료예약에서 의사는 그녀에게 임신성 당뇨병이 발병했다고 말했다. 그는 그녀에게 그녀의 몸이 음식에 들어있는 설탕을 충분히 잘 처리하지 못하고 있다고 말했고, 그녀는 그녀의 식단에서 변화해야 할 몇 가지에 대해 토론하기 위해 인증된 당뇨병 교육자를 만나기를 원했다.

교육자는 Ah Mar Mo에게 그녀의 몸에서 무슨 일이 일어나고 있는지 설명하고, 그녀와 아기 둘 다에게 발생할 수 있는 합병증에 대해 이야기했다. 그녀는 그녀에게 혈당을 측정하는 방법을 알려주고 혈당을 올릴 수 있는 음식의 종류를 알려주었다. 쌀과 국수는 Ah Mar Mo의 식사에 들어가는 주된 음식이고 그녀는 좀처럼 하나 또는 다른 것이 들어 있는 식사를 하지 않는다. 또한 식사와 함께 식사 사이에 많은 양의 과일 주스를 마신다.

교육자는 Ah Mar Mo와 하루종일 더 적고, 더 자주 식사를 해야 하며, 3끼의 적은 식사와 3끼의 간식을 권했다. 그녀는 Ah Mar Mo에게 주스 소비를 물로 대체하는 것에 대해 말하고 음식준비에 대해 이야기했다. Ah Mar Mo는 그녀가 준비하는 많은 음식들이 튀겨진다고 말한다. 기름은 칼로리가 매우 높고 튀긴 음식을 먹는 것은 그녀의 체중 증가에 기여할 수 있기 때문에, 그들은 그녀의 음식을 준비하는 다른 방법에 대해 논의한다. Ah Mar Mo는 또한 그녀가 필요한 것보다 훨씬 많은 양의 쌀과 국수를 먹고 있다는 것을 알게 되었다. 교육자는 Ah Mar Mo에게 임신 전 비만이며 현재 임신 중 체중에 대한 권장 체중 증가의 최고점에 도달했다고 말했다. Ah Mar Mo는 그녀의 식습관을 바꾸는 것에 신나지 않지만, 그것이 그녀와 아기에게 최선이라는 것을 알고 있다.

사정

1. 임신 중 혈당이 높아지는 이유가 무엇인가?

2. 임신 중 아기가 혈당을 많이 섭취할 경우 어떤 결과가 발생하는가?

3. 임신 중 혈당이 높은 것의 결과는?

4. 모든 임산부들은 임신중 당뇨병에 대해 검사를 받아야 되는가?

진단

5. Ah Mar Mo의 임신성 당뇨병 관련 간호진단을 작성하시오.

6. Ah Mar Mo의 영양과 관련된 간호진단을 작성하시오.

계획/목표

7. Ah Mar Mo는 임신성 당뇨병에 대해 교육을 받아야 한다. Ah Mar Mo에게 가르쳐야 할 가장 중요한 2가지는 무엇인가?

8. 간호사나 교육자가 얼마나 자주 Ah Mar Mo를 봐야 하는가?

수행

9. Ah Mar Mo가 지시받은 지침을 따르고 있는지 확인하기 위해 영양사는 어떤 조치를 취해야 하는가?

평가/결과 기준

10. 의사, 간호사, 영양사는 어떻게 그들의 목표가 달성되었다고 확신할 수 있는가?

생각해보기

11. 대상자에게 말하기 위해 번역기를 사용할 때 필요한 고려사항은 무엇인가?

✓ rate this plate

Ah Mar Mo가 점심으로 선택한 식사를 평가해 보시오.

밥 2/3컵

청경채, 설완두, 브로콜리 1컵

망고 주스 약 237cc

코코넛을 넣은 타피오카 푸딩 1/2컵

당신은 그녀의 식사에 탄수화물이 적합한지 아닌지 결정할 수 있는가? 네 또는 아니오, 그리고 그 이유는 무엇인가? 그녀의 칼로리 섭취량을 줄이기 위해 어떤 변화가 일어나야 하는가?

CHAPTER 11

주요용어_KEY TERMS

갈락토오스뇨
갈락토오스혈증
결속
구토
단풍뇨병
돌연변이
로페닐랙 식이
류신
면역
무균
발린
선천적 대사 이상
양수검사
요구 시
이소류신
이유, 젖뗌
전이효소
정신사회적 발달
페닐알라닌
페닐알라닌수산화효소
페닐케톤뇨증

영아기의 영양

NUTRITION DURING INFANCY

학습목표

- 부적절한 영양이 영아에게 미치는 영향을 설명할 수 있다.
- 모유수유와 인공수유의 긍정적인 측면을 논의할 수 있다.
- 영아의 식단에 음식 섭취 시기, 방법을 설명할 수 있다.
- 선천적 대사 이상 및 식이 치료에 대해 설명할 수 있다.

음식과 그것을 제공하는 방식은 영아의 첫 해 동안에 매우 중요하다. 육체적, 정신 발달은 음식 자체에 달려 있으며 정신사회적 발달은 음식이 제공되는 시간과 방식에 영향을 받는다.

영아는 부모의 감정에 반응한다. 음식을 영아에게 강요하거나, 영아가 불편해질 때까지 억제하거나, 음식이 긴장된 방식으로 제공되면 영아는 긴장을 느낀다. 부모가 편한 경우, 영아의 식사 시간은 부모와 자녀 모두에게 즐겁다 (**그림 11-1**).

영아는 과거에 정해진 일정에 따라 음식를 먹었지만 요구 시 음식을 주

그림 11-1 음식은 행복하고 편안한 분위기에서 더 잘 흡수되고 소화된다.

는 것이 좋다. 요구 시 식품을 공급하면 배고픔이 가져올 수 있는 좌절을 예방하고 영아가 자신의 필요가 충족되고 있음을 깨닫도록 해준다. 신생아는 더 자주 음식을 먹을 수도 있지만 일반적으로 2~3개월이 될 때까지 평균 약 4시간마다 시행된다.

영양소 섭취의 필수조건

생애 첫 해는 인생에서 가장 빠른 성장의 시기이다. 영아는 생후 6개월까지 출생 체중이 두 배가 되고 첫해에 세 배가 된다. 이것은 영아의 열량, 비타민, 무기질 및 단백질 요구량이 나이가 든 어린이 또는 성인보다 더 높은 이유를 설명한다. 그러나 성장 속도는 아동마다 다르다는 것을 기억하는 것이 중요하다. 영양요구는 주로 아동의 성장 속도에 달려 있다.

첫 해에 정상적인 어린이는 매일 성인 체중의 2~3배에 해당하는 체중 kg당 98~108칼로리가 필요하다. 영양실조 또는 질병이 있는 저체중 출생아 및 영아는 체중 kg당 정상적인 칼로리 이상을 필요로 한다. 영아의 영양 상태는 성인의 영양 상태와 동일하다.

영아의 식이요법의 기초는 모유 또는 분유이다. 어느 것이든 단백질, 지방, 탄수화물, 비타민, 무기질 및 물을 함유하며 영양가가 높고 소화 가능한 식품이다.

생후 6개월까지 영유아는 매일 체중 kg당 단백질 2.2g, 체중 kg당 단백질 1.6g을 6~12개월 동안 섭취하는 것이 좋다. 이것은 모유 또는 영아용 조제식에 의해 공급된다(그림 11-2).

그림 11-2 행복하고 건강한, 잘 먹은 영아.

영아는 성인보다 체중 kg당 더 많은 물을 섭취한다. 보통 칼로리당 1.5mL의 물이 필요하다. 이것은 모유와 대부분의 유아용 조제식에서 칼로리와 물의 비율이 같다. 아기는 모유와 조제식 모두에서 충분한 물을 공급받는다. 추가 물이 필요하지 않다. 필수 비타민과 무기질은 모유, 수식 및 식품으로 제공될 수 있다. 비타민 D를 제외하고 모유는 영아가 처음 4~6개월 동안 필요로 하는 모든 영양소를 제공한다. 영아는 3~6개월 분량의 철분을 가지고 태어난다. 영아가 생후 6개월이 되면, 소아과 의사는 대개 철분 강화 시리얼을 시작하도록 한다.

모유는 보통 영아에게 충분한 비타민 C를 공급한다. 영아는 건강을 유지할 수 있는 조제식을 사용할 수 있으며, 모유수유를 하지 않으면 American Academy of Pediatricians에서 그 사용을 권장한다. 소아과 의사는 간호받고 있는, 햇빛에 정기적으로 노출되지 않는 영아를 위해 비타민 D 보조제를 처방할 수 있다. 신생아는 장내 박테리아가 부족하여 비타민 K를 합성하지 못하기 때문에 출생 직후 비타민 K 보조제가 보통 공급된다. 또한 일부 소아과 의사는 모유수유 아기 또는 불소가 거의 포함되지 않은 물이 있는 지역에 살고 있는 아기에게 불소를 처방한다.

정신사회적 발달 psychosocial development
정신적 발달과 사회적 발달과 관련된

요구 시 on demand
영아가 원하는 대로 먹이기

영아는 과도한 양의 비타민 A 또는 D를 섭취하지 않도록 주의해야 한다. 과도한 양은 독성이 되기 때문이다. 비타민 A는 간에 손상을 입히고 뼈의 이상을 일으킬 수 있으며, 비타민 D는 심혈 관계와 신장을 손상시킬 수 있다.

그림 11-3 모유수유는 신생아 영양에 긍정적으로 작용한다.

모유수유

아기가 간호 또는 조제식이를 제공받더라도, 모유수유는 조제식이와 다른 장점을 제공한다. 모유수유는 아기에게 좋은 식단을 제공하는 자연의 방식이다. 실제로 영아의 영양소 섭취의 필수조건을 측정하는 기준으로 사용된다(그림 11-3).

모유수유는 영아에게 많은 전염병에 대한 일시적인 면역을 제공한다. 경제적이며, 영양적으로 완벽하고, 위생적이며, 식이요법을 위해 쇼핑하거나 준비하는 데 소비되는 시간을 절약할 수 있다. 그것은 무균이며 소화하기 쉽고 대개 위장장애나 알러지 반응을 일으키지 않는다. 모유수유는 생후 수개월 동안 조제식이보다 감염(특히 귀 감염)이 적으며 단백질과 무기질이 적기 때문에 영아의 신장에 가해지는 부담을 줄여 준다. 또한 모유수유는 영아의 구강운동발달을 촉진하고 영아의 비만 및 당뇨병 위험을 감소시킨다.

생후 몇 주 이내에 영아는 약 2~4시간마다 간호해야 한다. 영아가 자라면서 빨기 능력이 강해져 더 많은 우유를 섭취할 수 있어 간호 빈도가 줄어든다. 영아 간호사는 모유수유가 매회 약 5~10분이 소요되도록 한다. 급속성장기는 약 10일, 2주, 6주 및 3개월째에 발생한다. 이 기간 동안 성장에 필요한 영양소 공급을 늘리기 위해 영아를 더 자주 간호한다.

영아가 충분한 영양소와 칼로리를 섭취하고 있다고 할 수 있는 경우는 다음과 같다.

- 하루에 6번 이상의 젖은 기저귀
- 정상적인 성장
- 하루에 1~2회의 겨자색 배변
- 간호 중 유방이 덜 꽉 차게 된다.

어머니의 관점에서 보면 모유수유 중에 일어나는 결속은 매우 뛰어나다. 또한 모유수유는 출산 후 어머니의 자궁이 정상 크기로 돌아가도록 돕고 산후 출혈을 조절하며 임신 전 체중으로 더 빨리 돌아갈 수 있도록 도와준다. 연구에 따르면 모유수유와 폐경 전 여성의 유방암 및 골다공증 위험성 간의 상관관계가 나타났다.

모유수유율은 미국에서 계속 증가하고 있다. 2011년 신생아 중 79%가 모유수유를 시작했다. 그러나 모유수유는 권장 기간 동안 계속되지 않았다. 2011년 출생한 신생아 중 49%가 6개월에 모유수유를 했고 27%가 12개월에 모유수유를 했다. *Healthy People 2020*에서는 모유수유율 목표를 신생아 81.9%, 6개월 60.6%,

면역 immunity
특정 질병에 저항하는 능력

무균 sterile
감염물이 없다.

결속 bonding
감정적인 애착

그림 11-4 수유는 영아에게 사랑과 관심을 제공하기에 좋은 시기이다.

그림 11-5 아기를 트림시키려면 그림과 같이 두 위치 중 하나로 아기를 안고 부드럽게 등을 두드린다.

1년 34.1%로 설정했다. 어머니가 일하면서 모유수유를 할 수 없으면 모유를 냉장 또는 냉동 보관하여 적절한 시간에 사용하거나 인공수유 또는 조제식이로 대체할 수 있다. 항체가 파괴되기 때문에 모유를 전자레인지로 데우지 않는다.

인공수유

일부 부모는 아기에게 젖병으로 먹이는 방법을 선택한다. 일부 여성들은 충분한 모유를 제공할 수 없을 것이라고 우려한다. 일부는 가족의 정서적 지지가 부족하였고, 일부는 단순히 모유수유가 자신의 문화에 낯설다는 것을 발견한다. 외부활동을 하는 사람들은 인공수유가 더 편리하다고 생각한다. 수유를 하는 동안 영아가 사랑과 관심을 받는다면 어느 쪽이든 상관없다.

영아는 수유하는 동안 안아서 반 직립 자세를 유지해야 한다(그림 11-4). 이 방법으로 먹은 아기는 누워서 먹는 아기보다 중이염에 걸릴 확률이 적다. 직립 자세는 액체가 목 뒤쪽에서 고여 중이로 들어가는 것을 방지한다. 수유 중이나 후에 모유수유 영아를 트림시키는 것처럼 위장에서 가스를 방출하도록 트림시켜야 한다(그림 11-5). 트림은 구토를 방지한다.

아기가 인공수유를 하는 경우 소아과 의사는 시판 조제식과 수유 지침에 대한 정보를 제공하도록 한다. 조제식은 대개 우유를 근거로 하는데, 모유와 비슷하게 풍부하고 쉽게 수정될 수 있기 때문이다. 그것은 단백질과 무기질 소금이 많고 모유보다 락토오스(유당)가 적기 때문에 변형, 보충해야 한다. 콩 조제식은 영양 및 칼로리가 모유와 유사하게 만들어졌다.

영아가 매우 민감하거나 영아용 조제식에 알러지 반응을 보이는 경우, 합성식이(synthetic formula)를 줄 수 있다. 합성 우유는 일반적으로 콩으로 만들어진다. 일반적으로 "저자극성" 조제식이라고도 불리는 단백질이 다른 모든 조제식과 안 맞는 영아에게 사용된다.

조제식은 조리식(ready-to-feed), 농축 또는 가루 형태로 구입할 수 있다. 무균 또는 끓인 수돗물에 농축된 분말 형태를 혼합한다. 가장 편리한 유형은 가장 비싸다. 미국 소아과학 아카데미 웹사이트 https://healthychildren.org에는 조제식의 보관 기간과 수돗물의 안전성을 평가하는 정보가 있다. 영아의 인공수유 시 병에 남아있는 제제는 한 시간 후에 폐기해야 한다. 영아를 위해 준비된 신선한 조제식은 일반적으로 24시간 동안 유지된다. 즉석에서 조제할 수 있는 조제식이나 조리식은 일반적으로 48시간 동안 유지된다.

구입한 조제식에 물의 첨가가 필요한 경우, 물의 양을 정확하게 측정하는 것이 중요하다. 물이 너무 적으면 영아의 신장에 너무 많은 단백질과 무기질 부하가 발생한다. 너무 많은 물은 영양소와 칼로리 값을 희석시켜 영아의 발달을 저해하고 뇌부종이나 발작을 일으킬 수 있다.

구토 regurgitation
구토

1세 미만의 영아에게는 정기적으로 우유를 먹이지 않아야 한다. 모유보다 단백질 소화가 어렵고 속도가 느리기 때문에 위장관에서의 혈액 손실을 유발할 수 있다. 신장은 고단백 및 무기질 함량으로 인해 손상될 수 있으며 탈수와 중추신경계에 손상을 초래할 수 있다. 또한 지방은 생물학적 이용 가능성이 적어서 모유만큼 효율적으로 흡수되지 않는다.

조제식은 상온에서 차가울 수도 있고 따뜻해질 수도 있지만, 같은 온도로 일관되게 제공되어야 한다. 수유를 위한 조제식을 따뜻하게 하려면 병을 따뜻한 물 또는 냄비에 넣고 중탕한다. 병을 가끔 흔들어 내용물을 고르게 데운다. 전자레인지에서 병을 데우는 것은 바람직하지 않다. 왜냐하면 우유가 고르지 않게 가열되어 영아의 입을 데일 수 있기 때문이다. 우유의 온도는 손목에 몇 방울을 떨어뜨려 확인할 수 있다. 우유가 미지근해야 한다.

영아는 병을 가지고 잠자리에 들지 않도록 해야 한다. 일반적으로 치아를 세척하는 타액은 영아가 잠들 때 감소한다. 우유가 위쪽 앞니에 닿으면 충치를 일으킨다. 또한, 병은 위쪽 턱을 돌출시키고 아래는 들어가게 할 수 있다. 이는 *우유병 충치*로 알려져 있다. 영아에게 취침 시 조제식을 하고, 다른 병이나 컵에서 물로 치아와 잇몸을 닦이고 재우는 것이 좋다.

보충식품

영아가 고형분 및 반고체 식품을 시작하는 나이는 시대에 따라 다양하다. 지난 세기 초, 의사들은 처음 12개월 동안 아이들에게 모유만 먹이라고 했다. 부모의 요구에 부응하여 1950년대까지 일부 소아과 의사는 1세 이전에 단단한 음식의 도입을 권고했다. 이제는 일반적으로 영아의 식사가 4~6개월까지 모유나 조제식으로만 이루어지며 이는 1세 때까지 주요 식품공급원이 된다. 철분과 비타민 D, 비타민 C와 불소의 적절한 보조제를 사용하면 6개월까지 대부분의 아이들의 영양요구사항을 충족시킬 수 있다.

4~6개월 전에 고형 식품을 섭취하는 것은 권장하지 않는다. 아이의 위장관과 신장은 단단한 음식을 흡수하기에 충분하지 않다. 또한, 고형 식품의 조기 섭취는 특히 부모가 알러지가 있는 소아에서 음식물 알러지 및 과잉 섭취의 가능성을 증가시킬 수 있다.

영아의 고형 식품에 대한 준비 상태는 다음과 같다.

1. 혀가 음식을 입에서 밀어내는 것이 아니라 입 안으로 음식을 넣는 신체적 능력[혀내밀기 반사(extrusion reflex)는 4~6개월에 사라짐]
2. 고형 식품 섭취 참여 의사(그림 11-6)
3. 도움을 받아 앉을 수 있는 능력
4. 머리와 목 조절

그림 11-6 영아들은 때때로 음식을 먹는 것보다 만지는 것에 즐거움을 느낀다.

SUPERSIZE USA

*Journal of Pediatrics*의 최근 연구에 따르면 식이요법과 관련된 습관은 생후 첫해부터 시작해야 한다. 첫 번째 연구에서 영아기 동안 과일과 채소를 자주 섭취하면 6세가 되어도 지속되었다. 두 번째 연구에 따르면 청량음료를 섭취한 영아는 6세 때 매일 음료를 마시는 비율이 두 배 높았다. 세 번째 연구에서는 주당 3회 청량음료를 마신 참가자가 6세 때 비만이 될 가능성이 두 배가 되었다. 건강한 식습관을 고취시키고 비만 위험을 감소시키는 데 도움이 되는 팁은 다음과 같다.

- 아기 모유수유
- 정기적인 가족 식사 제공
- 건강한 식생활을 위한 역할 모델
- 다양한 건강식품과 스낵, 특히 과일과 채소 제공
- 활동 목표 설정 및 스크린 시간 제한
- 식사 계획 과정에 아이들을 참여시킴
- 단 음료 및 고지방 식품/스낵의 제한 또는 금지
- 아동들 보상을 위한 음식 제공 금지

출처: Adapted from Saint Louis, Catherine. "Childhood Diet Habits Set in Infancy, Studies Suggest." *New York Times*. September 2, 2014. Accessed October 2015.

삶의 길잡이 SPOTLIGHT on Life Cycle

WIC (Women, Infants, and Children) 프로그램은 연방 정부의 지원을 받으며 영양가 있는 음식, 영양 교육, 무료 건강 및 기타 사회 복지 서비스를 참가자들에게 무료로 제공한다. 임신한 여성, 산후 여성, 모유수유 여성, 영아 및 5세까지의 아동이 자격이 된다. 자격 요건은 빈혈, 저체중 또는 과체중, 임신 합병증의 병력, 임신 결과가 좋지 않거나 식이 위험과 같은 상태를 포함하여 소득 및 영양 위험요인을 기반으로 한다. 영아 시리얼, 철분 강화 성인 시리얼, 비타민 C가 풍부한 과일 또는 채소 주스, 달걀, 우유, 치즈, 땅콩버터, 말린 콩 및 완두콩, 통조림 고기 등 다양한 식품 패키지가 제공된다. 참가자의 요구를 수용하여 채식 옵션을 선택할 수 있다. 어머니는 모유수유를 계속할 때 모유수유 지원 및 교육뿐만 아니라 유축기를 지원받을 수 있다. 2013년 동안 혜택을 받은 여성, 영아 및 아동은 한 달에 860만 명이었다.

출처: Adapted from "WIC Fact Sheet." Food and Nutrition Service, United States Department of Agriculture. April 2014. Accessed October 23, 2015 from http://www.fns.usda.gov

5. 추가 영양분이 필요하다. 영아가 24시간 내에 907g 이상의 조제식을 섭취하고 간호를 24시간 동안 8~10회 제공되고 적어도 4개월 이상 경과한 경우, 단단한 음식을 시작해야 한다.

고형 식품은 점차적으로, 개별적으로 도입되어야 한다. 한 가지 음식이 제공되고 4일 또는 5일 동안 다른 새로운 음식은 제공하지 않는다. 알러지 반응이 없으면 또 다른 음식을 제공할 수 있고 간격을 두고 다른 음식을 섭취할 수 있도록 한다. 일반적인 순서는 단일 곡물 시리얼, 일반적으로 철분 강화 귀리, 밀, 보리 또는 쌀 곡물로 시작한 다음 혼합 곡물을 제공한다. 2013년 FDA는 쌀 곡물에 함유된 비소의 양에 대해 우려하였다. FDA는 쌀 곡류를 다른 단일 곡물보다 식이요법에서 덜 사용할 것을 제안하였다. 요리된 퓌레 형태의 채소, 과일, 달걀노른자, 그리고 마지막으로 잘게 빻은 고기 순으로 시작한다. 생후 첫 1년 동안 엄지손가락의 좋은 규칙에 따라 식사당 다양한 식품을 2~4큰술(28~56g)로 제공한다. 6~12개월 사이에 토스트, 제백(러스크와 유사하며 살짝 구운 단단하고 바삭한 비스킷), 아기 치발 과자 및 시리얼을 소량 추가할 수 있다. 꿀은 *Clostridium botulinum* 박테리아로 오염될 수 있으므로 영아에게 절대로 주어서는 안 된다. 6개월 후 물 한 모금과 100% 주스 118cc 이상을 제공할 수 있다. 우선적으로 모유와 제조식으로 수분 제공을 한다.

아기들은 하루에 먹는 음식의 양이 다르다. 첫 번째로 식이를 제공하는 동안 부모와 자녀는 언어적, 비언어적 반응를 찾아야 한다. 배고픔과 배부름에 대한 반응을 부모가 알아채는 것이 중요하다. 일반적으로 아기는 배가 고프면 까다로워지고 울기도 한다(기저귀를 갈을 때 약간의 주의가 필요한 경우도 있음). 종종 부모는 울음의 "유형"을 알게 되고 영아의 요구를 구별할 수 있다. 아기가 손을 빨거나, 머리를 숟가락 쪽으로 옮기거나, 음식을 만지려 하거나, 배고픔을 나타내기 위해 소리나 단어를 사용한다면 음식을 계속 먹도록 해야 한다.

영아는 다음과 같은 방법으로 배부름을 알려준다.

- 젖병꼭지나 가슴에 젖꼭지를 가지고 논다.
- 주위를 둘러보고 고형 식품 섭취를 위해 더 이상 입을 벌리지 않는다.
- 음식물을 밀어 내거나 이를 악 문다.
- 음식물을 가지고 놀고 "아니다"라는 표현을 위해 머리를 흔드는 행동

부모에게는 대개 의사의 수유 지침이 제공된다. **표 11-1**은 4~12개월까지 아기에게 매일 필요한 적절한 식품이 기술되어 있다.

1세 때 대부분의 아기는 모든 식품군의 음식을 쉽게 씹어 먹고 소화할 수 있다. 그러나 어린이가 질식할 수 있는 음식을 제공하지 않도록 주의해야 한다. 예를 들면 핫도그, 견과류, 전체 완두콩, 포도, 팝콘, 작은 사탕, 거친 육류 또는 생채소 등이 있다. 음식은 건강관리 제공자 또는 소아과 의사의 조언에 따라 선택해야 한다. "제3의" 가공식품을 사용할 필요는 없다. 상 음식용은 일반적으로 사용 가능하며, 처음에는 으깨거나 믹서기를 사용해야 한다.

USDA의 식품 및 영양정보센터는 영아 식품 요구사항을 이해할 수 있는 우수한 유용한 자료이다. 성장기 영아에게 적절한 음식과 영양분을 공급하며, 식습관을 개발하는 데 도움을 줄 수 있다. 영아 식단에 과량의 설탕과 소금을 첨가하는 것을 피하는 것이 특히 중요하며, 아동은 자신의 취향에 따라 섭취하거나 남용하지 않아야 한다.

이유는 실제로 영아가 숟가락으로 음식을 섭취하며 시작된다(**그림 11-7**). 아이가 컵에 관심을 갖고 마시는 능력을 보이면 진행한다. 아이는 병을 버리거나 모유수유를 거부한다. 아이가 병을 버리는 행동을 하지 않거나 여전히 모유수유를 찾으면 의료 제공자와 상의해야 한다.

성장의 평가

임상에서 의료 전문가는 표준 성장표를 사용하여 아동, 영아 및 청소년의 성장을 평가한다. 질병관리본부(Centers for Disease Control and Prevention, CDC)와 미국 소아과학회(American Academy of Pediatrics)는 미국의 1차 진료 의료 서비스 제공자가 WHO 표준 성장표를 사용하여 식이 유형에 관계없이 2세 미만의 어린이의 성장을 모니터링할 것을 권장한다; 2000년 CDC 성장 참고표를 사용하여 2세 아동의 성장을 20세까지 모니터링한다. CDC에는 건강관리 전문가가 성장 상태를 정확하게 해석할 수 있도록 자율적으로 이용할 수 있는 성장 차트 교육 웹사이트 교육과정이 있다. 미숙아에게 사용되는 저체중 및 저체중 차트가 있다. 또한 뇌성마비, Prader-Willi, 다운 증후군과 같은 특수 건강관리가 필요한 아동을 위한 성장표가 개발되었다.

최근 자료 IN THE MEDIA

영유아를 위한 채식 및 채식주의자 식이요법

The Academy of Nutrition and Dietetics와 American Academy of Pediatrics는 채식주의자 및 채식주의 식이요법이 영유아 건강에 좋다는 데 동의한다. 식사와 간식을 신중하게 계획하면 어린 자녀가 성장하는 데 도움이 되는 영양소를 확보할 수 있다. 모유로 아기를 이유식 할 때, 철분 강화된 포뮬라 대 젖소, 두유, 라이스밀크 또는 수세 제형을 생후 1년까지 사용할 것을 권장한다. 고체 식품을 도입할 때, 고기는 순두부 또는 콩 및 콩 유제품으로 대체될 수 있다. 영양소에 비타민 B12, 비타민 D, 칼슘, 철, 단백질 및 섬유가 포함되도록 세심한 주의가 필요하다. 콩 음료, 강화 시리얼, 콩, 요구르트, 달걀, 곡물, 견과류 버터 및 다양한 과일과 채소를 포함시킴으로써 균형잡힌 식단을 구성할 수 있다.

Source: Adapted from Hayes, Dayle. Feeding Vegetarian and Vegan Infants and Toddlers. May 4, 2015. Accessed October 2015. www.eatright.org.

그림 11-7 고형 식품은 4~6개월에 시작하게 된다. 모유수유 또는 조제식은 이 시기의 주요 열량 공급원이다.

이유 weaning
젖꼭지 대신 컵으로 마시는 영아 훈련

표 11-1 영아의 식이지침

식이	4~6개월	6~8개월
이른 아침	모유수유 또는 조제식*	모유수유 또는 조제식*
아침 식사	1~2T 영아용 시리얼 1~2T 과일이나 채소	2~4T 영아용 시리얼 2~3T 과일이나 채소 으깬 달걀노른자 1개
오전 나절	모유수유 또는 조제식*	모유수유 또는 조제식*
점심	모유수유 또는 조제식*	1~4T 영아 시리얼 2~3T 과일이나 채소 ½c 요구르트
늦은 오후 저녁 식사	모유수유 또는 조제식* 모유수유 또는 조제식* 1~2T 영아용 시리얼이나 육류 1~2T 과일이나 채소	모유수유 또는 조제식* 모유수유 또는 조제식*
		2~3T 육류 또는 육류 대체물 곡물(2 크래커 또는 1/2슬라이스 빵) 제공 2~3T 채소 또는 과일
저녁 총 모유수유/조제식	모유수유 또는 조제식* 4~6회/일, 828~946cc	모유수유 또는 조제식* 3~5회/일, 887~946cc

아기들은 먹는 음식의 양이 다르다. 아기의 식욕이 날마다 바뀔 수 있다.

식이	8~10개월	10~12개월
아침	모유수유 또는 조제식*	모유수유 또는 조제식*
아침 식사	4~6T 영아용 시리얼† 2~4T 과일이나 채소 으깬 달걀노른자 1개	5~8T 영아용 시리얼 † 잘 익힌 달걀 부드러운 다진 과일
오전 나절	모유수유 또는 조제식*	과일과 함께 1/2c 요구르트
점심	모유수유 또는 조제식* 2~3T 육류 또는 육류 대체품 2~4T 채소 또는 과일, 잘게 썬 것 곡물(4T 파스타)	모유수유 또는 조제식* 2~3T 육류 또는 육류 대체품 2~4T 채소 또는 과일, 잘게 썬 것 곡물 제공량(1/4~1/2)
늦은 오후	2~4T 과일 1/2c 요구르트	모유수유 또는 조제식* 2T 과일, 잘게 썬 것 1/2g 치즈
저녁 식사	모유수유 또는 조제식* 2~3T 육류 또는 육류 대체품 2~4T 채소 곡물	모유수유 또는 조제식* 2~3T 육류 또는 육류 대체품 3~5T 채소 2~3T 과일
저녁 총 모유수유/조제식	모유수유 또는 조제식*(선택) 3~5회/일, 887~946cc	모유수유 또는 조제식*(선택) 3~4회/일, 709~887cc

*아기가 모유수유를 하지 않은 경우, 철분 강화 영아용 조제분유 섭취를 처음 9~12개월 동안 권장한다.
† 철분 강화 영아용 시리얼 섭취를 처음 2년 동안 권장한다.

대체 영양소가 필요한 영아를 위한 특별 고려사항

미숙아 영아

임신 37주 이전에 태어난 아기는 미숙아이다. 미숙아는 특별한 관리가 필요하다. 빨기반사(sucking reflex)는 임신 34주까지 발달하지 않으며 조기에 출생한 신생아에게는 총 비경구영양 섭취, 경관 영양 또는 덩어리 관 공급(bolus tube feedings)이 필요하다(그림 11-8). 미숙아에게 가장 좋은 식이는 모유수유로, 단백질, 나트륨, 면역 물질 및 기타 무기질을 함유하고 있다. 미숙아의 다른 문제로는 저체중, 폐 미성숙, 위장관 미성숙, 부적절한 뼈의 무기질화 및 지방 저장 결핍이 있다. 미숙아는 많은 특수 조제식을 이용할 수 있지만, 모유수유는 아기를 위해 만들어지며 아기의 필요에 따라 변하기 때문에 가장 좋다. 미숙아의 어머니는 영아가 간호될 때까지 모유를 짜두도록 하는 것이 좋다. 성장은 미숙아용 성장표로 평가한다.

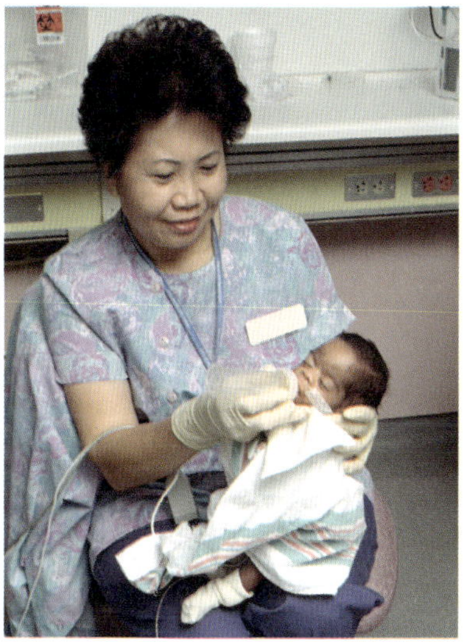

그림 11-8 미숙아는 영양요구를 충족시키기 위해 특별히 고안된 조제식을 공급받아야 한다. 비위관의 위치를 기록해야 한다.

낭성섬유증을 가진 영아

낭성섬유증(cystic fibrosis, CF)은 폐 및 췌장과 같은 장기를 덮고 있는 세포 내에 비정상적으로 두껍고 끈적끈적한 분비물(점액)을 생성시키는 유전 질환이다. 두꺼운 점액은 또한 췌장을 막아서 효소가 장의 음식을 분해하고 소화하는 것을 막는다. 낭성섬유증이 있는 아동들 중 85%는 외분비 췌장 부전(exocrine pancreatic insufficiency, PI)을 앓고 있으며 소화 효소의 생산 감소로 인해 영양에 문제가 있다. 지방의 흡수불량은 낭성섬유증과 연관되어 있다. 그러므로 총 칼로리 섭취량의 35~40%가 지방인 것이 좋다. 소화 효소는 음식물 섭취 시 캡슐 형태로 섭취하고 지용성 비타민의 보충은 식사 시간에 이루어져야 한다. 지용성 비타민의 물과 섞일 수 있는 형태(water-miscible)가 있는데, 지용성 비타민만으로 정상 수준을 유지할 수 없는 경우 투여할 수 있다. 낭성섬유증이 있는 사람들은 보조제를 섭취하더라도 영양소의 흡수가 원활하지 않아 영양실조가 되는 경우가 많다. 충분한 영양과 체중을 유지할 수 없는 경우 경구 섭취를 보충하기 위해 야간에 경관 영양을 시행할 수 있다.

웹사이트 탐색 EXPLORING THE WEB

낭성섬유증 웹사이트(http://www.cff.org)에 접속하시오. 낭성섬유증을 가진 영아의 영양 및 돌봄과 관련된 정보를 검색하시오. 이 분야의 새로운 치료법이나 연구가 있는가? 낭성섬유증에 대한 신생아 선별 검사를 받아야 할 자녀가 있는 부모에게 무엇을 말해야 하는가?

성장장애 영아

성장장애(failure to thrive, FTT)는 표준 성장표(그림 11-9)에서 영아의 성장을 결정할 수 있다; 유전적 및 민족적 다양성을 고려해야 한다. 키에 대한 가중치는 FTT를 결정할 때 영향을 주는 첫 번째 변수이다. 나중에 키와 머리 둘레가 영향을 받는다. 다른 증상으로는 발달, 앉기, 서기 및 걷기와 같은 신체 발달이 결여되거나 느린 것이다. 정신적, 사회적 기술 또한 지연될 수 있다. 아기는 생후 첫 6개월 동안 가장 많이 성장하며, 뇌의 중요한 발달이 전 생애에 영향을 미친다. 성장장

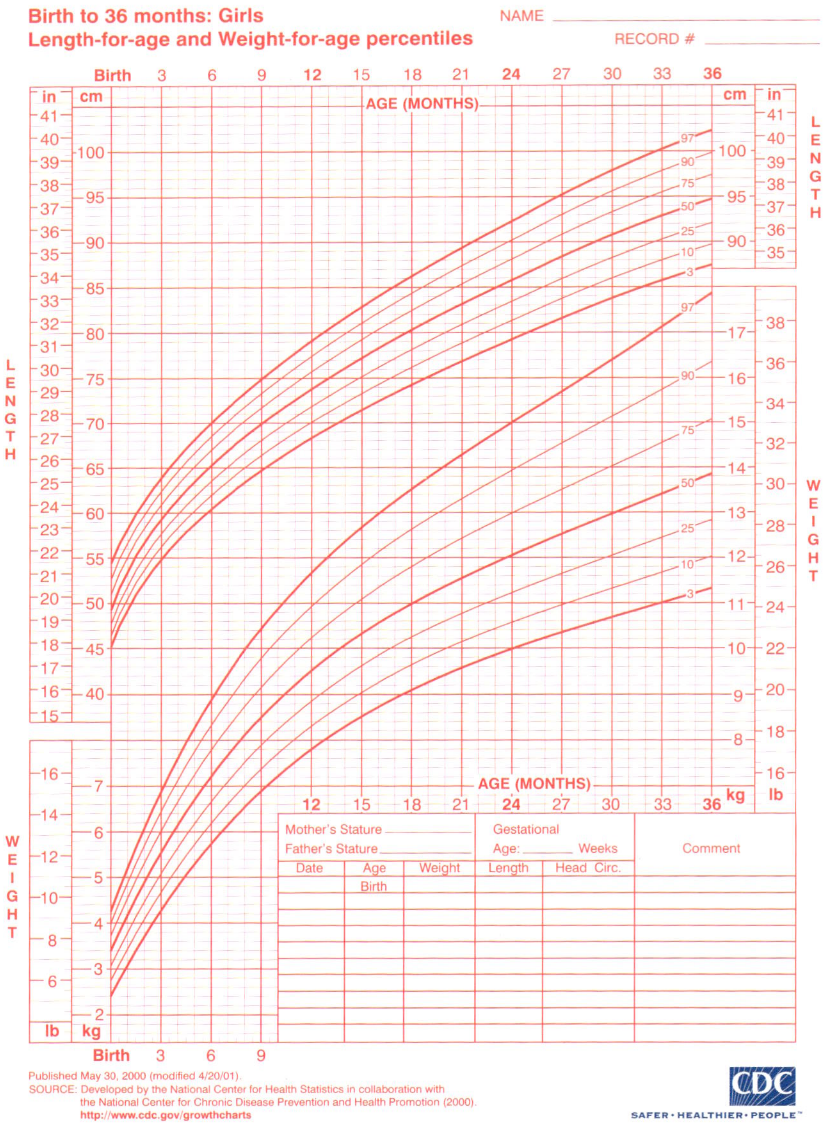

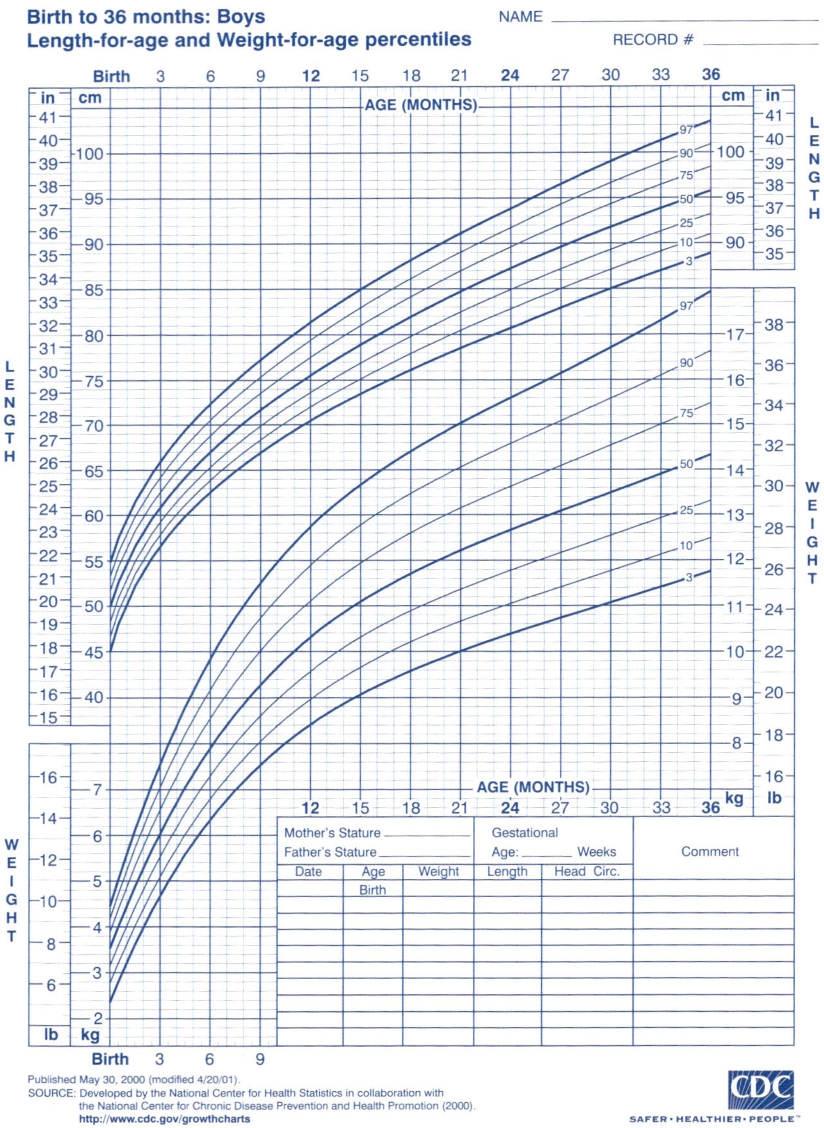

그림 11-9 신체 성장표

출처: Centers for Disease Control and Prevention, National Center for Health Statistics in collaboration with the National Center for Chronic Disease Prevention and Health Promotion. 2000 CDC Growth Charts: United States. http://www.cdc.gov/growthcharts, updated April 20, 2001.

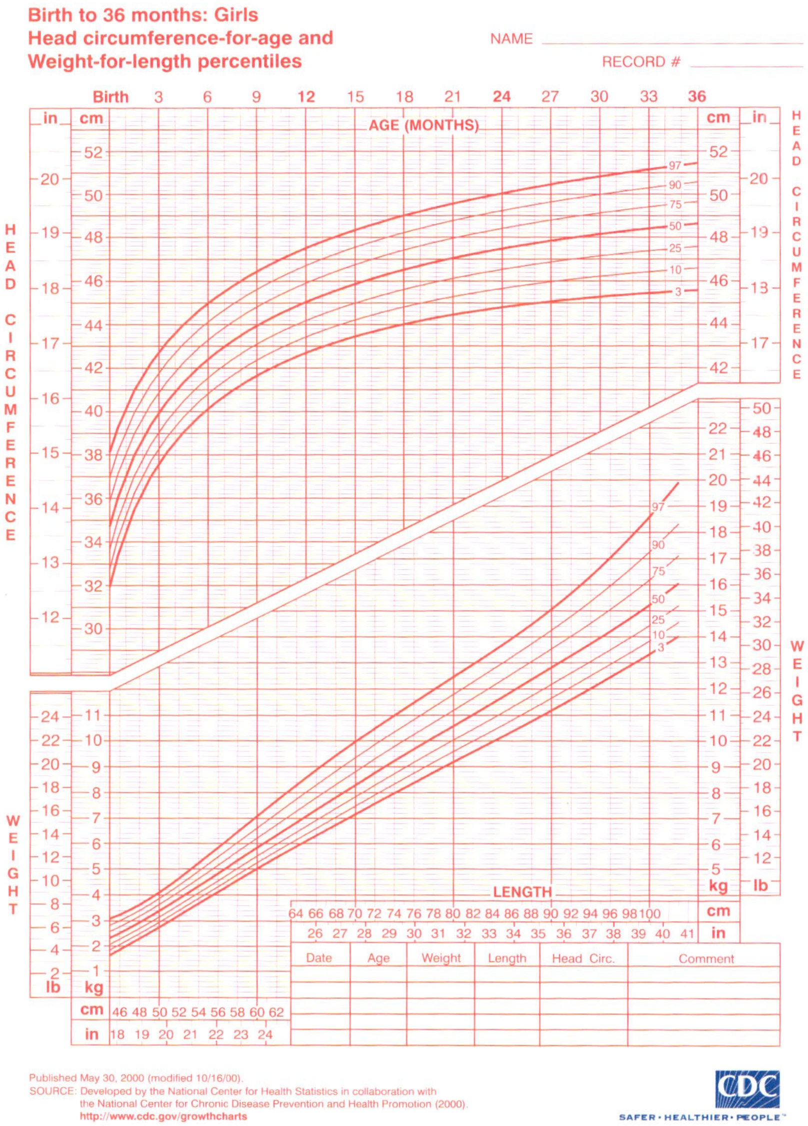

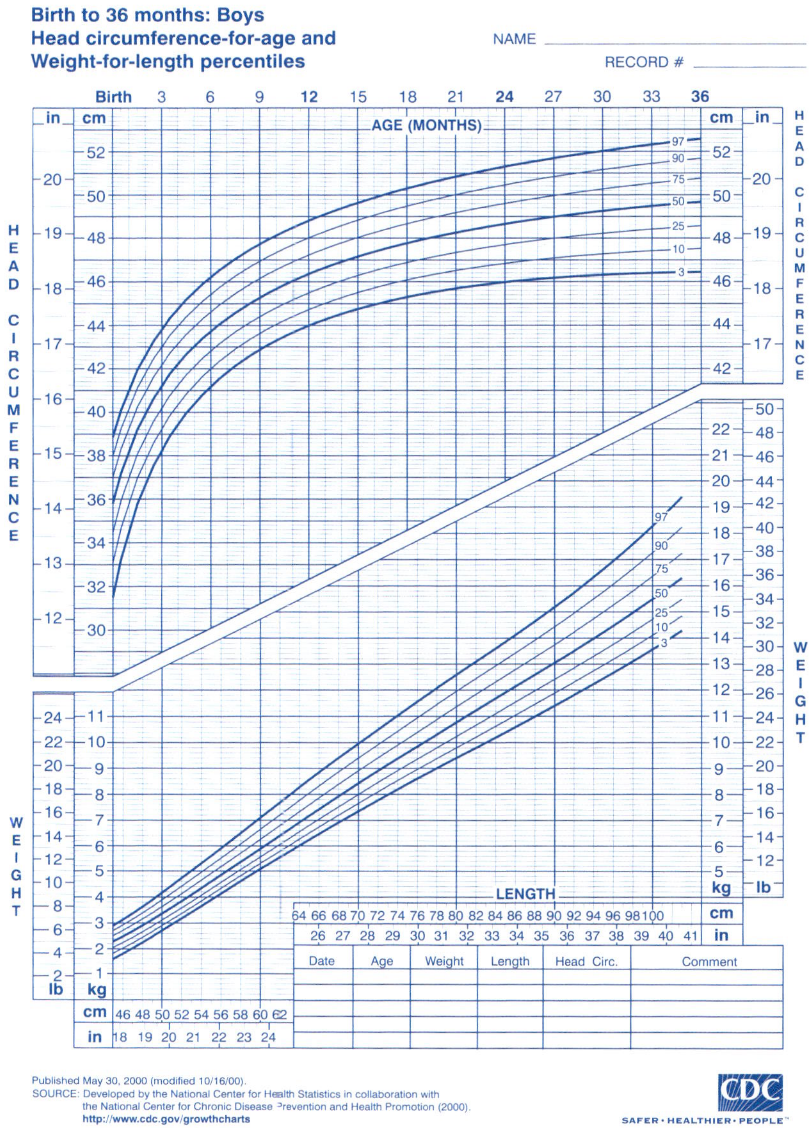

그림 11-9 (계속)

출처: Centers for Disease Control and Prevention, National Center for Health Statistics in collaboration with the National Center for Chronic Disease Prevention and Health Promotion. 2000 CDC Growth Charts: United States. http://www.cdc.gov/growthcharts, updated April 20, 2001.

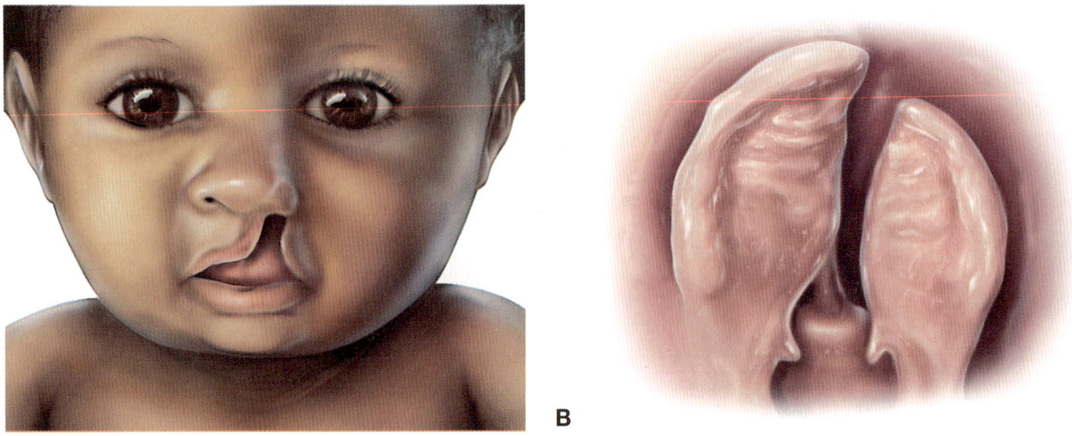

그림 11-10 A. 구개순, B. 구개열.

애는 물 탄 조제식, 선천성 기형, 에이즈, 결속 부족, 아동 학대 또는 방치가 원인이 될 수 있다.

구개열 영아

구개열과 구개순은 아기의 입술이나 입천장이 제대로 생기지 않을 때 발생하는 선천적 결함이다(그림 11-10). 아기는 구개열과 구개순, 또는 두 기형이 생길 수 있다. 구개순이 있거나 구개열이 없는 또는 구개순이 있는 어린이는 보통 식이와 말하기에 문제가 있다. 12개월 전에 치료를 위한 수술이 권장된다.

갈라진 틈 때문에 아기는 인공수유나 모유수유 시 효율적으로 흡입할 수 없다. 구개열 아이의 영양요구 충족과 성장을 위해 올바른 영양 섭취 방법을 찾는 것이 필수적이다. 어머니는 모유수유를 위해 피죤, Haberman 모유 젖병 중 하나를 사용할 수 있다. 가족을 도울 수 있는 다학제기관들이 전국에 있다. www.cleftline.org의 Cleft Palate Foundation은 부모와 임상의를 위한 자료가 있다.

대사장애 영아를 위한 특별 고려사항

일부 영아는 특정 영양소를 대사할 수 없는 상태에서 태어난다. 이러한 선천성 장애는 선천적 대사 이상이라고 한다. 유전자 돌연변이에 의해 유발된다. 이러한 결함으로 인한 상태의 심각성에는 큰 차이가 있다. 어떤 경우에는 조기 사망을 초래하고 일부는 정상적인 식사 조절로 심각성을 최소화할 수 있다. 그러나 이러한 결함으로 태어난 아동은 신체의 비정상적인 화학적 특성으로 인해 중추신경계 손상이 공통적으로 발생할 수 있다. 정신 지체가 초래되며 때로는 성장이 지연된다. 식이요법과 결합된 조기 진단은 정신 지체 예방 가능성을 높일 수 있다. 병원에서는 이러한 장애 중 일부에 대한 신생아 검사를 해야 한다. 특정 유전 질환의 가족

선천적 대사 이상 inborn errors of metabolism
정상적인 대사를 방해하는 선천성 장애

돌연변이 mutations
유전자의 변화

력이 있는 경우 유전 검사를 할 수 있다. 또한, 이러한 기형의 일부는 양수검사에 의해 발견될 수 있다.

갈락토오스혈증 영아

갈락토오스혈증은 3만 명 중 1명에게 발생하며, 간 효소 전이효소가 없기 때문에 발생한다. 전이효소는 일반적으로 갈락토오스를 포도당으로 전환시킨다. (갈락토오스는 락토오스의 소화로 인한 단순한 설탕이며, 우유에서 발견되는 설탕; 4장 참조). 전이효소가 부족한 영아는 갈락토오스를 함유한 것을 섭취하면 혈액 내 갈락토오스 양이 과도해진다. 이 독성 수준의 결과로 신생아는 설사, 구토, 부종, 비정상적인 간 기능이 나타난다. 백내상, 갈락토오스뇨가 나나나고 정신 지체가 발생한다.

식이요법

갈락토오스혈증에 대한 식이요법은 모든 포유동물의 우유를 배제하는 것이다. 부모가 락토오스가 없는, 제조된 제형을 제공하고, 무기질과 비타민을 보충할 수 있기 때문에 영아기에는 치료가 비교적 간단하다. 아이가 자라면서 성인용 식품을 섭취하면 부모는 락토오스를 함유한 음식, 음료 또는 약을 피하도록 조심해야 한다. 칼슘, 비타민 D 및 리보플라빈의 영양 보조제는 충분한 영양 공급을 위해 제공되어야 한다. 제한된 식단은 평생 동안 해야 하지만 일부 의사는 자녀가 학령기에 이르면 다소 자유로운 식단을 허용한다. 소량의 우유, 소량의 구운 음식 또는 가공식품이 가능하다. 제한된 식단을 하는 경우에도 갈락토오스뇨에 대한 신중하고 정기적인 모니터링이 이루어져야 한다.

페닐케톤뇨증 영아

페닐케톤뇨증에서 영아는 아미노산 페닐알라닌의 신진대사에 필요한 간 효소 페닐알라닌수산화효소가 없다. 영아는 출생 시 정상적으로 보이지만, 치료를 받지 않으면 대부분이 과다 활동이 나타나며, 6~18개월 사이에 발작이 발생하고, 정신 지체가 된다. 공중보건법에 따라 오늘날 대부분의 병원에서는 신생아의 페닐케톤뇨증을 스크리닝해야 한다. 페닐케톤뇨증 아기는 일반적으로 밝은 색의 피부와 머리카락을 가지고 있다. 미국에서 10,000~1,5000명 중 1명에서 나타난다.

식이요법

로페널랙 식이라 불리는 페닐케톤뇨증 아기에게 먹일 수 있는 특수한 영아용 조제분유가 있는데, 이는 단백질 공급원에서 페닐알라닌의 95%가 제거된 것이다. 기본적으로 필요로 하는 충분한 페닐알라닌을 제공하지만 과잉은 없다. 구체적인 양은 영아의 크기와 성장률에 따라 다르다. 정기적인 혈액 검사로 양의 적절성을 결

웹사이트 탐색
EXPLORING THE WEB

Galactosemia Information and Resources 웹사이트(http://www.galactosemia.com)에서 갈락토오스혈증의 식이요법 및 조절과 관련된 내용을 검색하시오. 갈락토오스혈증을 앓고 있는 아기의 부모가 아기를 위한 고형 식품 전환을 시작하도록 어떻게 도울 수 있는가? 안전한 음식 목록을 만드시오.

양수검사 amniocentesis
자궁 내 태아의 상태를 확인하는 검사

갈락토오스혈증 galactosemia
갈락토오스의 정상적인 신진대사를 방해하는 유전적 오류

전이효소 transferase
갈락토오스를 포도당으로 전환시키는 간 효소

갈락토오스뇨 galactosuria
소변의 갈락토오스

페닐케톤뇨증 phenylketonuria (PKU)
신생아가 아미노산 페닐알라닌을 대사하는 데 필요한 효소가 부족한 선천성 신진대사 장애

페닐알라닌 phenylalanine
아미노산

페닐알라닌수산화효소 phenylalanine hydroxylase
아미노산 페닐알라닌을 대사하는 데 필요한 간 효소

로페널랙 식이 Lofenalac
95% 페닐알라닌이 제거된 영아용 조제 분유

웹사이트 탐색
EXPLORING THE WEB

National PKU News 웹사이트(http://www.pkunews.org)에 접속하시오. 식이요법 관련 자료를 읽고 PKU 환자에게 허용되는 안전한 음식 목록을 작성하시오. 실제 사례를 읽고 부모와 PKU 지지집단과 공유하시오.

정한다. 식이는 열량 및 영양소 함량에 대해 신중하게 모니터링되어야 하며 필요에 따라 조정해야 한다. 지방과 설탕을 제외하고 모든 음식에는 단백질이 포함되어 있다. 단백질 중 일부는 페닐알라닌이므로 정상적인 음식을 섭취하는 성장하는 영아를 위한 식이요법은 세심하게 계획되어야 한다.

더 나이 많은 아이들을 위해 2가지의 합성 우유에는 *Phenyl-free* 및 *PKU-1, 2,* 또는 *3*가 포함된다. 이들 중 어느 것도 페닐알라닌을 포함하지 않는다. 그것은 음료 또는 푸딩과 구운 제품으로 사용할 수 있다. 특별한 조제식과 저단백질 식품은 즐겁고 만족스러운 식사를 저해한다. 평생 식이요법 이행 수준이 낮다; 그러나 자주 모니터링하는 것이 도움이 될 수 있다. 정신 지체를 피하고 과다 활동과 공격적인 행동을 조절하기 위해서는 일생 동안 식이를 모니터링하는 것이 중요하다.

단풍뇨병 영아

단풍뇨병은 선천성 결손으로 류신, 이소류신, 발린의 3가지 아미노산을 대사할 수 없다. 이 영아의 소변의 냄새 때문에 명명되었고 10~30만 명 중 1명에게 발생한다. 영아가 음식 단백질을 섭취하면 이 아미노산의 혈중 농도가 증가하여 케톤증을 일으킨다. 저혈당증, 무감각 및 경련은 매우 일찍 발생한다. 질병의 정도에 따라 즉각적으로 치료하지 않으면 아이는 산증으로 사망할 수 있다. 경미한 경우 치료하지 않으면 정신 지체와 산증의 원인이 된다.

식이요법

식이요법은 충분한 열량과 영양소를 제공해야 하지만 극도로 제한된 양의 류신, 이소류신, 발린을 공급해야 한다. 특수 조제식과 저단백질 식품이 사용된다. 식이요법은 평생 동안 필요하다.

건강과 영양 고려사항

영아의 신체 및 정신 발달은 그들이 섭취하는 영양소와 열량에 좌우되지만, 정신사회적 발달은 *언제 어떻게* 이러한 영양소와 열량이 제공되는지에 달려 있다. 일부 부모는 필요한 영양 정보에 대한 확실한 지식을 갖지만 영아에게 언제 어떻게 음식을 제공해야 하는지에 대한 실질적인 이해가 부족하다. 그들은 식이 동안 텔레비전이나 신문에 집중하는 대신 영아를 안고 집중할 것이다.

다른 부모들은 본능적으로 아기를 안아주거나 관심을 갖는 것이 얼마나 중요한지 알지만, 영아 영양에 대한 정확한 지식이 부족하다.

두 그룹의 부모는 올바른 의견일 수도 있고 그렇지 않을 수도 있다. 건강관리 전문가는 부모의 말을 경청하고 도와주어야 한다. 부모는 두 방식의 토론이 이루어질 때 조언을 듣기를 더 좋아한다.

단풍뇨병 maple syrup urine disease (MSUD)
신체가 특정 아미노산을 대사할 수 없는 선천적인 신진대사 이상 질병

류신 leucine
아미노산

이소류신 isoleucine
아미노산

발린 valine
아미노산

요약_SUMMARY

신체와 정신 발달이 손상되지 않도록 적절한 식이를 하는 것이 중요하다. 모유수유는 자연의 식이요법이며 조제식 섭취가 허용된다. 젖소의 우유가 가장 유용하고 모유와 비슷하게 변형되기 때문에 식이에 주로 사용된다. 왜냐하면 소아과 의료팀은 성장과 수유에 대한 조언을 제공해야 한다. 고형 식품이 4~6개월 사이에 시작될 때 영아 식품표가 유용하다. 부모는 식이를 지지하고 시기적절하게 반응하는 것이 중요하다.

선천적 대사 이상은 적절하게 치료되지 않으면 정신 지체에서 사망까지 다양한 문제가 발생할 수 있다. 식이요법은 환자의 건강을 유지하는 주요 방법이다.

미숙아, 낭성섬유증, 성장장애 아기는 특별한 영양이 요구된다.

토의 주제_DISCUSSION TOPICS

1. 아기를 모유수유한 여성을 아는 학생이 있는가? 그렇다면 모유수유 경험에 대한 그녀의 반응은 무엇이었는가?
2. 모유수유가 항상 가능하지 않은 이유는 무엇인가?
3. 수유 동안 아기를 잡고 있는 대신 정기적으로 아기의 병을 받쳐줄 때 나타날 수 있는 효과에 대해 토론하시오.
4. 아기 수유를 위한 엄격한 시간표가 권장되지 않는 이유는 무엇인가? 처음 몇 개월 동안 영아의 요구가 규칙적인 수유로 이어질 수 있는 이유를 설명하시오.
5. 이유식은 어떻게 달성될 수 있는가?
6. 선천적 대사 이상은 무엇을 의미하는가? 원인은 무엇인가? 영아에게 어떤 영향을 줄 수 있는가?
7. 원인, 증상, 효과 및 치료 방법을 포함하여 PKU에 대해 토론하시오.
8. 왜 어머니는 수유 시 아기에게 특별한 주의를 기울여야 하는가?
9. 병은 어떻게 따뜻하게 하는가? 항상 병을 따뜻하게 할 필요가 있는가? 설명하시오. 왜 전자레인지 사용은 권장되지 않는가?
10. 왜 8개월 된 아이에게 땅콩을 주는 것이 좋지 않은가?

연습문제_REVIEW

가장 적절한 답을 고르시오.

1. 아동 생애 주기에서 가장 빠른 성장은?
   a. 첫 달　　c. 처음 6개월
   b. 이유식 다음 달　　d. 첫 해
2. 첫 해에 어린이가 필요로 하는 단백질의 양은 _____.
   a. 처음 6개월 동안은 두 번째보다 더 크다.
   b. 두 번째 6개월 동안은 처음보다 크다.
   c. 1년 내내 변화하지 않는다.
   d. 매주 증가한다.
3. 출산 후 비타민 K를 처음 보충한 후에 모유는 이것을 제외하고 영아가 처음 4~6개월 동안 필요로 하는 모든 영양소를 제공한다.
   a. 비타민 A　　c. 비타민 C
   b. 비타민 B　　d. 비타민 D
4. 문제 3의 비타민이 __________ 제공될 수 있다.
   a. 주사에 의해
   b. 희석된 오렌지주스로
   c. 햇볕을 쬐며 정기적인 산책으로
   d. 살균된 사과주스로
5. 모유수유는 다음을 제공하기 때문에 인공수유보다 감염에 더 저항력이 있다.
   a. 무균 환경　　c. 류신
   b. 합성 항생제　　d. 면역

6. 아이에게 감정적인 애착의 발달을 이것이라고 한다.
   a. 전이 효소
   b. 결속
   c. 정신사회적 발달
   d. 면역

7. 모유수유를 할 때 신생아 간호사는 각 유방당 시간을 다음과 같이 권장한다.
   a. 3~5분
   b. 5~10분
   c. 10~15분
   d. 20분

8. 영아용 조제분유는 ______________.
   a. 대개 젖소 우유를 기본으로 한다.
   b. 젖소 우유와 같은 단백질 함량을 가지고 있다.
   c. 젖소 우유보다 무기질이 적다.
   d. 설탕을 넣지 않는다.

9. 영아용 조제식에 민감한 영아는 다음을 제공한다.
   a. 염소 우유
   b. 콩으로 만든 합성 우유
   c. 소화되지 않는 탄수화물 조제식
   d. 위의 답가지

10. 6개월까지의 어린이는 ______________.
   a. 새로운 조제식을 제공할 수 있다.
   b. 보통 완전히 젖을 뗀다.
   c. 보통 고체 식품을 시작한다.
   d. 더 이상 우유를 주지 않는다.

요점사례_CASE IN POINT

DIEGO: 성장장애 극복

Bonita의 막내 아이 Diego는 4주 전에 3.6kg, 50.8cm로 태어났다. Bonita는 Diego가 태어난 후 6주간 일을 쉴 수가 없었다. Bonita는 34살이다. 그녀와 그녀의 남편은 콜롬비아에서 왔으며 정통 콜롬비아 요리를 제공하는 레스토랑을 소유하고 있다. 그들의 수석요리사가 Diego가 태어나기 직전 그만두어 Bonita는 새로운 요리사가 고용되고 훈련될 때까지 요리사 역할을 해야 했다. Diego는 여름 관광 시즌이 시작될 때 태어나 Bonita는 일할 필요가 있었다. Bonita는 일하는 동안 Diego를 돌보기 위해 이웃 소녀를 고용했다. 이웃 소녀는 Diego가 수시로 수유 병을 거절하고 까다롭게 구는 것을 알렸다. Bonita는 크게 걱정하지 않았다.

그녀의 첫 아이는 산통이 심했어서 Diego에 대해 그녀는 놀라지 않았다. Bonita와 그녀의 남편은 레스토랑에 새로운 요리사를 구할 수 있었고, Bonita는 쉴 수 있었다. Diego는 4개월이 되었다. Bonita는 그녀가 다른 아기처럼 Diego 미소를 보지 못했다는 것을 깨닫기 시작했다. 그는 또한 장난감과 같은 물건을 가지고 놀 수 없는 것 같았다. Bonita는 이 나이에 다른 아이들보다 작게 보인다고 생각했지만, 얼마나 작은지 잘 몰랐다. Diego의 체중 검사 결과 4.9kg이었고 키는 53cm였다. 의사는 Diego의 성장이 부적절하다고 설명하며, FTT로 진단하였다.

사정

1. Bonita에 관해 어떤 자료가 있는가?
2. Diego에 관해 어떤 자료가 있는가?
3. Diego의 문제에 어떤 요인들이 관련있는가?
4. 그림 11-9의 성장 차트를 사용하여 4개월 아기의 정상 체중과 신장을 결정하시오. Diego의 몸무게와 키는 어떠한가?
5. Diego가 4개월에 발달적으로 해야 할 일은 무엇인가?
6. Diego의 성장장애는 얼마나 심각한가?

진단

다음의 진단을 완성하시오.

7. Diego의 성장장애는 ________와 관련있다.
8. Diego의 신체 요구량보다 적은 불균형한 영양은 이차적으로 ________이다.
9. Bonita의 비효율적인 수유는 ________를 야기한다.

계획/목표

10. Diego의 즉각적인 목표는 무엇인가?
11. Diego의 장기 목표는 무엇인가?
12. Bonita의 단기 목표는 무엇인가?
13. Bonita의 장기 목표는 무엇인가?

수행

14. Diego의 성장을 위해서는 어떤 변화가 필요한가?
15. NP가 Bonita에게 가르칠 필요가 있는 것은 무엇인가?
16. NP가 Bonita를 어떻게 도울 수 있는가?
17. Diego의 돌봄에 누가 더 참여해야 하는가?

평가/결과 기준

18. 계획이 6주 동안 유지된 후 Bonita는 Diego의 어떤 변화를 관찰할 수 있어야 하는가?
19. 계획이 성공적으로 진행되면 NP는 Diego와 Bonita에게서 무엇을 측정하고 관찰할 수 있는가?

생각해보기

20. 영아가 인생에서 좋은 출발을 하는 것이 중요한 이유는 무엇인가? 그들의 영양은 왜 중요한가? 그 결과 어떤 합병증을 피할 수 있는가?

rate this plate

Diego는 현재 생후 6개월이 되었으며 Bonita는 다양한 음식을 시도할 예정이다. 조제식만 먹었지만 고형 식품을 먹을 때가 되었다. 점심으로 이 식사를 평가하시오.

영아용 조제분유 147cc

영아용 쌀 시리얼 2Tbsp

퓨레로 만든 녹색 콩 2Tbsp

퓨레로 만든 사과 소스 1Tbsp

6개월 된 영아에게 맞는 제공량인가? 그렇지 않은 경우 어떻게 수정해야 하는가?

요점사례_CASE IN POINT

CADEN: 고형 식품 시작

Ann은 새로운 엄마이다. 그녀의 아들 Caden 4개월 전에 태어났다. 현재 그녀는 모유수유만 하고 있다. 그녀는 식단에 고형 식품을 시작하는 것에 대해 읽고 있다. 그녀가 Caden에게 시리얼을 먹이기 시작할 때, 그녀는 Caden이 입에 있는 것을 뱉어 낸다는 것을 알게 되었다. 그녀는 그가 시리얼을 싫어하는 것을 걱정하고 있다. 그녀는 Caden이 식이가 까다롭고 시리얼을 좋아하지 않는다면 계속 체중을 늘리지 않을 것이라고 생각하여 걱정하고 있다. 그녀의 어머니는 병으로 시리얼을 제공해보라고 제안하였지만, 그녀는 시리얼 시작 방법이 아니라는 소아과 의사의 말을 기억하였다. Caden은 이번 주에 검사 후 의사가 어떻게 말할지 기다리고 있다. Ann은 Caden이 시리얼을 거부하는 것에 대한 걱정을 표현하였다. 그녀는 Caden이 먹을 때마다 혀로 뱉어내는 것처럼 보인다고 하였다. 의사는 Ann에게 Caden이 시리얼을 입에서 밀어 내는 것이 시리얼을 좋아하지 않기 때문이 아니라고 말했다. 이것은 신생아의 *혀내밀기 반사*라고 불렀다. 4~6개월 사이에 서서히 사라진다. 완벽하게 정상임을 확신하고 한두 달 기다렸다 다시 시도할 것을 제안하였다. 연령에 적합한 표에서 Caden의 키는 63.5cm, 몸무게는 6kg으로 표시하였다. 의사는 Caden이 잘 성장하고 있다고 Ann을 안심시켰다. 그는 Ann에게 병원의 영양사가 진행하는 수업에 참석할 것을 제안하였다. 이 수업은 새로운 엄마들에게 언제 어떻게 음식을 시작할 수 있는지 교육하도록 고안되었다. Ann은 Caden이 잘 자라는 것에 안심했다. 그녀는 영양사가 진행하는 수업에 참석할 계획을 세웠다.

사정

1. 모유수유의 이점은 무엇인가?
2. 그림 11-9를 사용하여 키와 체중에 대한 Caden의 성장 백분위 수를 평가하시오.
3. Caden의 나이에 필요할 것으로 예상되는 모유나 조제식은 몇 g인가? 표 11-1을 사용하시오.
4. Caden의 나이에 맞는 열량과 단백질은 무엇인가?

진단

5. Caden의 간호진단을 작성하시오.

계획/목표

6. Caden의 즉각적인 목표는 무엇인가?
7. Caden의 장기 목표는 무엇인가?
8. Ann의 단기 목표는 무엇인가?
9. Ann의 장기 목표는 무엇인가?

수행

10. Ann은 영양사 수업에서 무엇을 배울 필요가 있는가?
11. Caden의 돌봄에 누가 더 참여해야 하는가?

평가/결과 기준

12. 1세 때까지 Caden에 대해 무엇을 기대할 수 있는가?

생각해보기

13. 미국영양사협회(American Dietetic Association)는 아동들을 위한 새로운 웹페이지를 가지고 있다. http://www.eatright.org/를 확인하시오. 아이들에게 제공되는 정보를 확인하시오. Caden이 성장함에 따라 웹사이트는 어떻게 도움이 되는가?

✓ rate this plate

Caden은 고형 식이를 먹을 준비가 되지 않았기 때문에 매주 기다렸다가 혀내밀기 반사가 사라지는 시기를 확인하는 것이 좋다. 10개월 후, Caden은 이제 고형 식품을 먹을 수 있게 되었다. Ann이 준비한 점심식사를 평가하시오.

조제식 170g

영아용 시리얼 4Tbsp

영계 1Tbsp

고구마 퓌레 3Tbsp

서양배 퓌레 4Tbsp

이 식사가 권장사항을 충족하는가? 그렇지 않다면 무엇을 바꿀 수 있는가?

CHAPTER 12

주요용어_*KEY TERMS*

글리코겐 로딩(탄수화물 로딩)
급성장기
또래
무월경
발효
새것혐오증
신경성 식욕부진
알코올 중독
월경
자존감
체질량 지수
폭식증

아동기와 청소년기의 영양

NUTRITION DURING CHILDHOOD AND ADOLESCENCE

학습목표

- 1~12세의 아동과 청소년의 영양요구를 확인할 수 있다.
- 건강한 식이제공 환경과 방식의 영향을 표현할 수 있다.
- 성장기 동안의 부적절한 영양을 설명할 수 있다.
- 청소년기 동안 일어날 수 있는 섭식장애를 설명할 수 있다.
- 비만, 당뇨병 전기, 어린 시기의 제2형 당뇨병 등 성장문제를 설명한다.
- 운동선수를 위한 기초 영양에 대해 이야기할 수 있다.

아동이 성장해감에 따라 특정 영양요구가 변화하지만, 영양은 항상 신체, 정신, 정신 성장과 발달에 영향을 준다. 여러 연구에서 지적능력과 개인의 크기가 어린 시절의 영양에 직접적으로 연관되었다는 것이 알려졌다. 어린 시절의 부적절한 영양 공급—특별히 단백질—과 부적절한 열량을 공급받은 아동은 적절한 영양을 공급받은 아동보다 키가 작고 지적 능력이 떨어진다.

1~12세의 아동

음식과 기본적인 식습관과 아동과의 관계는 아동기 초기에 형성된다. 양육자의 목표는 아동의 영양요구에 부합하는 적절한 음식을 먹이고 적절한 지지와 격려를 주는 것이다. 아이들의 식습관을 사소한 것까지 관리하거나 지지하지 못하거나 원칙 없이 제공되는 식사방법은 불안정, 피로, 적거나 과도한 영양, 아마도 질병과 같은 정서적, 신체적인 문제를 증가시킬 수 있다.

아동은 부분적으로 모방을 통해 배우기 때문에, 좋은 식습관을 배우는 것은 부모들의 식습관을 롤모델로 한다면 쉬워진다. 영양이 풍부한 음식은 간식시간뿐만 아니라 식사시간에도 먹을 수 있다. 식사는 좋은 영양 섭취를 보장하기 위해 다양한 종류의 음식을 포함해야 한다. 가족은 부엌 식탁에서 먹는 잘 짜여진 식사와 간식에 최선을 다해야 한다. 아동들이 늘 음식을 손에 들고 다니게 놔두고 주방에서 통제가 되지 않을 때 영양은 늘 악화되고 식사는 뒷전이 된다.

아동에게 영양을 공급해주는 가장 효과적인 접근은 권위적인 양육방식을 사용하는 것이다. 이것은 아이들에 대한 반응성, 식사시간 중의 체계와 경계, 부모들이 식사나 간식을 주는 상황에서 아이들의 음식 선택에 대한 존중 등이다. 부모는 음식이 제시간에 제공되는 것, 아이의 배고픔과 배부름에 대한 반응, 음식에 대한 합리적인 선택, 아이가 스스로 먹는 것을(식사시간에 제공된 음식으로부터 어떤 음식을 얼마나 먹을지 결정하는) 조절하게 하는 것을 확실하게 해야 한다. 이 유형의 양육 방식은 아이가 정확히 부모가 원하는 방식으로 먹도록 강요함으로써 끊임없이 자녀의 섭취를 조절하려고 노력하는 권위적인 부모와 현저한 대조를 보인다. 이 유형은 식사에 경계가 거의 없는 자유방임적인 유형 또는 건강한 가족 영양이 우선순위로 생각되지 않는, 무시되는 유형과 차이가 있다.

© Monkey Business Images/Shutterstock.com

그림 12-1 식사를 위해 함께 앉아있는 가족.

가족이 식사를 같이 하는 것은 항상 권장된다(그림 12-1). 여러 연구들은 가족과 식사를 같이 한 아동들이 신체 건강하고, 학교에서 우수하고, 마약과 술을 할 위험이 적어지고, 자신감이 향상되었다는 것을 보여준다. 식사를 같이하는 것이 부모가 자녀의 삶과 관계를 맺는 가장 간단하고 효과적인 방법이라는 것에는 이의가 없을 것이다.

부모는 자녀의 식성이 다양하다는 것은 명심해야 한다. 성장의 속도는 일정하지 않다. 자녀가 자랄수록, 성장 속도는 실제로 느려진다. 2년 동안 아동의 대략적인 체중 증가는 2.3kg밖에 되지 않는다. 게다가, 아동의 관심은 먹는 것보다 환경에 점차 집중한다. 결과적으로, 그들의 식성과 음식에 대한 흥미는 흔히 그들의 어린 시절 동안 감소한다. 1세와 3세 사이의 아동들은 큰 변화를 겪는다. 그들의 다리가 길어지고, 근육이 발달하고, 그들은 아기의 모습을 잃고, 걷고 얘기하기 시작하며 음식을 먹는 것을 배우고 점점 그들 스스로 주장하게 된다. 2세 아동의 "싫어!"라는 말은 자신들의 방식으로 "내가 결정하게 해줘!"라고 말하는 것이다.

아동이 자라고 발달함에 따라, 그들은 그들의 자라나는 독립심을 보여주고 싶어한다. 부모는 안전과 사랑이라는 한계 내에서 이러한 요구를 존중해야 한다. 아동의 좋고 싫음은 바뀔 수 있다. 새로운 음식이 점점 소개되고, 적은 양은 보기에 매력적으로 보일 수도 있다. 부모는 매우 어린 아이들이 점점 새것혐오증이 되는 것을 이해할 필요가 있고, 그것은 새로운 음식을 먹기 전 10번의 노출을 통해 쉽게 해결될 수 있다. 아동이 새로운 음식을 구매하고 준비하게 하는 것은 음식에 대한 흥미와 먹고자 하는 욕구를 불러일으키는 데 좋은 방법이다. 가짜 음식을 가지고 노는 것은 그들이 모델을 하고 가상 놀이를 하기 때문에 아이들의 좋은 운동 기술 발전을 도울 뿐만 아니라 배울만한 "음식"의 순간이 될 수 있다(그림 12-2 참고).

© Photo courtesy of Catherine Wehrle

그림 12-2 음식과 그 준비에 대한 학습은 창의적 놀이의 시작이 될 수 있다.

아동은 그들이 먹는 양이 대부분 적기 때문에 영양 밀도가 높은 음식을 제공받는다. 지방은 2세 전까지는 제한할 필요 없지만 지방이 너무 많은 식사와 간식은 여전히 피해야 한다. 전유는 2세 전까지 뇌의 발달에 필요한 여분의 지방을 위해 권장된다. 저지방 혹은 무지방 우유는 2세 이후로 제공되어야 한다. 아동에게 음식에 소금을 넣지 않거나 소금이 많은 음식을 제공하지 않는 것이 권장된다. 이것은 단 음식과 식탁의 음식에 설탕을 사용하는 것에도 똑같이 적용된다. 아동은 특별히 뜨거운(온도) 음식에 민감하고 뜨거운 음식을 거부하는데, 그들은 바삭한 질감, 순한 맛, 친숙한 음식을 좋아할 것이다. 그들은 아마 소스나 그레이비로 덮인 음식을 경계할 것이다. 표 12-1은 아동의 나이에 따라 필요한 다양한 음식 그룹의 내용을 열거한다. 필요한 열량은 성장 속도, 활동 수준, 몸 크기, 신진대사, 건강에 따라 달라진다.

아동들은 하나 혹은 2가지의 음식만 먹는 food jags를 가질 수 있고, 접시의 음식에 손을 대지 못하게 하거나 각 음식에 다른 숟가락을 사용하는 의식을 가질 수도 있다. 질식은 아동에게 흔히 일어난다. 질식을 예방하기 위해 4세 이하의 아

새것혐오증 neophobic
새 것에 대한 공포

표 12-1 Myplate에 기초한 미취학, 취학 연령 아동의 음식 계획

	하루당 대략 제공되는 양			
음식 그룹	**1~2세**	**3~4세**	**5~6세**	**7~12세**
우유	1½~2컵	2½컵	3컵	3컵
단백질	28~56g	85~113g	141g	141~170g
채소	½~1컵	1½컵	2컵	2~3컵
과일	½~1컵	1½컵	1½컵	1½~2컵
곡물	42~85g	113~141g	141g	141~198g
기름과 지방은 주요 음식 그룹에 나타내지 않았다. 하지만 좋은 건강을 위해 약간이 필요하다. 적절한 범위가 여기 제공되어 있다. 식물성 지방은 주요 지방원으로 추천된다.				
기름/지방	3tsp	4tsp	4tsp	5tsp
재량 열량 허용은 하루에 100~200 칼로리이다.				

출처: Adapted from United States Departments of Agriculture. *Daily Food Plans*. 2015. http://www.choosemyplate.gov

동들에게 땅콩, 포도, 핫도그, 생당근, 딱딱한 사탕, 진한 땅콩버터를 주지 말아야 한다.

아동들은 2, 3시간마다 연속된 에너지를 위해 자주 간식이 필요하다. 아동들은 종종 간식으로 손으로 먹을 수 있는 음식을 선호한다. 간식은 영양 밀도가 높아야 하고 식사시간에 제공되는 음식만큼 영양이 풍부해야 한다. 과일, 달지 않은 섬유질이 풍부한 곡물, 저지방 치즈는 좋은 간식이 된다. 식사시간은 즐거워야 하고, 음식은 강요되면 안 된다. 전문가 Ellyn Satter (1995)에 따르면 *부모의 기본 책임은 영양이 풍부한 음식을 즐거운 분위기에서 제공하는 것이고, 자녀의 의무는 음식을 얼마나 먹고, 어떤 음식을 먹을지 결정하는 것이다.*

아이가 배고플 때, 그 혹은 그녀는 먹을 것이다. 아이에게 먹도록 강요하는 것은 장애가 있는 식사와 결국 만성 과식, 신경성 식욕부진, 폭식증의 원인이 된다.

열량과 영양요구

성장 속도는 1세부터 10세까지 *감소*한다; 그러므로 몸무게 1kg당 열량 요구는 역시 시간이 지나면서 감소하게 된다. 예를 들어, 6개월 된 소녀는 몸무게 1kg당 대략 120칼로리가 필요하다. 그러나 10세가 되면 그녀는 몸무게 1kg당 약 78칼로리만 필요하게 될 것이다. 아동들의 열량 요구량을 계산한 **표 12-2**를 보자.

그러나 영양소 요구량은 감소하지 않는다. 6개월부터 10세까지, 영양요구는 몸 크기가 증가하기 때문에 사실 *증가*하게 된다. 그러므로 아동들은 영양이 풍부한 음식을 제공받는 것이 특별히 중요하다. 영양소 섭취기준표는 다른 나이의 아동들에게 필요한 다량영양소(탄수화물, 단백질, 지방)의 양을 보여준다. 미량영양소(비타민, 무기질, 미량원소)는 생의 주기에 따른 다른 영양소 섭취기준표에서 볼 수 있다. The Choose MyPlate Daily Food Plans(**그림 12-3**)는 식사 계획을 조정하면서, 가족 구성원들에 맞춰서 발전시키는 데 좋은 역할을 한다. 그것은 "interactive tools"하의 Choosemyplate.gov로 접근할 수 있다.

새로운 *Dietary Guidelines*는 2015년에 출판되어 2세부터 시작하는 개인의 식생활 변화에 대해 다뤘다. 미국인들은 과일, 채소, 전곡, 무지방과 저지방 유제

표 12-2 아동을 위해 계산된 일일 필요 열량

아동	정적인 아동 ~ 활동적인 아동의 열량(칼로리)
2~3세	1000~1400
4~8세 소녀	1200~1800
4~8세 소년	1400~2000
9~13세 소녀	1600~2200
9~13세 소년	1800~2600

출처: U.S. Department of Agriculture and U.S. Department of Health and Human Services. *Dietary Guidelines for Americans, 2015* (8th ed.). Washington, DC: U.S. Government Printing Office. http://www.cnpp.usda.gov

신경성 식욕부진 anorexia nervosa
정신적으로 유발된 식욕부진

폭식증 bulimia
폭식과 구토를 번갈아가며 반복하는 상태

My Daily Food Plan

Based on the information you provided, this is your daily recommended amount for each food group.

GRAINS 6 ounces	VEGETABLES 2 1/2 cups	FRUITS 1 1/2 cups	DAIRY 2 1/2 cups	PROTEIN FOODS 5 ounces
Make half your grains whole Aim for at least **3 ounces** of whole grains a day	**Vary your veggies** Aim for these amounts **each week:** **Dark green veggies** = 1 1/2 cups **Red & orange veggies** = 5 1/2 cups **Beans & peas** = 1 1/2 cups **Starchy veggies** = 5 cups **Other veggies** = 4 cups	**Focus on fruits** Eat a variety of fruit Choose whole or cut-up fruits more often than fruit juice	**Get your calcium-rich foods** Drink fat-free or low-fat (1%) milk, for the same amount of calcium and other nutrients as whole milk, but less fat and fewer calories Select fat-free or low-fat yogurt and cheese, or try calcium-fortified soy products	**Go lean with protein** Twice a week, make seafood the protein on your plate Vary your protein routine—choose beans, peas, nuts, and seeds more often Keep meat and poultry portions small and lean

Find your balance between food and physical activity

Be physically active for at least **60 minutes** each day.

Know your limits on fats, sugars, and sodium

Your allowance for oils is **5 teaspoons** a day.
Limit calories from solid fats and added sugars to **160 calories** a day.
Reduce sodium intake to less than **2,300 mg** a day.

Your results are based on a 1,800-calorie pattern. **Name:** ______________

This calorie level is only an estimate of your needs. Monitor your body weight to see if you need to adjust your calorie intake.

My Daily Food Plan Worksheet

Check how you did today and set a goal to aim for tomorrow

Write In Your Food Choices for Today	Food Group	Tip	Based on a 1,800 calorie pattern. Your Goals Are:	Match Your Food Choices with Each Food Group	Estimate Your Total
______	GRAINS	Make at least half your grains whole grains	6 ounce equivalents (1 ounce equivalent is about 1 slice bread; 1 ounce ready-to-eat cereal; or ½ cup cooked rice, pasta, or cereal)	______	______ ounce equivalents
______	VEGETABLES	Aim for variety every day; pick vegetables from several subgroups: Dark green, red & orange, beans & peas, starchy, and other veggies	2½ cups (1 cup is 1 cup raw or cooked vegetables, 2 cups leafy salad greens, or 1 cup100% vegetable juice)	______	______ cups
______	FRUITS	Select fresh, frozen, canned, and dried fruit more often than juice	1½ cups (1 cup is 1 cup raw or cooked fruit, ½ cup dried fruit, or 1 cup 100% fruit juice)	______	______ cups
______	DAIRY	Include fat-free and low-fat dairy foods every day	2½ cups (1 cup is 1 cup milk, yogurt, or fortified soy beverage; 1½ ounces natural cheese; or 2 ounces processed cheese)	______	______ cups
______	PROTEIN FOODS	Aim for variety—choose seafood, lean meat & poultry, beans, peas, nuts, and seeds each week	5 ounce equivalents (1 ounce equivalent is 1 ounce lean meat, poultry, or seafood; 1 egg; 1 Tbsp peanut butter; ¼ cup cooked beans or peas; or ½ ounce nuts or seeds)	______	______ ounce equivalents
______	PHYSICAL ACTIVITY	Be active every day. Choose activities that you like and fit into your life.	Be physically active for at least 60 minutes each day.	Some foods and drinks, such as sodas, cakes, cookies, donuts, ice cream, and candy, are high in fats and sugars. Limit your intake of these.	______ minutes

How did you do today? ☐ Great ☐ So-So ☐ Not So Great

My food goal for tomorrow is: ______________

My activity goal for tomorrow is: ______________

U.S. Department of Agriculture. Daily Food Plans. 2012. http://www.choosemyplate.gov

그림 12-3 맞춤식 일일 식사계획을 위한 ChooseMyPlate 활용.

품, 해산물, 그리고 대체 단백질원(전분 콩, 땅콩, 그리고 씨앗 등)과 같은 특정한 음식과 영양소를 섭취하도록 해야 한다. 우리는 건강과 지속 가능한 문제를 위해 염(소금), 포화지방, 트랜스지방, 첨가당, 정제된 곡물, 붉은색 고기와 같은 동물성 음식들을 주의해야 한다.

영양이 높은 채소는 브로콜리류, 오렌지 채소, 그리고 녹색잎 채소 등을 포함한다. 영양이 높은 과일은 시트러스, 베리들을 포함한다. 이것들은 "powerhouse 과일과 채소"라는 신조어로 만들어졌다. 연구자들은 미국인들이 영양이 많은 식물 음식을 더 먹는다면 질병 예방을 통해 공중보건에 상당한 변화가 일어날 것이라고 믿는다.

아동의 식단에는 물과 섬유질이 필요하다. 일반적으로, 모든 칼로리를 소모할 때마다 1ml의 물이 필요하다. 1200칼로리 섭취 = 1200mL 또는 5컵. 하지만, 많은 과일과 채소와 우유는 수화에 기여하고 필요한 수분공급에 도움이 된다는 것에 유의해야 한다.

그림 12-4 섬유소가 풍부한 식품.

영양소 섭취기준표는 아이들에게 필요한 섬유질을 보여준다(표 12-3). 섬유질은 정제되고, 가공된 음식으로 넘치는 시장 때문에 아이들의 식단에서 종종 부족하다. 섬유질은 건강한 콜레스테롤 수준 유지뿐만 아니라 장 건강과 규칙성을 위해 필요하다. 섬유질은 이상적으로 자연의 형태인 콩, 전곡, 과일, 채소로 제공되어야 한다(그림 12-4). 이러한 음식은 주요 비타민, 무기질, 건강한 식물 화학물질뿐만 아니라 다른 종류의 섬유질들의 혼합물도 포함하고 있다. 어떤 음식 재료들은 오늘날 섬유질을 포함한 채로 팔리고 개인이 자연적인 형태를 우선 추구한다는 전제하에 섬유질 권장 섭취량을 늘리는 데도 유용하다.

가장 최근의 국민건강영양조사(National Health and Nutrition Examination Survey, NHANES)의 Healthy Eating Index-2010 분석 자료는 2~17세 아동의 식사가 권장되고 있는 것보다 심각하게 부족하다는 것을 강조한다. 자료는 오직 22%의 아이들이 전곡 요구량을 충족시키고, 20%만 진한 녹색과 탄수화물이 많은 콩 섭취량을 충족시킨다는 것을 보여주었다. 전체 과일 섭취 결과는 70%의 아동

표 12-3 아동에게 필요한 섬유질

나이	충분섭취량(AI)(그램)
1~3세	19
4~8세	25
9~13세 남아	31
14~18세 남아	38
9~13세 여아	26
14~18세 여아	26

Reprinted with permission from the National Academies Press, Copyright © 2006, National Academy of Sciences. Dietary Reference Intakes: *The Essential Guide to Nutrient Requirements*.

이 권장 기준에 부합하는 것으로 나타났다.

아동이 자랄수록, 다음의 일들이 일어난다:

- 규칙적인 아침식사 섭취의 감소
- 가정을 떠나서 이미 조리된 식품의 증가
- 간식의 증가
- 튀긴 음식(특히 감자튀김)과 영양이 나쁜 음식의 증가
- 1인분 크기의 증가
- 달게 한 음료와 설탕의 증가

나쁜 식습관과 불균형은 아동의 비만, 심혈관질환, 고혈압, 당뇨병 전기와 같은 건강문제를 일으킬 수 있다. 그러므로 양육 환경, 학교, 전국의 가정에서는 긍정적인 영양 교육과 실천은 광범위하게 일어나야 하고 어린 나이에 시작되어야 한다.

아동이 영양이 많은 음식보다 단 음식을 더 선호할 때, 설탕이 가득 든 디저트와 간식을 조금만 줘야 한다. 단 음료와 과일주스는 제한한다. Gold Standard는, 의료 전문가들은 100% 주스일 때 1~6세 아동에게 주스를 하루에 113~170ml로 제한한다. 8~12세로 더 나이든 아동에게 대략적인 주스 섭취의 범위는 하루에 226~340ml이다. 치아가 단 음식에 빈번하게 노출되고, 특히 끈적한 단 음식은 치아 문제의 가능성을 증가시킨다.

성장 사정

질병관리본부(Centers for Disease Control and Prevention, CDC)의 소아 성장 차트는 소아과 의사, 영양사, 간호사, 유아, 아동, 1977년 이후 미국의 청소년들의 성장을 추적하는 부모들에 의해 사용된다(그림 12-5). 건강관리 제공자들은 다음 사항을 사용하도록 한다:

- 미국의 0~2세 유아와 아동의 성장을 모니터하기 위한 세계보건기구(World Health Organization, WHO) 성장 표준
- 미국의 2세 이상 아동들의 CDC 성장 차트

2~20세 젊은이의 성장 차트는 나이에 따른 키, 체중, 체질량 지수를 측정하고 아동의 이러한 측정의 분포를 보여주는 일련의 백분위 곡선으로 구성된다. 유아기에서 언급했듯이, 체질량 지수(BMI)는 체중과 키로부터 계산된 숫자이고, 대부분 사람들의 신체 비만에 대해 상당히 신뢰할만한 지표이다. BMI계산기는 SuperTracker tab 하의 MyPlate 웹사이트(http://www.choosemyplate.gov)에서 이용할 수 있다.

성장 차트는 진단 도구로서만 이용되는 것이 아니라 측정되는 아동에 대해서 대략적인 임상적 추정을 하는 데 이용될 수도 있다. 의사들은 성장이 예상 가능한 방식으로 일어나는지 알기 위해 아동의 성장을 추적하는 것이 유용하다는 것

최근 자료 IN THE MEDIA

식사 불안정과 아동의 건강

미국소아과학회의 새로운 보고서는 소아과 의사들이 모든 아동의 음식의 불안정성을 검사해야 한다고 강조한다. 미국의 아동 1,500만 명 이상이 굶주림에 허덕이는 가정에서 살고 있다고 알려져 있다. 이러한 아이들은 더 자주 아프고, 병으로부터의 회복이 느리며 전체적인 건강이 나쁘거나 더 자주 입원하는 등의 무수한 결과로 고생하게 된다. 식사불안정에 영향을 받는 아동과 청소년은 철분결핍이 될 가능성이 높다. 그들은 또한 비만과 신진대사 장애로 고통받을 것이다. 음식의 부족은 학교에서의 집중력 저하와 밀접한 관련이 있고 그것은 더 높은 수준의 행동과 정서 문제와 관련이 있다. APP는 의사들이 지역사회자원에 친숙해지고 영양이 풍부한 음식의 접근을 지지하는 정책을 지원하도록 하고 있다.

출처: Adapted from "Lack of Adequate Food Is Ongoing Health Risk to US Children." Science Daily. October 23, 2015. www.sciencedaily.com

웹사이트 탐색 EXPLORING THE WEB

Action for Healthy Kids 사이트(www.actionforhealthykids.org)를 방문하여 아이들이 학교에서 잘 지내도록 돕기 위해서 어떤 자원들이 있는지 알아보시오. 학교정책, 환경 시스템을 바꾸도록 돕는 전략에 대해 알아보고 학교와 각정의 동반관계가 왜 중요한지 알아보시오.

체질량 지수 body mass index (BMI)
대부분 사람들의 신체비만도를 나타내는 믿을만한 지표로서 사람들의 키와 체중으로 계산한 수치

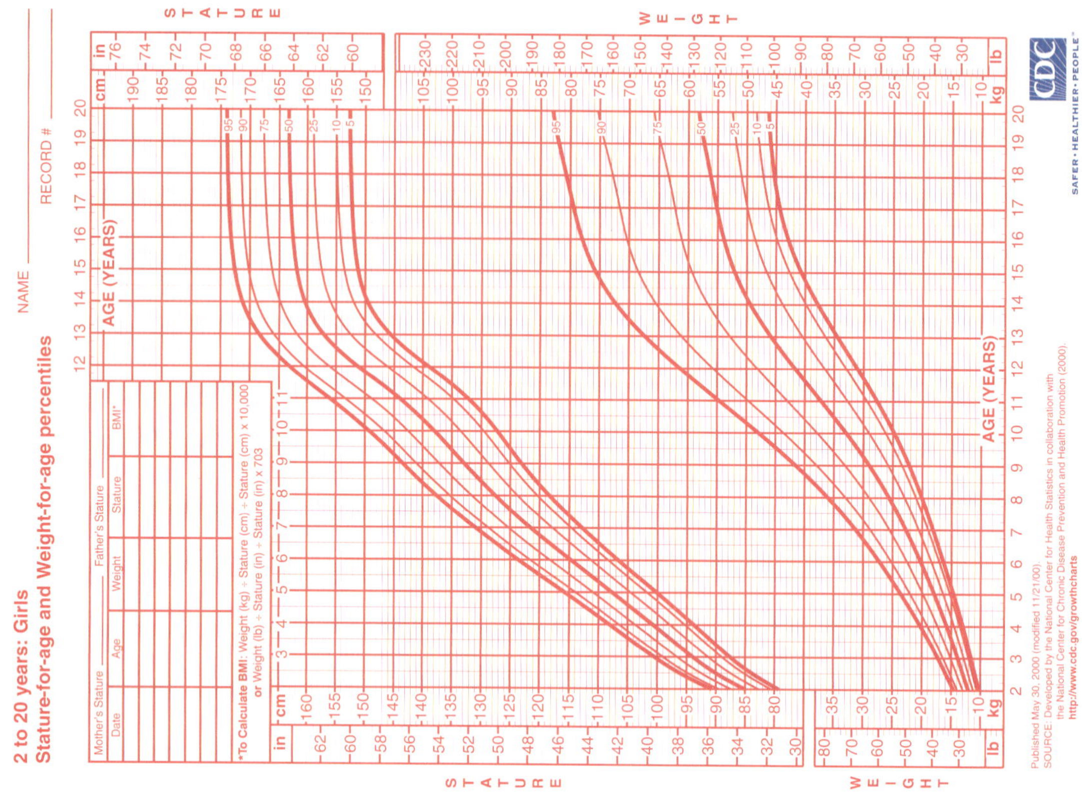

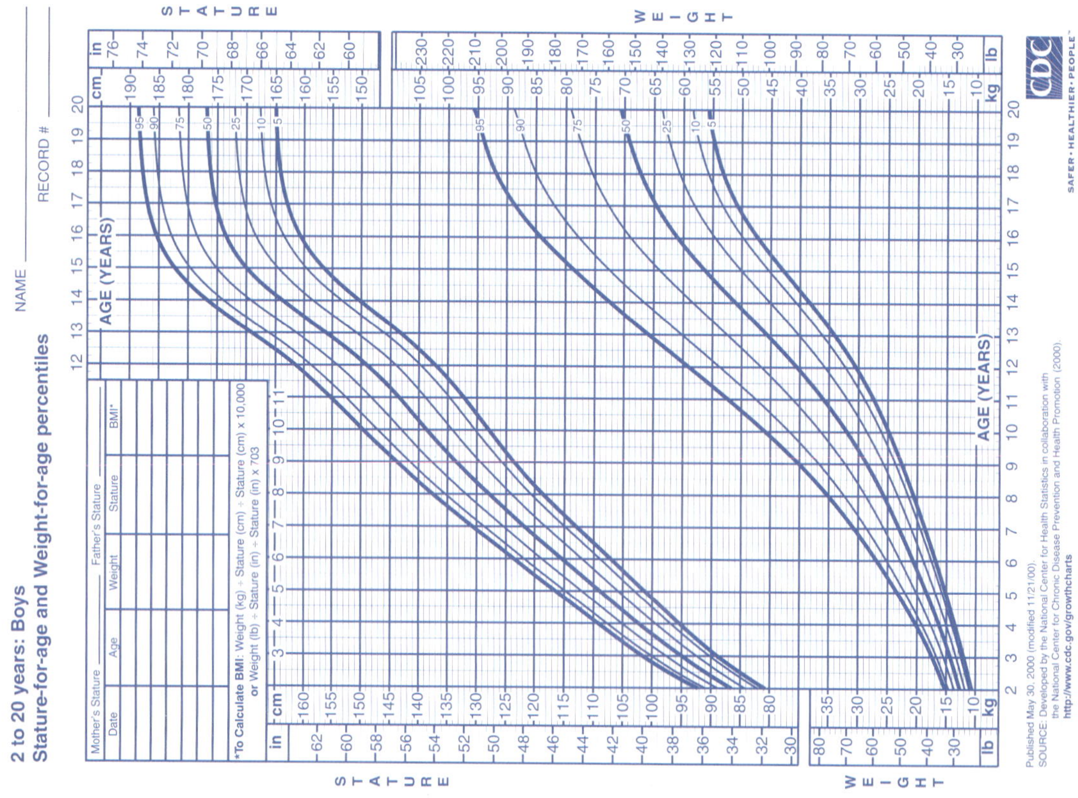

그림 12-5 신체 성장 차트.

(계속)

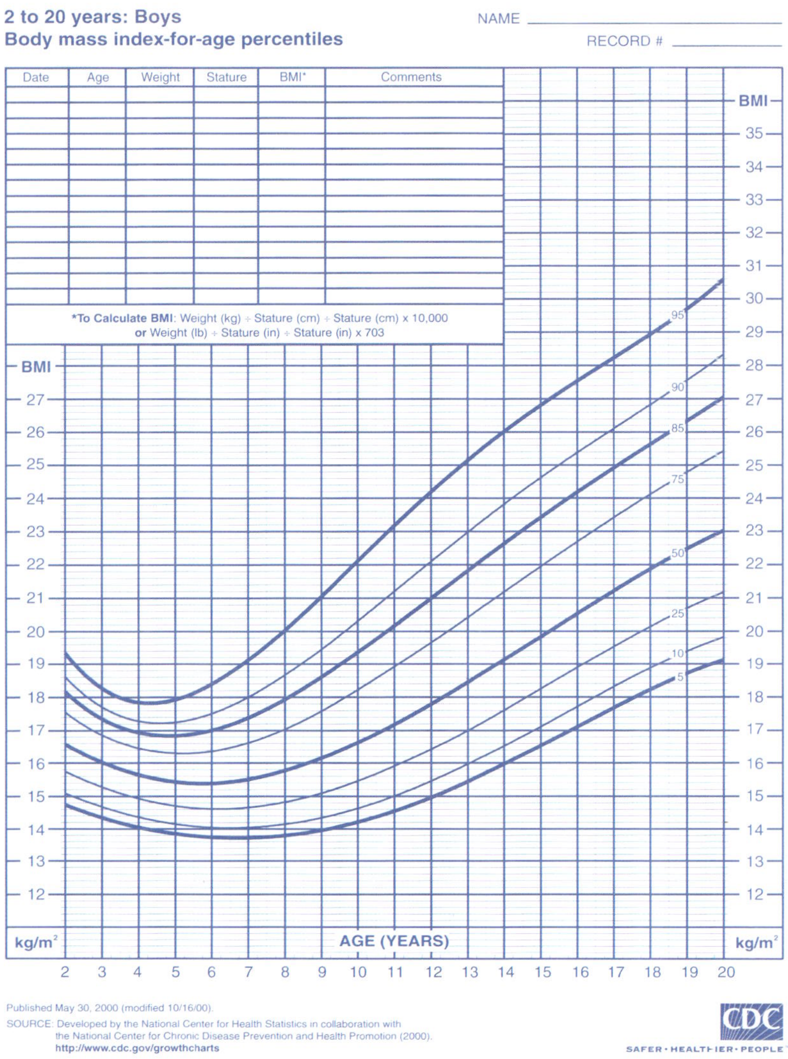

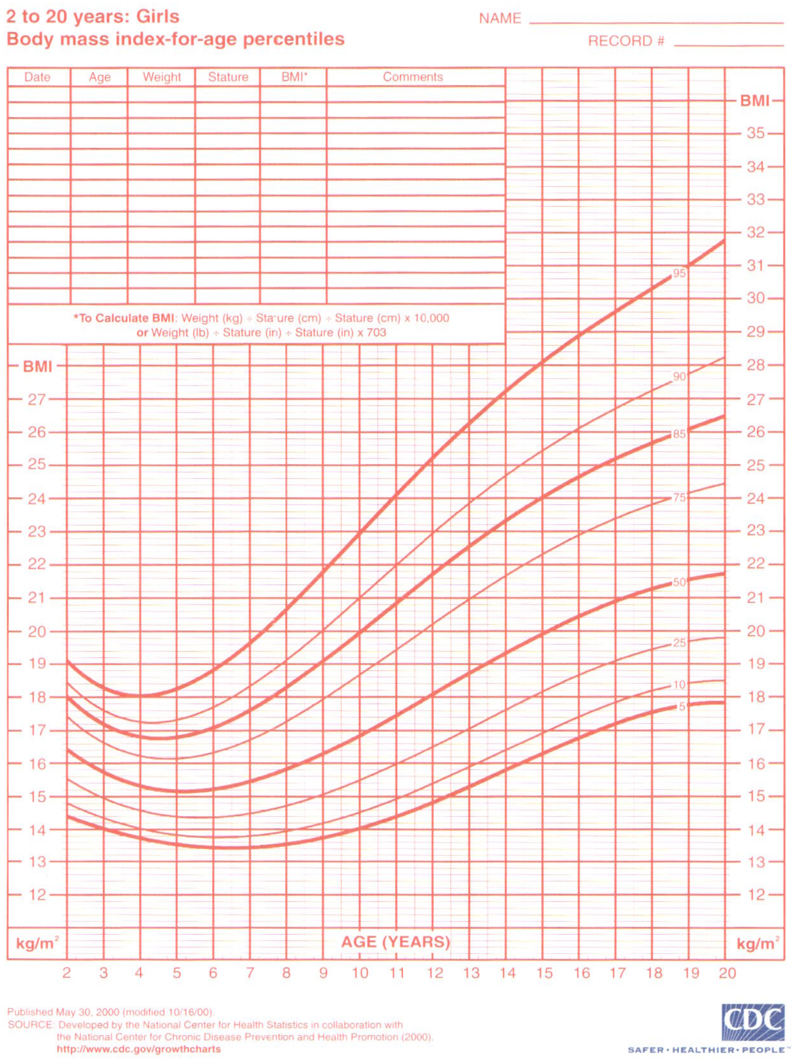

그림 12-5 (계속)

Centers for Disease Control and Prevention, National Center for Health Statistics in collaboration with the National Center for Chronic Disease Prevention and Health Promotion. 2000 CDC Growth Charts: United States. http://www.cdc.gov/growthcharts, retrieved October 2015. Additional clinical growth charts with the 3rd and 97th percentiles can be found on the CDC website.

을 알아냈다. 성장 차트에서의 변화는 소아과 의사들에게 성장에 영향을 미치는 현재의 건강 실천에 대해 철저하게 조사하라고 알려준다.

아동기의 특별한 건강문제

심장 건강

적절한 영양은 심장 건강에 필수적이다. 최근의 연구에 따르면 60세 이전에 심장 질환을 가진 한 명 혹은 두 명의 부모가 있는 아동들이 죽상경화증을 가질 확률이 더 높고 나이가 들수록 관상동맥질환의 위험성이 증가한다. 죽상경화성 변화가 젊은 시기에 시작된다는 것이 증명되었기 때문에 좋은 영양, 신체적으로 활동적인 생활, 담배를 피우지 않는 것이 가장 중요하다. 이러한 요인들은 유병률 위험을 낮추는 데 기여할 수 있고, 심혈관질환의 발병을 늦추거나 예방할 수 있다.

많은 건강실무자들은 2세의 아동들에게 고콜레스테롤 선별검사를 한다. 국가 콜레스테롤교육프로그램(The National Cholesterol Education Program)과 미국소아과학회(APP)는 젊은이들의 허용 콜레스테롤 수치를 170mg/dl (LDL은 110mg/dl 이하) 이하로 제안하고 있다.

아동의 지방 섭취는 American Heart recommendations를 따라야 한다: 1~3세 아동은 전체 일일 칼로리의 30~40%를 지방으로부터 섭취해야 하고, 4~18세의 젊은이들은 전체 칼로리의 25~35%를 지방으로부터 섭취해야 한다. 만약 지방으로부터 30% 이하의 칼로리를 얻는 것을 목표로 한다면, 7%의 포화지방, 8% 이하의 고도 불포화지방, 전체 칼로리의 15%는 단일 불포화지방으로 구성되는 것이 이상적이다.

뼈 건강

어린 시기에 뼈 건강을 최적화하면 성인기 뼈는 강하고 고밀도의 뼈가 된다. 뼈 형성기에 적절한 칼슘의 섭취는 뼈의 질량 발달에 매우 중요하다. 그러나 영양 섭취 자료에서는, 몇몇 아동들과 10대들이 충분한 일일 칼슘을 먹지 않아서 이상적인 뼈 건강을 갖지 못하게 될 것이다. 비타민 D 역시 뼈의 건강에 필요한 중요한 영양소이다. 많은 아동과 청소년은 이런 중요한 영양소가 부족한데 뼈를 강화하는 다른 영양소들은 단백질, 인, 마그네슘, 칼륨, 비타민 B_{12}, 아연 등이다. 유전과 신체 활동 또한 뼈 건강에 영향을 미친다. 신체 활동에 관해서 어린 시기에 낮은 수준의 활동은, 특히 체중부하 유형은 더 큰 골절 위험과 연관이 있다. 과체중과 비만은 역시 뼈 건강 악화와 관련이 있다.

빈혈

헤모글로빈이나 헤마토크릿이 낮은 빈혈은 철분결핍의 지표이다. WHO에 따르면

SUPERSIZE USA

만성 수면박탈은 어린 시기의 비만과 관련있다. 고등학교 학생의 68%는 8시간의 잠을 자지 못한다고 알려져 있다. 늦은 취침시각이 문제이다. 주중 밤에 1시간씩 잠을 늦게 자는 것은, 체질량 지수(BMI)를 2포인트 이상 상승시킨다. 그리고 잠의 질 또한 나빠지게 된다. 자기 전에 휴대폰 사용이 증가해서, 다음날에 예민함으로 보이는 부정적 영향을 미친다. 거의 62%의 아동들이 자기 전에 그들의 스마트폰을 사용하고, 57%가 침대에서 글을 쓰고, 트위터하고, 문자를 보낸다. 바로 20%가 넘는 10대들이 밤새 문자를 하느라 깨어 있다. 밤에 전자 기기 불빛으로부터의 과도한 자극은 수면을 촉진하는 멜라토닌을 억제할 수 있다. 질적으로 낮은 수면은 우울, 불안, ADHD와 연관되어 있을지도 모른다. 부모는 밤에 휴대폰 사용을 제한하여야 하고, 건강을 위해 적당한 시간에 아이들을 침대로 보내야 한다.

Adapted from Preidt, Robert. (2015, Oct 2). "For Teens, Late Bedtime May Lead to Weight Gain." *HealthDay*. U.S. National Library of Medicine. Accessed October 2015. Also adapted from Preidt, Robert. (2015, Oct 7). "Bedtime Texting May be Hazardous to Teen's Health." *HealthDay*. U.S. National Library of Medicine. Accessed October 2015.

철분결핍은 가장 흔한 영양 장애이다. 현재 개발도상국에서 수백만의 아동이 빈혈을 가지고 있다. 빈혈은 아동의 발달 지연과 행동 문제와 연관되어 있다. CDC는 미국 영아(1~2세)의 14%에서 빈혈이 발생한다고 보고하였다. 생에 있어 이 시기 유아들은 철분이 풍부한 음식에서 철을 적게 함유한 우유와 같은 식탁의 음식으로 변화한다.

빈혈의 발생 정도는 저소득 아동들에서 약간 더 높고, 인종과 민족에 따라 다양하고 아프리카 아메리카계 아동들에게서 높은 발병률을 보인다. 미국소아과학회는 9~12개월 아동들에게 선별 검사를 권유하고, 위험이 있는 1~5세들에게 추가 검사를 권한다. 적색 고기, 가금 그리고 해산물, 노른자, 그리고 철이 강화된 빵과 시리얼은 철분 필요를 충당하는 것을 도울 수 있다. 시금치 그리고 다른 푸른 채소, 콩, 브로콜리, 말린 콩, 말린 과일(건포도, 대추, 살구)과 같은 채소와 과일은 또한 철이 풍부하다. 철분이 풍부한 음식은 비타민 C와 함께 먹으면 철분의 흡수를 향상시킨다.

식욕을 증가시키거나 감소시키는 약물

주의력 결핍 과잉행동 장애(ADHD)를 치료하는 데 사용되는 어떤 약물들은(정신자극제, psychostimulants) 현저하게 아동들의 식욕을 감소시킨다. CDC에 따르면, 미국에서 2012년에 9.5% 또는 5,900만의 3~17세 아동들이 ADHD 진단을 받았다. 실제로, ADHD 처방을 받은 아동의 부모들은 특히 약이 가장 효과적인 점심시간에 종종 식욕이 떨어지는 것을 본다.

만약 ADHD 약을 먹은 후로 아동의 식욕이 줄어든다면, 아침 식사 후에 투약하도록 권장된다. 그렇게 하는 것이 아침에 더 잘 먹게 할 것이다. 부모는 약효가 떨어지기 시작하는 저녁에 많은 식사를 주고 싶어한다. 종종 취침시간에 먹는 간식은 "세 번째 식사"가 된다. 부모는 많은 건강한 간식을 손에 쥐어주고 싶어 할 것이다. 영양이 높은 고칼로리 음식과 음료의 균형잡힌 식단은 ADHD 치료로 인한 체중 감소를 상쇄하는 데 도움을 줄 것이다.

건강관리 제공자들은 이러한 자극제 중 일부에서 아동의 성장 변화를 볼 수 있을 것이다. 만약 아동의 식욕이 저하되는 것이 장기간 지속된다면, 복용량을 줄이거나 주말 또는 여름휴가 동안 식성을 정상적으로 하기 위해 약의 복용을 중단해야 할지도 모른다. 선택된 치료는 재평가되어야 한다.

이와는 다르게 기분의 안정화와 행동 문제를 위해 새로운 항정신병 치료제를 먹는 아동과 청소년들은 식욕이 증가되었다. 이러한 약의 복용자들은 당뇨, 고혈압과 다른 질병을 유발할 수 있는 급격한 체중 증가와 신진대사 변화의 위험을 겪는다. 이러한 약을 먹는 어떤 아이들은 1주일에 평균적으로 0.45~0.68kg의 체중 증가가 기록되었다. 그러나 의사들은 아이들의 심리적 고통을 덜어줄 수 있으므로 이러한 약들이 여전히 행동 건강에 그들의 자리를 지키고 있다고 믿는다. 그

웹사이트 탐색
EXPLORING THE WEB

아동의 식습관을 바꾸는 것이 ADHD 증상에 영향을 미치는지 알아보기 위해 웹에서 찾아보시오. 설탕, 염료, 가공식품을 줄여서 식단을 조절하면 잠재적인 이점이 있는가? 오메가-3 보조제를 사용하는 것에 대한 연구결과는 무엇인가? 또는 행동을 향상시키기 위해서는 약물이 유일한 방법인가? 식이법의 효과를 결정하는 연구의 일부로 임상에서 ADHD 아동을 연구하는 것에 어려움이 있는지 생각해 보라.

러나 실무자들은 그들이 더 조심스럽게 처방하고 유익성과 위험성을 따져봐야 한다고 알게 되었다.

음식 알러지

연구자들은 현재 18세 이하의 아동 중 무려 13명 중 1명이 최소 하나의 음식에 알러지를 가지고 있다고 평가한다. 학령전기 아동(3~5세)은 알러지 발병이 가장 높다. 땅콩 알러지는 가장 흔하게 보고된 것으로, 2%의 아동들에 영향을 미친다. 우유와 조개류 알러지는 두 번째와 세 번째에 랭크되었다. 견과류, 달걀, 생선, 딸기, 밀, 콩 등은 음식 유발원 상위 9위에 머물렀다. 음식 알러지가 있는 아동들은 가벼운 유형을 가지고 있고 시간이 지나면서 없어진다; 하지만 연구자들은 쌕쌕거림과 아나필락시스를 포함한 심한 반응을 보이는 40%의 아동들을 발견하였다. The Food Allergy Network (http://www.foodallergy.org)는 알러지를 겪는 가족들을 위한 유용한 정보를 가지고 있다. 음식 알러지에 대한 더 자세한 논의를 위해 20장을 참고하라.

비만과 건강 관련 합병증

오늘날 미국에서는, 전례 없는 수의 아동들이 과체중과 비만을 진단받고 있다. 이것은 당뇨병 전기, 당뇨, 고혈압과 심혈관질환을 포함한 심각한 질병들이 증가하고 있다.

비만

어린시절의 과체중과 비만은 음식과 음료로부터 섭취된 에너지와 신체 활동뿐만 아니라 정상적인 성장과 발달을 위해 소비된 에너지들 간의 불균형의 결과이다. 하나의 요인만으로 비만이 유발되지 않는다; 오히려 연구자들은 유전, 행동 그리고 환경문제를 포함한 다양한 요인으로부터 유발될 수 있다고 믿는다. 아동 비만은 지난 30년 동안 아동에게서 두 배 이상, 청소년에게서 네 배 이상 늘었다. CDC는 대략 17%(또는 12,700만)의 2~19세의 아동들과 청소년이 비만이라고 추정하였다.

미국 아동건강 국가조사(National Survey of Children's Health)의 자료에 따르면 비만의 급속한 확산은 저소득, 낮은 수준의 교육, 그리고 높은 실업률 가정에게서 불균형하게 높다. 미국 아동들과 청소년 사이에서 비만 발병에 인종과 민족에 따라 큰 차이가 있다. 히스패닉 아동과 비 히스패닉 흑인 아동들은 비만율에서 높은 집단으로 두드러진다. 아동 비만에 대한 자세한 논의는 체중 관리 장(14장)에서 이루어진다.

당뇨병 전기와 당뇨병

아동의 당뇨병 전기와 당뇨병의 발병은 상당히 증가하였다. 2012년의 *Journal of Pediatrics*의 연구는 1999년부터 2008년에 9%에서 23%로 증가한 것을 보고하였다. 당뇨병 전기는 혈당 수준이 정상보다 높은 것을 뜻하는데, 혈당이 제2형 당뇨병으로 분류될 정도까지는 증가하지는 않은 것이다. 당뇨병 전기는 100~126mg/dl 사이의 공복 혈당을 의미한다. 당뇨병 전기와 연관된 다른 이름은 *대사증후군* 또는 *인슐린저항*이다. 높아진 혈당 이외에도, 다른 요인들이 나타날 수 있다: 높은 허리둘레, 증가하는 혈압, 그리고 높은 트리글리세라이드와 낮은 HDL과 같은 손상된 지방. 운동, 식단 몸무게 변화는 당뇨병 전기를 호전시키는 데 효과적이다. 특히 식단에서, 연구는 섬유질에 더하여 식물성 음식으로부터의 높은 식물유래 화학물질의 섭취가 당뇨병 전기를 호전시킨다는 것을 보여주기 시작하였다.

*흑색 극세포증(acanthosis nigricans)*은 피부가 어둡고, 두껍고, 끈적끈적해지고 몸이 접히고 주름짐으로 특징지어지는 피부의 과도한 착색이다. 대부분의 의사들은 이러한 목 주위의 피부 변화들을 정기검진으로 발견한다. 이러한 이상은 제2형 당뇨병 또는 과체중과 같은 인슐린 수준이 증가하는 조건과 연관된다. 만약, 인슐린 수치가 너무 높으면, 여분의 인슐린은 피부 세포의 활동성을 유발할 수 있다. 이는 피부 변화 특성을 유발할 수 있다.

아동의 제1형과 제2형 당뇨병의 발생빈도가 둘 다 증가하고 있다는 것은 당뇨병 확산의 가장 문제가 되는 측면이다. 제1형 당뇨병(공식적으로 juvenile diabetes라고 불린다)은 췌장이 인슐린을 거의 생산하지 않거나 아예 생산하지 않는 만성적인 상태이다. 2009년 약 167,000명의 미국 20세 이하 아동이 제1형 당뇨병을 가지고 있다. 매년 미국 아동들 중 18,000명 이상이 제1형 당뇨병을 새롭게 진단받는 것으로 추정된다. 더 자세한 정보는 15장을 참고하라.

제2형 당뇨병은 아동들과 청소년들에게 이미 더 중요하게 대두되는 문제로 보이는데, 매년 5,000명 이상이 새롭게 진단받는 것으로 추정된다. 전반적으로, 당뇨병은 모든 세대에서 일어난다. 사실, CDC는 2000년 이후에 태어난 아동 3명 중 1명이 당뇨병을 갖게 될 것이라고 언급한다. 제2형 당뇨병을 진단받은 아동과 청소년들은 10~19세 사이이고, 비만이고, 제2형 당뇨병에 대한 강한 가족력이 있고, 인슐린 저항성을 가지고 있다. 당뇨병 검사는 위험이 큰 아동과 청소년 모두에게 권장되며, 심지어 표시나 증상이 없을 때에도 권장된다.

제2형 당뇨병은 모든 인종에 영향을 미치지만 백인이 아닌 그룹에 더 보편적으로 나타난다. CDC 데이터는 아메리칸 인디언 아동들이 제2형 당뇨병 발병이 가장 높다는 것을 보여준다. 당뇨병은 심장병, 콩팥 질병, 신경병, 그 외 다른 질환에 대해서도 위험이 높다. 제2형 당뇨병 아동은 당뇨병을 조절하기 위해 무엇을 먹을지를 검증된 당뇨 교육자로부터 교육을 받아야만 한다. 전문가는 매일의 운동과 섬유질 섭취를 처방할 것이며, 둘 다 혈당 조절에 도움을 줄 것이다.

고혈압

아동의 높은 혈압은 근원적인 질병이나 고혈압의 초기 발병의 원인이 될 수 있다. 과체중이나 비만 아동의 고혈압은 제대로 관리되지 않은 채 방치된다면 더 악화된다. 아동의 고혈압 진단은 국립 심폐혈관 연구소의 아동들과 청소년의 혈압 표를 이용하는데 나이, 성별, 키를 보게 된다(http://www.nhlbi.nih.gov). 95 백분위수 이상의 몇몇 혈압 백분위수는 고혈압을 나타낸다. 정기적인 유산소 활동, BMI의 정상화, 염분 섭취 감시 등 이 모든 것들이 아동의 혈압을 호전시킨다.

심혈관질환

심혈관질환(cardiovascular disease)의 발병 위험이 높은 아동은 가만히 앉아서 지내고 비만이나 당뇨병 혹은 당뇨병 전기를 가지고 있다. 혈압이 높고 또한 LDL 콜레스테롤도 높은 아동들은 위험이 증가한다. 후기 아동기나 초기 청소년기 아동들은 이미 그들의 관상동맥에 지방 덩어리를 가지고 있다. 가만히 앉아있거나 식사에 높은 포화지방을 섭취하는 과체중 아동은 그들의 어린 시절에 정기적인 콜레스테롤 검사를 받아야만 한다.

건전한 건강 메시지를 청소년들에게 소통하기 위해서는 다원화된 접근이 필요할 것이다. 부모는 변화를 시작하는 일차적인 책임이 있다. 건강제공자, 학교와 주간보호소, 정부기관 및 기타 기관들은 젊은이들의 비만, 당뇨병 전기, 당뇨병의 흐름을 바꾸는 문화의 변화를 위해 함께 일해야 할 것이다.

청소년기

일반적으로, 13~20세까지 청소년기로 간주한다. 청소년기는 주된 변화가 일어나는 급격한 성장의 시기이다. 보통 소녀들은 10~13세, 소년들은 13~16세 사이에 시작되는 경향이 있다. 급성장기 소녀들은 1년에 7.6cm, 소년들은 1년에 10.2cm의 키의 성장이 일어난다(그림 12-6). 뼈는 커지고 밀도는 높아지며, 근육과 지방조직이 발달하고, 혈액의 양이 증가한다. 성적 성숙도 나타난다; 소년의 목소리가 바뀌고, 소녀들은 월경이 시작되고 둘 다 여드름을 경험할 수 있다. 여드름은 특정한 음식이 원인이 되는 것은 아니며 피부의 피지샘의 과잉행동으로 일어난다.

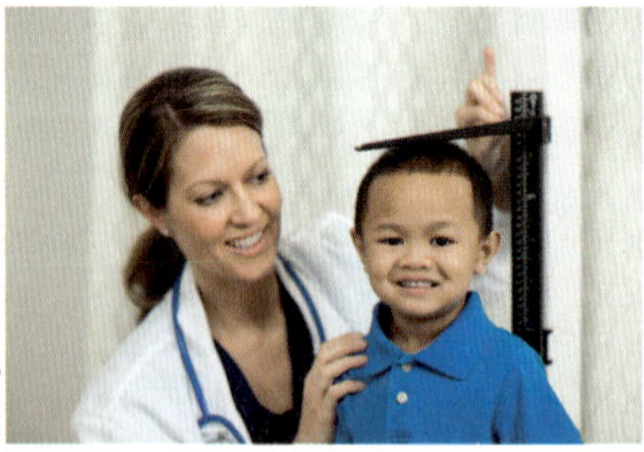

그림 12-6 성장 차트 작성을 위해 의사가 아동의 키를 측정하고 있다.

이러한 변화는 뚜렷하며 청소년의 정서 발달에 큰 영향을 미친다. 어떤 개인도 같은 방향으로 성장하지 않는다. 한 소녀는 아마 그녀가 원한 것보다 무거워질 것이고 다른 한 명은 날씬해질 것이며, 한 소년은 그가 원한 것처럼 근육이 발달하거나 키가 커지지는 않을 것이고, 일부는 심각한 양상으로 발전될 것이다. 많은 10

급성장기 growth spurt
청소년기 시작무렵 신체 치수의 급격한 증가

월경 menses
생리의 다른 표현

대들은 이러한 변화를 받아들이지만 다른 사람들은 심리 상담이 필요할 수 있다.

식습관

청소년기, 특별히 소년들에게서, 보통은 식욕이 매우 좋아진다. 좋은 식습관이 아동기에 확립되고, 영양 있는 음식을 먹을 수 있을 때 10대의 식습관은 심각한 문제를 나타내지 않는다.

청소년들은 아동들처럼 모방을 많이 하게 되는데 어른들을 모방하는 대신 청소년들은 그들의 또래와 인기 있는 행동을 모방하기를 더 좋아한다. 불행히도, 음식은 감자 칩, 탄산음료, 사탕, 종종 영양 밀도가 낮은 음식들이 인기가 많아진다. 이러한 음식은 주로 탄수화물과 지방, 소량의 단백질, 비타민, 무기질, 특히 보통 과량의 소금이 함유되어 있다. 미국 공익과학센터(Center for Science in the Public Interest)에 따르면, 평균적으로 10대들은 그들의 열량의 13%를 탄산음료와 비 탄산음료에서 얻는다. 이는 12~19세 소년들에게 평균적으로 대략 하루에 15tsp의 소녀들에게는 하루에 대략 10tsp의 정제된 설탕을 제공한다—공중보건 담당 공무원들이 우려하는 양(그림 12-7)

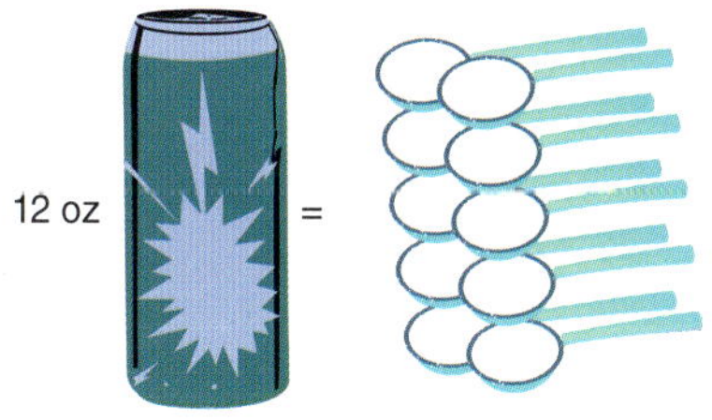

그림 12-7 354cc 소다캔 하나는 설탕 10tsp와 같다.

탄산음료에 대한 우려는 단순히 당분 열량에 관한 것이 아니고, 탄산음료가 식사로부터 밀어내는 것에 대한 것이다. 아동들은 우유를 탄산음료의 두 배만큼 소비하곤 했는데 현재 평균으로는 소년과 소녀는 우유의 두 배만큼 탄산음료를 소비한다.

청소년기의 식습관은 바쁜 일정, 아르바이트, 운동, 사회 활동과 그들이 배고프거나 먹을 시간에 영양이 풍부한 음식을 준비해주는 어른이 없다는 것에서 심각하게 영향을 받을 수 있다. 청소년기의 식습관을 향상시켜야 할 때, 어른들이 요령있게 영양의 필요와 그들이 선택한 음식의 영양이 질적으로 낮다는 것을 알려주는 것이 현명하다. 청소년은 독립을 향한 자연적인 욕구가 있고, 무엇을 해야 할지 듣는다면 화가 날 수도 있기 때문이다.

식습관을 바꾸려는 시도를 하기 전에, 주의 깊게 청소년의 영양 함량에 대한 음식 선택을 확인해야 한다. 청소년들은 너무 쉽게 음식을 고르기 때문에, 자연히 영양 함량이 부족한 음식을 선택하게 된다. 좋은 선택을 할 수도 있다. 적절한 체중을 유지하는 데 문제가 있는 어떤 청소년은 식단에 관한 조언이 필요할 수도 있다.

열량과 필요 영양

청소년들의 급속한 성장 때문에, 필요 열량은 자연스럽게 늘어난다. 소년의 필요 열량은 여자 청소년에 비해 더 많은 경향이 있는데 이는 소년들이 일반적으로 더 크고, 신체적으로 활동적인 경향이 있고, 근육 무게가 여자들보다 더 많기 때문이다.

청소년기 동안은 에너지를 유지하는 데 필요한 열량, 비타민과 무기질 모두가 임신과 수유기를 제외하고 인생의 어떠한 시기보다 급격하게 증가한다. DRI표

또래 peers
연령이 비슷한 사람

는 생의 주기에 따른 이러한 변화를 제공한다. 월경 때문에, 여자들은 남자들보다 더 많은 철분이 필요하다. 칼슘 요구량은 최대의 뼈 질량을 보존하기 위해 높다. 청소년기에 특히 뼈 건강을 위해 칼슘 섭취를 최적화하는 것이 중요한데, 칼슘의 최대 사용이 평균적으로 여자에게는 12.5세, 남자에게는 14.0세에 일어나는 뼈의 강화 작용이기 때문이다. 청소년기의 3~4년 동안의 시기에 40%의 전체 성인 뼈 질량이 축적된다. 청소년기의 낮은 칼슘 섭취가 미국에서 문제가 되고 있다. 10대의 50%가 그들의 식단에 필요 칼슘량을 만족시키지 못하는 것으로 추정된다.

청소년기의 특별한 건강문제

청소년기는 대부분의 어린 사람들에게 스트레스가 많은 시기이다. 그들은 갑작스럽게 수많은 신체 변화, 타고난 독립 욕구, 증가한 일과 학교나 직장에서의 정식 일과 의외의 요구, 또래의 사회적, 성적 압력 등에 마주하게 된다.

신경성 식욕부진

섭식장애가 단순히 다이어트와 체중을 줄이는 데에서 시작되지만 그것들은 종종 더 심해진다. 섭식장애가 있는 사람들은 그들의 삶에서 압도적으로 보이는 어려운 감정과 기분을 보상하기 위하여 음식과 음식의 조절을 사용한다. 낮은 자존감, 문제가 있는 관계, 신체문제로 놀림받는 것, 스트레스는 섭식장애를 만드는 요인들로 작용한다. 몇몇은 자라는 것에 대해 공포를 느낀다. 많은 사람들은 과도하게 성취감을 주는 성격을 가지고 있고, 완벽주의이다. 문화 요인 또한 원인이 되는데, 많은 사람들이 미디어를 통해 전시된 날씬한 패션 모델들을 닮고 싶어 한다(그림 12-8). 무려 천만 명의 여성과 백만 명의 남성들이 섭식장애와 싸우고 있다. 몇몇 개인들은 한 섭식장애에서 다른 것으로 변해가거나, 또는 섭식장애 습관을 혼합한다.

그림 12-8 모델 평균 키는 177.8cm, 체중은 50kg이다. 10대 청소년들은 키 165cm, 체중은 56.7~59kg이다.

신경성 식욕부진은 절식과 과도한 체중 감소로 특징지어지는 중요하고 삶을 위협할 가능성이 있는 섭식장애이다. 신경성 식욕부진은 4가지 주요한 증상을 가지고 있다.

1. 몸무게를 최소 정상 몸무게 이상으로 유지하지 못하는 경우; 보통 기대 체중의 85%
2. 비록 표준 체중 이하일지라도 체중 증가나 "뚱뚱해"지는 것에 대한 강한 공포
3. 체중이나 몸매에 대한 소동
4. 여자들의 월경 기간과 월경 후 증상의 상실

신경성, 식욕부진, 심리적 장애는 남자보다 여자에게 더 흔하다. 빠르면 후기 아동기에 시작될 수 있지만, 대부분 10대 동안이나 20대 초반에 시작된다. 열

량의 극적인 감소가 신진대사의 변화, 탈모, 저혈압, 약화, 무월경, 뇌 손상, 그리고 심지어 죽음까지 야기한다.

신경성 식욕부진이 있는 개인은 대부분 자신을 위한 최대한의 몸무게를 설정하고 그들의 설정된 몸무게를 위해 "열량 계산"하는 데에 전문가가 된다.

그들은 종종 그들의 몸무게를 조절하거나 감량하기 위해 과도하게 운동을 한다. 그들은 종종 그들의 몸무게 목표를 성취하지만, 그들은 만족하지 않고 심지어 몸무게를 더 감량하기를 원한다. 만약 몸무게가 너무 줄어들면, 신체 장기 부전이 일어나고 신경성 식욕부진 환자는 결국 죽게 될 것이다.

치료는 다음 사항이 필요하다:

1. 사례에 포함된 대상자와 건강관리 전문가의 강한 믿음직한 관계 형성
2. 대상자의 체중 증가와 신체 윤곽의 변화가 청소년기 동안 자연스러운 것이라는 것을 배우고 받아들임
3. 대상자가 영양과 열량 2가지 모두가 필요하다는 것과 섭취법을 이해할 수 있는 식이요법
4. 자격을 갖춘 섭식장애 상담에 전문인 가족 상담사에 의한 개인과 가정 상담
5. 의사와 건강관리전문가 전체 팀에 의한 의학적 모니터링
6. 향후 나아가 추가 지원이 필요하다면 외래 환경에서 추후관리와 목표에 대한 경과에 초점을 두거나 부분 또는 완전 입원 프로그램으로의 이동
7. 이 모든 것에 대해 시간과 인내 포함. 가끔 누군가가 섭식장애로 입원해 있을 때, 가족과 친구의 영향이 있는 집으로 돌아가기가 어렵다. 치료는 종종 이러한 중요한 전이를 다룬다.

폭식증

폭식증은 개인이 음식을 폭식하고 구토를 유도하거나 설사약이나 이뇨제를 사용하거나, 과도하게 운동해서 섭취한 음식을 보상하고 "제거"하게 하는 병이다. 폭식증 환자는 그들이 먹는 것을 멈추지 못하는 것을 두려워한다고 말한다. 그들은 완벽주의적이고, 강박적이고, 우울한 높은 성취자인 경향이 있다. 그들은 일반적으로 강한 자기감각이 부족하고 특별하게 보이려는 욕구를 지닌다. 그들은 폭식하고 밀어내는 증상이 비정상적이라는 것을 알지만 과체중이 되는 것을 두려워한다. 이러한 상태는 남자보다 여자에게 흔하고 늦은 10대부터 30대까지 언제든지 시작될 수 있다.

폭식증은 대부분 쿠키, 아이스크림, 패스트리, 그리고 다른 "금지된" 음식과 같은 높은 열량의 음식들을 폭식한다. 폭식은 짧은 시간이 걸리거나 또는 몇 시간이 걸릴 수 있다—음식을 위한 더 이상의 공간이 없을 때까지. 폭식은 혼자 있을 때 일어난다. 폭식은 과도한 다이어트 후에 일어날 수 있고, 스트레스는 보통 폭

웹사이트 탐색
EXPLORING THE WEB

국립섭식장애협회(NEDA)는 개인, 부모, 코치, 교사와 모든 건강 전문가들에게 유용한 정보를 준다(http://www.nationaleatingdisorder.org). 이 사이트에서 미국의 섭식장애 통계를 조사하시오. 이에 대한 인식을 높이기 위해 어떤 이벤트와 프로그램이 개최되고 있는가? 일차의료진뿐만 아니라 교사, 코치, 부모에게 스크리닝 도구가 유용한가?

무월경 amenorrhea
매월 월경 배출의 중단

식의 빈도를 늘릴 수 있다. 폭식증은 생명을 위협하지는 않지만 식도를 자극하고 전해질 불균형을 일으킬 수 있고 영양실조, 탈수, 치아 문제를 야기할 수 있다. 완하제는 나트륨, 칼슘, 마그네슘, 인 수치의 장애를 일으킬 수 있다. 이런 전해질과 무기질 불균형은 결장과 심장의 문제를 일으킬 수 있다. 하제의 남용은 심한 탈수를 일으킬 수 있고, 배변을 유도하기 위해 완하제의 복용량을 늘려서 의존할 수 있다.

치료는 자기 자신과 음식 환경 속에서 어떻게 평화롭게 사는지 배우는 것을 돕는 것이 포함된다. 치료사, 의사, 사회 복지사, 영양사들은 섭식장애 치료에 연관되어 있다. 정해진 식사시간으로 돌아가는 것, 식탐을 인식하는 것과 일기 쓰기, 그리고 스트레스를 없애는 대처 능력을 발달시키는 것이 폭식증을 극복하려는 대상자들에게 유용한 방법이다.

폭식 장애

또 다르게는 섭식장애는 폭식하는 것인데, 강박적인 과식으로 알려져 있다. 이런 장애는 정상적인 배부름을 넘어서 조절되지 않고 강제적으로 먹는 기간으로 나타난다. 이 장애로 고통받는 사람들은 음식을 밀어내지 않는다; 그러나, 폭식은 빠르고 엄격한 식단 절차를 통해 촉발될 수 있다. 폭식이 일어나면 죄책감과 부끄러움의 감정이 생긴다. 자주 강압적으로 과식하는 개인은 걱정, 우울, 외로움으로 고통받는다. 많은 폭식가들이 비만인 반면에, 몇몇 폭식가들은 약간 과체중이거나 심지어 보통 체중이다. 전문가들은 폭식 섭식장애가 아동시기나 10대 시절에 쉽게 시작될 수 있다고 믿는다.

이런 징후를 포함한다:

- 냉장고나 식료품 저장실에서 많은 양의 음식이 사라진다.
- 아동이 많은 양의 음식을 빠르게 먹는 것을 보는 것
- 가족 간의 다툼, 또래들의 거부, 성적부진과 같은 감정적 스트레스에 대한 반응으로 먹는 유형
- 먹은 양에 대해 부끄러워하거나 혐오감을 느끼는 아동
- 음식 용기나 포장지가 아동의 방에서 숨겨진 것을 찾았을 때
- 끼니를 거르거나, 많은 양의 정크 푸드를 먹는 것, 비정상적인 시간에 먹는 것(늦은 밤과 같은) 등의 비정기적인 식습관의 증가

아동이 이 문제에 대해 얘기하는 것을 편하게 느끼도록 부모는 이 문제를 매우 온화하고 사랑이 담긴 방식으로 대해야 한다고 교육받는다. 아이를 부끄럽게 하는 것, 꾸짖는 것, 처벌하는 것은 역효과를 낳는다. 정신건강 전문가들은 이런 문제를 대하는 것을 돕는다.

점점 더 많은 의료 종사자들은 여성 운동선수 3인조로 묘사되는 것을 보고

있다. 증상들은 엉망인 식사, 무월경, 골다공증 등이다. 강력하게 운동하고 훈련하는 여성 운동선수들은 낮은 에스트로겐 수준을 가지고 있다. 충분한 열량을 먹지 못하는 것은(그리고 흔히 지방을 제한한다) 월경의 불순 또는 무월경, 피로 골절 이른 골다공증으로 이를 수 있다.

섭식장애 인지와 예방이 핵심이다. 아동의 부모는 자녀들이 이러한 중요한 요인을 발전시키기 위해 건강한 신체 이미지와 건강한 자존감의 모델이 되어야 한다. 아동이 부모를 항상 지켜보고 그들 자신과 그들의 신체에 대해 얘기하는 방법을 관찰한다. 우리의 신체가 우리를 위해 하는 것의 존중과 감사는 우리가 젊은이들과 함께 논의해야 할 부분이다. 우리가 어떻게 보이거나 몸무게가 어떻게 나가는지보다 특성, 재능, 성취에 기초해 우리 스스로를 평가하는 것이 중요하다.

10대의 과체중과 비만

청소년시기 동안 과체중이 되는 것은 개인의 자존감을 저하시키고 정상적인 10대의 사회적 삶으로부터 배제될 수 있기 때문에 매우 불행한 일이다. 또한 개인을 어른이 될 때까지 과체중으로 만드는 경향이 있다.

유전은 과체중에 중요한 역할을 하는데, 하지만 과체중 또는 비만의 원인이 되는 것은 환경이다. 유아기나 어린 시기에 많이 먹이는 것은 원인이 될 수 있다. 일단 누군가 과체중이면, 고립된 행동이 뒤따른다. 예를 들어, 만약 어떤 10대가 그의 친구들의 농담의 중심이 된다면, 혼자 시간을 보내는 것을 더 선호할 것이고, 아마 텔레비전을 보거나 음식에서 편안함을 찾을 것이다. 이런 행동은 열량을 더 추가하고, 활동을 감소시켜 상황이 악화된다. 어린 시절의 과체중 또는 비만은 우울증의 더 큰 위험이 있다. 실제로 그들의 삶의 질에 대해 조사하면 비만 아동은 삶의 질이 암 치료를 위해 화학 치료를 받는 아동들만큼 낮다고 기록되어 있다. 청소년기 동안 과체중이 되는 것의 문제는 관련된 개인이 삶의 습관을 바꾸기로 독립적인 결정을 할 때까지 특히 해결하기 어렵다. 이러한 결정을 한 후, 10대는 적절한 건강을 확신하기 위해 의사와 만나야 한다. 의료 제공자는 식습관을 바꾸고, 운동을 증가하고, 그리고 더 건강한 생활방식을 선택하는 도움을 제공함으로써 중요한 역할을 한다. 이 문제는 체중 관리 장(14장)에서 자세하게 다뤄진다.

패스트푸드

많은 미국인들은 패스트푸드를 매우 즐긴다. 1990년대 중반의 자료에 의하면 젊은이들 3분의 1이 패스트푸드를 먹는다. 패스트푸드 레스토랑에 의해 제공된 1회 제공량의 크기는 시간이 지날수록 증가하고, 개별적 품목은 처음 소개되었을 때보다 2~5배 정도 커졌다(그림 12-9).

10대들은 햄버거, 치즈버거, 프렌치프라이, 밀크쉐이크, 피자, 탄산음료, 타코, 프라이드 치킨, 양파링을 매우 좋아한다. 패스트푸드 식당의 이런 음식과 선

자존감 self-esteem
자신의 가치에 대한 감정

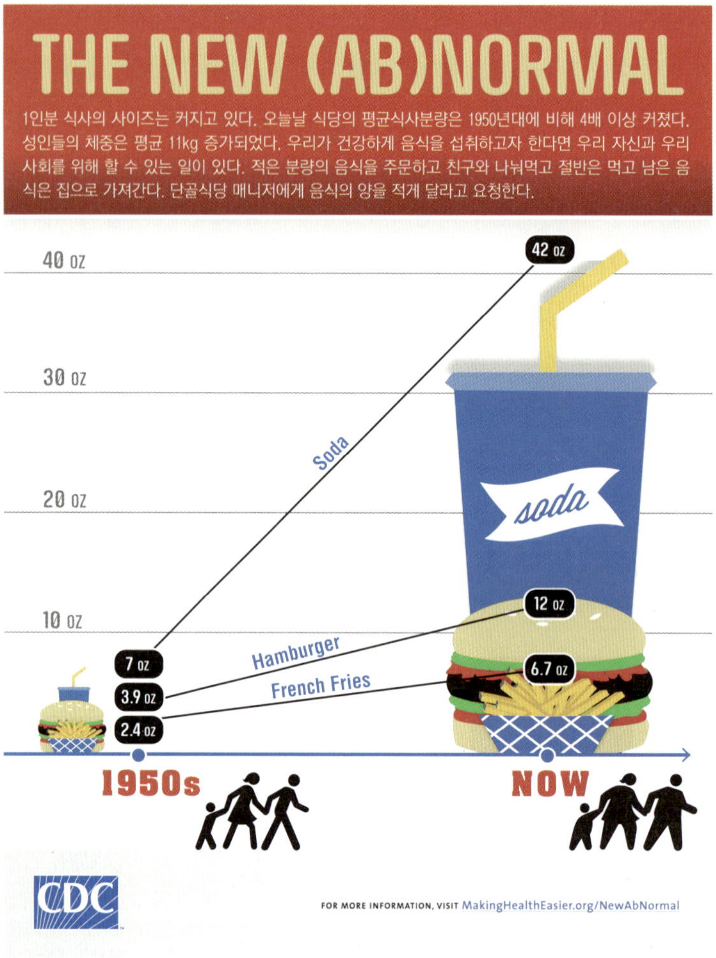

그림 12-9 패스트푸드의 1인분 사이즈는 지난 수십 년간 엄청나게 커졌다.

택 메뉴들은 지방이 높고, 특히 포화지방, 염분, 설탕, 전체 칼로리가 높다. 일반적으로 말하면, 패스트푸드 식당의 많은 메뉴 선택들은 영양적으로 나쁘고 에너지가 밀집되어 있다. 비타민, 무기질, 섬유질 함량은 대부분 이런 고열량 음식에서 몹시 부족하다.

많은 패스트푸드 회사는 대중의 더 좋은 선택을 위해 그들의 제품의 영양 함량을 이용 가능하게 하였다. 미국식품의약국(Federal Drug Administration, FDA)은 20개 이상의 지점이 있는 기관에 대해 지켜야 하는 규칙(2016년 12월부터 유효한) 메뉴 표를 부착하고 있다. 대부분의 식당은 그들의 메뉴에 샐러드, 구운 닭고기, 오트밀, 과일컵과 같은 건강하고 열량이 낮은 음식을 제공한다. 아동은 감자튀김 대신 사과나 오렌지 조각들로 대체할 수 있다. 하지만 이러한 제품들은 잘 팔리지 않고 보통 건강하지 않은 선택들을 한다.

패스트푸드 산업은 그들의 제품 판매를 촉진하기 위해 미디어에 광고를 하는 데 1년에 40억 달러 이상을 사용한다. 패스트푸드는 "1달러의 메뉴 선택"이라는 소개와 함께 점점 저렴해지고 있다. 그러므로, 비교적 적은 돈으로도 꽤 배불러질 수 있다. 빈번한 패스트푸드 선택으로 건강은 장기적으로 고통받을 수 있다. 표 12-4는 10대 소녀가 패스트푸드를 먹은 하루의 영양 함량을 그녀의 몸이 필요로 하는 영양과 비교해서 보여준다.

알코올

발효라고 불리는 과정에서, 당과 전분은 알코올로 바뀔 수 있다. 효소가 이런 변화를 초래한다. 알코올은 보통 과일, 옥수수, 호밀, 보리, 쌀 그리고 감자로부터 만들어진다. 알코올은 1그램당 7칼로리를 제공하지만 영양분은 없다.

알코올은 심각한 부작용을 만드는 물질이다. 처음에, 마시는 사람은 억제력을 낮추기 때문에 "행복함"을 느끼게 된다. 이 감정은 마시는 사람의 판단에 영향을 미치고 사고나 범죄로 이를 수 있다. 궁극적으로, 알코올은 신체 기능 저하제이다; 계속 술을 마시는 것은 졸음, 의식의 상실, 그리고 단시간에 너무 많이 마셨을 때, 죽음까지 이른다.

알코올의 남용(과다사용)은 알코올 중독이라고 불린다. 알코올 중독은 가족의 삶을 파괴시킬 수 있고 술을 마시는 사람의 영양 상태와 건강을 황폐화시킬 수 있다. 알코올은 포도당, 지방, 단백질, 비타민의 흡수와 정상적인 신진대사에 영향을 미친다. 티아민과 니아신이 흡수되지 못할 때, 세포는 에너지를 위해 포도당을 사용할 수 없다. 에너지를 위해 포도당에 의존하는 혈액 세포는 특히 영향을 받는다. 알코올은 신장에서 평소보다 더 많은 양의 물을 배설하게 하고, 많은 양의 무기질 손실을 초래한다. 영양 상태가 좋지 못하면 몸은 질병과 싸우는 능력이 떨어지게 된다.

발효 fermentation
당이나 전분이 알코올로 변화되는 것

알코올 중독 alcoholism
만성적이고 과다한 알코올의 섭취

표 12-4 10대 소녀의 요구량 대비 패스트푸드 일일섭취 열량과 영양소

10대 소녀의 일일 섭취 예시	양	열량	단백질(g)	단백질(g)	칼슘(mg)	철(mg)	염분(mg)	비타민 A(re)	비타민 C(mg)	섬유소(g)
달걀이 있는 소시지 머핀	1	450	20	28	300	3	930	115	1	2
핫초코	16oz	100	0	0	0	0	85	0	0	0
햄버거	1	292	15	11	84	3	555	3	0	2
프렌치프라이 중간		389	5	21	16	2	235	0	3	4
초콜릿 쉐이크	10oz	379	9	12	280	2	167	74	1	2
페퍼로니 피자	¼ of 12"	500	22	20	282	4	1,144	127	0	3
소다	16oz	182	0	0	10	0	20	0	0	0
일일 총량		2,292	71	92	972	14	3,136	127	5	13
10대 소녀의 DRI/RDA		2,200	44	73	1,200	15	2,300	800	60	26

게다가, 과도하고 장기간의 음주는 고혈압의 원인이 되고 신장 근육에 손상을 입힐 수 있다. 목과 식도의 암과 생식계 손상과 연관되어 있다.

음주자가 지니는 위험은 명백하며 임신이나 수유 중인 여성이 술을 마실 때, 태아나 양육 중인 유아에게 위험 또한 넘겨주는 것이다. 알코올은 출생 시 체중을 낮출 수 있고 태아에게 발달 장애와 관련된 알코올 증후군 또는 태아 알코올 효과의 원인이 될 수 있다(10장 참고).

불행하게도, 많은 10대들은 알코올의 위험을 무시하고 어른으로 보이기 위해 사용한다. CDC의 2013년의 청소년 위험 행동 조사는 고등학교 학생들 중 지난 30일 동안 34.9%가 일정량 이상의 알코올을 마셨고 20%가 폭음하였다는 것을 발견하였다. 10대들의 알코올 사용은 1999년 이후부터 감소하였다. 그들 자신의 건강 손상, 잠재적인 사고, 그들의 음주에 따른 무작위적인 폭력적인 행동에 더불어, 10대의 행동은 더 어린 아동들에게 그들을 모방하는 나쁜 예시가 된다. 건강 전문가들은 알코올이 중독, 질병, 죽음뿐만 아니라 심각한 경제와 가정 문제를 초래하는 물질이라는 메시지를 전파할 수 있는 좋은 위치에 있다.

대마초

최근의 청소년 위험 행동 감시 시스템(2013)에 따르면 대략 23%의 고등학교 10대들이 대마초를 30일의 기간 동안 한 번 또는 여러 번 사용하였다. 대마초 연기는 폐에 더 오랜 기간 동안 남아있기 때문에 하나의 대마초 담배는 4개 또는 5개의 담배만큼 해롭다. 어떤 사람이 대마초를 피우면, 폐는 지용성 활성 성분인 델타-9-테트라하이드로카나비놀(THC)을 흡수한다. 전문가들은 대마초의 사용이 코카인과 같은 다른 마약 사용을 이끌 수 있다고 믿는다. 몇몇 유명한 대마초의 이름은 *pot, grass, herb, weed, Mary Jane, reefer, dope, bud,* 그리고 *ganja*이다.

코카인

코카인은 중독성이 매우 높고 대단히 위험하다. 긴장이 풀리고, 자신감이 높아지고, 희열, 성급함, 불면증, 우울, 혼돈, 환각, 식욕의 상실과 정상적인 행동을 그만두는 경향을 초래한다. 코카인은 심장 이상, 심장마비, 죽음에 이르는 심정지를 유발할 수 있다. 코카인이 식욕을 감소시키기 때문에 체중 감소는 매우 흔하다; 중독은 약물을 위해 음식을 포기하게 한다. 흡연 가능한 형태의 코카인은 *crack*이라 하는데, 다른 어떤 약물보다 중독성이 있다. 주요 도시에서 범해진 재산에 관한 범죄 중 절반은 코카인의 사용과 중독자의 마약 구입을 위한 돈을 필요로 하는 것과 연관되어 있다.

담배

니코틴은 모든 나이의 아동들에게 위험하다. 청소년기는 뇌 발달에 중요한 시기로 알려져 있고 니코틴의 사용은 위험 지속을 야기한다. 니코틴은 중독성이 높고 담배 사용을 지속시키게 한다. 궐련 흡연이 2011년부터 2014년까지 CDC 자료에는 감소하였지만 다른 담배 제품은 증가하였다. 궐련, 전자담배, 물담뱃대, 씹는 담배를 포함한 모든 담배 제품은 24.6%의 고등학교 학생과 7.7%의 중학교 학생들에 의해 하나 혹은 여러 개의 담배 제품이 사용되었다. 10대들은 "멋져 보이기", 나이들어 보이기 위해, 살을 감량하기 위해, 또는 또래들에게 인상을 주기 위해 담배를 피운다. 흡연은 식성, 영양 상태, 체중에 영향을 줄 수 있다. 흡연은 그들의 신진대사를 변화시키기 때문에 흡연가들은 DRI가 비타민 C plus 35mg을 위해 필요하다. 비타민 C, 비타민 A, 베타 카로틴, 폴산, 그리고 섬유질을 적게 섭취하는 것은 흡연가들에게 흔하다. 흡연은 폐암과 심장병의 위험을 증가시킨다.

다른 중독성 약물

Crystal meth로 알려진 메타암페타민은 암페타민 중 가장 강력하다. 암페타민은 심장, 숨쉬기, 혈압수치를 증가하게 한다. 입은 보통 마르고, 삼키는 것이 어려워진다. 배뇨 또한 어려워진다. 식탐이 감소한다. 사용자의 동공이 확대되고 반사신경이 빨라진다. 약물 효과가 떨어졌을 때, 사용자는 피곤과 우울의 감정을 경험한다. 약물 이름은 *crank, speed, crystal, meth, zip* 그리고 *ice*로 불린다. MDMA의 은어인 엑스터시는 "클럽 약물"로 알려져 있다. 이 약물은 캡슐이나 알약 형태로 발견된다.

흡입제는 기체가 신체로 흡입되어 정신을 변화시키는 효과를 내는 화학물질이다. 어떤 흡입제는 가솔린, 경유, 청소용 액체, 모형 비행기 접착제, felt-tip 펜의 영구 잉크들이다. 흡입제는 신체와 정신 둘 다에 중독성이 있다. 흡입을 한 사람은 우울과 무관심, 코피, 두통, 눈의 아픔, 만성 피로, 심부전, 근육 조절의 실패, 죽음의 위험을 겪을 수 있다. 약물은 식품 섭취, 체중, 음식 기호에 영향을 줄 수 있다.

에너지 음료

에너지 음료는 합법적으로 팔리고 에너지를 낸다고 광고된다. 에너지 음료는 보통 당뿐만 아니라 카페인 같은 자극제를 함유하고 있다. APP는 이러한 에너지 음료가 청소년 또는 아동의 식단에 들어가면 안 된다고 언급하였다; 하지만, 에너지 음료는 특히 몇몇 운동계에서 인기가 있다. 아동이 이러한 성능 향상을 볼 수 있고, 이것들을 대체 액체와 같은 것으로 볼 수 있다는 것이다. 더 나아가, 에너지 음료는 특히 아동과 청소년이 먹을 수 있는 ADHD 약과 같은 처방된 약과 상호작용을 할 수 있다.

많은 에너지 음료들은 제공되는 230mg당 대략 80mg의 카페인을 함유하고 있다. 대부분의 에너지 음료는 그러나 570~680mg로 포장되어 있고,

최근 자료 IN THE MEDIA

전자담배

전자담배는 종종 금연을 돕는 것으로 광고되지만 실제로 더 나은 대체품이 되는가? 전자담배는 다양한 색, 모양, 크기, 맛으로 판매되고 연기를 만드는 흡입기와 가트리지는 배터리로 작동한다. 전자담배 한 개는 담배 한 갑보다 더 많은 니코틴을 함유하고 있고, 전자담배는 현재 FDA의 규제를 받고 있지 않다. 전자담배는 젊은층에서 이용이 증가하고 있다. 대다수의 전자담배 카트리지는 20mg의 니코틴을 함유하고 있는데 아동에게는 10mg의 니코틴도 매우 치명적이고 중독성이 있기 때문에 건강관리 전문가들은 이를 점점 불안하게 생각하고 있다. 부모는 중독의 신호와 증상을 알아차려야 하고 10대들이 금연하는 것을 돕기 위해 FDA에서 권장하는 방법을 찾아봐야 한다.

출처: Adapted from Korioth, Trisha. (2015, Aug 8). "E-Cigarettes: Dangerous, Available, and Addicting." American Academy of Pediatrics. http://www.healthychildren.org

200~240mg의 카페인의 복용량을 제공한다. 자신이 조제하거나 시장에 나와있는 것들은 50~500mg까지 범위가 된다고 한다.

FDA는 콜라의 카페인의 양을 제한하지만 에너지 음료는 대체제로 팔리고, 카페인에 대한 규제는 아직 없다. 에너지 음료는 불면증, 신경과민, 메스꺼움, 급격한 심장박동, 그리고 더 심한 반응에는 발작, 심장박동의 불규칙성, 그리고 심정지 같은 것의 원인이 되는 것으로 알려져 있다.

그것의 형태에 관련없이 카페인은 중추신경계 자극제이고 혈압의 순간적인 상승을 야기한다. 영양의 관점에서, 카페인은 신체에서 적은 양의 칼슘과 마그네슘을 잃게 할 수 있다.

운동선수를 위한 영양

Courtesy of Eric Gemmer

그림 12-10 스포츠 참여는 심신을 위한 훌륭한 활동이다.

생의 기간 중 운동경기에 참여하게 되는 시기의 좋은 영양은 운동선수에게 최상의 신체 상태를 유지해주고 불필요한 신체의 마모와 손상을 예방해줄 수 있다 (그림 12-10). 운동선수에게 구체적인 영양요구가 많지는 않으나 중요하다. 운동선수는 추가적인 물, 열량, 티아민, 리보플라빈, 니아신, 염분, 칼슘, 철분 단백질이 필요하다.

신체는 땀으로 과다한 열을 제거하기 위해 수분을 사용한다. 상실된 수분은 탈수를 막기 위해 정기적으로 보충되어야 한다. 운동선수들은 운동을 하기 전에 수분이 충분해야 하고 액체 균형을 맞추기 위해 운동 중이나 운동 후에 충분한 수분을 마셔야 한다. 한 시간 이내의 가벼운 중등도의 활동을 위해서는 순수한 물이 음료로 선택 가능하지만, 그보다 더 긴 지구력을 요하는 활동을 지속할 때에는 다른 영양분이 필요하다. 더 강한 운동에 맞는 수분요구를 맞추기 위해서, 땀의 비율 결정이 필요하다. 운동선수는 한 시간의 운동 전후로 그의 무게를 측정할 수 있다. 몸무게 450g 감소를 위해, 그는 최적의 수분 패턴을 유지하기 위해 운동하는 동안 발생하는 손실의 대략 80~100% (370~450ml)를 마셔야 한다. 물 양 450ml가 얼마나 되는지를 실질적인 수준에서 아는 것은 도움이 된다. 땀 손실 비율을 알아냄으로써 운동 중 체액을 비틀어서 땀 손실을 최소화할 수 있다.

스포츠 음료는 아마 전에 소비된 당질과 전해질을 함유하고 있고, 운동 후에 혈당 농도, 근육을 위한 단백질, 그리고 탈수와 저나트륨혈증의 위험을 감소시킨다. 과일, 탄수화물 젤, 그리고 에너지바는 이러한 운동에 연료를 공급하는 것을 돕는다. 흥미롭게도, 최근의 연구는 탄수화물과 단백질이 섞인 (주류의 스포츠 음료와 비교해서) 450ml의 무지방 초콜릿 우유를 마시는 것은 30~60분의 운동 후에 당 생성을 더 집중시키게 한다는 것을 발견하였다.

증가된 열량은 운동과 활동한 시간에 달려있다. 요구량은 6,000칼로리 이상, 정상보다 두 배가 될 수 있다. 단백질이 아닌 에너지를 위해 사용된 탄수화물 때문에 50~55%의 탄수화물, 30%의 지방, 그리고 10~15%의 단백질의 식단 비율이 가벼운 신체 활동 동안 권장된다.

에너지 대사에 필요한 비타민 B의 요구량이 증가된다. 그들은 총 칼로리 양은 빵, 시리얼, 과일, 채소 등에서 공급된다. 운동하는 동안 근육 부피와 혈액량이 증가하는 데 여분의 단백질이 사용된다. 지구력과 근력 운동된 운동선수의 단백질 요구량은 몸무게당 1.2~1.7g/kg이다. 권장된 단백질 섭취량은 일반적으로 단백질 혹은 아미노산 보조제 없이 식사 하나로만 만족될 수 있다. 무기질 염분과 칼슘은 땀을 통해 손실될 수 있으므로 많은 양이 필요하다. 염분의 양은 대부분 짠 음식으로 대체될 수 있고, 오렌지 주스와 바나나는 여분의 칼륨을 제공할 수 있다. 언급했듯이, 전해질 대체 음료는 한 시간 이상 지속되는 지구력 활동을 위해 필요하다.

철분의 보충 공급은 운동선수에게 중요하고, 특히 여성 운동선수에게 중요하다. 철분이 많은 음식은 비타민 C와 같이 먹으면 충분한 철분을 제공할 수 있다. 강한 신체 활동을 하는 어린 여성 운동선수의 경우 강한 신체 활동으로 인해 월경의 시작이 연기될 수 있고, 이미 월경을 한 사람은 무월경이 나타날 수 있다.

레슬링과 같이 체중을 고려해야 하는 운동선수의 경우 등급에 맞는 "체중 만들기"를 위한 노력으로 수분을 거부함으로써 탈수가 되는 것을 방지하기 위해서 관리가 필요하다.

체중이 증가되면 운동선수는 450g을 위해 추가의 3,500칼로리가 필요하다. 이 열량에 도달하기 위해 먹는 추가된 음식은 보통의 영양 비율을 함유해야 한다. 고지방이 함유된 식이는 심장병의 가능성을 증가시키기 때문에 피해야 한다. 운동선수는 훈련이 끝날 때 열량을 줄여야 한다.

일반적으로 운동선수는 Myplate를 이용해 음식을 선택해야 한다. 경기 전 음식은 이벤트가 시작하기 3시간 전에 먹어야 하고 주로 탄수화물과 소량의 단백질로 구성되어야만 한다. 당분이 집중된 음식은 그들이 여분의 물을 장에 모이게 하고, 가스를 모으고 설사의 원인이 되기 때문에 권장되지 않는다.

글리코겐 로딩은 활동 보강을 위해 사용된다. 근육의 포도당 저장량을 증가시키기 위해서, 운동선수는 경기 6일 전부터 시작한다. 3일 동안, 운동선수는 강도 높은 운동을 할 때 오직 10%의 탄수화물과 대부분이 단백질과 지방인 식단을 시작한다. 이것은 현재 저장된 글리코겐을 소진한다. 다음 3일에는 식단의 70%가 탄수화물이고, 그리고 근육이 탄수화물로 가득 차기 위해 운동은 매우 가벼워진다. 탄수화물 하중은 모든 지구력 운동선수에게는 적절하지 않고 남자만큼 여성에게 효과적이지 않을 수 있다. 탄수화물로 가득 찬 식단은 불편함 또는 부작용을 야기할 수 있다:

1. *체중 증가*. 대부분의 증가는 여분의 물이지만, 그것이 활동을 방해한다면 여분의 탄수화물은 빼는 것이 좋다.

글리코겐 로딩
glycogen-loading (carb-loading)
근육내에 글리코겐을 최대한 저장하는 과정. 탄수화물 로딩이라고도 한다.

2. *소화기 불편감*. 가스로 인한 복통, 복부팽만, 묽은 변의 원인이 될 수 있기 때문에 경기 하루 이틀 전 섬유질이 높은 음식(예. 콩, 겨, 브로콜리)을 피하거나 제한하는 것이 중요하다.
3. *혈당 수치*가 변한다. 탄수화물 하중은 혈당 수준에 영향을 미칠 수 있다. 몇몇 운동선수들은 훈련이나 연습 동안 혈당 수준을 모니터한다.

스포츠 영양학에 전문인 검증된 정식 스포츠 영양사 또는 미국 이사회에서 인증된 전문가는 필요에 따라 개인화된 영양 섭취 방향을 제공할 수 있다.

크레아틴은 근육을 만들고 회복을 촉진하려는 운동선수들 사이에서 현재 널리 사용되는 근육의 힘과 크기, 파워를 증가시키는 보조제이다. 크레아틴은 육상과 역도와 같은 반복된 높은 강도의 스포츠 활동에 효과적임을 보여주었지만 장거리 달리기와 같은 지구력 운동에는 효과적이지 않다. 운동능력향상 보조제는 위험하고, 금지되어 있고 또는 불법인 동화촉진제, 안드로겐, 스테로이드, 에페드라 인간 성장 호르몬들이다. 스테로이드 약물은 혈액의 지방 함량에 영향을 미치고 간을 손상시키고, 재생 시스템을 바꾸고 심지어 얼굴 모습도 바꿀 수 있다. 좋은 식단, 좋은 건강 습관과 실행, 타고난 재능과 결합된 것은 운동선수의 성공에 필수 사항으로 남아있다.

건강과 영양 고려사항

아동들과 일하는 건강관리 전문가들은 대상자들의 나쁜 식성과 식습관과 마주칠 수 있다. 이런 문제들이 복잡해지면 부모들에게는 걱정거리가 될 것이다. 부모는 자녀들의 식성과 신체 상태에 대해 당연히 걱정할 것이다. 건강관리 전문가들은 인내심과 이해를 보여주고 부모와 아동 대상자의 말을 경청함으로써 관련된 모든 사람에 대해 도움을 줄 수 있다.

청소년기는 급격한 변화의 시기이다. 이런 시기 동안 성장과 건강을 최적화하기 위해 떠들썩할 수 있는 적당한 영양이 필요하다. 몇몇 10대들이 과체중과 비만의 문제를 겪는데, 도움을 주는 건강의들이 좋은 영양과 운동 메시지를 주는 관문의 역할을 할 수 있다. 많은 10대들이 다이어트를 하려고 하는데, 섭식장애의 위험이 따른다. 검사 도구는 섭식장애가 발생했는지 또는 발생했는지의 여부를 확인할 수 있는 귀중한 도구가 된다. 최선의 건강관리를 제공하기 위해 전문가 팀을 요청해야 한다.

요약_SUMMARY

아동의 필요 영양은 그들이 자라고 발달함에 따라 다양해진다. 성장 비율은 1세부터 10세까지 느려지고, 체중당 필요 열량은 점점 감소한다. 하지만 필요 영양은 이런 시간 동안 증가한다. 청소년기에 성장이 빠르고 영양요구량은 상당히 증가한다. 건강하고 신뢰할 수 있는 영양을 가진 바람직한 식사 환경은 최적의 배움, 성장, 그리고 발달을 위한 발판을 마련할 것이다.

불행하게도, 건강 문제는 어린 시기와 청소년 시기 동안 직면하게 된다. 많은 우리의 젊은이들 중 많은 수가 영양의 질이 부족하다. 빈혈증은 전 세계의 아동들에게 보이는 장애이다. 과체중과 비만은 증가하고 있다. 많은 젊은이들은 한때 성인의 것으로 여겨지는 당뇨병 전기와 제2형 당뇨병을 겪는다. 젊은이들이 겪는 섭식장애는 복잡하고 정확한 진단이 이루어지지 않는다. 알코올은 청소년들에게 심각한 문제가 될 수 있고 그들이 알코올의 잠재적인 위험을 이해하는 것이 필수적이다. 운동선수들의 영양요구는 극대의 성과를 위해 주의깊게 계획을 세워야 한다.

토의 주제_DISCUSSION TOPICS

1. 자녀의 식습관에 대한 부모의 불안이 아동의 식습관에 어떻게 영향을 미치는지 토론하시오.
2. 과체중이 청소년들의 자존감에 어떤 방법으로 영향을 주는가?
3. 부모가 청소년 자녀의 음식에 대한 태도에 영향을 주는 것이 왜 특별히 어려운가?
4. 패스트푸드의 평균 영양 함량과 음식의 가치에 대해 토론한다. 이용 가능한 더 건강한 옵션에 토론하고 온라인으로 패스트푸드 레스토랑의 영양 성분을 찾아보시오.
5. 30세 변호사가 17세 축구 선수였을 때처럼 계속 먹는다면 어떤 결과가 나오는가?
6. 신경성 식욕부진을 설명하시오. 교실에 누군가가 신경성 식욕부진으로부터 고통받았는지 물어보시오. 해당 개인에게 사람의 태도, 신체 상태, 가능한 원인, 현재의 상태에 대해 물어보시오.
7. 일차 진료기관에서 성장 차트의 사용에 대해 토론하시오. 아동의 성장 차트에서 무엇이 우려를 야기하는가?
8. 왜 어린 시기에 당뇨병 전기를 발견하는 것이 중요한가? 어떤 검사 방법이 사용되는가?
9. 언제 어린 시기의 상당한 퇴적물이 뼈 덩어리에 발생되는가? 이것이 특별히 중요한 이유를 토론하고 어떤 핵심 영양소가 관련되어있는지 이름을 대시오.

연습문제_REVIEW

가장 적절한 답을 고르시오.

1. 신경성 식욕부진은 ____________.
   a. 먹고 토하는 것으로 특징지어진다.
   b. 심각한 여드름의 원인이 된다.
   c. 심리적인 장애이다.
   d. 보통 과체중의 원인이 된다.
2. 아동의 식습관은 ____________.
   a. 자기주장 하고 싶은 욕구를 반영할 수 있다.
   b. 1세가 된 후에는 거의 바뀌지 않는다.
   c. 보통 부모가 아동에게 새로운 음식을 먹도록 강제하면 나아진다.
   d. 아동의 성장 비율과는 관계가 없다.
3. 아동의 식성은 ____________.
   a. 다양하다.
   b. 고정된다.
   c. 그들의 영양 상태와 상관없다.
   d. 아동의 크기에 전적으로 의존한다.

4. NHANES의 건강한 식습관 표의 자료는 다음을 나타낸다.
- a. 보통 아동들은 단백질을 제외한 필요 영양을 만족한다.
- b. 보통 아동들은 너무 많은 튀긴 음식을 먹는 것을 제외하고 필요 영양을 만족한다.
- c. 전곡, 푸른 채소, 채소(전분 콩)의 소비가 부족하다.
- d. 적절한 섬유질 섭취가 유일하게 부족한 영양소이다.

5. 특히 심장병 가족력이 있는 아동은 어떤 나이에 높은 콜레스테롤로 검사를 받아야 하는가?
- a. 5세
- c. 2세
- b. 12세
- d. 16세

6. 아동들의 철분 요구량이 높은 이유는 철분이 무엇을 위해 필요하기 때문인가?
- a. 건강한 뼈와 치아를 위해
- b. 감염과 싸우기 위해
- c. 야맹증을 예방하기 위해
- d. 산소를 나르기 위해

7. 아동이 자랄수록, 몸무게 킬로그램당 필요 열량은 ________________.
- a. 변하지 않고 남아있다.
- b. 증가한다.
- c. 작아진다.
- d. 매년 두 배가 된다.

8. 어떤 나이 그룹에서 음식 알러지 발병률이 가장 높은가?
- a. 유아
- c. 미취학 아동
- b. 사춘기 직전의 아동
- d. 10대 중반

9. 패스트푸드를 자주 섭취하는 10대는 ____________.
- a. 과체중이 될 위험이 있다.
- b. 아마도 소금과 지방이 많은 식단을 가질 수 있고 나중에 질병을 일으키는 데 기여한다.
- c. 음식을 선택할 때 패스트푸드 업체들에게 어느 정도의 영향을 받는다.
- d. 위의 모든 것들을 경험한다.

10. 비록 청소년기의 소년이 소녀들보다 더 많은 열량을 필요로 하지만, 소녀들이 대부분 더 필요로 하는 것은 ____________이다.
- a. 단백질
- c. 철분
- b. 비타민 C
- d. 비타민 D

요점사례_CASE IN POINT

ELIZABETH: 신경성 식욕부진에 대해 식별

Elizabeth는 그녀의 친구들과 어울리는 것을 좋아하고 책읽기를 좋아한다. 책과 더불어, 잡지를 읽는 것을 좋아한다. 그녀는 머리, 화장, 그리고 옷의 최신 패션 유행을 보는 것을 좋아하며 나이가 들어서 패션 디자이너가 되고 싶어한다. 그녀의 키는 현재 158cm이고 36.3kg이다. 지난 해 동안 키가 컸으며 그녀의 허리와 엉덩이 치수는 약간만 바뀌었다.

Elizabeth와 그녀의 가족은 저녁식사를 거의 함께 하지 않는다. Elizabeth의 아빠는 2교대로 일을 하고 저녁시간에는 항상 밖에 있다. 이제 Elizabeth는 14세이기 때문에, 엄마는 생계를 돕기 위해 일주일에 몇 번씩 웨이트리스로 두 번째 직업을 갖기로 결정했다. Elizabeth는 부모님들이 나가셨을 때 여동생의 저녁을 챙겨준다. 보통 Elizabeth의 엄마는 일하는 동안 Elizabeth와 동생이 쉽게 먹을 수 있는 저녁을 준비해 놓는다. Elizabeth의 여동생, Hannah는 12세이다. 그녀는 Elizabeth가 더 이상 저녁을 함께 먹지 않는다는 것을 알게 되었는데 처음에는 Elizabeth가 혼자 있고 싶어 하기 때문에 방에서 음식을 먹는 것으로 생각하였다. 그러나 그녀는 Elizabeth가 많이 먹지 않는다는 것을 알아챘다. 최근에, Elizabeth는 피곤하다고 불평하면서 동생 Hannah에게 그녀 없이 저녁을 먹으라고 말했다. 그녀는 주말과 방과 후에 그녀의 친구들과 놀지 않는 대신 낮잠을 자주 잔다. 그녀의 방과 후 간식은 치즈 그리고 크래커 또는 그래놀라 바에서 과일 한 조각으로 바뀌었다.

어느날 밤 Hannah는 Elizabeth에게 왜 식사를 하지 않는지 물어보았다. Elizabeth는 Hannah에게 배고프다고 인정했지만, 살이 찌기 싫어서 먹지 않으려 한다고 했다. 그녀의 여동생은 곧 부모님에게 이것을 알렸고, 그녀의 부모님은 현재 그녀의 식습관과 행동을 더 면밀히 관찰하고 있다.

사정

1. 당신이 Elizabeth에 관해 얻을 수 있는 객관적인 정보는 무엇인가?
2. 당신이 Elizabeth에 관해 얻을 수 있는 주관적인 정보는 무엇인가?
3. 어떤 심리적인 문제가 Elizabeth의 적절한 영양 이해에 영향을 주는가?
4. 사춘기 직전의 아동의 심리적 문제는 무엇인가?
5. Elizabeth가 외모에 문제가 있다고 믿게 만드는 것은 무엇인가?

진단

6. 다음의 진단을 완성하시오: Elizabeth의 불균형한 영양은 ____ 다음이다.
7. Elizabeth가 나타내는 신경성 식욕부진의 표시는 무엇인가?

계획/목표

8. Elizabeth에게 필요한 주요 영양분은 무엇인가?
9. Elizabeth의 신체 발달에 우선사항은 무엇인가?

수행

10. Elizabeth와 그녀의 엄마가 좋은 영양에 대해 배워야 할 것은 무엇인가?
11. 신경성 식욕부진에 대해 배워야 할 필요는 무엇인가? 다른 누군가 더 정보가 필요한가?
12. 상담사가 Elizabeth와 그녀의 엄마를 도울 것인가?
13. 그녀의 여동생은 신경성 식욕부진을 예방하기 위해 무엇을 해야 할 것인가? 신경성 식욕부진이 나이 제한을 가지고 있는가?

평가/결과 기준

14. 그녀의 신경성 식욕부진을 조절할 수 있다는 것을 보여주기 위해 어떤 기준을 사용해야 하는가?
15. 신경성 식욕부진이 치료될 수 있는가?

생각해보기

16. 어떻게 부모, 선생님, 그리고 감독이 섭식장애를 갖고 있는 사춘기 이전의 아동을 도울 수 있는가?
17. Elizabeth의 여동생이 신경성 식욕부진의 위험을 가지고 있는가?

✓ rate this plate

Elizabeth는 읽고 있는 잡지를 통해 어떤 방식과 특정한 체중으로 보이려고 압박을 느끼고 있을 것이다. 그녀가 10대 시절을 통해 자라는 동안, 그녀의 열량과 필요 열량은 증가할 것이다. Elizabeth는 영양이 집약된 음식을 필요로 한다. 그녀가 저녁으로 먹은 식사를 평가하시오.

치킨 너겟 2개

인스턴트 으깬 감자 1/4컵

자른 파인애플 1/2컵

과일 펀치 음료 230g

이런 음식 중 영양이 높은 것이 있는가? 이런 음식 중 칼로리가 높은 것이 있는가? 그렇다면, 어떤 것인가? 이 식사는 Elizabeth가 10대 시절의 성장을 지지하는 데 적절한 칼로리와 영양분을 제공하도록 어떻게 개선될 수 있는가?

요점사례_CASE IN POINT

JORDAN: 소아 비만

Jordan의 부모님은 그녀가 4세 때인 2년 전에 이혼했다. 그녀는 대부분의 시간을 엄마 집에서 보낸다. 그녀의 아빠는 격주 주말과 수요일 밤마다 저녁식사를 위해 그녀를 만난다. 그녀의 엄마는 그녀와 집에서 시간을 보내곤 했지만 이혼 후 풀타임 직장으로 돌아가야만 했다. Jordan은 부모님이 일할 때 다른 베이비시터들에게 맡겨졌다. 그녀의 부모님은 너무 바빠서 대부분의 Jordan의 식사를 패스트푸드나 다른 간편 음식으로 제공하여야 했다. 매주 수요일 밤, Jordan과 그녀의 아빠는 저녁식사를 위해 패스트푸드 레스토랑에 간다. Jordan은 매주 그녀가 받는 새로운 장난감을 사랑한다!

Jordan은 춤 수업을 듣고 축구경기를 하곤 했지만, 그녀의 부모님이 이혼하고 나서 감당할 수 없었기 때문에 그녀는 2가지의 활동을 다 그만두어야 했다. Jordan은 이번 가을부터 유치원을 다니기 시작했고 엄마는 자신이 활동을 그만둠으로써 생기는 우정의 공백을 채우기를 바라고 있다. Jordan은 매우 똑똑하지만, 엄마에게 학교를 싫어한다고 말한다. Jordan은 매일 아침 일어날 때마다 울고, 가기 싫다고 불평하고, 결국 엄마에게 다른 아이들이 자기를 놀린다고 털어놓는다. Jordan은 친구들이 그녀가 뚱뚱하다고 말한다고 했다. Jordan의 엄마는 Jordan이 살이 많이 쪘다는 것을 알았지만 아이의 학교생활에 영향을 미치는지 몰랐다는 것을 알고 마음이 찢어지는 듯 아팠다. Jordan의 엄마는 딸을 위해 주치의와 약속을 잡았다. 그녀는 Jordan의 아빠에게 그날 참석해달라고 요청하였다. 의사의 사무실에서, Jordan은 114cm의 키와 28kg의 몸무게를 측정하였다. 의사는 Jordan의 부모에게 Jordan이 자신의 몸무게에 대해 걱정하고 있으며 Jordan의 몸무게에 대한 몇 가지 계획에 대해 토론하기 위해 등록된 영양사를 만나기를 권하였다. 그들의 차이점에도 불구하고, Jordan의 부모들은 둘 다 Jordan의 몸무게에 대해 걱정하고 있다. 그러나 Jordan의 부모는 수년간 그들 자신의 체중으로 고심해 왔으며 체중을 줄이기 위한 수많은 노력을 하였다. 그들은 Jordan이 같은 길로 갈까봐 걱정하고 있다. 그들은 둘 다 영양사를 만나서 이것에 대해 함께 해나가기에 동의하였다. 그들은 또한 Jordan이 활동을 늘리고 영양이 높은 음식과 간식의 양을 줄이도록 격려하는 방법에 대해 토론하였다.

사정

1. Jordan에 대해 당신이 얻을 수 있는 객관적인 자료는 무엇인가?
2. 그림 12-5를 보시오, Jordan은 6세 소녀의 몇 퍼센트의 몸무게와 키를 가지고 있는가?
3. 다이어트, 활동, 유전, 그리고 가족의 생활 습관이 어떻게 그녀의 현재 몸무게에 영향을 미치는가?
4. 이 문제가 얼마나 중요한가?

진단

다음 진단을 완성하시오:

5. 불균형한 영양; 관련된 신체의 요구 이상___
6. ___와 관련된 부족한 지식

계획/목표

7. Jordan을 위한 2가지 이유와 측정할 수 있는 목표를 말하시오.
8. Jordan의 체크표에서, 의사는 그녀의 엄마와 동의했고, 영양사에게 언급하였다. 영양사로서, 그들의 활동과 음식을 포함한 어떤 개인적인 목표가 Jordan과 부모에게 적합한가?

수행

9. 영양사가 Jordan을 돕기 위해 알아야 할 정보에는 무엇이 있는가?
10. 이 계획이 성공적이 되기 위해 누가 관련되어야 하는가?
11. Jordan이 살이 찌는 것을 막기 위해 필요한 2가지 큰 변화는 무엇인가?
12. Jordan이 성공하면서 그 과정 안에서 재미를 느끼기 위한 전략에는 무엇이 있는가?
13. 친구들과 야외에서 노는 것이 어떻게 도움이 될 수 있는가?
14. 어떻게 그녀의 가족이 도울 수 있는가?

평가/결과 기준

15. Jordan은 얼마나 자주 몸무게를 재야 하는가?
16. 3개월 안에 얻어야 하는 합리적인 결과는 무엇인가? 6개월에는?

생각해보기

17. 왜 지금 Jordan의 몸무게에 개입하는 것이 중요한가? 평생 과체중이 되는 것의 미래의 결과는 무엇인가? 왜 과체중이 미국의 지역 건강문제인가?
18. 인터넷이 제공할 수 있는 것은 무엇인가?
19. 2012년 3월에, 학교 점심을 위한 국립 영양 표준이 개정되었다. 당신은 현재의 가이드라인을 http://www.fns.usda.gov/cnd/governance/regulations.htm를 방문함으로써 읽을 수 있다.

✓ rate this plate

Jordan은 여전히 가끔 그녀가 수요일 저녁 아버지를 방문했을 때 패스트푸드 식당에서 먹는 식사를 즐긴다. 그녀의 아빠가 그녀를 위해 주문한 식사에 대해 평가해보시오.

아동 사이즈 치즈버거 1개

작은 프렌치프라이 1개

바닐라 요거트 113mg

사과 조각 1/2컵

오렌지 음료 340ml

전체 칼로리를 계산하기 위해 페스트푸드 메뉴를 온라인으로 확인하시오. 이 음식들은 양이 많은가? 그렇다면 이 식사에서는 어디에서 열량을 줄일 수 있는가?

CHAPTER 13

성인기의 영양
NUTRITION DURING ADULTHOOD

주요용어_KEY TERMS

food faddists
골격계
관절염
노인의학
노인학
신체적
에너지 불균형
에스트로겐
영양 필요량
자가면역질환
치열
치주질환
칼로리요구량
폐경기
폐색

학습목표

- 청년기, 중년기, 노년기 성인의 영양요구를 파악할 수 있다.
- 성인기에 나타날 수 있는 영양 관련 질환과 이를 예방할 수 있는 방법을 논할 수 있다.
- 운동을 포함하여 이 시기의 연령층을 위한 민감하고 장기적인 체중조절 방법을 설명할 수 있다.
- 노년기 건강에 영향을 미칠 수 있는 생리적, 경제적, 심리사회적 문제를 파악할 수 있다.

청년기와 중년기

청년기는 흥분과 자기탐색의 시기라 할 수 있으며, 연령범위는 만 18~40세이다. 이 시기에 개인은 성인기의 중요한 시점에 자신이 얻게 될 세계를 탐색하기 위해 여러 가지 계획들, 그에 대한 욕망, 에너지를 가지고 살아간다. 이들은 사회적, 직업적 활동 모두를 위해 무제한적인 에너지를 소유한 것처럼 보인다. 종종 자신의 목적을 위해 운동에 관심을 보이며, 운동경기에도 참여한다.

중년기의 연령범위는 만 40~65세이다. 이 시기는 청년기에 왕성했던 신체적 활동이 확연히 줄어드는 때이기 때문에 대부분의 경우 열량 요구량이 줄어든다. 표 13-1은 영양사들이 칼로리요구량을 계산하는 방정식들을 보여주고 있다. 섭취한 음식의 칼로리를 간단히 계산하고 싶다면 www.choosemyplate.gov에서 가능하다. 요즘은 젊은 사람들을 감독할 일이 거의 없고 일부 직업의 육체적 노동은 젊은 사람들에게 맡겨지고 있다. 중년은 자신이 젊었을 때 느꼈던 것보다 더 쉽게 피로를 느낄 수 있다. 그로 인해 젊었을 때에 비해 운동량이 줄어들 수 있다. 그런데 식욕과 음식섭취는 줄어들지 않고 있기 때문에 대부분의 중년들은 체중 증

표 13-1 성인의 칼로리요구량 계산을 위한 계산법

IRETON-JONES 계산법

안정시에너지소비량(resting energy expenditure, REE) 또는 안정시대사율(resting metabolic rate, RMR)은 체중(W, kg), 키(H, cm), 연령(A, 년) 값을 방정식에 대입하여 계산한다.

- 자발적 호흡 시: 629 − 11(A) + 25(W) − 609(O)
- 산소호흡기 의존 시(기존, 1992): 1925 − 10(A) + 5(W) + 281(S) + 292(T) + 851(B)
- 산소호흡기 의존 시(수정, 2002): 1784 − 11(A) + 5(W) + 244(S) + 239(T) + 804(B)
- B = 화상 진단(있음 = 1, 없음 = 0)
- O = 비만, 체질량지수(body mass index, BMI) >.27kg/m^2 (있음 = 1, 없음 = 0)
- S = 성별(남 = 1, 여 = 0)
- T = 외상 진단(있음 = 1, 없음 = 0)

MIFFLIN-ST JEOR 계산법

미국영양 및 식이요법학회(American Academy of Nutrition and Dietetics)에 의하면, RMR을 측정하기 어려운 상황에서는 실제 체중을 이용한 Mifflin-St Jeor 방정식이 체중과다와 비만 대상자의 RMR을 평가하는 데 가장 적절한 방법이다.

- 남자: (9.99 × W) + (6.25 × H) − (4.92 × A) + 5
- 여자: (9.99 × W) + (6.25 × H) − (4.92 × A) − 161

HARRIS-BENEDICT 계산법

- 남자: RMR = 66.47 + (13.75 × W) + (5 × H) − (6.75 × A)
- 여자: RMR = 655.09 + (9.56 × W) + (1.84 × H) − (4.67 × A)

총열량요구량(total energy requirements, TEE) = REE × (활동요인) × 손상요인 ± 500칼로리(이상적인 체중 감량 또는 체중 증가를 원하는 경우) + 체온상승요인

활동요인	손상요인

• 혼수: 1.1
• 침대에 누워있을 시: 1.2
• 의자에 앉아있을 시: 1.25
• 침상 밖 활동 시: 1.3
• 정상적인 일상생활동작 시: 1.5
	• 수술
	  • 소규모: 1.0~1.2
	  • 대규모: 1.1~1.3
	• 골격계 외상: 1.1~1.6
	• 두부 외상: 1.6~1.8

체온상승요인	손상요인		
화씨 온도: 정상보다 1° 오를 때마다 REE 값의 7%를 더함 섭씨 온도: 정상보다 1° 오를 때마다 REE 값의 13%를 더함	• 욕창 ◦ Stage I: 1.0~1.1 ◦ Stage II: 1.2 ◦ Stage III: 1.3~1.4 ◦ Stage IV: 1.5~1.6	• 감염 • mild: 1.0~1.2 • moderate: 1.2~1.4 • severe: 1.4~1.8	• 화상(체표면 %) • <20% BSA: 1.2~1.5 • 20~40% BSA: 1.5~1.8 • >40% BSA: 1.8~2.0

출처: Jeor, M.S. *Energy Requirements for Adults.* Accessed October 2015. http://www.nutrition411.com

가가 우려된다.

청년기에서 중년기 동안 골다공증이 발병되기도 한다. 칼슘, 비타민 D, 마그네슘, 엽산이 풍부한 식이가 골다공증을 예방하는 데 도움이 된다.

류마티스 관절염(rheumatoid arthritis, RA)은 자가면역질환으로 대개 30~50세에 발병하며 미국의 경우 130만 명의 환자가 발생했고 이 중 70%가 여자이다. RA는 팔목과 손가락(특히 손톱에 가까운 부위), 엉덩이, 무릎, 발목, 팔꿈치, 어깨, 발, 목부위의 관절에 주로 발병한다. RA 환자에게 도움이 되는 특정한 식이는 없지만 지중해식의 식사가 이 질환의 증상과 경과에 도움이 될 수 있다. 그리스나 이탈리아와 같은 지중해 지역의 나라에서는 RA 발병률이 낮은 편인데 이들의 식이가 항염증성 성분을 함유하고 있기 때문이다. 이에 속하는 양질의 음식으로는 연어나 참치와 같은 지방을 많이 함유하고 있는 생선류와 콩류, 엑스트라버진 올리브오일, 체리, 딸기류, 녹차, 감귤류, 전곡류, 견과류가 있다. 비타민 D를 포함하는 복합비타민과 칼슘 보조제는 매일 섭취해야 한다. 설탕, 포화지방과 트랜스지방 그리고 정제된 탄수화물류는 염증을 촉진하는 음식물로 필히 제한되어야 한다.

청년기와 중년기 성인의 영양 필요량

일반적으로 25세가 되면 성장이 멈춘다. 임신기와 수유기를 제외한 모든 시기에는 단지 신체 조직의 유지와 회복, 에너지 생산을 위해서 기본 영양소가 필요하다. 건강한 성인의 영양 필요량은 거의 변하지 않는다.

출산기 여성의 철분요구량이 남성보다 높다. 생리기간에는 실혈량을 보충하고, 임신기에는 아가와 엄마의 혈액량을 확보하기 위해서 추가적인 철분 섭취가 필요하다. 폐경 후에는 남성과 여성의 철분요구량이 비슷해진다.

건강한 성인의 단백질 요구량은 0.8g/kg이다. 적정량을 결정하기 위해서는 체중에 0.8을 곱한다. 단, 체중이 파운드 값인 경우에는 2.2로 나누어 kg 값을 구하고, 여기에 0.8을 곱한다.

19~50세 성인의 칼슘요구량은 1,000mg이며, 비타민 D 요구량은 하루 15μg(또는 600IU)이다. 칼슘과 비타민 D는 모두 뼈를 강하게 유지하는 데 필수적이며 우유에 들어있다. 약 35~40세가 되면 골 손실이 서서히 시작되고 이로 인해 골다공증이 초래될 수 있다. 따라서 젊은이들, 특히 여성들은 이 두 영양소를 요구량 이상으로 섭취하는 것이 현명하다. 하루 세 잔의 우유로 칼슘 섭취 요구량은 거의 충족시킬 수 있다. 그러나 우유 세 잔에 함유된 비타민 D의 양은 새로운 권장량에 미치지 못한다. 대부분의 사람들은 비타민 D가 포함된 음식물이나 비타민 D 보조제를 추가로 섭취해야 한다. 이 양을 늘림으로써 골다공증을 예방할 수 있다. 식단에서 지방의 양을 제한하기 위해서 무지방 우유나 무지방 우유로 만든 음식물을 섭취하도록 한다.

삶의 길잡이
SPOTLIGHT on Life Cycle

원하든 원하지 않든 우리의 체형은 나이가 들어감에 따라 변한다. 우리가 선택하는 생활방식은 변화의 속도에 영향을 미친다. 30세 이후에는 근육량이 줄어든다. 반면 체지방 양은 늘어난다. 노인기에는 자신이 젊었을 때 가졌던 것의 3분의 1 정도 더 많은 체지방을 갖게 된다. 지방은 내부기관과 신체의 중심부에 주로 쌓인다. 40세 이후에는 10년마다 키가 약 1.3cm씩 줄어든다. 키가 줄어드는 속도는 70세 이후 더욱 빨라진다. 전반적으로 약 5~8cm 정도 키가 줄어드는 것은 누구에게든 이상한 일이 아니다. 남자는 중년까지(55세 정도의 나이 때까지) 체중이 증가하고, 이후부터는 지속적으로 체중이 감소된다. 여자는 65세 때까지 체중이 증가하고, 이후부터는 체중이 감소된다.

출처: "Aging Chages in Body Shape." *MedlinePlus*. NiH, U.S. National Library of Medicine. Accessed October 2015.

자가면역질환 autoimmune disease
신체 조직이 자신의 면역체계에 의해 공격당함으로써 발병하는 질환

영양 필요량 nutrient requirements
신체가 필요로 하는 특정 영양의 양

청년기와 중년기 성인의 칼로리요구량

25세 이후에는 기초대사율이 감소함에 따라 칼로리요구량이 감소하기 시작한다. 만일 25세 이후에 실제 필요 수준으로 총 칼로리가 감소하지 않으면 체중이 증가하게 된다. 어느 정도의 총 칼로리가 필요한지는 활동, 체질량 지수(BMI, REE) 및 제지방량(lean body mass, 체중으로부터 체지방량을 제외한 값)에 의해 결정된다. 활동량이 많은 사람들은 그렇지 않은 사람들에 비해 더 많은 칼로리를 필요로 한다.

청년기와 중년기 성인의 영양문제와 관련하여 고려해야 할 사항

청년기와 중년기에는 좋은 식습관을 유지하는 것이 매우 중요하다. 체중, 식비 또는 시간에 대해 걱정하는 사람들에게서 영양결핍이 나타나기 쉽다. 예를 들어 점심시간에 남편이 햄버거와 샐러드를 먹는 동안 파이 조각으로 점심을 대신하는 여성은 적절한 영양 섭취를 못하고 있는 것이다. 만일 이러한 식단을 계속해서 유지한다면, 그 여성은 자신의 건강을 위태롭게 할 것이다.

햄버거에는 250~400칼로리가 들어있다. 샐러드는 드레싱 없이 50칼로리 정도 되며, 드레싱은 1Tbsp 또는 약 100칼로리 정도 되어 총 섭취량은 400~550칼로리이다. 파이는 약 2.5cm 슬라이스당 평균 100칼로리이다. 대부분의 조각은 약 9cm 정도 된다. 파이 위에 아이스크림을 얹는다면 적어도 100 칼로리가 더 추가될 것이다.

남편과 아내의 칼로리 섭취량은 비슷하지만 영양 섭취량은 다를 수 있다. 아내가 섭취한 영양은 적절하지 않을 수 있다. 만일 아내가 출산 연령이고, 출산 계획이 있다면 본인과 아이 모두 그러한 식습관으로 인해 건강문제가 생길 수 있다. 햄버거 대신에 구운 닭고기 샌드위치와 사이드 샐러드를 주문하는 것이 더 좋다. 햄버거와 파이 대신 혼합 과일이나 채소샐러드와 같은 식품들로 대치한다면 낮은 칼로리 섭취와 보다 양질의 영양 섭취를 하게 될 것이다.

일반적으로 현대인들은 영양에 대해 관심이 많고 지방, 콜레스테롤, 설탕, 소금, 열량은 줄이고 섬유소를 늘리고자 한다. 많은 사람들이 이에 대한 정보를 알고 있지만 그렇지 않은 사람들도 있다. 안타까운 것은 정보를 가지고 있든 그렇지 않든 상관없이 이들은 모두 영양성분보다는 비용, 편의, 향미 중심으로 음식을 선택하는 경향이 있다는 것이다. 저녁식사를 위해 패스트푸드 레스토랑을 찾아가고, 미리 준비된 냉동음식을 데우는 것은 식재료를 사서 요리를 하고 식사 후에는 설거지를 하는 것보다 훨씬 쉬운 일이다. 결과적으로 많은 사람들은 더 많은 지방, 설탕, 소금, 고칼로리 음식을 섭취하고, 섬유소와 기타 영양소는 요구량보다 적게 섭취하고 있다.

중년기에는 많은 신체 변화가 일어난다. 여성의 경우 폐경기에는 좀 더 편안하게 중년기로 들어가기 위해서 칼로리를 줄이고 신체 활동을 늘리는 등의 건강한

칼로리요구량 calorie requirements
에너지 요구량을 충족시키기 위해 매일 요구되는 칼로리 양

폐경기 menopause
생리가 중단되는 시기

생활습관을 선택해야 하는 중요한 시기이다. 평균적으로 여성은 51세에 폐경을 경험한다. 나이가 들어감에 따라 생식에 필수적인 두 호르몬, 즉 에스트로겐과 프로게스테론이 감소하기 시작한다. 호르몬 수준이 감소함에 따라 생리주기는 짧아지고 결국 중단된다. 호르몬 수치가 낮아짐에 따라 40대와 50대에는 체중 유지가 어려울 수 있다. 몇몇 연구들에 의하면 40대 중반에서 40대 말까지 체중 유지를 위해 여성은 하루 약 200칼로리를 더 적게 섭취해야 한다. 신체 활동에 참여하면서 하루 종일 소량의 식사를 한다면 신진대사가 유지되고 심각한 체중 증가는 일어나지 않을 것이다. 특히 성인 남성의 경우에는 젊은 나이에 심장병이 발병할 가능성이 여성의 경우보다 높기 때문에 심장질환 위험을 감소시키는 식이요법이 매우 중요하다. 규칙적인 운동과 체중부하 운동은 모두 뼈 건강을 증진시키는 데 중요하다.

나이가 들어감에 따라 성인의 필수 비타민과 무기질 양은 요구량을 초과하지 않는다. 일반적으로 칼슘은 뼈를 성장시키는 데 필수적인 영양소이지만, 성인기 동안 뼈를 강하게 유지하기 위해서도 필요하다. 하루 3회의 유제품 섭취로 성인기에 적절한 칼슘을 제공할 수 있다. 섬유소 또한 전반적인 건강을 유지하기 위해 필수적인 영양소이다. 섬유소는 장의 규칙성을 유지하고 게실질환과 같은 장질환을 예방하는 것으로 가장 잘 알려져 있다. 한편 일부 연구들은 섬유질이 심장질환, 고혈압, 암, 제2형 당뇨병의 위험을 낮추는 것으로 보고하였다. 섬유질은 또한 혈액에서 지방과 콜레스테롤을 흡수하여 콜레스테롤 수치를 낮추는 데 도움을 줄 수 있다. 섬유소는 칼로리가 상대적으로 낮고 포만감을 증가시켜 체중을 조절하기도 한다. 콩, 과일, 채소뿐만 아니라 통곡물은 풍부한 섬유질 공급원이다. 출산기 여성은 임신기간 동안 기형아 출산 및 철분결핍빈혈을 예방하기 위해서 엽산과 철분을 적절하게 섭취해야 한다. 엽산의 식품공급원으로는 렌틸콩, 시금치, 브로콜리 및 기타 잎이 많은 녹색 채소가 포함된다. 성인기에 고려되어야 할 다른 비타민과 무기질은 마그네슘, 칼륨, 비타민 E, A, D, C를 포함한다. 마그네슘은 뼈의 힘, 면역력 외에도 여러 신체 기능에 기여한다. 칼륨은 근육 수축, 신경 충동 및 신체의 체액 균형을 유지하는 데 중요한 역할을 한다. 다양한 채소, 콩, 유제품 섭취를 통해 칼륨을 공급받을 수 있다. 비타민 A, E 및 C에는 강력한 항산화제 성분이 들어있어 눈의 건강과 시력을 유지하고, 활성산소를 제거하며, 세균을 박멸함으로써 건강한 면역 체계를 유지하는 등 다양한 건강상의 이점을 제공한다. 과일류 채소류, 전곡류, 저지방단백 및 유제품으로 균형잡힌 식단을 섭취함으로써 청년기부터 중년기까지 필요한 필수 영양소를 공급받을 수 있다.

청년기와 중년기 성인의 체중조절

체중조절은 미국 성인의 최대 관심사 중 하나이다. 허영심 때문일 수도 있고, 건강에 대한 관심일 수 있는데 이 2가지 이유로 많은 사람들이 체중조절에 관심을 갖고 있다. 과체중은 건강문제를 일으킬 수 있기 때문에 체중조절에 대한 관심은

웹사이트 탐색 EXPLORING THE WEB

하버드대 공중보건대학 웹사이트에서 질병 예방에 관한 섹션, 특히 식이요법과 질병 및 장애 관련 정보에 초점을 맞추고 "영양 자원" 섹션을 검색해보도록 한다. 식이에 직접적인 영향을 받는 조건들에는 어떤 것이 있는가? 영양 상태를 바꿈으로써 이러한 조건들의 변화를 기대할 수 있는가? 어떻게 할 수 있는가? 영양 관련 질환을 앓고 있는 개인이 이용할 수 있는 자원은 무엇인가?

SUPERSIZE USA

여행 중에 건강을 위한 선택을 한다는 것은 쉽지 않은 일이다. 패스트푸드를 먹어야 한다면 건강에 좋은 옵션이 있는 식당을 찾아가도록 한다. 튀긴 음식을 피하고, 곡물 빵을 선택하고, 샌드위치나 햄버거에 치즈를 넣지 말고, 튀기지 않고 굽는 방법을 선택하는 등 저지방단백질 재료를 선택하도록 한다. 샐러드가 건강한 식사 대안이 될 것이라고 생각하기 쉬우나 전체 요리의 샐러드는 대개 칼로리가 높은 편이다. 특히 전지방 드레싱이나 빵가루를 입힌 닭고기를 더한다면 더욱 그렇다. 고추는 다른 재료들에 비해 비교적 좋은 선택이 될 수 있다. 음료를 선택할 때는 일반 소다나 다이어트 소다 대신 물이나 무가당 차 또는 커피를 선택하도록 한다.

출처 : Health, United States, 2014. National Center for Health Statistics, CDC. Accessed October 2015.

바람직하다. 당뇨병, 대사 증후군, 고혈압 및 기타 질병들은 정상체중보다 과체중인 사람들에게서 더 많이 발병된다. 과체중인 경우 수술에 대한 위험성이 높으며 일반적으로 과체중이 아닌 사람들보다 수명이 짧다. 과체중과 비만은 자존감을 떨어뜨릴 수 있기 때문에 사회적, 정서적 문제를 갖기 쉽다.

과체중의 원인이 항상 잘 알려져 있는 것은 아니지만 가장 일반적인 원인은 에너지 불균형이다. 다시 말해, 만일 과체중이라면 에너지 생성을 위해 필요한 양보다 더 많은 칼로리를 섭취했을 가능성이 있다.

유지 및 활동을 위해 신체가 필요로 하는 것보다 3,500칼로리를 더 섭취하면 체중이 약 0.45kg 증가한다. 하루에 200칼로리씩만 과식을 해도 1년에 체중이 약 9kg이 늘게 된다. 분명한 것은, 영양 필요량은 그대로이지만 칼로리요구량이 감소한다면 영양 필요량을 충족시키기 위해 음식을 신중하게 선택해야 한다는 것이다.

단순히 에너지 불균형으로 인해 과체중인 개인은 적게 먹고 신체 활동을 증가시킴으로써 문제를 해결할 수 있다. 운동은 칼로리 소모량을 증가시킨다(그림 13-1). 그러나 섭취한 음식보다 더 많은 칼로리를 태울 수 있을 만큼의 운동을 하지 않는 한 운동만으로는 문제가 해결되지 않을 것이다. 지금까지 가장 효과적인 체중 감량 방법은 칼로리 감소와 함께 운동을 증가하는 것이다. 이렇게 함으로써 과도한 지방이 손실되어 탄력적인 근육을 만드는 데 도움이 된다. 그러한 방법으로 운동은 제지방량을 증가시키며, 이 경우 체중저하의 중요성은 심각하게 고려되지 않으며, 옷 사이즈가 줄어드는 것이 지방 손실의 더 나은 지표가 될 수 있다.

그림 13-1 운동의 필요성은 전 생애에 걸쳐 나이와 상관없이 지속된다.

체중 감량이 필요할 때, 대상자는 의사와 상의하여 건강 상태가 양호한지 먼저 확인해야 한다. 집에서 직접 요리해서 먹는 기회를 늘리고, 주위의 산만한 일들이나 미디어로부터 분리되어 식사를 하고, 천천히 음식의 맛을 보며 식사를 하고, TV를 본다거나 하루 종일 "앉아있는" 시간을 줄이기 위해서 전문가의 개인지도를 받는 것이 중요하다. 최근에는 온라인 자료와 지원그룹이 많이 있다. 개인은 전문 영양사의 도움을 받아 자신의 라이프 스타일에 맞는 건강한 식생활을 개발할 수 있다. MyPlate(표 13-2)를 토대로 쉽게 건강한 식단을 계획할 수도 있다. 이렇게 만들어진 식단계획은 필요한 영양소를 얻고, 이전의 만족스럽지 않았던 식습관을 개선하고, 집, 파티, 레스토랑 어디서든 식사를 즐기는 데 도움이 된다. 체중감량 식이에 대한 추가 정보는 14장을 참고하도록 한다.

청년기와 중년기 성인의 건강과 영양

청년기와 중년의 삶은 바쁘다. 대부분의 사람들은 할 일이 너무 많고 그것을 수행할 시간은 너무 짧다고 느낀다. 대부분은 가족, 직업, 사회적 의무들을 가지고 있고, 그에 따른 많은 책임도 있다. 바쁜 일상 속 현대인들에게 드라이브 스루(drive-thru) 식사는 일반적인 식사 장소가 되었다. 이것은 청년기와 중년기 성인의 비만은 물론 그들의 자녀들의 비만도 초래할 수 있다.

에너지 불균형 energy imbalance
에너지 소모량 대비 음식 섭취량이 너무 많거나 적음

표 13-2 일일 1,600칼로리 메뉴

아침	점심
• 무지방 우유 240cc에 넣어 끓인 오트밀 1¼컵 • 건포도 2tbsp • 다진 피칸 2tbsp • 완숙 달걀 1개 **음료**: 커피	**참치 샐러드** • 정제수에 담긴 캔 참치 150g • 양파 2tbsp • 저지방 마요네즈 1tbsp와 다진 샐러리 1tbsp • 통밀 크래커 4개 • 다진 배추상추 1컵과 얇게 썬 토마토 3쪽 • 오렌지(중) 1개 **음료**: 물 또는 차
저녁	**간식**
닭 구이 • 익힌 닭가슴살 85g • 군고구마(대) 1개 • 삶은 브로콜리 1컵 • 마가린 2tsp • 딸기류 1컵 **음료: 무지방 우유 1컵**	미니 당근 6개 후무스 2tbsp

출처: Adapted from www.nutrition411.com. October 2015.

노년기

최근 미국에서 가장 빠르게 성장하는 연령군은 85세 이상의 사람들이다. 이 나라의 평균 수명은 여성의 경우 81세, 남성의 경우 76세이다(National Center for Health Statistics, 2014). 2014년에는 65세 이상 인구가 전체 인구의 14.5%를 차지했으며, 2040년에는 인구의 21.7%까지 증가할 것으로 예상된다. 따라서 노화를 연구하는 노인학의 중요성은 점차 증가되고 있다.

노화 속도는 다양하다. 개인은 각각 유전, 정서적, 육체적 스트레스 및 영양에 영향을 받는다. 노화의 원인과 노화과정에서의 영양의 역할에 대한 연구들이 계속되고 있다.

노화의 영향

나이가 들어감에 따라 신체적, 심리사회적(psychosocial), 경제적(economic) 변화가 일어나고 이것은 영양의 변화를 초래한다.

신체적 변화

나이가 들수록 신체 기능은 느려지고 손상된 세포를 대체할 수 있는 신체의 능력은 저하된다. 신진대사 속도가 느려지고, 뼈의 치밀도가 저하되며, 근육량이 감소하고, 눈은 예전만큼 주변의 물체에 초점을 잘 맞추지 못하며, 일부는 백내장에 의해 눈이 흐려지며, 치열이 고르지 못하고, 심장과 신장의 효율성이 저하되며, 청력, 미각, 후각도 저하된다. 열악한 영양 상태가 만성적인 경우라면 면역 체계

최근 자료 IN THE MEDIA

HDL 콜레스테롤과 폐경

최근 한 연구에 따르면 HDL 콜레스테롤(일반적으로 "좋은" 콜레스테롤로 알려짐)의 높은 수치는 동맥의 플라크 상승을 증가시킬 수 있다는 점에서 폐경기 여성에게 해로울 수 있다. 이러한 연구 결과는 체중이나 나쁜 콜레스테롤 수치와 같은 다른 요인들에 대한 것과는 독립적이었다. 이 연구는 40대 중반에서 후반에 있는 225명의 여성을 9년간 추적 관찰하였다. 모든 참가자는 연구 전에 심장병이 없었다. 연구 결과, 여성이 노령화되고 폐경기를 겪었을 때 증가하는 콜레스테롤 수치는 더 큰 플라크 형성과 관련이 있음을 보였다. 연구자들은 복부와 심장 주위의 지방 증가가 염증을 유발하고 HDL 수준을 변화시킬 수 있음을 예측하고, 이러한 과정을 밝히기 위한 더 많은 연구들이 필요함을 제안했다.

출처: Adapted from Reinberg, Steven. 2015, October 16). "During Menopause, 'Good' Cholesterol May Lose Protective Effect on Heart."HealthDay. www.consumer.healthday.com

노인학 gerontology
노화에 대한 학문

신체적 physiological
신체 기능과 연관된

치열 dentition
치아의 배열, 유형, 수

도 손상되었을 것이다.

골관절염과 그로 인해 몸이 쇠약해지는 것은 노인들의 큰 관심사이다. 관절염은 일상생활동작(ADLs)을 수행하는 능력을 제한할 수 있다. 많은 연구자들이 식이요법이 관절염에 미치는 영향에 대해 관심을 가져왔다. 과체중과 특정 비타민의 결핍, 그리고 그동안 유지해온 식이 유형은 일부 유형의 관절염에 영향을 미칠 수 있다. 건강한 식습관을 가지고 전곡류와 함께 풍부한 과일과 채소를 포함한 균형잡힌 식사를 하고, 기름기 없는 가금류 고기, 기름기가 많은 생선, 견과류, 씨앗류, 콩류를 적절한 양의 칼슘, 비타민 D와 함께 섭취하는 것은 관절염 환자에게 매우 유익하다. 앞에서도 언급했듯이 설탕, 정제 곡물, 건강에 해로운 지방과 같은 염증을 촉진하는 식품들을 제한하는 것도 도움이 된다. 의사나 영양사는 매일 여러 가지 비타민을 복용하도록 권장하기도 한다. 운동 또한 대부분의 골관절염 환자에게 유용하다.

노년기에는 염산과 효소의 분비가 감소되기 때문에 소화에 영향을 받는다. 이것은 먼저 내인성 인자 합성을 감소시키고 결국 비타민 B_{12}의 결핍을 초래한다. 장의 긴장도도 감소되기 때문에 이로 인해 변비 또는 경우에 따라 설사를 할 수도 있다.

심리사회적 변화

감정은 노화에 의해 감소되지 않는다. 심리사회적 문제는 오히려 나이가 들어감에 따라 증가할 수 있다. 나이가 많아지더라도 가족들이나 친구들에게 유용하게 느껴지고, 감사의 대상이 되고, 사랑받고 있음을 느끼고 싶어 하는 마음이 감소되지는 않는다. 자신이 쓸모없다는 느낌으로 자존감이 상실된다면 퇴직 연도가 "황금기"일 수는 없을 것이다. 배우자나 절친한 친구를 잃은 슬픔과 그로 인한 외로움은 매우 충격적일 수 있다. 노령기에 갖게 된 신체적 기능장애는 독립적인 외출을 방해하여 사회적인 삶을 파괴할 수 있다. 장성한 자녀의 집에서 무용지물로 살아가거나 요양시설에서 살아가는 것은 노인을 우울하게 할 수 있다. 이러한 문제들은 식욕을 떨어뜨리고 쇼핑이나 요리를 할 수 있는 능력을 저하시킬 수 있다.

경제적 변화

퇴직은 특히 소득을 감소시킨다. 개인이 이에 대해 신중히 준비를 해오지 않았다면 사회적 활동이 줄고, 세금에 대한 걱정이 늘고, 영양 성분보다는 비용을 기준으로 식품을 선택하여 건강에 좋지 않은 식단을 선택하게 됨으로써 삶의 질에 영향을 미칠 수 있다.

잠재적 문제의 회피

건강한 식습관, 연령에 맞는 운동 프로그램, 그리고 즐길 수 있는 사회활동은 노령기의 신체적인 악화와 심리사회적 우울을 예방하거나 지연시킬 수 있다. 이점은 순환적이라 할 수 있다. 건강한 식습관과 연령에 맞는 운동 프로그램은 주로 신체 상태에 기여하며 사회 활동은 우울증을 예방하거나 감소시킬 수 있다. 건강한 식습관과 적절한 운동 프로그램은 그날의 목적, 삶의 행복, 열정을 부여한다. 노인이 우울하다면 항상 영양 상태와 생활 방식을 면밀히 검토해야 한다.

식품과 약물 간의 상호작용은 노인에서 면밀히 모니터링해야 한다. 종종 특정 식품은 특정 약물의 흡수를 차단, 감소 또는 촉진시킨다. 유제품은 항생제 테트라시클린 복용 후 2시간 이내에 섭취해서는 안 되며, 그렇지 않을 경우 약물은 흡수되지 않는다. 쿠마딘(coumadin)이나 와파린(warfarin)(항응고제)과 같은 혈전 감소 약물을 복용하는 사람은 혈액 순환제의 작용을 방해하므로 비타민 K가 풍부한 음식을 적당량 섭취해야 한다. 비타민 보조제도 상호작용을 일으킬 수 있다. 항산화 비타민은 혈액을 묽게 하는 경향이 있기 때문에 형액응고 완화제와 함께 복용해서는 안 된다.

약물과 약물 간 상호작용뿐만 아니라 식품과 약물 간 상호작용은 영양 상태의 감소에 기여할 수 있다. 이러한 상호작용은 식욕에 영향을 줄 뿐 아니라 섭취된 음식물에서 영양분을 흡수하는 과정에도 영향을 주기 때문에 주의 깊은 모니터링이 권장된다(부록 D 참고).

웹사이트 탐색
EXPLORING THE WEB

The National Institute on Aging의 웹사이트(http://www.nia.nih.gov)에는 좋은 영양에 관한 지침이 수록되어 있다. 건강한 식습관과 관련하여 고령자가 직면한 여러 가지 문제점과 우려 사항은 무엇인가?

노년기 성인의 영양 필요량

나이가 들어감에 따라 성장을 위한 영양요구가 없어신다 하더라도 일정 수준의 건강을 유지하기 위한 정상적인 건강요구는 평생 지속된다. 좋은 영양은 질병, 수술 또는 골절된 뼈의 회복 속도를 높이며, 일반적으로 영적 삶과 삶의 질, 심지어는 수명에도 긍정적인 영향을 미친다.

50세 이상이 되면 일어나는 신체적 변화에도 불구하고 이 연령대의 영양소섭취 기준(Dietary Reference Intakes, DRI)와 충분섭취량(Adequate Intake, AI) 중 소수만이 젊은 사람들과 비교하여 적다.

단백질 요구량은 여성의 경우 하루 평균 50g, 남성의 경우 평균 63g으로 유지된다. 이것은 체중 1kg당 0.8g의 요구량을 기준으로 한 것이다. 그러나 최근 연구들에 의하면 65세 이후 단백질 섭취량은 근육량을 유지하기 위해 매일 체중 1kg당 1.0g으로 늘리는 것이 좋다. 티아민, 리보플라빈, 니아신에 대한 약간의 DRI 감소를 제외하고는 일반적으로 51세 이후에는 비타민 요구량이 변하지 않는다. 이 3가지 비타민의 필요성은 주로 칼로리 섭취량에 달려 있으며, 51세 이후에는 칼로리요구량이 감소한다. 철분의 필요성은 폐경으로 인해 51세 이후에 감소한다.

20세 이후에는 신진대사가 느려지고 활동이 감소하기 때문에 칼로리요구량은 10년마다 약 2%씩 감소한다. 칼로리 섭취량을 줄이지 않으면 체중이 증가한다. 이렇게 증가된 체중은 심장 활동을 증가시키고 골격계에 무리를 주게 된다. 영양 상태를 유지하는 데 목표를 두고 영양 필요량이 충족되는 것이 중요한 것처럼 칼로리요구량을 초과하지 않는 것이 매우 중요하다. 나이와 건강에 맞는 운동을 계획함으로써 초과된 칼로리를 태우고 근육의 탄성과 강도를 강화하는 데 도움을 줄 수 있다.

SUPERSIZE USA

60세 이상 성인의 70% 이상이 과체중이거나 비만하다는 것을 알고 있는가? 연구에 따르면 약 4~7kg 정도 초과된 체중은 질병이나 수술에 도움이 되지만 당뇨병이나 기타 체중 관련 질병을 예방하기 위해서는 정상에 가까운 건강한 체중을 유지하는 것이 가장 좋다. 미국의 질병통제예방센터(the Centers for Disease Control and Prevention)에 따르면 제2형 당뇨병은 지난 15년 동안 미국에서 두 배로 증가했으며, 65세 이상에서 가장 높은 유병률을 보였는데 65세 이상 노인의 25.9%가 제2형 당뇨병을 보였다. 당뇨병은 실명, 심장병, 신장질환, 뇌졸중 및 기타 심각한 질환들을 포함한 건강문제를 초래한다. 잘 먹는 것 외에도 가벼운 신체 활동을 하는 것만으로도 많은 노인들의 건강한 삶을 영위하는 데 매우 큰 도움이 된다. 국립 고령화 연구소(National Institute on Aging)는 미국인이 해야 할 운동으로 4가지 유형의 운동을 권장한다: 걷기, 자전거 타기, 수영과 같은 지구력 활동; 노화로 인한 근육 손실을 줄이기 위한 가벼운 중량의 역도와 같은 근력 강화 훈련; 유연성을 유지하기 위해 스트레칭; 낙상의 가능성을 줄이기 위한 균형 운동

출처: Health, United States, 2014. National Center for Health Statistics, CDC. Accessed October 2015.

노년기 성인을 위한 식습관

부적절한 식습관은 나이가 들어가면서도 유지되는 것을 볼 수 있다. 이들 습관은 쉽게 변하지 않는다. 노년기에 시작된 부적절해진 식습관 또한 문제를 일으킬 수 있다. 퇴직으로 인해 어려워진 경제 상황, 교통 수단의 부재, 신체적 장애, 조리 시설 부족 등의 상황들로 인해 식량 선택과 준비가 어려워질 수 있다. 슬픔, 외로움, 지루함, 우울 또는 저작의 어려움 등으로 인한 식욕부진은 음식 섭취를 감소시킬 수 있다. 치매와 알츠하이머병은 실제로 노인이 음식을 섭취하지 않았는데 본인이 음식을 섭취했다고 생각하게 할 수 있다.

연구 결과에 따르면 많은 노인들이 단백질, 비타민 C, D, B_6, B_{12} 및 엽산; 무기질은 칼슘, 아연, 철분, 때로는 섬유질과 칼로리가 결핍된 식이를 섭취하고 있다.

노인 대상자의 식단 계획은 MyPlate를 기반으로 해야 하며 영양소는 DRI 및 AI와 대조하여 확인되어야 한다. 고령자의 요구는 여러 상황에 따라 상당히 다양할 수 있기 때문에, 개별적으로 의료진에 의해 특정 요구사항을 파악하는 과정을 거쳐야 한다. 일반 종합 비타민-무기질 보조제는 비타민 D를 더 추가하여 섭취할 것을 권장한다.

물과 마찬가지로 다양하고 영양이 풍부한 음식을 권장한다. 물은 변비를 예방하고, 소변량을 유지하며, 탈수를 방지하고, 요로감염(urinary tract infections, UTIs)을 예방하는 것을 돕기 때문에 중요하다. 중대한 단백질에너지영양실조(protein energy malnutrition, PEM)가 있다면, 경제적 이유나 심리사회적 이유 때문일 수 있다. 장기 입원 중인 고령자는 병원에서 PEM이 발생할 수 있다. 그들은 음식을 싫어할 수도 있고, 투약 중인 약물이 식욕을 저하시킬 수도 있으며, 외롭고 우울할 수도 있다. 때로는 치아 상태가 빈약하거나 치아상실로 인해 단백질 섭취가 어려울 수도 있다. 그러한 경우에는 고단백 보충 식이를 이용할 수 있다.

과체중이 문제라면, 과식, 운동부족, 약물 또는 알코올에서 원인을 찾을 수 있다.

식습관을 조정하려면 철저한 설명이 필요하며 모든 식습관 변경계획은 반드시 개인의 전체 상황을 기반으로 세워져야 한다.

노년기 성인의 음식 유행

일부 노인들의 경우 의식적으로 또는 무의식적으로 젊어지지 않는다면 영원히 사

골격계 skeletal system
신체의 뼈 구조

는 삶을 찾는 경향을 볼 수 있다. 그 결과 그들은 종종 노인들의 무지를 이용하여 이윤을 창출하고자 하는 food faddists들의 주장에 취약하다. 노인들은 자기 자신에게 불필요한 비타민, 무기질 및 특수 꿀, 당밀, 빵, 우유 및 기타 질병을 예방하거나 치료하기 위해 영업 사원이 광고하는 기타 식품을 구매한다. 이 돈을 MyPlate에서 권장하는 일반 식품을 구매하는 데 사용한다면 더욱 유용할 것이다. 영양보조제를 구매하는 것보다, MyPlate에서 권장하는 식품을 구매하는 것이 더욱 바람직하다.

노년기 성인을 위한 적절한 식이

노인의 식사는 MyPlate에 기반하여 계획해야 한다. 특별한 건강문제가 존재할 때에는 개인의 필요를 충족시키도록 정상적인 식이를 조정하여야 한다(3절 의료 영양 요법 참조).

미국 연방 정부는 주 전역에 걸쳐 노인센터에서 따뜻한 점심을 제공할 수 있도록 기금을 마련하고 있다. 이 노인 센터는 사회적인 모임이 되기도 하여 노인에게 더욱 유익하다. 이러한 제도는 단지 음식뿐 아니라 비슷한 동년배 모임을 형성해주는 효과도 있다. "노인센터의" 점심식사는 종종 노인의 날의 관심사가 되기도 한다(그림 13-2).

연방 정부는 식사를 위해 노인센터까지 나오지 못하는 노인들을 위해 교통수단을 제공하기도 한다. 도저히 집에서 나오기 힘든 노인의 경우 음식을 집으로 배달해주기도 한다. 일부 지역 사회에는 Meals-on Wheels 프로젝드가 있다. 참가자들은 능력이 되는 만큼 비용을 지불한다. 푸드 스탬프를 제공하기도 하는데 Meals-on-Wheels 프로그램에 사용할 수 있다.

그림 13-2 자원봉사자가 노인에게 따뜻한 음식을 제공하고 있다.

만성 노인 환자를 위한 특별 고려사항

CDC는 고령자의 약 80%가 만성질환을 한 가지씩 가지고 있으며, 50%가 적어도 2가지 이상의 만성질환이 있음을 보고하였다. 해당 질환에는 골다공증, 관절염, 백내장, 암, 당뇨병, 고혈압, 심장병 및 치주질환이 포함되었다. 노인 질환에 대한 의학 분과를 노인의학이라 한다.

웹사이트 탐색
EXPLORING THE WEB

유행하는 음식에 대한 정보를 인터넷에서 찾아볼 수 있다. 노인이 유행하는 음식에 취약한 이유는 무엇인가? 이런 종류의 식이와 유행은 노인 인구를 대상으로 하는가? 이유는 무엇인가? 이렇게 유행하는 음식들 중 하나에 대해 노인 대상자가 질문한다면 어떤 조언을 제공할 것인가?

골다공증

골다공증은 뼈의 칼슘 양이 감소되어 구멍이 많은 상태가 되는 것이다. 국제 골다공증 재단(International Osteoporosis Foundation)은 골다공증과 낮은 골밀도가 현재 미국의 5,400만 명의 50세 이상 여성과 남성을 위협하는 주요 공중보건문제로 예측했다. 골다공증 위험이 높은 사람들은 뼈의 크기가 상대적으로 작은 여성, 백인, 흡연자, 중등도 이상의 음주자, 운동을 거의 하지 않는 사람 등이다. 남성의 경우도 같은 관련 요인들에 의해 골다공증의 위협을 받고 있다. 골다공증 진단을

food faddists
특정 음식이나 식이에 대해 강한 신념을 가지고 있는 사람들

노인의학 geriatrics
노인의 질환에 대한 학문분야

위해 골밀도 스캔(DEXA 스캔)이라는 특별히 고안된 X-ray 촬영을 이용할 수 있다. 골다공증은 약 45세에 발생하며 일반적으로 발병 시 잘 인식되지 않으며, 골절이 발생할 때까지는 전혀 눈치채지 못할 수 있다. 증상 중 하나는 키가 점진적으로 감소하는 것이다.

원인에 대해서는 잘 알려져 있지 않다. 다만, 칼슘, 비타민 D 및 불소가 부족한 식이를 오랫동안 섭취해오고, 동시에 수년간 주로 앉아서 생활하거나 움직임이 적은 생활을 하는 경우, 에스트로겐 소실과 마찬가지로 폐경기 이후에 발생하는 것으로 보고 있다. 일부 의사들은 여전히 골다공증 예방에 도움이 되는 에스트로겐 대체 요법(estrogen replacement therapy, ERT)을 권장하고 있다. 일부 의사들은 매일 1,500mg의 칼슘을 섭취하도록 권장하고 있다. 이 정도의 칼슘을 섭취하기 위해서는 매일 1,000ml 이상의 우유 또는 이와 동등한 수준의 유제품을 섭취하여야 한다. 칼슘 정제가 대신 처방될 수 있는데, 칼슘 시트레이트가 주로 권장되며, 대상자는 이때 비타민 D 섭취를 함께 하여야 한다. 충분한 칼슘과 비타민 D를 포함한 식이와 함께 성인기 초기에 적정 수준의 운동 프로그램을 시작하는 것은 골다공증 예방에 도움이 된다. 많은 사람들이 비타민 D가 부족하기 때문에 혈중 농도를 테스트하여 상태를 확인하는 것이 바람직하다.

새로운 연구들은 특히 골다공증을 위해서 과일과 채소에 풍부한 식사를 하는 것이 중요함을 강조하고 있다. 칼륨 및 기타 영양소는 뼈의 건강에도 중요하지만, 과일과 채소를 많이 먹으면 알칼리성 환경이 형성되어 매일 뼈에서 칼슘이 덜 빠져나오게 된다. 육류와 곡물을 먹으면 혈액의 pH를 정상적으로 유지하기 위해 뼈에서 칼슘이 빠져나와 산성환경이 많이 생성된다. 간장, 콩, 견과류 및 씨앗과 같은 대체 단백질 원천으로부터 단백질 요구가 충족되는지 확인하는 것이 좋다. 짠 음식의 섭취를 줄이고, 술을 덜 섭취하거나 금주하고, 담배를 피우지 않는 것이 뼈의 건강에 영향을 주는 또 다른 방법이다.

골다공증의 다른 가능한 원인으로 과도한 양의 인을 포함하는 식이를 들 수 있는데, 이러한 식이는 골 소실을 가속화 할 수 있다. 미국인들이 점점 더 많은 양의 인을 섭취하고 있는 것으로 알려져 있다. 미국에서는 우유 소비가 감소하고 인이 함유되어 있는 소다와 가공식품의 소비량이 증가하고 있다. 우유 소비를 대신하여 소다 소비가 늘고 있다는 점에서 이는 골다공증과 관련된 상황이다. 일부 사람들은 치주질환이 골다공증과 관련이 있을 것으로 생각한다. 치주질환은 턱뼈의 뼈 손실로 특징지어지며 치아가 느슨해지고 잇몸 감염을 일으킬 수 있다.

에스트로겐 estrogen
난소에서 분비되는 호르몬

치주질환 periodontal disease
구강과 치은에 생기는 질환

관절염 arthritis
관절에 발병하는 만성질환

관절염

관절염은 관절의 통증과 뻣뻣해지는 증상을 동반하는 질환으로 관절 연골의 구조적 변화를 초래한다. 관절염이 있는 대상자는 과도한 체중이 이미 통증을 가지고 있을 관절에 스트레스를 주기 때문에 체중과다가 되지 않게 조심해야 한다. 대상자가 과체중인 경우, 체중 감량 프로그램을 시작해야 한다.

관절염 대상자들의 장기적인 아스피린 복용은 위 내부에서의 경미한 출혈과 그로 인한 빈혈을 유발할 수 있다. 따라서 이들 대상자의 식단에는 추가적인 질문이 포함될 필요가 있다. 관절염은 부분적으로 또는 완전히 관절이 고정되어 쇼핑, 이동, 요리가 어려워질 수 있기 때문에 대상자의 삶을 매우 복잡하고 어렵게 만들 수 있다.

아스피린(aspirin) 및 기타 항염증제가 관절염의 통증 완화에 도움은 되지만 치료법은 아직 없다. 건강식품 사기꾼이나 비전문가들이 추천하는 소위 기적 치료에 돈을 낭비하지 않도록 대상자들에게 적절한 정보를 제공할 필요가 있다.

암

암의 병리적 과정에서의 영양의 역할에 관한 연구는 계속되고 있다. 미국 암 학회(American Cancer Society)는 가공된 육류를 피하고, 건강한 체중을 유지하고, 신체 활동을 늘리고, 식물성 음식으로 가득 찬 식단을 먹는 것이 중요하다고 강조한다(19장 참조).

당뇨병

당뇨병은 만성질환으로, 신체가 충분한 양의 인슐린을 생산하지 않거나 정상적인 탄수화물 대사에 효과적으로 작용하지 않을 때 발병한다. 식이는 당뇨병 치료에 매우 중요하다. 이 질환의 치료적 식이에 대해서는 15장에서 자세히 설명하였다.

고혈압

고혈압, 또는 높은 혈압은 뇌졸중으로 이어질 수 있다. 고혈압은 소금이 많거나 칼슘이 적은 식단과 관련이 있다. 대부분의 미국인들은 매일 요구량의 2~6배의 소금을 섭취한다. 조기에 소금 섭취량을 줄이면 고혈압을 피할 수 있는 가능성이 높아지고, 특히 가족력이 있는 경우 고혈압을 예방할 가능성이 커진다. 고혈압은 16장에서 자세히 논의된다.

심장질환

미국의 경우 심장마비와 뇌졸중은 주된 사망원인이다. 동맥이 막혀(폐색) 정상적인 혈액 통과를 막을 때 발생한다. 이러한 **폐색**은 색전이 생겨 순환하다가 통로가 좁아진 동맥을 통과하지 못함으로써 발생한다. 동맥벽에 콜레스테롤이 축적되어 플라크를 형성하고 결국 동맥의 통로가 좁아진다. 이 상태를 죽상경화증이라 한다. 식이에 과도한 포화지방이 있고 수년 동안 설탕과 정제된 탄수화물(비만과 염증을 촉진)을 많이 섭취하는 것이 이러한 상황을 초래한다고 본다. 죽상경화증에 적합한 치료법은 16장에서 논의된다.

최근 자료 IN THE MEDIA

특정 식이요법이 알츠하이머병의 위험을 줄일 수 있을까?

연구진은 알츠하이머병의 발병 위험을 줄이는 특정 식단을 테스트했다. 시카고의 Rush University Medical Center 연구진은 심장 건강에 좋은 지중해 식단과 DASH 식단과 유사한 MIND 식단을 설계했다. 그러나 MIND 식단은 열매, 잎이 많은 녹색 채소 및 다른 채소, 전분 콩, 곡물, 생선, 가금류, 올리브오일 및 포도주와 같은 "두뇌 건강"식품을 먹는 데 특히 중점을 두었다. 참여자의 연령 중간값은 81세였다. 참여자들은 평균 4.5년 동안 추적 관찰되었다. MIND식이요법과 밀접하게 연관된 식이요법을 선택한 참가자는 알츠하이머 발병 위험이 53% 감소했다.

출처: Adapted from Reddy, Sumathi. "A Diet Might Cut the Risk of Developing Alzheimer's." The Wall Street Journal. April 20, 2015. Accessed October 2015.

웹사이트 탐색 EXPLORING THE WEB

노인에게 적합한 운동에 대한 정보를 인터넷 검색을 해본다. 어떤 정보를 찾을 수 있는가? 노인을 위한 안전하고 효과적인 운동에 대한 참고 문헌을 인용하도록 한다. 이러한 운동은 노인 대상자에게 어떤 이점을 가져다 줄 수 있는가? 노인 대상자가 활발하다면 어떻게 그 사람의 영양요구에 영향을 미치는가?

폐색 occlusions
막힘

그림 13-3 80세 생일파티는 건강했던 8세 때의 생일파티만큼이나 즐거운 일이다.

영양의 효과

이러한 만성질환의 예방과 완화를 위한 영양의 역할에 관한 연구들이 계속되고 있다. 영양의 효과는 수년에 걸쳐 누적된다. 일생 동안 부적절한 식생활 습관을 유지해옴으로써 발병한 질환이 하루아침에 치료되기는 어렵다. 부적절한 식이를 섭취한 기간이 매우 길다면 이러한 만성질환을 예방하는 것은 불가능할 수 있다. 그러나 그러한 환자의 상태를 안정시키는 데 도움이 되는 영양의 사용은 가능하다. 노년기에 경험하게 되는 이렇게 많은 질환들을 예방하려는 노력은 젊은 시절부터 시작해야 한다(그림 13-3).

노년기 건강과 영양 고려사항

보건의료전문가는 대상자 개개인이 고유한 요구를 가지고 있는 존재임을 기억해야 한다. 노인 대상자들을 대상으로 일을 하는 전문가들은 자칫 대상자들을 그룹으로 대하기 쉬운데, 이 경우 대상자들은 질이 낮은 의료서비스를 수혜하게 되고 불행해질 것이다. 80세의 대상자는 18세의 대상자가 그러하듯이 간호사의 얼굴에서 미소를 보는 것이 기쁘다. 70세의 과체중 관절염 환자는 45세의 대상자가 받는 수준의 체중 감량 치료를 받을 자격이 있다. 노쇠해짐 속에서 고통받고 있는 85세 대상자는 여전히 누군가 밝게 그에게 인사를 하고, 등을 토닥여 주는 것을 좋아한다. 이렇듯 대상자들이 감정이 있음을 기억하는 것은 매우 중요한 일이다. 나이가 들어감에 따라 느껴지는 무능력은 치욕스러운 경험이기 때문에 이러한 대상자들은 특별한 주의를 기울여야 한다.

요약_*SUMMARY*

칼로리요구량은 25세 이후로 줄어들지만 대부분의 영양 필요량은 그렇지 않다. 결과적으로 영양 필요량이 칼로리요구량을 초과하지 않고 충족되도록 음식물 선택에 있어 신중해야 한다. 식이요법은 경우에 따라서 만성질환의 위험을 80%까지 제한하는 데 도움이 될 수 있기 때문에 성인기는 그 어느 시기보다도 식이와 운동과 연관된 생활양식을 개선해야 하는 매우 중요한 시기이다.

과체중은 건강문제를 일으킬 수 있다. 에너지 불균형으로 인한 경우 운동이 포함된 체중 감량 프로그램을 실시하여야 한다. 식이요법은 MyPlate를 기반으로 해야 하며 식습관은 적절한 교육을 통해 개선되어야 다시 과체중으로 돌아가는 것을 막을 수 있다.

노령 인구가 증가함에 따라 영양요구는 점점 더 중요해지고 있다. 만성질환을 앓고 있는 대상자의 경우에는 식이를 조절함으로써 질병을 관리하는 데 종종 도움이 된다. 대부분의 영양 필요량은 나이에 따라 감소하지 않지만 칼로리요구량은 감소한다. 노인들의 식습관을 바꿔야 할 때에는 요령과 인내가 필요하다. 노인은 건강해지고 장수할 수 있다고 광고되는 음식들에 쉽게 유혹받는다.

토의 주제_DISCUSSION TOPICS

1. 25세 이후에 칼로리요구량이 감소하는 이유는 무엇인가? 영양 필요량이 동시에 감소하지 않는 이유는 무엇인가?
2. 40세의 도로 건설업자가 40세의 행정 보조원보다 더 많은 칼로리를 필요로 하는 이유는 무엇인가?
3. 중년기 성인이 청년기 성인보다 과체중인 이유는 무엇인가?
4. 여성의 철분요구량이 50세 이후에 줄어든 이유는 무엇인가?
5. 감정적인 스트레스는 식습관에 어떻게 영향을 줄 수 있는가? 노인들은 어떤 종류의 정서적 스트레스를 겪게 되는가?
6. 골다공증이란 무엇인가? 관련된 위험 요소는 무엇인가? 자기 자신 또는 주변 사람들에게서 발견할 수 있는 골다공증의 위험요소는 무엇인가?

연습문제_REVIEW

가장 적절한 답을 고르시오.

1. 중년기의 과체중은 종종 이것으로 인해 일어난다.
   a. 비만　c. 지방조직
   b. 고혈압　d. 에너지 불균형
2. 섭취한 음식의 에너지는 이것을 측정하여 구할 수 있다.
   a. 칼로리요구량　b. 칼로리 섭취량
   c. 영양 필요량　d. 에너지 불균형
3. 청년기와 중년기 동안 생리와 임신 때문에 여성은 남성에 비해 충분한 양의 이것 섭취를 필요로 한다.
   a. 단백질　c. 요오드
   b. 비타민 B　d. 철분
4. 열량 요구량은 ________________.
   a. 연령이 많아질수록 증가한다.
   b. 연령이 많아질수록 감소한다.
   c. 전 생애에 걸쳐 같은 수준을 유지한다.
   d. 이상 모두에 해당하지 않는다.
5. 영양 필요량은 성인기 동안 일반적으로 _________.
   a. 연령이 많아질수록 증가한다.
   b. 연령이 많아질수록 감소한다.
   c. 약간의 변화가 있다.
   d. 이상 모두에 해당하지 않는다.
6. 여성의 칼로리요구량은 남성에 비해 __________.
   a. 낮다.
   c. 같다.
   b. 높다.
   d. 이상 모두에 해당하지 않는다.
7. 체중이 87kg인 35세 남자의 단백질 요구량은?
   a. 60.2g　c. 69.8g
   b. 72.4g　d. 87.3g
8. 골다공증은 ___________.
   a. 식욕저하를 초래하는 질환이다.
   b. 적혈구 수를 감소시키는 질환이다.
   c. 관절의 통증과 뻣뻣함을 유발하는 질환이다.
   d. 뼈가 구멍이 많은 상태가 되게 하는 질환이다.
9. 고혈압은 ___________.
   a. 콜레스테롤이 많은 식이와 관련이 있다.
   b. 비타민 D가 많은 식이와 관련이 있다.
   c. 칼슘이 많은 식이와 관련이 있다.
   d. 소금이 많은 식이와 관련이 있다.
10. 다음 중 노인의 우울을 초래할 수 있는 것은?
   a. 가족 구성원을 잃음　b. 사회적 능력 부족
   c. 신체적 장애　d. 이상 모두

요점사례_CASE IN POINT

MARY: 골다공증의 발견

Fred와 Mary는 52년간 결혼 생활을 해왔다. 수년 동안, 그들은 삶에 매우 적극적이고 건강한 부부였다. 그들은 항상 건강한 식생활을 하고 운동을 하며 정기적으로 검진을 받으며 생활하려고 노력했다. Fred가 은퇴한 후, 그와 Mary는 현지 컨트리클럽에서 테니스를 치기 시작했다. 그들은 특히 복식 테니스를 즐겼고 일부 시니어 토너먼트에도 참가했다. 열띤 메치가 있던 한 경기에서 Mary는 넘어지면서 손목을 다쳤다. 부상 당시에는 심한 통증이 없었지만 다음 날 아침 손목이 부어오르고 멍들었으며 통증으로 움직이기 힘들었다. 그녀는 X-ray를 찍어보기 위해 병원에 갔다. X-ray는 손목에 작은 골절이 있는 것으로 나타났다. 이에 덧붙여 의사는 X-ray 필름이 보여주는 것같이 뼈가 치밀하지 않음에 주목했다. 의사는 Mary에게 골다공증이 생겼을 가능성이 있다고 설명했다. Mary는 약을 먹는 것을 좋아하지 않았기 때문에 폐경 후 에스트로겐 대체 요법을 받지 않았다. 그리고 자신의 젊은 시절에 비해 5cm 정도 키가 줄어있었다. 의사는 이 2가지가 모두 골다공증 발병 위험인자임을 알렸다. 의사는 Mary에게 골밀도 스캔을 하도록 권유했다. 의사는 추후 일어날 수 있는 골절을 예방하기 위해 Mary의 상황에 대한 추가 사정이 필요하다고 보았다.

사정

1. Mary의 건강상태에 대해서 무엇이 확인되었는가?
2. Mary의 상태에 대해서 의사가 의심한 질환은 무엇인가?
3. 이 문제는 얼마나 심각한가?
4. 이 문제는 노인에게서 얼마나 흔한가?

진단

5. 건강유지와 원인에 대한 Mary의 변화에 대해 진단을 작성해보시오.
6. Mary의 지식부족과 필요한 교육의 유형에 대해서 진단을 작성해보시오.

계획/목표

7. Mary의 식이에서 반드시 변화되어야 할 것은 무엇인가?

수행

8. Mary의 식이요법에 추가되거나 변경된 것 중 어떤 것들이 골다공증을 예방할 수 있는가? 칼슘의 최고 공급원은 무엇인가? 비타민 D는 어떠한가?
9. 식이요법의 변화를 위해 Mary에게 필요한 정보는 무엇인가?
10. Mary가 필요한 학습을 하게 하기 위해 누가 도움을 줄 수 있는가?
11. 규칙적인 운동은 어떻게 도움이 될 수 있는가?
12. National Osteoporosis Foundation (http://www.nof.org)의 정보가 Mary에게 어떤 도움이 될 수 있는가?

평가/결과 기준

13. 다음 병원 방문 시 Mary가 보고해야 할 것은 무엇인가?
14. 의사가 DEXA 검사상에 나타나는 향상을 확인하기까지 얼마나 걸리는가?

생각해보기

15. National Osteoporosis Foundation 웹사이트(http://www.nof.org)를 검토한 결과, 거기에는 어떤 유용한 정보가 수록되어 있는가?
16. 칼슘과 비타민 D를 제외한 다른 골다공증 치료제들은 어떻게 골다공증 치료를 돕는가?
17. 어느 연령대의 사람이든 다른 골다공증 환자의 개입이 왜 중요한가?
18. 학습된 내용을 다른 상황에서는 어떻게 사용할 수 있는가?

✓ rate this plate

Mary의 문제는 테니스 코트에서 손목을 다칠 때 처음으로 발견되었다. 그녀는 골다공증을 적절히 진단하기 위해 추가 검사가 필요하다. Mary가 건강한 식생활을 하고 활발한 삶을 살아가기 위해 노력해 왔음에도, 그녀는 치밀한 뼈조직을 구성하기 위해 필요한 칼슘과 비타민 D를 적절히 섭취하지 못했을 수 있다. 다음 식단에서 칼슘 함량에 대해 평가해보시오.

클램 차우더(대합을 넣은 채소수프) 1컵

통밀 크래커 6개

중간 크기의 복숭아 1개

타피오카 푸딩 1/2컵

레몬을 넣은 물

이 식사로 Mary는 칼슘을 섭취할 수 있는가? 얼마나 많은 칼슘이 1회 제공량으로 간주되는가? 양질의 칼슘공급원으로 어떤 음식들이 있을지 열거해 본다.

요점사례_CASE IN POINT

MAX: 식욕 저하

Max는 95세 남자이다. 그의 아내는 12년 전 64세의 나이에 뇌졸중으로 사망했다. Max는 아내를 그리워하는 마음이 크지만 현재 자신의 슬픔을 극복하기 위해 활동적이고 바쁘게 지내려고 애쓰고 있다. Max는 오랫동안 영업일을 해왔기 때문에 사람들과 대화하는 것을 좋아하고 대화를 잘하는 능력도 가지고 있다. 아내 사망 이후 그는 지역병원에서 자원봉사를 해왔다. 수년간 퇴원환자 운송, 환자들에게 책이나 잡지를 가져다주는 일, 꽃과 우편물을 배달하는 일 등을 해왔다. 약 1년 전부터 자원봉사 활동이 육체적으로 힘들게 느껴지기 시작하여 그만하는 것으로 결정했다.

Max의 딸 Avery와 아이들이 가까이에 살고 있다. Avery는 종종 아버지 집에 들러 시간을 보내고, 식사를 준비해주거나, 정기적으로 음식을 가지고 온다. Max는 요리를 거의 하지 않는다. 아내가 죽은 후 그는 Avery나 외식에 의존을 하고 있다. 최근 Avery는 자신이 냉장고에 넣어두고 간 음식을 아버지가 예전보다 덜 먹고 있음을 알게 되었다. Max는 식욕이 별로 없다고 했다. Avery는 아버지가 예전처럼 깔끔하게 차려 입거나 청결하게 면도를 하고 있지 않았고 대신 수염을 덥수룩하게 기르고 주로 파자마를 입고 있는 것을 보고 위생관념이 떨어지고 있음을 알아차리게 되었다. Avery는 아버지가 매우 창백하고 말라 보였기 때문에 걱정이 되었다. Max는 힘이 없고, 어지럽다고 하였다. Avery는 아버지를 병원에 모시고 가서 진료를 받아야겠다고 생각했다.

사정

1. Max와 그의 건강에 대해서 무엇을 알고 있는가?
2. Max가 건강을 유지하는 데 방해가 되는 삶의 장애물이 무엇이라고 알고 있는가?
3. Max의 식단에서 누락된 것은 무엇이며, 이유는 무엇인가?
4. 문제는 얼마나 심각한가? 그 문제가 장기화되었을 때 예측되는 결과는 무엇인가?

진단

5. 다음 진단을 완성하시오: 영양불균형; ________과 관련된 신체요구량에 비해 적은 양
6. Max를 돕기 위해 Avery에게 제공되어야 할 영양교육은 무엇인가?

계획/목표

7. Max의 식이의 목표는 무엇인가?

수행

8. Max가 이 문제를 해결하게 하고 부가적인 문제들을 예방할 수 있게 하는 데 다음의 자원들이 어떤 도움을 줄 수 있을지 생각해보도록 한다: Avery, 손주들, 교회, 지역 기관들

평가/결과 기준

9. 전문간호사가 다음에 Max를 방문했을 때 어떤 변화를 기대할 수 있는가? 전문간호사는 Aver가 무엇을 보고할 것으로 기대할 수 있는가?

생각해보기

10. 노인 대상자의 경우 영양, 약물, 만성질환 간의 균형을 고려하는 것이 중요한 이유는?
11. Max에게 보조시설이 갖추어신 시설이 줄 수 있는 혜택은 무엇인가?
12. 여기에서 학습한 것을 다른 상황에서는 어떻게 사용할 수 있는가?

rate this plate

Max의 에너지 부족과 허약은 식욕 저하와 직접적인 연관성이 있을 수 있다. Avery는 Max에게 다음의 재료가 포함된 따뜻한 음식을 제공했다:

미트로프 120g

구운 감자 작은 것 1개, 버터, 사워크림

완두콩과 옥수수 1/2컵

디너롤 1개

커스타드 1/2컵

커피

이러한 선택은 적절한가? 아니라면 어떤 변화나 추가가 필요한가? Max에게 이 음식으로 충분한 열량과 영양소를 제공할 수 있는가?

SECTION **3**

임상 영양 요법

Medical Nutrition Therapy

CHAPTER 14

주요용어_KEY TERMS

갑상샘기능저하증
갑상샘기능항진증
그렐린
내장지방
동기 부여 면담
렙틴
요요현상
정체기
주택환경
피하지방
함위공식

생애주기 전반에 걸친 체중관리

WEIGHT MANAGEMENT ACROSS THE LIFE CYCLE

학습목표

- 에너지 균형과 체중에 미치는 영향요소를 설명할 수 있다.
- 비만율에 영향을 미치는 환경변화를 기술할 수 있다.
- 아동과 성인의 비만 합병증을 이해할 수 있다.
- 아동과 성인의 과체중과 비만을 위한 치료방법 및 그러한 것에 대한 자원을 어디에서 발견할 수 있는지 설명할 수 있다.
- 비만의 확산 예방을 위한 전략과 국가적 노력에 대해 토론할 수 있다.

우리는 모두 식생활 조절능력을 가지고 태어났기 때문에 삶의 주기에 걸쳐 적절하게 성장하고 발달하며 필요한 에너지를 충족한다. 우리 몸의 식욕 조절 시스템은 적당량의 음식을 섭취하도록 유도하고 결국 체중을 조절하도록 설계되어 있다. 그러나 체중 조절은 복잡하고 많은 요인의 영향을 받는다. 우리의 유전과 생리는 몸의 모양, 크기 및 체중 분포뿐만 아니라 질병에 대한 감수성에서 중요한 역할을 한다(**그림 14-1**). 우리가 살아가는 환경과 선택하는 생활방식도

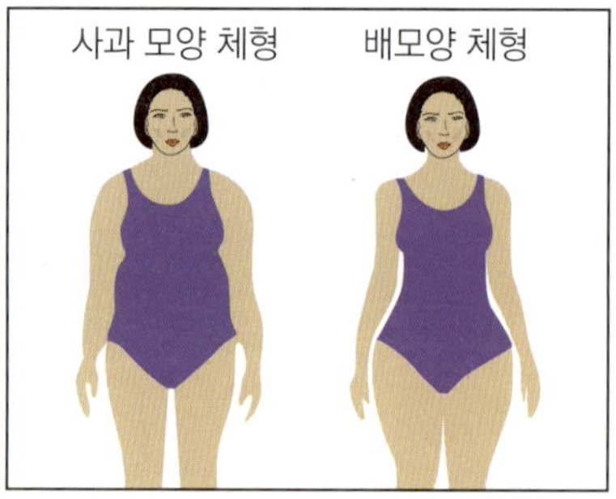

그림 14-1 체지방을 저장하는 장소에 따라 건강에 미치는 영향은 다르다. "배" 모양의 체형은 허리 아래쪽과 엉덩이에 지방이 쌓이는 경향을 보인다. "사과" 모양의 체형은 허리둘레에 지방이 쌓이고, 이 경우 더 많은 건강문제와 관련이 있다.

체중과 건강에 상당한 영향을 끼친다.

그러나 아주 어린 아이들은 음식 조절이 탁월하다. 한 연구에 의하면 학령기 연령에 가까워지면 아이들은 외부의 영향에 더 많은 반응을 보이고 내부 포만감 신호를 피하는 방법을 배운다. 지루함이나 스트레스에 대한 반응으로 먹는 것은 5~9세에서 나타날 수 있는 학습된 행동이다.

과식의 신호

앞에 놓여 있는 음식이 많을수록 우리는 과식을 하게 된다. 음식의 냄새를 맡고 식욕을 돋우는 음식을 보게 된다면 우리는 배가 고프든 고프지 않든 상관없이 음식을 먹게 될 것이다. 지루함이나 스트레스는 음식 섭취를 유혹하는 또 다른 외부 요인이다. 많은 사람들의 경우 이것을 인식하지 못한다. 이러한 습관들은 삶에 배여 지속될 수 있다. 이러한 요인들은 경제적으로 부유하고, 식재료는 풍부해졌으며, 음식 구매가 쉬워진 현시대와 맞물려 미디어를 즐기는 시간이 길어지고 신체활동 시간은 짧아진 현대인의 삶 속에 전달되어, 결국 비만이라는 결과를 만들기에 이르렀다.

부모들은 아이들에게 더 먹게 하거나 덜 먹게 압력을 가함으로써 아이들의 무분별한 음식 섭취 흐름을 방해할 수 있다. 저체중 아이에게 음식을 먹도록 강요한다면 오히려 음식에서 물러나려고 하는 경향을 보일 것이다. 체중 감량을 위해 식이를 제한받는 아이는 배고프지 않을 때 과식을 하는 경향이 있다. 사람들 중에는 결국 식이관리를 잘 하는 사람도 있지만 먹는 것에 대해 스트레스를 받는 사람들도 있으며 이들의 그러한 성향은 성인이 되어서도 계속될 수 있다.

많은 사람들이 건강한 방법으로 체중을 조절하기 위해 애쓰고 있다. 비만은 현대 사회에서 흔한 문제이다. 비만은 "절약" 유전자의 결과라고 생각하는 사람들도 있다. 우리의 조상들을 식량부족에서 살아남도록 도왔던 유전자가 지금은 그와는 반대로 넉넉하고 풍부한 시대의 공급원으로 작용하고 있는지 모른다는 것이다. 일부 연구자들은 유전자의 역할에 의해 사람들이 식욕부진으로 고통받거나 쉽게 체지방을 축적하는 것이라고 믿고 있다. 즉, 사람의 비만을 초래하는 것은 단일 유전자에 의한 것이 아니라 유전자 집단에 의한 것이라고 보며, 많은 연구자들은 비만이 인슐린 저항과 밀접한 연관성이 있다고 보고 있다.

유전적 요인이 사람의 비만 원인이라고 보지만 환경과 생활양식 요인들이 미치는 영향이 크다. 우리가 살고 있는 현 세계는 우리의 문화 속에서 책상 앞에 앉아서 하는 작업들, 리모컨, 엘리베이터, 자동차, 에스컬레이터 등 활동과 관련된 다양한 예술을 만들어 내었다. 우리 주변에는 시간과 에너지를 절약할 수 있는 장비들이 풍부하다. 하루 24시간 상상할 수 있는 어떤 장소에서든 음식 조달이 가능하다. 패스트푸드 및 소프트 드링크 소비의 증가, 가족에게 식사를 제공하는 횟수의 감소,

1회 식사 제공량의 증가 등 커다란 변화가 있어왔다. 아이들과 성인 모두 텔레비전, 비디오 게임, 컴퓨터 및 스마트 폰에 몰두하고 신체 활동을 거의 하지 않는다.

식사 통제와 에너지 균형

식사 통제는 주로 뇌에서 일어난다. 시상하부에서 배고픔과 포만감을 일으키는 화학물질이 작용하여 식사를 통제한다. 렙틴 호르몬이 지방과 내장으로부터 신호를 받으면 포만감을 느끼게 하여 식사를 멈추게 한다. 위장에서 분비되는 그렐린 호르몬은 시상하부에 먹을 시간임을 알리는 신호를 보낸다. 다른 중요 호르몬과 신경전달물질들도 식사 통제에 관여한다.

신체는 기본 생활 기능을 유지하고 어린이의 경우 성장을 유지하기 위해 음식으로부터 일정량의 에너지를 필요로 한다. 섭취 칼로리와 신체가 소비하거나 "태우는" 칼로리 수가 같다면 체중은 유지된다(그림 14-2). 섭취하는 칼로리가 소비되는 것보다 많다면 에너지 균형은 체중 증가, 과체중 및 비만 쪽으로 기운다.

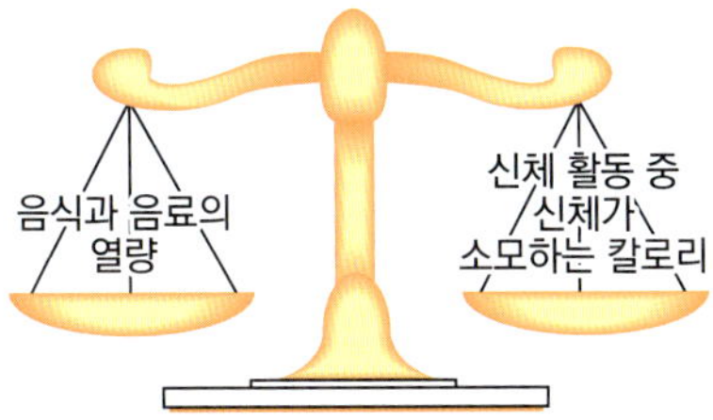

그림 14-2 "에너지 섭취량"과 "에너지 소모량" 간의 균형이 체중을 유지한다.

3장에서 설명된 바와 같이 에너지를 소모하는 요소는 기초 대사율(basal metabolic rate, BMR), 신체 활동 및 음식의 열생산 효과(thermic effect of food)이다. 그림 14-3은 이러한 구성 요소를 백분율로 나누어 표현한 것이다. 활동 수준과 기초대사율은 크게 다를 수 있다. BMR에 영향을 미치는 요소에는 연령, 신장, 성장주기 및 신체조성이 포함된다. BMR에 영향을 미치는 다른 요인은 온도(체온뿐만 아니라 기온)와 금식, 또는 적은 양의 음식 섭취(undercating)이다. 깁상샘 호르몬 생산량이 불충분하면 BMR이 감소할 수 있다. 이러한 상태를 갑상샘기능저하증이라 한다.

신체 활동과 관련해서는 미국 성인의 31%만이 규칙적인 신체여가활동(주당 150분의 신체 활동을 적당히 하거나 주당 60분 동안 활발히 활동)에 참여한다고 보고되었다. 성인의 약 40%는 신체여가활동을 전혀 하지 않는 것으로 보고되었다. 흥미롭게도 운동감지장치에 의해 신체 활동을 측정했을 때, 성인의 약 3~5%

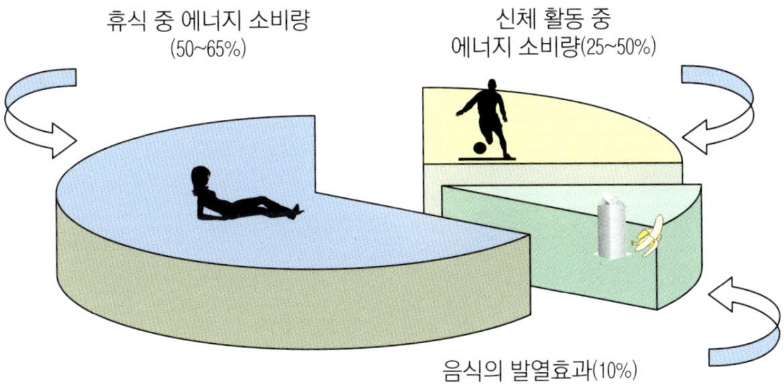

그림 14-3 기초대사율의 구성.

렙틴 leptin
신체조성 유지과정에 관여하는 식욕억제 호르몬

그렐린 ghrelin
위에서 분비되며 뇌에 음식을 섭취해야 할 시간임을 알리는 호르몬

갑상샘기능저하증 hypothyroidism
갑상샘에서의 티록신과 T3 분비가 현저히 저하되어 기초대사를 저하시키는 상태

> **최근 자료 IN THE MEDIA**
>
> **체중 감량 프로그램 지원을 위한 부담적정보험법**
>
> 2010년 오바마 대통령에 의해 입법된 부담적정보험법(Affordable Care Act, ACA)에 의해 의사, 간호사 및 등록된 영양사 등 체중 감량 전문가들이 참여하는 체중 감량 프로그램이 지원될 예정이다. *뉴욕 타임스*에 실린 한 보고서에 따르면 "현재 23개 주에서 비만 수술(bariatric surgery) 또는 위우회술(gastric bypass) 수술을 지원하고 있으며, 16개 주에서는 식이요법과 영양 검사, 상담 및 체중 감량 프로그램을 일부 포함하여 지원하고 있다." 그러나 보조제와 같은 일부 체중 감량 보조기구, 복용 약물 및 보충식은 현재 계획에 포함되지 않는다. ACA는 전문가들이 체중 감량 증진을 도울 수 있는 기회를 창출하는 반면, 입증되지 않은 체중 감량 방법을 사용하는 기회를 창출할 수도 있다. 신속한 체중 감소를 위해 제공되는 소위 "빠른 다이어트 방법"으로 제공되는 모든 식이요법에 대해서는 주의가 필요하다.
>
> 출처: Adapted from "Affordable Care Act Will Cover Weight Loss Medical Services" (2015, July 9). ABC News. Accessed October 19, 2015. www.abcnews.go.com

만이 30분간 중등도 이상의 신체 활동을 주 5일 이상 하는 것으로 나타났다.

의심의 여지 없이, 많은 미국인들은 에너지 균형을 맞추는 데 많은 어려움을 겪고 있다. 지난 40년간 칼로리 섭취량은 지속적으로 증가한 것으로 나타났다. 성인의 평균 소비량은 1970년에 비해 2010년에는 하루 450칼로리가 더 많았다. 섭취하는 칼로리 중 높은 비율은 설탕 첨가에 의한 것이었다. 탄산음료의 판매량이 안정화되고, 심지어 감소하였지만 높은 설탕 섭취량은 에너지 음료와 디자이너 커피와 같은 다른 형태로 나타나고 있다.

또한 미국인들은 영양가가 낮고 에너지 밀도가 높은 음식을 더 많이 섭취한다는 사실이 확인되었다. 그러한 변화의 주범은 비용 문제라고 본다. 인플레이션에 맞춰 조정된 영양가 낮은 식품, 고열량 식품과 음료(소다, 패스트푸드)의 가격이 급격히 하락하여 낮은 식품비용을 소비하는 소비자의 관심을 불러일으킬 수 있었다. 불행하게도 연구 결과에 따르면 과일, 채소, 살코기, 저지방 유제품과 같은 영양가가 높은 식품의 가격은 급격히 상승했다.

인구의 약 3/4은 채소와 과일이 적은 식이 패턴을 가지고 있다. 대부분의 미국인들은 첨가당, 포화지방 및 나트륨에 대한 권장량을 초과하여 섭취하고 있다.

비만 추세

비만은 우리 사회의 가장 심각한 공중보건 문제 중 하나가 되었다. 미국의 자료를 인용하면 1980~2000년 대비 성인의 비만율은 두 배가 되었고, 어린이와 청소년의 비만율은 3배로 증가했다. 2000년부터 비만에 대한 인식과 비만 치료 및 예방에 대한 인식이 높아졌으나 증가 속도는 느리다. 지난 25년 동안 성인 인구의 반 이상은 비만 또는 과체중이었다.

2011~2012년의 데이터에 따르면, 비만 또는 과체중 비율은 다음과 같다:

- *성인*—비만 34.9%, 과체중 또는 비만 68.6%
- *어린이*—비만 16.9%, 과체중 또는 비만 31.8%

여아의 비만율은 인종 또는 민족에 상관없이 안정적이었으나 남성, 청소년 남자, 아프리카계 미국인, 히스패닉 여성의 비만율 증가를 보였다. 비만은 빈곤 가정에서 더 흔하다. **그림 14-4**는 지난 몇 년 동안의 주별 성인 비만율의 증가를 보여준다.

비만의 정의

기본적으로 비만은 피부 아래와 신체의 장기 주변의 과도한 지방 축적으로 정의할 수 있다. 배 모양의 체형에서 하체에 축적된 지방은 피하지방이다(**그림 14-5**). 사과 모양의 체형에서 복부에 축적된 지방은 대부분 내장지방이다. 복부지방은 심혈관질환 및 제2형 당뇨병과 같은 건강 위험과 더 관련이 있다. 여성에서는 유방

피하지방 subcutaneous fat
피부 바로 아래에 저장되어 있는 지방

내장지방 visceral fat
복강 내에 저장되어 있는 지방

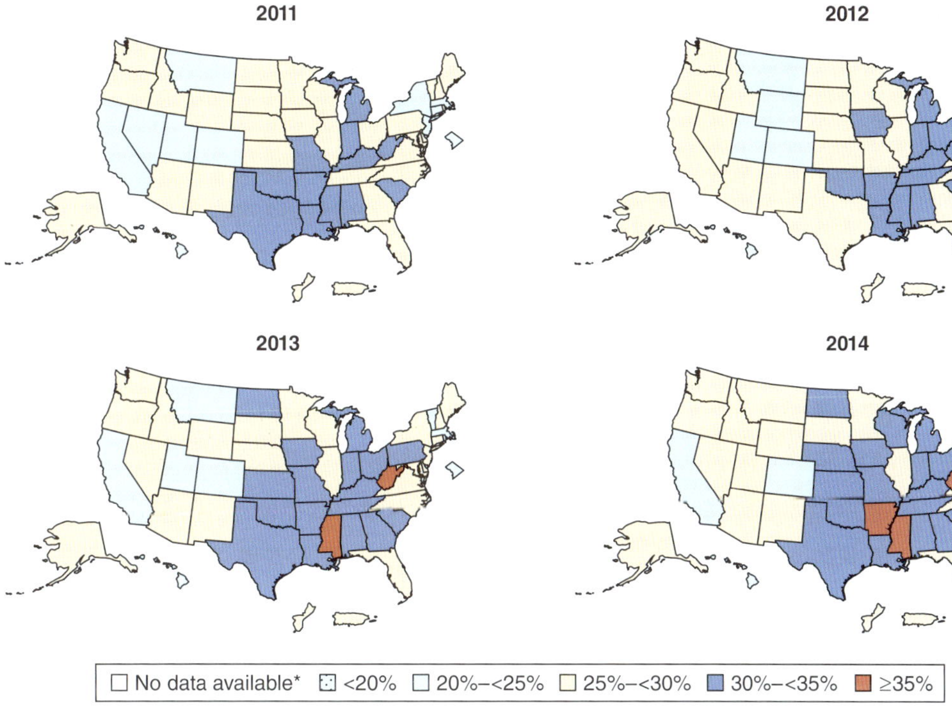

*표본 수 <50 또는 상대표준오차(유병률을 표준오차로 나눈 값) >−30%

그림 14-4 미국 내 자가보고에 의한 성인 비만율 분포.

Center for Disease Control. U.S. Obesity Trends. Behavioral Risk Factor Surveillance System. CDC http://www.cdc.gov/obesity/data/prevalence-maps.html

암 위험과 담낭 질환과도 관련이 있다. 지방이 축적되는 곳은 호르몬과 유전의 영향을 받는다.

체질량지수(BMI)는 체중과 신장으로부터 계산된 수치로, 대부분의 사람들에게 신뢰성 있는 체지방 지표를 제공한다.

BMI를 계산하는 공식은 다음과 같다:

$$\textbf{BMI} = \frac{\text{체중(파운드)} \times 703}{\text{신장}(\text{cm}^2)} = \frac{\text{체중(kg)}}{\text{신장}(\text{m}^2)}$$

- 18.5 미만: 저체중
- 18.5~24.9: 정상
- 25.0~29.9: 과체중
- 30.0 이상: 비만

BMI 표는 BMI 근삿값을 알려주는 유용한 도구이다(**표 14-1**). 사용법은 왼쪽 키 열에서 수직으로 따라 올라가면서 대상자의 키를 찾고, 그 키의 가로열을 우측으로 따라가면서 대상자의 체중과 가장 근사한 값을 찾는다. 체중을 찾은 후에는 직선으로 칼럼을 따라 올라가 해당 BMI 값을 확인한다.

미국 국립보건원(National Institutes of Health) 웹사이트(http://www.nhlbisupport.com/bmi/) (**그림 14-6**)에서 제공되는 것과 같이 BMI 계산기를 온라인으로 사용할 수도 있다. 이 계산기를 사용하여 표준 또는 미터법을 사용하여 체중

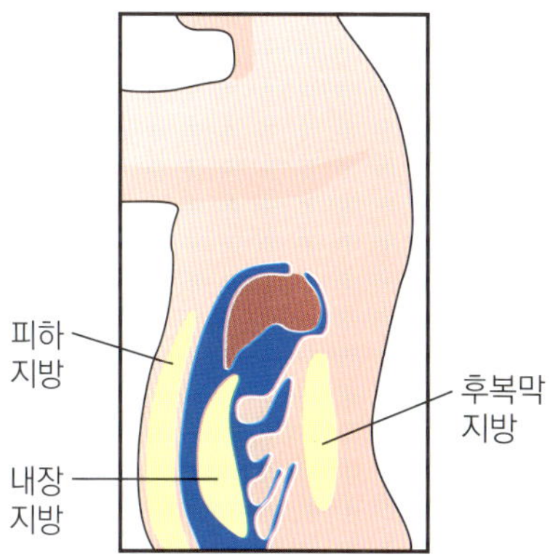

그림 14-5 다양한 지방조직.

표 14-1 BMI 표

	정상					과체중						과체중										고도비만		
BMI	19	20	21	22	23	24	25	26	27	28	29	30	31	32	33	34	35	36	37	38	39	40	41	42
키 (Feet-Inches)	**체중(파운드)**																							
4' 10"	91	96	100	105	110	115	119	124	129	134	138	143	148	153	158	162	167	172	177	181	186	191	196	201
4' 11"	94	99	104	109	114	119	124	128	133	138	143	148	153	158	163	168	173	178	183	188	193	198	203	208
5' 00"	97	102	107	112	118	123	128	133	138	143	148	153	158	163	168	174	179	184	189	194	199	204	209	215
5' 01"	100	106	111	116	122	127	132	137	143	148	153	158	164	169	174	180	185	190	195	201	206	211	217	222
5' 02"	104	109	115	120	126	131	136	142	147	153	158	164	169	175	180	186	191	196	202	207	213	218	224	229
5' 03"	107	112	118	124	130	135	141	146	152	158	163	169	174	180	186	191	197	203	208	214	220	225	231	237
5' 04"	110	116	122	128	134	140	145	I51	157	163	169	175	180	186	191	197	204	209	215	221	227	232	238	244
5' 05"	114	120	126	132	138	144	150	156	162	168	174	180	186	192	198	204	210	216	222	228	234	240	246	252
5' 06"	118	124	130	136	142	148	I55	161	167	173	179	186	192	198	204	210	216	223	229	235	241	247	253	260
5' 07"	121	127	134	140	146	153	159	166	172	178	185	191	198	204	211	217	223	210	236	242	249	255	261	268
5' 08"	125	131	138	144	151	158	164	171	177	184	190	197	204	210	216	223	230	236	241	249	256	262	269	276
5' 09"	128	135	142	149	I55	162	169	176	182	189	196	203	210	216	223	230	236	243	250	257	263	270	277	284
5' 10"	132	139	146	153	160	167	174	181	188	195	202	209	216	222	229	236	243	250	257	264	271	278	285	292
5' 11"	136	143	150	157	165	172	179	186	193	200	208	215	222	229	236	243	250	257	265	272	279	286	293	301
6' 00"	140	147	154	162	169	177	184	191	199	206	213	221	228	235	242	250	258	265	272	279	287	294	302	309
6' 01"	144	151	159	166	174	182	189	197	204	212	219	227	235	242	250	257	265	275	280	288	295	302	310	318
6' 02"	148	I55	163	171	179	186	194	202	210	218	225	233	241	249	256	264	272	280	287	295	303	311	119	326
6'03"	152	160	168	176	184	192	200	208	216	224	232	240	248	256	264	272	279	287	295	303	311	319	327	335
6'04"	156	164	172	180	189	197	205	213	221	230	238	246	254	263	271	279	287	295	304	312	320	32a	336	344

Adapted from: George Bray, Pennington Biomedical Research Center, ***Clinical Guidelines on the Identification, Evaluation, and Treatment of Overweight and Obesity in Adults: The Evidence Report***, National Institutes of Health, National Heart, Lung, and Blood Institute, September 1998.

출처: National Institute of Diabetes and Digestive and Kidney Diseases. Weight Control Information Network. (November 2008). ***Understanding Adult Obesity***. Accessed January 2016. http://win.niddk.nih.gov

과 키를 입력한다. "Compute BMI"를 선택하면 계산된 BMI가 나타난다. BMI를 계산할 때 스마트 폰 앱을 사용할 수도 있다.

BMI는 대부분의 남성과 여성에게 사용할 수 있지만 몇 가지 한계가 있다.

- 운동 선수 및 근력이 있는 사람의 체지방을 과대평가할 수 있다.
- 근육을 잃은 노인과 다른 사람들의 체지방을 과소평가할 수 있다.

이상적인 몸무게를 신속하게 평가하는 방법으로 키, 체격 및 성을 고려한 함위공식을 사용할 수 있다. 함위공식은 다음과 같이 이상적인 체중 목표를 사용한다.

- 남성의 이상적 체중: 키 152cm, 체중 48kg을 기준으로 키가 152cm보다 큰 경우 1cm당 1.1kg을 더하고, 키가 152cm보다 작은 경우 1cm당 1.1kg를 뺀다. 이것은 중간 체격의 남자를 위한 것이며, 작은 체격의 경우 10%를 차감하고 큰 체격의 경우 10%를 더한다. 중간 체격의 182.9cm 남성의 이상적인 몸무게가 80.7kg이 된다.
- 여성의 이상적 체중: 키 152cm, 체중 45.5kg을 기준으로 키가 152cm보다 큰 경우 1cm당 0.9kg을 더하고, 키가 152cm보다 작은 경우 1cm당 0.9kg를 뺀다. 작은 체격의 경우 10%를 차감하고 큰 체격의 경우 10%를 더한다. 중간 체격의 160cm 여성의 이상적인 몸무게가 52.2kg가 된다.

(체격 정도는 손목둘레 측정을 통해 아주 쉽게 예측할 수 있다. 중간체격의 손목 둘레는 여성이 15.2cm이고 남성은 17.8cm이다. 이보다 작으면 작은 체격, 크면 큰 체격을 의미한다.)

비만의 건강결과

비만은 이제 만성 염증성 질환으로 간주된다. 연구자들은 내장지방 또는 복부지방의 증가와 함께 염증이 "시작"된 것으로 여긴다. 이것은 단계적으로 만성질환으로 가는 수순이라고 봐야 한다. 체중이 "과체중"과 "비만"이라고 불리는 수준에 도달하면 다음 질환들의 발병 위험이 증가한다:

- 관상동맥 심장질환
- 인슐린 저항성 및 제2형 당뇨병
- 암(자궁 내막, 유방 및 결장)
- 고혈압(혈압 상승)
- 이상지질혈증(예: 높은 수준의 총 콜레스테롤 또는 중성 지방)
- 뇌졸중
- 간 및 담낭 질환
- 수면 무호흡증 및 호흡기 문제
- 골관절염(연골 및 연골 아래 뼈와 관절의 퇴화)

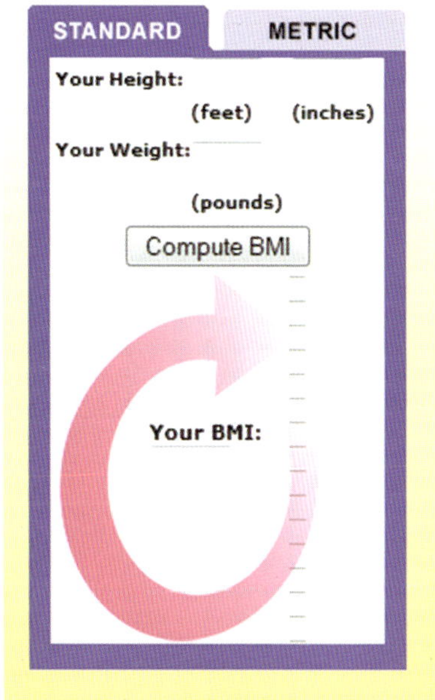

그림 14-6 체질량지수 계산기.

최근 자료 IN THE MEDIA

앉은 자세는 운동 중일지라도 부정적인 영향을 준다

세계보건기구(World Health Organization, WHO)에 따르면 신체 활동 부재가 사망에 대한 4번째 위험 요인으로 밝혀졌다. 앉아서 주로 활동하는 생활패턴은 심혈관질환, 암, 당뇨병을 유발할 수 있다. 토론토의 한 연구팀은 좌식 행동에 대해 이루어진 47편의 연구를 분석한 결과, 앉아있는 시간이 주는 영향력이 운동으로부터 얻는 이익보다 훨씬 크다는 것을 찾아내었다. 앉아 있는 시간을 줄일 수 있는 전략으로 일하는 동안 잠깐씩 멈추고 스트레칭을 하거나 걷도록 하고, TV 보는 시간을 줄이거나 광고가 나오는 시간에는 잠시 일어나는 것을 권장한다.

Adapted from Christensen, Jn. "Sitting Will Kill You, Even if You Exercise." CNN News. www.cnn.com

함위공식 Hamwi method
성별, 키, 체격을 활용한 적정 체중을 계산하기 위한 공식

- 부인과 문제(비정상적인 월경, 불임)

비만과 과체중은 신체적 결과 이외에도 정서적 및 사회적 건강에 영향을 준다. 과체중 또는 비만 문제를 가지고 있는 몇몇 사람들은 낮은 자존감과 부정적인 신체 이미지로 고통받는다. 종종 체중 문제로 고통받는 사람들은 우울하고 자신이 차별의 대상이라고 느낄 수 있다.

비용적인 부분도 관심사가 되고 있다. 평균적으로 비만으로 간주되는 사람들은 정상 체중의 사람들보다 의료비용이 42% 더 높다. 경제적으로 엄청난 손실이다. 미국의 경우 과체중과 비만 비용은 연간 2,700억 달러로 추산된다. 이 비용은 의료 수요 증가 및 장애와 사망으로 인한 생산성 저하와 관련이 있다.

허리둘레

내장지방이 어떻게 건강을 위협하는지 과학적 증거를 고려하여 볼 때 BMI뿐 아니라 허리둘레를 측정하여 이를 질병의 위험과 연관 짓는 것이 좋다. **표 14-2**는 허리둘레와 BMI가 증가함에 따라 질병 위험이 증가함을 보여주고 있다.

한 가지 주의할 점은 BMI는 지방과 근육의 차이를 보여주지 못하기 때문에 체중이 언제 건강문제로 이어질 수 있을지 예측하지는 못한다는 것이다. 예를 들어 근육량이 많은 보디빌더나 축구 선수는 체질량지수가 높다 하더라도 여전히 건강할 것이며, 체중이나 비만으로 인한 부작용이 발병할 위험이 거의 없다. 몇몇 연구 결과에 따르면 인간의 수명은 비만 수준보다 신체적 단련 수준이 상관성이 더 높다. 간단히 말해서 연구 결과들은 과체중이지만 신체적으로 단련된 사람은 정상체중이지만 주로 앉아만 있는 사람보다 사망 위험요인이 적음을 보여주었다.

체지방 평가는 실제 지방 축적량에 대한 구체적인 정보를 제공하여 더 정확한 그림을 보여준다. 통용되고 있는 가장 보편적인 2가지 방법은 피부두께 측정

표 14-2 BMI, 허리둘레, 관련질병 위험도에 의한 과체중과 비만 분류

			정상체중과 허리둘레에 따른 질병위험도*	
	BMI (kg/m^2)	비만 분류	남성 ≤ 101cm 여성 ≤ 88.9cm	남성 > 101cm 여성 > 88.9cm
저체중	<18.5		–	
정상	18.5~24.9		–	
과체중	25.0~29.9		증가	높음
비만	30.0~34.9	I	높음	매우 높음
	35.0~39.9	II	매우 높음	매우 높음
고도비만	40.0+	III	심각하게 높음	심각하게 높음

* 제2형 당뇨병, 고혈압, CVD의 질병 위험도 [+]정상체중이더라도 허리둘레 상승은 위험도 상승의 지표가 됨

출처: The National Heart Lung and Blood Institute, National Institutes of Health. *Obesity and Physical Activity Information. Classification of Overweight and Obesity by BMI, Waist Circumference, and Associated Disease Risks.* Accessed January 2016. www.nhlbi.nih.gov

및 생체전기 임피던스 분석(bioelectrical imipedance analysis, BIA) 기기이다. 피부두께 측정에서는 숙련된 전문가가 캘리퍼를 사용하여 신체의 특정 부위를 측정한다. 이러한 측정치는 지방 비율을 추정하는 차트와 비교된다. 그러나 이 방법의 정확도는 사용자의 능력에 따라 크게 다르다.

생체전기 임피던스 분석은 지방의 비율을 측정해주는 기술로 피트니스 센터용 측정기와 가정용 측정기로 판매되고 있다. 그러나 이들 기기의 오류율은 최대 8%까지 높아질 수 있다. 보다 정확한 체지방 측정은 x-ray 분석(DEXA 스캔)과 물 이동법인데, 연구기관에서는 주로 이 방법을 사용하고 있다.

미국 운동 협의회(American Council on Exercise)에 따르면, 여성의 체지방률은 25~31%이며 남성의 경우 18~24%이다. "신체적으로 단련된" 체지방 비율 범위로 간주되려면 여성은 21~24%, 남성은 14~17%여야 한다. 여러 가지 요인들이 체중에 영향을 미침에도 불구하고, 음식물 섭취량의 변화와 신체 활동의 감소가 계산 값의 중요한 요소로 작용한다.

웹사이트 탐색
EXPLORING THE WEB

지난 20년 동안 레스토랑에서 제공되는 음식의 양이 어떻게 바뀌었는지 생각해보자. 1970년대 패스트푸드의 칼로리가 얼마였는지 조사해보도록 한다. 오늘날 패스트푸드와 비교해 보시오. *왜곡된 1회 적정 제공량*이라는 용어는 이러한 현실을 나타내주고 있다. http://www.nhlbi.nih.gov를 방문하여 National Heart, Lung, and Blood Institute에서 제시한 왜곡된 1회 적정 제공량에 대한 슬라이드쇼를 확인하도록 한다.

체중 감량 전략

개인이 체중 감량 여행을 시작할 때 도로가 매우 울퉁불퉁해 보일 수 있다. 수많은 식단 관련 책과 자가 관리용 책이 시중에 나와 있다. 사실, 2014년도 자료에 따르면, 다이어트 산업은 전반적으로 약 600억 달러에 육박한다.

미국의 7천 5백만 다이어트 인구 중 80%는 다이어트를 스스로 알아서 하려고 한다. 그러나 여기서 고려해야 할 큰 질문이 있다: 어떤 효과가 있으며, 그 방법은 안전한가? 안전한 체중 감소량은 주당 0.5~1kg임이 지난 수십 년 동안 의학 문헌에 기술되어 있으며, 이것은 제지방량을 보존하기 위함이다. 이는 대략 하루에 500~1,000칼로리 섭취를 줄이는 것과 같다. 매우 비만한 경우에는 안전한 수준의 체중 감량치는 주당 체중의 1%라고 일부 문헌들은 설명하고 있다(150kg 남성 = 1.5kg/주 허용 체중 감량). 체중의 5~10% 정도로 알맞게 체중을 감량한 사람들에게 많은 이점이 있음은 연구들을 통해 보고되어왔다.

건강하고 안전하며 체중 감량을 가져올 수 있는 여러 식습관 유형들이 있다. 미국의 국립보건원(National Institute of Health)이 소개하는 치료적 생활변화(Therapeutic Lifestyle Change, TLC) 식이요법은 심장 건강을 개선하고 콜레스테롤을 낮추는 것을 목표로 하는 종합적인 건강계획이다. 오니쉬 식이요법(Ornish diet)과 지중해 식단도 그러하다. 국립보건원(National Institutes of Health)의 고혈압 방지를 위한 식이 접근법(Dietary Approaches to Stop Hypertension, DASH) 식단은 고혈압과 심장 건강을 개선하는 데 도움이 된다. 이들 식단의 중요한 공통점은 영양가 높은 과일, 채소, 섬유질이 많이 함유된 곡물, 그리고 심장 건강에 도움이 되는 단백질 식품(콩, 저지방 가금류, 저지방 유제품, 견과

그림 14-7 체중관리를 위한 건강한 식단.

류, 씨앗류, 소량의 기름 등)을 많이 섭취하게 하는 것이다(그림 14-7).

자연스럽게 칼로리를 줄이는 식단을 설계하는 방법으로 손 크기를 사용하는 방법이 있다.

- 손을 컵 모양으로 만든다—제지방 단백질을 한 손에 가득 넣고, 높은 섬유 곡물 또는 건강한 전분 채소나 전분 콩은 다른 손에 가득 넣는다.
- 샐러드나 국물에 섞던지, 찌거나 가볍게 튀긴 비전분 채소로 접시의 나머지 부분을 채운다. 이러한 방법은 영양가가 높은 음식을 제공할 뿐 아니라 식사에 대한 풍족함과 양적인 풍성함을 제공하고, 체중 감량을 위한 칼로리를 체크할 수 있도록 한다. 비전분 채소에는 브로콜리, 시금치, 토마토, 강낭콩, 오이, 버섯, 당근, 양배추, 피망, 주키니 호박이나 양상추와 같은 썸머스쿼시, 양파 등이 속한다.
- 최적의 섭취를 위해 과일, 무지방 우유 및 양질의 지방 소량을 허용한다.

> **웹사이트 탐색**
> **EXPLORING THE WEB**
>
> http://www.webmd.com을 방문하면 최신 다이어트 계획에 대한 정보를 찾을 수 있다. 그 중 일부는 "유행 다이어트"이다. 원시인 다이어트(구석기 시대), hCG 다이어트, 혈액형별 적정 다이어트를 찾아보도록 한다. 관심있는 것을 찾아 조사해본다. 유행 식단은 어떻게 발견할 수 있는가? 이들 다이어트와 관련된 위험은 무엇인가?

주의 깊은 식사에 대한 개념은 지난 몇 년 동안 많은 체중관리 프로그램에서 다루어져 왔다. 주의 깊은 식사는 주의를 기울여 의도를 가지고 음식을 섭취하는 것이다. 주의 깊은 식사는 식탁에서 산만함과 판단 없이 천천히 식사하고, 눈앞에 놓인 음식을 음미하고, 스스로 음식에 대해 흡족할 때까지 식사하는 것을 중심으로 한다. 체계적 문헌 고찰 결과 19개 중 13개의 연구에서 의미 있는 체중 감량의 결과가 발견되었다.

앞에 논의된 바와 같이 Choose MyPlate (http://www.choosemyplate.gov)는 대중에게 건강한 식생활 계획에 대한 주요 조언을 제공한다. 웹사이트에는 "다이어트 하는 사람"에 대한 정보가 포함되어 있으며 SuperTracker를 사용하여 음식 섭취를 추적할 수 있는 방법을 제공한다. 체중 감량 목표에 초점을 맞춘 다른 대중적인 계획들에는 the Mayo Clinic diet, the volumetric diet, Weight Watchers, and the *Biggest Loser diet* 등이 있다. 체중 감량을 원하는 사람들 중에는 단순히 칼로리나 지방의 그람 수를 성취하겠다고 맹세하는 사람들이 있다. 또 다른 부류의 사람들은 음식의 무게를 달고 측정하고 교환식이 계획을 따르는 방법을 배운다. 표 14-3은 기존의 방법과는 "조금 다른" 접근법을 소개하고 각각의 방법에 대한 장점과 단점을 보여준다.

칼로리가 낮은 엄격한 식이요법은 빠른 체중 감소 효과가 있을 수 있다. 그러나 체중 감소에서 더 중요하게 여길 것은 체지방에 대한 제지방량이다. 급격한 체중 감량은 신진대사를 감소시킨다. 종종 개인은 체중이 더 이상 감소하지 않는 정체기에 이른다. 엄격한 식이요법을 멈춤으로 인해 개인은 폭식증에 빠질 수 있다. 어떤 사람들은 음식을 "좋은" 음식과 "나쁜" 음식으로 분류하고 금지된 음식을 먹었을 때 죄의식을 느낀다. 다른 다이어트 방법을 시도할 때까지 이전에 식사하던 방법으로 다시 돌아가 체중이 증가될 수도 있다. 체중에는 요요현상이 일어나고 건강에도 영향을 미칠 수 있다.

정체기 plateau period
체중변화가 전혀 일어나지 않는 시기

요요현상 yo-yo effect
불안정한 음식섭취(엄격한 식사에서부터 과식까지)로 체중이 다시 증가하거나 감소됨

표 14-3 기존 방식에서 벗어난 체중 감량 방법

다이어트 방법	장점	단점
저탄수화물식(하루 100g 미만) (Atkins, South Beach, Protein Power)	초기에 빠른 속도로 감량; 낮은 순환성 포도당; 지질 감소를 볼 수 있음	초기 감량의 많은 부분이 물; 체력 고갈과 케톤증을 유발할 수 있음; 건강에 해로운 지방이 많은 Akins; 높은 단백질량이 신장에 부담을 줌; 1년 후 저지방식이를 한 것에 비해 많은 체중 감량을 기대하기 어려움
최저지방식(지방으로부터 얻은 칼로리가 20% 이하) (T-Factor, Pritikin, Ornish)	정상적인 상태에서 건강에 좋은 음식을 다양하게 제공함: 심장질환과 암의 위험도를 줄임	일부 사람들의 경우 포만감과 기호성에 대해 고민이 있을 수 있음; 지용성 비타민과 무기질의 흡수를 저하시킴
특정 영양소 식품 또는 조합을 조장하는 새로운 다이어트법	빠른 체중 감량을 조장할 수 있음	영양 면에서 부적절; 식습관이나 체중과 관련하여 영구적인 변화를 조장하기 어려움
Paleo—hunter, gatherer 다이어트	포만감을 주고, 체중 감량에 효과적이며, 혈당과 혈압을 조절한	칼슘, 비타민 D, B 비타민 그룹, 엽산 저하; 육류, 가금류, 해산물 섭취량이 많기 때문에 비용 부담이 있음; 콩류, 통곡물, 유제품과 같은 영양가가 높은 식품 섭취
Fit for Life	채소 섭취를 권장	음식물 조합을 교육함. 칼슘, 아연, 철분, 비타민 B_{12}과 D의 섭취량이 적음
Enter the Zone	여섯 번의 소량의 식사로 에너지를 안정적으로 공급	섬유질이 적고 일부 영양소는 적음: 영양가가 좋지만 일부 고혈당 식품은 위험한 것으로 나타남
최저열량식(하루 800칼로리 이하) 또는 포뮬라 (Optifast, Medifast, Cambridge)	빠른 체중 저하 행동단서와 음식에 대한 결정을 없애줌	의사에 의해 관찰되지 않는다면 저열량식이는 위험할 수 있음; 장기간의 행동변화를 만들어내지 못함
사전 측정법(Jenny Craig, Nutrisystem)	일반적으로 안전하고 효과적임 음식에 대한 결정을 없애줌	비용 부담이 있고, 대상자가 집에서 먹는 음식의 형태로 호환하는 데 어려움이 있을 수 있음

출처: Adapted from Zonya Health International. *Zonya's Diet Comparison Chart*. 2003, 2006. www.zonya.com; Bastin, Sandra. *Fad Diets*. UK Cooperative Extension Service. www.ca.uky.edu

행동 수정 방법

체중 감량을 위해 어떤 유형의 식사 패턴을 선택하든지 상관없이 행동변화는 필수적이다. 숙련된 임상가라면 대상자가 행동을 변화시킬 준비가 되어 있는지를 먼저 평가해야 한다. 최근 많은 임상의들은 동기 부여 면담 기술을 교육받고 있다. 동기 부여 면담은 증거 기반 대화 방법을 사용하는 상담법으로, 사람들이 변화 과정을 계획하고 시작할 수 있도록 돕는다. 이 상담기술을 사용함으로써 대상자들이 양가감정을 표현하고 해결해나가도록 도우며, "변화에 대한 대화"를 할 수 있도록 돕는다.

동기 부여 인터뷰의 네 가지 원리는 다음과 같다:

- *공감을 표현하기*—대상자의 메시지를 이해하였음을 전달하도록 반영적인 경청을 한다.
- *저항에 우회하기*—대상자의 저항에 대립하기보다는 심사숙고하며 저항을 직면한다.

동기 부여 면담 motivational interviewing
양가감정을 탐색하고 해결함으로써 행동변화를 조장하도록 설계된 근거기반 상담법

- *불일치를 조성하기*—대상자가 최근의 행동보다 얼마나 깊은 가치 차이가 있는지 이해하도록 돕는다.
- *자기효능감을 지지하기*—변화할 수 있다는 자신감을 지지해주도록 한다.

간호사, 의사, 정신 건강 전문가, 영양사, 건강 코치 및 기타 관련 전문가들은 대상자의 행동변화를 효과적으로 촉진하기 위해 이 방법을 사용하도록 훈련받고 있다.

에너지 균형에 영향을 주고 비만에 기여하는 수많은 행동 패턴들이 있다. 아침 식사를 거르거나 텔레비전 앞에서 식사를 하거나 야식, 적절한 수면의 부족, 급하게 하는 운동, 스트레스 해소나 감정 조절을 위해 먹는 습관은 우리가 흔히 하는 행동 패턴들이다. 그러한 행동 패턴들이 어떻게 시작되는지 분명하지는 않으나 영구적인 변화를 만들기 위해서는 먼저 그러한 행동들을 표면으로 이끌어 낼 필요가 있다. 대상자는 자신의 음식 및 운동과 연관된 습관들을 평가하고 장애요인을 찾아내어야 한다. 이러한 과정을 통해 기본적인 문제가 무엇인지 추적하여야 한다. 행동 변화를 위해서는 변화를 받아들이고자 하는 마음가짐과 준비단계가 요구된다.

체중 감량 대상자를 위한 행동전략을 소개하면 다음과 같다:

- 식사와 운동에 있어서 행동의 변화를 가져오기 위해 구체적이고 현실적인 목표를 설정하고 새로운 일과를 시작한다.
- 음식 섭취량과 신체 활동량을 기록한다. 최근 많은 사람들은 디지털 운동 추적기(digital fitness tracker)를 활용하여 운동량과 음식 섭취량을 추적한다(**그림 14-8**). 대상자들은 상당히 많은 것을 알게 될 것이며, 자신이 먹는 것이 모두 기록된다는 것을 알게 되었을 때 평소와 다르게 먹기도 한다. 사람들은 자신이 실제로 하는 것보다 많은 양의 운동을 한다고 생각할 수 있지만 기록을 통해 그렇지 않음을 알게 된다. 자신의 일지에 대한 반성을 통해 대상자는 새로운 습관을 배우고자 하는 마음이 생길 것이다. 웰빙 습관은 대상자가 자부심을 갖고 건강을 향상시키는 과정을 통해 장기적으로 늘어날 것이다.
- 음식 기록에서 대상자들은 식사패턴과 연관된 자신의 감정을 포함시키고, 식사를 마칠 때 배고픔과 포만감 정도를 평가하고 싶을 수 있다. 때로는 배가 고프지 않은 상황에서 식사가 이루어지며, 대상자들은 너무 많이 먹거나 이미 배가 부른 상태에서 식사를 할 수도 있다. 식사에 대한 알람으로써 정상적으로 배고픔과 배부름을 감지하는 것은 중요하다.
- 대상자에게 과식을 피하기 위해 주위 환경을 바꾸도록 독려한다. 예를 들어, TV 앞에서 식사하는 것을 피할 수 있을 것이다. 간식류와 과자류에 현혹되지 않고 식품 저장실을 건강식품으로 가득 채우도록 하고, 점심과 간식을 먹을 때 균형잡힌 음식을 섭취하도록 한다.
- 대상자에게 음식이 아닌 다른 방식으로 성공을 보상한다. 그들이 목표

그림 14-8 최근 많은 사람들은 체력단련 디바이스를 활용하여 자신의 건강상태를 관찰한다.

를 달성할 때에는 영화, 음악 CD, 직장에서 벗어난 오후, 마사지 또는 개인적인 시간을 즐기는 것으로 보상한다면 기분 좋을 것이다.

- 대상자들은 건강관리 제공자, 친구 또는 배우자의 지원이 필요하다. 전화, 이메일 또는 문자를 통해 도움을 줄 수 있다. 지역 지원 단체에 가입한다면 좀 더 책임 있는 지원을 받을 수 있을 것이다.
- 대상자가 자체 모니터링을 위해 일주일에 한 번만 체중을 측정하도록 지시한다. 저울대 위에 올라가는 것이 꺼려지는 대상자들은 줄자를 이용한 측정만을 하고자 할 것이다.

신체 활동

근육을 구축하고 유지하기 위해 건강한 식이요법과 함께 신체 활동을 유지하는 것은 체중 감소 및 건강한 체중 유지를 위한 필수 요소이다. 신체 활동에 대한 연구들은 설득력이 있다. 운동은 다음과 같은 이점을 제공한다:

- 만성질환의 위험성을 감소시키고(예, 심장질환, 당뇨병, 암) 적정 혈압을 유지시킨다.
- 폐를 강화하고 폐기능을 향상시킨다.
- 근육을 구축하고 근력을 강화하며 관절 상태를 양호하게 유지한다.
- 뼈의 손실 속도를 느리게 할 수 있다.
- 에너지 수준을 향상시키고 자신감을 향상시킨다.
- 스트레스를 줄이고 우울을 줄임으로써 정서적 이완과 대처기술을 돕는다.
- 숙면 습관을 갖도록 돕는다.
- 면역력을 향상시킨다.

얼마나 많은 활동이 필요한가?

- 건강을 향상시키고 질병의 위험을 줄이기 위해서는 매일 최소 30분간 보통 수준의 신체 활동을 목표로 한다.
- 체중관리와 점진적인 체중 증가를 예방하기 위해서는 매일 60분간 보통 수준에서 격렬한 수준의 신체 활동을 목표로 한다.
- 체중 감량을 유지하려면 매일 최소 60~90분 보통 수준의 신체 활동을 목표로 한다.

일부 사람들의 경우 운동을 15분 단위로 나누는 것이 유용하다. 대상자가 한동안 활동이 없었다면 활동을 천천히 시작하고 점진적으로 활동량을 증가시켜야 한다. 예를 들어, 일주일에 세 번 10~15분 동안 걷기 시작한 다음, 활발한 걷기를 권장량만큼 점차 늘리도록 한다.

일부 과체중인 사람들은 신체 활동을 "혼자서는" 성공하기 어려울 수 있으며, 영양사의 도움으로 정규화된 프로그램을 따라야 할 수도 있다. 영양사는 일대일 체중관리 상담이나 그룹 상담을 통해 대상자를 만날 수 있다. 그룹 수업은 참

웹사이트 탐색
EXPLORING THE WEB

Mayo Clinic 웹사이트(http://www.mayoclinic.com)에 접속하여 대중에게 알려져 거래되고 있는 체중 감량 약물에 대한 비판을 해보기 바란다. 다른 상품들도 검토하고 그들의 주장과 효과 그리고 안전성에 대해 살펴보도록 한다.

가자들에게 정서적 지원, 개선된 학습 및 중요한 책임을 제공할 수 있다. 행동 치료 전문가뿐만 아니라 운동 과학자의 지시는 체중관리를 위한 포괄적인 프로그램 설계에 기초를 제공한다. 의사의 감독과 의료적 감시 또한 중요한 변수이다.

새로운 의료 개혁으로 1차 진료 의료기관은 이제 "의료 가정"이라고 불린다. 일차진료의는 문지기이며 전반적인 치료를 조직한다. 많은 과체중 및 비만 환자는 이러한 기관을 통해 체중 감량을 위한 건강 습관에 대해 초기 코칭을 받는다. 2011년 말 이후로 BMI 30 이상에 해당하는 상당수의 의료보험 대상자들이 매주 전문가 상담 방문을 한 달간 받을 수 있게 되었으며, 추가로 5개월간 격주 방문이 이어진다. 이들은 모두 의료보험(Medicare)에 의해 전액 지원된다.

체중 감량 약물

일부 대상자들은 체중 감량 약물 처방을 요청한다. 2015 미국 내분비학회의 비만을 위한 실무 가이드라인(Endocrine Society Practice Guidelines for Obesity)에 따르면, 체중 감량 및 관리에 실패한 경우 약물라벨의 가이드라인을 충족한다면 약물요법 대상이 될 수 있다.

체중 감량 약물 처방은 BMI가 30 이상이거나 BMI가 27 이상이면서 고혈압, 제2형 당뇨병 또는 이상지질혈증과 같은 관련 질병이 있는 대상자에게만 승인된다. 식욕 억제제(FDA에 의해 승인된)는 단기간에 한하여 사용된다. 이 치료법의 효능과 안전성은 첫 3개월 동안 매월, 그 다음에는 적어도 3개월마다 확인되어야 한다.

가장 많이 처방된 상위 5위의 체중 감량 약물은 다음과 같다.

- *올리스타트(Orlistat)*—제니칼(Xenical) 및 알리(Alli)라는 상호명으로 판매된다. 이 약물은 지방이 음식에서 신체로 흡수되는 것을 막는 리파아제 억제제이다. 부작용은 장내 가스, 기름진 장운동 및 기타 장과 관련된 변화, 노란색 피부와 눈, 가려움, 식욕 감퇴 등의 증상 및 징후를 동반하는 간 기능 장애가 있다. 이 약물에 대한 체중 감량 연구는 많지 않다.
- *로카세린(Lorcaserin)*—벨빅(Belviq)이라는 상호명으로 판매된다. 이 약물은 대뇌 수용체에 작용하여 포만감을 촉진시켜 사용자가 덜 섭취하도록 유도한다. 2012년에 승인된 이 약물은 다른 선택적 약물인 세로토닌 재흡수 저해제(SSRI)와 함께 사용할 수 없다. 부작용으로는 졸음, 두통 및 변비가 있을 수 있다. 식이요법과 운동을 병행하면 위약보다 3~3.7% 정도 더 많이 체중이 감량된다.
- *펜터민(Phentermine) + 토피라메이트(Topiramate)*—큐시미아(Qsymia)라는 상품명으로 판매된다. Phentermine은 식욕을 감소시키는 자극제이며 Topiramate는 식욕을 감소시키고 조기 포만감을 유발하는 발작 및 편두통 치료제이다. 출산 연령의 여성은 난산의 가능성이 있으므로 피임을 병행해야 한다. 식이요법과 운동을 병행하면 위약을 복용한 환자의

1.5%에 비해 평균 9%의 체중이 감소된다.

- *부프로피온(Bupropion) + 날트렉손(Naltrexone)*—콘트라브(Contrave)라는 상품명으로 판매된다. 이 약물은 식사를 포함한 보상활동을 수반하는 대뇌순환과 배고픔을 조절하는 뇌의 시상하부를 표적으로 한다. 이 약물은 심장 및 심혈관 계통에 대한 장기적인 영향에 대한 우려로 FDA에 의해 처음부터 거부되었다. Bupropion은 자살 충동의 위험이 증가함에 따라 블랙박스 경고를 부착했다. 한 연구에 의하면 이 약물을 식이요법과 운동과 함께 복용함으로써 42%의 환자가 체중의 5% 이상 감량을 보였다.
- *리라글루티드(Liraglutide)*—삭센다(Saxenda)라는 상품명으로 판매된다. 이 약물은 동물 연구 결과 갑상샘 종양을 일으킨다는 사실을 알리는 블랙박스 경고가 있다. 연구결과를 보면, 34%의 위약 복용자에 비해 본 약물 사용자의 62%에서 5% 이상 체중 감량을 보였다.

3개월 사용 후 체중의 5% 이상 감량되지 않는 환자는 약물을 중단해야 한다. 체중 감량 약물 요법 대상으로 간주되는 환자들에게는 비용적인 이점을 신중히 고려해야 한다.

시중에는 처방전 없이 구입할 수 있는 체중 감량 약물과 "지방 연소"를 촉진하는 보조제가 많이 판매되고 있다. 대부분의 제품은 효과가 입증되지 않았고 일부는 위험할 수 있다. FDA가 안전성을 감시하고 필요한 경우 제품을 회수하거나 금지하고 있지만 보조제나 체중 감량 보조기구는 처방약과 동일한 엄격한 기준을 적용받지 않는다.

체중 감량 수술

지속 가능한 체중 감량 노력이 실패하면 일부 비만 대상자들은 비만(bariatric) 수술을 선택한다. 미국에서 일반적인 4가지 유형의 수술은 다음과 같다(**그림 14-9**).

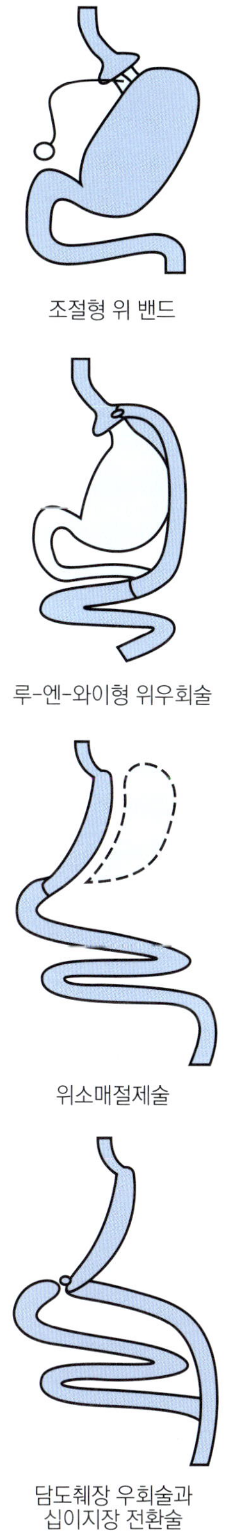

그림 14-9 비만 수술의 4가지 유형.

- *조절형 위 밴드(adjustable gastric band, AGB)*. 작은 팔찌 모양의 밴드가 위의 위쪽을 감싸며 배치되어 인후에서 위까지 개구의 크기를 제한하여 음식물 섭취를 줄인다. 개구부의 크기는 밴드 내부의 풍선을 통해 제어할 수 있다.
- *루-엔-와이형 위우회술(Roux-en-Y gastric bypass, RYGB)*. 위 안에 작은 주머니를 만들어 주어 음식 섭취량을 제한하는 수술이다. 주머니는 위와 십이지장을 우회하여 장의 다른 부분에 연결됨으로써 음식물의 흡수 방식을 변경한다. 주머니는 호두만한 크기이다.
- *위소매절제술(vertical sleeve gastrectomy, VSG)*. 이 새로운 절차는 십이지장으로 비워지는 소매 모양의 튜브형 위(stomach)만을 남기고 수직 방식으로 많은 위를 제거하는 수술이다. 위의 많은 부분이 제거되었

기 때문에, 위 수직 결찰술보다 배고픔을 줄이는 그렐린 분비가 적다.

- *담도췌장 우회술과 십이지장 전환술(Biliopancreatic diversion with duodenal switch, BPD-DS).* 때때로 이 수술은 위소매절제술 6~18개월 후에 체중 감량 수술의 "단계적 접근"으로 수행된다. 이 수술은 소장의 많은 곳에서 소매를 바꿔주며, 담즙과 위액을 우회하여 소화와 흡수를 변화시킨다.

비만 수술은 BMI가 40 이상이거나 비만과 관련된 심각한 건강문제(예, 제2형 당뇨병, 심장병 또는 심한 수면 무호흡)가 있는 BMI가 35 이상인 성인이 선택할 수 있다. FDA는 최근 BMI가 30 이상이면서 심장질환이나 당뇨병과 같은 비만과 관련된 상태 중 적어도 한 가지의 건강문제를 가지고 있는 환자들의 조절형 위밴드 수술을 승인했다.

수술이 승인되기 전에, 대상자는 체중 감량의 전통적인 방법을 시도했고 성공하지 못했음을 증명하여야 한다. 종종 적절한 후보자이며 체중 감소 및 신체 이미지의 변화에 잘 대응할 수 있는지 결정하기 위해 심리적 평가가 이루어진다. 외과의는 대상자에게 주어진 상황에 대한 이해와 남은 삶을 살아가는 동안 광범위한 음식, 운동, 의료적 지시를 잘 따를 의지가 있는지 보여줄 것을 요청한다. 수술을 집도할 외과 의사, 일차 진료 주치의, 심리학자 및 영양사는 치료 팀의 핵심 인물이다.

부작용으로는 출혈, 감염, 봉합한 장부위의 누출, 설사 및 다리의 혈전(폐와 심장으로 이동할 수 있음)이 포함된다. 나중에 발생할 수 있는 부작용에는 영양 부족이 있는데, 이것은 특히 처방된 비타민과 무기질을 복용하지 않는 대상자에게서 나타날 수 있다. 비타민 B_{12}, 철분, 비타민 D, 엽산은 특히 중요하다. 일반적으로 종합비타민을 섭취하면 충분한 칼슘과 비타민 D를 포함하여 하루 필요량의 200%를 공급받게 된다. 비타민 B_{12}는 설하로 제공된다. 고지방, 고당류 음식물을 섭취할 때 경련을 경험하는 덤핑 증후군(dumping syndrome)이 발생할 수 있다. 젖당불내증, 탈모 및 맛의 변화는 비만 수술 후 일반적으로 경험되는 부작용이다. 비만 수술을 위해 처음 입원한 대상자들에서 나타나는 합병증 발병률은 이전의 결과보다는 낮아진 15%이다. 많은 수술이 이제 복강경으로 된다.

비만 수술 후 환자는 최종적으로 30cc 크기의 위장 주머니를 갖게 되는데, 치료가 마무리되기까지 약 6~8주가 소요된다. 먼저 2~3주 동안 고단백 액체 식단이 시작되고, 그 다음 4~6주 동안에는 연질 고체 단백질 식이로 전환된다. 그 이후부터 부드럽고 수분이 많은 음식을 시작하게 되는데, 식사와 별도로 수분을 섭취해야 하며 식사시간은 30~60분을 필요로 한다.

6~8주 사이에 치유가 완료된 후 비만 수술 환자의 일일 식단 지침은 다음과 같다:

- 1,900cc의 수분

- 부드럽게 다진 육류, 생선, 가금류, 또는 다른 단백질 공급원의 단백질 60~80g. 어떤 사람들은 붉은 고기 섭취에 어려움이 있을 수 있다.
- 하루 세 번의 과일과 채소 공급. 어떤 사람들은 생식 섭취에 어려움이 있을 수 있다.
- 하루 세 번의 통곡물 공급. 어떤 사람들은 쌀, 국수류, 또는 말랑말랑한 빵을 섭취하는 데 어려움이 있을 수 있다.
- 전체적인 초점은 저지방, 저당, 고단백 식이에 맞춰져 있다.

체중 감량 수술은 초과된 체중의 50%가 감소하고, 감소된 체중이 5년까지 지속될 때 성공한 것으로 간주된다. 비만 수술 비용은 2만~2만5천 달러가 소요될 수 있으며, 보험 혜택은 거주지역(국가, 주)과 보험계획에 따라 다르다.

최근에는 일시적으로 이식하는 풍선장치와 같이 덜 침습적인 치료방법이 FDA로부터 승인받고 있다. 연결된 2개의 풍선이 내시경으로 위장에 삽입되고 생리식염수로 채워진다. 따라서 소량의 음식만으로도 포만감을 느끼게 되기 때문에 빠른 체중절감 효과를 기대할 수 있다. 이 장치는 6개월 동안 위장에 머무르며, 이후 제거된다. 동일한 효과를 모방한 대체 제품도 있다. 이 제품은 아주 가느다란 카테터가 부착된 캡슐 형태의 풍선으로 삼킨 후 풍선을 채우기 위해 식염수를 넣어준다. 이 제품 또한 풍선이 위 안에서 포만감을 만들어내는 원리를 사용한다. 다른 점은 일정 기간이 지난 후 이 풍선은 위장계를 통해 빠져 나간다는 점이다.

많은 사람들이 체중 감량에 성공하는 데 어려움을 겪고 있다. 체중 감량에 대한 유혹은 많지 받지만 다이어트의 95%는 실패한다는 말들을 많이 듣게 된다. 그러나 개인이 자신의 생각, 습관 및 환경을 바꿀 준비가 되어있다면 건강한 체중은 충분히 성공 가능성이 있다. 연구에 따르면 과체중인 사람의 약 20%에서 초기 체중의 10% 이상을 잃고 적어도 1년 동안 체중을 유지한 경우 장기적으로 체중 감소에 성공하는 것으로 나타났다. 최신 연구에 따르면 비만인 대상자의 29.7%가 1년 체중 감량 유지에 성공한 것으로 나타났다.

1994년에 설립된 미국 체중조절연구소(National Weight Control Registry)는 장기간 성공적으로 체중 감량을 유지 관리하는 사람들에 대한 가장 큰 규모의 전향적 조사결과를 제공하고 있다. 이곳에서는 상당한 체중 감량을 하였고, 그 체중을 장기간 유지하고 있는 10,000명 이상의 사람들의 자료를 브라운 의과대학(Brown University School of Medicine)으로부터 받아 추적 조사하고 있다.

참여자들 사이에서 공통적으로 보고된 확실한 습관에는 저칼로리, 저지방 식이요법을 유지하고 높은 수준의 활동을 하는 것이 포함되었다.

- 78%는 매일 아침 식사를 한다.
- 75%는 적어도 일주일에 한 번 체중을 측정한다.
- 62%는 주당 TV 시청을 10시간 미만으로 유지한다.
- 90% 평균 하루 약 한 시간의 운동을 한다.

아동기 비만 문제

이 장의 앞부분에서 언급되었듯이, 아동기의 비만은 최근 공공보건의 응급사태로 간주되고 있다. 지난 30년 동안 미국의 소아 비만율은 3배가 되었다. 오늘날 미국 내 어린이들의 세 명 중 한 명은 과체중이거나 비만이다. 불행히도, 어린 시절의 체중 문제는 성인기로 이어진다. 과체중인 청소년이 과체중 또는 비만 성인이 될 확률이 70%이다. 적어도 한 부모가 과체중 또는 비만이라면 그 가능성은 80%로 증가한다.

아프리카계 미국인과 히스패닉계 미국인 중 아동의 약 40%가 과체중 또는 비만이다. 높은 소아 비만율을 보이고 있는 10개 중 9개의 주는 남부에 있으며, 이러한 소아 비만율은 빈곤율과도 관계가 있다.

이러한 비만율 증가 때문에 연구자들은 지금의 아이들이 부모보다 수명이 짧은 1세대 아동이 될 것으로 예측한다. 최근 연구에 따르면 비만, 포도당 불내성, 소아기와 청소년기의 혈압 상승은 조기 사망률 증가와 관련이 있다.

고콜레스테롤 및 고혈압과 같은 심장질환의 위험 요인은 과체중 아동과 청소년의 경우 건강한 체중을 가진 아동과 비교하여 더욱 빈도수가 높게 발생한다. 이전에 성인병으로 간주되었던 제2형 당뇨병도 소아 및 청소년에서 급격히 증가하고 있다. 12장에서 언급되었듯이 과체중과 비만은 제2형 당뇨병과 그 전구체인 인슐린 저항과 밀접하게 연관되어 있다. 천식, 간지방증(지방 간) 및 수면무호흡증은 때때로 과체중의 청소년과 관련된 다른 질환들이다. 다낭성난소증후군(polycystic ovarian syndrome, PCOS)은 호르몬 불균형 상태로 인슐린 저항성과 관련이 있을 수 있으며, 과체중 10대 소녀들에게서 나타나기도 한다.

과체중의 가장 즉각적인 결과는 아동 스스로 느끼는 사회적 차별이다. 과체중 아동은 본인이 게으르거나 부족한 학생으로 보이고 있다고 느낄 수 있다. 많은 과체중 아동들이 놀림과 괴롭힘의 대상이 되고 있으며, 이는 낮은 자존감과 우울로 이어진다. 낮은 자존감은 학업능력이나 사회적 기능을 저해하고, 이러한 문제는 성인기로 연결될 수 있다(그림 14-10).

그림 14-10 과체중 아동은 낮은 자존감으로 인해 괴롭고, 격리된 느낌을 경험할 수 있다.

오늘날 아이들은 어린 시절 주로 바깥에서 뛰어놀았던 그들의 부모, 조부모들과 다른 삶을 살고 있다. 이제 주변의 이웃들은 예전만큼 안전하지 않고, 외부 놀이도 제한적이다. 등교 방법 또한 도보에서 자동차 또는 버스로 대체되었다. 체육관 수업 및 방과 후 스포츠 활동은 폐지 대상의 교과목이 되었다. 연구자들은 6~11세 아동의 42%만이 권장된 바대로 하루 60분의 신체 활동을 하고 있으며, 청소년의 8%만이 이 목표를 달성하고 있음을 알고 있다.

오후와 저녁 시간대는 텔레비전, 비디오 게임, 온라인 컴퓨터, 문자 메시지로 가득 차 있다. 미국 아동 1인당 평균 미디어 시간은 7.5시간이다. 오늘날 가족들은 집에서 조리한 식사를 함께 먹는 일이 거의 없다. 식사와 식사 사이의 간식

표 14-4 과체중과 비만 원인

- 아침 식사를 거름
- 과일과 채소의 섭취량이 적음
- 당이 첨가된 음료의 섭취
- 지나친 미디어 사용 시간(특히 침대에서 TV 시청하기)
- 낮은 신체 활동 수준
- 가족들이 함께 식사하지 않음
- 입맛에 맞는 음식을 부모가 제한함

출처: Intermountain Health Care. Primary Care Guide to Weight Management in Children and Adolescents. 2007 (updated 2010). www.intermountainhealthcare.org.

이 풍족하고 아이들은 하루 중 언제든지 통제가 안 되는 양의 음식을 얻을 수 있다. 미국사회에서 음식환경에 대해 연구자들이 *독성*이라는 표현을 사용하는 것은 이제 놀랄만한 일이 아니다. **표 14-4**는 아동기 과체중과 비만을 초래하는 주요 행동들을 개략적으로 보여준다.

질병관리본부(CDC)와 미국소아과학회(American Academy of Pediatrics, AAP)는 BMI를 사용하여 2세부터 시작하는 아동의 과체중 및 비만 여부를 검사할 것을 권장한다. BMI는 아동 및 청소년을 위해 계산할 수 있으며 그 결과 숫자는 CDC의 "BMI-for-age" 성장 차트에 표기되었다. 이 백분위수는 실무자들이 동일한 성별 및 연령대 어린이들의 평균치와 비교하여 성장을 평가하는 데 도움이 된다. 85%와 95% 사이에 해당되는 BMI는 과체중으로 간주된다. 95% 이상의 BMI에 해당된다면 비만으로 간주된다(**그림 14-11**).

과체중 및 비만 아동과 청소년에 대한 중요한 관점은 정상적인 성장과 발달을 허용하면서 체중 증가 속도를 늦추는 생활 습관 변화를 고려하는 것이다. 만일 성장기에 단순히 체중 증가 속도가 느려지거나 중단되고, "키"도 잘 크지 않는다면 BMI는 낮거나 정상일 수 있다. 그러나 만일 고콜레스테롤, 고혈압, 고혈당 문제가 있고 과체중 또는 비만의 문제도 가지고 있다면 약간의 체중 저하가 나타날 수 있다. **표 14-5**는 아이들의 체중관리 또는 체중 감소 지침을 보여준다.

아동기 체중 감량 전략

아동이나 청소년의 과체중 또는 비만 치료는 성공할 수 있다. 부모는 아이들의 음식 환경을 개선하고 신체를 단련하게 할 수 있고, 특히 역할 모델인 부모는 더욱 그렇다. 긍정적인 지원과 일관성이 있을 때 대책이 성공적일 수 있다. 중요한 전략은 다음과 같다:

- 식탁에서 적절한 시간에 식사와 간식을 제공하도록 하며, 다른 시간에 음식을 제공하는 일이 없도록 한다.
- 천천히 의식적으로 식사하는 모습을 자녀들에게 보임으로써 만족스러울 때까지 먹어도 됨을 "믿도록" 한다.
- 신선하고 균형잡힌 식사를 준비하되 소량의 "대접용" 음식(쿠키나 칩)

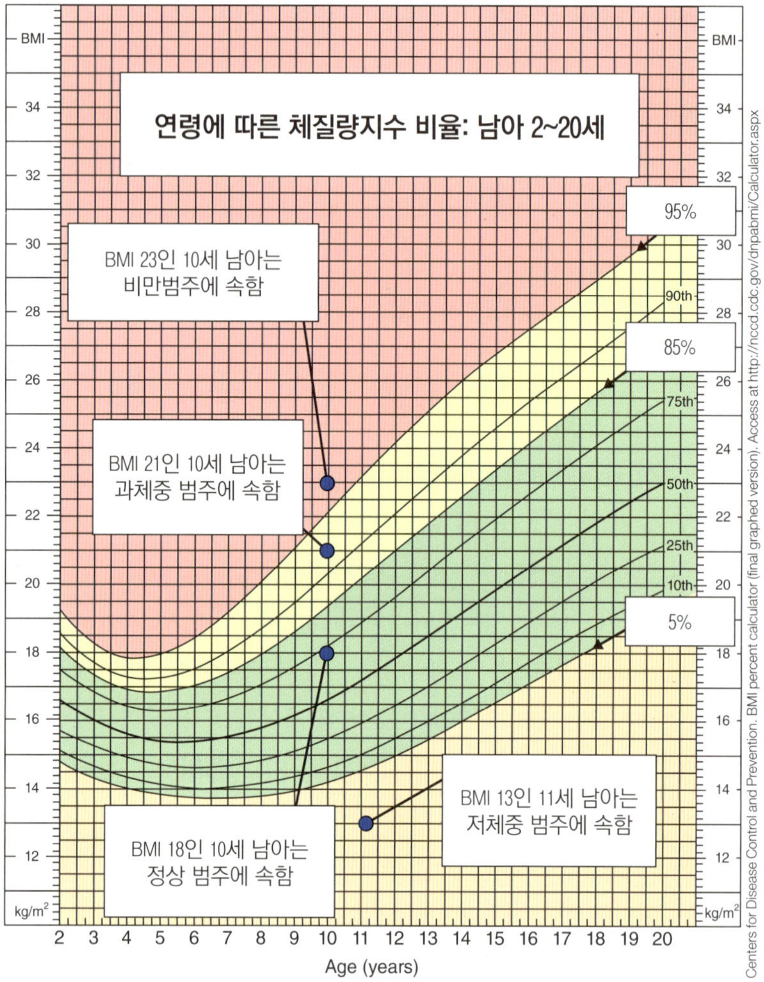

그림 14-11 10세 남아의 BMI와 체중 수준을 보여주는 CDS 성장 차트 예시.

을 주 몇 회 정도 포함시키도록 함으로써 음식 섭취에 대한 권한을 박탈당한 느낌이 없게 한다(이렇게 함으로써 이들 음식들이 "금기 음식"처럼 보이지 않게 한다).

- 인슐린 저항이 있는 아이들을 위해서는 섬유소와 영양소의 밀도가 특히 중요하다는 것을 고려하도록 한다.
- 집안에서 할 수 있는 재미있는 활동을 선택할 수 있도록 계획하고 스포

표 14-5 과체중 또는 비만 아동을 위한 체중 가이드라인

연령	건강	과체중(85~95% 범위)	비만(95% 이상 범위)
2~7세	건강함 2차 합병증*	유지 유지	유지 매우 느리게 체중 감량
7세 이상	건강함 2차 합병증*	유지 체중 감량(2~4lb/mo)	체중 감량(2~4lb/mo) 체중 감량(1~2lb/week)

*2차 합병증에는 고콜레스테롤, 고혈압, 인슐린 저항, 수면 무호흡, 지방간, 관절문제, PCOS, 또는 우울/불안이 포함된다.
출처: Intermountain Health Care. Primary Care Guide to Weight Management in Children and Adolescents, 2007 (undated 2010). www.intermountainhealthcare.org.

츠 활동에 참여하도록 장려한다.

- 더 많은 활동에 아이들이 참여할 수 있도록 하기 위해 미디어 보는 시간을 제한하는 부모의 역할이 필요함을 이해하도록 한다.
- 건강한 습관의 변화는 한 사람이 과체중의 아이를 돌보는 방법이 아니라 가족의 일로 이해되어야 한다.

과체중 아동의 가족이 추가 지원이 필요하다면, 병원, 클리닉, 레크리에이션 센터 또는 학교의 가족 기반 치료 프로그램에서 답을 찾을 수 있다. 가장 성공적인 프로그램은 행동 기반 건강식과 운동 프로그램들이다. 다른 프로그램들이 주로 체중 증가를 저지하거나 체중 감량을 촉진한다면, 체력단련과 건강을 향상시키는 대중적인 프로로그램으로 CATCH (Child and Adolescent Trial for Cardiovascular Health) 프로그램, LEAP (Lifestyle Education for Activity Program), Project SPARK (Sports, Play, and Active Recreation for Kids), 그리고 지역 YMCA 청소년 프로그램이 있다.

매우 심각한 비만 청소년의 치료로 때로 비만 수술이 사용되기도 한다. 비만수술 후 체중은 감소한다. 그러나 그들의 신체적 성장발달과 정서에 미치는 장기적인 영향에 대해서는 논란이 있다. 의사들은 성인과 마찬가지로 가족은 체중 감량을 위해 6개월 동안 노력하고 10대 수술을 고려해야 한다고 제안한다. 수술 대상자는 다음 세 가지 기준을 충족해야 한다: 1) BMI가 40 이상인 고도비만; 2) 신장이 성인 수준에 도달(여자 13세 이상, 남자 15세 이상); 3) 체중과 관련된 심각한 건강문제 발생(예, 제2형 당뇨병 또는 수면 무호흡증). 그밖에도 의사들은 수술 대상자의 정서적 안정성과 생활양식의 변화에 대한 의지를 평가해야 한다. 주로 사용되는 수술법은 위우회술(Gastric bypass surgery)이다. 조절형위밴드술(adjusted gastric banding)은 미국에서 18세 미만의 사람들에게는 승인되지 않았다.

전국적으로 비만 문제를 해결하기 위해서는 장기적인 노력이 필요하며, 많은 기관들이 함께 노력해야 한다. 개인, 가족, 지역사회, 학교, 기업, 정부 및 기타 단체들이 흐름을 바꿀 필요가 있다. 우리가 지금의 이 건강 위기를 어떻게 극복하느냐가 지금 세대에게 결정적인 순간이 될 것이다. 이러한 동향이 앞으로 다가올 세대의 건강을 점차 해치게 될 것임을 고려한다면 사안의 심각성은 크다. 건강한 결정을 하고 변화를 가로막는 장애물을 제거하는 능력을 강화하기 위해서는 정책적 변화가 필수적이며, 특히 선택의 폭이 제한적인 사람들을 위해서는 더욱 그러하다.

미국인의 건강을 위해 비만을 예방하고 줄이기 위한 움직임이 가속도가 붙어 확산되고 있다. 이러한 것들을 수행해 나가는 것은 전국 규모의 노력의 증가와 유지가 필요하기 때문에 더욱 어려워질 것이다. 정부의 노력 이외에도 로버트 우드 존슨 재단(Robert Wood Johonson Foundation)은 소아 비만 퇴치 목표를 수

립했다. 민간 및 공공 부문에 대한 비전과 영향력을 통해 다음과 같은 노력을 이끌어내고 있다:

- 학교에서 제공되는 모든 음식과 음료가 미국인을 위한 식이지침을 충족하거나 초과하는지 확인한다.
- 새로 생기거나 좋아진 식료품점과 건강식품 매장을 통해 고품질 식품을 저렴하게 살 수 있는 접근성을 높이다.
- 학교 수업 및 방과 후 프로그램에서 신체 활동의 시간, 강도 및 기간을 늘린다.
- 지역사회 내의 주택환경을 향상함으로써 신체적 활동량을 늘린다.
- 건강식 구매를 조장하기 위한 가격 전략(투자 유인과 투자 제한)을 사용한다.
- 규제 정책 및 효과적인 산업 자율 규제를 통해 건강에 좋지 않은 식품 마케팅에 청소년이 노출되는 것을 줄인다.

건강과 더 나은 체중을 추구하는 대상자들을 위한 다양한 관련 자료들이 있다. 체중정보네트워크(Weight Information Network), 질병관리본부(CDC), 국립보건원(NIH) 및 미국심장협회(American Heart Association)와 같은 웹사이트는 쉽게 접근할 수 있는 정보와 자료를 제공한다. 아동기 과체중 예방에 대한 팁은 대부분의 웹 사이트에서 찾아볼 수 있다. 건강한 아이를 위한 행동강령(the Action for Healthy Kids), 건강한 세대를 위한 연합(the Alliance for a Healthy Generation)과 함께 정부의 Let's Move 프로그램은 아동의 과체중을 위한 훌륭한 지침과 자료를 제공하는 대규모의 플랫폼이 되어주고 있다. 건강한 식습관과 조리법 및 체력증진을 위한 정보는 TV 프로그램, 미디어, 잡지, 서적, 인터넷 및 의학 문헌을 통해 우리 문화에 풍부하게 제공되고 있다. 요즘에는 누구의 건강 추적이라도 도움을 받을 수 있는 온라인 칼로리 및 운동 계산기, 카운터, 스마트 폰 앱, 전산화된 운동기구들이 많이 보급되고 있다.

저체중

마른 상태를 유지하는 것이 유익하더라도 심한 저체중 또한 위험성이 있다. 저체중은 건강 상태나 절충식에 의한 결과일 수 있다. 저체중은 식욕부진, 우울, 암, 기타 여러 가지 병적 상태에 있는 사람들에게서 나타난다. 신체조직 소모, 영양소 흡수 부족, 감염, 과도한 활동 또는 갑상샘기능항진증의 결과일 수 있다. 저체중인 사람들은 면역 체계가 저하되어 있을 수 있고, 근육량이 적고, 뼈 상태가 악화되고, 수준 이하의 영양 상태에 있을 수 있다.

성인의 경우 BMI가 18.5 이하이면 저체중에 해당한다. 아동의 경우 BMI 차트의 5% 이하에 해당하면 저체중에 해당한다. 12장에서 설명되었듯이 아동의 경

주택환경 built environment
건강과 활동을 지원하기 위해서 인간에 의해 만들어진 지원과 공공기반 시설(예. 공원, 인도, 자전거길, 건강한 음식을 접근하는 경로)

갑상샘기능항진증 hyperthyroidism
갑상샘이 과량의 티록신과 T3를 분비하는 상태

우 체중 증가의 어려움은 성장이 어려운 상황에 처해있음을 의미한다. 이러한 상황은 질병이 원인일 수도 있고, 삼키고 소화하는 기능이나 부적절한 식이 제공, 또는 불균형 식이에 의해 발생할 수 있다. 유전이 저체중에 영향을 줄 수도 있지만 환경이 영향을 미칠 수 있다.

저체중 치료를 위해 고칼로리 식사를 제공한다. 목표가 주당 약 0.45kg 얻는 것이라면, 하루에 약 500칼로리를 섭취해야 한다. 체중을 늘리기 위해서는 조금 느긋하게 시작하는 것이 필요하며, 매 식사나 간식을 먹을 때마다 양을 조금씩 늘려야 한다. 일부 대상자는 음식을 잘 흡수하지 못하거나 일부 음식에 과민하다면 추가적인 비타민과 무기질을 섭취하여야 한다.

고칼로리 식단에서는 많은 양의 열량을 제공하지 않으면서 포만감을 갖게 하기 위해 부피가 너무 크거나, 음식에 너무 많은 양의 섬유질이나 수분을 넣은 음식을 권장하지 않는다. 고열량의 식이요법을 원할 때에는 샐러드, 국물 음식, 생채소, 아주 많은 양의 섬유질이 들어있는 시리얼, 인공감미료를 넣어 만든 저당 음식 또는 음료는 제한한다. 많은 양의 물을 마시는 것, 특히 식사 직전에 마시는 물은 포만감을 조장한다.

저체중 대상자에게 도움이 되는 몇 가지 방법을 소개하면 다음과 같다:

- 포만감이 느껴지지 않게 자주 먹는다(하루 5~6회 작은 식사).
- 영양분과 칼로리가 많은 식품을 섭취한다(예: 견과류, 씨앗류, 말린 과일, 달걀, 아보카도, 요구르트). 많은 양의 설탕이나 건강에 해로운 지방 섭취는 제한하도록 한다.
- 올리브 오일이나 카놀라유 또는 마요네즈와 같은 요리 시 음식에 건강한 지방을 첨가한다. 버터, 전유(whole milk) 및 치즈에는 더 많은 양의 포화지방이 들어있어서 콜레스테롤보다도 좀 더 신중한 섭취가 필요할 수 있다.
- 외부 음식점에서의 식사가 용이하지 않을 때 식사가 원만히 이루어지지 않을 수 있음을 고려해서 여행 또는 장기간 외출 시에는 음식을 포장해서 나가도록 한다.
- 밀크쉐이크와 푸딩, 수제 땅콩버터 그레놀라바와 같은 고밀도 식품을 집에서 만들 수 있는 고칼로리 간식 조리법을 알아둔다.
- 필요에 따라 칼로리를 증가시키기 위한 보충 음료를 고려한다.
- 저체중인 아이들의 부모에게 위협적이거나 불필요한 포상을 주거나 강압적으로 음식을 공급하지 않을 것을 권장한다. 이러한 방법은 아이들로 하여금 반대행동을 하게 하거나 음식을 거부하는 행동을 조장할 수 있다.
- 저체중 상태의 근본적인 원인을 철저히 조사하도록 한다.
- 전체적인 평가와 치료계획은 의사와 영양사에게 의뢰하도록 한다.

건강과 영양 고려사항

체중 조절은 복잡하고 많은 요인에 의해 결과가 달라진다. 대개 성공적인 결과를 얻기까지 여러 가지 방법으로 체중 조절을 시도한다. 한 사람에게 효과가 있었던 방법이 다른 사람에게는 효과가 없을 수도 있다. 체중 감량을 위해서는 개인의 환경에서 건강한 식생활과 운동에 대한 생각을 바꾸는 영구적인 생활방식의 변화가 요구된다. 실수가 있다면 개인은 이를 어떻게 발견하고 본래의 궤도에 다시 오를 수 있는 새로운 행동에 착수해야 한다. 대상자가 변화를 시작하도록 준비가 되어 있음을 보여줘야 한다. 과학과 "최신 방법"을 기반으로 한 효과적인 체중관리 자원들이 대상자에게 제공되어야 한다. 건강관리 제공자들은 대상자들이 스스로 현실적인 변화를 보고할 수 있도록 돕고, 향상된 건강과 체중을 달성하도록 지원할 수 있다. 뿐만 아니라 이들의 지원과 격려는 대상자에게 변화를 위한 길을 열어줄 것이다.

요약_SUMMARY

유전, 환경, 생활방식 모두가 체중에 영향을 미친다. 우리는 모두 음식섭취를 조절할 수 있는 능력을 가지고 태어났지만, 몇몇 사람들의 경우 외부의 영향에 반응하여 과식을 시작한다. 비만 위기는 전국적이며 심각한 건강상의 문제를 초래하고 있다. 어려서부터 과체중인 아이들은 성인이 되어서도 과체중인 경향이 있다. 변화된 음식섭취와 신체 활동의 저하는 다른 요인들에도 영향을 미친다. 미국인들은 장기적인 건강에 대한 견해가 정상체중에 영향을 미치고 있을 때 빠른 속도로 다양한 방법의 식이조절을 하다 말다 한다. 식이섭취와 운동에서의 현실적이고 성실한 변화가 있을 때 체중 조절을 멈춰도 된다. 미국은 성인과 아동 모두에게 긍정적인 영향을 줄 수 있는 정책변화를 시작하기 위해 애쓰고 있다. 지역사회의 다양한 단체들, 보건의료 서비스 제공자, 학교 등이 전국의 성인과 아이들이 다시 건강해지게 하기 위해서 변화의 망을 형성하고 있다. 보건의료 서비스 제공자들은 모든 체형과 체중의 사람들이 건강한 삶을 영위할 수 있도록 돕는 데 중요한 역할을 한다.

토의 주제_DISCUSSION TOPICS

1. 체질량지수를 결정하는 방법에 대해 토론한다. 성인의 비만의 단계를 포함하여 저체중, 과체중 및 비만의 BMI 범위를 주의 깊게 살핀다. 아동의 BMI는 어떻게 측정하며, 그들이 저체중, 과제충, 또는 비만임을 어떻게 결정하는가?
2. 허리둘레를 알아야 하는 이유는 무엇이며 이것은 질병의 위험과 어떤 연관성이 있는가? 비만이 건강에 미치는 영향에 대해 토론한다.
3. 어린이들이 체중을 유지해야 할지, 체중 감소가 필요한지를 평가하는 데 사용되는 기준에 대해 토론한다.
4. 과체중인 운동선수가 정상체중임에도 앉아서 지내는 사람보다 더 나은 체형과 건강상태일 수 있는 이유는 무엇인가?
5. 체중 감량을 위한 균형잡힌 식단을 설명하고, 이것을 유행하는 식단들과 비교해보도록 한다. 지속 가능한 것은 무엇인가? 유행하는 식단들은 어떤 결과를 초래

할 수 있는가?

6. 한 개인이 체중 감량을 시작하는 데 도움이 될 수 있는 3가지 식단 변화와 3가지 행동 변화를 열거해본다. 건강한 체중 유지에 대한 장기간의 견해를 가지는 것이 중요한 이유는 무엇인가?

7. 신체 활동으로 얻을 수 있는 긍정적인 혜택을 3가지 이상 설명한다. 운동에 대해 기록을 하는 것이 왜 중요한가? 이동에 어려움이 있는 사람에게 적합한 운동의 유형에는 어떤 것이 있는가? 그들에게 지도와 조언을 줄 수 있는 사람(들)은 누구인가?

8. 저체중의 원인에는 어떤 것들이 있는가? 저체중 대상자가 체중을 늘리는 데 도움이 되는 식이와 섭취 방법에는 어떤 것들이 있는지 설명하시오.

연습문제_REVIEW

가장 적절한 답을 고르시오.

1. 비만 수술의 합병증 발생빈도는 __________.
   a. 40%에서 30%로 저하되었다.
   b. 변화되지 않았다.
   c. 3% 미만이다.
   d. 15%까지 저하되었다.

2. 부모 중 한 사람 또는 모두가 과체중이거나 비만인 경우, 과체중 아동이 성인이 되었을 때 해당 부모와 같이 과체중 또는 비만이 될 확률은 ______이다.
   a. 50%
   b. 25%
   c. 80%
   d. 70%

3. 여러 연구에서 나타난 아동의 과체중 및 비만을 초래하는 요인에는 ___________.
   a. 저녁시간의 간식 섭취가 포함된다.
   b. 학교에 스포츠 팀이 없음이 포함된다.
   c. 아침을 거르고, 탄산음료를 마시고, 과도한 미디어 시청시간을 가지는 것이 포함된다.
   d. 학교에서 실적이 저조한 것(underperforming in school)을 포함한다.

4. 과체중이며 고혈압인 13세의 아동은 __________.
   a. 현재 체중을 유지하되 더 이상 체중이 증가되지 않도록 해야 한다.
   b. 1~2lb/week의 체중 감소가 필요하다.
   c. 2~4lb/week의 체중 감소가 필요하다.
   d. 1lb/month의 느린 체중 감소가 필요하다.

5. 남성의 허리둘레가 약 107cm이고 비만 2기라면 어떤 건강문제의 위험이 있다고 봐야 하며, 위험수준은 어느 정도인가?
   a. 당뇨병에 한하여 위험도가 매우 높음
   b. 심혈관질환, 고혈압, 당뇨병 각각 또는 모두에 대해 위험도가 증가함
   c. 역류에 대해 위험도가 높음
   d. 심혈관질환, 고혈압, 당뇨병 각각 또는 모두에 대해 위험도가 매우 높음

6. 약물에 대한 위험도가 증가한 일부 비만 대상자에게는 짧은 기간 동안만 사용되고 있는 최근 개발된 체중 감량 약물은?
   a. phentermine과 topiramate
   b. fenfluramine과 dexfenfluramine
   c. sibutramine (Meridia)
   d. 모든 amphetamine은 사용에 문제가 없기 때문에 이상의 약물 모두 해당되지 않음

7. 비만을 줄이기 위한 최근 정책변화에 해당하는 것은?
   a. 피트니스 트레이너와 운동계획을 세운다.
   b. 먹은 음식의 칼로리를 매일 계산한다.
   c. 지방 자치 단체가 지역사회에 걷기와 자전거 경로를 설치하고, 건강식품점과 농산물 판매점의 접근성을 높인다.
   d. 식료품 가게 주변을 쇼핑한다.

8. 저체중 아동의 목표가 주당 약 0.7kg을 얻는 것이라면 매일 섭취해야 할 추가 칼로리는 얼마인가?
   a. 500
   b. 750
   c. 250
   d. 1,000

9. 식사를 자극하는 외적 요인은?
   a. 직장에 매일 도시락을 준비해간다.
   b. 도넛 가게를 지나면서 도넛을 보고 냄새를 맡는다.

c. 배에서 꼬르륵 거리는 소리를 들을 때 기운 없고, 머리가 가벼워지는 것을 느낀다.
d. 카페인을 섭취한다.

10. 최신 자료에 의하면, 비만율은 ___________.
a. 스페인계 여성에서만 증가되었다.
b. 중부대서양과 서부의 주에서 증가되었다.
c. 교육수준이 높은 사람들에서 증가되었다.
d. 아프리카계 미국인과 스페인계 여성, 남성, 남자아이들에서 증가되었다.

11. BMR에 영향을 미치는 요인에 속하는 것은?
a. 매일 섭취하는 음식의 비타민 C 함량
b. 연령, 체격, 신체 구성 성분
c. 고혈압 진단 여부
d. 가장 가까운 체육시설까지의 거리

12. 개인이 체중 감량을 위해서 신뢰할만한 자료를 받고 싶다면
a. 지역의 대표적인 건강 식품 판매점에 문의한다.
b. 보건의료인에게 문의하고, Weight Control Information Network와 Choose MyPlate에서 제공하는 문헌을 참고한다.
c. 리퀴드 다이어트로 45.4kg을 감량한 친구에게 문의한다.
d. 하루 1,000칼로리를 초과하지 않도록 섭취 열량을 줄인다.

요점사례_CASE IN POINT

RIDA: 퇴직 후 체중 감량

38년 동안 5학년 교사였던 Rida는 지난해에 은퇴했다. 딸들이 모두 출가한 상태였기 때문에 집에는 그녀와 남편, 이렇게 둘만 생활하고 있다. 그녀는 지난 수년간 직장에 갈 때 점심 도시락을 싸서 갔다. 저녁시간에는 주로 채점이나 수업준비를 했다. 따라서 저녁시간을 위해 많은 시간을 할애하지 않도록 그녀와 남편은 비교적 간단한 저녁을 먹곤 했다. 이제 63세의 노인으로서 Rida는 새로운 라이프스타일과 스트레스가 덜한 일상을 즐기고 있다. 이제는 취미와 공예를 즐길 수 있는 시간도 생겼다. 그녀는 음식을 만들고 빵을 굽는 것을 좋아했지만 그러한 것을 할 시간은 여전히 충분하지 않았다. 퇴직 이후로 Rida는 여러 새로운 요리법을 시도해왔다. 그녀는 지금 남편에게 풍성한 디저트를 포함하여 "잘 장식한" 예쁜 음식을 만들어주는 것을 즐기고 있다.

한편으로 Rida는 오래된 친구들과 수시로 만나고 있다. 수년 동안 함께 일한 여러 교사 동료들도 은퇴를 했다. 그들은 일주일에 두 번씩 만나 점심을 먹고 수다를 떨며 시간을 보낸다. 은퇴 후의 삶을 즐기고 있는 동안 그녀는 얼마 되지 않아 거의 약 3.2kg에 달하는 체중이 늘었다. 그러나, 그녀는 체중 증가가 나름의 가치가 있다고 느꼈고 걱정할 문제로 인식하지는 않았다. 그러나 4개월 후 Rida의 체중은 약 7.3kg이나 증가했고, 그녀는 비로소 변화가 필요하다고 마음먹었다.

사정

1. Rida의 은퇴 전 활동과 식습관에 대해 어떤 정보가 있는가?
2. 은퇴 후 Rida의 습관은 어떻게 바뀌었는가?
3. 그러한 변화는 Rida에게 어떤 영향을 미쳤는가?
4. 증가된 체중 약 7.3kg를 잃을 때까지 얼마나 걸릴 것으로 예상할 수 있는가?

진단

5. Rida의 영양 상태 변화에 대한 간호진단을 작성하시오.
6. Rida의 활동 수준 변화에 대한 간호진단을 작성하시오.

계획/목표

7. Rida의 체중 감량을 위한 합리적이고 측정 가능한 목표는 무엇인가?

수행

8. Rida의 새로운 우선순위와 일치하는 몇 가지 전략을 작성해본다.
9. 남편과 친구들은 그녀의 체중 감량을 위해 할 수 있는 것은 무엇인가?
10. Rida가 체중을 늘리지 않고 새로운 일과를 즐길 수 있는 방법은 무엇인가?

평가/결과 기준

11. Rida의 계획이 성공했는지 판단하기 위해 어떤 기준을 사용할 것인가?

생각해보기

12. 남은 생애 동안 Rida가 체중 조절을 유지할 수 있는 방법은 무엇인가?
13. SparkPeople.com과 같은 웹사이트가 Rida에게 어떤 도움을 줄 수 있는가?

✓ rate this plate

Rida는 일주일에 몇 차례 점심시간에 친구들을 만나 퇴직 후의 삶을 즐기고 있다. 최근 체중 증가 이후, Rida는 친구들을 만날 때 식사 주문에 세심한 주의를 기울이기로 마음먹었다. 이 식단을 평가해보시오.

오렌지 2컵, 브로콜리가 들어 있는 닭고기 볶음, 눈콩, 당근

밥 1컵

마늘 빵 1개

달콤한 아이스 티 350cc

식사를 주문하기 전에 Rida는 종업원에게 어떤 질문을 할 수 있는가? 식사의 영양가를 향상시키기 위해 Rida는 어떤 결정을 내릴 수 있는가? 친구와 함께 외식 메뉴를 선택할 때 Rida에게 제안해주고 싶은 것은 무엇인가?

요점사례_CASE IN POINT

BELLA: 위우회술 후 건강 유지

Bella는 자신의 삶의 대부분을 과체중 상태로 지내왔다. 그녀는 부모님도 과체중이었기 때문에 그것에 대해 많이 고민해보지 않았다. 그녀는 현재 160cm, 130kg, 58세이다. 삶의 대부분에 걸쳐 그녀의 체중은 90~100kg 사이를 유지해왔지만 폐경 후에는 몸무게가 더 증가하기 시작했다. Bella의 가족은 이탈리아에서 이민을 왔고, 그녀는 자신이 성장기 동안 먹어온 이탈리아 입맛을 유지했다. 그녀는 어머니가 자주 하던 말을 기억했다. "문제가 생기면 훌륭한 이탈리아 음식이 답이다!" Bella의 식단에는 항상 다양한 종류의 파스타가 포함되어 있었다. 그녀가 가장 좋아하는 요리법은 크림 알프레도 또는 와인과 버터 소스를 포함한다. 그녀는 어머니가 만들어주신 크림이 듬뿍 들어간 수프의 진한 맛을 좋아했다. Bella는 채소를 좋아했지만 치즈소스를 더 선호했다. 그녀의 어머니는 진정한 이탈리아 음식의 완성을 위해서는 악마의 디저트가 필요하다고 하였다. 아이스크림과 샤벳은 어려서부터 Bella가 좋아한 디저트이다. Bella는 체중을 감량하기 위해 지난 수년간 여러 식이요법을 시도했지만 성공하지 못했다. 다이어트를 멈추면 감량되었던 체중과 약간의 체중이 더 더해지는 것 같았다.

Bella는 최근에 다리에 약간의 붓기가 있음을 발견했다. 그녀는 또한 정기적으로 두통을 앓고 있는 것으로 보인다. 의사는 진료 전에 혈액검사를 받을 것을 요청했다. 진료 시간에 의사는 그녀의 혈압이 212/102라는 것을 알려준다. 총 콜레스테롤은 347이며 LDL은 200, HDL은 26, 공복 시 혈당은 114mg/dl이다. 의사는 상황이 심각하다고 보았고, 혈압과 콜레스테롤 저하제를 모두 처방해주었다. 그리고 Bella에게 혈당치가 당뇨병 전기 범위에 있음을 알려주고 이러한 상태를 개선하기 위해서는 체중 감량이 필수적임을 알려준다. Bella는 의사에게 위우회술에 대해 질문한다. 의사는 수술을 위해서도 먼저 변화가 필요함을 강조한다.

Bella는 6개월 후 위우회술을 받았다. 의사, 외과의사, 영양사가 이 기간 동안 Bella의 치료를 맡았다. 수술 전 요구사항에 충족되고 수술을 받기에 안전하다고 판단된 후 수술이 시행되었다. Bella의 딸이 수술 후 건강관리를 도왔는데 수술 전부터 Bella를 도왔다. Bella와 그녀의 딸은 건강, 체중 감량, 운동, 행동수정을 위한 식이요법 교육프로그램에 참여했다. Bella는 수술을 받은 후 건강해지고 삶의 질이 높아질 것이라고 확신했다.

사정

1. Bella에 대해 무엇을 알고 있는가?
2. 그녀의 새로운 우선순위는 무엇인가?
3. 그녀에게 이상적인 체중은 얼마인가?
4. 이상적인 체중의 최상의 상태가 되게 하기 위해서 Bella는 얼마의 체중을 감량해야 하는가?
5. 위우회술을 하지 않고 안전하게 치료가 이루어지려면 얼마나 걸리는가?
6. 그녀의 현재 BMI는 얼마이며, BMI를 기준으로 건강문제를 일으킬 수 있는 위험요소는 어떤 것인가?
7. 그녀가 알고 있는 건강문제는 무엇인가?
8. 어느 정도의 체중이 그녀의 건강 위험에 합리적인 수준인가?
9. 건강위험에 합리적인 수준의 체중에 도달하기 위해서는 얼마가 걸릴 것으로 보는가?

진단

10. Bella의 영양 문제에 대한 간호진단을 작성하시오.
11. 그녀의 활동 불내성에 대한 간호진단을 작성하시오.

계획/목표

12. Bella에게 타당하고 측정 가능한 세 가지 목표를 작성하시오.

수행

13. Bella의 체중이 130.2kg이었을 때 그녀는 어떤 유형의 비만이었는가?
14. 카테고리 III 비만에서 과체중 카테고리로 이동하려면 Bella는 얼마의 체중을 감량해야 하는가?
15. Bella의 영양 교육에 반드시 포함되어야 할 주제는 어떤 것인가?
16. Bella가 좋아하는 음식을 이용해서 저칼로리, 저지방 음식 목록을 작성해보도록 한다.
17. 먹는 장소 및 시기와 관련된 행동 수정을 위해 도움이 될만한 요령과 힌트는 어떤 것들이 있을까?
18. Bella는 매주 금요일 아침마다 집에서 측정한 체중을 병원에 제출하고 의사를 만나 체중과 혈압을 측정하도록 처방받았다. 이러한 지시의 이론적 근거는 무엇인가?

(계속)

(계속)

19. National Heart, Lung, and Blood Institute의 웹사이트(http://www.nhlbi.nih.gov)의 비만 정보는 Bella에게 어떻게 도움이 되는가?

평가/결과 기준

20. 성공여부를 확인하기 위해서 의사가 보고, 듣고, 측정할 수 있어야 하는 것은 무엇인가?

생각해보기

21. Bella가 인내하며 체중 감량을 지속해야 하는 것이 왜 중요한가?
22. 이 수술의 심각한 합병증에는 추가로 어떤 것들이 있는가?

✓ rate this plate

수술 후 Bella는 위장이 치유될 수 있도록 액체와 반고형 음식 섭취만 허락되었다. 몇 주 지난 후 그녀의 식사는 반고형에서 연식으로 바뀌었고 8주째가 되어 고형 음식을 먹을 수 있게 되었다. 위우회술 후 4개월 만에 Bella는 의료팀의 조언에 따라 정상적인 건강식단을 시작했다. Bella는 영양사를 계속적으로 만나면서 식이 계획에 도움을 받고 있다. 이 식단을 평가해보시오.

돼지고기 안심 60g

고구마 1/4컵

배 1/4컵

코티지 치즈 1/4컵

물 180cc

이 식사는 위우회술 후 식이에 대한 권장사항을 충족하는가? 그렇지 않다면 어떻게 개선할 수 있는가?

CHAPTER 15

식이, 당뇨병 전기, 당뇨병

DIET, PRE-DIABETES, AND DIABETES

주요용어_*KEY TERMS*

A1C(당화혈색소)
경구 당뇨병 치료제
교환 목록
내인성 인슐린
다갈
다뇨증
다식증
당뇨
당뇨병
당뇨병 전기
대사증후군
망막증
신경병증
신역치
신장병
외인성 인슐린
이상지질혈증
인슐린 반응
제1형 당뇨병
제2형 당뇨병
케토산증
케톤뇨증
케톤혈증
혈관계
혼수
흑색가시세포증

학습목표

- 당뇨병 전기와 당뇨병 유형을 설명할 수 있다.
- 당뇨병 전기와 당뇨병의 징후 및 증상을 설명할 수 있다.
- 인슐린과 당뇨병의 관계를 설명할 수 있다.
- 당뇨병 전기와 당뇨병의 적절한 영양관리에 대하여 토의할 수 있다.

당뇨병은 탄수화물의 대사에 영향을 미치는 심각하고 만성적인(오랜 기간 동안) 질환이다. 인슐린의 결핍이나 기능장애가 원인이며 고혈당(비정상적인 혈중의 높은 포도당)이 특징적으로 나타난다. 제2형 당뇨병의 전구물질로 당뇨병 전기가 발생할 수 있다. 당뇨병 전기란 혈당수치가 정상보다 높지만 당뇨병 진단에 충분하지 않은 상태로 내당능장애라고도 한다. 인슐린 저항성이 증가하여 신체가 포도당 대사에 반응하지 못하고 인슐린을 생성할 때 발생한다.

때때로 인슐린 저항성은 임상에서 대사증후군 설명 시 언급된다. 대사증후군(또는 대사이상증후군)은 심장병, 뇌졸중 및 당뇨병 발병 위험이 높은 군이며 비정상 콜레스테롤, 허리의 과도한 체지방, 혈압과 혈당 수치의 상승이 나타난다.

요붕증은 다른 질환으로, 많은 양의 달지 않고 무미한 소변을 보게 된다. 손상된 뇌하수체가 주 원인으로 드물게 발생하는 질환이며, 이 장에서는 다루지 않는다.

미국당뇨병협회(American Diabetes Association, ADA)에 따르면 미국 인구의 약 9.3%인 2,910만 명이 당뇨병을 앓고 있다. 약 1,880만 명의 사람들이 당뇨병 진단을 받았고, 810만 명 이상은 진단을 받지 않은 상태이다. 2010년에 20세 이상의 성인 중 약 8,600만 명이 당뇨병 전기였으며 약 170만 명의 새로운 당뇨병 환자가 발생하였다. 당뇨병은 실명의 주 원인이며 심장 및 신장질환, 하지 절단(발가락, 발, 다리), 감염, 사망의 결과도 초래할 수 있다.

당뇨병의 어원은 수백 년 전 그리스 의사들이 환자들이 다량의 배뇨를 하는 증상을 보고 "흘러 넘치다"라는 의미로 라틴어로 *diabetes*라 하였으며, 이후 소변에서 포도당이 발견되는 의미를 더하여 *mellitus*(라틴어로 "꿀")를 추가하였다.

신체는 일정한 에너지 공급을 필요로 하며 포도당은 에너지의 주요 공급원이다. 탄수화물이 대부분의 포도당을 공급하지만 필요시 지방의 약 10%와 단백질의 약 60% 정도가 포도당으로 전환될 수 있다.

당 분포는 건강 유지를 위해 주의 깊게 관리해야 한다. 포도당은 혈액에 의해 운반되고 세포로의 유입은 호르몬에 의해 조절된다. 1차 호르몬은 인슐린이다.

인슐린은 췌장 랑게르한스섬의 베타세포로부터 분비된다. 체내 인슐린의 생산이 부족하거나 생산되는 인슐린을 사용할 수 없을 때, 포도당은 세포로 유입될 수 없으며 혈액 속에 축적되어 고혈당을 유발한다. 고혈당 상태는 심각한 합병증을 일으킬 수 있다.

랑게르한스섬의 알파세포로부터 분비되는 또 다른 호르몬인 글루카곤은 글리코겐을 포도당으로 전환시켜 필요시 에너지를 만든다. 소마토스타틴(somatostatin)은 랑게르한스섬과 시상하부의 델타세포에서 생산되는 호르몬이다. 이 호르몬의 모든 작용은 억제이다. 소마토스타틴은 인슐린과 글루카곤의 분비를 억제한다.

식사를 하면 혈중 포도당 양이 증가하고 췌장의 인슐린 생산이 증가하게 된다. 혈액에서 인슐린이 순환하면서 세포 표면의 특별한 인슐린 수용체와 결합하게 된다. 이 결합은 세포로 하여금 포도당을 세포 안으로 받아들이게 한다. 결과적으로 혈중 포도당 양이 줄어들면 췌장이 인슐린 생산을 중지하도록 신호를 보낸다.

당뇨병 diabetes mellitus
포도당을 신진대사하는 정상적인 능력이 결여된 만성질환

당뇨병 전기 pre-diabetes
혈당이 정상보다 높지만 당뇨 진단을 위해 충분히 높지는 않은 상태

대사증후군 metabolic syndrome
심장질환, 뇌졸중, 당뇨병의 위험을 높이는 데 기여하는 질환들

병인

당뇨병의 원인은 명확히 확인되지 않았다. 유전적인 요소뿐만이 아니라 환경적인 요소들도 발병에 영향을 줄 수 있다. 예를 들어, 바이러스나 비만은 유전적 소인이 있는 사람들의 당뇨병 발병을 촉진할 수 있다.

세계보건기구(WHO)는 세계적으로, 특히 생활수준이 향상된 지역에서 당뇨병 유병률이 증가하고 있다고 보고하였다.

증상

당뇨병 대상자의 혈액 속 포도당의 비정상적인 농도는 세포에서 혈액으로 수분을 끌어당긴다. 고혈당이 신역치를 초과하면 소변으로 혈당이 배설되며 당뇨로 알려져 있다. 세포질 액체의 손실로 대상자는 다뇨증(과도한 배뇨), 다갈(과도한 갈증)이 일반적으로 발생한다.

포도당 대사 불능으로 인하여 단백질, 지방 신체 조직이 분해됨으로써 다식증을 유발하고(과도한 식욕) 동시에 체중 감소, 허약, 피로가 나타난다. 체내 단백질을 사용하면 조직에서 질소가 배출된다.

치료받지 않은 당뇨병 환자의 경우, 탄수화물을 에너지로 사용할 수 없으므로 과도한 지방이 분해되어 간의 지방산으로부터 케톤이 생성된다. 건강한 신체 내에서의 케톤은 이산화탄소와 물로 분해되어 에너지를 만든다. 당뇨병을 앓고 있는 환자들의 경우 지방은 신체가 다룰 수 있는 정도보다 빨리 분해된다. 혈액 내 케톤 무리를 케톤혈증이라고 하며 소변으로 배출되는 케톤뇨증이 있다. 케톤은 혈액 pH를 낮추는 산증을 유발하며 이를 케톤산증이라고 한다. 케톤산증 환자에게 수액 및 인슐린 치료를 재빠르게 하지 않을 경우 의식상실, 사망을 초래할 수 있다.

앞서 언급된 증상 외에도 당뇨병 환자는 고혈압, 죽상경화증 같은 혈관계 질환의 가능성이 높다. 죽상경화증은 동맥벽 내부에 지방질이 쌓여있는 상태이다. 혈류를 감소시키게 됨으로써 당뇨병 환자들의 주요 사망원인이다. 신경병증, 즉 신경계 손상은 당뇨병 환자의 60~70%에서 발생한다. 눈의 작은 혈관들이 손상되는 망막증도 발생할 수 있으며 망막증은 미국 내 실명의 주요 원인이다. 신장병, 즉 신장의 손상 또한 당뇨병의 합병증이며 신장투석을 하게 될 수 있다. 당뇨병 환자는 요로감염 같은 빈번한 감염에도 이환되기 쉽다.

당뇨병 전기에는 증상이 없거나 가벼운 증상이 있을 수 있다. 요약하면, 미국당뇨병협회에 따르면 당뇨병의 증상은 다음과 같다.

- 소변을 자주 본다.
- 갈증이 심하다.
- 먹어도 심한 배고픔이 있다.
- 극심한 피로
- 흐려 보인다.
- 상처나 타박상의 회복이 느리다.
- 많이 먹어도 체중이 감소한다(제1형)
- 손과 발의 얼얼한 통증 혹은 마비(제2형)

신역치 renal threshold
신장의 기능

당뇨 glycosuria
소변 내 과도한 포도당

다뇨증 polyuria
과도한 배뇨

다갈 polydipsia
비정상 목마름

다식증 polyphagia
과도한 배고픔

케톤혈증 ketonemia
혈액 내 케톤체들

케톤뇨증 ketonuria
소변 내 케톤체들

케토산증 ketoacidosis
너무 많은 설탕이나 너무 적은 인슐린으로 초래된 산증으로 인한 무의식

혈관계 vascular system
순환계

신경병증 neuropathy
신경 손상

망막증 retinopathy
눈 안의 작은 혈관 손상

신장병 nephropathy
신장의 손상

검사 및 진단 기준 및 분류

다음과 같이 당뇨병을 분류할 수 있다.

- 당뇨병 전기
- 제1형 당뇨병
- 제2형 당뇨병
- 임신성 당뇨병
- 약물이나 화학 유발 등의 다른 원인으로 인한 당뇨병

당뇨병 전기

성인 3명 중 1명 이상이 당뇨병 전기이며, 문제는 미국인 10명 중 9명은 자신이 당뇨병 전기 상태임을 모르는 점이다. 당뇨병 전기의 대부분은 당뇨병 검사를 받을 때 발견된다.

당뇨병 전기를 나타내는 결과는 다음과 같다.

- 공복혈당 100~125mg/dl
- A1C(당화혈색소) 5.7~6.4%
- OGTT (oral glucose tolerance test; 경구포도당부하검사) 식후 2시간 혈당 140~199mg/dl

무증상 성인의 당뇨병 전기 혹은 당뇨병 선별 검사는 과체중(BMI >25)인 모든 성인과 추가적인 당뇨병 위험인자가 있는 경우에 고려된다. 이러한 위험인자로는 신체 활동량이 적은 경우, 1차 친척관계에 당뇨병 환자가 있는 경우, 아프리카계 미국인, 라틴계, 원주민 혹은 아시아계 미국인 또는 태평양 제도인과 같은 고위험 인종, 체중 4.1kg을 초과한 신생아를 출산한 여성 혹은 임신성 당뇨병, 고혈압, 이상지질혈증(낮은 고밀도지단백질, 높은 트리글리세라이드 수치), 다낭성난소증후군을 앓고 있는 여성, 인슐린 내성(심한 비만, 흑색가시세포증)과 관련된 다른 임상적 상태, 심혈관질환 병력 등을 포함한다.

모든 환자에게 45세부터 당뇨병 선별검사가 권장된다. 결과가 정상일 경우, 최소 3년 간격으로 추후 검사를 받아야 한다.

제1형 당뇨병

소아당뇨로 알려져 있는 제1형 당뇨병은 신체 면역계가 췌장의 베타세포를 파괴할 때 발생한다. 베타세포는 혈당을 조절하는 인슐린 호르몬을 만드는 유일한 세포이다. 제1형 당뇨병은 주로 아동과 청소년에게서 발생하며, 전체 당뇨병 환자의 5%를 차지한다.

미국당뇨병협회의 당뇨병 치료 표준지침 2016 가이드라인에 따르면, 고혈당 증상을 가진 사람에게서 제1형 당뇨병의 급성 발병을 진단하기 위해서는 A1C(당

A1C(당화혈색소) A1C
지난 3개월 동안 혈당이 얼마나 잘 조절되었는지 결정하기 위한 혈액 검사

이상지질혈증 dyslipidemia
혈액 내 증가된 지질

흑색가시세포증 acanthosis nigricans
비만과 관련된 인슐린 저항성이 있는 사람들에게서 흔히 볼 수 있는 신체 주름 및 주름이 어두운 색으로 변색

제1형 당뇨병 type 1 diabetes
갑작스럽게 1~40세 사이에 발생하는 당뇨병; 환자는 인슐린이 거의 분비되지 않으며 인슐린 주사 및 신중하게 조절된 식이요법이 요구된다.

표 15-1 인슐린 작용

인슐린 종류	작용시간	최대효과 발현시간	지속시간
초속효성			
라이스프로(Lispro) [휴마로그(Humalog®)]	10~15분	30~90분	2~4시간
아스파트(Aspart) [노바로그(Novolog®)]	10~15분	30~90분	2~4시간
글루리신(Glulisine) [에피드라(Apidra®)]	10~15분	30~90분	2~4시간
속효성			
레귤러(Regular) [휴물린알(Humulin®R), 노볼린알(Novolin®R)]	30분	2~4시간	6~8시간
중간형			
엔피에이치(NPH) [휴물린엔(Humulin®N), 노볼린엔(Novolin®N)]	1~2시간	6~12시간	16~24시간
장시간형			
디터머(Detemir) [레버미어(Levemir®)]	1~2시간	최소	24시간
글라진(Glargine) [란투스(Lantus®), 베이사글라(Basaglar®), 투제오(Toujeo®)]	1~2시간	최소	24시간
흡입형			
아프레자(Afrezza®)	–	–	–
혼합형			
휴물린(Humulin) or 노볼린(Novolin) 70/30: 레귤러(regular), 엔피에이치(NPH) 인슐린 둘 다의 작용을 따른다.			
노바로그(Novolog) 70/30: 노바로그(Novolog), 엔피에이치(NPH) 인슐린 둘 다의 작용을 따른다.			
휴마로그(Humalog) 75/25: 휴마로그(Humalog), 엔피에이치(NPH) 인슐린 둘 다의 작용을 따른다.			
휴물린(Humulin) 50/50: 레귤러(regular), 엔피에이치(NPH) 인슐린 둘 다의 작용을 따른다.			

화혈색소)보다는 혈당을 확인해야 한다. 진단 기준은 공복혈당이 126mg/dl 혹은 그 이상인 경우이다.

일부 위험 요소에는 유전학, 자가면역상태 및 환경 요인이 포함된다. 제1형 당뇨병 환자는 생존을 위해 외인성 인슐린을 투여하게 된다. 제1형 당뇨병을 앓고 있는 대부분의 사람들은 인슐린 다회 주사요법 혹은 지속적인 피하 인슐린 주입으로 치료해야 한다. 혈당 조절을 유지하는 데 사용할 수 있는 다양한 인슐린이 있으며 이들의 작용은 다양하다. 인슐린 주입 효과의 시작, 최대 및 지속 시간이 다르다. 표 15-1에 다양한 인슐린과 작용이 제시되어 있다.

제2형 당뇨병

제2형 당뇨병은 40세 이상의 성인에서 주로 발생하기 때문에 이전에는 성인 당뇨병이라고 하였다. 그러나 비만이 증가하면서 청소년과 젊은 성인들에게서도 제2형 당뇨병의 발생률이 크게 증가하였다. 비만 외에도, 제2형 당뇨병은 이전에 언급된 다른 위험인자들과 관련이 있다.

제2형 당뇨병 진단은 다음과 같다.

- 공복 혈당 126mg/dl(적어도 8시간 금식)
- OGTT(경구포도당부하검사) 식후 2시간 혈당 200mg/dl 이상

제2형 당뇨병 type 2 diabetes
일반적으로 40세 이후 발생하는 당뇨병, 발병은 점진적이며 인슐린 생산은 점차 감소하게 된다. 대부분 식이요법과 운동으로 조절할 수 있다.

- A1C(당화혈색소) 6.5% 이상

제2형 당뇨병은 일반적으로 식이요법과 운동을 병행 또는 식이요법, 운동, 경구 당뇨병 치료제로 조절한다. 그러나 제2형 당뇨병에서도 인슐린이 필요할 수 있다. 표 15-2는 경구혈당강하제의 종류이다. 금기 사항이 아니라면 메트포르민(metformin)은 제2형 당뇨병 환자에게 선호되는 초기 약물이다. 제2형 당뇨병 환자를 위한 의료영양요법의 목표는 건강한 혈당, 혈압 및 지질 수준을 유지하는 것

표 15-2 경구 당뇨병 치료제(포도당 저하)

약물 분류	약물
메글리티나이드계(Meglitinide)	• 레파글릴니드[Repaglinide, 프란딘(Prandin®)]
디-페닐알라닌계(D-Phenylalanines)	• 나테글리니드[Nateglinide, 스타릭스(Starlix®)]
티아졸리디네디온계(Thiazolidinedione)	• 피오글리타존[Pioglitazone, 액토스(Actos®)] • 로시글리타존[Rosiglitazone, 아반디아(Avandia®)]
비설폰요소제(Nonsulfonylurea)	• 메트포르민[Metformin, 글루코파지(Glucophage®)] • 메트포르민과 방출이 지연된 통제 중합체[Metformin and a time-released controlling polymer, 글루코파지 엑스알(Glucophage XR®)]
알파-글루코시다아제 억제제 (Alpha-glucosidase inhibitor)	• 아카보즈[Acarbose, 프레코즈(Precose®)] • 미글리톨[Miglitol, 글리세트(Glycet®)]
2세대 설폰요소제 (Second-generation sulfonylureas)	• 글리부리드[Glyburide, 디아베타(DiaBeta®), 미크로아제(Micronase), 글리나제 프레스탑스(Glynase Prestabs)] • 길리피자이트[Glipizide, 글루코트롤(Glucotrol®), 글루코트롤 엑스엘(Glucotrol XL®)] • 글리메피리드[Glimepride, 아마릴(Amaryl®)]
Class-bile acid sequestrants (콜레스테롤을 줄이기 위해 주로 사용되지만 혈당 조절도 향상시킨다.)	• 콜레세브이람[Colesevelam, 웰콜(Welchol®)]
디피피-4 억제제(DPP-4 inhibitors)	• 시타글립틴[Sitagliptin, 자누비아(Januvia®)] • 삭사글립틴[Saxagliptin, 온글라이자(Onglyza™)] • 리나글립틴[Linagliptin, 트라젠타(Tradjenta®)] • 알로글립틴[Alogliptin, 네시나(Nesina®)]
나트륨 포도당 공동 수송체 억제제 (SGLTZ inhibitors)	• 카나글리플로진[Canagliflozin, 인보카나(Invokana™)] • 다파글리플로진[Dapagliflozin, 포시가(Farxiga™)] • 엠파글리플로진[Empagliflozin, 자디앙(Jardiance®)]
도파민 수용체 작용제 (Dopamine receptor agonist)	• 브로모크립틴 메실레이트[Bromocriptine Mesylate, 싸이클로셋(Cycloset®)]
혼합 제제(Combination drugs)	• 글루코반스(Glucovance®), 아반다밋(Avandamet®), 메타글립(Metaglip®) • 악토플러스밋(ACTOplus Met™), 아반달(Avandaryl™), 듀텍(Duetact™), 자누메트(Janumet™), 콤비글라이즈 엑스알(Kombiglyze™ XR), 카자노(Kazano), 오세니(Oseni), 쥬비싱크(Juvisync™), 젠타듀에토(Jentadueto™), 인보카메트(Invokamet™) 직듀오 엑스티(Xigduo™XT), 글릭삼비(Glyxambi®)

경구 당뇨병 치료제 oral diabetes medication
경구혈당강하제; 혈당을 낮추기 위해 제2형 당뇨병에 투여할 수 있는 약물

이다. 또한 제2형 당뇨병 환자의 약 85%가 과체중이므로, 체중 감량 식이를 함으로써 허용 범위 내 혈당 수준을 유지하는 데 도움이 될 수 있다. 따라서 체중 감량을 모니터링하는 것도 치료의 일부이다.

무증상 아동을 포함한 제2형 당뇨병 또는 당뇨병 전기 선별검사 기준은 다음과 같다.

- 과체중(BMI >85%)
- 다음 2가지가 추가로 있는 경우: 1차 혹은 2차 혈족의 제2형 당뇨병 가족력; 위에 기술되어 있는 고위험 인종; 인슐린 저항성의 징후 또는 위에 기술되어 있는 인슐린 저항성과 관련된 증상(제태연령에 비해 작은 출생 체중 포함)
- 발병 연령: 10세 또는 사춘기가 시작될 때(사춘기가 더 어린 나이에 시작된다면)

검사는 3년마다 권장된다.

비 인슐린 주사제

유사 인크레틴 같은 혈당 조절을 향상시키는 데 사용되는 새로운 종류의 주사제들이 있다. 시중의 유사 인크레틴류의 약으로는 바이에타(Byetta®), 빅토자(Victoza®), 바이듀리언(Bydureon™), 탄제움(Tanzeum®) 및 트루리시티(Trulicity™)가 있다. 유사 인크레딘은 인슐린과 같은 방식으로 주입되지만 인슐린이 아니다. 또 다른 항고혈당제인 비 인슐린 주사제로 프람린타이드[pramlintide, 심린(Symlin®)]가 있다. 주로 제1형 당뇨병 환자에게 사용된다. 식사 시간에 주입된 인슐린을 보조함으로써 식후 혈당 수치를 낮춘다. 또한 식후 글루카곤 방출을 억제하고 위 배출 시간을 연장시켜 포만감을 높이고 식욕을 감소시킨다.

음식물을 섭취하면 소장에 있는 세포에서 인크레틴 호르몬이 방출된다. 인크루틴은 췌장의 베타세포에 작용하여 식사 후 적절한 인슐린 반응이 일어나도록 포도당 의존성 인슐린 분비를 증가시킨다. 인크루틴 제제는 경구용 약물에 결합하여 사용 가능하며 환자의 A1C(당화혈색소)를 7% 미만으로 낮출 수 있다. ADA에서는 당뇨병 환자에게서 7% 미만의 효과를 보았다고 보고하였다. 미국내분비학회(American College of Endocrinology)는 당뇨병 환자에게서 6.5% 미만으로 낮추는 것을 목표로 하고 있다.

임신성 당뇨병

임신성 당뇨병은 임신 16~28주 사이에 발생할 수 있다. 임신성 당뇨병은 OGTT(경구포도당부하검사)로 진단한다. 식이, 운동 또는 경구약에 반응이 없으면 인슐린 주사 요법이 사용된다(그림 15-1). 산모와 태아의 혈당을 조절할 수 있는 적절한 식이요법을 계획하기 위해서는 영양사 또는 당뇨병 교육자와 상담하는

최근 자료 IN THE MEDIA

유망한 연구

제1형 당뇨병 환자는 피부 세포를 건강한 췌장 세포로 전환하는 새로운 당뇨병 치료 도입으로 인슐린 주사 요법으로부터 곧 자유로워질 수 있다. 이 새로운 연구의 결과는 이미 생쥐 실험에서 성공적으로 입증되었다. 캘리포니아 대학의 과학자들은 소량의 피부 세포를 환자의 췌장으로 옮김으로써, 수조 개의 건강한 세푸를 만들어 인슐린 생산을 도울 수 있다고 보고하였다. 이 치료법이 제1형 당뇨병 환자 대상이지만, 일부 연구자들은 제2형 당뇨병 대상으로도 사용할 수 있다고 하였다. 비록 연구 결과가 양호하지만, 과학자들은 아직 인슐린 주사 요법은 중단되지는 않을 것이라고 하였다. 그러나 지속적인 연구와 최근의 치료 성공 사례들은 인슐린 주사 요법이 언젠가 쓸모없게 될 수도 있음을 의미한다.

출처: Adapted from West, Tara (2016, January 8). "Diabetics Soon to Be Free from Insulin Injections Thanks to Scientific Breakthrough Using Patient's Own Skin Cells." *Inquisitr*. Accessed January 9, 2016. http://www.inquisitr.com/2691961/ diabetics-soon-to-be-free-from-insulin-injections-thanks-to-scientific-breakthrough-using-patients-own-skin-cells/ E

그림 15-1 임산부는 임신 중에 당뇨병이 생길 수 있으며 인슐린 주사로 관리해야 할 수도 있다.

삶의 길잡이
SPOTLIGHT on Life Cycle

당뇨병은 고령의 미국인에게 불균형하게 영향을 준다. 미국인의 9% 이상이 당뇨병이 있으며 60세 이상의 고령 미국인의 25% 정도가 당뇨병에 이환된다. 연구자들은 미국 인구의 고령화가 당뇨병이 확산된 원인 중 하나라고 하였다. 이것은 장수, 기능적 상태, 입원 및 장기 요양에 대한 위험 증가와 관련하여 여러 면에서 드러난다. 문제를 해결하기 위해 미국당뇨병협회는 고령자를 위한 당뇨병 자원 및 교육을 제공하는 "시니어 시그니처 시리즈"를 개발했다. 웹사이트에는 많은 자료와 환자와 보호자를 위한 반나절 교육 행사가 있다(www.diabetes.org).

Adapted from www.diabetes.org

웹사이트 탐색
EXPLORING THE WEB

웹에서 임신 중 당뇨병에 대한 추가 정보를 검색하시오. 임신성 당뇨병의 징후와 증상은 무엇인가? 만약 산모와 태아를 치료하지 않고 방치한다면, 임신성 당뇨병은 무엇이 위험한가? 임신성 당뇨병에 걸릴 위험이 높은 여성들에 대한 당뇨병 위험 요인이 있는가? 만약 그렇다면, 이러한 위험은 무엇인가?

것이 권장된다.

농축 당은 피해야 한다. 체중 증가는 계속되어야 하지만 과도하게 증가하지 않아야 한다. 일반적으로 임신성 당뇨병은 출산 후 호전된다. 임신성 당뇨병을 앓고 있는 여성은 향후 10~20년간 제2형 당뇨병에 걸릴 확률이 35~60%이다.

이차성 당뇨병은 드물게 발생하며 특정 약물이나 췌장 질환으로 인해 발생한다. 예를 들어, 스테로이드 약물은 혈당을 증가시켜 스테로이드에 의한 당뇨병을 유발할 수 있다.

치료

당뇨병 전기 환자는 생활 습관을 개선함으로써, 제2형 당뇨병의 진행을 예방하거나 지연시킬 수 있다. 환자에게 체중의 7% 감량을 목표로 하는 당뇨병 예방 프로그램(DPP)의 원칙에 부합하는 집중 식이요법 및 신체 활동 행동상담 프로그램이 필요하다. 활발한 걷기 등의 중등도 운동을 일주일에 최소 150분 이상으로 늘려야 한다. 웹 기반 소셜 네트워크, 원격 교육, 모바일 어플리케이션 등을 포함하는 기술 지원 자원들은 당뇨병을 예방하는 효과적인 생활 습관 수정에 유용하게 사용될 수 있다.

당뇨병의 치료는 다음을 목적으로 한다.

1. 혈당 수치 조절
2. 환자에게 최적의 영양을 제공
3. 증상을 예방하고 질병의 합병증을 지연시키기

치료는 일반적으로 혈액 검사에서 고혈당, 내당능장애 또는 이전 내용에서 다루어진 다른 증상이 나타날 때 시작된다. 정상적인 혈당 수치(공복 혈당)는 70~100mg/dl이다.

치료는 식이요법만으로 하거나 인슐린 요법을 병행한 식이요법, 운동을 병행한 경구 혈당 강하제 치료, 혈당 수준의 정기적인 모니터링 등이 있다.

의사와 영양사는 필수적인 정보와 상담을 제공할 수 있으며 환자의 합병증을 예방할 수 있다. 그러나 궁극적인 책임은 환자에게 있다. 당뇨병 환자가 니코틴을 사용하거나 부주의하게 먹거나, 인슐린을 잊어버리고, 증상을 무시하고, 적절한 혈액 검사를 받지 않으면 영구적인 합병증이 발생할 위험이 높아진다.

영양관리

미국당뇨병협회 2016 의료 표준의 최신 권장사항에 따르면 공인 영양사가 제공하는 당뇨병 영양 요법은 비용 절감 및 개선된 결과를 가져올 수 있다. 영양사는 환자의 식이력, 좋아하거나 싫어하는 음식, 발병 시의 생활 습관을 알아야 한다. 환자의 칼로리요구량은 연령, 활동량, 근육량, 크기 및 휴식 에너지 소비량에 따라 달라진다. 일부 환자는 건강에 좋은 음식 선택과 부분 관리를 강조하는 간단하지만 효과적인 접근방법을 배워야 할 것이다.

최신 권장사항에는 탄수화물, 단백질 및 지방의 이상적인 다량 영양소 분포가 없다. 오히려 전체 칼로리 및 신진대사 조절을 목표로 염두에 두고 영양소 분배를 개별화해야 한다. 섬유질이 높고 혈당 부하가 낮은 음식물에 중점을 둔 곡물, 채소, 과일, 콩류 및 유제품으로부터의 탄수화물 섭취는 특히 당분을 함유한 음식들보다 권장된다. 당뇨병 환자와 위험 요소를 갖고 있는 사람들은 설탕이 함유된 음료를 피하고 건강에 더 좋고 영양분이 풍부한 다른 음식으로 대체하며, 자당 함유 식품 섭취를 최소화해야 한다. 연구에 의하면, 식이 지방 양에 대한 데이터는 아직 확실하지는 않다. 그러나 단일 불포화지방이 많은 지중해 식단에서는 총 지방은 적게, 탄수화물은 비교적 많이 섭취하는 것이 효과적이다. 단백질은 가능한 한 적은 상태여야 하며 나트륨은 하루에 2,300mg으로 제한되어야 하며 일부는 더 낮을 수도 있다.

처방된 에너지 영양소의 비율에 관계없이, 궁극적으로 먹는 음식은 충분한 양의 비타민과 무기질과 에너지 영양소를 공급해야 한다.

제1형 당뇨병 환자는 인슐린 요법, 운동과 함께 칼로리와 영양소의 균형을 맞출 수 있는 영양 계획이 필요하다. 식사와 간식은 비슷한 영양소와 칼로리로 구성되어 매일 규칙적인 시간에 섭취하는 것이 중요하다. 소량의 식사와 2~3회 간식은 매일 3회의 다량 식사보다 환자의 혈당 수준을 일정하게 유지하는 데 더 도움이 될 수 있다. 약물과 인슐린 주사 요법은 식사 횟수와 시기를 결정하는 데 도움이 될 수 있다.

제1형 당뇨병 환자는 간혹 식사를 놓칠 가능성을 예상해야 하며, 그러한 상황에서 발생할 수 있는 저혈당 예방을 위해 몇 개의 크래커, 치즈 또는 땅콩버터를 휴대해야 한다.

제2형 당뇨병 환자는 과체중일 수 있다. 환자에 대한 영양 목표는 혈당 수치를 정상 범위로 유지할 뿐만 아니라 체중 감량도 있다. 운동은 두 가지 목표를 달성하는 데 도움이 될 수 있다.

탄수화물 계수

탄수화물 계수법은 당뇨 환자에게 음식으로 혈당을 조절하는 방법을 가르치는 새로운 방법이다. 전분과 빵류, 우유 및 과일은 모두 "탄수화물"에 속한다. 즉, 3가지 탄수화물이 함유된 식품은 한 끼에 교환할 수 있다. 예를 들어, 아침 식사로 4가지 탄수화물(빵 2개 또는 전분, 과일 1개, 우유 1개)을 먹어야 한다. 우유가 없다면 우유 대신 빵이나 전분을 섭취하거나 과일을 섭취해야 한다. 교환 목록은 탄수화물 계산뿐만 아니라 기존의 식사 계획에도 활용된다. 점심과 저녁 식사를 위

SUPERSIZE USA

자신과 식사의 수퍼사이즈화를 방지하면서 혈당을 유지하려면, 외식할 때 다음 팁을 시도하시오.

- 물어보고 물어보시오. 주문 시, 주메뉴의 양과 준비 방법을 문의하시오. 메뉴에 대한 특별한 요청 및 대체가 가능하다.
- 동반인과 식사를 나누고 여분의 채소나 샐러드를 주문하시오. 혼자 식사하는 경우 식사의 일부를 포장해 갈 수 있도록 요청하시오.
- 천천히 먹고, 무엇을 먹고 있는지, 풍미를 맛보시오.
- 소스, 그레이비(육즙 소스), 드레싱을 옆에 두고 빵이나 튀긴 음식을 피하시오.
- 구운 것, 볶은 것, 데친 것, 가볍게 소금에 절인 것들을 선택하시오.
- 후식 대신에 신선한 과일을 요청하시오.
- 영양소가 없는 알코올 섭취를 제한하시오.

웹사이트 탐색
EXPLORING THE WEB

오늘날 휴대 전화는 전화를 걸거나 메시지를 보내는 용도로만 사용되는 것이 아니다. 스마트 폰이 점점 대중화되고 있으며 수많은 어플리케이션이 있다. 웹에서 영양, 체중 관리 및 식사 추적 프로그램을 검색하시오. 당뇨병 환자를 돕기 위해 어떤 어플리케이션을 이용할 수 있는가? 이러한 응용 프로그램은 당뇨병 관리를 어떻게 지원할 수 있는가?

해 단백질 약 85~113.4g을 섭취한다. 1회 또는 2회의 지방 교환은 각 식사에서 권장되지 않는다. 2가지 탄수화물과 28.3g의 단백질을 저녁 간식으로 먹어야 한다. 이들은 단지 시작 지침일 뿐이며, 영양사 또는 당뇨병 교육자는 이를 환자에게 개별적으로 맞출 수 있다.

교환 목록을 기반으로 한 식이

당뇨병 환자에게 가장 일반적으로 사용되는 식이요법은 교환 목록을 기반으로 한다. 이 목록은 미국영양사협회와 미국당뇨병협회가 함께 개발했다. 표 15-3에 요약되어 있다.

이 계획에서 식품은 유형별로 분류된다. 각 목록의 식품에는 칼로리, 탄수화물, 단백질 및 지방이 거의 동일한 양으로 들어 있다. 즉, 특정 목록의 모든 식품은 목록에 있는 다른 식품으로 대체될 수 있으며, 여전히 환자에게 처방된 유형 및 영양소 및 칼로리의 양을 제공한다.

교환 목록 exchange lists
교환할 수 있는 영양소 및 칼로리 내용을 포함한 식품 목록; 식이요법에서 특수한 양식으로 사용됨

하나의 목록에 있는 영양분과 칼로리의 양은 다른 목록의 양과 같지 않다. 각 목록에는 부피 또는 체중별 1회 제공량과 칼로리 값이 포함되며, 부가적으로

표 15-3 교환 목록 요약

식품 목록 다음 차트는 각 목록에서 한 번 제공되는 영양분의 양이다.				
식품 목록	**탄수화물(g)**	**단백질(g)**	**지방(g)**	**칼로리**
탄수화물				
전분: 빵, 시리얼, 곡물, 전분, 채소, 크래커, 간식, 전분 콩	15	0~3	0~1	80
과일	15	–	–	60
우유				
무지방, 저지방, 1% 지방	12	8	0~3	100
2% 지방	12	8	5	120
전유	12	8	8	160
사탕	15	다양함	다양함	다양함
비전분성 채소	5	2	–	25
육류 및 육류 대체품				
비계가 없는 고기	–	7	0~3	45
중지방	–	7	4~7	75
고지방	–	7	8+	100
식물성 단백질	다양함	7	다양함	다양함
지방	–	–	5	45
알코올	다양함	–	–	100

출처: 미국영양사협회 또는 미국당뇨병협회의 허락 없이 전체 또는 일부의 교환 목록 복제는 연방법 위반이다. 이 자료는 미국영양사협회와 미국당뇨병협회의 위원회에서 설계한 식사 계획 시스템의 기초가 되는 *"당신의 식품 선택" 당뇨병 교환 목록*에서 수정되었다. 당뇨병 환자 및 특수 식단을 따라야 하는 사람들을 위해 주로 고안되었으나 교환 목록은 모든 사람에게 적용될 수 있는 영양 원칙에 기반으로 작성되어 있다.

탄수화물 그램과 적절한 경우 단백질, 지방도 포함된다. 한 사람이 필요로 하는 칼로리의 수는 특정 목록에서 처방된 항목의 수를 결정한다. 이 목록은 또한 식단의 칼로리 함량을 조절하는 데 사용될 수 있으며, 따라서 저칼로리 식단에 적합하다.

과체중이 아닌 성인 당뇨병 환자를 위한 총 에너지 요건은 비 당뇨병 환자와 동일하다. 환자들이 과체중일 때, 칼로리의 감소는 일반적으로 일주일에 1파운드의 체중 감소를 다이어트 계획에 포함할 것이다.

식이는 특정한 음식보다는 오히려 교환의 관점에서 주어진다. 예를 들어, 아침 식사 메뉴 패턴은 과일 하나 교환, 고기 하나 교환, 2가지 빵 또는 전분 교환, 2개의 지방 교환을 포함할 수 있다. 환자는 각 식사마다 교환 목록에서 원하는 음식을 선택할 수 있지만 각 목록의 특정 교환 목록 및 교환의 수를 준수해야 한다. 비전분성 채소는 날것으로 요리한 1½컵 또는 3컵까지 먹을 수 있다. 한 끼 식사량보다 많은 양을 섭취한다면, 추가 양을 탄수화물로 한 번 더 횟수를 추가한다. 간식은 계획에 함께 포함해야 한다. 이런 식으로 환자는 단순하지만 통제된 방식으로 다양성을 유지할 수 있다.

임신이나 수유 또는 생활방식에 변화가 생길 경우에는 식단을 수정해야 한다. 직장이나 근무 시간의 변화는 영양소와 칼로리 요구사항에 영향을 줄 수 있다. 이러한 변화가 발생하면 환자는 의사 또는 영양사와 상담하여 칼로리 및 인슐린 요구량을 신속하게 조정할 수 있어야 한다.

당뇨병 환자를 위한 특별 고려사항

섬유질

당뇨병 환자의 식이요법에서 섬유질의 치료적 가치가 점점 더 강조되고 있다. 고섬유질 섭취는 혈당을 낮추기 때문에 인슐린 요구량을 줄여준다. 또한 혈중 콜레스테롤과 트리글리세라이드 수치를 낮춘다. "고섬유질"은 하루 25~35g의 식이섬유질을 의미한다. 그러한 많은 양의 고섬유질을 포함하기 어려울 수 있다. 갑작스런 섬유질 섭취 증가는 장내 가스와 불편함을 유발할 수 있으므로, 고섬유질 음식은 점진적으로 섭취를 증가해야 한다. 식이요법에서 섬유질을 늘리면, 물 섭취도 늘려야 한다. 섬유질 섭취가 증가하면 무기질 흡수에 영향을 줄 수 있다. 소비하는 탄수화물의 그램을 기준으로 인슐린 요법을 하는 환자의 경우, 섬유질의 일부를 뺄 수 있다. 식품 표시를 읽을 때, 섬유질 함유량이 5g을 초과하면 환자가 투여하는 총 탄수화물의 절반을 섬유질의 잔량에서 뺄 수 있다.

대체 감미료

시장에는 다양한 인공감미료가 있다. 일부 감미료는 광범위하게 연구되지 않았으므로 안전에 논란이 있다. 시장에서 흔히 볼 수 있는 인공감미료는 다음과 같다.

- 수크랄로스(상표 Splenda)는 체내에서 흡수되지 않는 방식으로 변형된 당 분자로 만들어지며, 설탕보다 600배 더 달콤하다. 일부는 자궁 내 생쥐의 백혈병 증가와 관련이 있는 아직 발표되지 않은 2012년 연구 때문에 주의해서 사용해야 한다고 하였다.
- 아스파탐(상표명 Equal, Nutrasweet)은 페닐알라닌과 아스파라긴산으로 구성된 감미료다. 설탕보다 200배 더 달콤하다. 소비자들은 생쥐 실험에서 암을 발견한 연구 때문에 이것이 가장 소량의 감미료를 사용하기에 가장 적합하다고 여기기도 한다.
- 사카린은 설탕보다 350배 더 단맛이 난다. 소비자안전그룹에서는 설치류 대상 연구에서 사카린이 방광암을 일으킨다는 사실을 보여줌으로써 사카린을 피해야 한다고 주장하였다.
- 아세설팜칼륨(상표명 Equal Original 또는 Equal Spoonful)은 설탕보다 200배 더 달콤하며 일반적으로 쓴맛을 없애기 위해 수크랄로스 또는 아스파탐과 함께 사용된다. 많은 사람들은 40년 전에 시행된 실험에서 두 마리 쥐가 암에 걸릴 위험이 있으므로 나온 결과를 보고 감미료를 피해야 한다고 주장하기도 한다.
- 어드벤탐은 설탕보다 20,000배 더 달콤하고 2014년 FDA의 승인을 받았다. 특히 소량이 식품에 사용되므로 안전한 편이다.
- 네오탐(상표명 Newtame)은 설탕보다 8,000배 더 달콤하다. 안전 문제는 없는 편이나 드물게 사용된다.
- 고도로 정제된 스테비아 잎 추출물(순수 비아, 스위트 리프, 트루비아)은 안전한 편이나 전체 잎 스테비아 또는 조 스테비아는 식품에 허용되지 않는다.

식이요법 식품

당뇨병 또는 식이요법 식품의 사용은 비용이 많이 들거나 환자에게 오해를 불러일으킬 수 있다. 종종 식품 용기에는 일반 대중을 위해 준비된 식품 용기와 동일한 성분이 포함되지만, 식이요법 식품의 경우 가격이 더 높다. "식이요법"이라고 표시되어 있으므로, 당뇨병 환자들이 식품 용기의 라벨을 읽지 않고 더 많은 양을 섭취할 수 있다고 오해할 수 있다. 실제로, 이들 식품은 탄수화물, 지방 및 단백질을 함유하므로 총 사용량을 총 하루 섭취량에서 계산해야 한다.

당뇨병 환자들은 일반 대중을 위해 준비된 음식을 사용하는 것이 좋지만, 제공량에 주의해야 한다. 중요한 것은 당뇨병 환자가 구입한 모든 식품 용기의 *라벨을 읽는 것*이다.

알코올

알코올은 당뇨병 환자에게는 권장되지 않지만, 의사가 승인한 경우 제한적으로 가끔 허용될 수 있다. 하지만, 혈당강하제를 사용하는 일부 당뇨병 환자들은 알코올을 제한해야 한다. 환자들은 식사 동안만 알코올을 섭취하도록 매우 조심해야 한다. 빈속에 섭취하면 저혈당증이 올 수 있다. 알코올 섭취 시, 소비되는 칼로리를 고려하여 식이 계획에 포함되어야 한다.

운동

운동은 인슐린 수용체 부위를 증가시키고 글루카곤의 생성을 자극하여 신체가 포도당을 사용하는 데 도움을 준다. 콜레스테롤과 혈압을 낮추고 스트레스와 체지방을 줄여 근육을 탄력있게 만든다. 제2형 당뇨병 환자의 경우, 운동은 체중 조절, 혈당 수치 및 심혈관계 개선에 도움이 된다.

그러나 제1형 당뇨병 환자의 경우, 운동이 혈당 조절을 복잡하게 만들 수 있다. 혈당 수준을 낮추면서 저혈당이 발생할 수 있으므로 운동에 관하여 의사와 상의해야 한다. 상의 후, 운동은 정기적으로 해야 하며 충분한 칼로리와 인슐린이 처방되도록 식사 계획과 함께 신중하게 고려되어야 한다. 환자는 저혈당 징후와 증상 및 치료에 대해 교육받아야 한다. 환자는 운동 중에도 혈당 측정기와 정제 혈당제를 갖고 있어야 한다.

인슐린 요법

제1형 당뇨병 환자는 혈당 수치를 조절하기 위해 매일 인슐린 주입을 해야 한다(그림 15-2). 이 인슐린은 체외에서 생산되었으므로, 외인성 인슐린이라고 한다. 내인성 인슐린은 신체 내에서 생산된다.

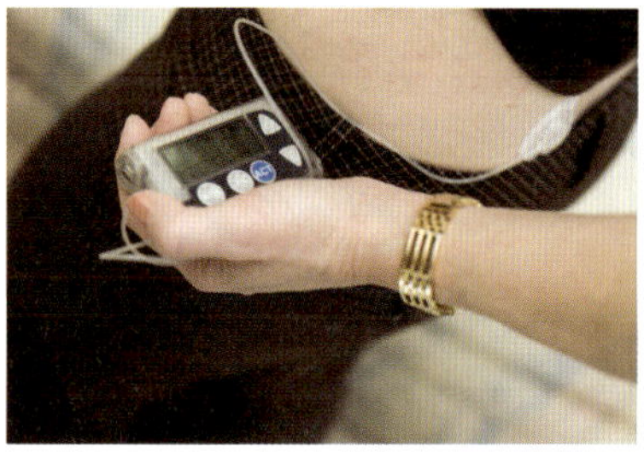

그림 15-2 인슐린 펌프 요법은 제1형 당뇨병 환자의 혈당 조절을 향상시키는 데 사용될 수 있다.

외인성 인슐린은 단백질이다. 외인성 인슐린을 삼키면 소화가 되므로 완전한 호르몬으로서 혈류에 도달할 수 없으므로 주사 요법으로 주입해야 한다. 제1형 당뇨병의 경우, 인슐린 치료가 시작된 후 환자가 평생 동안 계속해야 한다. 제2형 당뇨병 환자의 경우, 생활습관 변화와 체중 감소가 잘 이루어진 경우에는 인슐린 주입이 필요하지 않을 수 있다.

휴먼 인슐린은 가장 일반적인 인슐린이다. 이 인슐린은 사람에게서 나온 것이 아니라 실험실에서 화학적 과정에 의해 종합적으로 만들어진다. 휴먼 인슐린은 췌장에서 생성된 인슐린과 매우 유사하기 때문에 선호된다. 동물성 인슐린은 소 또는 돼지에서 생성되어, 소 또는 돼지 인슐린이라고 한다. 이 인슐린은 휴먼 인슐린보다 덜 순수한 항체를 포함하고 있기 때문에 거의 사용되지 않는다.

다양한 종류의 인슐린을 사용할 수 있다. 인슐린의 최대 효과에 걸리는 시간과 지속 시간이 서로 다르며 이를 인슐린 작용이라고 한다. 인슐린은 초속효성, 속효성, 중간형, 장시간형으로 분류된다. 가장 일반적으로 사용되는 인슐린은 식사

외인성 인슐린 exogenous insulin
신체 외부에서 생성된 인슐린

내인성 인슐린 endogenous insulin
신체 내에서 생성된 인슐린

웹사이트 탐색
EXPLORING THE WEB

인슐린 요법에 대한 추가 정보를 웹에서 검색하시오. 어떤 종류의 치료법이 존재하는가? 현재 사용하고 연구 중인 실험 요법이 있는가? 이 치료법에 대한 임상 시험 결과는 무엇인가?

직전에 투여하는 초속효성이며, 식사에 관계없이 필요한 양을 제공하는 장시간형이다. 제1형 당뇨병의 경우, 인슐린은 종종 매일 2회 이상의 주사로 제공되며 여러 종류의 인슐린을 포함할 수 있다. 주사 주입은 처방된 시간에 시행해야 한다.

인슐린 의존형 당뇨병 환자(제1형, 제2형)는 더 많은 혈당 조절을 위해 인슐린 펌프 요법을 사용할 수 있다. 인슐린 펌프는 두 가지 방법(기본 속도, 식사 전 주입)으로 인슐린을 공급한다. 기본 속도는 하루 종일 지속적으로 전달되는 소량의 초속효성 인슐린이다. 이 인슐린은 식사 사이와 밤 동안 혈당을 유지하도록 작용한다. 초속효성 인슐린의 식사 전 주입은 식사 중에 먹는 음식을 다루기 위함이며, 식사를 언제 하는지에 따라 융통적으로 적용된다. 인슐린 펌프는 모든 환자에게 적용되는 것은 아니며 내분비학자와 당뇨병 교육자는 인슐린 펌프 치료가 최적인 환자를 확인하여 적용하게 된다.

인슐린 반응

환자가 처방된 식이요법을 하지 않고 처방된 인슐린을 계속 복용하면 저혈당이 발생할 수 있다. 인슐린 반응, 또는 *저혈당 발작*이라고 하며 혼수상태와 사망을 초래할 수 있다. 증상으로는 발한, 떨림, 가벼운 두통, 두통, 흐린 시력, 혼돈, 조정 능력 저하, 무의식이 올 수 있다. 인슐린 반응이 빈번하거나 오래 지속되면 두뇌 손상이 발생할 수 있으므로 위험하다. 뇌 기능 유지를 위해서는 충분한 양의 포도당이 있어야 한다. 인슐린 반응이 발생하거나 발생하려는 증상이 보이는 경우에는 의사의 진료를 받아야 한다.

의식이 있는 환자는 설탕 15~20g을 함유한 포도당 정제 또는 음료를 제공하여 치료할 수 있다. 15분 동안 여전히 저혈당증인 경우, 계속 반복한다. 정상 혈당으로 회복되면 식사나 간식을 제공한다. 환자가 의식이 없으면 글루카곤을 주사하거나 포도당 수액 치료를 한다. 당뇨병 환자는 실제 인슐린 반응을 경험할 때 술에 취해 있다고 오해를 받지 않도록, 인슐린 반응 상태를 설명할 수 있도록 당뇨병 환자 표시가 된 신분증을 지참하는 것이 좋다.

건강과 영양 고려사항

우리나라는 당뇨병 전기의 성인과 아동이 당뇨병으로 전환할 가능성을 최소화하기 위해, 이들을 보다 더 주의 깊게 조사하고 생활 습관의 변화를 지원해야 한다. 당뇨병 환자의 식사 계획을 수립하고, 처방대로 약을 복용하며, 충분한 운동과 휴식을 취하면서 평상시와 유사한 생활을 하도록 알려주는 것이 중요하다. 영양사는 처방된 모든 음식을 섭취하고, 인슐린-포도당의 균형을 유지하기 위해 규칙적으로 음식을 섭취하며, 판매되는 음식에 대한 모든 라벨을 주의 깊게 읽는 것이 중요함을 강조해야 한다.

인슐린 반응 insulin reaction
인슐린 혼수로 인한 저혈당으로 인슐린 주입량이 너무 많았거나 섭취한 음식이 너무 적은 경우 유발된다.

혼수 coma
무의식 상태

식사 계획을 따르기 위해 쇼핑, 요리 및 식습관을 수정해야 한다. 가족 식사는 당뇨병 식사 계획에 맞게 간단히 조정할 수 있다. 당뇨병 환자들은 매 식사, 간식 시간에 포함되는 교환 목록과 각 목록에 있는 음식들을 배우게 된다. 또한 가족들도 당뇨병에 대한 식사 계획이 매우 건강한 식습관이라는 것을 이해하는 것이 중요하다. 가족의 모든 구성원들은 1인분 양 조절, 저지방 식품, 소비되는 모든 식품에 대한 인식 변화로부터 이익을 얻을 수 있다.

요약_SUMMARY

당뇨병 식사 계획은 당뇨병 치료에 중요한 요소이다. 당뇨병은 췌장의 부적절한 기능으로 인한 인슐린의 부적절한 생산 또는 사용 장애로 인한 대사성 질환이다. 치료하지 않으면 체내에서 포도당을 제대로 사용할 수 없으며 이로 인한 심각한 합병증이 발생할 수 있으며 심지어 사망까지 이를 수 있다. 치료에는 영양, 약물 지료 및 운동이 포함된다. 당뇨병 식사 계획은 의사 혹은 영양사가 환자와 협의하여 정하게 된다.

토의 주제_DISCUSSION TOPICS

1. 제1형 및 제2형 당뇨병의 발병에 대해 토론하고 증상을 나열하시오.
2. 당뇨병 전기, 제1형 당뇨병, 제2형 당뇨병의 차이점을 설명하시오.
3. 당뇨병 전기, 제1형 당뇨병, 제2형 당뇨병 발병 위험 요소를 명명하고 선별검사와 진단에 대해 토의하시오.
4. 제1형 당뇨병과 제2형 당뇨병의 치료에 대하여 토의하시오.
5. 당뇨병 환자가 영양에 관하여 교육받는 것이 중요한 이유는 무엇인가?
6. 제1형 또는 제2형 당뇨병을 치료하지 않았을 때 발생할 수 있는 합병증에는 무엇이 있는가?
7. 진실 또는 거짓: 당뇨병 환자는 무가당 및 당뇨병 음식이 필요하다.
8. 당뇨병 환자의 식사 계획에서 *교환*의 의미가 무엇인지 토의하시오.
9. 다음 중 탄수화물 교환을 한 식품은 무엇인가? 하나 이상의 답변을 고를 수 있으며, 자세한 내용은 부록 F를 참고하시오.
   a. 빵 1조각
   b. 옥수수 1/2컵
   c. 검은 콩 1/2컵
   d. 버터 1큰술
   e. 오렌지 주스 118cc
   f. 우유 236cc
   g. 치킨 85g
   h. 올리브 오일 1작은술
10. 임신 중 당뇨병은 제1형 당뇨병과 제2형 당뇨병과 어떻게 다른가?
11. 당뇨병 환자에게 장기간에 발생할 수 있는 4가지 주요 합병증을 명명하시오.
   a. (　　　　　　)
   b. (　　　　　　)
   c. (　　　　　　)
   d. (　　　　　　)
12. 외식하는 동안 칼로리를 줄이기 위해 할 수 있는 두 가지 팁을 명명하시오.

연습문제_REVIEW

가장 적절한 답을 고르시오.

1. 다음 중 제1형 당뇨병에 적합한 진술은 무엇인가?
   a. 당뇨병 환자 대부분(90~95%)은 제1형이다.
   b. 췌장은 인슐린을 계속 생산할 수 있으나 신체가 사용하는 데 어려움이 있다.
   c. 제1형 당뇨병 환자는 비만이 많다.
   d. 당뇨병은 자가면역반응으로 유발될 수 있다.

2. 제2형 당뇨병에 대해 다음 중 올바른 것은 무엇인가?
   a. 일반적으로 젊은 나이에 진단된다.
   b. 제2형 당뇨병의 명백한 증상이 없을 수 있다.
   c. 인슐린 요법은 혈당 조절을 위해 반드시 사용된다.
   d. 췌장은 더 이상 인슐린을 생성하지 못한다.

3. 당뇨병의 합병증으로 신장 손상은 다음으로 알려져 있다.
   a. 당뇨병　　c. 신장병
   b. 다뇨증　　d. 신역치

4. 인슐린은 다음 중 어느 경로를 통해 투여될 수 있는가?
   a. 인슐린 펜　　d. 입으로
   b. 인슐린 펌프　　e. a, b, c 방법으로만
   c. 인슐린 주사기　　f. 모두

5. 경구용 당뇨병 치료제는 다음을 제외한 모든 방법으로 혈당을 개선한다.
   a. 더 많은 인슐린을 만들기 위해 췌장을 자극한다.
   b. 신체가 인슐린을 보다 효율적으로 사용하도록 돕는다.
   c. 식욕을 증가시킨다.
   d. 간에서 저장된 포도당 방출을 막는다.

6. 미국당뇨병협회는 당뇨병 환자의 A1C 수치를 이와 같이 규정하였다.
   a. 7%　　c. 3%
   b. 9%　　d. 5%

7. 다음 중 임신 중 당뇨와 관련이 없는 것은?
   a. 농축 당이 많이 함유된 식품은 피해야 한다.
   b. 제2형 당뇨병을 일으킬 위험 요소가 될 수 있다.
   c. 임신 중 체중 증가를 제한해야 한다.
   d. 혈당 조절을 위해 인슐린 주사가 사용될 수 있다.

8. 다음의 성인 연령에서 당뇨병 또는 당뇨병 전기 여부를 선별검사해야 하는 사람은 누구인가?
   a. 과체중이며 45세 이상인 경우
   b. 당뇨병의 가족력이 있는 경우
   c. 더 많은 물을 마시기 시작한 경우
   d. 과체중이며 고혈압과 지질 같은 추가 위험 요소가 있는 사람

요점사례_CASE IN POINT

SIMONE: 제2형 당뇨병과 심장 건강

Simone은 10년 전에 제2형 당뇨병으로 진단받았다. 진단 당시 의사는 그녀에게 혈당 수치 모니터링 및 건강한 식습관에 대한 수업을 듣기를 권장하였다. 그녀는 수업에 갔지만 실제로 자신이 당뇨병이 있다고는 생각하지 않았다. 그녀는 자신이 괜찮은 상태라고 여겼으며 당뇨병에 대한 가족력도 또한 없었다. 그녀의 부모님은 프랑스에서 미국으로 이주한 경우였으며 프랑스인은 당뇨병 발병률이 매우 낮다. 그녀는 확실히 의사가 실수를 저질렀다고 믿었다. 그래서 그녀는 대부분 원했던 것을 주로 먹었고 혈당 검사를 걱정하지 않았다. 그녀는 혈당 측정 스트립 비용을 충당할 보험이 없었고, 너무 비싸서 구입할 수 없었다. 그녀는 진료받지 않기로 결정했으며 의사가 무슨 말을 하고 있는지도 알 수 없었다.

그녀는 50세가 되었고 당뇨병 자체를 잊어버렸다. 그녀는 신장 165cm, 체중은 61kg이다. 그녀는 이상적인 체중 범위에 있으며, 지금까지 당뇨병의 증상이 없었다. 어느 날 가족을 위해 아침 식사를 준비하는 동안, 그녀는 가슴에 갑자기 날카로운 통증을 느꼈다. 그녀는 거실 바닥에 쓰러졌고, 남편이 911에 전화를 하였다.

Simone에게 응급 심장 우회로 수술이 시행되었으며, 의사는 그녀가 당뇨병으로 인해 심장이 크게 손상되었으며, 운이 좋았다고 말하였다. 의사는 그녀의 A1C가 12.3%이며, 당뇨병 치료를 시작하지 않으면 곧 다른 합병증도 발생할 것이라고 하였다.

사정

1. Simone은 왜 자신이 당뇨병이라고 생각하지 않았는가?
2. 그녀는 신장 165cm, 체중 61kg이다. 이상적인 체중 범위 내에 있는가?
3. 그녀의 A1C는 12.3%이다. 당뇨병에 걸린 사람의 정상 범위와 권장사항은 무엇인가?
4. 당뇨병으로 인해 그녀의 심장이 손상되었다고 의사가 생각하는 이유는 무엇인가?

진단

5. Simone의 간호진단을 작성하시오.

계획/목표

6. Simone의 의사가 어떤 자료를 추천해야 하는가?
7. 그녀의 가족은 상황의 심각성을 이해하고 그녀의 노력을 지지해야 한다. 그녀가 당뇨병 및 건강 관리하려는 노력을 뒷받침하기 위해 가족들이 할 수 있는 일은 무엇인가?
8. 그녀의 돌봄에서 주요 목표는 무엇인가?

수행

9. Simone이 무엇을 하기 시작할 경우, 그녀가 진단을 받아들이고 건강한 생활 방식으로 변화를 시작했다는 것을 알 수 있는가?

평가/결과 기준

10. 계획의 효과와 목표를 어떻게 결정하는가?

생각해보기

11. 미국당뇨병협회(http://www.diabetes.org) 웹사이트로 이동하여 특히 음식 및 건강관리 메뉴를 살펴보시오. 환자에게 제공할 수 있는 권장사항 및 활용 자원은 무엇인가? 유용한 정보는 무엇인가?

rate this plate

Simone은 당뇨병 교육자와 만났으며 혈당 수치를 모니터링하고 건강한 식습관을 유지하는 것이 중요함을 교육받았다. 그녀는 탄수화물 계수가 식사를 계획하는 가장 쉬운 방법이 될 것이라고 결정하였다. 당뇨병 교육자는 식사당 2~3개의 탄수화물 선택을 허용하는 1,500~1,600칼로리 식사 계획을 권장하였다. 그녀가 계획한 아침 식사는 다음과 같다.

토스트 곡물 머핀 1개

마가린 1작은술

포도 젤리 1개

달걀 요리 1개

중형 바나나 1개

저지방 우유 237ml

이 식사에서 Simone은 정확한 탄수화물 수를 가지고 있는가? 이 식단에서 무엇을 더하거나 뺄 것인가?

요점사례_CASE IN POINT

MICHAEL: 제1형 당뇨병의 관리

Michael은 15세이며 고등학교 신입생이다. 농구 시즌 동안, 마이클의 식욕은 심해진다. 그의 어머니는 Michael이 먹을 수 있는 양에 놀라곤 했다. 그녀는 처음에는 Michael의 과식이 성장시기이고 매일 농구 연습과 경기를 하면서 증가된 활동량 때문일 것이라고 생각했다. 이전의 마지막 진료 시 Michael의 신장은 178cm, 체중은 75kg이었다. 그러나 최근에 그녀는 그가 음식을 더 많이 섭취함에도 불구하고 살이 빠진 것 같다고 느꼈다.

또한 그는 화장실을 가기 위해 밤중에 자주 일어나곤 했다. 어머니가 그에게 질문할 때, 그는 소변을 보러 갔었다고 말했지만 막상 화장실에서는 소변의 양이 적게만 나왔다. 그는 "가짜"소변 충동이 그의 수면을 방해하고 있고, 그 결과 수업 시간 내내 극도로 피곤하고 좌절감을 느꼈다. 그는 매일 물병을 학교에 가져와서 여러 번 다시 채워왔다. 그는 단지 농구 연습으로 인하여 탈수되었다고 생각했고 몸이 더 많은 물을 필요로 하는 것이라고 생각했다. 그래서 밤에 일어나서 화장실에 자주 가게 된 거라고 여겼다.

Michael과 그의 어머니는 아프리카계 미국인이며 제2형 당뇨병의 가족력이 있다. Michael의 어머니는 그의 증상을 보고 의사를 만나러 갔다. 어머니는 매우 걱정되었다. 현재 그의 체중이 67kg이었다! 혈액 및 소변 검사를 마친 후 의사는 Michael을 제1형 당뇨병으로 진단하였고 혈당을 낮추기 위해 인슐린 투여가 필요하며 입원할 것을 권유하였다. Michael과 그의 어머니는 영양, 인슐린, 혈당 모니터링에 대한 교육을 받게 될 것이다.

사정

1. 당뇨병과 관련된 Michael에 관한 모든 주관적인 정보를 열거하시오.
2. 그에 대한 객관적인 데이터가 있는가?
3. 당뇨병 진단을 위해 필요한 검사는 무엇인가?

진단

4. Michael의 진단을 위해 필요한 교육은 무엇인가?
5. Michael의 간호진단을 작성하시오.

계획/목표

다음 목표 진술을 완성하시오.

6. Michael은 ( )과 관련된 자기 관리 방법을 말로 설명할 수 있을 것이다.
7. 그는 당뇨병 환자의 생존 기술과 정보 ( )를 말로 설명할 수 있을 것이다.

수행

의사는 Michael에게 취침 시 지속형 인슐린 주사를 주입할 것과 섭취할 탄수화물의 양과 최근 식사 전의 혈당 수치를 바탕으로 식사 시 속효성 인슐린 주사를 주입할 것을 처방하였다.

8. Michael이 배워야 할 주제는 무엇인가?
9. 집에 가기 전에 그가 숙달해야 할 기술은 무엇인가?
10. 누가 그와 수업을 같이 해야 하는가?
11. Michael의 어머니는 비상 상황에 대한 어떤 정보를 알아야 하는가?
12. 그는 운동에 대해 무엇을 알아야 하는가?

평가/결과 기준

13. 2주 후 Michael의 공복 혈당 수치는 얼마가 되어야 하는가?
14. 그가 어떻게 말로 설명할 수 있어야 하는가?
15. 그의 체중에 어떤 영향이 있어야 하는가?

생각해보기

16. Michael이 당뇨병을 관리하는 것이 왜 필수인가?
17. 그가 심각한 만성질환을 관리하고 10대 삶의 균형을 이루기 위해, Michael이 해결해야 하는 어려움은 무엇인가?
18. 그가 다니는 학교의 선생님, 코치 등에게 제공해야 할 정보는 무엇인가?

✓ rate this plate

병원에 머무르는 동안 Michael은 공인영양사를 만났다. 영양사는 탄수화물 계수, 탄수화물이 혈당 수준에 어떻게 영향을 미치는지에 대한 교육을 제공하였다. 영양사는 또한 운동이 혈당 수치에 영향을 미치고 농구 연습 및 게임에 참여할 때 정기적으로 혈당을 확인하는 것이 중요하다고 설명하였다. 그가 활발하고 성장하는 10대인 것을 고려하여, 영양사는 2,800칼로리로 당뇨병 식사 계획을 권장하였다. 식사 계획은 식사당 5~6가지 탄수화물 선택과 식사 사이의 간식에 2~3가지 탄수화물 선택을 허용하였다. 다음은 Michael이 농구 연습 전에 먹을 간식을 계획한 내용이다.

모짜렐라 스트링 치즈스틱 2개

중간 크기의 사과 1개

쿠키 스낵 팩 1개

저지방 우유 237ml

이 스낵은 농구 연습을 통해 혈당을 유지하기에 충분한 탄수화물을 제공하는가? 모짜렐라 치즈에는 탄수화물이 포함되어 있는가? 왜 당뇨병 식사 계획을 위한 간식으로서 탄수화물 선택과 함께 단백질 공급원을 소비하는 것이 권장되는가?

CHAPTER 16

주요용어_*KEY TERMS*

경색
고지혈증
고혈압 방지를 위한 식이접근법
내강
뇌혈관사고
대상부전 심장질환
동맥경화증
말초혈관질환
보상성 심장질환
본태성 고혈압
심근경색증
심근병증
심근층
심낭
심장내막
심장동맥질환
심혈관질환
울혈성심부전
이차성 고혈압
일차성 고혈압
죽상경화증
허혈
혈관질환
혈전
혈청 콜레스테롤
협심증

식이와 심혈관질환

DIET AND CARDIOVASCULAR DISEASE

학습목표

- 심장질환에 관여하는 요소들을 구분할 수 있다.
- 콜레스테롤과 포화지방산이 왜 심혈관질환에 제한되는지를 설명할 수 있다.
- 콜레스테롤 조절 또는 제한 식이를 실행할 때 이용될 수 있는 식품을 구분할 수 있다.
- 일부 심혈관질환 상태에서는 왜 나트륨이 제한되어야 하는지 설명할 수 있다.
- 나트륨 제한 식이에 있어서 제한되거나 금지되어야 하는 식품을 구분할 수 있다.

심혈관질환은 심장과 혈관에 영향을 미친다. 오늘날 미국에서 사망이나 영구장애를 일으키는 주요 원인이기도 하다. 이로 인한 재난과 경제적인 어려움은 매우 심각한 수준이다. 여러 단체들, 특히 미국 심장협회(American Heart Association)와 같은 단체는 심혈관질환에 대한 위험인자를 사람들에게 알림으로써 발생률을 감소시키기 위해 제안된 프로그램을 장려하고 있다.

심혈관질환은 급성(갑작스러운 발병)으로 또는 만성으로 나타날 수 있다. 심근경색증은 급성질환의 하나이다. 만성 심장질환은 시간이 걸려 진행되는 병이며 심장 기능의 상실을 야기한다. 만일 심장이 혈액순환의 기능을 유지한다면, 질환은 보상성 심장질환으로 분류한다. 보상기전은 보통 심장을 비정상적으로 빠르게 뛰게 한다. 그 결과 심장 비대가 나타난다. 만일 심장이 순환을 유지할 수 없다면 이 상태의 질환을 대상부전 심장질환이라 분류하며 울혈성 심부전(congestive heart failure, CHF)가 일어난다. 심장의 근육(심근층), 판막(valves), 심장내막, 바깥쪽 심낭, 또는 혈관들이 심장질환에 의해 영향을 받을 것이다.

동맥경화증

동맥경화증은 동맥이 두꺼워져 혈액의 통과를 어렵게 하거나 가끔은 통과를 불가능하게 하는 혈관질환에 대한 일반적 용어이다. 죽상경화증은 선진국에서 가장 흔하게 나타나는 동맥경화증의 하나이다. 어릴 적부터 시작하는 만성 염증의 진행이라고 믿어지며 심장마비의 주 원인이라 여겨진다.

죽상경화성 플라크는 콜레스테롤, 지방과 다른 물질, 즉 혈관에 시간을 두고 축적되어 동맥의 벽을 두껍게 하고 약화시키는 물질들의 축적물이다. 학자들은 플라크가 동맥벽에서 축적된다기보다는 염증과정으로부터 유래되었다고 믿는다(그림 16-1). 플라크는 꾸준히 축적되어 동맥 내강 크기를 감소시키며, 그 결과 순환 혈액량의 감소를 야기한다. 감소한 혈액량은 조직으로 산소와 영양소를 부적절하게 제공하고 조직으로부터 대사산물을 적절하게 제거하지 못하게 한다. 이 상태를 허혈이라고 한다.

감소된 산소공급은 통증을 유발한다. 통증이 가슴에서 일어나고 왼쪽 팔 아래로 방사될 때 협심증이라 불리는데, 이는 경고라고 생각해야 한다. 혈관 내강이 좁아져서 혈액응고 덩어리(혈전)가 심장동맥 안에서 발생하고 혈액순환이 차단되었을 때, 심장마비가 일어난다. 이 결과로 조직이 괴사되는 것을 경색이라 한다. 혈액을 받는 심장의 근육은 심장근육(myocardium) 또는 심근층이라 한다. 따라서 그와 같은 심장마비를 급성 심근경색(MI)이라 부른다. 심근경색 환자의 일부는 막힌 동맥을 우회하는 수술이 필요할 것이다. 심장동맥우회술(coronary artery bypass graft, CABG)은 보통 우회술이라 간주되고 있다.

뇌로 가는 혈류가 이런 방법으로 막히게 되거나 혈관이 터져 혈액이 뇌로 흐른다면, 뇌졸중 또는 뇌혈관사고가 된다. 만약 이런 막힘이 심장으로부터 멀리 떨어져 나타난다면, 이를 말초혈관질환이라 한다.

위험인자들

심혈관질환의 발병에 관여하는 위험인자들은

심혈관질환 cardiovascular disease (CVD)
심장과 혈관에 영향을 미치는 질환

심근경색증 myocardial infarction (MI)
심장마비; 심장으로 가는 동맥의 폐쇄로 일어난다.

보상성 심장질환 compensated heart disease
심장이 모든 신체 조직으로 순환을 유지할 때 나타나는 심장질환

대상부전 심장질환 decompensated heart disease
심장이 모든 신체 조직으로 순환을 유지하지 못할 때 나타나는 심장질환

심근층 myocardium
심장의 근육

심장내막 endocardium
심장의 안쪽을 덮고 있는 막

심낭 pericardium
심장을 둘러싸고 있는 막

동맥경화증 arteriosclerosis
동맥이 두꺼워지고 단단해지는 것

혈관질환 vascular disease
혈관의 질환

죽상경화증 atherosclerosis
동맥벽의 안쪽 벽에 영향을 미치는 동맥경화증의 형태

내강 lumen
관의 안쪽 속이 빈 공간의 영역

허혈 ischemia
감소한 혈액공급으로 조직에 산소와 영양의 공급이 부적당하고 조직으로부터 불순물을 제거하지 못하는 것

협심증 angina pectoris
불충분한 혈액 공급으로 인해 심장근육에 통증이 오는 것

혈전 thrombus
혈액 덩어리

경색 infarct
동맥의 패쇄로 인해 조직이 죽는 것(괴사)

뇌혈관사고 cerebrovascular accident (CVA)
뇌의 혈관이 막히거나 터지는 것

말초혈관질환 peripheral vascular disease (PVD)
심장으로부터 떨어진 동맥이 좁아진 것

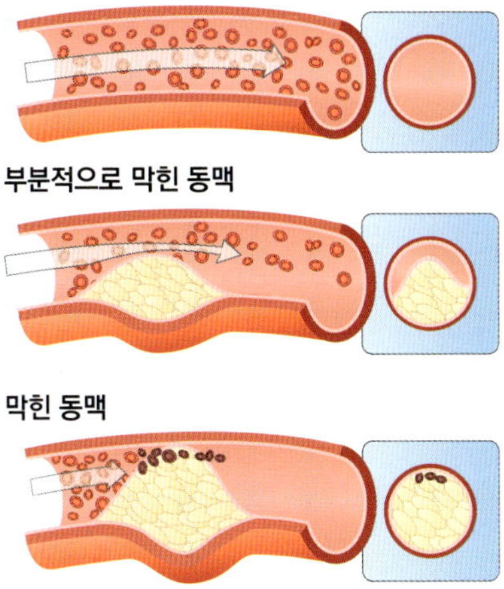

그림 16-1 죽상경화증의 진행.

- 고지혈증
- 고혈압
- 흡연
- 비만 및 부적절한 식이
- 당뇨 및 당뇨병 전기
- 가족력—55세 이전의 부친이나 형제, 또는 65세 이전의 모친이나 자매가 심장질환에 걸린 경우
- 높은 스트레스 수준
- 남성
- 나이(45세 이상 남성 또는 55세 이상 여성)
- 신체 활동 부족

어떤 인자들은 조절 불가능하지만 일부 인자는 조절 가능하다.

식이 콜레스테롤과 트리글리세라이드(식품과 지방조직에 있는)는 고지혈증에 영향을 미친다. 포화지방과 트랜스지방 함유 식품은 혈청 콜레스테롤을 증가시키고 불포화지방산은 혈청 콜레스테롤 수치를 낮추는 경향이 있다.

지단백은 혈중 콜레스테롤과 지방을 신체 조직으로 운반하는 역할을 한다. 저밀도 지단백(low-density lipoprotein, LDL)은 세포로 대부분의 콜레스테롤을 제공하는 역할을 하며 고농도의 LDL은 죽상경화증에 영향을 준다고 알려져 있다. 고밀도 지단백(high-density lipoprotein, HDL)은 최종 배출을 위해 조직으로부터 콜레스테롤을 간으로 옮기는 역할을 한다. 낮은 수준의 혈청 HDL은 죽상경화증에 영향을 준다고 알려져 있다.

환자가 혈압과 체중에 대한 모니터와 더불어 지질에 대한 검사 수치를 아는 것은 중요하다. 표 16-1은 혈청 지질 수치에 대한 분류를 보여준다. 심장질환은 오랜 시간 진행되는 것이고 병으로 진행되기 전까지는 종종 어떤 증상도 나타내지 않는 경우가 있다.

다이어트는 고혈압(다음 장에서 논의될 것임)을 완화시키고 비만을 감소시키며 당뇨병을 조절하는 데 도움을 준다. 늘 앉아 활동하는 것을 좋아하는 생활습관은 변화될 수 있다. 운동은 환자의 체중을 감소시키고, 혈압을 감소시키며 HDL("좋은") 콜레스테롤을 증가시켜 도움을 준다. 운동은 반드시 의사와의 상담을 통하여 이루어져야 하며 단계적으로 늘리는 것이 중요하다. 또한 금연하여야 한다. 요약하자면, 죽상경화증에 대한 위험인자들을 감소시키면 심근경색, 뇌졸중, 말초혈관질환을 감소시킬 수 있다.

고지혈증 hyperlipidemia
혈액에 있는 과도한 지방의 양

혈청 콜레스테롤 serum cholesterol
혈중의 콜레스테롤

고지혈증에 대한 의학적 영양요법

의학적 영양요법은 고지혈증에 대한 일차적인 치료법이다. 이는 식이에 있는 지방

표 16-1 콜레스테롤과 트리글리세라이드의 분류

총 콜레스테롤	
200mg/dl 또는 그 이하	바람직
200~230mg	높음의 경계면
240mg 또는 그 이상	높음
LDL 콜레스테롤	
100mg/dl 이하	적정
100~129mg/dl	적정에 가까움
130~159mg/dl	높음의 경계선
160~189mg/dl	높음
190mg/dl 이상	매우 높음
HDL 콜레스테롤	
40mg/dl보다 이하	주요 심장질환 위험요인
60mg/dl 또는 그 이상	심징질환에 어느 정도 보호작용을 함
트리글리세라이드	
150mg/dl 이하	적정
150~190mg/dl	높음의 경계면
200mg/dl 또는 그 이상	높음

Adapted from the National Heart, Lung, and Blood Institute, NIH. "Your Guide to Lowering Cholesterol with TLC – Therapeutic Lifestyle Change." www.nhlbi.nih.gov

의 양이나 종류를 감소시키고, 가끔은 칼로리를 감소하는 치료법이다. 식이 지방의 양이 감소하면, 섭취되는 콜레스테롤과 포화지방의 감소를 의미하며 체중의 감소가 부합하게 나타난다. 과체중인 경우, 체중의 감소만으로도 혈청 콜레스테롤 수치를 감소시키는 데 도움이 될 것이다.

미국 심장협회(AHA)는 혈중 콜레스테롤 수치 200mg/dl 이하를 바람직(desirable), 200~239mg/dl는 경계선(boarderline high)으로, 240mg/dl 이상을 높다고(high) 분류하였다.

심장질환을 방지하기 위한 노력으로, AHA는 성인에 대한 식이지침서를 개발하고 권장하고 있다. 이 성인 식이지침서에는 하루 200mg보다 더 낮은 콜레스테롤과 지방이 총 열량의 20~35% 이상 포함되지 않고 포화지방산이 지방의 최대 7%의 이상이 되지 않도록 하고 있다. 탄수화물은 열량의 50~55%, 단백질은 12~20%를 차지하여야 한다. 최근 미국인은 평균 총 열량의 40%를 지방으로부터 취하고 있는 실정이다.

일부 개인들은 그들이 심장질환을 가지고 있다는 사실에 대한 대책으로 채식주의, 반 채식주의 또는 철저한 채식주의를 선택하기도 한다. 어떤 사람들은 열량의 많은 부분을 올리브 오일이라는 지방의 섭취가 차지하는 지중해식 식단을 선택하기도 한다. 어떤 이들은 고혈압 방지를 위한 식이접근법(DASH) 식이지침서(이 장 뒤편에서 언급)를 따르거나 Omni Heart Study(인터넷 정보 참고)의 일부로 권유되는 식품을 따르기도 한다.

사람들은 전통의 서구식 식이와 비교 또는 적용하기 위한 도전으로 심장-건강 식이를 찾으려고 할 것이다. 맛이 풍부한 음식과 외식에 길들여진 미각 세포를 가진 일부 개인들은 입맛에 맞지 않고 지겹게 느껴질 수 있다. 좋은 소식은 맛은 쉽게 변할 수 있고, 시간이 지나면 새로운 식품 선택, 향과 질감에 적응한다는 것이다. 어떤 사람들은 심장-건강 식이 계획에 적응하는 데 약 2~3개월이 걸린다. 요컨대 심장-건강 식이 계획은 모든 미국인들에게 식이지침 권고에 따른다(표 16-2).

식이요법 카운슬링은 심장질환의 기초 예방에 있어서뿐만 아니라 심장질환이라 인정된 모든 환자들에게 치료국면으로서 필수적인 요소이다. 중요 식이 개념에 관한 정보, 가정 요리의 중요성, 신체 활동을 포함하는 가정환경 재구성 등이 임상 유지의 기본이어야 한다. 환자는 완전하며 신선한 음식을 선택하고 그것들을 심장건강에 필요한 최소한의 지방만으로 요리할 수 있도록 가르쳐야 한다. 나트륨과 첨가당은 심장-건강 식이에서 제한되어야 한다. 단순당은 트리글리세라이드의 함량을 증가시킬 뿐 아니라 LDL 콜레스테롤의 증가를 야기하는 것이다.

지방-조절 식이에 있어서는, 동물성 식품을 사용할 때 특히 주의하여야 한다. 콜레스테롤은 동물성 조직에서만 찾아지기 때문이다. 내장 조직, 달걀노른자,

표 16-2 심장-건강 식이를 위한 추천

선택할 수 있는 식품	피해야 하는 식품
채소, 과일 및 콩류 • 첨가된 소금이나 당이 없는 신선하고, 냉동된 그리고 캔에 들어 있는 다양한 채소나 과일 • 강낭콩이나 렌틸콩처럼 전분이 더 많이 들어 있는 전분성 콩류들	• 고지방 소스가 들어갔거나 튀겨지고 또는 소금이 첨가된 채소 • 첨가당이 들어간 과일 • 돼지지방으로 준비한 전분성 콩 제한
곡류 • 대부분의 곡류 서빙으로 섬유소가 풍부한 전곡류 (현미, 보리, 귀리, 으깬 밀, 거친 빵, 밀기울 등)	• 흰쌀밥, 흰 빵이나 베이글 등 정제된 곡류가 들어 있는 것, 저섬유소 시리얼, 크래커, 구운 제품들, 버터가 많이 들어간 크래커, 상업적으로 만들어진 마늘 빵, 크루아상 등
가금류, 생선, 고기, 달걀 • 껍질을 제거한 가금류(흰살고기)와 생선 • 생선—일주일에 두 번 섭취(특히 연어와 송어처럼 오메가 3 지방산 함량이 많은 생선) • 붉은 살코기, 일주일에 두 번 이하 • 달걀—일주일에 두 번이나 세번	• 지방이 있는 고기, 짙은 색의 가금류, 껍질이 붙어 있는 고기나 가금류 • 튀긴 고기, 생선 및 가금류 • 볼로냐나 핫도그, 브라트부르스트와 베이컨처럼 소금이 첨가된 가공 육제품 • 달걀: 일주일에 4번 이상
유제품 • 무지방 우유와 1% 유제품, 요구르트 가끔 저지방 치즈	• 2% 우유와 전지우유, 크림, 고지방 치즈, 아이스크림, 크림스프 등
지방과 오일 • 적당한 올리브, 카놀라오일, 견과류, 견과류 버터와 씨앗들 • 적당한 양을 사용하는 오일/식초 드레싱	• 버터, 크림, 돼지기름, 부분적으로 수소화된 지방과 트랜스지방 • 상업적으로 만들어진 크리미 샐러드드레싱
디저트와 음료 • 물, 차, 커피 • 알코올을 마신다면, 남성의 경우 두 잔, 여성의 경우 1잔 • 적은 양의 다크 초콜릿으로 만든 건강하게 만들어진 적은 디저트의 양	• 소다나 레모네이드, 펀치, 커피제품이나 에너지 음료제품 등처럼 당이 들어간 음료는 제한 • 대부분 정상적으로 만들어진 디저트와 단 음식들

그리고 새우와 같은 음식은 특히 콜레스테롤 함량이 많기에 사용한다면 제한된 양만 사용해야 할 것이다. 포화지방산은 모든 동물성 식품과 코코넛, 초콜릿과 야자기름에서 찾아지며 실온에서 고체의 상태이다. 불포화지방산은 식물과 일부 생선으로부터 나오며 실온에서 매우 부드럽거나 액체상태로 존재한다. 주로 식물성 오일이 들어있는 소프트 마가린은 버터 대용품이며, 액상인 식물성 기름은 요리에 사용된다.

연구에 의하면 귀리나 귀리 겨, 콩류(전분성 콩—렌틸콩, 강낭콩 등)와 과일(특히 감귤류, 딸기류, 사과, 바나나)은 콜레스테롤과 결합한다. 이는 혈액에서 콜레스테롤 재흡수를 방해하는 물질을 함유하고 있다. 하루 식이섬유소 총 권장섭취량은 남성은 38g, 여성의 경우에는 25g이다. 국립보건원(National Institute of Health)에서 발간된 연구에 의하면, 수용성 식이섬유소 섭취량을 하루 5~10g 증가시키면, LDL("나쁜") 콜레스테롤의 함량이 5% 감소하는 것을 보여주었다. 가능하다면, 수용성 식이섬유소의 양을 10~25g 섭취하는 것이 권장되었다. 이는 많은 양이기 때문에, 한꺼번에 섭취량을 늘리지 말고 많은 양의 수분 섭취와 함께 점차적으로 섬유소 양을 조금씩 늘려가야 한다고 한다. 아니면 내장 가스가 발생할 것이다.

만약 증가된 신체 활동과 함께 심장-건강 식이의 사용(**표 16-3** 메뉴 참고)에 의해서도 적절 수준의 혈중 지질농도가 3~6개월 사이에 얻어지지 못한다면, 아트로바스타틴[atrovastatin/상품명 리피토(lipitor)]이나 심바스타틴[simvastatin/상품명 조코(Zocor)]과 같은 콜레스테롤 저하 약물을 처방할 수 있다. 음식과/또는 약물 사이의 상호작용은 다른 심장 약물과 마찬가지로 콜레스테롤을 저하시키는 약물에서도 나타날 수 있다. 예를 들면 조코와 리피토는 자몽주스와 반응을 일으키므로 전면금지가 필요하다.

웹사이트 탐색
EXPLORING THE WEB

옴니심장연구(Omni Heart Study)에 관한 정보로 Web을 찾아보시오. 이 식단이 미국심장학회(AHA) 지침 또는 DASH 식단과 어떻게 다른가? Omni Heart Diet상 공공의 관심에서의 과학센터(Center for Science in the Public Interest)로부터 "a sample day's worth of eating"를 체크해 보아라.

표 16-3 심장건강에 좋은 지방조절 식단메뉴의 예

아침	점심	저녁
귤	저/또는 감소된 나트륨이 들어 있는 토마토주스	연어 85g
귀리	집에서 만든 채소-렌틸수프	구운 고구마
1티스푼 건포도		2티스푼의 올리브 오일로 불에 익힌 브로콜리
1컵 무지방 우유	고섬유소 크래커 6개	
1조각의 거친 전곡으로 만든 토스트	꿀이 1티스푼 들어 있는 플레인 요구르트 ½컵	2티스푼 올리브오일 비네그레트소스를 묻힌 여러 종류 채소가 있는 잎이 많은 샐러드
2티스푼의 버터	블루베리 ½컵	1조각의 오일로부터 만들어진 마가린 2티스푼이 들어 있는 통밀 빵
커피	2티스푼의 그래롤라(granola)	
	차	
		캔 복숭아
		1컵의 무지방 우유
		차

심근경색증

심근경색증은 심장으로 혈액을 공급하는 심장혈관의 폐쇄로 일어난다. 심장 조직은 이 폐쇄에 의해 혈액을 받지 못하고 죽게 된다(그림 16-2). 죽상경화증이 주 원인이지만 고혈압, 비정상적인 혈액응고, 류마티스 열에 의한 감염(심장의 판막 손상 야기)이 부차적인 요인으로 작용한다.

발병 후, 환자는 쇼크에 빠진다. 이것은 체액 변화에 의한 것이며 환자는 갈증을 느낄 것이다. 이 환자의 경우 의사가 상태를 평가할 때까지는 아무것도 입으로 제공하면 안 된다(NPO). 만일 구역질이 쇼크 이후에도 지속된다면, IV 주입액이 탈수를 방지하기 위하여 주어져야 한다.

몇 시간 후부터 환자는 먹기 시작할 것이다. 액상의 식이가 첫 24시간 동안 권유되며 이어서 섭취량의 조절과 함께 저-콜레스테롤, 저 나트륨 식이가 환자에게 주어진다.

음식은 매우 뜨겁거나 차가우면 안 된다. 음식은 씹기 편하고 소화가 잘되며, 섬유소 함량이 적어서 심장이 최소로 일할 수 있게 해주어야 한다. 씹는 것과 고섬유소 함유 음식을 섭취한 뒤 증가하는 위장관의 활동 모두 심장에게 여분의 일을 하도록 원인을 제공하기 때문이다. 에너지 영양소 요구량의 비율은 환자의 특수 요구에 따라 달라지지만, 대부분의 경우 지방의 종류와 양은 제한될 것이다. 나트륨은 체액의 축적을 방지하기 위해 제한된다. 일부 의사들은 심근경색 발병 후 처음 며칠 동안은 카페인의 양을 제한하도록 지시할 것이다. 여기에는 두 가지 이유가 있는데 심장을 쉬게 하고 조직의 회복을 돕기 위해서이다.

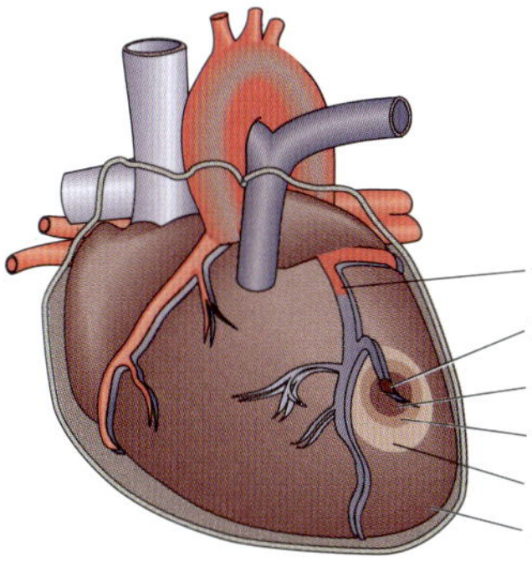

그림 16-2 심장동맥이 막힐 때, 심장근육은 괴사한다.

울혈성심부전

울혈성심부전은 심장의 보상기전의 상실의 예로서 심각한 심장질환이다. 심부전은 심장동맥질환, 심장마비, 심근병증, 판막질환, 출생 시의 심장 기형, 당뇨병, 만성 신장질환에서처럼 심장근육의 손상이 일어나는 상태에서 일어난다. 심부전은 몇 가지 질병이나 질환이 있을 때 일어날 수 있다. 이런 상황에서 손상이 심해지고 심장이 적절한 순환을 제공하지 못하게 되면, 취한 산소의 양이 신체 필요량에 미치지 못하게 된다. 헐떡임(짧은 호흡)이 보통으로 일어나며 흉통이 생길 수 있다.

감소된 순환 때문에, 조직은 보통 때는 혈액으로 제거되는 체액을 보유하게 된다. 나트륨은 축적이 되며 더 많은 체액을 보유하게 한다. 그 결과 부종을 유발하게 된다. 이 펌핑 결손을 보상하기 위하여, 심장은 더 빠르게 뛰게 되며 크기가 커지게 된다. 이는 심장에 무리가 된다. 부종이 폐에 영향을 미치는 상황이 계속되는 경우, 사망에 이를 수 있다.

울혈성심부전 congestive heart failure (CHF)
대상부전 심장질환의 한 형태

심장동맥질환 coronary artery disease (CAD)
심장으로 혈액을 공급하는 동맥이 심각하게 좁아진 것

심근병증 cardiomyopathy
감염이나 알코올, 약물 남용으로 일어난 심장 근육의 손상

최근 자료 IN THE MEDIA

식품 속의 소금이나 당을 낮추기 위해 과학자가 사용한 비결

2000년대 초기부터 회사들은 건강이라는 이름으로 맛은 좋지만 그들 회사의 인기 있는 제품에 있는 소금이나 당의 함량을 낮추기 위한 노력을 해왔다. 캠벨 수프 회사(Campbell Soup Company)는 그들 회사의 수프에 있는 소금 함량을 개정하였으며 최근에는 그들 제품에서 MSG (monosodium glutamate)를 제거하겠다고 선언하였다. 향신료 회사인 FONA International은 사용한 것보다 더 많은 양의 소금이나 당을 함유하는 것처럼 뇌를 착각하게 하는 냄새를 사용하는 것에 대한 연구를 해왔다. 이런 새로운 개념을 "환각 아로마"라 불린다. 연구가들은 뇌는 식품유형의 인식을 배울 때, 스스로 없는 맛에 대해 채우려는 경향이 있다는 것을 이론화시켰다. 매우 적은 양의 바닐린(vanillin)과 체리/아몬드 향은 제품이 가지고 있는 것보다 더 달콤하게 생각되도록, 햄 향신료는 실제 들어 있는 소금의 양보다 더 짜게 느껴지도록 하는 비법으로 사용되어져 왔다. FONA는 이런 환각 아로마 연구를 통하여 제품에 들어 있는 소금의 양을 10% 감소시킬 수 있었다.

출처: Adapted from Chen, Jenny. (2015, October 21). "Tasting Flavor That Doesn'Exist."The Atlantic. http://www.theatlantic.com/health/archive/2015/10/tasting-a-flavor-that-doesnt-exist/411454/

표 16-4 칼륨이 풍부한 식품

과일		
살구	데이트(서양대추)	키위
귤	무화과	복숭아
바나나	건포도	파인애플
아보카도	허니듀 멜론	자두
칸탈로프(서양참외)	자몽	딸기
채소		
아스파라거스	애호박	
브로컬리	토마토	
배추	시금치	
그린빈	감자, 고구마, 얌	
호박		

부적절한 순환으로 신체 조직은 충분한 양의 영양소를 받을 수 없다. 이런 부족은 영양부족이나 저체중을 일으킬 수 있다. 부종은 이런 문제들을 가질 수 있다. 경우에 따라서는 액체 제한이 주문되기도 한다.

수분과 나트륨의 배설을 돕기 위한 이뇨제와 나트륨 제한 식이가 일반적으로 처방된다. 이뇨제는 과량의 칼륨을 제거할 수 있으므로, 환자의 혈액 칼륨 농도는 심장 박동에 문제를 일으키는 저칼륨혈증을 방지하기 위하여 주의 깊게 모니터링해야 한다. 귤, 바나나, 자두와 같은 과일은 칼륨의 좋은 공급원이면서 나트륨 함량은 극히 적게 들어 있어 이런 상황에서 매우 유용하게 이용될 수 있다(표 16-4). 필요하다면, 의사는 칼륨 보조제를 처방할 것이다.

고혈압

혈압이 만성적으로 높은 상태를 고혈압(HTN)이라 한다. 고혈압의 90%는 원인을 알 수 없으며 이를 본태성 고혈압 또는 일차성(원발성) 고혈압이라 한다. 나머지 10%의 경우, 이차성 고혈압이라 불리며 이 형태의 고혈압은 다른 문제 때문에 발생한 것이다. 이차성 고혈압의 원인으로는 신장질환, 부신의 문제, 구강 피임제 사용 등이 있다.

혈압은 보통 상완의 동맥을 사용하여 측정한다. 측정은 혈압계라 불리는 기구를 이용하여 이루어진다. 위의 숫자는 수축기의 압력으로 심장이 수축할 때를 측정하며 아래 숫자는 이완기의 압력으로 심장이 이완하고 있을 때의 압력을 측정하는 것이다. 압력은 수은주의 mm 단위의 높이(mm Hg)를 측정한다. 고혈압은 몇 가지 경우, 즉 이완기압이 140mm Hg이거나 그보다 높을 때와 수축기압이 90mm

본태성 고혈압 essential hypertension
원인을 알 수 없는 고혈압으로 1차성 고혈압이라고도 불린다.

일차성 고혈압 primary hypertension
원인을 알 수 없는 이유로 생긴 고혈압

이차성 고혈압 secondary hypertension
신장질환과 같은 다른 질병으로 생긴 고혈압

Hg이거나 그보다 높을 때 진단될 수 있다. 혈압은 다음과 같이 분류할 수 있다.

- 정상: 120/80mm Hg 이하
- 전고혈압 단계: 120~139/80~88mm Hg
- 단계 1 고혈압: 140~159/90~99mm Hg
- 단계 2 고혈압: 160/100mm Hg 이상인 경우

고혈압은 심장마비, 뇌졸중, 심부전, 신장부전 등이 원인이다. 이 질병은 아무런 증상도 나타내지 않기 때문에 *침묵의 살인자*라고 불리기도 한다. 발병률은 나이와 함께 증가하며 아프리카계 미국인에게 많이 발병한다.

유전과 비만은 고혈압의 위험요인이다. 흡연과 스트레스 역시 고혈압에 영향을 미친다. 체중 감량은 일반적으로 혈압을 낮추는데, 이런 이유로 환자에게 체중 감량 식이가 종종 주문되기도 한다.

식용 소금의 과도한 사용 역시 고혈압에 영향을 미치는 요인으로 간주한다. 식용 소금은 40%의 나트륨과 염소로 구성되어 있다. 나트륨이나 염소 모두 체액의 균형을 유지하는 데 필수적이며 따라서 혈압에도 중요한 요소이다. 건강한 사람들에 의한 적당량의 소비는 도움이 된다.

체액 균형이 무너지고 나트륨과 체액이 신체 조직에 축적되면 부종이 나타나게 되는데, 이때 여분의 압력이 혈관에 가해진다. 이뇨제와 함께 나트륨-제한 식이가 이 상황을 완화시킬 목적으로 처방될 수 있다. 식이 중의 나트륨 함량이 감소할 때, 조직 내의 물과 나트륨은 신장에서 배설되기 위하여 혈액으로 되돌아간다. 이런 방법으로 부종을 해결할 수 있다. 제한된 나트륨의 양은 환자의 상태를 바탕으로 의사에 의해 결정된다.

선행 연구들은 고혈압의 주요 발생 원인으로 나트륨에 주로 초점을 맞추었지만, 연구가 진행됨에 따라, 염소의 영향력에 대한 관심이 증가하고 있는 실정이다. 게다가 고혈압과 관련하여 칼슘과 마그네슘의 특수 역할에 대한 연구가 진행 중이다.

나트륨이 혈압을 높이고 칼륨이 혈압을 낮춘다는 것을 알고, 미국 국립보건원(NIH)은 **고혈압 방지를 위한 식이접근법**을 만들었다. 칼로리 섭취량에 따라 제공되는 과일과 채소의 양을 하루 8~12 제공량으로 높이는 동안 DASH 계획은 의학적으로 고혈압을 낮춘다는 것을 보여주었다. DASH와 함께 과일과 채소의 섭취량을 높이는 것에 덧붙여, 식이요법의 특징은 일주일에 3~4번 식이에서 적절한 칼슘 섭취를 확보하고, 단백질 섭취량 확보에 주의하고, 견과류, 씨앗과 콩류를 포함시키며 성인 식단에서 일주일에 5번 또는 그 이하로 지방이나 기름을 피하고, 단 음식이나 첨가당을 피하는 제공량을 제공하는 것이다.

많은 과일과 채소는 혈압을 낮추는 칼륨의 함량이 높다. 칼륨 섭취에 대한 가장 최근의 지침은 혈압을 낮추기 위해 하루 4.7g 또는 4,700mg이 필요하다. 만

웹사이트 탐색 EXPLORING THE WEB

미국 심장협회의 웹사이트(http://www.americanheart.org)를 방문하여 고혈압에 대한 정보를 살펴보시오. 고혈압에 걸리기 쉬운 사람들이 가지고 있는 요인들을 나열해 보시오. 이런 위험을 경감시키고 고혈압과 다른 심각한 심장 상태를 완화시킬 수 있는 방법을 나열하시오. 이와 같은 위험인자들을 완화시키는 데 식단이 어떤 역할을 하는가?

SUPERSIZE USA

AHA(미국 심장협회)의 Scientific Session 2015에서 발표된 연구에 의하면 8세처럼 어린 경우의 비만 어린이들은 심장질환의 징후를 보여주고 심장근육의 기형까지 보여준다고 발표하였다. 비만 어린이들은 그들 심장 중에서 왼쪽심실의 근육량이 증가하였고 심근이 두꺼워져 있음을 찾을 수 있었는데, 이 2가지 모두 심장질환이 있음을 나타내는 지표이다. 심장의 두꺼워진 근육은 손상된 펌핑 능력을 일으킬 수 있는데 이 연구의 비만아 중 40%에서 발견되었다. 나이에 맞는 활동량과 함께 지방 섭취를 줄이고, 과일과 채소 섭취를 증가시키면 아동비만과 싸우는 데 도움을 주고, 나아가 당뇨병이나 고콜레스테롤, 고혈압으로 진행하는 위험에도 도움을 준다.

출처: Adapted from "Obese Kids as Young as Age 8 Show Signs of Heart Disease." (2015, November). American Heart Association Meeting Report–Abstract 15439. http://newsroom.heart.org/news/obese-kids-young-as-age-8-show-signs-of-heart-disease

고혈압 방지를 위한 식이접근법 DASH (Dietary Approaches to Stop Hypertension) 국가 보건국에 의해 고혈압을 줄이기 위한 목적으로 개발된 식이 계획으로, 과일과 채소의 제공량을 증가시킨다.

일 DASH 식이 계획을 착수하고 이미 혈압약을 복용한다면 의사와 상담하는 것이 추천된다.

고혈압에 대한 식이요법

표시된 것처럼, 고혈압을 가진 비만 환자에 대한 체중 감소는 보통 혈압을 낮추고, 따라서 칼로리 제한 식단이 처방될 것이다. 나트륨 제한 식단과 DASH형 식이 계획이 고혈압을 가진 환자에게 종종 처방될 것이다. 특정 인종, 예를 들면 고혈압이 이제 발병하거나 이미 고혈압으로 진단받은 아프리카계 미국인 같은 경우에는 하루 나트륨의 섭취량을 1,500mg 이하로 제한해야 한다. 이 식단에 대한 검토가 따라야 한다. 이뇨제가 나트륨-제한 식단과 함께 처방되었다면 칼륨이 소변을 통해서 배출될 수 있다. 따라서 환자는 식단에 칼륨이 풍부한 식품의 양을 증가시키도록 조언된다(**표 16-4**). 미국인의 하루 나트륨의 평균섭취량은 3,400mg으로 예측된다.

나트륨 제한 식단

나트륨-제한 식단은 나트륨의 양이 제한된 보통의 식단이다. 그와 같은 식단은 부종과 고혈압을 감소시키기 위해 사용된다. 대부분의 사람들은 그들의 식단에서 그보다 훨씬 더 많은 양의 나트륨을 섭취한다. 식품영양위원회(A committee of the Food and Nutrition Board)는 하루에 나트륨의 섭취를 2.3g (2,300mg) 이하 섭취할 것을 권장하고 있으며, 위원회 스스로 성인에 대해 최소량을 하루 500mg로 정하였다(**표 8-6**). 나트륨은 음식, 물 및 약품에서 찾아진다.

식단에서 나트륨을 완전히 제거하는 것은 불가능하다. 고기, 생선, 가금류, 유제품 및 달걀 등 이 모든 식품은 천연적으로 상당한 양의 나트륨을 함유하고 있다. 곡류, 채소류, 과실류 및 유지류는 적은 양의 나트륨을 포함하고 있다. 물은 각기 다른 양의 나트륨을 함유하고 있다. 하지만 나트륨은 가공과 조리 중, 밥상에서 종종 음식으로 첨가된다. 식품 라벨은 상업적 식품 제품에 첨가된 나트륨의 양을 표시해야 한다. 이런 식품의 일부는 맛 때문에 나트륨의 첨가를 확실하게 알 수 있는데 제조된 저녁 식사, 감자 칩과 통조림 수프 등이 여기에 속한다. 그리고 다른 곳에서는 그렇지 않은 것도 있다. 조리에 사용되는 소금(NaCl)을 제외하고도 식품 제품에는, 그리고 식탁에는 소비자가 인지하지 못하는 식품에 자주 사용되는 나트륨 함유 제품이 있다.

- *글루탐산모노나트륨(Monosodium glutamate, MSG)*—집, 식당 및 호텔에서 조리할 때 그리고 많은 포장 식품, 통조림 및 냉동식품에 사용하는 조미료
- *베이킹 파우더*—즉석 빵과 케이크를 부풀리는 데 사용
- *베이킹 소다*(sodium bicarbonate)—빵과 케이크를 부풀릴 때 사용

삶의 길잡이 SPOTLIGHT on Life Cycle

나트륨 섭취 제한은 고혈압과 심장질환의 예방을 돕는 대중적인 생활양식 방법이다. 서로 다른 나트륨 섭취 수준과 심장 상태를 진행시키는 효과에 대해서는 많은 논란이 있어왔지만, 수많은 연구는 어느 정도의 나트륨 제한은 혈압을 낮춘다는 것을 보여주고 있다. 지침서는 2015년 미국인에 대한 식이지침서에 의해 확립되었고 중년 또는 노인에게 하루 1,500mg 이하의 나트륨을 권장하는 미국심장학회(AHA)에 의해 입증되었다. 2015년 미국인의 식이지침서에 의하면 건강한 개인에 있어서 나트륨 섭취상한선이 2,300mg이라고 실려 있다. 권장량 1,500mg은 많은 미국인에게 비현실적인 것처럼 보이지만, 앞으로도 계속 노력해야 할 것이다. 가공식품의 양을 제한하고 저녁 식탁에서 소금병을 제거하는 것은 권장량에 도달하도록 하는 데 도움이 될 것이다.

- *소금물(식용 소금과 물)*—일부 식품을 얼리거나 통조림 할 때 사용; 콘드 비프나 피클, 사워크루트에서처럼 향료로 사용
- *디소디움포스페이트(Disodium phosphate)*—일부 즉석 조리 시리얼과 가공 치즈에 존재
- *알긴산 나트륨(Sodium alginate)*—부드러운 질감을 위해 초코 밀크나 아이스크림에서 많이 사용
- *벤조산 나트륨(Sodium benzoate)*—향신료, 소스와 샐러드 드레싱과 같은 여러 양념에서 방부제로 사용
- *수산화 나트륨(Sodium hydroxide, NaOH)*—완숙 올리브, 옥수수 및 일부 과일과 채소 껍질을 부드럽게 하거나 제거하기 위하여
- *프로피온산 나트륨(Sodium propionate)*—곰팡이의 성장을 억제하기 위하여 저온살균된 치즈와 일부 빵과 케이크에 사용
- *황산 나트륨(Sodium sulfite)*—일부 과일과 채소를 표백하기 위하여, 또한 건조 푸룬과 같이 일부 건조 과실에 있어서 방부제로 사용

수돗물 속에 들어 있는 나트륨의 양은 지역에 따라 변이가 있으므로, 지역 보건국 또는 미국 심장협회(AHA) 가맹단체는 이 정보가 필요할 때 조언을 주어야 한다. 연수는 부수적인 나트륨의 함량을 가지고 있다. 만일 나트륨의 함량이 높으면, 환자는 생수병 물을 사용하여야 한다.

일부 처방전 없이 사는 약품은 나트륨을 포함하고 있다. 나트륨 제한 식단을 실시하는 사람은 어떤 약품을 사용하거나 소금 대용품을 사용하기 전에 의사의 하락을 받아야 한다. 많은 소금 대용품은 심장박동에 영향을 미칠 수 있는 칼륨이 들어있다.

나트륨의 양은 환자의 상태에 따라 다르고 의사가 처방한다. 매우 낮은(very low) 제한의 경우 하루 나트륨의 양을 1.5~2.0g으로 제한된다. 보통(moderate)의 경우에는 하루 2~3g으로 제한된다.

나트륨 제한 조절

나트륨 제한 식단은 "다름"에서부터 "맛없음"으로 나타나는데 이는 대부분의 사람들이 음식에 첨가되는 소금에 익숙해져 있기 때문이다. 남은 일생 동안 이와 같은 식단을 계속 사용해야 한다는 것을 이해하기 매우 어려울 수 있다. 의사가 허락한다면, 환자가 그들 식단에서 나트륨의 양을 서서히 단계적으로 줄일 수 있다면 환자가 조절하는 데 도움이 될 것이다.

나트륨 대신 수많은 종류의 허브나 스파이스, 향신료들을 사용할 수 있다는 것을 기억하는 것은 도움이 된다(표 16-5). 나트륨의 함량이 낮은 음식을 선택하도록 배워 메뉴를 주문하는 것을 연습하는 것도 도움이 될 것이다.

최근 자료
IN THE MEDIA

나트륨 섭취를 감소시키는 팁

나트륨 섭취를 감소시키는 것은 심장마비, 뇌졸중, 심부전, 신부전, 그리고 말초혈관질환과 같은 질병을 예방하는 데 도움이 된다. 섭취된 75% 이상이 나트륨은 가공식품으로부터 온다. 가공식품 대신 신선식품이나 냉동식품으로 대체하는 것을 권장한다. 나트륨 섭취를 줄이기 위한 다른 방법으로는 천연 허브나 양념으로 조리를 하는 것, "나트륨 감소" 제품을 사는 것, 조리하거나 식탁에서 소금병 사용을 피하는 것, 레스토랑 음식과 가공식품을 피하는 방법 등이 포함된다.

출처: Adapted from "Reducing Sodium in a Salty World." (2015, August). American Heart Association. http://www.heart.org/EARTORG/GettingHealthy/NutritionCenter/HealthyDietGoals/Reducing-Sodium-in-a-Salty-World_UCM_457519_Article.jsp#.VmBZZHarTIU

표 16-5 1~2g 나트륨 제한 식이에서 허용되는 음식과 피해야 할 음식

대부분의 나트륨 제한 식이에서 허용되는 음식들	제한되거나 피해야 할 음식들
첨가물 없는 과일 주스 저 나트륨 채소 주스	토마토 주스와 채소 칵테일
신선 과일	무염이 아니라면 채소 캔
신선 채소(피해야 하는 목록에 들어 있는 경우 제외), 소금이 첨가되지 않은 냉동채소	사워크라우트, 피클, 나트륨이 첨가된 냉동채소
말린 완두나 콩	캔 속에 들어 있는 강낭콩(전분성 콩류)
무지방 우유	건조된, 빵처럼 만들어진, 훈제된 또는 캔에 있는 생선이나 고기
나트륨 함량이 낮은 아침 식사용 시리얼	치즈 : 나트륨이 첨가된 버터 또는 마가린
소금이나 당, 향신료가 첨가되지 않은 조리된 시리얼	소금이 뿌려진 크래커나 빵
플레인 파스타나 밥	감자칩이나, 소금이 첨가된 견과류, 땅콩버터, 프레즐처럼 간이 된 음식들
빵, 잉글리쉬 머핀, 베이글	캔 수프
무염의 코팅 안 된 팝콘	햄, 핫도그, 소시지, 콘드비프, 런치 미트
신선한 생선	준비된 양념들, 샐러드드레싱, 케첩, 간장
신선한 소금이 첨가되지 않은 고기	부용, 베이킹소다, 베이킹파우더, MSG
무염 마가린	상업적으로 준비된 식사
기름	즉석음식, 레스토랑 음식
식초	
소금이 첨가되지 않은 향신료; 바질, 오리가노, 마늘가루와 같은 양념들; 레몬 주스	
소금 없는 견과류	
잼이나 젤리, 꿀	
커피, 차	

건강과 영양 고려사항

어떤 이에게 새로운 식이 계획이 주어진다면, 온전히 따르기까지는 시간이 걸릴 것이다. 어떤 사람에게 한 번에 여러 가지 변화를 요구한다면, 따르기가 어려울 것이다. 각각의 임무는 분리되어서 수행되어져야 하며 환자에게 가장 심각한 문제부터 시작해야 하는 것이다. 심장 영양사는 이 변화들을 촉진하도록 도울 수 있으며 프로그램이 진행되는 동안 도움을 제공할 수 있을 것이다.

요약_SUMMARY

심혈관질환은 미국에서 사망에 이르게 하는 가장 중요한 질환이다. 질환은 심근경색증처럼 급성일수도 있고, 고혈압이나 죽상경화증처럼 만성인 경우가 있다. 고혈압은 다른 질환의 증상으로 나타나기도 한다. 환자가 체중이 많이 나간다면, 체중 감량과 염분 제한 식이가 전형적으로 처방된다.

죽상경화증은 만성 염증으로부터 유래되는 지방물질의 축적으로 동맥이 좁아지고 혈류의 흐름이 감소되는 혈관질환이다. 협심증, 심근경색증 또는 뇌졸중의 원인이 된다. 콜레스테롤은 죽상경화증과 관련되어 있기 때문에, 저 콜레스테롤 식이나 지방 제한 식이가 처방된다.

건강 수준의 체중이나 활동을 유지하고, 염분이나 지방의 섭취를 제한하고 흡연을 피한다면, 심장질환의 위험을 감소시킬 것이다.

토의 주제_DISCUSSION TOPICS

1. 왜 나트륨 제한 식단이 고혈압이나 심부전 환자에게 처방되는가?
2. 고혈압을 방지하기 위해 취할 수 있는 예방책에는 무엇이 있는가? 그 이유를 설명하라.
3. 심각한 심근경색에서 무슨 일이 일어나는가? 무엇이 심근경색을 일으키는가?
4. 이뇨제란 무엇인가? 어떤 해를 줄 수 있는가?
5. 부종이란 무엇인가? 어떻게 심장질환과 연결되는가?
6. 왜 소금이 완전히 제거된 식단을 준비하는 것이 불가능한가?
7. 왜 나트륨 제한 식단이 환자에게 불쾌하게 느껴지는가?
8. 나트륨 제한 식단에서 허용될 수 없는 간식 네 개만 말하시오.
9. 어떤 심장 상태에서 지방 조절 식단이 지시되는가?
10. 콜레스테롤은 무엇인가? 어떻게 죽상경화증과 연결되는가?
11. 고지혈증이란 무엇인가? 어떻게 죽상경화증과 연결되는가?
12. 죽상경화증의 발생에 관여하는 위험인자에 대해 논하시오. 어떤 것을 피해야 하는가? 설명하시오.

연습문제_REVIEW

가장 적절한 답을 고르시오.

1. 심장질환에 대한 위험인자로는 다음과 같은 것들이 있다.
   a. 비만, 고혈압, 낮은 우유 섭취량
   b. 고혈압, 흡연, 고지혈증
   c. 비활동성, 빈혈, 당뇨
   d. 인슐린 저항성, 65세 이상 남성, 흡연력
2. 나트륨은 주로 이곳에서 찾아진다.
   a. 설탕
   b. 신선한 과일
   c. 베이킹소다와 베이킹 파우더
   d. 커피와 차
3. 협심증을 가지고 있는 환자에게 따르도록 조언되는 식단은?
   a. 제한된 소금을 가지고 있는 식단
   b. 열량이 증가된 식단
   c. 최소한의 단백질 함량을 포함하는 식단
   d. 포화지방이 제한된 식단

4. 허브, 양념, 향신료는 ________.
   a. 나트륨 제한 식단에 사용할 수 있다.
   b. 결코 나트륨 제한 식단에 사용할 수 없다.
   c. 식단에 나트륨 함량을 증가시킨다.
   d. 가벼운 나트륨 제한 식단에만 사용할 수 있다.

5. 나트륨 제한 식단은 어떤 환자에게 주어지는가?
   a. 승모판막 협착증 c. 울혈성심부전
   b. 지혈증 d. 죽상경화증

6. 수분이 신체 조직에 축적될 때, ________.
   a. 이 상태를 부종이라 한다.
   b. 지방-제한 식단이 처방될 수 있다,
   c. 심금경색증의 뚜렷한 증상이다.
   d. 소금이 식단에서 완전하게 제거되어야 한다.

7. 시간이 경과하면서 혈액 중 과량의 지방이 쌓이게 하는 요인은?
   a. 울혈성심부전 c. 플라크
   b. 저칼륨혈증 d. 부종

8. 식탁 소금은 ________.
   a. 60% 나트륨이다.
   b. 40%가 나트륨이다.
   c. 아주 적은 양의 나트륨이 들어 있다.
   d. 지방-제한 식단에서 제한되어야 한다.

9. 저-콜레스테롤 식단은 ________.
   a. 달걀은 마음대로 사용할 수 있다.
   b. 식물성 기름은 사용할 수 없다.
   c. 내장고기는 사용할 수 있다.
   d. 무지방 우유를 전유 대신 사용한다.

10. 콜레스테롤은 ________.
   a. 식품에서 그리고 신체 조직에서 발견된다.
   b. 지질단백질과는 무관하다.
   c. 율혈성심부전의 주요 원인이다.
   d. 보통 과일과 채소에서 찾아진다.

11. 저-지방 식단에서 허용되는 것은?
   a. 치즈 c. 소시지
   b. 익힌 채소 d. 모든 수프

12. 저-지방 식단을 준비할 때는?
   a. 적은 양의 지방이 첨가될 수 있다.
   b. 보이는 지방은 고기로부터 제거해야 한다.
   c. 무지방 우유는 절대 사용하지 않는다.
   d. 버터는 식물성 기름 대신 사용한다.

13. 저-콜레스테롤 식단에서 포화지방은 ________.
   a. 감소시킨다.
   b. 제거한다.
   c. 증가시킨다.
   d. 정상식단에서 그 양을 변화시키지 않는다.

14. 포화지방은 ________.
   a. 실온에서 고체이다. c. 과일에서 찾아진다.
   b. 실온에서 액체이다. d. 식물로부터 유래된다.

15. 고도 불포화지방산은 보통 ________.
   a. 실온에서 고체이다.
   b. 동물성 식품에서 찾아진다.
   c. 실온에서 액체이다.
   d. 유제품으로부터 유래된다.

16. 활동 후 심장의 근육이 부적절한 혈액의 공급으로 인하여 통증으로 나타내는데 이 상태를 이르는 용어는?
   a. 뇌졸중 c. 고혈압
   b. 부종 d. 협심증

17. 혈중 지질의 예로는 ________가 있다.
   a. 중성지방 c. 스테롤
   b. 고도 불포화지방산 d. 플라크

18. 특별하게 칼륨이 풍부한 식품의 예는?
   a. 우유와 아이스크림
   b. 소고기와 양고기
   c. 통곡으로 만든 빵과 시리얼
   d. 바나나와 오렌지

요점사례_CASE IN POINT

AYVION: 울혈성심부전

Ayvion는 큰 전자회사 공급업체의 관리자이다. 휴가철을 준비하기 위하여 무리하여 일을 했다. 지난 며칠 동안, 그는 그의 가슴에서 무엇인가 조이는 느낌을 인지하였다. 소화불량일 것이라고 생각한 Ayvion는 시중에서 판매되는 제산제를 구입하였다. 그렇지만 제산제는 통증 완화에 별 도움을 주지 못했고 오늘 통증이 그의 왼팔로 방사되는 것 같은 느낌을 받았다. 그는 호흡하는 것을 힘들어하고, 매우 피곤해 보인다. 그가 퇴근하여 집에 도착했을 때 그는 숨쉬는 것을 매우 힘들어 했으며 그의 부인에게 그를 응급실로 데리고 가 달라고 부탁하였다.

그가 병원에 도착했을 때, 의사는 Ayvion에 대한 비강 산소공급과 일련의 혈액검사를 지시하였으며, 추후 모니터링과 사정을 위하여 원격 측정실에 입원시켰다. 입원 간호사는 36세에 첫 번째 심장마비를 겪었다는 것을 파악하였다. Ayvion은 현제 47세이며 키는 175cm이며 체중은 98kg이다. 현 혈압은 208/98이다. 간호사는 Ayvion의 가족력, 나이, 체중, 아프리카계 미국인이라는 점 등이 심장질환에 대한 위험에 놓이게 한다는 것을 알았다. Ayvion의 혈액 작업은 상승한 콜레스테롤과 LDL을 보여 주었다. Ayvion은 또한 소규모 심장마비에 노출되었다는 것을 보여주었다. 의사는 Ayvion에게 그의 심장에는 발견되지 않은 이전의 심장마비로 인한 약간의 손상이 있었다고 말해주었다. 의사는 Ayvion에게 그가 살 수 있으나 그러기 위해서는 몇 가지 변화를 주어야 한다고 말한다. 예전의 심장마비와 연결된 현재의 문제는 울혈성심부전이라 알려진 상태가 되는 원인을 제공하였다. 그는 Ayvion에게 그의 심장은 손상에 의해 약해졌으며 필요한 만큼 강하게 펌프질을 할 수 없다고 말한다. 그 결과 헐떡임과 피곤함을 제공하는 폐에 체액이 차 있었다. 의사는 그의 혈압과 콜레스테롤 수치를 낮추도록 지시하였다. 그는 체액과다를 조절하기 위하여 이뇨제를 처방하였다. 그는 Ayvion에게 적절히 섭취하고 안전하게 운동하기 위한 심장재활 프로그램에 관해 언급하였다. Ayvion은 그가 의사의 권유에 따라야 한다는 것을 알고 있다. 그렇지만 그는 일을 할 수 없어 그의 직장을 잃을까 걱정하고 있다.

사정

1. Ayvion과 그의 건강에 관한 주관적인 자료에는 무엇이 있는가?
2. 객관적인 자료로 가지고 있는 것은 무엇인가?
3. 이 문제는 얼마나 중요한가?
4. 만약 Ayvion이 의사의 충고를 따르지 않을 때 나타나는 잠재적인 결과는 무엇인가?

진단

5. 심장 상태와 그의 새로운 식단과 관련하여 Ayvion의 지식 부족에 관한 진단을 작성하시오.
6. 그의 건강 증진에 도달하기 위하여 어떤 교육이 필요한가?

계획/목표

7. Ayvion이 도달할 수 있는 몇 가지 합리적인 목표는 무엇인가?

수행

8. 그의 새로운 식단과 관련하여 Ayvion이 응해야 하는 논제는 무엇인가?
9. 그의 새로운 식단을 이해하기 위하여 Ayvion이 배워야 하는 심장 주제는 무엇인가?
10. 그의 새로운 식단에 거의 제한이 없이 Ayvion이 사용할 수 있는 두 가지 식품 종류는 무엇인가?
11. Ayvion을 위협하는 다른 문제에는 무엇이 있는가?
12. 미국심장학회의 웹사이트(http://www.americanheart.org)에서 얻어지는 정보가 Ayvion에게 어떻게 도움이 되는가?

평가/결과 기준

13. 식이와 운동이 성공적이라면, 3~6개월 사이에 어떤 변화들이 측정 가능해지는가?
14. Ayvion과 인터뷰할 때 영양사는 무엇을 사정할 수 있는가?

생각해보기

15. Ayvion의 불이행에 따른 가능한 결과는 무엇인가?

✓ rate this plate

Ayvion은 그의 부인의 도움으로 규칙적인 운동, 건강 체중 유지 및 콜레스테롤과 지방 함량이 낮은 식사를 섭취하는 것의 중요성을 배우기 위하여 심장재활 프로그램에 참석하였다. yvion은 주 단위로 그의 식사 계획을 세우고 매 끼마다 고기, 채소, 과일과 우유를 포함시키고 시도하기로 결정하였다. 여기 아래처럼 저녁식사를 준비하려고 한다.

브로콜리 크림 수프를 곁들인 구운 닭고기 가슴살 198g

브로콜리 육수로 만든 흰밥 1컵

베이컨 조각이 들어간 그린빈 1컵

버터가 발라진 비스킷 2개

복숭아와 배 1/2컵

2% 우유 236cc

만약 있다면 콜레스테롤과/또는 나트륨 함량이 높은 식품은 어떤 것인가? Ayvion은 체중 감소를 위해 적당한 양의 음식과 열량을 선택하였는가? 그렇지 못하다면 무엇이 변화되어야 하는가?

요점사례_CASE IN POINT

NANCY: 심장식이 유지

Nancy는 62세의 퇴직한 변호사 보조원이다. 그녀가 퇴직하기 전에, 심장마비가 오는 것이라고 생각하게 하는 몇 번의 협심증 발현이 있었다. 그중 한 번은 증상이 너무 심각해 그녀의 동료가 EMS를 불렀다. 병원을 방문했을 때, 의사는 Nancy에게 금연 프로그램과 나트륨과 콜레스테롤을 낮추는 식단에 관해 배우기 위한 영양사를 만나볼 것을 권유하였다. Nancy는 금연을 하였지만 식이는 그녀가 생각했던 것보다 훨씬 더 지키기 어렵다는 것을 알았다.

그녀가 퇴직한 후, 그녀가 비슷한 증상을 경험할 때 손자의 농구 게임에 참석하고 있었다. 이때 사실 심장마비가 온 것이다. Nancy는 병원으로 옮겨졌고 심장도관술이 행해졌다. 그리고 상당 부분 폐쇄가 일어났음을 발견하였다. 의사는 즉각적인 수술의 필요성을 느끼고 Nancy는 4겹의 우회술을 받았다.

의사는 병원 영양사에게 그녀의 영양 습관에 대해 다시 검토해 줄 것을 요구하였다. 영양사가 Nancy에게 그의 식이력에 관해 묻자 그녀는 변화가 필요하다는 것을 인정하였다. Nancy가 퇴직한 후 그녀는 아침 식사를 늘 서둘러서 먹던 것 대신 조리하여 먹을 수 있었다. 그녀의 일반적인 아침 식사는 소시지와 베이컨 그리고 치즈가 얹힌 달걀이다. 그녀는 커피를 마셔본 적이 없었으며 그녀의 아침 카페인은 다이어트 콜라였다. 점심으로 그녀는 치킨 샐러드 크루아상과 감자 칩이었고 저녁 식사로는 보통 고기와 고기국물이 있는 감자를 먹었다. 그녀는 저녁에 채소를 섭취하였으나 보통 돈을 아낄 목적으로 통조림 채소를 구입하여 요리하였다. 가끔씩 다양성을 주기 위해 치즈에 채소를 굽기로 하였다. 하루 동안 대개 그녀의 주 음료는 다이어트 콜라였다.

사정

1. Nancy의 건강에 대해 당신이 알고 있는 것은 무엇인가?
2. 그녀의 건강문제는 얼마나 심각한가?
3. Nancy가 의사의 충고를 무시하기로 결정한다면 결말은 무엇일까?
4. Nancy가 응하려는 자발성에 대해 무엇을 알고 있는가?
5. Nancy가 섭취한 음식 중 나트륨을 함유하고 있는 음식 또는 저-나트륨 식단에서 보통 제한되어야 하는 음식을 나열하시오.
6. Nancy가 먹기 좋아하는 고지방 음식에는 무엇이 있는지 나열하시오.

진단

7. Nancy의 상태를 기반으로 한 진단을 작성하시오.
8. Nancy가 울혈성심부전(CHF)과 저-나트륨 식단에 관해 이해하는 데 필요한 것이 무엇인가?
9. Nancy에게 체액이 왜 계속 남아 있는가?

계획/목표

10. Nancy에게 합리적이며 측정 가능한 목표는 무엇인가?

수행

11. 식단에 관해 Nancy에게 가르쳐야 하는 주 주제는 무엇인가?
12. 저-나트륨 식단을 반영하도록 Nancy의 음식 선택을 수정하시오.
13. 제한 없이 Nancy가 먹을 수 있는 식품 범주는 무엇인가?
14. 부종을 조절하기 위하여 Nancy에게 그 외 필요한 것은 무엇인가?

평가/결과 기준

15. 2주 후 의사와의 예약 시 식단의 효과성에 대한 증거로 의사가 관찰하고 측정할 수 있는 변화는 무엇인가?

생각해보기

16. 이 질병은 치료될 수 있는가?
17. 이 질병을 관리하는 것이 왜 끊임없는 도전인가?

✓ rate this plate

Nancy는 집에서 요리하는 것을 좋아한다. 그녀는 등록 영양사가 교육한 대로 나트륨과 지방의 섭취를 줄이려고 노력 중이다. Nancy는 아래의 음식을 만들기 위해 슬로우 조리기를 사용한다. 이 식사를 평가하시오.

버섯 크림수프와 건조양파 수프믹스로 조리한 비프로스트 113g

익힌 감자와 당근 85g

깍두기 모양의 토마토, 오이, 치즈와 쿠르톤이 들어 있는 채소샐러드 1컵

저지방 샐러드드레싱 2Tbsp

버터를 바른 디너용 롤 1개

다이어트 소다 354cc

문제가 있다면 당신은 그녀의 식사에서 무엇을 바꾸어 주겠는가? 그녀는 나트륨 제한에 합당하게 섭취하고 있는가? 당신은 그녀의 양 조절에 대하여 생각하는 것이 무엇인가?

CHAPTER 17

식이와 콩팥질환

DIET AND RENAL DISEASE

주요용어_KEY TERMS

결석(콩팥돌)
급성신부전
낭포, 낭종
다낭성 콩팥질환
만성 콩팥질환
말기콩팥질환
복막투석
사구체
사구체신염
사구체여과율
시스틴
신원, 네프론
요관
요독증
요산
요소
콩팥결석증
콩팥경화증
콩팥염
크레아티닌
투석
퓨린
핍뇨증
혈액투석

학습목표

- 일반적인 용어로 콩팥의 기능을 설명할 수 있다.
- 콩팥질환을 일으키는 흔한 원인에 대해 토론할 수 있다.
- 신질환자에게 왜 단백질이 제한되어야 하는지 설명할 수 있다.
- 나트륨과 물이 왜 때때로 신질환자에게 제한되어야 하는지 설명할 수 있다.
- 칼륨과 인이 왜 때때로 신질환자에게 제한되어야 하는지 설명할 수 있다.

콩팥은 쓸모없는 대사물질을 제거하고 신체 체액의 성분과 부피를 유지하고 특정 호르몬을 분비하는 복잡하고 능률적인 처리시스템이다. 이런 작업들을 수행하기 위하여 신체 체액의 필수 구조성분이 항상 사용 가능하도록 신장은 혈액을 여과하고 대사산물을 정화하며 다른 사용 가능한 물질을 재활용하여서 이용할 수 있다(그림 17-1).

각 콩팥은 약 1백만 개의 신원(네프론)이라 불리는 활동하는 부분을 가지고 있다. 각 신원(네프론)은 특별한 모세관(정맥과 동맥이 연결된 조그마한 혈

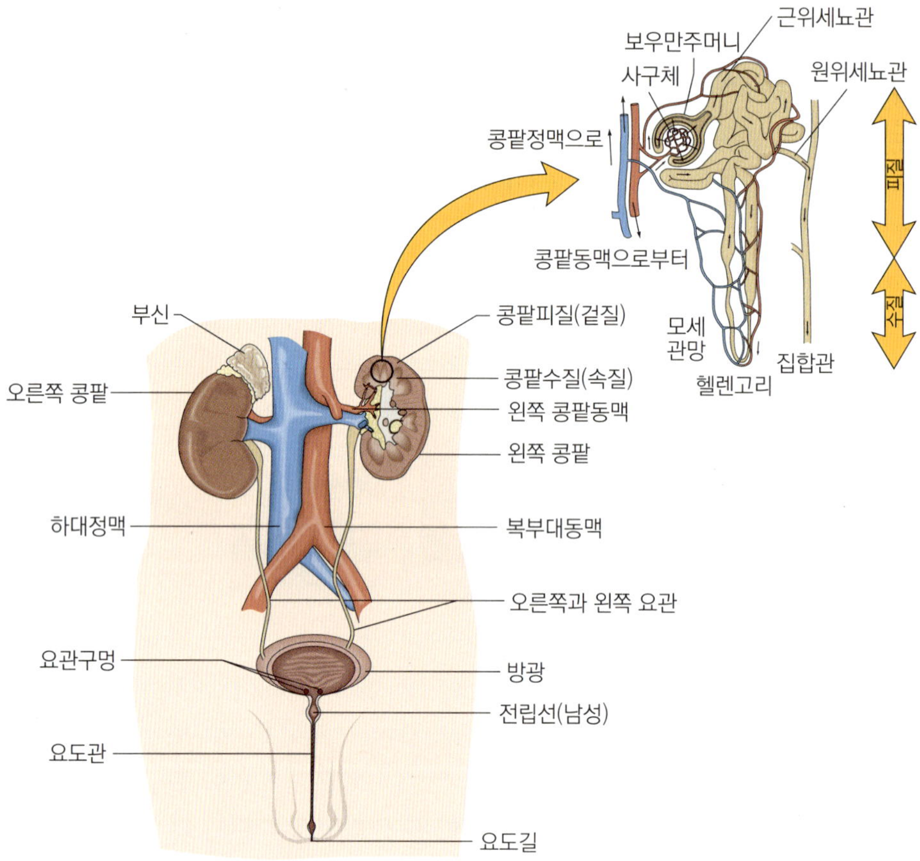

그림 17-1 비뇨기계와 신원의 구조.

관) 다발인 사구체라 불리는 여과장치를 가지고 있으며 매일 약 180L의 여과액을 처리하고 있다. 여과물이 신원(네프론)을 통과하는 동안 여과물은 신체의 요구에 따라 농축되거나 희석된다. 이런 방법으로 콩팥은 체액 조성과 부피를 유지하는 데 도움이 되며, 결과적으로 콩팥은 체액균형, 산-염기 균형과 전해질 균형을 유지한다.

액상의 노폐물은 콩팥에서 방광까지 연결된 요관이라 불리는 두 개의 관으로 보내진다. 방광은 하루 약 1.5L의 소변을 배출한다. 이 노폐물은 단백질 대사의 마지막 산물(요소, 요산, 크레아티닌, 암모니아, 황산염)과 여분의 수분과 영양소들, 괴사된 콩팥 세포 및 독성 물질을 함유하고 있다. 소변의 배설량이 하루 500ml 이하면, 하루 동안 만들어지는 모든 노폐물을 제거하는 것이 불가능하다. 이 상태를 핍뇨증이라 한다. 콩팥이 질소화합물(단백질 대사의 마지막 산물)의 노폐물을 적절하게 제거할 수 없을 때, 신부전이 나타난다. 재활용된 물질은 혈액으로 재흡수된다. 여기에는 아미노산, 포도당, 무기질, 비타민과 물이 포함된다.

콩팥은 필요에 따라 특정 호르몬을 합성하고 분비한다. 예를 들면, 비타민 D가 마지막으로 변환되어 만들어지는 곳이 콩팥이다. 활성 비타민 D는 칼슘의 흡수와 칼슘과 인의 대사를 촉진한다, 콩팥은 에리트로포이에틴(erythropoietin)이

신원(네프론) nephrons
사구체를 포함하는 콩팥의 단위

사구체 glomerulus
콩팥을 여과하는 단위

요관 ureters
콩팥에서 방광으로 가는 관

요소 urea
단백질 대사 노폐물의 주 성분

요산 uric acid
단백질 대사 노폐물 성분 중의 하나

크레아티닌 creatinine
단백질 대사의 최종산물(노폐물)

핍뇨증 oliguria
소변의 양이 하루 500ml 이하로 감소된 것

라는 호르몬을 생성함으로써 간접적으로 적혈구가 재생되도록 골수를 자극한다.

콩팥질환

콩팥질환의 병인학

콩팔질환은 감염, 퇴행성 변화, 당뇨병, 고혈압, 낭포, 결석, 또는 외상(수술, 화상, 독성물질)의 원인에 의해 시작될 수 있다. 이런 조건들이 심해지면, 신부전이 발생할 것이다. 급성이거나 만성으로 일어날 것이다. 급성신부전은 갑자기 발생하며 증상이 며칠에서 몇 주 동안 지속된다. 심각한 화상, 심한 부상, 심장마비와 같은 다른 의학적 문제에 의해서도 발병할 수 있다. 위의 상황의 일부에서도 일어날 수 있기에 예방 단계가 이루어져야 한다.

콩팥질환의 분류

만성 콩팥질환은 신원 수의 감소를 일으키며 천천히 진행이 된다. 콩팔 조직이 콩팥이 혈액을 여과할 수 없고, 노폐물을 분비하고, 필요한 영양소를 재활용하는 기능이 더 이상 불가능한 지점에 요독증이 나타난다. 요독증은 단백질 노폐물이 정상적으로 배출되지 않고 대신 혈액을 따라 순환하는 것이다. 증상은 오심, 두통, 경련 및 혼수 등이 포함된다. 투석이 시작되거나 콩팥이식이 실시되지 않은 한 사망에 이를 수 있다. 국가 콩팥재단은 만성 콩팥질환을 5단계로 분류하고 있다(표 17-1).

콩팥염은 콩팥의 감염질환을 일컫는 일반적 용어이다. 콩팥염은 감염, 퇴행 과정, 혈관질환 등에 의해 일어날 수 있다.

사구체신염은 사구체의 모세혈관에 영향을 미치는 감염이다. 이 병은 다른 감염과 함께 일어날 수 있으며 자기 제한적이거나 심각한 콩팥 악화를 가져올 수 있다.

콩팥경화증은 콩팥동맥의 경화이다. 이는 동맥경화증과 고혈압에 의해 일어난다. 비록 나이 든 사람에게 흔하게 나타나지만, 가끔은 젊은 당뇨병 환자에게서

표 17-1 만성 콩팥질환의 단계

단계	콩팥기능 설명	GFR (mL/min/1.73m^2) (사구체여과율)
1	콩팥 손상, 기능은 정상 또는 증가	90~130
2	기능이 약간 손상	60~89
3	기능의 감소가 보통	30~59
4	기능의 감소가 심각	15~29
5	신부전, 말기 단계 콩팥질환으로 간주, 투석이 보통 시작됨	<15

출처: 국립신장재단 www.kidney.org

낭포, 낭종 cysts
성장

결석 renal stones
콩팥돌(결석)

급성신부전 acute renal failure (ARF)
콩팥의 부전이 갑자기 일어나는 것

만성 콩팥질환 chronic kidney disease
콩팥의 부전이 서서히 진행이 되는 것

요독증 uremia
단백질 대사물이 순환하는 혈중에 있는 상태

투석 dialysis
기계적으로 혈액을 여과하는 것: 콩팥이 더 이상 정상적인 기능을 수행할 수 없을 때 사용

콩팥염 nephritis
콩팥의 염증성 질환

사구체신염 glomerulonephritis
콩팥의 사구체의 염증

콩팥경화증 nephrosclerosis
콩팥동맥이 딱딱하게 되는 것(굳는 것)

나타난다.

다낭성 콩팥질환은 흔하지 않으며 유전병이다. 낭포가 형성되어 콩팥을 압박한다. 콩팥은 커지고 기능을 잃게 된다. 비록 이 질병을 가진 사람들이 몇 년 동안은 정상적으로 콩팥이 기능할지라도 50세 정도에 신부전이 일어날 것이다.

콩팥결석증은 결석이 콩팥 내에서 발생한 상태다. 결석의 크기는 모래 알갱이 크기에서부터 훨씬 더 큰 크기까지 다양하다. 일부 결석은 발생한 장소에서 머무르기도 하지만 일부는 움직인다. 비록 이 상태는 증상이 없기도 하지만 혈뇨(소변의 혈액), 감염, 폐쇄 그리고 만약 이동하였다면 격심한 통증이 증상으로 나타난다. 결석은 구성 성분에 따라 분류된다—수산화칼슘, 요산, 시스틴, 인산칼슘 및 마그네슘 암모늄 포스페이트(struvite로 알려진)가 있다. 이는 대사방해와 환자의 부동성과 관련이 되어 있다.

신질환자들에 대한 고찰

신질환자의 식이요법

식이요법은 혈류에서 노폐물이 쌓이는 것을 늦추기 위함이다. 혈류의 노폐물이 감소하면 체액정체, 고칼륨혈증, 오심과 구토 등의 증상을 조절할 것이다. 목표는 콩팥에게 요구되는 배설 작업을 감소시키는 한편 체액, 산-염기 및 전해질 균형을 유지하는 것이다. 충분한 양의 단백질이 영양불량과 근육의 손실을 방지하기 위하여 요구되어지는데, 다른 한편 너무 많은 단백질은 요독증을 유발할 것이다. 전통적으로 만성신부전이 있는 사람은 단백질, 나트륨 혹은 칼륨과 인은 제한될 것이다.

신질환자는 과체중이 아닌 한 충분한 양의 칼로리(23~25Cal/kg 체중)를 섭취하는 것이 필수적이다. 에너지 요구는 주로 탄수화물과 지방에 의해 채워진다. 지방은 반드시 고지혈증을 억제하거나 예방하기 위하여 불포화지방이어야 한다. 에너지 요구량이 탄수화물이나 지방에 의해 충족되지 않는다면 섭취한 단백질이나 신체 조직이 에너지 제공을 위하여 대사될 것이다. 두 경우 단백질이 콩팥이 처리해야 하는 질소배설물의 양을 증가시켜 콩팥의 작업에 과부하가 걸릴 것이다. 3,4단계 동안 식이는 투석 직전 환자에게 40g만큼 적은 양으로 단백질을 제한해야 한다. 이런 저단백질 식단에서의 고기나 생선, 가금류는 하루 85g보다 더 적은 양으로 제한되며 우유는 허락되지 않거나 하루 1/2컵으로 제한한다. 곡류는 하루 7제공량으로 제한하고 과일은 하루 5제공량(1/2컵)으로, 채소는 2제공량(1/2컵)으로 제한한다. 저/보통 칼륨 과일과 채소가 이 단계에서는 선호되어 사용할 것이다. 식단에서 지방과 당의 함량은 총 에너지 요구량을 만나기 위해 다를 수 있다. 허용단백질에 대한 특별 요구량은 환자의 체중과 사구체여과율에 따라 계산된다. 식단 상담은 가장 좋은 결과를 위해서는 매우 중요하다.

웹사이트 탐색
EXPLORING THE WEB

콩팥질환 중 하나를 선택하고 인터넷을 사용하여 그 질환에 대해 충분히 연구하시오. 그 질환의 원인을 찾아보고 나타나는 징후와 증상들, 이 질환이 어떻게 진단되는지, 질환의 치료 선택에는 무엇이 있는지 찾아보시오. 영양이 질병의 예방, 원인, 및 치료에 어떤 역할을 하는가?

SUPERSIZE USA

당뇨가 신부전을 일으키는 가장 흔한 원인이다. 국립콩팥재단에 의하면 당뇨병 환자의 1/3은 콩팥질환으로 진행이 된다. 빈약한 혈압 조절과 부실한 당 조절, 유전적 성향과 식이는 당뇨성 콩팥질환의 증가한 위험과 관련된 위험인자이다. 혈청 크레아티닌과 혈액 요소-질소(BUN) 함량은 크레아티닌 청소율, 사구체여과율(GFR)과 요알부민과 함께 체크되어야 한다. 제1형 당뇨병 환자의 약 30%와 제2형 당뇨병 환자의 10~40%는 말기 신부전으로 결국 진행될 것이다. 아프리카계 미국인, 스페인계 미국인, 아메리칸 인디언 그룹은 백인계보다 제2형 당뇨병으로부터 신부전을 진행시키는 높은 위험인자를 가지고 있다.

출처: Adapted from "Preventing Diabetic Kidney Disease: 10 Answers to Questions." The National Kidney Foundation. November 2015. http://www.kidney.org

다낭성 콩팥질환 polycystic kidney disease
낭포나 성장을 일으키는 흔하지 않은 유전적 콩팥질환으로, 궁극적으로 중년에 신부전의 원인이 된다.

콩팥결석증 nephrolithiasis
콩팥에 돌이 형성된 것

시스틴 cystine
비필수 아미노산

사구체여과율 glomerular filtration rate (GFR)
콩팥이 혈액을 여과하는 비율

체액과 나트륨은 부종, 고혈압, 울혈성신부전을 방지하기 위하여 제한될 수 있다. 칼슘 보조제는 처방될 수 있다. 추가로 비타민 D가 더해지고 인은 골연화증(과량의 칼슘 손실로 뼈가 부드러워지는 병)을 예방하기 위하여 제한된다. 인은 콩팥질환이 있는 환자는 보유되는 것으로 나타났으며 칼슘에 대한 인의 비정상으로 높아 뼈로부터 칼슘의 손실이 증가하는 경향이 있다.

칼륨은 고칼륨혈증이 말기콩팥질환으로 일어나는 경향이 있기 때문에 일부 환자에게 제한한다. 과량의 칼륨은 심정지(cardiac arrest)를 일으킬 수 있다. 이런 위험으로 신질환자는 소금 대용품이나 저나트륨 우유를 사용하면 안 되는데, 이는 이런 제품에는 나트륨 대신 칼륨으로 대치되어 있기 때문이다. 칼륨 제한은 특히 매우 어렵다. 칼륨은 과일에 특히 많이 들어있다. 과일은 나트륨을 제한 식이에서 걱정 없이 먹을 수 있는 몇 가지 식품 중 하나이기 때문이다. 표 17-2는 만성 콩팥질환을 가지고 있는 사람들과 이식 수술을 행한 사람들에게 권장되는 대표적 식단을 요약하였다.

콩팥질환자는 비타민 B, C, D의 추가적인 요구를 가지고 있으며 종종 보조제가 주어진다. 비타민 A는 주어지면 안 되는데 혈중 증가된 비타민 A는 요독증을 증가시키는 경향이 있기 때문이다. 환자가 항생제를 섭취하고 있으면, 비타민 K 보조제가 제공될 수 있다. 한편 비타민 E와 K의 보조제는 필요가 없다. 철은 흔히 처방되는데 이는 빈혈이 종종 나타나기 때문이다. 가끔은 충분한 양의 에너지를 확보하기 위하여 단순당과 불포화지방산의 양을 증가시키는 것이 필요하다.

말기콩팥질환
end-stage renal disease (ESRD)
콩팥 기능이 대부분 또는 모두 상실하는 단계

표 17-2 만성 콩팥질환과 이식 환자에 대한 대표적인 식이 권장

식이요소 / 일	단계 1~4	단계 5 혈액투석	단계 5 복막투석	이식
열량	23~35kcal/kg	35kcal/kg, 60세 이상 30~35kcal/kg, 60세 이하	30~35kcal/kg, 나이무관	30~35kcal/kg
단백질	0.8~1.4g/kg (1, 2단계) 0.6~0.8g/kg (3, 4단계)	>1.2g/kg 체중 (50% 고생물가)	>1.2~1.3g/kg 체중	1.3~2g/kg
인	800~1,000mg >4.6mg/dl	800~1,200mg	800~1,200mg	기준섭취량
칼륨	혈청수준 정상 시 제한 없음	2~3g/일, 혈청수준에 따라 조정	2~3g/일 혈청수준에 따라 조정	혈청수준에 따라 다름
나트륨	<2,400mg	2,000~3,000mg	2,000~3,000mg	2,000~4,000mg; 혈압, 체액상태 문제 시 제한
액체	별다른 지시 없으면 무제한	체액상태, 체중 증가, 신장 기능에 따라 개별화	체액유지	체액유지

출처: Adapted from "Nutrition 411: Nutrition Care for Patients with Chronic Renal Failure."2013. www.nutrition411.com

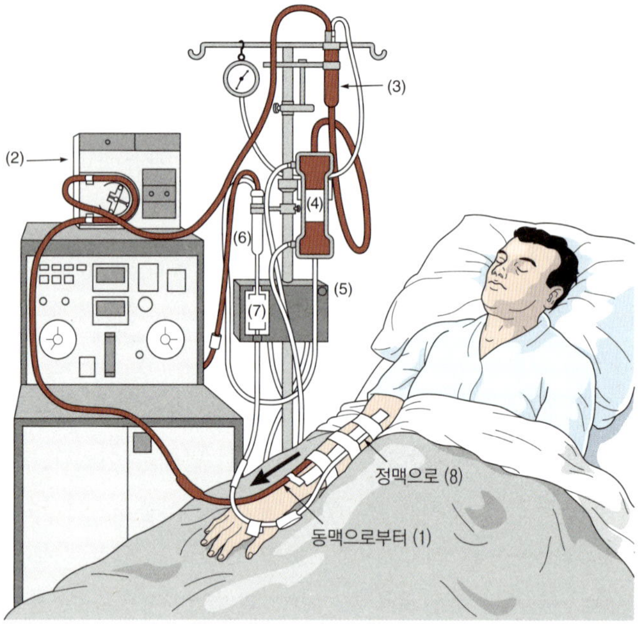

그림 17-2 혈액투석. (1) 혈액은 동맥을 통하여 몸 밖으로 나간다. (2) 동맥혈은 혈액 펌프를 지난다. (3) 혈액은 덩어리를 제거하기 위하여 여과한다. (4) 혈액은 투석기를 통과한다. (5) 혈액은 정맥혈라인으로 들어간다. (6) 혈액은 덩어리를 제거하기 위하여 여과한다. (7) 혈액은 공기 탐지기를 통과한다. (8) 혈액은 정맥혈라인을 통해 환자에게 돌아간다.

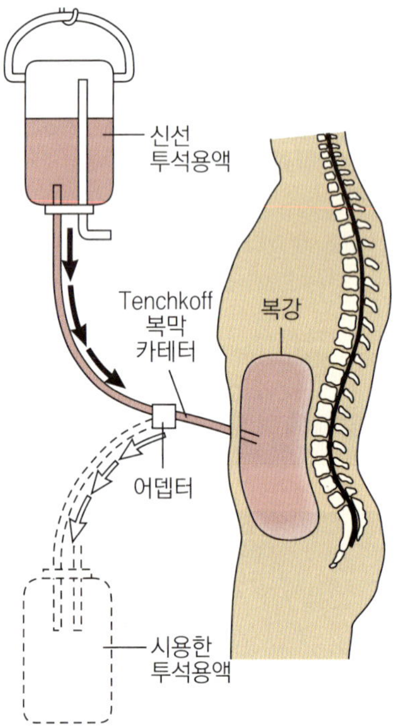

그림 17-3 복막투석.

투석

투석은 혈액투석이나 복막투석의 방법으로 행해진다. 가장 흔한 투석법은 혈액투석이다. 혈액투석은 누관을 통하여 혈액의 지속적인 접근이 요구된다. 누관이란 두 기관 사이의 비정상적인 구멍이다. 이 누관은 손목 부근에서 만들어져 동맥과 정맥을 연결한다. 혈액투석은 일주일에 3번 행해지는데 각 투석에 소요되는 시간은 3~5시간 정도 소모된다(그림 17-2).

복막투석은 반투막인 복강의 공간을 사용하는데 혈액투석보다 더 비효율적이다. 치료는 보통 10~12시간 소모되는데 일주일에 3번 행해진다(그림 17-3). 일부 환자들은 지속적인 보행 복막투석법(continuous ambulatory peritoneal dialysis, CAPD)을 사용한다. 투석액은 하루에 4~5번 교환되어 이를 24시간 치료로 만든다. CAPD 환자는 다른 혈액투석이나 복막투석 환자들보다 더 정상적인 생활방식을 가진다. CAPD 환자와 관련된 일부 합병증은 복막염, 저혈압과 체중 증가가 있다.

혈액투석 hemodialysis
혈액이 반투과성 막의 관이 들어 있는 기계를 순환함으로써 혈액의 노폐물을 제거하는 것

복막투석 peritoneal dialysis
환자의 반투과성 막인 복막을 이용하여 복부로 세척액을 주입함으로써 노폐물을 제거하는 것

투석 중 식이

투석 환자는 추가적인 단백질이 필요할 것이지만 그 양은 치료가 일어나는 동안 단백질 노폐물의 축적을 방지하기 위하여 조심스럽게 조절해야 한다.

혈액투석 환자는 투석 중 손실되는 양을 보충하기 위하여 체중 kg당 1.2g의 단백질이 필요하다. 잠재적 투석 환자는 체중 kg당 1.2~1.3g의 단백질이 필요하

다. CAPD 환자의 단백질 요구량은 체중당 1.2g이 필요하다. 단백질의 50% 이상은 생리가가 높은 단백질이어야 한다. 이런 단백질은 달걀, 고기, 생선, 우유 및 치즈 등에서 찾을 수 있다.

칼륨은 보통 투석 환자에게는 제한된다. 건강한 사람은 하루 2,000~6,000mg 섭취해야 한다. 신부전 환자에게 요구되는 하루 요구량은 2,000~4,000mg이다. 말기콩팥 환자 하루 섭취량을 1,500~2,500mg으로 감소해야 한다. 의사는 환자에게 요구되는 칼륨의 mg 양을 처방할 것이다. 표 17-3은 과일 속에 들어 있는 칼륨의 양이 저, 보통, 고함량 순으로 나열되어 있다.

환자는 신중한 선택을 하기 위하여 그들의 섭취를 조정하도록 교육받아야 한다. 우유는 하루에 1/2컵으로 제한되는데 이는 우유는 칼륨과 필수 아미노산의 하나인 메티오닌의 함량이 많기 때문이다. 전형적인 콩팥 환자의 식단은 "80-3-3"

표 17-3 선택된 과일과 채소의 칼륨 함량

저칼륨(<150mg/제공량*)	중칼륨(150~250mg/제공량*)	고칼륨(>250mg/제공량*)
사과소스 베리류: 블랙베리, 블루베리, 보이신베리, 구스베리, 라즈베리, 딸기 크랜베리소스 포도주스 포도, 캔 또는 생 레몬이나 라임, 중간 크기 1개 민다린 귤, 캔 복숭아, 캔 배, 캔 플럼, 캔 러밥	사과주스 사과, 생 1대 살구, 생 2중, 캔 체리, 생(15) 또는 캔 자몽주스 자몽 자른 것 망고 복숭아, 생, 1중 배, 생, 1중 파인애플 주스, 생 또는 캔 파인애플 싹 플럼, 생, 2중 탠저린	아보카도, 과일 1/2 바나나, 과일 1/2 말린 과일: 무화과, 살구, 데이트, 프룬, 건포도 키위(푸르트) 멜론: 칸타로프 중간 크기 1/4 ; 카사바, 3/4 큐브드; 허니듀 중간 크기 1/8, 수박, 2컵(큐브드) 나가린, 중간 그기 1개 오렌지, 나발 오렌지주스, 신선한, 냉동, 캔 파파야 푸룬주스, 캔 또는 병 건포도, 씨 없는 탄젤로
죽순 콩나물 콩, 그린, 왁스, 스냅 브로콜리 배추 콜리플라워 옥수수, 캔 또는 작은 오이 익힌 가지 익힌 묽은 옥수수가루 리크 상추: 코스, 로마인, 아이스버그, 잎, 꽃, 워터크래스(1컵, 조각) 버섯 양파: 초록, 빨간, 노란, 하얀 고추, 단 또는 매운 무, 생 러타바가(순무) 여름 호박 터닙(순무) 마름, 캔	아스파라거스 비트 브루셀 순 당근, 익힌 샐러리 푸른잎채소: 콜라드, 갓, 케일, 민들레, 비트, 무청 혼합 채소 오크라 완두콩, 초록 고추 여름 호박: 목이 길고 굽은 노란, 하얀색 스칼롭, 즈즈끼	아티코크 비트 그린 말린 콩, 강낭콩: 라마콩, 가반조, 내비, 얼룩콩, 검은 눈 완두콩 구운, 삶은 또는 튀긴 감자 2/1컵 호박 시금치 고구마 또는 얌 생 또는 캔 토마토 무염 토마토 주스 겨울 호박: 아콘, 버터넛, 허바드, 스파게티

* 달리 언급되지 않았다면 제공량은 모두 1/2컵이다.

삶의 길잡이
SPOTLIGHT on Life Cycle

학령기의 어린이에게 투석을 실시하는 것은 힘든 일이다: 하지만 더 많은 유동성을 허락하는 가정 투석이 가능하다. CAPD를 통하거나 자동복막투석기(APD)를 이용한 복막투석(peritoneal dialysis, PD)은 어린이에게 여러 가지 이점이 있다.

- 통증 없음—혈액은 체내에서 세척되며 혈액투석처럼 주사기바늘이 필요없다.
- 유동성 있는 치료 스케줄—어린이들이 치료를 받기 위해 투속 센터를 찾을 필요가 없고 학교에 다닐 수 있고 여러 놀이 활동에 참여할 수 있다.
- 혈관의 접근이 필요 없음—작은 혈관은 혈액투석에서는 투석기와 접목이 어렵게 만든다: 작은 크기의 카테터가 어린이들에게 효과가 좋다.
- 손쉬운 여행—PD 공급품들은 미국 어디에나 배달될 수 있으며 PD 장치는 이동할 수 있어 이 치료를 받는 어린이들이 가족들과 함께 여행하기가 쉽다.
- 더 적은 식이 제한—PD는 일주일에 세 번 실시하는 혈액투석과 달리 매일 실시하기 때문에 제한이 더 적다.

출처: Adapted from DaVita. "Can Children Do Peritoneal Dialysis?" 2012. www.davita.com

웹사이트 탐색
EXPLORING THE WEB

콩팥투석, 콩팥 이식과 결석과 관련된 더 많은 정보를 웹에서 탐색하시오. 위의 질환의 치료로 식이의 역할을 찾아보시오. 식이가 이 질환들을 방지하는 데 어떤 역할을 할 수 있는가? 위 질환들의 이환율과 사망률은 얼마인가? 위의 질환자를 치료하는 데 환자에게 도움이 될 자료를 찾아보시오.

으로 쓰일 수 있는데 이는 하루 단백질 80g, 나트륨 3g과 칼륨 3g을 섭취해야 한다는 것이다. 식품의 하루 배분은 다음의 예처럼 할 수 있다.

- 1분량 우유와 유제품/일(1/2컵)
- 1분량 우유 대용품/일
- 8분량 고기 또는 그에 해당하는 양/일
- 3분량 과일과 주스/일
- 8분량 빵 또는 전분성 식품/일
- 2분량 채소/일
- 기름이나 마가린, 마요네즈와 같은 (고도의 불포화 또는 불포화)지방은 제한 없음

비타민과 무기질 보조제는 투석을 받는 환자에게 바람직하다. 비타민 C와 B복합체는 식이 권장량에 따라 제공될 수 있다. 철과 비타민 D 보조제는 혈액 내 영양소의 수준이 낮을 때 주어진다.

말기콩팥질환에서 나트륨과 물을 다루는 콩팥의 기능은 자주 사정되어야 한다. 보통 식단은 3g의 나트륨을 포함하는데 이 양은 소금-무첨가 식단이다. 나트륨과 체액 요구는 발한, 구토, 발열 및 설사의 증가를 보여줄 것이다. 액체가 아닌 식품의 유동체 함량은 액체 제한으로 들어가지 않는다. 액체 제한 환자는 액체섭취량과 소변 배출량을 측정하고, 부종을 관찰하기 위하여 발목을 관찰하고 체중을 스스로 측정하도록 가르쳐야 한다.

콩팥 이식 후의 식단

콩팥 이식 후 초과 단백질에 대한 요구나 단백질에 대한 제한이 있을 것이다. 탄수화물과 나트륨은 제한될 것이다. 이 영양소들에 대한 적합량은 그 당시 섭취한 약물에 크게 의존한다.

추가적인 칼슘과 인은 이식 전 상당량의 골 감소가 있었다면 필수적일 것이다. 이식 후에는 식욕이 증가할 것이다. 지방과 단순당질은 과도한 체중 증가를 위하여 제한될 것이다.

결석에 대한 식이 치료

결석의 원인이 확인되지 않았기 때문에 결석에 대한 치료는 다양하다. 일반적으로 액체의 많은 양의 액체—적어도 물의 절반 이상—는 균형잡힌 식이에서처럼 소변을 희석시키는 데 도움이 된다. 일단 결석 성분이 분석되면 특별 식이변형이 지시될 것이다.

수산화칼슘 결석

형성된 결석의 80%는 수산화칼슘을 포함하고 있다. 최근의 연구는 낮은 칼슘 식

단이 수산화칼슘 결석의 위험을 감소시킨다는 이론에 대한 입증이 없는 실정이다. 사실 고칼슘 식이섭취는 대부분의 사람들에게 결석의 발생을 감소시킨다. 과도한 동물성 단백질의 섭취는 일부 환자에 있어서 결석 형성을 돕는 위험인자로 보여주었다.

수산을 포함하는 결석은 비트, 밀기울, 초콜릿, 차, 장군풀, 딸기와 시금치 등에서 찾아지는 수산이 풍부한 식이가 부분적으로 기여한다고 믿어져 왔다(표 17-4). 피리독신, 티아민, 마그네슘의 결핍이 수산화결석 형성의 원인이 된다는 증거를 보여준다.

표 17-4 수산 함량이 많은 식품

수산 함량이 많은 식품	
비트	두유
홍차와 인스턴트 티	시금치
초콜릿	고구마
건조 콩(검정, 내비, 그레이트노던)	견과류(아몬드, 캐슈, 헤이즐넛)
땅콩	밀기울
러밥	밀새싹
콩(노란)	

요산 결석

결석이 요산을 포함할 때, 퓨린이 많이 들어 있는 음식은 제한된다. 퓨린은 핵단백질의 최종 산물로 고기, 생선, 가금류에서 찾아진다. 내장육, 안초비, 정어리, 고기육수, 과도한 알코올과 브로츠(맑은 고기국물)는 특히 퓨린이 많이 들어 있는 식품이다. 요산 결석은 통풍, 설사를 일으키는 위장질병과 악성질병과 관련되어 있다. 약물은 요산의 형성을 감소시킴으로써 통풍과 다른 합병증을 에방할 수 있다.

시스틴 결석

시스틴은 아미노산이다. 시스틴결석은 유전적인 대사질환에 의해 소변내에서 시스틴 농도가 과도할 때 형성된다. 일반적으로 액체 섭취가 증가하고 알칼리-무기질 식단이 권장된다.

스트류바이트 결석

스트류바이트 결석은 마그네슘 암모늄 인산으로 구성되어 있다. 그들은 때로는 감염결석이라고 불리는데 특정 세균에 의해 일어나 뒤따르는 요관의 감염으로 진행되기 때문이다. 저-인 식이가 처방될 것이다.

최근 자료 IN THE MEDIA

바이오 인공신장

미국에서는 600,000명 이상의 사람들이 말기콩팥질환을 가지고 있다. 현재 이 질환자들에게는 두 가지 치료—투석과 신장이식술—가 가능하다. 미국 전역으로부터 과학자, 기술자 및 의료진들은 신장의 기능을 대신할 수 있는 인공신장의 개발과 실험을 시작하기 위하여 팀을 형성하였다. 크기는 커피 컵보다 작으며 사람의 혈압을 이용하기에 배터리나 펌프가 따로 필요 없다. 임상 시험은 2020년에 마칠 계획이며 공인이 된다면 환자들에게 사용 가능할 것이다.

출처: Adapted from Fissell, W.H., Shuvo, R. "Bioartificial Kidney: The Next Frontier in ESRD Treatment?" The American Kidney Foundation. November 4, 2015. http://www.kidneyfund.org

건강과 영양 고려사항

콩팥질환을 가진 환자는 평생의 도전이다. 분노와 우울은 이 환자들에게 흔한 일이다. 이런 감정들은 환자가 그들의 영양요구에 대해 배우기를 꺼려한다면 이 병을 다루기가 복잡하다. 이런 복합은 환자의 문제에 더해진다.

환자와 보건의료전문인과의 신뢰관계를 형성하는 것은 매우 큰 도움이 된다. 그런 관계는 환자의 불평, 요구, 염려를 듣고, 진심어린 이해와 감정으로 대해줌으로써 확립될 수 있다. 이런 시도는 환자가 영양사의 도움으로 그들의 영양요구를 어떻게 관리해야 하는지 배울 수 있도록 자극하는 데 도움을 줄 수 있다.

퓨린 purines
핵단백질 대상의 최종 산물

요약_SUMMARY

콩팥은 신체의 액체 노폐물을 제거한다: 체액, 전해질, 산-염기 균형을 유지하며 호르몬을 분비한다. 질병이나 상해로 인하여 손상이 일어나면, 신체 전체가 영향을 받는다. 신부전에 대한 식이치료는 매우 복잡한데 이는 콩팥의 많은 측면의 기능을 가진 특성으로 인한 것이다. 치료하지 않은 심각한 콩팥질환은 투석을 하거나 콩팥 이식이 실시되지 않으면 죽음에 이를 것이다.

토의 주제_DISCUSSION TOPICS

1. 콩팥의 3가지 주요 기능에 대해 토의하시오.
2. 신원(네프론)을 정의하고 그들이 무엇을 하는지 설명하시오.
3. 콩팥질환의 원인에 대해 토의하시오.
4. 콩팥염(nephritis), 사구체콩팥염(glomerulonephritis), 콩팥경화증(nephrosclerosis)은 무엇인가?
5. 신질환자에게 식이요법은 왜 매우 복잡한가?
6. 왜 단백질이 신질환자에게 전형적으로 감소되어야 하는지 토의하시오.
7. 왜 때때로 나트륨과 수분이 신질환자에게 제한되는가?
8. 왜 때때로 칼륨이 신질환자에게 제한되는가? 고칼륨혈증은 무엇인가?
9. 왜 때때로 인이 신질환자에게 제한되는가?
10. 왜 칼로리가 신질환자에게 제한되어야 하는가?
11. 콩팥결석증(nephrolithiasis)이란 무엇인가? 어떻게 치료해야 하는가?

연습문제_REVIEW

가장 적절한 답을 고르시오.

1. 콩팥은 신체의 ________을 유지한다.
   a. 산-염기 균형 c. 체액균형
   b. 전해질 균형 d. 위의 전부
2. 각 신원에 있는 혈액을 여과하는 특별한 기능을 가지고 있는 부분을 무엇이라 하는가?
   a. 요관 c. 사구체
   b. 여과 d. 모세혈관덩어리
3. 콩팥질환을 일으키는 원인은?
   a. 당뇨 c. 화상
   b. 감염 d. 위 전부
4. 콩팥조직이 더 이상 혈액을 여과할 수 없는 정도로 망가졌을 때, 어떤 일이 뒤따르는가?
   a. 콩팥염 c. 요독증
   b. 콩팥경화증 d. 콩팥결석증
5. 콩팥의 일반적인 감염성 질환을 의미하는 것은?
   a. 콩팥염 c. 요독증
   b. 콩팥경화증 d. 콩팥결석증
6. 콩팥동맥이 딱딱하게 되는 것을 이르는 용어는?
   a. 콩팥염 c. 요독증
   b. 콩팥경화증 d. 콩팥결석증
7. 콩팥에 낭포가 형성되는 유전질환은?
   a. 콩팥염 c. 결석
   b. 사구체신염 d. 다낭성 콩팥질환
8. 콩팥(신장), 요관, 방광에 돌이 만들어지는 질환은?
   a. 콩팥염 c. 다낭성 콩팥질환
   b. 콩팥결석증 d. 사구체신염

9. 질소성 노폐물이 요독증의 원인이라면 신질환자의 식이 중 어떤 영양소가 제한되어야 하는가?
   a. 탄수화물 c. 단백질
   b. 포화지방 d. 비타민 A

10. 콩팥투석이란?
   a. 혈액으로부터 모든 단백질을 여과하는 방법이다.
   b. 혈액으로부터 독성물질을 제거하는 방법이다.
   c. 늘 환자에게 저단백 식이가 요구된다.
   d. 환자는 식단에서 나트륨 섭취를 증가시키는 것이 필요하다.

11. 나트륨과 수분은 콩팥 환자의 식이에서 제한되어야 하는데 그 이유는?
   a. 요독증에 관여하기에
   b. 고칼슘혈증을 증가시켜서
   c. 고지혈증에 관여하기에
   d. 체액보유와 관련이 있기에

12. 만일 신질환자에게 골연화증이 일어난다면 어떤 영양소가 처방되어야 하는가?
   a. 칼륨 c. 칼슘
   b. 단백질 d. 인

13. 고칼륨혈증의 경우 어떤 영양소가 제한되어야 하는가?
   a. 칼륨 c. 칼슘
   b. 단백질 d. 인

14. 과일은 특히 어떤 영양소의 급원인가?
   a. 단백질 c. 칼슘
   b. 칼륨 d. 인

15. 신질환자에게 증가시키는 것이 필요한 비타민은?
   a. 수용성 비타민 c. 비타민 B, C와 D
   b. 지용성 비타민 d. 비타민 E와 A

16. 다음 영양소 중 과잉 시 신질환자에게 뼈 손실을 조성하는 것은?
   a. 인 c. 칼륨
   b. 탄수화물 d. 철

17. 퓨린이 풍부한 음식은?
   a. 내장육과 알코올
   b. 유제품
   c. 옥수수와 렌틸콩을 제외한 채소
   d. 크랜베리, 플림(plums)과 푸른(prunes)을 제외한 과일

18. 소변에서 찾을 수 있는 질소성 노폐물의 예는?
   a. 요관 c. 요소
   b. 요독증 d. 위의 전부

19. 아래의 권장 중 수산화칼슘 결석의 위험을 감소시킨다고 증명된 것은?
   a. 전곡 섭취량이 높을 때
   b. 식이 칼슘 섭취가 높을 때
   c. 초산의 섭취를 증가시켰을 때
   d. 시금치의 섭취량을 늘릴 때

20. 의사에 의해 지시되고 영양사에 의해 쓰인 신질환자의 대표적인 식단은?
   a. 90-2-2 식단 c. 80-3-3 식단
   b. 70-3-2 식단 d. 75-3-3 식단

요점사례_CASE IN POINT

CHARLES: 결석 환자의 식이관리

Charles는 남부 인디애나주에 사는 4대째의 농부이다. 그와 그의 부인, Laura는 결혼한 지 42년이 되었다. 그들 모두 농장에서 자랐으며 그 역시 그의 가족이 농장에서 사는 것을 사랑해왔다. 젊은 날, 그와 그의 부인은 농부로서 사는 방법을 배웠으며 그들은 매우 순박한 생활방식으로 살아왔고 아무것도 버리는 것을 허용하지 않았다. Laura는 가족에게 음식을 제공하기 위하여 그들이 도살한 농장 짐승의 모든 부분을 요리할 수 있는 좋은 요리사이다. Laura는 농장에서 수확하는 고기, 과일과 채소를 통조림으로 만들어 수확물을 일년 내내 사용할 수 있게 한다.

Charles는 그의 식사와 관련해 변함이 거의 없다. 예를 들면, 그의 아침 식사는 딸기가 얹어진 브란 플레이크와 2~3컵의 차로 구성된다. 다른 식사로는 그는 주 음식과 함께 항상 샐러드를 즐긴다. 그는 시금치를 좋아해 농장에서 매우 많이 길러 그의 부인은 매일 저녁으로 비트와 함께 시금치 샐러드를 만든다. 저녁으로는 그가 특별히 좋아하는 것은 러밥 파이인데 Laura는 그의 할머니가 만들어 준 것과 똑같이 만들어 주기 때문이다.

어느날 아침, Charles는 복부에 매우 날카롭고 쑤시는 통증으로 깨어났다. 강력한 통증이 그의 오른쪽으로 방사되었다. 그가 Laura를 부엌에서 봤을 때, 통증은 배가 되었으며 통증이 너무 심해 움직일 수조차 없었다. Laura는 Charles를 응급실로 운전하여 데리고 갔다. 의사는 Charles를 사정하고 Charles에게 결석이 있다는 것을 발견하였다. Charles가 결석을 통과시키는 것이 가능할 때 의사는 분석을 위해 결석을 실험실로 보냈다. Charles는 그의 결석이 주로 수산화칼슘으로 구성되어 있음을 알았다. 의사는 Charles에게 결석의 종류가 수산의 함량이 높고 동물성 단백질이 많은 그의 식단과 관련이 있다고 알려주었다. 의사는 Charles와 Laura에게 Charles의 식단과 관련하여 병원 영양사와 만나보기를 권하였다.

사정

1. 결석의 위험으로 몰아넣은 Charles에 관하여 알고 있는 것은 무엇인가?
2. Charles의 증상은 무엇인가?
3. 이 상태가 Charles의 여생에 어떤 영향을 미칠 것인가?
4. 이 식단 변화가 왜 중요한가?

진단

5. 수산화칼슘의 결석의 원인은 무엇인가?
6. 다음의 진단을 완성하시오: Charles의 지식 부족은 __________(와)과 관련되어 있다.

계획/목표

7. 건강에 관한 Charles의 변화에 대해 합리적이며 측정 가능한 목표는 무엇인가?

수행

8. 그의 식이에서 Charles에게 필요한 변화는 무엇인가?
9. Charles가 의사의 권고를 무시한다면 그에게 결과적으로 어떤 일이 일어나는가?
10. Charles는 다른 종류의 결석을 가지고 있을 가능성이 있는가?

평가/결과 기준

11. 이 계획이 효과적이었다는 것을 어떻게 알 수 있는가?

생각해보기

12. Charles의 경험으로부터 사람들이 배울 수 있는 것은 무엇인가?

rate this plate

그가 병원에 머물러 있는 동안, Charles는 등록 영양사와 식단 계획에 관련하여 이야기를 나누었다. 영양사는 Charles에게 수산이 많이 들어 있는 음식은 수산화 결석을 형성할 수 있다고 말해주었다. Charles는 그가 전형적으로 먹는 점심에 대해 24시간 회상법을 제공하였다. 이 식단을 평가하시오.

전곡 번으로 만든 구운 치킨 샐러드 141g

딸기, 피칸, 치즈가 들어 있는 신선 시금치 샐러드 2컵

가벼운 비네그레트 샐러드 드레싱 2Tbsp

중간 크기의 오렌지 1

적은 크기의 러범 파이 1

뜨거운 차 2컵

만일 있다면, 어떤 음식이 수산의 함량이 많은가? 수산화 결석 형성을 경험한 환자에게 일어나는 영양소 결핍은? Charles가 앞으로의 결석을 예방하고자 한다면 그의 식단에 포함시켜야 할 것은 무엇인가?

요점사례_CASE IN POINT

LENA: 사구체신염 발견

Lena는 두 소년의 젊은 엄마이다. 그녀는 그녀가 매우 건강한 사람이라고 생각해본 적이 거의 없다. 그녀는 감염과 감기와 지속적으로 싸우는 것처럼 보인다. 그녀의 기억을 회상해보면, 사람들은 그녀를 "허약"하다고 간주하였다. 어린이일 때 그녀의 강한 독일 엄마도 Lena가 왜 그렇게 창백하고 약한지 이해하지를 못하였다. 그녀 자신의 아이를 낳은 후에도 그녀의 병약함은 계속되었다. 그녀의 아들이 학교나 데이케어에서 감기를 옮겨 올 때마다 Lena는 항상 그 감기에 걸리곤 하였다. 그녀는 잘 먹으려고 노력해왔으며 종합비타민을 섭취하고 있지만 아직도 감염과 잘 싸우질 못하고 있는 중이다. 최근 Lena는 특히 피곤을 잘 느끼며 전보다 더 자주 소변을 보아야 하는 것을 경험하고 있다. 그녀의 소변은 보통보다 더 어두운 색을 띤 것으로 보인다. 그녀는 탈수 때문이라고 생각하여 많은 물을 마셨으며 이는 상황을 더 악화시켰다.

오늘 아침 그녀의 소변은 진한 주황색이었으며 작은 방울로 보여 거품으로 보였다. Lena는 다른 감염이 있는 것으로 간주하고 그녀의 의사와 오후 늦게 예약을 하였다.

간호사는 먼저 의사를 위한 자료를 모았다. 그녀는 Lena의 혈압이 148/98이었음을 발견하였다. 그녀는 키가 174cm이다. 그녀를 검사한 후 의사는 그녀에게 소변을 가져오도록 요구하였고 혈액을 뽑았다. 검사 결과를 검토한 결과, Lena의 의사는 그녀의 병을 사구체신염으로 진단하였다. 의사가 말하기를 이 병은 그녀 콩팥에 있는 모세혈관의 염증이라고 하였다. 의사는 Lena에게 염증을 줄이기 위하여 스테로이드를 복용해야 할 뿐 아니라 고혈압 약물을 복용하기 시작하는 것이 필요하다고 이야기하였다. 그는 나트륨과 액체 및 단백질 섭취를 감소하기 시작해야 한다고 하였다. 의사는 만약 그녀 콩팥이 더 나빠진다면 다른 치료가 필수적이 될 것이라고 말하였다. 그는 등록 영양사에게 그녀의 식사 계획의 변화와 관련해 교육받는 것이 필요하다고 그녀에 관하여 언급하였다.

사정

1. Lena에 관해 알고 있는 주관적 자료는 무엇인가?
2. Lena에 관해 알고 있는 객관적 자료는 무엇인가?
3. 이 상황이 어떻게 Lena에게 영향을 미칠 것인가?

진단

4. 사구체신염을 일으킨 원인은 무엇인가?
5. Lena의 간호진단을 작성하시오.

계획/목표

6. Lena에 대한 합리적이고 측정 가능한 목표는 무엇인가?

수행

7. Lena는 그녀의 식단에서 변화시킬 필요가 있는 것은 무엇인가?
8. 만일 Lena가 의사의 조언을 따르지 않는다면 결과적으로 무슨 일이 일어나는가?

평가/결과 기준

9. 계획이 효과적이었다면 의사는 어떻게 알 수 있는가?

생각해보기

10. 감염을 방지할 수 있는 가장 효과적인 방법에는 무엇이 있는가?

rate this plate

Lena는 건강한 음식을 준비하는 것과 관련하여 토의하기 위하여 등록 영양사와 만났다. 영양사는 고혈압을 예방하고 콩팥에 부하가 덜 걸리도록 하루 1.4L 이상의 액체를 섭취하지 못하도록 하였다. 나트륨과 칼륨의 섭취 역시 혈압을 조절하고 체액보유를 방지하기 위하여 제한되어야 할 것이다. 단백질 역시 콩팥에 부하를 감소시키기 위하고 혈액에 노폐물이 쌓이는 것을 방지하기 위하여 제한된다. Lena의 식단은 그녀의 몸이 회복될 때까지 복합당질과 "좋은" 지방이 풍부하여야 한다. 저녁으로 준비된 다음의 식단을 평가하시오.

빵처럼 된 대구 살 113g

현미밥 3/4컵

브로콜리 1/2컵

사과, 오렌지와 포도가 들어 있는 과일 샐러드 1/2컵

초콜릿 아이스크림 1컵

보통 소다 591cc

이 식사로 영양사가 조언한 권장량을 충족시킬 수 있는가? 아니라면 무엇이 개선될 수 있는가?

CHAPTER **18**

식이와 위장장애

DIET AND GASTROINTESTINAL DISORDERS

주요용어_*KEY TERMS*

가로막
간염
게실염
게실증
결장루설치술
경화증
과민성대장증후군
괴사
궤양성 대장염
글루텐
단장증후군
담낭염
담낭절제술
담석증
복강질환
복수
섬유증
소화불량
소화성궤양
스토마
식도염
십이지장궤양
열공탈장
염증성 창자병
완전비경구영양법
위궤양
위 식도 역류 질환
정체
지방 변증

(계속)

학습목표

- 위장장애에서 식이 치료의 사용에 대해 설명할 수 있다.
- 논의된 치료적 식이에서 권장되는 음식과 권장되지 않는 음식을 규명할 수 있다.
- 위장장애 환자들의 요구사항을 충족하도록 일반 식단을 조정할 수 있다.

위장관은 음식의 소화 흡수가 일어나는 곳이다. 주요 기관은 입, 식도, 위, 소장 및 대장을 포함한다. 간, 담낭, 췌장은 소화 흡수 과정에 관여하는 부속 기관이다.

위장관계의 많은 장애는 결근증을 더 많이 유발할 수 있다. 일부 문제들은 생리학적으로 유발되며 심리적인 원인일 수도 있다. 그러므로 위장 문제의 원인을 파악하기가 때로는 어렵다. 위장 문제와 해결 방법을 식별하는 데 도움이 되는 많은 치료와 절차가 있다.

주요용어_KEY TERMS (계속)

췌장염
크론병
헬리코박터 파일로리
황달
회장조루술

주요 기관 장애

소화불량

소화불량은 신체적 또는 심리적인 원인으로 소화관이 불편한 상태이다. 증상에는 속쓰림, 복부팽만감, 위산 역류가 포함된다. 신체적 원인으로는 과식, 매운 음식을 먹은 경우 혹은 맹장염, 신장, 담낭, 대장 질환, 암 등 질환의 증상으로도 나타날 수 있다. 인체 내부 장기의 문제가 있다면, 근본 원인에 대한 치료가 동반된다.

심리적 스트레스는 위산 분비에 영향을 주어 소화 불량을 일으킬 수 있다. 치료에는 환자를 돕기 위한 상담이 포함되어야 한다.

- 근본적인 스트레스에서 벗어나기
- 충분한 휴식 및 식사시간을 갖기
- 식습관 개선 방법을 배우기

식도염

식도염은 식도의 점막에 대한 위산 역류 자극 작용에 의해 발생한다. 흔한 증상은 가슴쓰림, 역류 및 연하곤란(삼킴이 어려움)이다. 급성 식도염은 알러지 반응을 일으키는 약이나 위 식도 역류 질환에 의해 발생한다. 열공탈장, 식도 괄약근(LES) 압력 감소, 복부 압력, 구토의 재발, 알코올 섭취, 과체중 또는 흡연에 의해 유발될 수 있다. 식도암, 반복되는 위식도 역류는 위식도 역류 질환 환자의 생명을 위협할 수 있다.

열공탈장

열공탈장은 위 일부가 가로막을 통해 흉강 내로 들어가버리는 상태이다(그림 18-1). 탈장 시, 음식이 위액과는 약간 섞일지라도 음식물이 소화관을 따라 정상적으로 이동하기가 어려워진다. 가끔 음식이 식도로 다시 올라오면서 타는 듯한 느낌(가슴쓰림)을 일으키기도 하고, 음식물이 입으로까지 올라와 불편감을 느끼게 된다.

의료 영양요법

음식의 양이 많지 않게 소량으로 자주(균형잡힌 식단) 섭취함으로써 증상을 완화시킬 수 있다. 탄산음료, 초콜릿, 감귤류 및 주스, 토마토 제품, 매운 음식, 커피, 후추, 허브 등의 식도에 자극을 주는 음식은 피해야 한다. 하부 식도 괄약근을 느슨하게 하는 지방, 튀김, 매운 음식, 감귤류, 토마토 제품, 양파, 초콜릿, 박하사탕, 카페인 음료, 알코올 등은 제한해야 한다. 비만인 경우, 복부에 대한 압력을 줄이기 위해 체중 감소를 권장할 수 있다. 늦은 저녁 식사를 피하고 식사 후 2~3

소화불량 dyspepsia
원인이 모호한 위장관의 불편감

식도염 esophagitis
식도 점막 안의 염증

위 식도 역류 질환 gastroesophageal reflux disease (GERD)
식도로의 위 내용물 역류

열공탈장 hiatal hernia
위 일부가 횡격막을 통해 흉곽으로 돌출되는 상태

가로막 diaphragm
얇은 경계벽

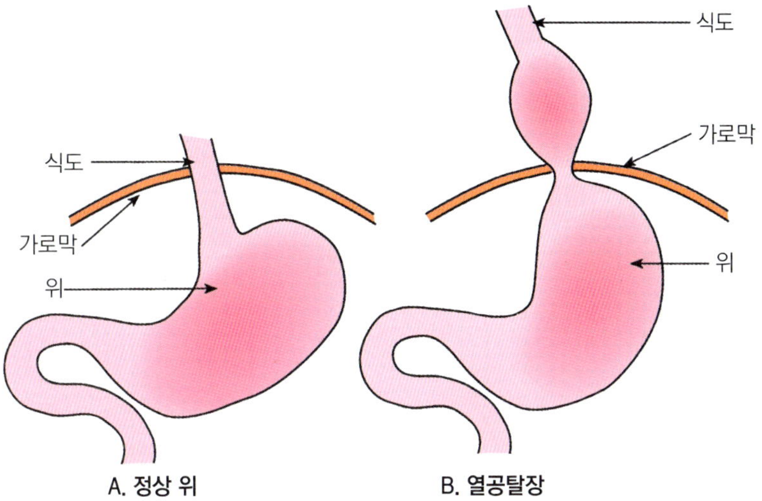

그림 18-1 열공탈장은 음식이 가로막을 통해 흉강 내로 이동하는 것을 막는다.

시간 동안 누워 있으면 도움이 될 수 있다. 누워 있을 때, 머리와 상체를 약간 올리고 헐렁한 옷을 입으면 불편감을 줄일 수 있으며 정도가 심할 경우 수술이 필요할 수 있다.

소화성궤양

궤양은 점막의 미란이다(그림 18-2). 소화성궤양은 위(위궤양) 또는 십이지장(십이지장궤양)에서 발생할 수 있다. 궤양의 구체적인 원인은 분명하지 않지만 유전적 소인, 위에서의 비정상 염산의 과다분비, 스트레스, 아스피린이나 이부르펜(진통제)의 과다 사용, 흡연, *헬리코박터 파일로리* 박테리아 요인들이 발생에 영향을 줄 수 있다.

전형적인 징후로는 타는 듯한 위 통증이 있으며 때때로 출혈이 생길 수 있다. 통증은 일반적으로 음식이나 제산제로 완화된다. 출혈은 보통 수술이 필요하다.

궤양은 일반적으로 항생제와 시메티딘으로 치료한다. 항생제는 박테리아를 죽이고 시메티딘은 위산 분비를 억제한다. 탄산칼슘을 함유한 제산제는 과다한 산을 중화시키기 위해 처방될 수 있다. 스트레스 관리는 궤양 치료에 도움이 될 수 있다.

단백질의 충분한 저지방 공급원이 제공되어야 하지만 위산 분비를 자극할 수 있으므로 과도하게 섭취하지 않아야 한다. 환자들은 체중 1kg당 0.8g 이하의 단백질을 섭취하는 것을 권장한다. 그러나 출혈 시, 단백질은 체중 1kg당 1~1.5g으로 섭취량을 증가시켜야 한다. 비타민과 무기질 보조제, 특히 출혈 시 철분이 처방될 수 있다.

지방은 위를 비우는 것을 지연시키기 때문에, 섭취를 늘리는 것이 좋다. 하지만 소화성궤양 환자는 죽상경화증에 걸리기 쉽기 때문에 지방은 적당히 늘려야

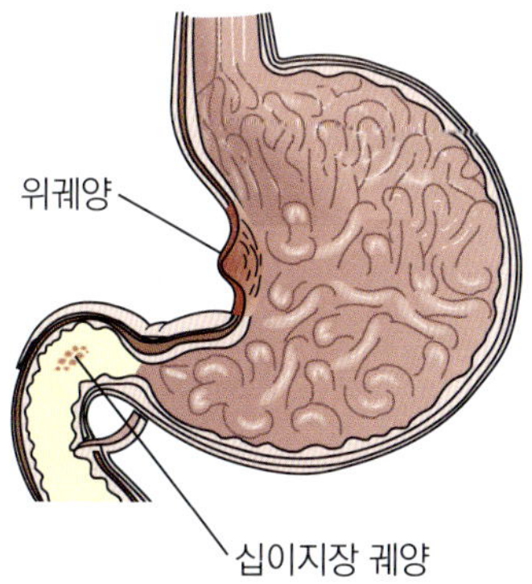

그림 18-2 소화성 궤양은 위나 십이지장 점막의 미란이다.

소화성궤양 peptic ulcers
위궤양 또는 십이지장의 궤양

위궤양 gastric ulcer
위 안의 궤양

십이지장궤양 duodenal ulcer
십이지장내 궤양이 발생

헬리코박터 파이로리 Helicobacter pylori
소화성궤양을 일으킬 수 있는 박테리아

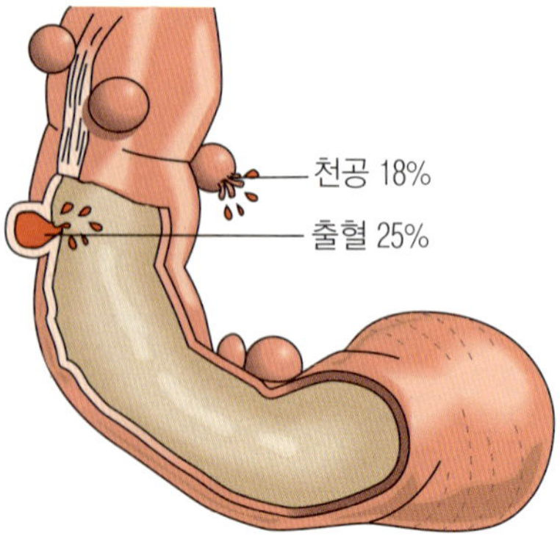

그림 18-3 게실증은 대장의 측면에 작은 주머니가 형성되는 것을 특징으로 하는 질환이다. 주머니가 파열되면 교정 수술을 받아야 한다.

한다. 탄수화물은 위산 분비에 거의 영향을 미치지 않는다.

매운 음식은 허용되는 한에서 먹을 수 있다. 카페인이 들어 있는 커피, 차 또는 환자에게 소화불량을 일으키거나 위 분비를 자극하는 음식은 피해야 한다. 알코올과 아스피린은 위 점막에 자극을 주고 흡연은 십이지장에서 위산을 완충시키는 췌장 분비를 감소시킨다. 최근에는 환자를 자극하지 않는 음식으로 구성된 하루 세끼의 균형잡힌 식사가 일반적으로 권장된다.

게실증/게실염

게실증은 대장의 측면(장벽)에 작은 주머니가 생기는게 특징인 장 질환이다(그림 18-3). 배설물이 대장을 통해 이동하는 대신에 주머니 속에 모이면 박테리아가 번식할 수 있고 염증과 통증이 생겨 게실염을 일으킬 수 있다. 게실이 파열되면 수술이 필요할 수 있다. 이 질환은 충분한 섬유 섭취가 이루어지지 않을 경우 발생하며, 일반적으로 게실증 환자에게 고섬유식이가 권장된다.

항생제와 함께 게실염을 위한 식이요법은 맑은 유동식으로 시작하여 장의 휴식과 치유를 위한 저잔류식이로 시작될 수 있다. 그 후, 고섬유식이가 시작된다. 고섬유식이는 대변의 부피를 늘려 대장이 수축하는 압력을 줄여주고 장내 음식이 머무는 시간을 줄여 세균의 성장을 줄인다.

과민성대장증후군

과민성대장증후군은 기능성 위장장애이다. 위장관은 손상되지 않았으나 제대로 기능을 하지 못하며 다양한 증상을 유발한다. 신체적, 정신적 원인으로 발생할 수 있으며 과거에는 *대장염*으로 불렸다. 지난 3개월 동안 복부 통증이나 불편감으로 3회 이상 진단받은 경우로 일부는 설사, 변비, 둘이 혼합된 경우를 경험할 수 있다. 배뭉침과 팽만감도 느껴질 수 있다.

과민성대장증후군의 병인은 정확히 알려져 있지 않다. 유전적 요인, 식품 감수성, 세균의 감염 또는 과다 증식, 장 운동성, 신경전달물질 또는 호르몬의 변화, 심리적 문제 등이 질환의 원인이 될 수 있다.

과민성대장증후군 치료에는 식이요법, 약물 치료, 프로바이오틱스, 정신건강문제 치료가 도움이 된다. 특정 음식과 음료는 과민성대장증후군 환자의 증상을 악화시킬 수 있다.

- 고지방 식품
- 일부 유제품
- 알코올이나 카페인 음료
- 다량의 인공감미료가 함유된 음료
- 콩, 양배추 및 가스 유발 식품

게실증 diverticulosis
장의 측면에 작은 주머니가 형성되는 장 질환. 주머니는 *게실*이라고 불린다.

게실염 diverticulitis
게실의 염증 발생

과민성대장증후군 irritable bowel syndrome
기능성 위장장애

과민성 대장으로 고통받는 환자들을 위한 새로운 식이요법은 저 포드맵(FODMAP) 식이를 사용하는 것이다. 포드맵은 "발효성(F) 올리고당(O), 이당류(D), 단당류(MA) 및 폴리올(P)"의 약자이다. 저 포드맵 식이는 꿀, 고과당 옥수수 시럽, 씨앗이 있는 과일, 우유, 밀, 양파, 마늘, 전분 콩, 알코올 당 성분을 제한한다.

염증성 창자병

염증성 창자병은 위장관에서 염증을 일으키는 만성질환이다. 염증은 종종 영양실조로 이어지는 흡수 장애를 유발한다. 급성기는 불규칙한 간격으로 발생하며 비교적 증상이 없는 기간이 뒤따른다. 이러한 상태에 대한 원인이나 치료법은 명확히 알려져 있지 않다.

2가지 예로 궤양성 대장염과 크론병이 있다. 궤양성 대장염은 대장, 직장, 때로는 전체 대장의 염증 및 궤양을 유발한다. 자가면역질환인 크론병은 소장과 대장에 영향을 주는 만성질환이다. 궤양은 전체 장벽을 관통할 수 있고 만성 염증은 장벽을 두껍게 하여 폐쇄를 유발할 수 있다(그림 18-4).

두 질환 모두에서 혈변 섞인 설사, 위경련, 피로, 구역, 식욕부진, 영양실조, 체중 감소가 발생한다. 설사를 하면서 전해질, 체액, 비타민 및 기타 무기질이 빠져나가고 출혈로 인하여 철분과 단백질이 손실된다. 크론병 환자는 여윈 몸매나 영양분의 흡수가 원활하지 않아 영양실조가 동반될 수 있다. 궤양성 대장염 환자는 대부분 질병의 중증도와 관련된 체중 감소를 경험한다.

치료에는 항염증제와 의료 영양요법이 필요할 수 있다. 보통 염증이 있는 부위의 자극을 줄이고 폐쇄의 위험을 감소시키기 위해 자극하는 것을 피하고 장애물을 피하기 위해 저잔류식이가 권장된다. 허용될 때, 식이요법에는 약 100g의 단백질, 추가 칼로리, 비타민 및 무기질이 포함되어야 한다.

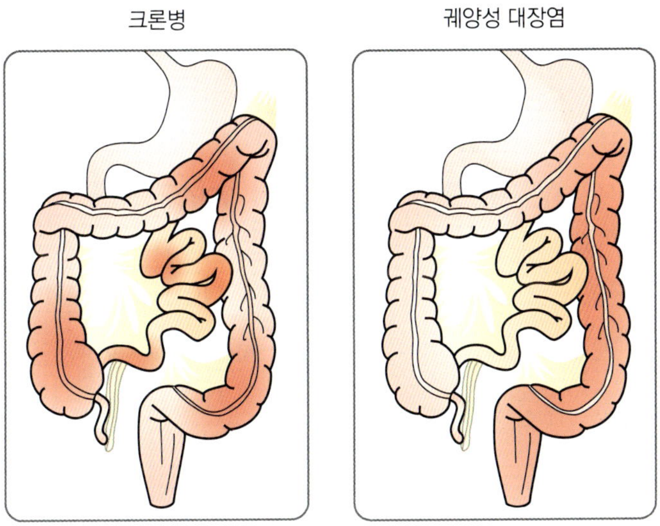

그림 18-4 크론병과 궤양성 대장염에서 위장관이 영향을 받는 부분.

염증성 창자병 inflammatory bowel diseases (IBDs)
위장관에서 염증을 일으키는 만성 상태

궤양성 대장염 ulcerative colitis
대장, 직장 및 전체 대장의 염증 및 궤양을 특징으로 하는 질환

크론병 Crohn's disease
만성 진행성 장애로 염증, 궤양 및 장벽의 두꺼움을 일으키며 때로는 폐쇄가 발생한다.

상태가 심각한 경우에는 일정 기간 동안 완전비경구영양법(상대정맥으로 영양소를 직접 전달하는 과정, 21장 참고)이 필요할 수 있다. 환자의 상태가 호전되어 좋은 영양상태를 유지하는 동안은 환자 취향에 맞게 식이요법을 자율적으로 조정할 수 있다.

회장조루술, 결장루설치술

중증의 궤양성 대장염이나 크론병 환자는 배변을 위해 신체 표면으로부터 장으로의 수술이 필요할 수 있다. 생성된 개구부는 스토마라고 하며 5센트 동전 크기(지름 21.2mm) 정도이다. 전체 결장, 직장 및 항문을 제거해야 하는 경우 회장조루술(회장에서 복부 표면으로)이 필요하다. 직장과 항문이 제거되면 결장 안으로(결장에서 복부 표면으로) 인공 항문을 삽입할 수 있으며(결장루설치술) 임시 혹은 영구적으로 갖고 있게 된다.

환자는 소장(최소 절반 정도)을 수술로 제거하거나, 결장의 기능 장애나 결장을 제거한 경우, 단장증후군이 발생할 수 있다. 단장증후군은 환자의 장 길이가 부족하여 충분치 않아서 영양요구를 지원할 수 없을 경우에 발생한다. 장 길이가 줄어들어 통과 시간이 줄어들면서, 영양소 흡수 장애와 체액 손실이 초래된다.

수술 후 비경구 혹은 특수 장관 영양액을 사용할 수 있으나 가능한 빨리 환자가 음식을 섭취하도록 하는 것이 중요하다. 음식에서 나온 영양분은 장의 적응을 촉진시키는 가장 강력한 자극원이다. 위장관의 적응 정도는 식이요법, 약물 요법뿐 아니라 남아있는 소장의 길이와 결장의 유무에 달려 있다. 결장이 남아있는 환자들이 더 성공적으로 적응을 한다.

위 분비물 과다, 장의 과다운동은 단장증후군 환자에게서 문제가 되기 때문에 이를 조절하는 약물이 치료의 중요한 부분을 차지한다. 지사제, 항분비제가 투여되며 부가적으로 췌장 효소, 경구수액제, 수용성 식이섬유가 추가된다. 초기 식이요법의 초점은 소량으로 저지방 식이를 하루 6회 섭취하며 단 음식은 포함하지 않는다. 회장조루술을 갖고 있는 환자는 과도한 손실이 일어나므로 건강한 경우보다 나트륨과 물을 더 필요로 할 수 있다. 경우에 따라 비타민 C 보조제가 권장되며 지용성 비타민뿐만 아니라 B_{12} 보조제가 필요할 수도 있다. 매달 비타민 B_{12}를 주사로 투여할 수 있다. 흡수를 극대화하기 위해 무기질이 함유된 액체 또는 씹기 편한 종합비타민제를 제공할 수 있다. 전반적으로 단장증후군의 목표는 완전한 영양 자율성을 달성하는 것이다. 큰 규모의 보건 기관들은 환자들이 비경구영양과 정맥수액에서 벗어나기 위한 장재활프로그램들을 보유하고 있다.

복강질환

복강질환은 글루텐에 민감하여 발생하는 만성 면역질환으로 글루텐과민성장증 혹은 스프루(주입로)로 알려져 있다. 글루텐은 밀, 보리, 호밀에서 발견되는 단백질

완전비경구영양법 total parenteral nutrition
모든 영양소를 정맥 내로 공급하는 과정

스토마 stoma
외과적으로 복부 벽에 개구부를 만듦

회장조루술 ileostomy
회장에서 복부 표면으로 구멍 만듦(열어 놓음)

결장루설치술 colostomy
결장에서 복부 표면으로 구멍 만듦(열어 놓음)

단장증후군 short bowel syndrome
소장 및 또는 결장 일부의 외과적 제거 또는 기능 장애로 인한 흡수 장애

복강질환 celiac disease
흡수 장애를 특징으로 하는 위장관 장애(*글루텐* 감도)

글루텐 gluten
밀, 호밀, 보리에서 발견되는 단백질

이다. 복강질환 환자들은 글루텐을 섭취할 때 장을 공격하는 항체를 생산한다. 그림 18-5는 소장내 건강한 융모와 복강질환 환자의 손상받은 융모의 차이를 보여준다.

사람들의 약 1/3은 복강질환 유전자를 갖고 있다. 그러나 알려지지 않은 환경 요인들에 따라 복강질환이나 글루텐 민감성 유무가 결정된다. 증상은 설사, 변비, 체중 감소 혹은 증가, 복부 경련 및 팽만감, 영양실조 등이 있다. 관절 통증, 빈혈, 피로는 글루텐 불내성이 있는 사람에서도 흔히 발견되는 증상이지만 모든 복강질환 환자에게서 나타나는 것은 아니다. 복강질환을 앓고 있는 아동이 치료를 하지 않는다면, 성장장애가 발생할 수 있다.

복강연구센터(the Center for Celiac Research)의 연구에 따르면 133명 중 1명이 복강질환으로 고통받고 있다. 가장 중요한 것은 글루텐 과민증이 저평가되었다는 것이다. 연구에 따르면 복강질환은 크론병, 궤양성 대장염 및 낭성섬유증을 합한 것보다 두 배나 흔하다. 복강질환 환자의 83% 정도가 진단되지 않거나 오진된 것으로 추정된다. 일부 손상 부위는 진단받는 데 6~10년의 시간이 경과하기도 한다.

"셀리악 패널(celiac panel)"이라고 불리는 특정 혈액 검사는 글루텐에 대한 면역반응을 측정한다. 무 글루텐 식사를 시작하기 전에 측정을 해야 한다. 장 생검은 복강질환 진단에 유용하다. 장이 재생되고 치유하기 위해서는 엄격한 무 글루텐 식사가 절대적으로 필요하다.

일부는 복강검사상 음성이지만 글루텐 민감도가 있는 경우도 있다. 연구자들은 인구의 약 6%까지 이런 증상이 있을 수 있다고 하였다. 현재 글루텐 감수성 진단을 위한 혈청 바이오 마커는 없다. 복강질환이 없는 글루텐 불내성을 평가하기 위해 몇몇 임상의들은 무 글루텐 식사를 2~3주간 시행("제거")하고 이후 글루

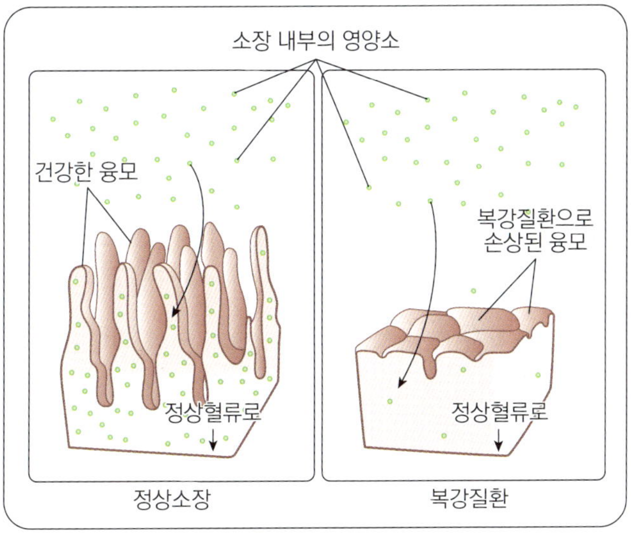

그림 18-5 복강의 손상.

표 18-1 무 글루텐 메뉴의 예

아침 식사
무 글루텐 귀리
신선한 딸기류
땅콩버터를 곁들인 무 글루텐 베이글
우유
점심 식사
시금치가 섞인 참치 샐러드
저지방 치즈를 곁들인 무 글루텐 크래커
무 글루텐 브랜 머핀
신선한 과일
저녁 식사
볶은 치킨(무 글루텐 간장소스)
현미
과일샐러드
우유
간식
생채소가 든 후무스
사과와 아몬드

텐으로 되돌아가는 "도전"을 권장한다. 증상을 면밀하게 추적하여 기록하고 의사와 상의해야 한다. 복강질환 없이 글루텐 민감성을 가진 사람은 복강질환 환자에 비하여 장내 융모에 손상은 없다.

- *글루텐 함유 곡물의 제한*: 보리(맥아추출물, 맥주, 에일 포함), 호밀, 밀(밀가루, 겨, 싹, 전분으로 만든 모든 종류의 제품), 귀리, 라이밀, 통보리
- *무 글루텐 곡물과 전분*: 쌀, 야생쌀, 조, 아마란스, 애로루트, 옥수수, 아마, 메밀, 콩, 테프 및 견과류, 종자, 감자, 타피오카, 사탕수수로 만든 밀가루

복강질환 환자들은 과일, 채소, 유제품, 달걀, 견과류, 콩 및 콩류, 오일, 버터, 마가린, 마른 육류, 가금류와 같은 글루텐이 없는 자연 식품으로부터 필요한 영양을 충족할 수 있다(표 18-1). 무 글루텐 곡물을 선택할 때, 현미, 야생쌀, 퀴노아, 아마란스, 메밀, 무 글루텐 귀리, 쌀겨 등의 영양가가 높은 섬유곡물을 선택하는 것이 좋다. 매장에서 판매되는 다수의 무 글루텐 식품들은 많은 양의 설탕과 지방이 첨가된 매우 정제된 무 글루텐 곡물로 만들어지며 강화식품이 아닐 수도 있으므로 라벨 판독이 중요하다. 상업적으로 재배된 귀리는 가공 과정에서 오염되므로 반드시 무 글루텐 귀리를 찾아야 한다.

현재 제품에 밀가루가 포함되어있는 경우, 영양 라벨에 명시해야 한다. 보리와 호밀은 라벨이 없어도 된다. 복강질환과 비셀리악 글루텐 민감도 환자가 증가하면서 점점 무 글루텐 라벨을 붙인 식품들이 많아지고 있다. 식당에서도 무 글루텐 메뉴 옵션을 제공하며 교차 오염을 막기 위해 노력을 하고 있다.

무 글루텐 식단을 섭취하는 경우를 많이 볼 수 있다. 일부는 체중 감량에 도움이 된다고 생각하기 때문에 시도한다. 어떤 사람들은 자신의 건강에 대한 통합의학적 접근 방식으로 시도하기도 한다. 의학적 필요성 때문에 무 글루텐 식단을 하는 사람들, 불내성 문제로 시도한 사람들, 무 글루텐 식단을 먹을 필요가 없지만 시행하는 사람들 등 모두 사용이 가능하다.

부속기관의 장애

경화증

간은 대사에서 많은 역할을 하는 중요한 장기이다. 일부 지방산을 제외하고 장에 흡수되는 모든 영양소는 간으로 이동한다. 간은 영양소 일부를 분해하고 나머지를 저장하여 다른 물질들을 합성하는 데 사용한다.

간은 아미노산이 필요한 곳을 결정하고 단백질, 효소, 요소를 합성한다. 간에서 단당을 글리코겐으로 바꾸고 포도당을 체세포에 공급하며 필요시 아미노산

으로부터 포도당을 합성한다. 지방을 지방단백질로 전환시키고 콜레스테롤을 합성한다. 그것은 철분, 구리, 아연, 마그네슘뿐만 아니라 지용성 비타민과 비타민 B를 저장한다. 간은 담즙을 합성하여 담낭에 저장하여 바비튜르산유도체(barbiturates) 및 모르핀과 같은 물질들을 해독한다.

간 질환은 급성 또는 만성일 수 있다. 조기 치료는 대부분 회복을 유도할 수 있다. 경화증은 세포 손실이 특징적으로 나타나는 모든 종류의 간 질환을 지칭한다. 알코올 남용은 경화증의 가장 흔한 원인이지만, 선천성 결함, 감염 또는 독성 화학 물질에 의해서도 발생할 수 있다.

간은 재생되지만, 경화 과정에서 교체된 세포들을 완전히 다 메꿀 수 없다. 경화 과정에서의 세포 손실 외에 지방 침윤과 섬유증도 발생하여 간이 정상적으로 기능하는 것을 어렵게 한다. 간을 통한 혈액의 흐름이 나빠지고 식도에서 고혈압, 빈혈, 출혈이 발생할 수 있다. 심각한 경우, 대사 과정도 사망을 초래할 정도로 저해될 것이다.

경화증의 식이요법은 환자의 상태에 따라, 매일 체중 1kg당 최소 25~35칼로리 혹은 그 이상 0.8~1.0g의 단백질을 제공한다. 간성혼수가 임박할 경우에는 적은 양으로 한다. 대부분 비타민, 무기질 보조제는 필요하다. 경화증이 심해지면 칼로리의 50~60%는 탄수화물이어야 한다.

일부 경화증에서 지방 섭취는 제한된다. 단백질이 허용되지 않는 경우에는, 하루에 35~40g으로 제한된다. 때때로 간경변은 복수를 생성한다. 이 경우에는 나트륨과 수액이 제한될 수 있다. 식도 출혈 시, 조직의 자극을 예방하기 위해 섬유질은 제한될 수 있다. 더 작은 크기로 섭취하는 것이 큰 것보다 삼키기 용이할 것이다. 알코올 섭취는 금지다.

간염

간염은 간의 염증이다. 바이러스, 약물, 알코올 등의 독성물질에 의해 발생한다. 괴사가 발생하고 간의 정상 대사 활동이 제한된다. 간염은 급성 또는 만성일 수 있다.

A형 간염 바이러스(HAV)는 오염된 식수, 음식물, 하수로부터 분변-구강 경로를 통하여 전파된다. B형 간염 바이러스(HBV)와 C형 간염 바이러스(HCV)는 혈액, 혈액 제제, 정액, 타액을 통해 전염된다. B형 간염과 C형 간염은 간 생검으로 진단된 만성 활동성 간염(CAH)으로 이어질 수 있다. 만성 활동성 간염은 간부전, 말기 간 질환(ESLD)으로 이어질 수 있다.

경증일 경우, 세포들이 교체될 수 있다. 심각한 경우, 손상이 광범위해지면서 괴사가 간 기능 부전 및 사망으로 확대될 수 있다. 담즙이 정체되고 혈액 알부민 수치가 감소될 수 있다. 환자들은 구역, 두통, 열, 피로, 부드럽고 크기가 확대된 간, 식욕부진, 황달 등의 증상을 경험한다. 체중 감소도 두드러지게 나타날 수 있다.

최근 자료 IN THE MEDIA

소화관 건강을 위한 음식

"좋은 박테리아"의 건강하게 배열되어 있는 건강한 위장관의 유지는 연구자와 소비자의 레이더에 있다. 연구자들은 건강한 소화관이 있으면 "미생물군집"이 인체 내 염증을 감소시키는 역할을 하여 심장질환, 인지 기능 저하, 일부 암, 다른 질병들의 발병의 위험을 줄이는 것으로 보고하였다. 건강한 위장관 미생물군집을 갖고 있으면 체지방을 태우며 인슐린 저항성을 줄일 수 있다. 일부는 프로바이오틱스 보조제를 복용하고 있지만 다음의 음식들을 통해 추가로 프로바이오틱스를 섭취할 수 있다: 요구르트, 케피어, 된장, 콘부티, 사워크라우트, 사워도우 빵, 템페 등. 라벨에서 "살아있는 문화"에 대한 진술을 찾으시오.

출처: Adapted from Migala, Jessica. "7 Foods for Your Gut Health."ABC News. May 11, 2015. www.abc.com.

경화증 cirrhosis
세포 손실이 특징인 간 질환에 대한 일반적인 용어

섬유증 fibrosis
단단하고 끈질긴 조직의 발달

복수 ascites
복부 내 비정상적 체액들

간염 hepatitis
바이러스, 약물, 알코올에 의한 간의 염증

괴사 necrosis
혈액 공급 부족으로 인한 조직 사망

정체 stasis
정체 또는 둔화

황달 jaundice
피부와 눈이 노란색을 띰

치료는 침상안정, 충분한 수액 및 의료 영양요법이 이루어진다. 식이요법은 체중 1kg당 35~40칼로리를 제공해야 한다. 대부분의 칼로리는 탄수화물로 제공되어야 한다. 적당량 지방이 포함되어야 하며, 괴사가 심하지 않다면 세포 재생을 위해 최대 70~80g의 단백질을 제공한다. 괴사가 심하고 단백질이 제대로 대사될 수 없다면, 혈액 내 암모니아 축적을 막기 위해 단백질은 제한되어야 한다. 간질환 환자들은 소량의 식사가 더 편할 수 있다.

간 질환 환자는 식욕부진과 이로 인한 전반적인 불쾌감이 심하기 때문에 많은 격려가 필요하다. 환자들의 회복을 위하여 인내, 휴식, 시간이 필요하다.

담낭염 및 담석증

담낭(쓸개)은 담즙의 농축과 저장 기능을 한다. 간에서 담즙이 생성된 후에 담낭은 원래 강도의 몇 배까지 농축하고 필요할 때까지 저장한다. 십이지장의 지방은 담낭을 수축시켜 담즙을 배출하고, 소장에서 지방을 소화시키기 위해 담즙을 공통의 도관으로 배출한다. 이 흐름이 방해되면 통증이 수반될 수 있다.

담낭 질환의 정확한 병인은 알려져 있지 않지만 유전적 요인이 관련될 수 있다. 여성들은 남성보다 담낭 질환을 더 자주 앓게 된다. 비만, 완전비경구영양법, 빠른 체중 감량을 위한 매우 낮은 칼로리 식이, 에스트로겐 사용, 다양한 소장 질환은 종종 담낭 질환과 연관이 있다.

담낭염(염증)과 담석증(담석)은 담즙의 흐름을 억제하여 통증을 유발할 수 있다. 담낭염은 담낭 조직에 변화를 일으키고, 이는 담즙의 구성 성분인 콜레스테롤에 영향을 미침으로써, 딱딱하게 굳게 하여 돌의 형태로 변형되게 한다. 지방은 소화에 필요한 더 많은 콜레스테롤을 담즙에서 생성하도록 간을 자극하기 때문에 고질적인 지방 과다 섭취는 담석 생성을 촉진한다. 심한 통증 이외에도 특히 지방이 많은 음식 섭취 후에는 소화 불량, 구토가 있을 수 있다.

치료에는 담석을 녹이기 위한 약물과 식이요법이 포함된다. 약물 치료가 효과가 없다면, 담낭(쓸개)을 제거하는 수술(담낭절제술)을 할 수 있다.

의료 영양 치료로 급성기 동안에는 금식을 한다. 그 다음에는 맑은 유동식과 점차적으로 규칙적인 지방 제한 식이를 한다. 지방의 양은 하루에 40~45g 내에서 허용된다. 만성적인 경우 지방은 영구적으로 제한될 수 있다. 비만 환자는 지방 제한 식이 외에 체중 감량이 권장된다(지방 제한 식이요법에 대한 정보는 16장을 참고). 만성 담낭 질환이 있는 환자는 지용성 비타민의 물과 합성한 형태의 제제가 필요할 수 있다.

담낭염 cholecystitis
담낭의 염증

담석증 cholelithiasis
담석

담낭절제술 cholecystectomy
담낭 제거

췌장염

호르몬 인슐린 외에도 췌장은 단백질, 지방, 탄수화물 소화에 중요한 다른 호르몬과 효소를 생성한다. 음식이 십이지장에 도달하면, 췌장은 소장에 효소를 보내서 소화를 돕는다.

췌장염은 췌장의 염증이다. 감염, 수술, 알코올 중독, 담도(담관 및 담낭 포함) 질환 또는 특정 약물로 인해 발생할 수 있다. 급성 또는 만성일 수 있다.

증상으로 복통, 구역, 지방 변증이 나타난다. 흡수 부족(특히 지용성 비타민)과 체중 감소가 발생하며, 랑게르한스섬이 파괴되면 당뇨병이 발생할 수 있다.

식이요법은 췌장 분비물과 담즙을 줄이기 위한 식이이다. 지방이 담즙을 분비하도록 담낭을 자극하는 것처럼, 단백질과 염산은 췌장을 자극하여 분비물액과 효소가 분비되도록 한다. 급성 췌장염 환자에게는 엄격하게 비경구적으로 영양을 공급해야 한다. 이후 환자가 경구 영양 공급이 허용될 때, 탄수화물로 주로 구성된 유동식이 주어진다. 왜냐하면 3가지 영양소 중 탄수화물이 췌장 분비에 가장 적은 자극을 주기 때문이다.

회복이 진행됨에 따라 지방이나 섬유질이 거의 없는 탄수화물과 단백질을 소량으로 자주 섭취하게 된다. 지방은 췌장 리파제 결핍으로 인해 제한된다. 환자는 허용된 선에서 서서히 덜 제한된 식이로 돌아가게 되며 비타민 보조제를 줄 수도 있다. 알코올은 어떤 경우에도 섭취가 금지이다.

웹사이트 탐색 EXPLORING THE WEB

논의된 질환 중 하나를 선택하고 인터넷에서 조사하시오. 징후, 증상, 가능성 있는 원인, 질환의 치료 목록을 작성하시오. 질환과 관련된 환자의 영양 요구를 확인하시오. 환자의 질환이 적절한 영양 섭취를 통해 통제될 수 있는가?

잔류 조절 식이

섬유는 소화 효소에 의해 분해되지 않는 음식의 일부로 *식이섬유소*라고 부른다. 대부분의 식이섬유소는 식물성 음식에서 발견된다. 일부는 용해 가능하지만 일부는 용해되지 않는다(4장 참고). 식물의 식이섬유 예로는 옥수수 낟알의 껍질, 샐러리 줄, 딸기 씨앗, 감귤류의 결합 조직이 있다.

잔여물은 대변의 단단한 부분이다. 잔여물은 소화되지 않고 흡수되지 않은 모든 음식(섬유 포함), 동물성 식품의 결합 조직, 죽은 세포, 장내 박테리아를 포함한다. 이 잔여물의 대부분은 섬유로 이루어져 있다.

식이요법은 섬유와 잔류물을 증가시키거나 감소시키기 위해 조정할 수 있다. 이러한 식단의 구체적인 이름은 의료 시설에 따라 다르다. 허용되는 특정 식품, 허용되는 섬유질 및 잔류물의 양은 의사의 경험 및 환자의 상태에 따라 달라진다.

고섬유식이

30g 이상의 식이섬유가 함유된 고섬유식이는 게실증, 변비, 치질 및 결장암을 예방하는 데 도움이 된다. 당뇨병(15장 참고)과 죽상경화증의 치료에도 도움이 된다(16장 참고).

현재 미국의 일반적인 식단에는 매일 약 15g의 식이섬유가 함유되어 있는 것으로 추정된다. 섬유소 섭취 권장량은 남성은 하루 38g, 여성은 하루 25g이지

췌장염 pancreatitis
췌장의 염증

지방 변증 steatorrhea
대변의 비정상 양의 지방

삶의 길잡이
SPOTLIGHT on Life Cycle

성인이 식단에서 섬유질을 증가시키는 것을 돕기 위한 몇 가지 제안들은 다음과 같다.

- 신선한 과일과 채소를 풍부하게 섭취하시오. 조리된 상태와 생채소 모두 다양하게 섭취하시오.
- 감자, 사과, 배 등의 과일이나 채소의 껍질에 섬유질 등의 영양소가 있으므로 일부 섭취하시오.
- 정제된 흰 빵, 달콤한 시리얼 대신 거친 통곡 빵과 시리얼을 사용하시오. 육류 대신 콩(흰 강낭콩, 리마콩, 강낭콩, 핀토콩)을 추가하시오. 콩은 섬유질이 많고 단백질이 포함되어 있다. 콩은 캐서롤, 수프, 스튜 등의 요리에 사용할 수 있다.
- 버터를 바르지 않은 에어 팝콘 혹은 저지방 버전의 전자레인지 팝콘을 사용해보시오.
- 섬유질 섭취가 증가하면 물을 더 많이 마시는 것이 얼마나 중요한지 기억하시오. 매일 적어도 물 8컵을 마셔야 한다.
- 계속 움직이시오: 활동적으로 움직이면 규칙적인 배변에 도움이 된다.

표 18-2 고섬유식이 메뉴의 예시

아침 식사	점심 식사	저녁 식사
중간 크기 오렌지	신선한 과일 컵	구운 돼지갈비
블루베리 반 컵 섞은 오트밀	로스트비프샌드위치(빻은 밀로 만든 빵으로)	빨간 햇감자(껍질도 포함)
마멀레이드를 곁들인 통밀 토스트	코울슬로	신선한 브로콜리
커피	사과 크리스프(귀리 토핑)	채소샐러드(오일과 식초 드레싱)
	무지방 우유	마가린을 곁들인 통밀빵
	커피 혹은 차	신선한 파인애플
		무지방 우유
		차

만, 하루 50g을 초과하지 말아야 한다. 고섬유식이에 권장되는 식품은 거친 미정제된 빵, 시리얼, 브랜, 모든 과일, 채소(특히 생채소), 콩류이다. 우유, 육류, 지방에는 섬유질이 포함되어 있지 않다(표 18-2). 식이는 영양적으로 적절하며, 고섬유식이는 가스의 형성으로 불편함이 발생하므로 서서히 시도해야 한다. 236ml의 물도 증가된 섬유질과 함께 섭취해야 한다.

저잔류식이

하루 5~10g의 식이섬유로 구성된 저잔류식이는 식이섬유의 양을 제한하고 음식 잔류물을 줄임으로써 장의 정상적인 작용을 감소시키기 위한 것이다. 저섬유식이 또는 제한된 잔류식이는 심한 설사, 게실염, 궤양성 대장염, 장 폐쇄, 장 수술 준비 및 직후에 적용될 수 있다.

일부 시설에서 저잔류식이는 하루 3g 이하의 섬유질을 제공하고 분변 잔여물을 증가시키지 않는 식품으로 구성된다(표 18-3 및 18-4).

건강과 영양 고려사항

위장장애가 있는 환자들은 좌절감을 느끼거나 짜증이 날 수 있다. 위장장애는 심리적으로 발생할 수 있으며 환자들은 수술이나 암을 두려워할지도 모른다. 환자들은 구역, 통증, 또는 둘 다를 겪을 수 있다. 어떤 사람들은 권장하지 않는 음식을 먹기 원하거나 권장되는 음식을 거부하기도 한다.

환자에 대한 이해를 바탕으로 건강관리 전문가들은 그들이 무엇을 먹어야 하는지, 먹지 말아야 하는지, 그리고 그 이유에 대하여 환자들에게 알려줘야 한다.

SUPERSIZE USA

고섬유식이는 게실증, 변비, 치질, 결장암을 예방하는 데 도움이 된다고 하지만, 새로운 연구에서는 섬유질이 포만감과 체중 조절을 촉진할 수 있다는 것을 발견했다. 2011년 *비만 리뷰(Obesity Reviews)*의 연구에 따르면 식이섬유를 많이 섭취하면 식욕이 5% 감소하고 체중은 1.3% 감소했다. 섬유질이 풍부한 음식은 소화하는 데 더 많은 시간이 걸리므로 식사 후 포만감이나 충만감을 준다. 현재 하루 평균 섬유 섭취량은 권장량의 절반 정도이다. 매 식사마다 다양한 과일과 채소를 섭취하고, 전분 콩을 일주일에 1~2회 섭취하고 식단에 더 많은 곡물을 포함함으로써 일일 섬유질 섭취량 목표를 달성하는 데 도움이 될 수 있다.

출처: Adapted from Weisenberger, Jill. "Fiber: Fiber's Link with Satiety and Weight Control."Todays Dietitian, 17(2), p. 14. February 2015. http://www.todaysdietitian.com

표 18-3 저잔류식이에서 허용되는 음식, 제한되는 음식

허용되는 음식	제한되는 음식
의사가 허용하는 경우 우유, 버터밀크(매일 2잔으로 제한)	신선하거나 말린 과일, 채소
소량의 코티지치즈, 향이 나는 약간의 치즈	통밀 빵, 시리얼
버터, 마가린	통밀 파스타, 현미, 야생쌀
달걀(튀긴 것 제외)	콩류, 코코넛, 마멀레이드
부드러운 닭고기, 생선, 간 쇠고기, 간 양고기(굽거나 삶은)	질긴 고기
수프, 죽	기름진 페이스트리
거친 섬유질이 없는 조리되고 부드러운 향이 나는 채소; 과일 주스(자두 제외), 사과 소스, 흰 체리, 복숭아, 배 등의 통조림 과일, 순살구, 익은 바나나	우유(의사가 허용하지 않는 한)
정제된 빵과 시리얼, 하얀 크래커, 마카로니, 스파게티, 국수	단단한 연결 조직을 가진 고기 및 생선
커스타드, 셔벗, 바닐라 아이스크림, 플레인 젤라틴, 엔젤 푸드 케이크, 스펀지 케이크, 플레인 쿠키	감자껍질
상추	카페인
의사가 허용한 소금, 설탕, 소량의 향신료	팝콘, 견과류, 씨앗

표 18-4 저잔류식이 메뉴의 예시

아침 식사	저녁 식사	점심 식사
물기를 줄인 오렌지 주스	닭고기 수프	토마토주스
우유와 설탕을 넣은 쌀 시리얼 크림	간 소고기 패티	마카로니, 치즈
마가린과 젤리를 곁들인 흰색 토스트	삶은 감자(껍질 없이)	껍질 콩
커피(크림, 설탕이 섞인)	구운 호박	흰빵, 버터
	젤라틴 디저트	레몬 셔벗
	우유	차(우유, 설탕이 섞인)

요약_SUMMARY

위장관의 장애는 다양한 치료 방법이 필요하다. 소화성궤양은 약물로 치료되며, 식이요법으로 알코올과 카페인의 섭취를 제한한다. 게실증은 높은 섬유질 식단으로 치료할 수 있지만, 게실염은 맑은 유동식에서 높은 섬유질 식단으로 점진적으로 진행된다. 궤양성 대장염은 고단백, 고칼로리와 함께 저잔류 식이가 필요하다. 복강질환은 무 글루텐 식이를 주의 깊게 준수해야 한다. 경화증은 지방, 단백질, 소금 또는 체액의 제한이 때때로 있으며 균형잡힌 식단을 필요로 한다. 간염의 식이요법은 환자의 상태에 따라 단백질이 제한될 수 있지만, 완전하고 균형잡힌 식이요법을 포함할 수 있다. 담낭염과 담석증 환자는 지방 제한 식이요법을 필요로 하며, 과체중인 경우에는 칼로리 제한 식이요법도 필요하다. 췌장염 식이요법은 총비경구영양부터 개별적인 허용된 식단까지 다양하다.

토의 주제_DISCUSSION TOPICS

1. 위장관계의 부속 기관의 명칭을 말하고 소화 및 신진대사에서의 역할을 설명하시오.
2. 소화불량에 대해 토의하시오. 가능한 원인과 권장 치료 방법을 토의하시오.
3. 열공탈장에 대해 설명하시오. 증상과 가능한 치료를 기술해보시오.
4. 궤양을 정의하시오. 궤양은 위장 계통의 어느 부위에서 발견되며, 어떻게 치료하는가? 궤양을 가진 사람에게 어떤 음식이 허용되고, 제한해야 하는가?
5. 게실염과 게실염의 차이점을 설명하시오. 어떤 치료를 제공하는가?
6. 고섬유식이에 대해 토의하시오. 어떤 조건으로 사용될 수 있는가? 저섬유식이와 비교하시오. 옥수수 속의 속대가 저섬유식이에서 제한되는 이유는 무엇인가? 저섬유식이에 허용되지 않는 다른 식품의 이름을 말하고 허용되지 않는 이유를 설명하시오.
7. 궤양성 대장염에 대해 토론하시오. 궤양성 대장염이 무엇인가? 원인은 무엇인가? 어떤 치료를 받아야 하는가? 다른 과민성 장질환과 어떻게 다른가?

연습문제_REVIEW

가장 적절한 답을 고르시오.

1. 소화불량은 ______________.
   a. 심각한 위장장애의 징후일 수 있다.
   b. 항상 심리적 원인으로 발생한다.
   c. 개선된 식생활로 극복할 수 없다.
   d. 고섬유식이로 인하여 발생한다.
2. 열공탈장은 ______________.
   a. 소장에서만 나타난다.
   b. 대장암의 전형적인 증상이다.
   c. 모든 환자에게 체중 감량을 초래한다.
   d. 소량으로 자주 식사를 함으로써 환자가 편안해질 수 있다.
3. 소화성궤양은 ______________.
   a. 위 또는 십이지장에서 발생할 수 있다.
   b. 스트레스로 인하여 발생하지 않는다.
   c. 항상 아스피린과 저탄수화물 식이요법으로 치료된다.
   d. 보통 저단백질 식이요법으로 치료한다.
4. 복강질환 환자는 __________을 먹을 수 있다.
   a. 보리 수프, 호밀에 햄, 감자칩 한 봉지
   b. 밀가루 부리토, 쌀, 콩
   c. 닭고기와 쌀 수프, 사과 소스, 초콜릿 조각
   d. 라자냐, 샐러드, 치즈 케이크
5. 게실증은 ______________.
   a. 게실의 염증이다.

b. 처음에는 맑은 유동식으로 치료할 수 있다.
c. 고섬유식이요법으로 예방할 수 있다.
d. 간에서 발생한다.

6. 음식 잔류물은 ________________.
a. 결국은 대변을 통해 배출된다.
b. 항상 소장과 관련이 있다.
c. 내장을 절대로 떠나지 않는다.
d. 잘못된 요리 방법으로 인한 결과이다.

7. 많은 음식잔류물은 ______________로 인해 발생한다.
a. 배설물 감소 c. 체중 감소
b. 대변의 증가 d. 게실증

8. 다음 중 고섬유식이에 권장되는 것은?
a. 프레즐 c. 라이스 푸딩
b. 으깬 감자 d. 브랜 시리얼

9. 다음 중 저잔류식이에서 허용할 수 있는 것은?
a. 신선한 오렌지
b. 옥수숫대에 붙은 그대로의 옥수수
c. 마카로니와 치즈
d. 신선한 과일 한 컵

10. 궤양성 대장염은 ________________.
a. 소장에 영향을 준다.
b. 항상 비경구영양이 필요하다.
c. 칼로리, 단백질 함량이 높은 고잔류식이요법으로 치료할 수 있다.
d. 환자의 영양실조를 초래할 수 있다.

11. 궤양성 대장염 환자에게 우유가 허용되면 어떤 음식을 권장할 수 있는가? ________________
a. 신선한 자몽
b. 다진 샐러리와 치킨 샐러드
c. 다진 양파와 으깬 감자
d. 크래커가 든 비스크 토마토 수프

12. 간은 __________________________.
a. 신진대사에 아무런 역할을 하지 않는다.
b. 인슐린을 분비한다.
c. 포도당을 글리코겐으로 전환시킨다.
d. 수용성 비타민을 저장한다.

13. 경화증은 ____________________.
a. 세포 손실을 특징으로 하는 간 질환이다.
b. 항상 알코올 중독으로 인해 발생한다.
c. 필연적으로 죽음을 초래한다.
d. 대장에서만 나타난다.

14. 복수는 ____________________.
a. 간세포 재생에 필요하다.
b. 복부에 액체가 축적되어 있다.
c. 식단에 나트륨과 물의 첨가가 요구된다.
d. 철분 부족으로 인해 발생한다.

15. 간염은 ____________________.
a. HIV에 노출된 후에만 발생한다.
b. 매우 낮은 탄수화물 식이를 환자가 따르도록 한다.
c. 항상 치명적이다.
d. 바이러스 또는 유독성 물질에 의해 유발될 수 있다.

16. 담낭(쓸개)이 문제가 있을 경우 ________________이 요구된다.
a. 낙농 제품의 식이 제한
b. 담낭 절제술
c. 식이에 지방 추가
d. 식이에 단백질 추가

17. 췌장의 염증은 ________________.
a. 췌장염이라고 부른다.
b. 무증상일 수 있다.
c. 저탄수화물 식이요법을 요구할 수 있다.
d. 항상 암을 의미한다.

18. 복강질환 환자는 다음을 피해야 한다.
a. 간장과 현미 시럽
b. 옥수수 칩과 홈메이드 살사
c. 과일과 채소
d. 딸기와 피칸이 들어간 시금치 샐러드

19. 어떤 염증성 창자병(IBD)이 결장에 "조약돌"을 깐 모양으로 나타나는가?
a. 게실염 c. 크론병
b. 궤양성 대장염 d. 복강질환

20. 속쓰림, 역류 및 연하장애는 ___________의 일반적인 증상이다.
a. 식도염 c. 열공탈장
b. 소화성궤양 d. 십이지장궤양

요점사례_CASE IN POINT

CHARLOTTE: 복강질환 대처

Charlotte은 8세에 제1형 당뇨병 진단을 받았으며, 현재까지 전반적으로 관리를 잘 해왔다. 최근의 A1C(당화혈색소)는 6.4%였다. 주치의는 그녀가 잘 관리하고 있다고 하였다. 그녀는 20대 초반에 갑상샘 질환도 앓게 되었다. 내분비과 전문의는 그녀에게 제1형 당뇨병을 가진 사람들이 다른 내분비 질환도 일으킬 위험이 더 많다고 설명하였다. 현재 38세인 그녀는 당뇨로 30주년을 맞았다고 농담을 하곤 했으며, 아직까지 합병증이 생기지 않은 상태였다.

하지만 이번 주의 그녀 상태는 평소와 달랐다. 그녀는 몹시 지쳐 있었으며 몇 차례 설사와 만성 복통을 겪었다. 그녀는 아침 식사와 함께 우유를 좋아하지만, 이번 주 초에 한 잔을 마신 후 거의 화장실로 가지 못했다. 그녀는 감염이나 바이러스에 걸린 걸까 하는 두려움을 느꼈다. 그녀가 일상적으로 먹는 너무 많은 음식들은 가스 찬 느낌, 복부팽만, 설사를 초래했다. 그녀는 오늘 아침 체중을 확인한 결과, 4.5kg이 감량된 것을 깨달았다. 그녀는 마지막 검진 시 신장 160cm에 체중은 52kg이었는데, 현재 48kg으로 매우 날씬해 보인다. 오늘 아침 그녀의 혈당은 258mg/dL로 높게 나타났다. 그녀는 화가 났고 매우 우울했으며, 의사에게 진찰받기로 예약했다.

혈액 검사, 위장관 내시경 검사를 마친 뒤, 의사는 그녀가 복강질환을 갖고 있다고 하였다. 그는 Charlotte에게 제1형 당뇨병과 다른 내분비 질환을 앓고 있는 사람들에게서는 복강질환이 발병하는 것이 드문 일이 아니라고 설명하였다. 그는 글루텐이 함유된 식품이 장내 염증과 손상을 일으키고 있다고 설명하였다. 그녀는 무 글루텐 식이 계획을 따를 필요가 있을 것이다. 의사는 새로운 식이 계획에 필요한 교육을 제공하기 위해 공인된 영양사를 소개하였다.

사정

1. Charlotte은 복강질환에 걸릴 위험요인에 대하여 무엇을 알고 있는가?
2. 그녀는 어떤 증상을 갖고 있는가?
3. 이 질환으로 인해 그녀의 삶은 어떻게 달라질 것인가?
4. 이 질환은 얼마나 중요한가?

진단

5. Charlotte의 간호진단을 작성하시오.
6. 새로운 식이요법과 관련된 Charlotte의 부족한 지식에 대한 진단을 작성하시오.

계획/목표

7. Charlotte을 위한 측정 가능한 적절한 식이 목표는 무엇인가?
8. 그녀를 위한 구체적이고 측정 가능한 교육 목표는 무엇인가?

수행

9. 복강질환에 대한 어떤 정보가 Charlotte이 식습관 변경에 대한 이해를 하기 위해 필요한가?
10. Charlotte에게 어떤 음식이 문제인가?

평가/결과 기준

11. Charlotte의 주치의는 외래 진료 예약을 통해 그 계획이 성공적이었는지 확인하기 위해 어떤 질문을 할 것 같은가?

생각해보기

12. 복강질환은 치료할 수 있는가?
13. 이 병을 치료하는 데 어떤 약물들이 일반적으로 사용되는가?

✓ rate this plate

Charlotte은 글루텐 민감도에 대한 새로운 진단을 듣고, 압도당하는 기분이었다. 당뇨병 환자로서 그녀는 탄수화물 계산을 통해 혈당을 조절하는 법은 배웠지만 무 글루텐 식단을 따르는 것은 도전처럼 보였다. 그녀는 공인된 영양사로부터 교육을 받은 후 건강에 좋은 식사를 준비를 하는 과정을 겪으면 더 자신감을 느끼게 되었다. 그녀가 계획한 저녁 식사는 다음과 같다.

무 글루텐 페퍼로니 피자 2조각

시저 샐러드(크루톤 포함) 1컵

아이스 티 591ml

글루텐을 함유하고 있는 음식의 종류는 무엇인가? 이 메뉴에서 제거해야 할 것이 있는가?

요점사례_CASE IN POINT

ALEK: 식이요법을 통한 궤양의 관리

Alek은 거의 20년 동안 월 스트리트에서 일해 온 주식중개인이다. 그의 업무는 고난이도였으며 스트레스를 많이 받는 일이었다. 힘든 경력에도 불구하고, 그는 꽤 건강한 편이었다. Alek은 이제 43세가 되었다. 지난 몇 년간 그의 건강에 관한 유일한 염려는 궤양과 가끔 오는 두통이었다. 궤양이 꽤 오랫동안 재발하지 않아서 그는 궤양이 나아진 것이길 바라고 있었다. 하지만 늦게까지 일하면서 사무실 근처 식당에서 피자, 멕시코 음식, 매운 오리엔탈 치킨 등 테이크아웃 음식을 주로 먹게 되었다. 스트레스가 많은 긴 업무시간으로 두통도 나타나, 그는 매일 아스피린 몇 알을 복용하고 있었다.

최근에 Alek은 일하는 동안 가슴과 복부에 큰 화상을 입었다. 그 후, 밤새도록 그는 궤양이 다시 재발했다고 확신했다. 그는 응급실을 방문하여 치료를 받았다. 의사는 궤양 치료를 돕는 퇴원 약을 처방했다. 의사는 그에게 각성제, 향신료, 알코올을 제한하고 저잔류식이를 할 것을 권장하였다.

사정

1. Alek이 갖고 있는 궤양에 걸릴 위험 요인은 무엇인가?
2. 그는 어떤 증상을 갖고 있는가?
3. 이 문제를 막기 위해 무엇을 할 수 있었는가?
4. 이 건강문제가 그에게 어떤 영향을 미쳤는가?

진단

5. Alek의 간호진단을 작성하시오.

계획/목표

6. Alek의 교육과 영양에 어떤 목표가 적합한가?

수행

7. Alek은 새로운 식단에 대해 무엇을 배워야 하는가?
8. 궤양과 새로운 약에 대해 Alek이 알아야 할 것은 무엇인가?
9. 직장에서 식이요법을 할 때 어떤 도전에 직면하게 될 것인가?
10. 그가 직장에서 찾을 가능성이 있는 식단을 구성해보시오.
11. 그가 아스피린 대신 궤양을 자극하지 않을 두통 치료제로 무엇을 사용할 수 있는가?

평가/결과 기준

12. 의사는 이 계획이 효과가 있다는 것을 어떻게 알 수 있는가?

생각해보기

13. 식사, 스트레스, 약물치료는 궤양 발생을 촉진할 수도 있고, 치유되는 것을 막을 수 있다. 궤양에 대한 다른 원인과 치료법에 관한 목록을 작성해보시오.

rate this plate

저잔류식이를 하면 Alek의 궤양이 치유될 수 있다. 사무실에서 늦게까지 일할 때, Alek이 먹은 음식은 다음과 같다.

3개의 케이준 치킨과 스테이크 파히타(양파, 피망 포함)

스페인 쌀 3/4컵

리프라이드 콩 1/2컵

무카페인 레몬 라임 소다 355ml

Alek은 사무실에서 먹은 음식을 어떻게 준비했는가? 모두 그가 먹을 수 있는 것인가? 그렇지 않다면, 무엇이 바뀌어야 하는가?

CHAPTER 19

주요용어_KEY TERMS

발암물질
삼킴곤란(연하장애)
식욕부진
신생물(종양)
신생물 형성
악성
악액질
유전적 경향
입안건조증
자궁내막암
저알부민혈증
전이
절제
종양학
종양학자
카포시육종
파이토케미컬
화학요법

식이와 암
DIET AND CANCER

학습목표

- 영양이 어떻게 암의 발생이나 예방과 연결될 수 있는가를 논할 수 있다.
- 숙주의 영양 상태에 따른 암의 영향을 기술할 수 있다.
- 암의 의학치료로부터 발생할 수 있는 영양 문제를 설명할 수 있다.
- 암환자의 영양치료법에 대해 설명할 수 있다.

암은 미국에서 두 번째의 주요 사망 원인이다. 암은 비정상적인 세포의 성장으로 특징 지을 수 있는 질병으로 신체 어떤 기관에서든 일어날 수 있다. 어떤 방식으로든 유전자는 세포의 성장에 대한 조정 능력을 잃고, 재생이 비체계적이며 과도하게 일어난다. 자라고 있는 덩어리는 *종양* 또는 신생물이라 불리는 비정상적인 증대로 인한 것이다. 암은 신생물형성이라 불리기도 한다. 암성 종양은 조직의 구조와 결과적으로 기관의 기능에 영향을 미치는 악성이다. 암세포가 혈액을 따라 발병 장소를 벗어나 새로운 장소로 번져가는 것을 전이라 한다. 암의 치사율은 높지만 암이라고 모두 사망하는 것은 아니다. 암이 암 진행의 초기에 발견될 때, 적절한 치료로 암을 근절시킬 수 있다. 종양학은 암을 연구하는 학문이고 암을 치료하는 전문 의사를 종양학자라고 한다.

암의 원인

암의 정확한 병인론은 알려지지 않았지만, 암은 유전, 바이러스, 주변의 발암물질 및 어쩌면 감정적 스트레스 등이 암의 발생에 관여한다고 믿어진다. 암이 유전되는 것은 아니지만, 일부 가족은 암에 더 쉽게 유전적 경향이 있는 것으로 나타난다. 그런 경우에는 주변의 환경에 발암물질의 노출을 피하고 정기적으로 의료검진을 실시해야 한다. 환경 발암물질이란 방사선(x-선 촬영, 햇빛, 핵폐기물), 식품으로 섭취되는 특정 화학물질, 보통 피부에 바르는 특정 화학물질, 담배연기나 석면처럼 숨쉴 때 노출되는 일부 물질 등을 이른다.

발암물질은 한 번이나 몇 번 정도 노출된다고 암을 일으키지는 않지만, 오랜 기간 노출되었을 때는 암을 일으키는 원인이 된다. 예를 들면, 피부암은 한번 피부에 탔다고 걸리는 것은 아니다.

암의 분류

여러 종류의 암이 존재한다. 분류체계는 암이 만들어지는 세포의 형태를 기준으로 만들어졌다. 대다수의 모든 암은 다음 4가지 항목—악성종양, 육종, 림프육종, 백혈병—으로 나누어진다.

- 악성종양(carcinomas, 암종)은 상피조직(신체 안쪽 세포)을 포함한다. 여기에는 피부의 바깥부분, 소화관을 둘러싸고 있는 막, 방광, 자궁, 그리고 신체에서 기관으로 연결된 관이나 튜브 등이 있다.
- 육종(sarcoma)은 근육과 같은 부드러운 조직에서와 마찬가지로 지방, 신경, 힘줄, 혈관이나 림프관, 신체에서 기관을 지지하거나 둘러싸거나 보호하는 다른 조직의 암이다. 연조직의 육종은 흔하지 않다. 육종은 연조직에서보다는 뼈에서 발생할 수 있고 주로 다리에서 발생한다.
- 림프육종(lymphomas)는 림프조직의 암이다. 여기에는 림프결절, 골수, 비장, 그리고 흉선이 포함된다.
- 백혈병(leukemias)은 백혈구에서 발생하며 골수와 비장에 영향을 미칠 수 있다.

암이 위치하고 있는 자리는 기저세포 암에서처럼 진단의 일부가 될 것이다.

피부암

피부암은 계속 증가하고 있는 중이다. 피부암에는 3가지 형태가 있다: 기저세포,

신생물 neoplasm
새로운 조직의 비정상적인 성장

신생물형성 neoplasia
세포의 비정상적인 증식

악성 malignant
생명을 위협하는

전이 metastasize
암이 한 기관에서 다른 기관으로 퍼지는 것

종양학 oncology
암에 대해 연구하는 학문

종양학자 oncologist
암, 종양의 연구를 전문으로 하는 의사

발암물질 carcinogens
암을 유발하는 물질

유전적 경향 genetic predisposition
유전적인 경향

편평세포 그리고 흑색종이 있다. 기저세포 암은 피부암 중에서 가장 흔한 것이며, 피부 바깥층에 영향을 주며 햇빛의 노출에 의해 일어난다. 위험성이 높은 사람은 하얀 피부, 옅은색 머리, 파란색, 초록색 눈 또는 회색 눈, 햇빛 아래 상당시간 동안 휴식을 취하는 사람이다. 편평세포암은 피부의 위층에 있는 편평세포에 영향을 미친다. 대부분의 경우 오랜 시간 햇빛에 노출되었을 때 나타나지만, 피부가 손상되었을 때—화상, 흉터, 오래된 염증에 의해서도 나타난다. 흑색종은 피부암 중에서 가장 심각하고 치명적인 암으로 피부나 머리, 눈알의 색소인 멜라닌 색소를 형성하는 세포에서 나온다. 흑색종의 대다수는 검은색이나 갈색이지만 가끔 흑색종은 색소 생성을 멈추게 해 피부색이 분홍색, 빨간색 또는 보라색을 생성하기도 한다. 일찍 발견된다면, 흑색종은 100% 치료 가능하다. 따라서 모든 종류의 피부암 조기 발견을 위해, 해마다 피부과 전문의에게 검진하는 것이 권장된다.

바이러스성 암

다음의 바이러스들은 암과 관련이 있었다—엡스타인바, B형 간염, 카포시육종, 포진 바이러스, 레트로바이러스와 인간유두종 바이러스(HPV) 등이다. 엡스타인바 바이러스는 비인두암, T-세포 림프종, 호츠킨병, 위암 등을 일으킬 수 있다. B형 간염과 그 결과 나타나는 심각한 결과—간암—를 예방하기 위한 항암 백신이 있다. 카포시육종은 결합조직에 나타나는 암성 종양이며 종종 AIDS 바이러스와 연결되어 있다. 암의 레트로바이러스성 원인을 확인하기 위하여 많은 연구가 진행되었다. HPV에 의해 일어나는 자궁경부암을 예방할 수 있는 백신이 있다. 암은 이런 저런 분야에 대한 연구를 계속 진행 중이다.

생활습관, 식이와 암 사이의 관련성

지난 25년 동안, 연구가들은 식이, 운동과 체중(특히 과체중 및 비만)이 특정 암을 발생시키는 중요한 위험인자라고 증명하였다. 사실 연구는 모든 암의 약 1/3은 생활 방식을 변화시킴으로써 예방할 수 있다는 것을 증명하였다. 과도한 양의 체지방과 암 사이의 연결은 암 관련 가장 중대한 발견 중 하나이다. 매년 미국에서 발생하는 약 117,000개의 암 사례가 과도한 지방과 연결되어 있다. 비만은 적어도 7가지 형태의 암에 대한 위험을 증가시킨다: 결장직장암, 폐경 후 유방암, 신장암, 췌장암, 자궁내막암, 담낭암, 식도암(선암) 등이 여기에 속한다.

미국 암연구학회(American Institute of Cancer Research)는 다음을 권장한다.

- 21세부터 시작하여 정상 범위의 BMI 범위를 유지하는 것
- 성인기를 통하여 허리둘레의 증가와 체중 증가를 피하는 것
- 열량이 많은 음식(당음료, 디저트, 쿠키, 칩, 즉석 식품, 핫도그 등)의 섭취를 최소화하는 것

SUPERSIZE USA

미국암학회(ACA)에 따르면 과량의 체중은 암 관련 사망 5건 중 1건에 기여할 만큼 기여하고 있다. 과체중과 비만은 유방암(폐경기 후), 결장암, 직장암, 자궁내막암, 식도암, 신장암과 췌장암과 같은 많은 암에 대한 위험을 증가시킨다. 증가한 복부지방은 결장암과 직장암에 대한 증가한 위험과 관련되어 있다. 어린 시절의 과체중이나 비만은 생의 후반기에 체중이 증가되는 경우와 비교하여 더 위험하다. 과량의 지방과 증가한 암 위험과의 상호 작용은 과량의 내장지방(복부지방)과 인슐린, 에스트로겐과 렙틴 같은 증가한 염증호르몬과 연결되어 있다. 체중이 감소하면 향상된 호르몬 조절능력과 전체적인 호조를 보여 암 위험을 감소시킨다.

출처: Adapted from *Does Body Weight Affect Cancer Risk*. American Cancer Society. (2015, April 24. http://www.cancer.org)

카포시육종 Kaposi's sarcoma
AIDS 환자에게 흔히 일어나는 암의 형태

자궁내막암 endometrium
자궁의 점액성막

비만에 걸리기 쉬운, 앉아서 지내는 좌식 스타일의 생활방식은 위에서 언급한 것처럼 일부 암에 걸릴 위험을 증가시킨다. 미국암학회의 암예방연구 II는 하루 6시간 이상 앉아 있으면 암과 다른 만성질병에 걸릴 확률을 증가시킬 수 있다는 것을 발견하였다. 신체운동과 암 예방 사이의 관련은 수십 년 동안 연구를 통해서 입증되었다. 권유 사항은:

- 매일 적어도 30분 이상 신체 활동을 하고 앉아 있는 습관을 제한하여라. 신체 활동은 암 치료에 대한 내성도 증가시키며 암 치료 이후의 또는 치료 동안의 삶의 질을 증가시키는 데 도움을 준다.

식품의 특정 종류와 식품 속에 있는 물질은 암에 대한 위험을 제공한다고 생각된다. 베이컨이나 햄처럼 염장되고 훈증된 식품 속에 들어 있는 아질산염(nitrites)은 조리 도중 발암물질로 알려진 니트로사민(nitrosamines)으로 변화된다. 이 식품의 규칙적인 섭취는 위와 식도의 암과 관련이 있다. 붉은 살코기의 높은 섭취량과 함께 이 식품들은 결장대장암 위험을 증가시킨다고 생각된다. 고지방식이는 자궁암, 유방암, 전립성 및 결장암과 연관이 있다. 짠 음식들은 위암의 위험을 증가시킨다. 무절제하게 알코올을 섭취하는 사람은 대장암, 직장암, 유방암, 식도암, 구강암 및 간암 등에 대한 위험요인을 증가시키는 것으로 나타났다.

요약하자면 권장사항은 다음과 같다.

- 붉은색 육고기와 가공식품의 소비를 제한하여라. 소고기, 돼지고기, 양고기 및 가금류는 일주일에 510g으로 제한해야 한다. 콜드 컷이나 베이컨, 소시지와 햄 같은 가공식품은 섭취하지 않아야 한다.
- 소금으로 가공된 식품이나 짠 식품을 제한해야 한다.
- 알코올 음료를 제한한다. 알코올을 마셔야 한다면, 하루에 남성의 경우 2사발, 여성의 경우 1사발(1사발: 맥주 354cc, 화주(독주) 44cc 또는 와인 147cc)로 제한한다.

긍정적인 측면은 식물성 식품이 많이 포함된 식이는 암의 위험을 감소시킨다고 생각된다. 비타민, 무기질, 식물성 식품에 있는 식물성 화학물질은 항암 효과를 보여주고 있다. 하지만, 가장 강력한 암 예방효과는 모든 식이에서 일어나는 화합물의 협력작용이다.

파이토케미컬은 식물성 식품에 자연적으로 들어 있는 항암물질이라고 생각한다. 파이토케미컬은 식물에게 색소, 아로마, 향과 함께 감염이나 벌레들로부터 보호하는 물질을 제공한다. 이들 화합물은 면역시스템을 향상시키고 암세포의 성장을 늦추며 암의 생성에 관여하는 DNA 손상을 방지하는 가능성을 가지고 있다. 예로 플라보노이드, 페놀, 인돌 등이 여기에 해당한다. 전곡, 콩류(전분성), 견과류, 씨앗류, 그리고 여러 종류의 색을 가지고 있는 과일과 채소를 소비하는 것은 파이토케미컬을 신체에 제공하는 가장 좋은 방법이다. 권장사항은 다음과 같다.

파이토케미컬 phytochemicals
식물성 식품 속에 들어있는 물질

- 식단의 접시 2/3를 채소와 과일, 전곡, 콩과류, 콩류로 채우고 동물성 단백질은 1/3 이하로 섭취하시오. 일부는 거의 고기가 없는 채식이나 완전 채식을 선택할 수도 있다.
- 2 1/2컵의 채소와 2컵의 과일(평균 2,000칼로리 식단)을 매일 섭취하고 특히 여러 종류의 십자화 채소(브로콜리, 배추), 푸른잎채소, 딸기류, 감귤류, 노란/주황색 채소 등을 섭취하시오.

일반적 암 예방적 권고와 관련하여 다음의 것이 중요하다.

- 6개월까지는 전적으로 모유수유만 하고 그리고 나서 그 후 다른 음료나 음식을 첨가한다.
- 식단에서 영양소가 풍부한 음식 대신 식이보조제에 의존하지 않는다.
- 담배를 피우거나 씹지 않는다.

암의 결과

암의 첫 번째 증상으로 설명할 수 없는 체중 감소이다. 왜냐하면 종양세포는 그들의 대사와 증식에 숙주가 취한 영양소를 사용하기 때문이다. 숙주는 허약해지고 체중 감소로 연결되는 식욕부진으로 고통을 받을 것이다. 식욕부진은 진단 시 대표적으로 약 15~25%의 암환자에게서 나타나며 암 치료의 부작용으로도 일어날 수 있다. 체중 감소에는 근육조직의 감소와 저알부민혈증이 포함되며 빈혈이 일어날 것이다. 맛보고 냄새 맡는 감각 역시 영향을 받는다. 일부 식품에서 다른 맛을 느끼게 된다: 맛이 별로 강하지 않겠지만 모든 식품이 같은 맛으로 느껴질 수 있다. 암환자는 화학요법 후 단백질 식품을 섭취할 때 금속성 맛을 느낄 수 있다. 많은 환자들은 음식의 맛이 너무 달다고 불평한다. 목이나 머리에 가해진 방사는 미각세포에 손상을 주고 맛, 냄새에 영향을 미쳐 식욕을 잃게 하고 체중 감소를 유발할 수 있는 것이다.

암환자들은 정상보다 더 빨리 배가 부르게 되는데 이는 아마도 감소한 소화 분비물 때문일 것이다. 인슐린 생성은 비정상적일 것이며 고혈당은 위가 비워지는 것을 지연시키고 따라서 식욕이 무뎌질 것이다. 일부 암은 고칼슘혈증을 일으킨다. 만약 이것이 만성이라면, 결석과 신장기능의 부전이 일어날 것이다.

숙주에게 암의 결과는 특히 종양이 위치한 장소에 따라 결정된다. 예를 들면, 식도 또는 장암은 위장관의 폐쇄를 일으켜 흡수불량을 일으킬 수 있다. 만약 암이 방치된다면, 계속된 식욕부진과 체중 감소는 영양부족의 상태로 가게 하고 이는 악액질에 이르게 하며 결국에는 죽음을 초래할 것이다.

암 치료

암의 의학적 치료에는 수술적 제거, 화학요법, 그리고 이 방법들의 조합이 포함된

웹사이트 탐색
EXPLORING THE WEB

한 가지 암을 선택하시오. 인터넷을 이용하여 이 종류의 암과 식품과의 연계성을 연구하시오. 식단을 변경시키면, 이 종류의 암을 예방하거나 치료할 수 있는가? 이 암과 싸워 이기는 데 도움을 줄 수 있는가?

식욕부진 anorexia
특히 질병의 결과로 일어나는 식욕을 잃는 것

저알부민혈증 hypoalbuminemia
비정상적으로 낮은 혈액의 단백질량

악액질 cachexia
만성 질병으로 인한 심각한 영양부족과 신체 소모

화학요법 chemotherapy
화학물질로 병에 걸린 조직을 치료하는 것

최근 자료 IN THE MEDIA

암의 냄새

연구는 암을 감정하는 데 개의 냄새 맡는 능력을 더욱더 잘 이해하기 위한 연구가 영국에서 추진되고 있다. 실험견으로 아이리시 워터 스파니엘 혼종인 루시(Lucy)는 95%의 정확도로 방광암, 신장암과 전립선암을 찾아낼 수 있다. 개의 후각은 사람의 후각보다 10,000~100,000배 더 예민하다. 이 주제와 관련한 첫 번째 연구는 자신에게 있는 사마귀를 계속 핥는 악성 흑생종을 감지하는 특징이 있는 개와 관련된 것으로, 1989년 *렌시트*에 발표하였다. 더 많은 연구가 암을 선별하기 위한 보조적인 방법으로 이것을 평가하고 있다.

출처: Adapted from Savoy, Christian. (2015, November 22). "Dogs That Smell Cancer Being Tested in Order to Determine Their Effectiveness". http://www.inquisitr.com/2582581/dogs-that-smell-cancer-being-tested-in-britain-in-order-todetermine-their-effectiveness/

다. 이 치료법들은 불행히도 더 나아가 영양 상태를 침식할 수 있는 부작용을 가지고 있다. 일반적인 수술의 영양 결과는 21장에서 논할 것이다. 암 수술은 약간의 부가적인 효과를 가질 수 있다. 예를 들면, 구강에 대한 수술은 씹거나 삼키는 능력에 영향을 미칠 것이다. 위 또는 내장 절제는 흡수에 영향을 미칠 것이고 영양결핍을 초래할 것이다. 췌장의 제거는 당뇨병을 야기한다.

머리나 목에 대한 방사선 조사는 입안건조증을 유발하고 삼키기 어렵게 하는(삼킴곤란) 침샘분비를 감소시킨다. 타액의 감소는 이빨부식을 일으키며 가끔 이빨의 상실이 일어나기도 한다. 충분히 먹지 않아 생기는 심각한 체중 감소는 방사선 치료의 결과로 나타나기도 한다. 방사선 조사는 소장 내에서의 흡수조직의 양을 감소시킨다. 덧붙여 이는 장 폐쇄 또는 설사를 일으킬 수 있다.

화학요법은 흡수세포가 소장의 재생 능력을 감소시키며 출혈성 대장염을 일으킬 수 있다. 방사선 조사나 화학요법 2가지 다 식욕을 억제한다. 모두 체액 보유를 유도하는 체액과 전해질의 불균형을 초래하는 구역, 구토 및 설사를 일으킬 수 있다. 체중 감소는 일부 화학요법의 결과로 나타난다. 유방암의 경우에는 화학요법에 사용한 일부 약품에 스테로이드가 포함되어 체중이 늘기도 한다. 그럼에도 불구하고 치료가 끝나 균형잡힌 식단으로 돌아갈 때 이런 문제는 사라질 것이다.

암환자의 영양관리

영양요법은 암환자에 있어서 치료에 중요한 역할을 담당한다. 좋은 영양은 체중을 유지하고 신체의 영양소 저장능력을 유지하는 데 도움을 주기 때문에, 그로 인해 치료에 대해 긍정적으로 반응할 기회를 증가시키기 때문이다. 건강식품과 음료 선택은 암환자에게 영양을 제공하고, 재생하고 치료하는 데 적당한 영양소를 제공하는 식단을 계획하는 것이 필요하다. 불량한 영양을 취하는 것은 영양불량을 야기하고 치료 부작용이 발생하고 심각성에 기여할 것이다. 이는 사망률에 영향을 주는 감염에의 위험을 증가시킬 것이다. 가끔 고단백, 고열량(저영양소 밀도) 식이는 단백질-열량 영영실조를 방지하기 위하여 처방되는데 이는 암으로 진단받은 개인에게 진단되는 가장 흔한 이차 진단이다.

식욕부진, 악액질, 이른 포만감이 나타날 수 있다. 이는 반응의 종류로도 나타나는데, 입맛이 변하는 것부터 식품 섭취의 감소를 유도하는 음식을 섭취하거나 소화시킬 수 없는 신체의 무력에 이르기까지의 여러 반응의 범주로 나타난다. 특히 암환자는 버티기가 힘든데, 이는 암환자에게 화학요법의 결과로 일어난다고 생각되는 강한 음식 혐오증이 발생하는 경향이 있기 때문이다. 식사시간 즈음 화학치료를 받는 것은 제공된 음식과 음식 혐오증을 유발할 수 있는 화학요법에 의해서 일어나는 오심 사이의 관계를 일으킬 수 있다. 이 혐오는 더 나아가 영양불량

절제 resection
절단, 정복

입안건조증 xerostomia
타액의 감소로 인한 시리고 건조한 구강; 암치료에 사용된 방사선이 원인일 수 있음

삼킴곤란 dysphagia
삼키기가 어려움

에 기여하는 음식에 대한 환자의 제한된 수용을 일으킨다. 이 화학요법은 식사를 전후로 2~3시간 보류하는 것을 권장한다. 식욕과 흡수는 화학요법이 끝난 후 보통 개선이 된다. 좋아하는 것과 싫어하는 음식을 알고 있는 영양사는 영양소를 포함하고 열량은 낮은 식품이 들어 있는 식이 계획을 세울 것이다. 좋은 식품은 자유롭게 포함시킬 수 있다.

종합적인 평가에 따른 영양 선별을 통해 영양불량의 위험에 대한 조기 인지와 발견은 이 환자의 질적 돌봄에 있어 금본위제이다. 암환자에 대한 식이 계획은 특별한 주의가 요구된다. 병원이나 암센터에 있는 영양사는 필요 열량을 구하기 위하여 환자의 체중과 키에 대한 정보를 얻을 것이다. 영양사는 영양소의 섭취와 식욕을 장려하기 위하여 영양소가 풍부한 음식과 안전식품의 목록을 집계할 것이다. 가족들이 즐겨 먹는 방법으로 조리된 기호식품을 식사 계획에 포함시키는 것은 필수이다. 만약 씹는 문제가 있다면, 유동식이 도움이 될 것이나, 만일 설사가 문제라면, 저잔사 식이가 도움이 될 것이다. **표 19-1**은 환자가 암 치료의 결과로 먹고, 소화하고 흡수하는 변화를 경험할 때 유용한 팁을 제공하고 있다.

만약 환자가 방사선 조사나 화학요법을 받도록 스케줄이 되어 있다면, 이런 요인들이 식이 계획에 반드시 포함되어야 한다. 고단백질, 고칼로리 식단이 권장된다. 암 때문에 종종 신진대사가 높은 상태가 되므로 에너지가 많이 요구된다. 칼로리는 개인에 따라 요구량이 다르지만 보통 체중 kg당 30~35칼로리가 요구된다.

탄수화물과 지방은 단백질이 조직 생성이나 면역 시스템에 사용되도록 단백질을 절약하고 에너지를 제공하는 데 필요하다. 영양 상태가 좋은 환자는 하루 신체 체중 kg당 1.0~1.2g의 단백질이 필요하다. 영양불량인 환자의 경우에는 하루 신체 체중 kg당 1.3~2.0g의 단백질이 필요하다. 비타민이나 무기질은 조직의 유지와 대사에 필수적인데 보조제의 형태로 공급될 수 있다. 일부 식이 보조제는 적정 건강을 위해서 권장되는 양보다 훨씬 더 많은 양의 비타민 C나 E 같은 항산화제가 들어 있다. 화학요법이나 방사선 치료 중 종양학자는 높은 양의 항산화제 섭취에 반대하고 있다. 미국암학회(ACS)에 따르면, 암환자가 치료를 받는 도중에는

삶의 길잡이
SPOTLIGHT on Life Cycle

화학요법을 받는 아동은 그들의 영양 상태를 위험에 빠뜨리는 오심과 구토를 경험할 것이다. 화학요법을 잠자리에 주는 것이 아동의 오심과 구토를 완화시키는 것을 도와줄 것이다. 아동들이 오심효과로 잠들게 될 것이다. 자장가처럼 부드러운 음악을 틀어주거나 부드러운 노래를 불러주는 보호자의 녹음을 틀어주면 마음을 달래주고 다른 데로 정신을 돌리게 하며 오심이나 구토 증상을 완화시킬 것이다.

표 19-1 암 치료 중의 식이요법 팁

증상	식이 팁
오심과 구토	• 적은 양의 음식을 자주 먹는 것이 많은 양의 음식을 먹는 것보다 낫다. • 음료를 식사 중간에 마셔 액체가 식사의 많은 부분을 차지하지 않도록 한다. • 실온이나 시원한 온도의 음식이나 맑은 액체는 다루기가 더 쉽다. • 강한 향을 지닌 음식과 맵거나 지방질이거나 지나치게 단 음식은 피하시오. • 식후에는 한 시간 동안 좌위(앉은 자세)를 취하시오. • 구토가 가라앉을 때까지는 먹거나 마시지 말고, 맑은 음료(크랜베리주스, 고기 국물)를 마시고 크래커나 프레즐 같은 간소하고 전분성인 음식을 조금씩 씹어 먹으시오. • 항 구토제 처방에는 의사의 지시를 따르시오.

(계속)

표 19-1 암 치료 중의 식이요법 팁(계속)

증상	식이 팁
맛과 후각의 변화	• 찬 음식은 향이 더 없다. 따라서 찬 음식의 맛이 뜨거운 음식보다 더 선호된다. • 적은 양의 설탕은 음식의 쓴맛이나 짠맛을 가릴 것이다. • 수분이 많고 자연의 단맛을 가지고 있는 냉동 멜론이나, 포도, 오렌지는 시큼한 식품이나 음료만큼 바람직하다. • 만약 붉은 고기에 대한 맛의 거부가 있다면, 단백질 급원으로 전분성 콩류, 가금류, 생선, 달걀과 견과류버터를 사용하시오. • 마르네이드와 양념은 불쾌한 맛을 가릴 수 있다. • 이를 자주 닦고 헹궈 구강을 깨끗이 하시오. 희석한 소금과 베이킹소다 용액은 효과적인 구강 세정제이다(1티스푼의 소금, 1티스푼의 베이킹소다를 1L로 희석하여).
아픈 입이나 목	• 그레비, 소스나 드레싱을 가지고 있는 부드럽고 수분이 많은 음식은 쉽게 삼킬 수 있다. • 알코올, 맵거나 신 음식이나 카페인은 거친 음식만큼 자극을 줄 것이다. • 염증을 일으키는 목이나 구강을 가장 잘 진정시키는 음식의 가장 적당한 온도를 찾으시오(따뜻하거나 시원하거나 매우 차가운). • 충분한 양의 우유로 된 음료(따뜻하거나 시원한), 비산성 과일음료(필요시 여분의), 김빠진 소다, 크림이나 고기국물로 된 수프를 마신다. • 위에서 언급한 것처럼 하루에 몇 번씩 희석한 소금이나 베이킹소다 용액으로 구강을 헹군다.
식욕부진	• 가장 배가 고플 때 주식을 먹고 식욕이 가장 강할 때 고단백질 식품을 시작하시오. • 하루에 5~6번씩 소식하여라. • 한번에 먹을 수 있는 에너지 바, 휴머스, 마요네즈가 있는 에그샐러드, 땅콩버터, 크래커, 고단백질 쉐이크와 스무디와 같은 접근이 쉬운 영양이 많은 고열량식품과 음료를 드시오. • 식료품을 사고 영양가 많은 음식을 준비를 돕기 위하여 사랑하는 사람과 함께 일하시오.
설사	• 물이나 연한 맑은 주스, 스포츠 음료, 연한 차나 전해질, 또는 지역 약국에서 구입할 수 있는 재수화용액로 수화를 유지하시오. • 바나나나 삶은 감자, 귀리, 삶은 사과와 같은 수용성 섬유소가 들어 있는 부드럽고 순한 음식을 드시오. 밥, 요구르트, 토스트와 차도 도움이 될 것이다. • 우선 팝콘, 고섬유소, 시리얼이나 빵, 견과류나 종자류, 익히지 않은 채소와 껍질 있는 과일과 같은 고섬유질 식품을 피하시오. • 하루 종일 적은 양의 음식을 계속해서 섭취하고 만약 처방되었다면 지사제를 섭취하시오.
변비	• 물(과일즙이 들어간 물), 따뜻한 주스, 차, 뜨거운 레몬 물, 적은 양의 푸룬 주스와 같은 우수한 액체 섭취를 유지하시오. • 고섬유소 식품—강낭콩, 병어리콩, 전곡(현미와 귀리처럼 고섬유소 곡류)과 신선채소와 과일, 건조과일 및 견과류의 섭취를 증가시키시오. • 건강관리팀이 처방한 것처럼 신체 활동을 증가하시오.

항산화제가 하루 필요량의 100%보다 더 많이 들어 있는 식이 보조제 섭취를 피하게 하는 것이 가장 좋은 방법이다. 체액은 신장이 신체 대사산물과 약물의 독성을 제거하는 데 매우 중요하다.

구강 섭취는 여러 가지 이유(특히 적절한 면역반응에)로 늘 가장 선호되는 방식이다. 하지만, 장관 또는 비경구영양이 구강 섭취가 불가능하고 악액질이 두드러진다면 필수적이 된다. 가끔 영양보충과 함께 하는 구강 섭취는 완전 비경구영양(21장 참고)과 함께 사용할 수 있다. 식욕이 부진할 때, 고열량, 고단백질 액체 보조제가 주어질 수 있다. 환자의 상태가 나아짐에 따라 식단의 열량과 영양소 함량은 점차 단계적으로 늘릴 수 있다.

웹사이트 탐색
EXPLORING THE WEB

화학요법 환자에 대한 영양소 요구를 인터넷에서 탐색하시오. 환자에게 치료가 진행되면서 이 영양요구가 어떻게 달라지는가? 치료가 끝나면 영양요구는 어떻게 달라지는가? 화학요법 환자에 대한 메뉴를 계획하시오. 화학요법 환자에게 부작용을 줄 수 있는 단백질이나 비타민을 검토하시오. 더 많은 정보를 얻고자 할 때 다음의 주소를 클릭해보시오. http://www.cancer.org.

건강과 영양 고려사항

규칙적인 신체 활동, 영양소가 풍부한 식물성 식품, 적절한 체중 유지 등과 같은 건강한 생활방식은 암 예방에 도움이 된다. 만일 암이 발견된다면, 치료는 최대한의 범위에서 매일 영양소의 온전한 보충을 받는 것을 확보하는 것이 필요하다, 영양사는 식품 섭취를 격려하고 모니터링하기 위하여 암환자와 좋은 관계를 확립하는 것이 중요하다. 협력하여 함께 일하면 영양사는 최상의 영양 상태와 치료를 위한 섭취를 북돋우는 독창적인 방법을 찾는 데 도움이 될 것이다.

만약 환자의 예후가 좋지 않다면, 영양관리는 환자의 감정과 즉각적인 안위만큼 중요하지 않을 것이다.

요약_SUMMARY

암은 비정상적인 세포의 성장으로 특징인 질병이다. 신체의 어느 조직에서든 일어날 수 있다. 높은 대사 상태와 종양세포가 에너지를 필요로 하기 때문에 에너지 요구량은 높다. 동시에 식욕부진이 환자에게 일어날 수 있다. 심각한 조직 소모 및 빈혈 그리고 여러 가지 대사 문제를 야기한다. 암환사의 치료에는 수술, 방사선 및 화학요법이 있다. 질병과 식욕부진으로 인하여 환자의 영양 상태를 증진시키는 것은 어렵다. 비경구영양 또는 경장영양이 필요할 것이다.

토의 주제_DISCUSSION TOPICS

1. 암이 어떻게 당신, 당신의 가족 또는 당신 친구에게 영향을 주었는지 논의하시오.
2. 일부 암은 화학요법으로 인해 암환자의 체중이 감소하는데 왜 어떤 암은 체중의 증가가 나타나는지를 설명하시오.
3. 암환자의 식욕부진은 왜 특히 싸우기가 힘든가? 예방할 수 있는 어떤 방법이 있는가?
4. 암환자의 영양회복에 있어서 액체 식품의 보충 급식이 유용한가? 이유를 설명하시오.
5. 암환자와 관련하여 경장영양과 비경구영양에 대해 논하시오.

연습문제_REVIEW

가장 적절한 답을 고르시오.

1. 암은 ___________.
   a. 감소된 세포 성장으로 특징지을 수 있다.
   b. 성장은 종양이라고 불리는데 신생물이라고도 불린다.
   c. 사망에 이르게 한다.
   d. 50세 이상의 사람에게만 전이가 일어날 수 있다.

2. 발암물질에 해당하는 것은?
   a. 바이러스
   b. 특정 초록색 채소
   c. 글루텐을 포함하는 식품
   d. 살모넬라

3. 발암물질은 ___________.
   a. 얼마 안 되는 노출에도 암을 유발한다.
   b. 일부 화학물질을 포함한다.
   c. 식품이나 물에서는 결코 발견이 안 된다.
   d. 고기와 생선에서만 발견된다.

4. 암환자는 ___________.
   a. 거의 체중 감소를 경험하지 않는다.
   b. 보통 식욕이 증가하는 것을 경험한다.
   c. 거의 식욕부진을 겪지 않는다.
   d. 악액질에 걸릴 수 있다.

5. 방사선과 화학요법은 ___________.
   a. 암환자의 영양 상태에 거의 영향을 주지 않는다.
   b. 식욕의 증가가 일어난다.
   c. 전해질 불균형과 관련이 없다.
   d. 식품 혐오증이 생길 수 있다.

6. 암을 일으킨다고 생각되는 경우는?
   a. 훈제된 고기를 오랫동안 자주 섭취하는 것
   b. 알코올의 적당한 사용
   c. 고섬유소 식이
   d. 비타민 A가 풍부한 음식의 과용

7. 고지방 식이는 ___________.
   a. 보통 무해하다.
   b. 유방암과 전립선암과 관련이 있다.
   c. 많은 양의 식이섬유소와 비타민 C를 제공한다.
   d. 건강의 면역체계에 기여한다.

8. 파이토케미컬은 ___________.
   a. 과일이나 채소로부터 풍부하게 공급된다.
   b. 널리 알려진 발암물질이다.
   c. 탄수화물과 지방에 주로 들어있다.
   d. 단백질에 풍부하게 들어있다.

9. 암환자에게 권유되는 것은?
   a. 하루 2개의 종합비타민제
   b. 매일 생선기름과 아마씨유 섭취
   c. 항산화제 100%에 해당하는 종합비타민제
   d. 보조제가 필요 없으니 위의 전부 해당 안 됨

10. 악액질(cachexia)은 ___________.
    a. 지속된 식욕부진과 체중 감소의 결과가 나타난다.
    b. 모든 암환자에게 나타난다.
    c. 구강암과 식도암을 가진 환자의 경우만 나타난다.
    d. 치료받지 않는 암의 경우 나타나지 않는다.

요점사례_CASE IN POINT

KATE: 인공항문술로 생활에 적응

Kate는 지난해 50세가 되었다. 그녀의 가족은 그녀를 축하하기 위하여 성대한 파티를 열어주었다. 이것은 오래전부터 시작된 크고 빈틈없는 그녀의 그리스 가족의 전통이다. Kate는 파티로 축하하는 데 많은 변명이 필요 없다고 늘 느끼고 있었다. 그녀의 생일파티 얼마 후, Kate는 몇 년 동안 그랬던 것처럼 생일파티 후 정기검진을 받으러 갔다. 의사는 그녀에게 이제 50세가 되었으니 대장경검사를 실시할 때라고 하였다. 의사는 검사를 시작하기 전 그녀의 대장 건강에 대한 평가를 실시하고 어떤 문제를 발견할 수 있다고 설명해 주었다. 그는 그녀의 나이에는 누구에게나 검사를 권장하지만 특히 그녀의 아버지가 몇 년 전 대장암으로 사망하였기 때문에 특히 그녀의 경우 염려가 된다고 말해주었다. Kate는 대장경검사에 대해 여러 가지 공포스런 이야기를 들어왔었다. 그녀 친구 몇 명은 이미 이 검사를 실시하였고 준비과정이 얼마나 나쁜지 Kate에게 경고하였던 것이다. 심지어 그녀는 그녀의 아버지가 매우 아팠을 때, 그녀의 부모가 이것에 관해 이야기하는 것을 기억하고 있다. 그가 대장경검사를 할 때마다, 그는 더 나쁜 소식을 들었던 것이다. Kate는 검사를 실시해야 하는지 확신할 수 없었다. 지난 몇 년 동안, Kate는 왜 대장경검사를 실시할 수 없는지 온갖 핑계를 찾아 계속 미루어왔던 것이다.

최근에 Kate는 기분이 별로 좋지 않았다. 그녀는 매우 피곤했고 그녀의 위는 늘 잡아매는 것 같은 복통이 있었다. 그녀는 설사를 많이 하고 때때로 대변에 피가 보여 치질이 있다고 믿고 있다. 그녀는 기분이 더 좋아지기를 바라는데, 그녀는 그녀의 6kg 감량에 더 흥분할 수 있었을 것이다. 마침내 그녀는 인공항문술을 하기로 결정했다. 준비는 별로 좋지 않았지만, 과정은 간단했다. 그녀는 무엇이 일어났는지 아무것도 기억하지 못한 상태로 깨어났다. 의사는 대장경검사 후 Kate와 만나서 그녀의 대장에서 암성 종양을 발견했다고 알려주었다. 의사는 그녀에게 암은 2기까지만 진행된 상태이지만 종양의 위치 때문에 그녀는 적어도 임시로라도 인공항문술을 실시해야 한다고 설명하였다. 의사는 수술 후 그의 의료실무팀으로 그녀에게 간호사교육자 그리고 영양사와 함께 만나기를 요청하였다. 간호사는 Kate에게 인공항문을 어떻게 교환하고 관리하는지를 교육시킬 것이다. 영양사는 그녀의 장을 자극하지 않는 음식을 찾을 수 있게 도와줄 것이고 그녀의 체중을 모니터링할 것이다. 그는 Kate의 키가 180cm인데 몸무게가 60kg밖에 안 되어 만일 그녀가 계속 체중의 감소가 일어난다면 영양불량의 위험이 있다고 염려하고 있다. 그는 영양사에게 그녀의 치료를 돕고 더 이상의 제충 감소나 조직의 손실이 일어나지 않도록 하는 데 도움이 되는 고단백질 스낵이나 보조제를 찾아줄 것을 요청하였다.

사정

1. Kate에 대해 아는 것이 무엇인가?
2. 영양의 균형을 취하는 데 장애물들은 무엇인가?
3. 이 장애물들을 극복하는 데 그녀가 가지고 있는 자원은 무엇인가?
4. 그녀의 최근 건강에 있어서 그녀의 영양이 얼마나 중요한가? 장래 치료법은 어떤가?

진단

5. 잠재적인 영양 변화에 관한 진단을 작성하시오.
6. 그녀의 지식 부족에 관한 진단을 작성하시오.

계획/목표

7. Kate의 영양에 있어서 시급한 목표는 무엇인가?
8. 장기 목표는 무엇인가?

수행

9. Kate가 배워야 하는 것은 무엇인가?
10. Kate가 집에서 먹는 것을 늘리도록 하는 전력을 나열하시오.
11. 그녀의 치료에 있어서 영양이 얼마나 중요한가?
12. Kate의 영양을 향상시키기 위하여 집에서 건강을 관리할 수 있는 것에는 무엇이 있는가? 영양사가 할 수 있는 것은 무엇인가?

평가/결과 기준

13. 계획이 성공적이라는 증거로 가정 건강관리 간호사가 관찰하고 측정할 수 있는 것은 무엇인가?

생각해보기

14. 암의 위험을 줄이기 위한 방편으로 영양을 이용하는 것이 왜 중요한가?

✓ rate this plate

영양사는 Kate를 만나 대장과민성 감소를 도울 수 있도록 그녀의 식단에 포함시켜야 하는 식품과 단백질 공급원에 대해 논의하고자 한다. 모든 사람의 신체는 음식마다 각기 다르게 작용하기에 Kate는 그녀의 장이 무엇에 견딜 수 있는지 보려고 실험하려고 한다. 더 이상의 체중 감소를 방지하기 위하여 영양사는 Kate가 음식이나 스낵으로부터 충분한 양의 단백질을 얻을 수 없다면, 단백질보충 음료를 권장한다. 자극 가능성 음식과 단백질 공급원에 대해 염두를 두고 점심으로 그녀가 먹으려고 계획한 식단을 평가하시오.

만다린귤과 피칸이 들어간 시금치 샐러드 2컵

샐러드 위에 바삭거리는 닭고기 85g

물(우유가 아님)로 만든 토마토 수프 3/4컵

코티지치즈 1/2컵

저민 복숭아 1/2컵

이 식사에 포함된 재료들 중에 Kate의 장을 불편하게 할 수 있는 것이 있는가? 어떤 식품이 단백질이 풍부한가? Kate는 이 식사와 함께 단백질 보충음료를 마셔야 하는가? 아니면 충분한 양의 단백질이 공급되는가?

요점사례_CASE IN POINT

DAVE: 항암화학요법 중 식욕과 체중 감소

Dave는 최근 항암화학요법 치료 중인 56세의 동양인이다. Dave는 3개월 전 림프종으로 진단을 받았다. 그의 화학요법의 첫 번째 코스는 10번의 치료로 구성되었다. 첫 3번의 치료가 끝난 후 Dave는 그의 신체가 약물에 어떻게 반응하는지에 대해 엄청난 걱정과 공포를 경험하였다. 그는 주변에서 화학요법에 들어간 사람들을 보았고 그는 늘 그들이 힘이 없고 약해보인다고 생각하였다. Dave는 화학요법을 받는 동안에도 가능한 한 그의 삶에 정상을 유지할 수 있도록 노력해 왔다. 그는 할 수 있는 만큼 일하는 것도 계속하였다. 그는 그의 힘을 유지하고 체중 감소를 방지하기 위하여 그가 좋아하는 음식을 많이 먹으려고 노력하였다. 현재까지 그의 체중은 꽤 안정된 상태이다.

종양학자는 Dave에게 매번 치료가 진행될수록 더 힘들어진다고 말하였다. 그는 그에게 만일 체중이 감소하기 시작하면 다음 몇 번의 치료 동안 식욕자극제를 처방해야 할 것이라고 조언하였다. 그는 또 Dave에게 그의 매일의 열량 필요량을 사정하기 위하여 등록 영양사를 만나보기를 제안하였다.

영양사는 Dave에게 만일 그의 식욕이 나쁘다면 식사 사이에 영양보조제 사용을 권유하였다 그녀는 또 매주 스스로 체중을 측정하여 만일 체중의 변화가 나타나기 시작하면 그녀에게 알려달라고 제안하였다. 다행스럽게도 영양사와 함께 일하면 약물을 하나 더 섭취하는 것을 피할 수 있었다,

사정

1. 지금까지 화학요법에 대한 Dave의 반응은 무엇인가?
2. 화학요법 4번째 치료 도중 Dave의 건강에 무엇이 일어날 것이라 생각하는가?
3. Dave가 어떻게 먹는지 측정하기 위하여 영양사가 할 수 있는 것은 무엇인가?

진단

4. 항암화학요법을 받는 동안 Dave가 가질 수 있는 영양 문제를 설명할 수 있는 진단적 진술을 작성하시오.

계획/목표

5. Dave에게 주 영양 목표는 무엇인가?
6. 화학요법이 순번대로 일어나고 있는 동안 공격적으로 주도하는 영양에 대한 근본 이유는 무엇인가?
7. 화학요법이 진행되고 있는 동안 Dave의 영양요구와 관련하여 알아야 하는 것은 무엇인가?

수행

8. Dave가 먹는 것을 조장하기 위하여 영양사가 이용할 수 있는 4가지 전략을 나열하시오.
9. Dave가 먹는 것을 도울 수 있도록 그의 가족이 사용할 수 있는 3가지 전략을 나열하시오.
10. 만일 Dave가 그가 먹는 정상 음식량의 5~10%만 먹는다면, 어떤 음식에 우선권을 주어야 하는가? 체액은 얼마나 중요한가?
11. 5번째 화학요법을 준비할 때, Dave가 그의 식욕이 돌아왔을 때 Dave가 그의 영양을 증가시키기 위해서 Dave가 할 수 있는 것은 무엇인가?
12. 다른 암환자들이 화학요법에 들어간 Dave와 그의 가족들을 도와주기 위해서 어떻게 도와줄 수 있는가?
13. 인터넷은 어떻게 도움이 되는가? http://www.cancer.org.에서 미국암학회(ACA)를 검토해 보시오.

평가/결과 기준

14. 의사는 Dave의 식단계획의 성공을 어떻게 평가할 수 있는가?

생각해보기

15. 왜 암의 성공적인 치료를 위해서는 영양이 매우 중요한가?

✓ rate this plate

Dave는 화학요법 치료를 받는 동안 건강하게 잘 먹고 그의 체중 유지를 매우 잘 수행하였다. Dave는 그의 식품 섭취와 체중 상태를 검토하기 위해 한 달에 한 번 만날 것이다. 보기처럼 점심 식사를 준비하면, Dave는 그의 체중을 유지할 수 있는가? 이 식단을 평가하시오.

연어 필레 113g

으깬 감자 1컵

붉은 고추, 브로콜리, 호박이 포함되는 채소 수프 3/4컵

건조된 크랜베리와 체리를 포함하는 로망 샐러드 1컵

가벼운 양귀비 씨 드레싱 2Tbsp

테피 견과류 쿠키 1개

암환자는 암이 저장된 단백질을 고갈시키는 경향이 있기 때문에 부가적인 단백질이 필요하다. Dave는 이 식사에서 충분한 양의 단백질을 계획했는가? 그렇지 않다면, 더 많은 단백질을 포함하기 위해 어떻게 조정하여야 하는가?

CHAPTER 20

주요용어_KEY TERMS

곰팡이
과민증
교차오염
두드러기
병원균
보균자
보툴리눔 독소증
살모넬라
살충제
식중독
신경독(소)
아나필락시스
알러지
알러지 반응
알러지 항원
이질
장독소
제거 식이
중단, 금단
탈감작
포도상구균
피부 검사
피부염

식중독, 알러지 반응, 불내성

FOODBORNE ILLNESS, ALLERGIES, AND INTOLERANCES

학습목표

- 오염된 식품, 나타나는 증상, 전염방법을 통해 질병을 확인할 수 있다.
- 식품 오염의 징후를 나열할 수 있다.
- 식품 오염으로부터 보호하기 위한 주의사항을 설명할 수 있다.
- 알러지와 제거 식단 및 그 용도를 설명할 수 있다.
- 식품 알러지와 불내성의 차이점을 설명할 수 있다.

영양이 풍부한 음식은 병원균이나 특정 화학물질로 오염되면 병을 일으킬 수 있다. 음식으로 인한 질병을 일으킬 수 있는 몇몇 병원균에는 특정 박테리아, 바이러스, 곰팡이, 벌레, 원충 등이 있다. 화학물질은 생산 또는 가공 과정에서 첨가되거나 부주의 또는 오염으로 의도치 않게 추가된 특정 식품의 천연 성분일 수 있다.

환경에는 항상 미생물이 존재한다. 일부는 요거트와 특정 치즈를 만드는 데 사용되는 박테리아와 같이 유용하다. 병원균은 공기 중, 기구, 음식 안, 피부 또는 점액과 대변 안에 있을 수 있다. 특히 음식물은 좋은 번식지로 영양분, 수분 및 따뜻한 환경을 제공한다. 병원균은 모든 식품군에서 발견할 수 있지만, 일반적으로 동물성 식품에서 발견된다. 오염된 음식은 그렇지 않은 음식과 다른 냄새, 모양 또는 맛을 띠지 않는다.

식중독은 오염된 식품으로 인한 질병의 일반적인 용어이다(우리나라 "식품위생법"은 식중독을 "식품섭취로 인하여 신체에 유해한 미생물 또는 유독물질에 의하여 발생하였거나 발생한 것으로 판단되는 감염성 질환 또는 독소형 질환"으로 정의하고 있다). 병원균이 누군가를 감염시킨 결과로 식중독이 발생할 때, 그것은 *식품으로 인한 감염*이다. 병원균에 의해 생성된 독소에 의해 발생될 때, 그것은 *식중독*이라고 불린다. 보툴리눔 독소증의 경우엔 사망에 이를 수 있다. 독소는 음식준비 또는 저장 중에 박테리아에 의해 생성되거나 소화관의 박테리아에 의해 생성될 수 있다. 장독소는 소화관의 점막에 영향을 주고 신경독은 신경계에 영향을 미친다.

매년 미국인 6명 중 1명은 식중독을 경험한다. 구토, 설사, 두통, 복통 등이 대표적인 증상이다. 많은 사람들이 식중독을 앓고 있다는 것을 전혀 모르고 독감에 걸렸다고 생각한다. 특히 아동들, 노인, 임신한 여성, 또는 면역 체계가 약한 사람들은 증상이 심할 수 있으며 일부는 사망에 이른다.

식중독을 일으키는 박테리아

캄필로박터 제주니(Campylobacter jejuni), *클로스트리듐 보툴리눔(Clostridium botulinum)*, *클로스트리듐 퍼프린젠스(Clostridium perfringens)*, 원포자충(*Cyclospora Cayetanensis*), *대장균(Escherichia coli 0157:H7)*, *리스테리아 모노사이토게네스(Listeria monocytogenes)*, *살모넬라균(Salmonella)*, *이질균(Shigella)*, *포도상구균(Staphylococcus aureus)*은 식중독을 일으킬 수 있는 박테리아이다(**표 20-1**).

캄필로박터 제주니

설사를 일으키는 가장 흔한 박테리아로, 소, 돼지, 양, 닭, 칠면조, 개 그리고 고양이의 장에서 흔히 발견되며, 정육 과정 중에 고기를 오염시킬 수 있다. 살아있는 박테리아의 섭취로 발생된다.

감염 후 2~5일(또는 그 이상), 7일까지 지속될 수 있으며 증상으로는 설사(때로는 혈변), 발열, 두통, 근육 및 복통이 있다. 살균되지 않은 우유, 오염된 식수, 생고기 또는 덜 익힌 고기, 가금류, 조개류를 통해 감염된다.

병원균 pathogens
질병 유발 물질

식중독 food poisoning
오염된 식품으로 인한 질병

장독소 enterotoxins
점막에 영향을 미치는 독소

신경독 neurotoxins
신경계에 영향을 미치는 독소

표 20-1 식중독

박테리아	관련식품	증상 및 잠재적 영향	예방
캄필로박터 제주니 (Campylobacter jejuni)	오염된 물, 생우유, 생고기, 덜 익힌 고기, 가금류, 조개	설사(때로 혈변), 경련, 복통, 2~5일 후에 나타나는 열; 7일간 지속될 수 있다. 혈류로 확산되어 생명을 위협하는 감염을 일으킬 수 있다.	고기, 가금류를 최소한 안전한 온도로 요리하고, 미가공 우유나 유제품을 먹지 않는다. 용변 후 손을 씻는다.
클로스트리듐 보툴리눔 (Clostridium botulinum)	부적절하게 가공된 통조림, 기름에 든 마늘, 진공 포장된 음식	신경 독소를 만들어 신경계에 영향을 미친다. 증상은 18~36시간 후, 때로는 6시간이나 식후 10일 정도까지 나타날 수 있다(복시, 흐릿한 시야, 처진 눈꺼풀, 삼킴곤란, 구강건조, 근육악화). 치료하지 않으면 근육 마비 및 사망에 이를 수 있다.	손상된 통조림 식품 및 심한 팽창, 누출, 구멍, 균열, 광범위한 부식, 찌그러짐이 보이는 캔식품은 먹지 않는다. 집에서 통조림 식품을 만들 시 안전 지침을 따른다. 가정 통조림 식품을 안전하게 먹기 위해서는 먹기 전 10분 동안 음식을 끓인다(가정 통조림 안전 지침은 주립대학 또는 구청을 통해 확인할 수 있다).
클로스트리듐 퍼프린젠스 (Clostridium perfringens)	증기테이블이나 실온에 오랜 시간 남아 있던 음식에서 나타나기 때문에 "카페테리아 균"이라 하며 육류, 육류제품	강렬한 복부 경련, 메스꺼움 및 설사는 식후 6~24시간에 나타날 수 있다. 일반적으로 하루 정도 지속되지만, 개인에 따라 증상이 1~2일 지속될 수 있다. 합병증 및 사망은 매우 드물게 발생할 수 있다.	뜨거운 음식은 따뜻하게, 찬 음식은 차갑게 유지해라. 일단 음식이 조리되면, 60°C 이상의 온도에서 뜨겁게 유지되도록 한다. 음식 온도계를 사용해 확인해라. 상온에서 오래 버려지는 부패하기 쉬운 음식은 모두 폐기하라. 상온에 2시간 이상, 32°C 이상의 온도에서 1시간 이상 보관 시 부패하기 쉬운 음식은 모두 폐기하라.
와포자충 (Cryptosporidium)	흙, 음식, 물, 오염된 표면. 여가시설(예: 수영장 또는 호수)의 오염된 물을 삼켰을 경우. 조리되지 않았거나 오염된 식품 섭취; 입에 오염된 물건을 넣을 시	탈수, 체중 감소, 위경련, 통증, 열, 메스꺼움, 구토, 호흡기 증상. 증상은 감염 후 2~10일 후에 시작되고 1~2주 정도 지속된다. 면역력이 약한 사람들은 더 심각한 증상 나타남	생고기 취급 시, 기저귀 교환, 화장실 사용, 동물들과 접촉 전후에 손을 씻는다. 오염된 물은 피하라(우물, 호수, 강, 샘, 개울에서 처리되지 않은 물은 마시지 않는다).
대장균 O157:H7 (Escherichia coli O157:H7)	익히지 않은 쇠고기(특히 분쇄육), 살균되지 않은 우유와 주스(예: "신선한" 사과) 사과즙; 오염된 생과일, 채소, 물. 사람 간 오염	심한 실사, 복통, 구토이며, 보통 열이 거의 없다. 증상은 보통 3~4일 후, 심각도에 따라 5~7일 나타난다. 5세 이하의 아동들은 심각한 신기능 장애를 일으키는 용혈 요독 증후군(HUS) 위험이 크다.	소고기 분쇄육은 71°C의 안전한 최저 내부 온도로 조리해라. 저온 살균 우유, 주스 또는 사이다만 마셔라. 흐르는 수돗물에서 과일과 채소를 헹궈라. 기저귀 교환, 화장실 사용, 애완 동물 취급, 또는 대변과의 접촉 후엔 따뜻한 물과 비누를 사용해 손씻기를 해라.
리스테리아 모노사이토게노스 (Listeria monocytogenes)	핫도그, 슬라이스 햄, 발효되거나 건조 소시지, 델리 스타일의 육류 및 가금류 같이 바로 먹을 수 있는 식품. 살균되지 않은 우유로 만든 부드러운 치즈, 훈제 해산물 및 샐러드(햄 샐러드, 치킨 샐러드, 해산물 샐러드)	열, 근육통, 메스꺼움 및 설사 같은 위장 장애, 신경계 감염 시 두통, 뻣뻣한 목, 혼돈, 균형 상실 또는 경련이 나타난다. 임산부, 신생아, 노인, 면역이 약한 사람은 더 심각한 질환이 나타날 수 있다; 사망에 이를 수 있다. 임신 시 신생아 유산이나 사망을 포함하여 심각한 문제가 발생할 수 있다.	육류, 가금류 및 해산물을 안전한 최소 내부 온도로 조리한다. 교차 오염을 방지하고, 바로 먹을 수 있는 음식은 날달걀, 생고기, 가금류, 해산물과 분리한다. 이러한 식품을 취급 전후에 손을 씻는다. 면역력이 약한 사람들은 74°C로 가열되거나 김이 서리지 않는 한 핫도그와 델리 고기를 먹지 않는다. 생우유 또는 미가공 우유가 들어 있는 식품(예: 부드러운 치즈)은 섭취하지 않는다. 햄, 달걀, 참치, 해산물 샐러드 같은 가게에서 만든 델리 샐러드는 먹지 않는다.
살모넬라(2,300종 이상) [Salmonella (over 2,300 types)]	날달걀, 덜 익힌 달걀, 가금류 및 고기. 가공되지 않은 우유, 주스, 치즈와 해산물, 오염된 신선한 과일, 채소	보통 12~72시간 후, 4~7일 후 설사, 열, 복부 경련 증상이 나타난다. 면역체계가 약한 사람은 더 심각한 증상 및 사망에 이를 수 있다.	날고기, 가금류, 달걀 제품들을 안전한 온도로 요리해야 한다. 날달걀이나 덜 익힌 달걀, 생우유 및 가공되지 않은 유제품을 섭취하지 않는다. 제품을 섭취하기 전에 철저히 씻는다.

(계속)

표 20-1 식중독(*계속*)

박테리아	관련식품	증상 및 잠재적 영향	예방
이질균(30종 이상) [Shigella (over 30 types)]	분변-사람 간 오염; 식품과 물의 분변 오염. 개인위생이 취약한 식품종사자가 준비하고 취급하는 음식(특히 샐러드)	"이질병" 또는 세균성 이질이라 함. 박테리아 섭취 후 1~2일 후 설사(watery or bloody), 열, 복통이 나타나며 보통 5~7일 후 회복됨	손씻기는 예방을 위해 매우 중요하다. 식품 취급 시, 화장실 사용, 기저귀 교환, 감염된 사람과 접촉한 후에는 항상 따뜻한 물과 비누로 손을 씻는다.
포도상구균 (Staphylococcus aureus)	보통 건강한 사람, 동물의 피부, 코에서 25%까지 발견된다. 부적절한 음식 처리로 인한 음식을 통해 사람 간 전파됨. 상온에서 빠르게 병을 일으키는 독소를 만들어낸다(오염된 우유와 치즈)	심한 메스꺼움, 복부 경련, 구토 및 설사가 섭취 후 30분 내지 6시간에 발생한다. 심한 탈수 시 1~3일 더 증상이 나타난다.	생성된 독소는 열에 내성이 있고 요리에 의해 파괴될 수 없기 때문에, 독소가 생산되기 전에 음식의 오염을 막는 것이 중요하다. 뜨거운 음식(60°C 이상)은 뜨겁게, 찬 음식(4°C 이하)은 찬 상태로 유지, 따뜻한 물과 비누로 손을 씻고, 음식을 준비하기 전과 후에 주방 카운터를 뜨거운 물과 비누로 씻는다.
비브리오균 (Vibrio vulnificus)	익히지 않은 해산물(생선, 조개, 굴)	설사, 복통, 구토 증상. 특히, 간질환 및 면역체계가 약한 사람들에게 혈액 감염과 사망을 초래할 수 있다.	생굴, 날조개류를 먹지 말고 조리해라. 익힌 해산물과 다른 음식들을 생선과 분리시켜 교차 오염을 방지한다. 조리된 조개류는 2시간 이내 냉장보관한다.

출처: United States Departments of Agriculture. Food Safety and Inspection Service. "Foodborne Illness: What Consumers Need to Know." Reviewed August 7, 2013. Accessed January 8, 2016. http://www.fsis.usda.gov

클로스트리듐 보툴리눔

토양과 물, 식물, 그리고 동물과 물고기의 내장에서 발견된다. 이 박테리아의 포자는 산소가 없을 때 분열되어 독소를 생산할 수 있다(포자는 각각 새로운 유기체로 발전하고 생산되는 단일 세포이다. 불리한 조건에도 살아남을 수 있는 두꺼운 보호벽을 가지고 있다). 독소는 캔, 병, 진공포장 식품과 같은 밀봉된 용기에서 생산될 수 있다.

포자는 내열성이 매우 강해서 6시간 동안 끓여야 파괴될 수 있다. 물론 이렇게 긴 시간은 감염된 음식을 파괴할 것이다. 가정용 통조림 제품은 안전을 위해 10분 동안 끓여야 한다. 보툴리눔 독소증은 모든 식중독 중 가장 드물지만 치사율이 가장 높다. 증상은 보통 식사 후 18~36시간 내에 나타나며 복시, 언어 장애, 삼킴곤란, 호흡 마비 등이 나타난다. 이 질병의 5~10%의 경우 치명적일 수 있다. 집에서 음식을 통조림으로 만들 때 보툴리눔 독소증을 예방하기 위해 세심한 주의가 필요하다(제조 시 가열이 불충분할 경우 포자가 살아남게 되며 증식하여 독소를 생성한다). 질병관리본부(Centers for Disease Control and Prevention, CDC)는 매년 평균 145건의 보툴리눔 독소증이 발생한다고 보고했다. 만약 캔이 부풀어 오른다면 *클로스트리듐 보툴리눔*이 존재할 수 있고 치명적일 수 있다. 이에 좋은 방법은 "의심스러우면, 버려라"이다.

보툴리눔 독소증 botulism
치명적인 식중독; *클로스트리듐 보툴리눔* 박테리아에 의해

클로스트리듐 퍼프린젠스

종종 "cafeteria" 또는 "buppet germines"라고 불린다. 왜냐하면 오랫동안 뷔페나

증기 테이블에 있던 음식을 먹는 사람들을 감염시키기 때문이다. *퍼프린젠스*는 흙먼지, 하수, 동물의 장에서 발견되며 산소가 거의 필요 없는 포자를 형성하는 병원체이다. 박테리아는 요리 시 파괴되나 포자는 살아있다.

*클로스트리듐 퍼프린젠스*는 심하게 오염된 음식을 먹음으로써 감염된다. 증상으로는 메스꺼움, 설사, 위장의 염증 등이 있다. 증상은 섭취 후 6~24시간 내에 나타나며 약 24시간 지속될 수 있다. CDC는 미국에서 매년 약 10,000건의 실제 사례가 발생한다고 추정한다.

예방을 위한 가장 좋은 방법은 뜨거운 음식은 60°C 이상, 찬 음식은 4°C 이하로 보관해야 한다. 남은 음식은 먹기 전에 75°C까지 데워야 한다. 음식은 4°C 이하의 온도에서 보관한다. 면역이 약한 사람들은 *클로스트리듐 퍼프린젠스*에 대해 매우 조심해야 한다.

와포자충

와포자충(Cryptosporidium)은 인간과 동물의 장에서 와포자충증을 유발하는 기생충이다. 몸 밖에서 오랫동안 살 수 있고 일반적으로 동물이나 사람의 감염된 대변에서 발견된다. “크립토(Crypto)”는 오염된 토양, 음식, 물뿐만 아니라 수영장, 호수, 강, 온수 욕조 등 레저용 수원에서 흔히 발견된다.

가장 흔한 증상은 수분이 많은 설사이다. 다른 증상으로는 위경련, 열, 메스꺼움, 구토, 탈수 등이 있다. 증상은 보통 기생충에 감염된 후 2~10일 후에 시작되고 1~2주 동안 지속될 수 있다. 손씻기 후 생고기를 다루는 등 위생관리를 통해 감염을 예방할 수 있다. 우물, 호수, 샘, 연못의 오염된 물은 피해야 한다.

대장균

흔히 *E. coli*라 불리는 *대장균*은 인간에게 질병을 일으킬 수 있는 박테리아의 집단이다. *대장균*은 매우 전염성이 높다. 이 박테리아는 일부 포유류의 내장, 생우유, 그리고 동물이나 사람의 배설물로 오염된 물에서 발견될 수 있다.

*대장균*은 오염된 물, 살균되지 않은 우유 또는 사과 주스, 생고기, 씻지 않은 과일이나 채소, 그리고 사람 간에 직접적으로 전염된다. 식물성 식품은 생비료 또는 오염된 물을 통해 전염될 수 있다. CDC는 매년 7만 건의 *대장균* 감염 사례가 미국에서 발생한다고 추정한다.

증상으로는 심한 복통, 설사, 메스꺼움 등이 있다. 증상은 섭취 후 3~8일 사이에 발생하며 대부분의 사람들은 10일 이내에 회복될 수 있다. 그러나 때로는 대장균이 출혈성 대장염(대장 염증)을 일으킬 수 있다. 또한 성인에게 *용혈 요독증 후군*(hemolytic uremic syndrome, HUS) 합병증이 나타나기도 하며, 이는 신장을 손상시킬 수 있다.

*대장균*은 식품의 신중한 선택과 요리에 의해 조절될 수 있다. 모든 육류와

가금류는 철저히 익혀야 한다. 육류, 송아지, 양고기는 71°C까지, 가금류는 최소 74°C까지 익혀야 한다. 과일과 채소는 꼼꼼히 씻어야 하며, 가공되지 않은 우유와 유제품, 채소와 과일 주스는 피해야 한다. 면역이 약한 사람들은 특히 조심해야 한다.

리스테리아 모노사이토게네스

인간과 동물의 장, 우유, 잎이 많은 채소, 토양에서 흔히 발견되는 박테리아이다. 냉장고에서 자랄 수 있고 우유, 부드러운 치즈, 아이스크림과 같은 유제품과 잎이 무성한 채소와 가공육을 통해 전염될 수 있다.

섭취 후 12시간에서 8일까지 사람에게 영향을 미칠 수 있다. 증상은 피로, 열, 오한, 두통, 요통, 복통, 설사 등이다. 이는 더 심각한 상태로 발전할 수 있고 호흡기 질환, 자연 유산 또는 수막염을 일으킬 수 있다.

리스테리아균 감염을 예방하려면 육류와 가금류를 철저히 조리하고 샐러드 채소는 세심하게 씻어야 한다. 모든 유제품, 특히 새로운 공급원에서 잘 알려지지 않은 유제품들이 저온 살균되었는지 꼭 확인해야 한다.

살모넬라

살모넬라증(일반적으로 살모넬라라고 불림)은 *살모넬라* 박테리아(*Salmonella* bacteria)에 의한 감염이다. 살모넬라는 날달걀, 가금류, 고기, 미가공 우유와 주스, 치즈와 해산물, 그리고 오염된 과일과 채소에서 발견된다. 오염된 음식을 먹거나 보균자와 접촉 시 전염된다. 살모넬라는 두통, 구토, 설사, 복통, 그리고 열이 특징이다. 증상은 보통 식사 후 12~72시간부터 시작된다. 심각한 경우에는 사망에 이른다. *살모넬라균*의 한 종은 장티푸스열의 원인이 된다. 아동, 노약자에게 더 심각한 증상을 초래한다.

냉장(4°C 이하)은 박테리아의 성장을 억제하지만 냉동실과 수분이 제외된 건조식품에서 살아있을 수 있다. 약 63~74°C까지 가열된 음식은 안전하게 섭취할 수 있다. 오염을 방지하려면, 가금류와 고기를 냉장고나 전자레인지에서 해동하고 즉시 요리를 해야 한다. 날것으로 먹는 음식과 접촉한 기구 및 카운터 표면을 주의 깊게 청소하고 날 음식과 조리식품의 교차오염 발생이 되지 않도록 한다. 날달걀 또는 덜 익힌 달걀이나 이를 포함한 음식은 먹어서는 안 된다. 심지어 날달걀 노른자로 만든 드레싱이나 생 쿠키 반죽도 감염을 일으킬 수 있다. 면역이 약한 사람들은 특히 조심해야 한다.

이질균

살모넬라 Salmonella
살모넬라 박테리아에 의한 감염

장에서 발견되며, 따라서 감염된 사람의 배설물에서 발견되며 이를 *이질균증*(shigellosis)이라 한다. 흔히 변기 사용 후 적절한 손 씻기를 하지 않은 식품 취급자에 의해 전염된다. 또한 처리되지 않은 동물 배설물이나 오염된 물에서 자란 식물에서 발견된다. 드레싱과 소스 협회(Association for Dressings and Sauces) 협회의 연구에 따르면, 마요네즈가 콜드샐러드 식중독의 흔한 원인이 아니라고 밝혔다. 이질균은 열에 의해 파괴되지만 참치, 닭고기, 달걀 샐러드와 같은 감염된 차가운 음식은 흔한 감염전파체로, 이동 시엔 얼음에 보관해서 운송한다.

증상은 설사, 열, 오한, 두통, 메스꺼움, 복통 등으로 탈수증으로 이어질 수 있으며 1일~7일까지 나타날 수 있다. 하지만 어떤 사람들에게는 증상이 나타나지 않을 수도 있다. 음식은 섭취하기에 안전하도록 약 63~74°C까지 익혀야 한다.

웹사이트 탐색
EXPLORING THE WEB

텍스트에서 식중독을 일으키는 병원균 중 하나를 고르시오. 웹을 이용하여 이 병원균을 연구하시오. 병원균에서 어떤 근원을 찾을 수 있는가? 질병의 징후와 증상, 병원균에 감염된 식품, 질병상태 사정 및 치료에 대한 내용을 작성하시오. 또한 예방에 대한 조언도 포함시키시오.

포도상구균

포도상구균 박테리아는 사람의 피부, 감염된 상처와 여드름, 코와 목에서 발견된다. *포도상구균* 식중독(Staphylococcal poisoning)은 일반적으로 포도상구균이라고 불린다. 이 박테리아는 육류, 가금류, 생선, 달걀 요리, 감자, 달걀, 참치와 같은 샐러드, 그리고 크림으로 채워진 생과자에서 자란다. 포도상구균이 만든 독소에 오염된 식품을 섭취함으로써 전염된다.

구토, 설사, 복통 등의 증상은 독소 섭취 후 30분~6시간 이내에 시작되고 24~72시간부터 지속된다.

식품이 60°C 이상 또는 약 4°C 이하의 온도에서 보관되는 경우 박테리아의 성장이 억세된나. 음식을 몇 시간 동안 끓이거나 약 116°C의 입력솥에서 30분간 가열하면 파괴될 수 있다. 그러나 이 2가지 모두 음식의 맛과 영양분을 파괴할 것이다. 오염된 것으로 의심되는 음식을 안전하게 버리는 것이 더 실용적이다.

식중독을 일으키는 다른 요인

곰팡이는 진균의 일종이다. 뿌리는 음식 속으로 내려가고 포자가 형성되는 위쪽으로 줄기가 자라난다. 육안으로 볼 수 있는 초록색 "fuzzy(퍼지)" 부분은 포자가 발견되는 곳이다. 어떤 포자는 호흡기 질환과 알러지 반응을 일으킨다. 이런 이유로 썩은 음식은 절대로 냄새를 맡아서는 안 된다.

일부 곰팡이는 암을 유발할 수 있는 아플라톡신(aflatoxin)이라는 위험한 마이코톡신(mycotoxin)을 만들어낸다. 주요 오염 식품은 상한 땅콩, 땅콩버터, 콩, 곡물, 견과류 및 향신료 등이다. 감염 증상은 복통, 구토, 설사 등이 있으며, 섭취 후 1일에서 수개월까지 발생할 수 있다. 간, 피부 손상을 일으킬 수 있으며 암을 유발할 수 있다.

미국식품의약국(Food and Drug Administration, FDA)은 곰팡이 독소 중 아플라톡신을 완전히 제거할 수는 없지만, 아주 소량을 함유한 식품이라도 다른 지역으로 판매될 수 없다.

포도상구균 Staphylococcus (staph)
포도상구균, 포도상구균 식중독으로 불리는 음식 독성을 야기하는 박테리아 균주

곰팡이 mold
진균의 한 형태

요리와 냉장보관을 해도 곰팡이는 파괴되지 않는다. 치즈에 곰팡이가 생길 수 있으며, 그 부분은 최소한 약 2.6cm 깊이로 잘라야 한다(bleu나 Roquefort와 같은 치즈는 무해한 곰팡이에 의해 의도적으로 숙성한 것으로 먹어도 안전하다). 곰팡이 독소 징후를 보이는 과일과 채소는 구매하지 않는다.

선모충(Trichinella spiralis)은 선모충증을 일으키는 기생충이다. 이 질병은 *T. Spiralis* 기생충에 감염된 돼지를 제대로 조리되지 않은 상태로 먹음으로써 전염된다. 야생에서 특히 곰이 이 기생충을 옮기는 것이 발견되었다. 증상으로는 복통, 구토, 열, 오한, 근육통이 있다. 감염된 돼지고기를 섭취한 후 약 24시간 후에 증상이 나타난다. 돼지에게 주는 사료와 제품에 대한 규제강화로 이 감염은 예전보다 발생률이 낮다. 돼지고기의 내부 온도가 최소한 63°C가 되도록 조리하거나 동결을 통해 균을 파괴시킨다.

아메바성 이질은 원충에 의한 질병이다. 원충은 보균자 또는 오염된 물에 의해 음식에 전염되며 대상자가 치료될 때까지 간헐적으로 심각한 설사를 유발한다.

식중독 치료와 예방

대부분의 식중독의 일차적인 치료는 탈수 방지를 위해 체액과 전해질을 교정하는 것이다. 과일 주스, 육수, 스포츠 음료 등과 같은 액체류를 소량씩 섭취하도록 하며 노인과 면역력이 약한 대상자에게는 구강 수분 보조제가 필요할 수 있다. 감자, 쌀, 토스트, 사과소스, 그리고 바나나와 같이 잘 섞이고 쉽게 소화가 되는 음식은 고형식이 전에 섭취할 수 있는 좋은 형태이다. 아동들은 탈수증을 예방하기 위해 구강수분 보충요법을 제공받고 가능한대로 음식으로 전환해야 한다. 영아는 모유나 수분제 보충이 필요하다.

지사제[로페라마이드(loperamide), 비스머스 서브 살리실레이트(bismuth subsalicylate)]는 설사를 멈추게 할 수 있지만, 박테리아나 기생충 감염 징후인 피가 섞인 설사를 하는 사람들은 이러한 약을 복용해서는 안 된다. 아동과 유아는 보통 이러한 약을 처방하지 않는다. 그러나 이는 사례별로 의사가 평가할 수 있다.

약물복용이 필요하다면, 의사는 병을 치료하기 위해 항생제와 같은 다른 약품을 처방할 수 있다. 심각한 탈수, 마비, 용혈 요독증후군 등 합병증을 치료하기 위해 입원치료가 필요할 수 있다.

미국의 엄격한 연방법, 주법 및 지방법은 미국 내 식품의 생산에 대해 규제하며, 낙농업, 통조림 공장, 제과점 및 고기 포장 공장 모두 정부 검사의 대상이다. 식품서비스 분야에서 일하는 사람은 식품 취급관련 교육을 받음에도 불구하고, 오류 및 사고, 질병이 발생할 수 있다. *대부분의 식중독은 음식을 다루는 사람들의 무지 또는 부주의 때문에 발생한다.* 사람들은 음식물의 병원균에 대해 알거나, 음식에 균이 들어가지 못하게 하거나, 적절한 조리 온도로 균을 죽일 수 있다.

이질 dysentery
설사가 특징인 미생물에 의한 질병

그림 20-1 식중독 감소를 위한 4가지 안전원칙은 깨끗이 하고, 분리시키고, 조리하고, 식히기이다.

청결은 식중독을 예방하는 데 특히 중요하다. 커팅 보드, 고기 분쇄기 또는 조리대 같은 주방장비가 병원균에 감염된 음식을 준비하는 데 사용된 후 적절하게 세척되지 않으면, 이후 이 장비를 사용하여 준비되는 감염되지 않은 식품은 동일한 병원균에 감염될 수 있다. 이것을 **교차오염**이라 한다. 조리되지 않은 고기, 가금류, 생선 또는 달걀을 보관하는 데 사용되는 음식은 조리된 음식을 놓기 전에 항상 씻어야 한다.

이러한 원칙에 따라 음식으로 인한 질병을 줄이는 4가지 손쉬운 방법이 있다: 깨끗이 하고, 분리시키고, 조리하고, 식히시오(그림 20-1).

- *청소*—손 자주 씻기. 깨끗한 흐르는 물로 손을 적시고 비누를 사용해 손의 모든 부분을 20초간 문지르시오. 흐르는 물에 깨끗이 헹구고 깨끗한 종이 타월로 손을 말리시오.
- *분리*—날고기와 먹을 준비가 된 음식은 따로 준비해서 보관한다. 날생선, 고기, 가금류를 먹을 수 있는 음식 아래 선반에 보관하시오. 생고기, 가금류, 해산물은 별도의 커팅 보드를 사용하고, 먹을 수 있는 식품에는 커팅 보드를 사용한다.
- *조리*—적절한 온도로 조리한다. 생선, 고기, 가금류 및 달걀접시는 잠재적으로 해로운 박테리아를 파괴하기 위해 권장되는 최소 온도로 조리되어야 한다. 음식 온도계가 도움이 된다.
- *냉기*—남은 음식을 즉시 약 4℃ 이하로 냉장보관한다. 식품이 4~60℃의 위험 영역에서 2시간 이상(온도가 약 32℃ 이상인 경우 1시간 이상) 먹었을 때 더 이상 음식을 먹을 수 없다. 냉장고는 4℃ 이하, 냉동고는 영하 18℃ 이하로 보관한다.

최근 자료
IN THE MEDIA

유명한 Mexican Grill의 *대장균*

2015년 10월, Chipotle Mexican Grill에서 식사 후 50명이 넘는 *대장균* 환자가 발생했다. 이는 치포틀레에서 식사를 한 지 1주일 후 워싱턴과 오레곤에서 발생하였다. 2015년 12월 캔자스, 북쪽 다코타, 오클라호마에서 최소 5명의 다른 종류의 대장균이 보고되었다. 어떠한 죽음도 그 발생과 연관되지 않았고 직접적인 원인이 되는 요소는 발견되지 않았다. 그 이후 회사는 식품의 안전과 품질을 보장하기 위해 많은 변화를 주고 있다. 일부 변경 사항으로는 치즈 미리 잘라서 받기, 세균 죽이기 위해 양파와 같은 재료에 레몬주스를 첨가하기, 고기도 매장에 보내기 전에 시험해볼 수 있고, 토마토와 고수 같은 재로들을 중앙위치에 준비하여 테스트 할 수 있다.

Adapted from NY Daily News. (2015, December 23). "Chipotle Tweaks Cooking Methods After E. coli Outbreak Sickens More Than 50 People." Accessed January 2016.
http://www.nydailynews.com/life-style/health/ chipotle-tweaks-cooking-methods-e-colioutbreak-article-1.2475395

교차오염 cross-contamination
유해한 박테리아가 음식이나 물건에서 다른 곳으로 의도하지 않게 이동고기, 해산물, 가금류는 해로운 박테리아를 가지고 있다고 생각하지만, 과일과 채소 또한 오염될 수 있다. 생산품은 먼지나 박테리아가 칼에서 생산물로 옮겨지지 않도록 껍질을 벗기기 전에 씻어야 한다. 상업용 세제를 사용할 필요는 없다. 수돗물은 박테리아를 충분히 제거한다. 농산물들은 깨끗한 솔로 문질러 씻을 수 있다. 곰팡이, 멍들거나 베인 상처가 있는 농산물은 피하는 것이 좋다. 바나나나 감자와 같은 껍질을 벗기거나 자르기 전까지는 냉장보관할 필요가 없다. 냉장보관이 필요한 농수산물은 구입 2시간 이내에 냉장고에 보관해야 한다.

식품 종사자는 코를 풀거나 변기를 사용한 후에 손을 씻지 않으면, 매우 쉽게 세균을 "전파"시킬 수 있다. 점액과 대변은 병원균의 가장 좋은 번식지이다.

손에 작은 상처라도 있는 식품 종사자는 상처가 병원균을 옮길 수 있기 때문에 장갑을 껴야 한다. 음식물은 먼지, 곤충, 동물이 닿아 오염되지 않도록 적절히 보관해야 한다. 출처를 알 수 없는 물은 요리 시 사용되어서는 안 된다. 그것 또한 감염을 일으킬 수 있다.

식품을 준비하고 보관 시 온도는 주의 깊게 관찰해야 한다. 감염된 식품이 덜 익으면, 병원균은 파괴되지 않고 소비자에게 전염된다(표 20-2). 4~60°C 사이의 온도에서 보관되는 식품은 병원균 번식을 용이하게 한다(그림 20-2).

표 20-2 조리 온도

식품	섭씨 °C
달걀, 달걀요리	
• 달걀	달걀노른자, 흰자 단단하게 될 때까지 익히기
• 달걀요리	약 71°
신선한 쇠고기, 송아지고기, 양고기	
• 분쇄육(패티, 미트볼 등)	71°
• 굽기, 스테이크 및 찹스테이크	
◦ Medium rare	63°
◦ Medium	71°
◦ Well done	77°
신선한 돼지고기	
• 전체 절단	63°
• 분쇄육	71°
가금류	
• 분쇄된 치킨, 칠면조	74°
• 통닭, 칠면조(숙련)	82°
• 속이 꽉 찬 가금류(내용물이 74°C에 도달해야 함)	82°
• 가금류 가슴, 로스트	77°
• 다리, 날개	육수가 맑아질 때까지 요리하기
햄	
• 신선함(원래)	71°
• 다시 데우기	60°

출처: U.S. Department of Agriculture, Food Safety and Inspection Service, Washington, DC. http://www.fsis.usda.gov

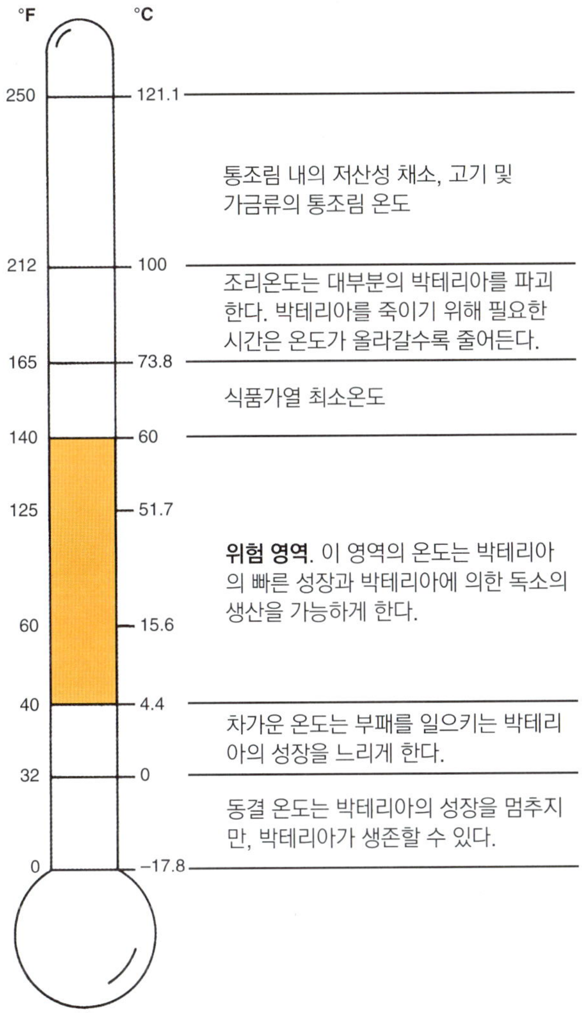

그림 20-2 박테리아 번식억제를 위한 식품온도.

남은 음식은 항상 식사가 끝나는 대로 냉장보관해야 한다. 차가울 때 덮고 냉동보관하기 전에 실온으로 식혀서는 안 된다. 냉동식품은 냉동상태에서 조리하거나 냉장고에서 해동해야 한다(냉동 상태에서 요리할 때, 조리 시간은 일반적으로 최소 50% 이상 증가한다). 냉동식품은 상온에서 해동하면 안 된다. 음식은 항상 먼지, 곤충, 동물로부터 오염되지 않도록 한다. 표 20-3은 부패하기 쉬운 육류와 치즈가 냉장고와 냉동실에 얼마나 오래 보관될 수 있는지에 대한 유용한 정보를 제공한다.

보균자란 감염성 유기체를 전염시킬 수 있는 사람(또는 동물)이다. 종종 보균자는 유기체에 아무런 영향을 미치지 않으므로, 생길 수 있는 위험을 알지 못한다. 식품 종사자들은 정기적으로 검진을 받아 전염병에 걸리지 않았음을 확인해야 한다.

음식 선택 시 세심한 주의를 기울여 해야 한다. 포장지와 병은 적절히 밀봉되어 있어야 하며 캔이 부풀어 있어서는 안 된다. 특이한 냄새를 풍기거나 곰팡이

보균자 carriers
감성 유기체를 전염시킬 수 있는 사람

웹사이트 탐색
EXPLORING THE WEB

미국 농무부의 식품안전검사 서비스 웹사이트(http://www.fsis.usda.gov)를 검색하시오. 병원균을 제거하고 준비와 보관 중에 음식을 안전하게 보관하는 방법에 대한 정보를 찾아보시오. 어떤 유용한 정보를 찾을 수 있는가? 여기에서 찾은 팁을 사용하여 가정에서 안전한 식품의 준비 및 보관방법에 관한 자료를 작성한다.

표 20-3 냉장고/ 냉동실 저장기간

잘 상하는 식품	냉장고 (4℃ 이하)	냉동실 (영하 18℃ 이하)
고기(소고기, 돼지고기, 양고기)		
스테이크	3~5일	6~12개월
찹스테이크	3~5일	4~6개월
로스트	3~5일	6~9개월
조리된 고기	3~4일	2~3개월
조리되지 않은 분쇄육	1~2일	4개월
조리된 분쇄육	3~4일	4개월
가금류(닭, 칠면조)		
한 마리	1~2일	1년
조각	1~2일	9개월
조리된 가금류	3~4일	4개월
조리되지 않은 분쇄가금류	1~2일	4개월
조리된 분쇄가금류	3~4일	4개월
핫도그, 슬라이스 햄		
개봉된 핫도그	1주일	1~2개월
개봉된 슬라이스 햄	3~5일	1~2개월
개봉되지 않은 핫도그, 슬라이스 햄	2주	1~2개월
달걀		
껍질이 신선한	3~5주	얼리지 않는다
달걀 흰자와 노른자	2~4주	1년
개봉된 달걀 대용품	3일	얼리지 않는다
개봉되지 않은 달걀 대용품	10일	1년
베이컨, 소시지		
개봉된 베이컨	1주	1개월
개봉되지 않은 베이컨	2주	1개월
생 소시지, 생	1~2일	1~2개월
조리된, 훈제된 소세지	1주	1~2개월
햄		
조리되지 않은 신선한 햄	3~5일	6개월
가공처리되지 않은 햄	5~7일	3~4개월
갓 구운 햄		
전체 조리한 햄	1주일	1~2개월
전체	3~4일	1~2개월
슬라이스 또는 반만 조리한 햄		
유제품		
치즈, 가공상태	3~4주	6개월
개봉된 치즈	6개월	6개월
미개봉 치즈	1주일	6개월
부드러운 치즈	1주일	얼리지 않는다
코티지 또는 리코타치즈	2주일	얼리지 않는다
크림치즈	1~3개월	6~9개월
버터		

출처: Adapted from "Keep It Cool: Refrigerator/Freezer Food Storage Chart." www.homefoodsafety.org

가 핀 음식들은 구매하지 않아야 한다. 저온 살균 우유 및 유제품만 사용해야 한다(표 20-4).

표 20-4 식중독 예방을 위한 방법

• 주방과 장비를 철저히 청소한다.
• 코를 풀거나 화장실을 사용한 후에는 손을 씻는다.
• 손에 상처가 있다면 요리할 때 장갑을 착용한다.
• 미생물과 동물이 닿지 않도록 식품을 덮어 보관한다.
• 적절한 온도에 맞춰 조리한다.
• 4.4℃~60℃의 온도에서 보관하는 시간을 제한한다.
• 보균자가 식품을 준비하는 것을 방지한다.
• 제조사에서 밀봉한 포장 및 병만 선택한다.
• 불룩한 캔, 이상하게 보이거나 냄새나는 음식, 곰팡이의 흔적이 보이는 식품은 피한다.

기타 식품 섭취

때때로 식중독은 독이 들어 있는 특정 식물이나 동물을 섭취함으로써 발생한다. 예를 들면, 독버섯, 대황잎, 오염된 물의 물고기들 등이다.

세척제, 살충제 또는 과량의 약물을 섭취한 결과 발생할 수 있다. 아동들은 세정제나 약을 삼킬 수 있다. 요리사는 요리 재료 대신에 실수로 독을 사용할지도 모른다. 때로는 신선한 과일과 채소에 살충제가 달라붙는 경우가 있다. 잠재적인 모든 독극물은 아동 손에 닿지 않는 곳에 보관하고 모든 식품과 별도로 보관해야 한다. 신선한 과일과 채소는 먹기 전에 잘 세척해야 한다.

음식 알러지

알러지는 유사한 양으로 타인에게 해를 끼치지 않는 물질에 대한 일부 개인의 조직 반응이다. 과민증을 일으키는 물질을 알러지 항원이라고 한다. 알러지는 보통 꽃가루, 먼지, 동물의 껍질, 약물, 화장품 및 특정 음식이다. 이 장에서는 음식에 대한 알러지 반응으로 제한할 것이다. 음식 알러지는 보통 단백질 음식에 면역 체계가 반응할 때 나타난다. 이런 반응이 나타나면 항체가 형성되어 알러지 증상을 일으킨다. 면역 체계와 관련없는 특정 음식에 대한 변형된 반응을 (특정 음식) 불*내성*이라고 한다.

음식 알러지는 공중보건에 대한 우려가 커지고 있다. 질병관리본부(CDC)는 지난 2013년에 1997년과 2011년 사이에 아동들의 음식 알러지가 50% 증가했다는 연구를 발표했다. 일부에서는 증가하는 알러지 문제가 위생상의 변화와 관련이 있다고 생각한다. 과거에 비해 농장과 노동자가 많아졌으나, 항박테리아 제품 등장으로 인해 박테리아와 내독소에 대한 노출이 줄어들었다. 또한 일부에서는 항생제 과용과 알러지 증가 사이에 관계가 있을지 모른다고 추측한다. 아동의 약 8%와 성인의 4%는 음식 알러지가 있는 것으로 알려져 있다. 이 알러지는 생후 1년에 시작된다.

살충제 insecticides
곤충을 파괴하는 약품

알러지 allergy
특정 물질에 대한 민감성

과민증 hypersensitivity
어떤 물질에 대한 비정상적인 강한 민감성

알러지 항원 allergens
알러지를 일으키는 물질

알러지 반응의 종류

가끔 알러지 반응은 즉각적이고 때로는 신호가 발생하기 몇 시간 전에 사라지기도 한다. 알러지가 있는 사람들은 스트레스 기간 동안 알러지 반응을 가장 잘 보인다. 음식 알러지의 전형적인 증상은 건초열(hay fever)을 포함한다. 두드러기, 부종, 두통, 피부염, 메스꺼움, 현기증, 그리고 천식(호흡 장애를 일으키는)이 있다.

알러지 반응은 불편하고 건강에 해로울 수 있다. 호흡 곤란이 심각할 때는 생명을 위협한다. 아나필락시스는 한 가지 이상의 신체 시스템을 포함하는 심각한 알러지 반응으로 보통 음식, 라텍스, 약, 곤충의 침과 관련이 있다. 음식, 땅콩, 순대, 해산물, 조개류와 관련하여 이러한 심각한 반응을 일으킬 가능성이 가장 높은 식품이다. 과민증의 증상은 다음과 같다.

- *입*—가려움, 입술 및/또는 혀의 부종
- *목*—가려움, 조임/폐색, 목쉼
- *피부*—가려움, 두드러기, 충혈, 부종
- *소화기계*—구토, 설사, 경련
- *폐*—짧은 호흡, 기침, 천명음
- *심장*—약한 맥박, 어지러움, 기절

몇 가지 증상만 나타날 수 있다. 증상의 심각성은 빠르게 변할 수 있다. 목, 폐, 심장에 대한 반응은 생명을 위협할 수 있다. 주입식 에피네프린(epinephrine)은 911에 대한 통화와 함께 신속하게 제공되어야 한다. 응급처치 계획은 아나필락시스가 있는 사람들에게 중요하다.

동일한 음식에 대한 알러지 반응은 환자마다 다를 수 있다. 예를 들어, 누군가가 딸기에 대한 알러지 반응이 가족의 다른 구성원에게 두드러기로 나타나는 것을 의미하지는 않는다. 또한 한 사람에게 알러지 반응은 때때로 다르게 나타날 수 있다.

표 20-5 일반적인 알러지 식품

8가지
우유
밀
달걀
나무 견과류
땅콩
콩
생선
조개류
다른 알러지 식품
옥수수
감귤류
토마토
딸기
콩류
초콜릿
돼지고기

알러지에 대한 치료

알러지의 가장 간단한 치료법은 알러지 반응을 일으키는 물질을 제거하는 것이다. 하지만, 다양한 알러지 반응 때문에, 알러지를 발견하는 것은 어려울 수 있다.

식품 알러지가 의심될 경우, 며칠 동안 식사 일지를 작성한다. 작성 시 섭취한 모든 식품, 음료뿐 아니라 알러지 반응과 발생 시간을 기록하는데, 이는 특정 알러지를 정확히 파악하는 데 도움을 줄 수 있다. 일부 일반 식품 알러지 물질은 표 20-5에 나와 있다. 8개의 음식이 90%의 알러지 반응을 일으킨다. 알러지와 같은 등급의 다른 음식들도 알러지 반응을 일으키는 것은 흔한 일이다. 조리는 때때로 음식을 바꾸기도 하고 어떤 사람들에게는 알러지 반응을 없앨 수도 있다.

두드러기 urticaria
두드러기; 일반적인 알러지 반응

피부염 dermatitis
피부의 염증반응

알러지 반응 allergic reactions
특정 물질에 대한 부작용

아나필락시스 anaphylaxis
하나 이상의 신체 시스템과 관련된 심각한 알러지 반응

삶의 **길잡이**
SPOTLIGHT on Life Cycle

알러지 및 전염병 연구소는 의료진 및 건강 관리 전문가뿐만 아니라 환자, 가족 및 간병인을 위한 *미국의 식품 알러지 진단 및 관리에 대한 지침*을 발표했다. 식품 알러지를 가진 아이들이 있는 가족들은 이 질환의 관리 방법에 대해 더 많이 배우고 자녀들의 알러지 치료 선택사항에 대해 의료진과 대화를 시작하기 위해 가이드라인 요약을 이용할 수 있다. 이 지침은 아래의 정보를 제공한다.

- 식품 알러지 정의와 관련 장애요인
- 식품 알러지와 관련된 증상 및 전개에 대한 설명
- 생명을 위협하는 반응과 식품 과민증 및 기타 급성 반응을 진단하고 관리하는 방법에 대한 권고사항

정의, 일반 식품 알러지, 식품 알러지가 발생하는 방법 및 진단 후 식품 알러지를 관리하는 방법에 대한 권장사항은 지침 내에서 논의되는 수많은 주제 중 일부이다. 알러지에 대해 질 알고 관리하는 것은 건강전문가와 함께 더 쉽게 이해하고 논의할 수 있다.

출처: Adapted from National Institute of Allergy and Infectious Diseases, Department of Health and Human Services, National Institutes of Health. May 2011

혈액검사는 알러지 항원이나 알러지성 물질을 찾는 데 사용될 수 있다. 피부 검사는 가끔 알러지를 감지하는 데 사용되나 음식 알러지는 판단하기 어려울 수 있다.

알러지 테스트를 완료한 후, 대상자는 보통 제거 식이를 한다. 몇 주 동안 양성 반응을 보이는 음식물은 먹지 않으며 식단은 쌀, 신선한 육류, 가금류, 과일 및 채소 같이 거의 양성반응이 나타나지 않는 음식을 포함한다. 때로는 제한된 수의 음식만을 허용한다. 영양적으로 부족할 수 있다면, 비타민과 무기질 보조제가 처방될 수 있다.

알러지 반응이 없다면 대상자는 식이요법을 지속적으로 유지하면서 점점 다른 음식들을 4~7일마다 1개씩 식단에 첨가한다. 알러지 반응을 일으킬 가능성이 가장 높은 식품들은 마지막에 첨가한다. 그러면 알러지를 일으키는 음식을 정확히 확인할 수 있다. 알러지의 원인 음식을 식단에서 제거하는 것이 영양학적으로 영향을 미치지 않는 한, 건강한 삶을 유지하게 해준다.

만약 알러지 항원이 제거되어 특정 영양소가 부족한 식단이 있다면, 그러한 영양소의 적절한 대체물을 찾아야 한다. 예를 들어, 만약 대상자가 감귤류 과일에 알러지가 있다면, 비타민 C가 풍부한 다른 식품들을 찾아야 한다. 우유에 알러지가 있다면, 콩 우유는 대체될 수 있다.

대상자에게 부족한 영양소 또는 영양소의 식품공급원을 가르쳐야 다른 식품이 알러지를 일으키는 식품과 동일하게 영양학적으로 대체될 수 있다. 식품의 라벨을 읽고 식당 음식의 성분을 주의 깊게 확인하는 법을 교육해야 한다. 2004년 식품 알러겐 라벨링 및 소비자 보호법(Food Allergen Labeling and Consumer Protection Act, FALCPA)은 제품에 상위 8가지 알러지 물질이 포함되어 있는지

웹사이트 탐색
EXPLORING THE WEB

국제 식품 정보위원회(International Food Information Council) 재단의 웹사이트(http://www.ific.org)를 방문한다. 알러지 반응과 음식에 대한 정보를 찾아본다. 음식 알러지로 인해 어떤 종류의 질병이 발생할 수 있는가? 알러지는 어떻게 발견되는가? 식품 알러지가 있는 사람들을 위한 요리법을 온라인에서 찾을 수 있는가?

피부 검사 skin tests
피부 긁힌 자국에 잠재적인 알러지 항원 사용

제거 식이 elimination diet
특정 음식만 허용되는 제한 식이; 반응을 일으키는 식품 알러지 항원을 찾고자 함

여부를 라벨에 명확히 명시하도록 규정하고 있다. 이것은 보통 영양소 라벨 성분 목록 뒤에 나열된다.

그러나 때로는 알려지는 음식에 대한 제한을 필요로 하기 때문에 식단이 영양학적으로 부적절해질 수 있다. 특히 이러한 경우에는 대상자가 알러지 음식에 대해 둔감하게 하여(탈감작) 영양학적으로 균형잡힌 식단이 회복되도록 한다. 대상자는 알러지 음식을 완전히 중단 후에 소량 섭취함으로써 민감해진다. 알러지 항원의 양은 대상자가 견딜 수 있을 때까지 점차 증가하도록 한다.

음식 불내성

음식 불내성은 종종 비알러지성 음식 과민증이라고 불린다. 면역 체계 반응을 수반하는 음식 알러지와는 달리, 음식 불내성은 면역 체계를 수반하지 않으며 더 흔하다. 음식 불내성이나 민감성은 효소 누락의 결과일 수도 있고(젖당불내증 같은), 식품 방부제나 첨가물 때문일 수도 있다. 음식 민감성은 증상을 일으키는 데 72~96시간이 걸릴 수 있다. 따라서 개인이 음식 불내성을 스스로 식별하는 것은 종종 문제가 된다.

증상의 유형과 심각도에 따라 의료진은 식품 민감도 테스트 이후 식이요법을 권장할 수 있다. 일반적인 음식 불내성은 유당류, 글루텐, 히스타민과 티라민(오래된 치즈, 가공육, 맥주, 와인), 살리실레이트(소금 종류) 식품, 타트라진(인공 식용 색소), 벤조산염, BHA, BHT, 아황산염(방부제), MSG(글루타민산 나트륨—향미 증진제) 및 기타 식품 염료이다.

건강과 영양 고려사항

일부 대상자는 가정에서의 식품의 미생물 오염을 방지하는 것에 대해 의료 전문가의 간단한 지시가 필요하다. 상온에서 음식을 해동하지 않도록 주의해야 하며, 남은 음식은 냉장보관 전 실온에서 식어져서는 *안 된다는 것*을 명심해야 한다.

식품 알러지가 있는 대상자는 특정 알러지를 피하기 위한 훈련이 필요하다. 식품 라벨을 주의 깊게 읽고 식당과 친구 집에서 음식의 성분을 물어보는 법을 배워야 한다. 이에 역할 놀이는 효과적인 방법이다.

SUPERSIZE USA

전국 학교는 학생들을 위한 아침, 점심 식사의 영양을 향상시키기 위해 노력하고 있다. 3,200만 명 이상의 학생들이 학교 급식 프로그램에 참여하고 있으며 매년 1,200만 명 이상이 학교 아침 식사 프로그램에 참여하고 있다. 2012년 미국 농무부는 학교급식의 영양 품질을 개선하기 위한 새로운 지침을 발표했다. 학교급식을 개선하기 위해 다음과 같은 변화가 일어나고 있다.

- 통곡물, 과일, 채소, 저지방 유제품 섭취 증가, 나트륨 및 지방 섭취 감소
- 성장 중인 아동을 위한 적절한 영양을 강조하기 위해 다양한 등급 레벨에 맞게 계획된 개별 메뉴
- 새로운 기준을 준수하는 학교들은 제공하는 점심 식사마다 6센트씩 추가 환급

CDC는 학교 급식의 영양품질을 향상시키는 것 외에도, 최근 *학교에서의 식품 알러지에 대한 국가 지침과 조기 관리 교육 프로그램*을 발표했다. 이는 알러지 반응을 피하도록 돕고, 인지하고, 치료하도록 돕는 것이다. 자세한 내용은 www.letsmove.gov 및 www.foodallergy.org/CDC를 참고하시오.

출처: Adapted from LetsMove! *Healthy Schools*. Accessed January 2016. http://www.letsmove.gov/healthy-schools

---

탈감작 desensitized
특정 항목에 대한 신체의 민감도(알러지 반응)를 점차 감소시킴

중단 abstinence
방지

요약_SUMMARY

음식으로 인한 감염 및 중독은 보통 무지와 부주의로 인해 발생한다. 안전한 식사를 제공하는 것은 본질적으로 요리사의 책임이다. 음식은 전염병을 가지고 있거나 옮기는 사람이 준비해서는 안 된다. 신선한 과일과 채소는 먹기 전에 씻어야 한다. 고기, 가금류, 생선, 달걀, 유제품은 냉장보관해야 한다. 돼지고기는 항상 잘 익은 단계에서 조리해야 한다. 음식은 먼지, 곤충, 동물에 의한 오염을 막기 위해 덮어야 한다. 쓰레기는 또한 벌레들을 끌어들이지 않도록 덮어야 한다. 음식을 준비하는 손은 깨끗하고 자상이나 상처가 없어야 한다. 주방 장비는 얼룩이 없어야 한다. 마지막으로, 식품 그 자체가 안전해야 한다. 사람들은 자연적인 독을 포함하는 음식을 피해야 한다.

음식 알러지는 여러 가지 불쾌한 증상을 유발할 수 있다. 제거 식이는 음식 알러지 항원을 결정하는 데 사용된다. 가장 흔한 식품 알러지 항원은 우유, 달걀, 생선, 조개, 땅콩, 토마토, 콩 및 밀로 알려져 있다.

토의 주제_DISCUSSION TOPICS

1. 식중독의 네 가지 유형에 대해 설명하시오. 친구 중 이로 인해 힘들었다면 그 증상을 설명해달라고 요청한다.
2. 어떻게 음식이 오염되는가?
3. 왜 음식을 냉장보관해야 하는가?
4. 알러지란 무엇인가? 원인은 무엇인가?
5. 음식에 대한 흔한 알러지 반응은 무엇인가? 그것들을 어떻게 피할 수 있을까?
6. 알러지는 유전인가?
7. 식품일지는 알러지와 관련하여 어떤 용도로 사용되는가? 음식 과민증은? 제거 식이요법은 무엇이며, 언제 사용되는가? 음식 알러지를 치료하는 데 가장 어려운 부분은 무엇인가?
8. 알러지성 대상자는 어떻게 탈감작 될 수 있는가?
9. 제거 식이요법은 항상 영양가가 있는가?
10. 식품 알레르겐 표시 및 소비자 보호법을 연구하고 상위 8가지 식품 알레르겐을 다루는 일반 식품에 대한 알러지 반응을 기록하시오.

연습문제_REVIEW

가장 적절한 답을 고르시오.

1. 미생물은 ___________이다.
   a. 측정 단위
   b. 때때로 병원성
   c. 현미경의 구성요소
   d. 개별 세포
2. 다음 중 *살모넬라*의 성장을 억제하는 온도는?
   a. 6℃
   b. 5℃
   c. 3.9℃
   d. 10℃
3. 전염성 미생물을 감염시킬 수 있지만 아프지 않는 사람은 __________이다.
   a. 식품 취급자
   b. 보균자
   c. 식품 운송자
   d. 차량 운송자
4. 조직감염이 생겼다. 이는 ____________.
   a. 질병을 일으키는 원인이다.
   b. 감염되기 쉽다.
   c. 전염성이 없다.
   d. 항상 치명적이다.
5. 미국에서 대부분의 식중독 발생은 _____에 의해 발생된다.
   a. 공장에서의 부주의한 가공
   b. 정부의 점검 부족
   c. 주방에서 식품 취급 부주의
   d. 가정용 애완동물

6. 식중독 증상은 일반적으로 다음을 포함한다.
   a. 관절
   b. 변비
   c. 복부 이상 및 두통
   d. 발의 부종

7. 살모넬라균 감염 및 포도상구균은 _____에 의해 야기된다.
   a. 바이러스
   b. 박테리아
   c. 원생동물
   d. 기생충

8. 세균에 의한 식중독 중 가장 치명적인 것은 _____이다.
   a. 포도상구균
   b. 살모넬라
   c. 보툴리눔 독소증
   d. 퍼프린젠스

9. 기생충에 의한 질병 중 돼지고기에서 발견되는 것은?
   a. 눈림프절야생토끼병
   b. 이질
   c. 비타민결핍증
   d. 선모충증

10. 원충에 의해 발생하고 심한 설사를 특징으로 하는 질병은?
   a. 살모넬라
   b. 보툴리눔 독소증
   c. 이질
   d. 감염성 간염

11. 식품은 _____에 의해 오염될 수 있다.
   a. 사람
   b. 너무 익힌 것
   c. 냉장
   d. 위의 모든 것

12. 박테리아성장은 위험 영역의 온도 _____에서 자란다.
   a. −18~0°C
   b. 0~16°C
   c. 4~60°C
   d. 52~100°C

13. 남은 음식은 __________.
   a. 식후에 바로 냉장고에 넣는다.
   b. 냉장 전 상온에서 식힌다.
   c. 동결 전 냉장고에서 적어도 한 시간 동안 식힌다.
   d. 포장되지 않은 채로 냉장고에 보관한다.

14. 냉동 식품은 반드시 _____한다.
   a. 상온에서 해동
   b. 해동 후 즉시 사용하지 않을 경우 다시 냉동
   c. 냉장고에서 해동
   d. 위의 어느 것 하나

15. 음식에 대한 부정적인 신체 반응을 음식 ____라 한다.
   a. 거절
   b. 알러지
   c. 증상
   d. 알러지 항원

16. 물리적 반응을 일으키는 물질을 ____라고 부른다.
   a. 증상
   b. 알러지
   c. 알러지성 물질
   d. 절제

17. 음식 알러지의 전형적인 증상 중 하나는?
   a. 두드러기
   b. 대장염
   c. 알러지 항원 제거
   d. 설사

18. 식품 알러지의 가장 간단한 치료법은?
   a. 피부 테스트
   b. 알러지 주사
   c. 알러지 항원 제거
   d. 페니실린의 사용

19. 음식 알러지가 있는 경우, 제거 식이는 _______을 위해 처방한다.
   a. 대상자의 감도를 떨어뜨린다.
   b. 약물을 사용하지 않는다.
   c. 수술을 피한다.
   d. 알러지 항원을 찾는다.

20. 알러지 반응을 자주 일으키는 음식은?
   a. 우유, 달걀, 밀
   b. 양고기, 쌀 그리고 설탕
   c. 초콜릿과 딸기
   d. 쌀과 배

요점사례_CASE IN POINT

ALAMEDA: 임신 중 리스테리아 감염

Alameda는 둘째 아이를 임신 중으로 8개월째이다. 그녀는 출산준비 및 일상생활로 바빴으며 최근에 매우 피곤했다. 시간과 돈을 절약하기 위한 방법으로 평소처럼 요리를 하지 않았다. Alameda와 남편은 미국 원주민으로 자라오면서 먹었던 음식들을 직접 요리하는 것을 좋아한다. 그녀는 자신의 아이들이 미국 관습과 음식에 의해 영향을 받을 것이라는 것을 알고 있지만, 그녀는 집에서 미국 원주민 문화와 음식을 공유하길 원한다. 최근에 Alameda 가족은 슬라이스 햄 샌드위치, 생유제품 드레싱이 들어간 생채소, 샐러드, 신선한 과일과 같은 간단한 식사를 많이 해왔다. 음식 준비와 조리시간 단축은 Alameda에게 시간적 여유를 준다.

오늘 아침 Alameda는 온몸이 쑤시고 목도 뻣뻣하며 독감과 같은 증상이 나타났다. 현재 임신 32주이기 때문에, 그녀는 의사에게 연락했다. 의사는 Alameda 증상 관찰 후, 혈액 검사를 처방했으며 그 결과 리스테리아 감염으로 나타났다. 의사는 Alameda가 임산부라서 일반인보다 13배나 더 민감히 반응한다고 했으며, 슬라이스 햄, 생과일, 채소, 그리고 미가공 제품들과 같은 생고기는 리스테리아 감염을 종종 일으킨다고 설명한다. Alameda에게 항생제를 처방하고 다음 주에 다시 한번 진료를 보기로 했다. 또한 Alameda게 고기와 채소를 반드시 데우라고 지시했다.

사정

1. 리스테리아란 무엇인가?
2. 리스테리아를 포함한 식품공급원은?
3. 리스테리아의 증상은 무엇인가?
4. 리스테리아 감염을 어떻게 예방할 수 있는가?

진단

5. Alameda의 간호진단을 작성하시오.

계획/목표

6. Alameda가 임신 중 리스테리아 감염에 대해 알아야 할 사항은?
7. 리스테리아 감염에 처방되는 약물은?

수행

8. Alameda가 리스테리아 예방을 위한 가이드라인을 따르는 중요한 이유는?

평가/결과 기준

9. Alameda의 의사가 그녀에게 알려주는 지침은?

생각해보기

10. 임산부 외에 리스테리아 감염의 위험 대상자는?

✓ rate this plate

Alameda는 런천 미트와 신선한 농산물을 먹을 때 의사의 조언을 받고 각별히 주의한다. 최근에 Alameda의 가족과 친구들은 출산을 앞두고 점심 파티를 준비했다. 음식들은 다음과 같이 구성되었다.

칠면조, 햄, 로스트 비프 및 치즈로 구성된 콜드 트레이 (얼음 위에 제공)

피클, 올리브, 조미료가 들어 있는 렐리시쟁반

구운 치즈감자 샐러드

달걀과 토마토를 곁들인 녹색 샐러드

마카로니 샐러드

프레첼과 감자칩

크래커가 있는 차가운 치즈 볼

이전에 구운 게살

채소 트레이

과일 샐러드

컵케이크 및 쿠키

Alamada가 먹기에 안전한 음식으로 식단을 작성하고, 그렇게 선택한 이유를 말해보시오.

요점사례_CASE IN POINT

CARSON: 조개류 알러지

Carson은 인디애나 출신의 9세 소년이다. 그는 여름 방학에 그의 가족과 함께 휴식을 취하고 바다낚시를 즐기기 위해 항구로 향하고 있다. Carson은 종종 조부모님들과 호수에서 낚시를 해왔지만, 바다낚시를 해 본 적이 없다. 그는 포획물을 청소하고 요리하는 것을 돕기 위해 손을 써보고 싶어 매우 들떠 있었다. 많은 현지 식당들이 사람들에게 그들이 잡은 자리에서 잡은 것들을 씻고 요리하도록 한다.

Carson과 아버지는 낚시 여행이 매우 흥분되기 시작했다. 바다낚시를 하는 동안 있는 동안 Carson은 많은 물고기를 잡았고 심지어 바닷가재, 조개, 그리고 굴 몇 개를 잡았다. Carson은 생선 이외에는 해산물을 먹어본 적이 없었다. 인디애나주에서는 신선한 해산물은 구하기 조금 어렵다. Carson은 그날 잡은 해산물을 맛있게 먹었다. Carson은 버터 소스와 튀긴 조개류의 바닷가재를 좋아했다. 굴은 그가 가장 좋아하는 것은 아니었지만, 굴을 먹는 것을 좋아했다. 그날 저녁 늦게 호텔로 귀가했으며, Carson은 밤새 심한 복통을 앓았다. 그는 속이 메스껍고 구역질이 났으며 어지러워 자기 상황을 알리기 위해 부모님을 깨웠다. Carson이 숨쉬는 데 어려움을 겪기 시작했을 때, 부모는 지역 병원에 있는 응급실로 급히 데려갔다.

사정

1. Carson은 밤에 어떤 증상이 있었는가?
2. 문제의 원인은 무엇인가?
3. 어떤 음식이 문제의 원인인가?

진단

4. Carson의 복부 통증과 구역질이 _______에 의해 유발되었다.
5. 초기 사정 시 어떤 정보를 수집해야 하는가?

계획/목표

6. Carson의 단기목표는 무엇인가?
7. 장기목표는 무엇인가?

수행

8. 응급실에서 Carson과 그의 부모는 무엇을 의논해야 하는가?
9. Carson이 식품 알러지가 있는 것 같은가?
10. 의사가 이것이 알러지인지 확인할 수 있는가?
11. Carson에게 추천할 만한 방법은?
12. Carson은 향후 외식할 때 어떤 점에 대해 주의를 기울여야 하는가?

평가/결과 기준

13. 치료 및 중재가 효과적이라는 것을 어떻게 알 수 있는가?

생각해보기

14. 인터넷에서 얻을 수 있는 정보는 무엇인가?

✔ rate this plate

Carson은 그날 바다낚시에 너무나 흥분하여 저녁식사로 모든 음식을 시도해보고 싶었다. 이것은 좋은 생각인가? 이 식단을 평가하시오.

버터소스에 든 바닷가재 56.7g

튀긴 조개 약 80g

굴 약 28g 반쪽

소량의 감자튀김

집에서 만든 날달걀이 포함된 드레싱의 시저샐러드 작은 것 1개

일반소다 355cc

Carson이 이전에 조개류를 먹어보지 않았으므로, 다양한 많은 것을 맛보는 기회가 주어져야 하는가? Carson에게 날달걀 없이 조개류 한 개만 먹는 것이 더 나은가?

CHAPTER 21

특별한 요구가 있는 환자의 영양관리

NUTRITIONAL CARE OF CLIENTS WITH SPECIAL NEEDS

주요용어_*KEY TERMS*

가수분해 조제식
기본적 조제식
기회감염
대사항진
덤핑증후군
말초정맥
모듈 조제식
비위관
빈창자창냄(술)
사람면역결핍바이러스
아구창
욕창
위관영양
위창냄(술)
의원성 영양실조
장관영양
저알부민혈증
정맥염
중합 조제식
패혈증
항체
혈전증
후천성면역결핍증후군(에이즈)
흡인된

학습목표

- 영양과 관련된 스트레스에 대한 신체 반응을 설명할 수 있다.
- 수술을 받은 환자와 화상, 발열 감염이 있는 환자의 특별한 영양요구를 설명할 수 있다.
- 장관영양과 비경구영양에 대해 토론할 수 있다.
- AIDS 환자의 특수 식이요법에 대해 설명할 수 있다.
- 장기 요양 보호를 필요로 하는 노인 환자에게 특별한 영양 고려사항을 이해할 수 있다.

질병과 수술은 영양 상태에 치명적인 영향을 미칠 수 있다. 일반적으로 신체는 항상성의 상태가 유지된다. 신체가 수술, 심한 화상 또는 감염의 외상을 겪으면, 이 균형이 깨진다. 신체는 항상성을 유지하려는 반응을 보인다.

신체적 스트레스에 반응하는 동안, 신체는 내분비 시스템에 신호를 보내며, 이는 자기방어적, 대사항진 반응을 활성화시킨다. 이것은 에너지 방출을 증가시킨다. 반응의 강도는 상태의 중증도에 달려 있다.

이화작용 발생, 에너지 보존의 급속한 분해로 인해 상처 치유 및 조직 유지의 동화작용 단계에 필요한 포도당 및 기타 물질이 제공된다. 단백질, 지방 및 무기질은 조직을 재생할 필요가 있을 때 이화작용 단계에서 소모된다. 출혈과 구토를 포함하여 이러한 손실이 복합적으로 나타난다.

손실을 대체하고, 조직을 만들고 재생하며, 항상성을 유지하기 위해 가능한 빨리 충분한 영양, 체액 및 열량이 필요하다. 분명히 영양은 수술을 받은 환자의 삶이나 화상이나 감염으로 고통받는 환자의 삶에 중요한 역할을 한다.

단백질 영양실조 환자

에너지와 단백질에 대한 증가된 요구가 음식물 섭취에 의해 충족되지 않을 때, 몸은 글리코겐과 지방 저장소를 사용해야 한다. 그것이 사용되었을 때, 신체는 에너지를 제공하기 위해 자체 단백질 저장고를 분해한다. 일반적으로 단백질 영양실조 입원 환자, 특히 노인에서 문제가 될 수 있다. 상처 치유를 지연시키고, 빈혈에 기여하며, 면역 체계를 억제하고, 감염에 대한 감수성을 증가시킬 수 있다. 단백질 영양실조의 증상으로는 체중 감소와 건조하고 창백한 피부가 있다. 입원으로 인해 영양실조가 발생하는 것을 의원성 영양실조라고 한다.

수술 환자

수술 전 영양관리

예정수술은 수술 전에 환자에게 스트레스를 준다. 수술 전에 환자의 영양 상태를 평가해야 하며 개선이 필요한 경우 즉각적으로 수행해야 한다. 수술 전 영양 상태가 좋으면 회복이 좋다. 수술 전 환자의 영양 평가는 식욕이 없는 수술 후 환자에게 영양을 제공하는 영양사에게 도움이 될 것이다.

영양 상태의 개선은 보통 추가적으로 단백질, 탄수화물, 비타민 및 무기질을 제공하는 것을 의미한다. 여분의 단백질은 상처 치유, 조직 형성 및 혈액 재생에 필요하다. 여분의 탄수화물은 글리코겐으로 전환되어 저장되며 수술 후, 영양요구도가 높아지거나 정상적으로 섭취하지 못할 때 에너지를 제공한다. B 비타민은 증가된 신진대사를 위해 필요하며, 상처 치료를 위해 아연, 비타민 A와 C가 필요하며, 칼슘 흡수를 위해서는 비타민 D, 혈액의 적절한 응고를 위해서 비타민 K가 필요하다. 철분은 혈액 생성, 칼슘과 인은 뼈 생성, 그밖에 무기질은 신체의 산-염기, 전해질 및 체액균형을 유지하기 위해 필요하다.

과체중인 경우, 영양 상태 개선은 가능하다면 수술 전 체중 감량을 포함한다. 과도한 지방은 감염의 가능성을 증가시키고 지방 조직은 다른 조직보다 마취

대사항진 hypermetabolic
정상보다 높은 신진대사 속도

의원성 영양실조 iatrogenic malnutrition
치료 또는 진단 과정에 의한 영양실조

가 오래 지속되기 때문에 과도한 지방은 수술의 위험요인이다.

많은 의사들이 수술 전날 밤 자정 이후에 환자에게 금식하도록 처방한다. 위에 음식이 있으면 음식물이 역류되어 수술 중 폐로 흡입될 수 있다. 위장관 수술이 필요한 경우 장 잔유물을 줄이기 위해 수술 전에 며칠 동안 저잔류 식단을 처방할 수 있다(18장 참고).

수술 후 영양관리

수술 식이요법은 대상자의 신진대사 요구를 충족시키고 치유와 회복을 촉진시키기에 충분한 양의 열량과 영양소를 제공하기 위한 것이다. 일반적으로 주요 수술 직후 24시간 동안 대부분의 환자에게 정맥주사만 제공한다. 이 용액은 물, 5~10% 포도당, 전해질, 비타민 및 필요시 약물이 함유되어 있다. 정맥주사 용액으로 공급할 수 있는 최대 칼로리는 24시간당 400~500칼로리이다. 수술 후 성인의 예상 일일 칼로리요구량은 체중 1kg당 35~45칼로리이다. 49g의 개인은 하루에 최소 2,000칼로리가 필요하다. 환자가 음식을 섭취할 수 있을 때까지는 매일 상당한 열량 부족이 발생할 것이다. 체지방은 에너지를 공급하고 신체 단백질을 보충하는 데 사용되지만 가능한 빨리 에너지 요구량을 충족시키려면 칼로리 섭취를 늘려야 한다.

수술 후 단백질 손실은 중요하며 조직을 재생하고 부종을 조절하고 쇼크 방지, 감염 방지, 지방 유반을 위해 단백질이 특히 필요하기 때문에 고단백 식이요법이 권장된다. 수술 후 환자를 위한 단백질 요구량은 하루 1.5~2.0g/kg이다. 또한 여분의 무기질과 비타민이 필요하다. 연동운동이 돌아오면 얼음 조각을 제공할 수 있다. 그 후 맑은 유동식이 가능하다(연동운동은 장음에 의해 확인된다).

일반적으로 수술 후 환자는 맑은 유동식에서 일반식이로 진행한다. 때로는 환자와 수술 유형에 따라 바로 진행하거나 유동식(full-liquid diet)을 거칠 수도 있다. 환자는 평균적으로 수술 후 1~4일 이내에 음식을 섭취할 수 있다. 환자가 음식을 섭취할 수 없으면 비경구 또는 위관영양이 필요하다.

때때로 위 수술 후에 덤핑증후군은 식사 후 15~30분 내에 발생한다. 이것은 어지러움, 허약, 경련, 구토, 설사가 특징이다. 그것은 음식이 위장에서 소장으로 너무 빨리 이동하여 발생한다.

덤핑증후군을 예방하기 위해서는 소량씩 자주 음식을 먹도록 하고, 설탕 음료, 과자 및 말린 과일은 피해야 한다. 영양분 대신에 액체로 위를 가득 채우지 않도록 118cc로 제한하거나 완전히 제한해야 한다. 식사 30분 후 액체를 섭취하도록 한다. 일부 환자는 위수술 후에 우유를 잘 견뎌내지 못하므로 환자의 내성을 고려하여 식이요법에 포함시키도록 한다.

수술 후 환자의 식습관은 회복에 영향을 주기 때문에 주의 깊게 관찰해야 한다. 환자의 식욕이 호전되지 않으면 의사와 영양사에게 알리고 환자가 섭취할 수

흡인된 aspirated
흡입 또는 흡인

덤핑증후군 dumping syndrome
위장에서 소장으로 너무 빨리 이동하는 음식으로 인한 오심, 설사

있는 음식과 보조제(액체 또는 고체 형태)가 제공되도록 노력해야 한다. 환자는 복부 팽만 및 통증의 원인이 될 수 있는 공기를 삼키는 것을 피하기 위하여 천천히 먹도록 격려한다.

장관영양 환자

장관영양이라는 용어는 영양소를 소화관으로 직접 제공하는 영양 공급의 형태를 의미한다(그림 21-1). 경구영양은 일반적인 방법이므로 가능한 사용해야 한다. 그러나 환자가 입으로 음식을 섭취할 수 없거나 섭취하지 않을 때 위장관이 기능을 한다면 위관영양을 제공한다. 장관영양이 장내 영양 상태가 좋아지면 생리적 기능을 유지시키기 때문에 비경구영양보다 선호된다. 무의식, 수술, 뇌졸중, 심한 영양실조, 또는 광범위한 화상 시 장관영양이 필요할 수 있다.

일반적으로 6주를 초과하지 않는 기간 동안의 위관영양은 코를 통해 위나 소장에 비위관을 삽입하여 시행한다. 관을 코에 넣을 수 없거나 위관영양 공급이 4~6주 이상 필요한 경우, 식도[식도창냄(술)], 위[위창냄(술)] 또는 장[빈창자창냄(술)]에 수술로 영양 제공을 위한 경로를 만든다.

경피 내시경 위장관(PEG)을 환자가 흡인 위험이 없는 경우 위에 관을 삽입하도록 한다. 식도창냄(술)은 목과 어깨 수술 후 경추 부위에 위치할 수 있다. 경피 내시경적 빈창자창냄(술)(JPEG라고도 함)은 십이지장을 통과한다(weighted feeding tube, PEG 삽입). 이는 역류 또는 흡인의 과거력이 있거나 위장장애 또는 위기능 장애가 있는 환자에게 적용한다. 때로는 빈창자에서 관을 직접 삽입하는 경우도 있다.

여기에 사용되는 관은 부드럽고 유연하며 가능한 작으면서도 영양액이 통과할 수 있다. 일부 관은 위 또는 소장에서 제자리에 유지하기 위해 가중치를 적용하지만 가중치가 있는 튜브를 사용하면 가중치가 없는 튜브보다 더 나은 것으로 입증되지 않았다.

다양한 종류와 양의 영양소와 함께 수많은 조제식을 사용할 수 있다. 영양소를 소화하고 흡수할 수 있는 환자에게는 소화가 필요한 손상되지 않은 단백질, 탄수화물 및 지방을 포함한 중합 조제식(1~2칼로리/mL)을 제공한다. 영양소를 소화하거나 흡수할 수 있는 능력이 제한적인 환자에게는 단백질, 탄수화물 및 지방의 소화 제품을 함유하고 젖당이 없는 기본적 조제식 또는 가수분해 조제식(1칼로리/mL)을 제공할 수 있다. 모듈 조제식(3.8~4.0칼로리/mL)은 다른 조제식의 보조제 또는 환자 맞춤형(예: 광범위한 상처 치료가 필요한 환자) 조제식을 개발하는 데 사용할 수 있다. 모듈 조제식이 급성기 및 단기간에 사용되도록 개발되었다. 신부전, 호흡부전 또는 간부전으로 병원에 입원한 환자는 질병 특이 조제식이 유용하다.

위관영양을 관리하는 3가지 방법이 있다: 지속 경관영양, 간헐적인 위관영

웹사이트 탐색
EXPLORING THE WEB

본문에서 논의된 여러 형태의 장관영양 조제식에 대한 정보를 웹에서 검색해보시오. 이 조제식의 구성은 무엇인가? 이 조제식에 영양소가 부족한가? 환자가 인식하고 관찰해야 하는 조제식의 부작용 또는 알려지 가능성이 있는가?

장관영양 enteral nutrition
환자의 소화관에 직접 제공하는 식이

위관영양 tube feeding (TF)
관을 통해 위 또는 장내로 또는 정맥을 통해 직접 공급

비위관 nasogastric (NG) tube
위관영양을 위해 코에서 위까지 이어지는 관

위창냄(술) gastrostomy
장관영양을 위해 외과 의사가 위장에 직접 만든 개구부

빈창자창냄(술) jejunostomy
장관영양을 위해 외과 의사가 창자로 만든 개구부

중합 조제식 polymeric formulas
소화가 필요한 손상되지 않은 단백질, 탄수화물, 지방을 함유한 조제식

기본적 조제식 elemental formulas
단백질, 탄수화물 및 지방의 소화제를 함유한 제제; 가수분해 조제식이라고도 불림

가수분해 조제식 hydrolyzed formulas
단백질, 탄수화물 및 지방의 소화제를 함유한다. 기본적 조제식이라고도 한다. 음식을 소화하기 어려운 환자에게 사용

모듈 조제식 modular formulas
특정 영양소를 결합하여 만든

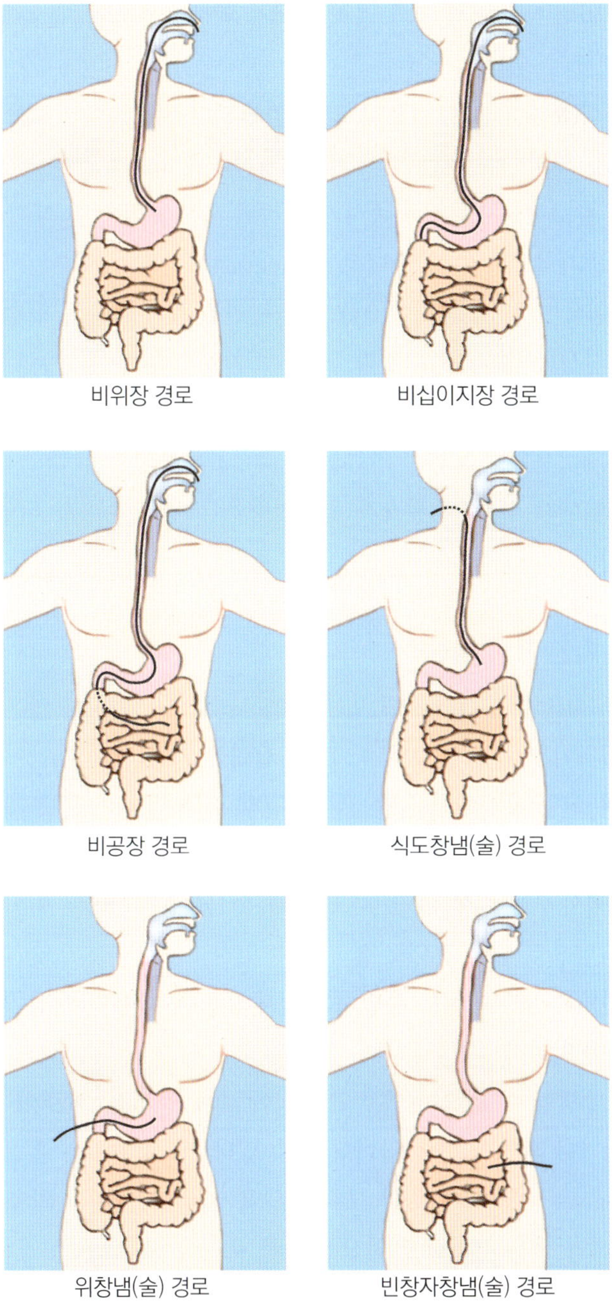

그림 21-1 장관영양 경로.

양 및 덩어리 관 공급. 간헐적인 위관영양은 밤에는 위관영양을 공급하고 낮에는 고형 식품을 제공한다. 페니토인(Phenytoin/상품명 Dilantin)과 같은 식품의약품 상호작용이 있는 경우, 위관영양은 1시간 전에 중단해야 하고 관을 통해 약물 투여 후 1시간 후에 다시 시작해야 한다.

덩어리 관 공급의 경우, 환자의 일일 칼로리요구량은 보통 하루에 6인분(한 번에 400cc를 초과하지 않아야 함)으로 나눈다. 이 방법은 15분의 시간 간격을 두고 수행되며 이후에 25~60mL의 물이 공급되기 때문에 *식괴*(bolus)라는 용어가 사용된다. 이 방법은 대개 환자가 경피 내시경 위장관이 있을 때 수행되지만 비위관으로도 수행할 수 있다.

보통 급식(feeding)은 펌프에 의해 관리된다. 이것은 16~24시간 동안 계속 먹이는 것을 의미한다. 위관영양은 시간당 20~25mL와 같이 천천히 시작해야 한다. 환자가 칼로리요구량을 충족시키는 목표 속도에 도달할 때까지 4시간마다 10~25mL씩 증가할 수 있다. 불내성(intolerance)의 조기 징후는 복부 팽만, 환자가 말로 표현하는 경우, 경련이나 오심과 관련된 문제를 말로 표현하는 것이다. 일부 환자는 설사를 경험할 수 있다. 중환자 치료를 받는 환자는 위장관 운동성 지연이 있을 수 있으므로 종종 pro-motility 약물을 투여한다. 위 잔류물은 간호사가 확인하며, 새로운 프로토콜은 잔류물이 500mL에 도달할 때까지 위관영양을 중단할 필요가 없다고 하였다. 환자가 경구영양을 시행한 준비가 되면 점차적으로 전환해야 한다.

장관영양의 가능한 합병증

액체 물질의 삼투압은 용액 1kg당 입자 수를 나타낸다. 입자가 많은 용액(삼투압이 높음)은 입자가 적은 용액보다 더 많은 압력을 가한다. 삼투압이 높은 용액은 삼투압이 낮은 인근 용액에서 물을 끌어당긴다. 삼투압이 높은 조제식이 장에 도달하면, 신체는 조제식을 희석하기 위해 혈액에서 유체를 끌어 올 수 있다. 이 과정은 허약과 설사를 일으킬 수 있다. 그러나 설사는 다른 모든 원인을 배제한 경우에만 위관영양으로 인한 것으로 설명할 수 있다. 소르비톨(sorbitol)이나 *클로스트리디움디피실*(C-diff, 이질을 유발하는 박테리아)을 함유한 액상 약물은 설사의 가능한 2가지 원인이다.

흡인이 발생할 수 있으며(일부 조제식이 폐에 들어감) 폐렴이 발생할 수 있다. 관이 막히거나 환자가 관을 잡아당길 수 있다. 관의 위치는 흡인 가능성을 줄이기 위해 X-ray로 검사해야 한다. 위관영양을 시작하기 전에 의료 제공자는 의사의 지시에 따라 물을 투여하고 침상 머리를 올려야 한다. 지속 경관영양인 경우 침상 머리는 계속 높게 유지한다. 위에 비위관의 올바른 위치를 확인하기 위해 일부 기관에서는 사용 전에 위 pH를 점검한다.

위관영양을 필요로 하는 환자는 많은 지지가 필요하다. 건강관리팀은 위관영양 대상자를 관리하는 동안 그들을 이해해야 한다.

비경구영양 환자

비경구영양은 영양소를 정맥으로 공급하는 것이다. 위장관 기능이 결여되었거나 정상적인 급식이 환자의 요구에 적합하지 않은 경우에 사용된다. 그것은 단독으로 또는 구강이나 위관영양을 포함하는 식단의 일부로 사용될 수 있다. 비경구영양은 위장관을 사용하지 않으면서 총 영양을 제공하며, 총 비경구영양(total parenteral nutrition, TPN) 또는 과영양제(hyperalimentation)라고 한다. TPN 용액은 덱스트로스(탄수화물), 아미노산(단백질), 지질(지방), 전해질 및 미량 원소의 혼합물이다.

영양액은 의사와 영양사가 처방하고 약사가 준비한다. 그들은 중심정맥 또는 2주 이하의 기간 동안은 말초정맥을 통해 투여될 수 있다. 이 용액은 구성 요소가 안정적인 용액을 형성하지 않기 때문에 정맥에 들어가기 직전까지 결합되지 않는다.

장기간 필요로 하는 총 비경구영양은 중심정맥을 통해 제공된다. 카테터는 의사 또는 IV 간호사에 의해 무균 상태에서 외과적으로 삽입된다. 쇄골하맥이나 상대정맥으로 삽입된다. 상대정맥은 높은 혈류량이 고농축 TPN 용액의 빠른 희석을 촉진하기 때문에 사용된다. 희석은 정맥염과 혈전증의 가능성을 감소시킨다.

더 이상 비경구영양이 필요하지 않은 경우 환자는 점차적으로 경구영양으로 전환해야 한다. 때때로 TPN을 줄일 때 구강영양 전에 위관영양을 주는 경우가 있다. 이유를 하기 전에 매일 구강액과 칼로리 목표를 충족시켜야 한다. 이유 시에는 비경구영양 주입량이 매일 감소되거나 주입이 이루어지는 요일 수를 줄여나갈 수 있다. 평가는 경구 섭취량, 대변 및 소변량 분석을 통해 체중, 전해질 및 기타 실험실 검사 수치를 모니터링함으로써 수행된다. 건강관리팀은 최적화된 식이요법과 약물 치료 계획을 수립하기 위해 함께 노력해야 한다.

비경구영양 환자의 가능한 합병증

감염은 카테터 부위에서 발생하여 혈류로 들어가 패혈증이라고 불리는 혈액의 감염을 일으킬 수 있다. 24시간 이상 냉장보관하지 않으면 세균 또는 곰팡이 감염이 발생할 수 있다. 비정상적인 전해질 수치는 정맥염이나 혈전을 발생시킬 수 있다. 환자에 대한 신중한 모니터링이 필수적이다.

화상 환자

심각한 화상의 경우, 피부 표면의 손실은 체액, 전해질 및 단백질의 막대한 손실을 초래한다. 손실을 보상하기 위해 수분은 다른 조직에서 화상 부위로 이동하지만 이것은 문제를 발생시킨다. 이 유체 손실은 소변량뿐만 아니라 혈액량 및 혈압을 감소시킬 수 있다.

유체 및 전해질은 쇼크를 막기 위해 즉시 정맥 치료로 대체된다. 고혈당을 피하기 위해 화상 후 첫 2~3일 동안 포도당은 수액에 포함하지 않는다.

심각한 화상 이후에 피부가 치유될 때까지 대사항진 상태가 계속되므로 치유 과정에 필요한 에너지가 엄청나게 증가한다. 대부분의 성인 칼로리요구량은

웹사이트 탐색
EXPLORING THE WEB

비경구영양에 대한 추가 정보를 웹에서 검색하시오. TPN에는 어떤 유형의 조제식이 사용되는가? 이 영양 지원 형태에 부족한 영양소가 있는가? 환자의 어떤 부작용이나 알러지를 모니터해야 하는가?

말초정맥 peripheral vein
피부 표면 근처에 있는 정맥

정맥염 phlebitis
정맥의 염증

혈전증 thrombosis
혈전 막힘

패혈증 sepsis
혈액의 감염

1일당 35~40kcal/kg로 계산되지만 칼로리요구량은 체중(크기)과 화상 깊이를 포함한 총 화상 표면을 기준으로 한다. 성인 단백질 요구량은 1.5~2.0g/kg로 체중에 따라 증가한다. 어린이들은 하루 2.5~3.0g/kg의 치유를 위한 추가 단백질이 필요하다. 지방이 비단백질 칼로리의 12~15%를 제공하는 것이 합리적이다. 고단백질, 고칼로리 식이요법이 사용된다. 치유를 위한 비타민 C와 아연, 여분의 영양소의 신진대사를 위한 비타민 B가 증가되어야 한다. 비타민 A는 면역 체계와 상피 조직에 중요하다. 아미노산 아르기닌과 글루타민은 면역 기능과 상처 치유를 증가시킨다. 아르기닌은 콜라겐 형성과 질소 유지에 도움을 줌으로써 상처 치료를 돕는다. 글루타민의 기능 중 일부는 박테리아 감염을 예방하고 면역 기능을 개선하며 내장의 완전성을 유지하는 데 도움이 된다.

또한 심한 화상을 입은 환자가 신장이 용액 속에 비정상적으로 많은 양의 폐기물을 배출하고 대체할 수 있도록 충분한 수분을 섭취하는 것이 필수적이다.

환자가 먹을 수 있다면 구강 영양을 하는 것이 좋다. 처음에는 액상의 조제식을 사용할 수 있으며 화상 후 두 번째 주 동안은 고형 식품을 추가할 수 있다. 환자가 먹을 수 없으면 즉시 위관영양을 시작해야 한다(그림 21-2). 어떤 경우에는 비경구영양이 필요하다. 제공되는 음식은 환자가 좋아하고 먹을 수 있는 음식이어야 한다. 이를 확인하려면 영양사가 각 화상 피해자에 대해 개별 평가를 수행해야 한다. 제공된 영양소의 적정성을 가장 잘 평가하는 것은 상처 치유이다.

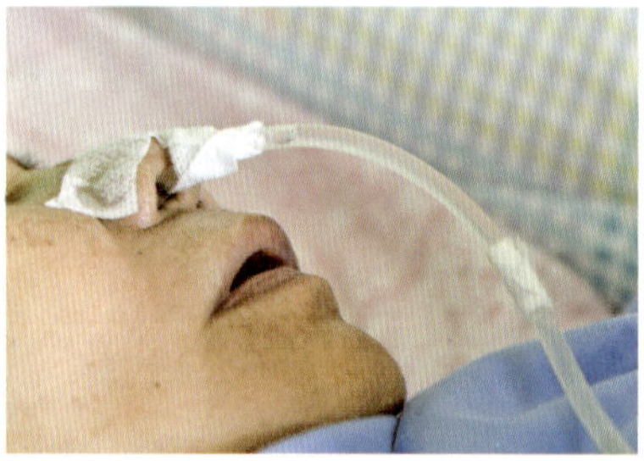

그림 21-2 심각한 화상 환자에게는 적절한 영양과 도움이 필수적이다.

화상 환자는 많은 격려가 필요하다. 그들은 통증을 경험한다; 손상에 대해 걱정하고 있다. 환자는 수술의 가능성으로 장기간의, 고비용의, 고통스러운 병원 생활을 하고 있음을 인지해야 한다.

감염 환자

발열은 일반적으로 감염에 동반된다. 발열과 감염은 급성 또는 만성일 수 있다. 발열은 기초대사율이 7% 증가하며 화씨가 상승하는 대사항진 상태이다. 열이 있는 동안 추가적인 열량이 제공되지 않으면, 신체는 먼저 글리코겐을 공급하고 저장된 지방을 사용하며, 마지막으로 에너지를 위해 자체 근육 조직을 사용하게 된다.

감염(패혈증) 때문에 단백질 섭취를 늘려야 하며 필요한 양을 개별화해야 한다. 단백질은 신체 조직을 대체하고 감염과 싸우기 위해 항체를 생산하는 데 필요하다. 무기질은 신체 조직을 만들고 재생하고 산-염기, 전해질 및 유체 균형을 유지하는 데 도움이 된다. 증가된 신진대사율을 위해 여분의 칼로리가 필요하다. 여분의 비타민은 대사율 증가와 열을 일으키는 감염과 싸우는 데도 필요하다. 감염에 동반되는 땀, 구토 또는 설사를 통해 손실된 것을 보충하기 위해 여분의 수액이 필요하다.

항체 antibodies
이물질에 반응하여 신체에서 생성되는 물질; 이물질의 독소를 중화시킨다.

열이 있는 환자는 대개 식욕이 매우 좋지 않지만, 종종 얼음물, 과일 주스 및 탄산음료를 섭취한다. 일부 환자는 국물, 젤로, 또는 아이스 캔디를 제공받는다. 일반적으로 발열과 감염 중 식단은 유동식에서 일반식이로 진행되며, 작은 식사가 권장된다. 단백질, 칼로리, 비타민이 증가되어야 한다. 어떤 경우에는 비경구 및 장관영양이 필요하다.

감염 중에 항생제를 장기간 복용하거나 장기간 사용하면 *칸디다* 박테리아에 의한 효모 감염인 구강 아구창이 발생할 수 있다(그림 21-3). 박테리아가 건강한 사람에게는 자연적으로 존재하지만, 환자의 경우 면역 체계가 손상되며 박테리아가 성장할 수 있다. 아구창을 가진 환자는 일반적으로 먹는 동안의 혀 통증으로 식욕이 감퇴된다. 구강 아구창은 치료가 필요하지 않다. 환자는 회복 속도를 높이기 위해 유산균 캡슐을 복용하거나 유산균이 든 요구르트를 먹을 수 있다.

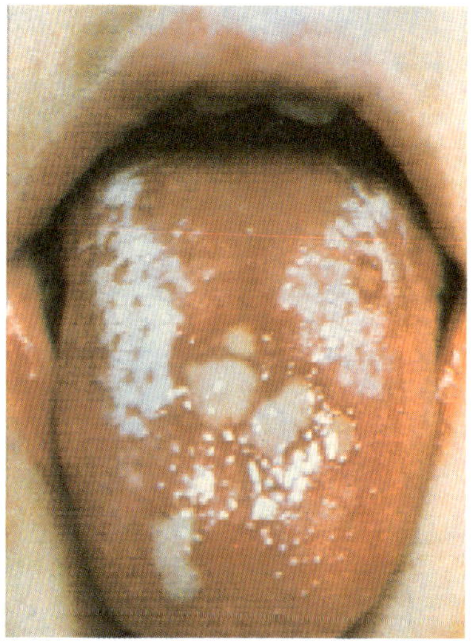

그림 21-3 아구창은 매우 아프다.

후천성면역결핍증후군 환자

바이러스는 숙주라고 불리는 다른 유기체를 침입하여 살거나 감염시키는 미세한 기생충이다. 이 바이러스는 숙주로부터 영양분을 얻으며 무수히 복제된다. 인간을 감염시키는 많은 바이러스가 있다. 일부는 감기에 걸리는 것과 마찬가지로 가벼운 질환으로 만든다. 사람면역결핍바이러스는 치명적이다.

HIV는 감염으로부터 몸을 보호하는 백혈구인 T세포를 침범한다. T세포가 정상적으로 기능을 발휘할 수 없으면 신체는 기회감염에 저항할 수 없다. 기회감염은 다른 미생물에 의해 유발되며, 현재 존재하지만 건강한 면역 체계를 가진 사람들에게 영향을 주지 않는다.

HIV에 감염된 사람을 HIV 양성 반응이라고 한다. HIV 감염은 치유되지 않으며 치명적인 후천성면역결핍증후군(에이즈)을 야기한다.

HIV는 나이, 성별, 신체조건 등을 고려하여 노출된 모든 사람에게 영향을 줄 수 있다. HIV 감염은 완치될 수 없지만 예방할 수 있다. 악수와 같은 일상적인 접촉을 통해서는 전염되지 않는다. 체액을 통해 전염된다.

표 21-1 후천성면역결핍증후군 환자의 영양 손실의 원인

- 식욕부신증
- 암
- 설사
- 발열로 인한 신진대사 증가
- 특정 약물
- 암 또는 설사로 인한 흡수 장애
- 단백질 에너지 영양실조

HIV 감염과 영양의 관계

건강한 식이요법은 건강한 면역 체계에 필수적이며 후천성면역결핍증후군의 발병을 지연시킬 수 있다. HIV 양성으로 진단받은 사람은 공인영양사에게 기준 영양 및 식이 평가를 받아야 한다. 건강에 해로운 식습관은 질환 초기 단계에서 교정될 수 있으며 미래의 영양요구사항에 대하여 설명을 들을 수 있다.

상태가 진행됨에 따라, 환자는 피로, 피부 발진, 두통, 야간 발한, 설사, 체중 감소, 구강 병변, 기침, 발열 등을 경험하기 시작한다. 감염은 신진대사 속도, 영양, 칼로리요구를 증가시키며, 동시에 식욕을 감소시키며 종종 영양소를 흡수하는 신체의 능력을 저하시킨다(표 21-1).

아구창 thrush
입과 혀를 감싸는 점막의 효모 감염

사람면역결핍바이러스 human immunodeficiency virus (HIV)
신체의 면역 체계를 약화시키고 궁극적으로 에이즈로 진행되는 바이러스

기회감염 opportunistic infections
건강한 면역 체계를 가진 사람들에게는 존재하여도 정상적으로 영향을 미치지 않는 미생물에 의한 감염

후천성면역결핍증후군(에이즈) acquired immune deficiency syndrome (AIDS)
사람면역결핍바이러스(HIV)로 인한 면역 체계 때문에 치명적인 감염에 취약하다.

표 21-2 후천성면역결핍증후군 환자의 식욕을 개선하는 방법

- 식사 후 약을 투여하시오.
- 부드러운 음식을 제공하시오.
- 매운 음식, 산성 음식, 매우 뜨겁거나 또는 차가운 음식을 피하시오.
- 소량으로 자주 식사를 제공하시오.
- 액체 보조제에 설탕과 향료를 첨가하시오.
- "좋은"날의 장점을 사용하여 환자가 허용하는 모든 음식을 제공하시오.
- 경제적, 가족, 친구들에 대한 걱정을 덜어주기 위해 환자와 이야기하시오.

약물 치료는 식욕을 감소시키고 오심을 유발할 수 있다. 구강 감염이 있을 때 미각이 변할 수 있으며 삼킬 때 통증이 느껴질 수 있다. 발열, 통증, 우울은 식욕을 저하시킬 수 있다. 삼킴곤란과 치매 또한 식욕부진에 영향을 줄 수 있다.

후천성면역결핍증후군 환자는 심각한 단백질과 에너지 영양실조(PEM)를 경험하게 된다. 이것은 저알부민혈증과 체중 감소를 초래하는 HIV 소모성 증후군이라고 할 수 있다. 면역 체계는 불충분한 양의 단백질과 칼로리에 의해 더욱 손상되면서 사망에 이르게 된다.

후천성면역결핍증후군 환자의 섭취와 관련된 문제

후천성면역결핍증후군 환자가 영양소와 칼로리가 풍부한 식이요법을 가장 필요로 할 때, 대부분은 환자들은 거부할 수 있다. 영양 치료에 관하여 환자와 토의하고 식욕을 개선시키는 방법을 제공하는 것이 유용할 수 있다(**표 21-2**).

오심과 설사 때문에 충분한 수분이 필수적이다. 환자가 삼키는 데 어려움이 있거나 단순히 먹을 수 없는 경우, 위관영양이 필수일 수 있다. 튜브가 통증을 유발하거나 심한 설사 또는 흡수 장애가 있는 경우 비경구영양이 필요할 수 있다.

최근 자료
IN THE MEDIA

사람면역결핍바이러스와 후천성면역결핍증후군에 걸린 사람들에게 스트레스 관리는 중요하다.

증가된 스트레스는 신체에 많은 부정적인 영향을 줄 수 있다. 부작용에는 소화기 및 수면 장애, 두통, 우울, 불안, 면역 체계 억제가 있다. 사람면역결핍바이러스 및 후천성면역결핍증후군 환자의 경우 스트레스 관리가 특히 유용할 수 있다. 스트레스는 감염과의 싸움을 돕기 위해 생성되는 T세포의 생산을 줄인다. T세포는 사람면역결핍바이러스와 후천성면역결핍증후군에 걸린 사람들에게서 줄어든다. 근육 이완, 심호흡, 명상, 저충격운동, 마사지, 침술에 참여하고 건강한 식단을 유지하면 스트레스 수준을 줄이고 전반적인 정신적 및 육체적 건강을 향상시킬 수 있다.

출처: Adapted from Scrivani, Joseph Robert. (2016, January 7). "The Importance of Stress Management for People with HIV/AIDS." Accessed January 2016. www.goodtherapy.org

병원 환경에서 환자의 영양 상태 개선

환자의 영양 상태 개선은 중요하다. 환자의 공식적인 영양 평가는 정기적으로 이루어져야 하지만 건강관리팀의 모든 구성원은 매일 영양 부족 징후에 주의해야 한다. 정기적으로 환자를 보는 간호사는 환자를 도울 수 있는 최적의 적임자이다. 간호사는 영양사에게 섭취 감소를 알려줄 수 있다. 영양사는 다음을 수행할 수 있다.

1. 환자는 영양요구에 대한 정보가 필요할 수 있다.
2. 환자는 보조제가 필요할 수 있다.
3. 환자는 다른 음식을 원할 수도 있다.

환자의 건강 상태에 금기가 아닌 경우, 친구나 친척에게 환자가 좋아하는 음식을 가져 오도록 초대하는 것이 도움이 될 수 있다.

식사 제공량

전국의 점점 더 많은 병원들이 '룸 서비스' 메뉴를 사용하여 환자가 제공된 메뉴에서 유연한 시간 범위 내에서 선택을 하도록 허용하고 있다. 치료 식이는 여전히 제공된다. 그러나 가능하다면, 자유로운 메뉴 계획은 좋은 섭취를 용이하게 하기 위해 사용된다. 침상에서 식사를 제공할 때, 쟁반에는 예쁜 천이나 종이 라이너를 놓아야 한다. 쟁반에 끼지 않고 편리하게 맞는 매력적인 접시를 사용해야 한다. 음식은 접시 위에 매력적으로 배치되어야 한다. 이용은 편리하도록 배치되어야 한

저알부민혈증 hypoalbuminemia
혈액 내 단백질의 비정상적으로 낮은 수치

다. 의사가 금지하지 않는 한, 물은 다른 음료와 함께 제공한다. 음식은 적당한 온도에 제공해야 한다.

환자가 완전한 침상안정 상태에 있을 때는 식사를 제공하기 전에 특별한 준비가 필요하다. 환자에게 실내용 변기를 사용하고 식사 전에 씻을 수 있는 기회가 주어져야 한다. 환자는 편안한 자세로 안내되어야 하며, 불쾌한 시야는 식사 제공 전에 미리 제거해야 한다. 준비 과정 동안 즐거운 대화는 환자의 기분을 상당히 개선할 수 있다. 대화의 특정 주제는 먹는 것에 대한 환자의 관심을 자극하는 데 도움이 될 수 있다. 가능하다면 환자의 진행 상황에 대한 적절한 언급이 도움이 될 수 있다.

식사 시간에 쉽게 먹을 수 있게 접시는 침대 옆 탁자 위에 놓여야 하며 필요한 경우 다른 사람이 먹여주기에 편리하도록 배치해야 한다. 환자가 도움이 필요하면 냅킨을 열어 놓고 빵에 바르거나 고기를 자르고 빨대를 제공해야 한다. 환자에게 식사를 장려하고 충분한 식사 시간을 허용해야 한다.

환자가 접시에 너무 많은 음식이 있다고 불평하면 한 번에 한 접시에서 두 접시로 나누어 줄 수 있다. 많은 고령 환자들은 음식을 낭비하는 것이 불편하다고 생각하므로 식사 시간에 적은 양의 음식을 먹는 것이 나을 수 있다. 의사는 섭취가 부족한지 주목하고 먹은 음식의 유형과 양에 관한 정확한 보고를 위해 칼로리와 단백질 계산을 요구할 수도 있다.

웹사이트 탐색
EXPLORING THE WEB

급성 또는 만성질환 중 영양 상태에 대한 정보를 웹에서 검색하시오. 식욕이 질병의 영향을 받는 이유는 무엇인가? 질병에 걸렸을 때, 식욕을 감소시키는 시간은 어느 정도인가? 아플 때 식욕을 개선하고 영양 균형을 유지하기 위해 할 수 있는 일은 무엇인가?

지원을 필요로 하는 환자에게 음식 공급하기

환자가 스스로 먹을 수 없는 경우, 보조하는 사람은 침대 옆쪽에 앉아 있어야 한다(그림 21-4). 소량의 음식은 숟가락이나 포크를 사용하여 혀에 약간의 압력을 가하면서 입 뒤쪽을 향하게 해야 한다. 환자는 가능한 한 많이 자조(self-help)할 수 있어야 한다. 환자에게 질식 증상이 보이면, 똑바로 앉게 한다. 환자 질식 시 음식이나 물을 주면 안 된다. 필요에 따라 환자의 입을 닦아야 한다. 삼킴곤란으로 진

그림 21-4 일부 환자는 식사를 할 때 도움이 필요하다.

SUPERSIZE USA

저널 *eLife*에 실린 새로운 연구에 따르면, 늦은 밤에 간식을 자주 섭취하면 뇌의 생리가 바뀌어 학습과 기억을 조절하는 뇌의 해마 영역이 결핍될 수 있다. 최근 연구에서 생쥐 실험을 통하여 새로운 개체를 인식하는 쥐의 능력을 확인하였다. 쥐의 해마에 대한 신경 자극이 낮 시간대와는 달리 수면 시간의 중간 6시간 동안 음식을 제공했을 때 감소되었다. 늦은 시간에 식사를 하면 인지력을 손상시킬 뿐만 아니라 수면 패턴을 혼란시킬 수 있다. 연구자들은 아직 신체연구에서 이 발견을 직접적으로 확인하지 못했지만, 야간 근무자들이 인지력 검사에서 수행도가 떨어지는 것을 확인하였다.

출처: Adapted from *Science Daily* (2015, December 23). "Midnight Munchies Mangle Memory." Accessed January 2016. www.sciencedaily.com

단받은 환자는 특별한 식단이 필요하다. 비정상적인 삼킴 상태에 따라, 환자는 얇거나 두껍게 만든 액체(꿀이나 꿀이 있는 액체)가 필요한 곱게 간 음식이 필요할 수 있다. 삼킴곤란 환자는 빨대를 사용하지 않아야 한다.

웹사이트 탐색
EXPLORING THE WEB

웹에서 장애가 있는 환자를 지원하는 적응형 장치를 검색한다. 이러한 기기의 작동에 익숙해져 환자에게 스스로 돕는 방법을 가르칠 수 있다.

실명환자의 식사

실명환자에게 식사를 제공할 때는 특별한 주의가 필요하다. 식사에 관한 입맛에 맞는 묘사 설명은 식욕을 상승시킬 수 있다. 실명환자가 스스로 먹는 것을 돕기 위해 접시가 시계인 것처럼 음식을 배치한다(그림 21-5). 육류는 6시에, 채소는 9시에, 샐러드는 12시에, 빵은 3시에 놓는다. 정기적으로 식사를 준비하는 사람은 모든 식사에 동일한 패턴을 사용해야 함을 기억해야 한다. 먹기 용이하게 하며 음식이 쏟아지는 것을 막기 위해 접시 보호대를 접시 주위에 두어야 한다. 실명환자는 일반적으로 그들 스스로 할 때 더 만족한다.

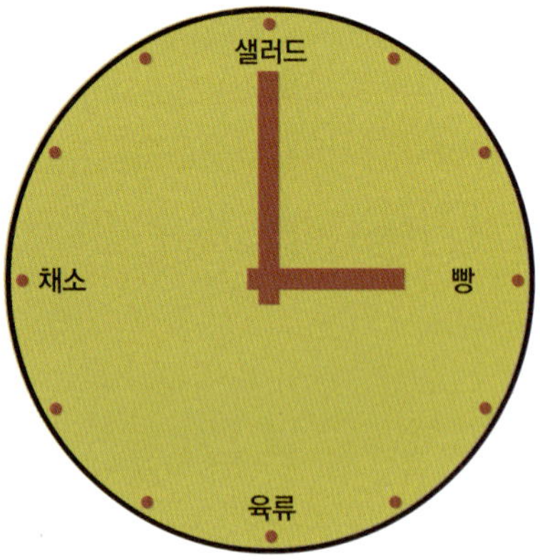

그림 21-5 실명환자를 위하여 접시 위의 음식 위치를 시계로 묘사할 수 있다.

집으로의 전환

환자가 퇴원할 때, 영양사가 환자에게 식단 계획을 제공할 수도 있다. 식이 계획의 예로는 저나트륨, 저콜레스테롤, 저잔류식이가 있다. 가정에서는 가능한 경우, 환자의 식사를 기반으로 가족의 메뉴를 조정할 필요가 있다.

노인의 장기 간호

장수의 증가로 장기요양이 필요한 노인의 수가 증가하고 있다. 노화와 더불어 사람들이 겪는 영양 상태에 영향을 미칠 수 있는 변화는 13장에서 논의된다.

장기 간호 시 노인의 신체적 문제

85세 이상의 대다수는 관절염, 골다공증, 당뇨병, 심혈관질환 또는 정신질환과 같은 만성질환이 적어도 하나는 있다고 추정된다. 이러한 상태는 그들의 태도, 신체 활동, 식욕 등은 영양 상태에 영향을 준다. 단백질 에너지 영양실조(protein energy malnutrition, PEM)는 고령의 영양 상태에서 주요한 부분이다.

환자의 철분 섭취량이 충분하지 않으면 빈혈이 발생할 수 있다. 빈혈은 혼돈, 우울을 야기할 수 있지만, 주요 증상 중 하나인 피로가 단순히 노화의 특징으로 생각될 수 있기 때문에 눈에 띄지 않을 수 있다. 충분한 동물성 단백질과 비타민 C(철 강화제)가 환자의 식단에 있는지 확인하는 것이 철분 섭취량 확인에 도움이 될 수 있다.

욕창은 침대에 누워있는 환자들 사이에서 생길 수 있다. 궤양은 피부에 압력이 가해져 혈액이 영양분과 산소를 가져오고 노폐물을 제거하는 과정이 어렵게 된 부위에서 발생한다. 회복하려면 궤양 치료, 압력 완화, 충분한 단백질이 포함된

욕창 pressure ulcers
욕창

고칼로리 식단, 비타민 C와 아연 보조제가 필요하다. 예방은 필수이다.

변비는 부적절한 섬유소, 수분 또는 운동으로 인해 발생할 수 있다. 약물 치료, 연동운동 감소, 이완제의 남용에 의해서도 발생할 수 있다. 증가된 체액, 섬유질 섭취, 가능한 경우 운동으로 호전될 수 있다.

설사는 소화장애, 약물, 바이러스, 박테리아, 기타 원인으로 인해 발생할 수 있다. 설사는 영양분의 흡수를 감소시키고 탈수를 일으킨다. 식단에서 보충 비타민과 무기질을 혼합한 섬유소의 증가가 도움이 될 수 있다.

노화에 따라 후각이 떨어지고 식욕이 감소한다. 미각 감소는 약물 치료, 질병, 무기질 결핍 또는 입안건조증에 의하여 발생한다. 향신료, 허브, 소금 및 설탕(허용되는 경우)을 추가하는 것이 도움이 될 수 있다. 입안건조증은 질병이나 약물로도 발생할 수 있다. 물을 마시고, 자주 소량 식사를 하며, 무가당 껌을 씹거나 딱딱한 사탕을 빨아먹는 것이 도움이 될 수 있다. 환자의 침이 부족할 경우, 충치가 증가한다.

삼킴곤란(삼키기 어려움)은 뇌졸중, 폐쇄 두부 외상, 두경부암, 수술, 알츠하이머, 기타 질병으로 인해 발생할 수 있다. 삼킴곤란 환자가 필요로 하는 식이요법의 일관성을 결정하기 위해 삼키는 것에 관한 연구가 필요하다. 삼키기 연구는 비디오 형광 투시경을 사용하는 언어 치료사가 수행한다. 비디오 촬영을 하는 동안 환자는 액체, 반 액체, 순한 음식과 고체 음식을 제공받아, 흡입이 발생하지 않는 정도로 삼킬 수 있는 음식 덩어리의 일정한 크기를 결정한다. 많은 삼킴곤란 환자는 걸쭉한 액체가 있어야 한다. 삼킴곤란 환자는 항상 똑바로 세워야 하며, 먹을 때 턱을 가슴으로 향하게 하여 흡입을 예방한다. 간호사는 흡입 위험이 있는 환자의 경우, 삼키는 것이 확실히 완료되었는지 확인해야 한다. 환자가 규칙적인 음식 섭취를 견딜 수 있다면, 먹기 전에 음식을 작은 조각으로 자르도록 주의해야 한다.

일부 환자는 가정에서보다 장기요양시설에서 더 앉아 생활할 수 있으며 식욕이 부족할 수 있다. 활동과 운동은 시설에서 제공될 수 있다. 하지만 많은 사람들이 신체적 한계로 인해 참여할 수 없다. 대부분의 장기요양시설에서 섭취량과 일반적인 영양 상태를 개선하기 위한 메뉴 개선이 이루어졌지만 일부 시설은 아직 뒤쳐져 있다. 모든 돌봄을 수행하는 직원과 간호사는 노인을 위한 최적의 조건을 지지해야 한다. 노인은 최적의 보살핌 외에도 보호자로부터 온정과 존경을 필요로 하고 존경받을 자격이 있다.

건강과 영양 고려사항

이 장에서 논의된 범주에 해당하는 환자들은 의료 전문가에게 어려울 수 있다. 질병, 입원, 수술을 경험하는 환자는 통증, 불확실성, 불안으로 인해 과도한 요구를 하는 것처럼 보일 수도 있다.

건강관리 전문가는 환자뿐만 아니라 자신도 긍정적으로 생각하고 가족들과의 치료적 의사소통을 사용하여 도울 수 있다. 메뉴 선택을 지원하고, 보조제, 비경구 또는 경구영양 공급과 같이 환자의 영양 상태를 향상시키는 것은 회복과 재활에서 가장 중요하다. 최적의 영양이 제공되면 치유가 촉진된다.

요약_SUMMARY

수술, 화상, 발열, 감염은 신체가 과대한 반응을 일으키는 외상이다. 이 반응은 상해가 영양분의 손실을 야기하는 동시에 추가 영양분을 필요로 하게 된다. 이러한 상황에서 필요에 따라 여분의 수분, 단백질, 칼로리, 비타민, 무기질 및 탄수화물을 제공하는 데 주의를 기울여야 한다. 수술이 선택될 때, 필요한 경우 수술 전에 영양 상태를 개선해야 한다. 음식물을 구강으로 섭취할 수 없는 경우, 장내 또는 비경구영양이 사용될 수 있다. 장기요양시설을 필요로 하는 노인 환자들은 몇 가지 영양 관련 건강문제로 위험에 처할 수 있으며, 그 문제들은 적절한 치료를 통해 때로는 완화될 수 있다. 건강관리 팀은 환자의 영양 상태를 개선하기 위해 함께 노력해야 한다.

토의 주제_DISCUSSION TOPICS

1. 수술 환자의 식이요법 이력이 어떤 면에서 도움이 될 수 있는가?
2. 수술 시 환자의 위장이 왜 비어 있어야 하는가?
3. 수술 후 정맥을 통한 포도당 수액요법이 영양요구사항을 충족시키기에 충분하지 않은 이유를 설명하시오.
4. 비경구영양에 대해 설명하시오. 이것이 무엇인가? 어떻게 전달해야 하는가? 그와 관련된 몇 가지 위험은 무엇인가?
5. 질병과 수술은 영양에 어떤 영향을 주는가?
6. 의원성 영양실조는 무엇인가? 어떻게 발생하는가?
7. 어떤 면에서 간호사가 환자의 영양 상태를 개선하는 데 도움이 되는가?
8. 식이요법 보조자의 행동과 태도가 환자의 식욕에 어떤 영향을 미칠 수 있는가?
9. 노인 환자에게 빈혈이 간과되기 쉬운 이유는 무엇인가?
10. 저하된 후각이 식욕에 어떤 영향을 미칠 수 있는지 토론하시오.

연습문제_REVIEW

가장 적절한 답을 고르시오.

1. 외상 중에는 대부분 ____________.
   a. 단백질과 무기질의 필요성이 감소한다.
   b. 신체 내 과대한 대사 반응이 일어난다.
   c. 영양요구사항의 사소한 변화가 있다.
   d. 칼로리 필요성이 감소한다.
2. 상처 치유, 조직 형성 및 혈액 재생은 모두 _______을 필요로 한다.
   a. 여분의 지방
   b. 여분의 콜레스테롤
   c. 고용량의 비타민 C
   d. 추가 단백질

3. 주요 수술 후 단백질은 ______을 위해 필요하다.
   a. 칼로리 제공
   b. 감염에 저항
   c. 상해 중 지방 대사를 조절
   d. 치료를 촉진시키기

4. 덤핑증후군은 ________과 같은 특징이 있다.
   a. 편두통
   b. 고혈압 및 진전
   c. 응고 시간 감소
   d. 현기증과 경련

5. 2주 이상 지속된 TPN은 _____을 통해 주어진다.
   a. 비위관
   b. 발목의 말초정맥
   c. 상대정맥
   d. 식도 절제술

6. 영양소의 정상적인 흡수는 _________다.
   a. 화학요법에 영향을 받지 않는다.
   b. 설사에 영향을 받지 않는다.
   c. 수술 후 감소될 수 있다.
   d. PEM에 영향을 받지 않는다.

7. 의원성 영양실소는 __________이다.
   a. 수술의 피할 수 없는 결과이다.
   b. 입원의 결과일 수 있다.
   c. 일반적으로 미열로 야기된다.
   d. 상처 치유에 효과가 없다.

8. 삼킴곤란은 __________이다.
   a. 기억 상실을 의미한다.
   b. 뼈 수술 후에 흔히 발생한다.
   c. 무시해도 괜찮다.
   d. 환자는 앙와위로 먹지 말아야 한다.

9. 도움이 필요한 환자에게 음식을 먹일 때는 ______.
   a. 소량의 음식을 입 뒤쪽에 놓는다.
   b. 앙와위 자세로 먹인다.
   c. 물린 데까지 액체를 흘려준다.
   d. 한 입 사이즈로 음식을 자른다.

10. 입원 환자가 가장 좋아하는 음식을 집에서 가져온 경우, _____________.
   a. 허용해서는 안 된다.
   b. 환자의 영양 상태에 아무런 영향을 미치지 않는다.
   c. 환자에게 주어지기 전에 영양사의 허락을 받아야 한다.
   d. 도움이 되거나 해롭지 않다.

요점사례_CASE IN POINT

BETTY: 비경구영양으로부터 전환

Betty와 그녀의 남편 Kenny는 최근에 딸을 방문하는 도중에 교통사고를 당했다. 날씨가 악화되면서 Kenny는 검은 얼음 패치를 쳤다. 자동차가 도로에서 미끄러져 도랑으로 뒤집혔다. Kenny는 사고로 심각하게 부상당하지는 않았지만 Betty는 지역 병원의 외상센터로 옮겨졌다. 그녀는 다리와 발목 골절, 복부 손상, 늑골 골절, 두부 손상이 발생했다. 그녀는 생명을 구하기 위해 수많은 수술을 받던 중 7일 이상 진정되었다. 이 기간 동안, 그녀에게 영양은 주사제를 통하여 제공되었다. Kenny와 Betty는 모두 83세이기에, Kenny는 그녀가 수술에서 살아남지 못할까봐 걱정했다. 비록 그녀가 심각하게 부상을 당했지만, 의사는 그녀가 잘 버티고 있다고 하였다.

병원 영양사는 그녀의 체중과 혈액검사 수치를 포함한 영양 상태를 면밀히 관찰했다. 3주 후에 그녀는 경구영양으로 전환할 수 있었다. 의사는 골절에 대한 재활 및 치료를 진행할 예정으로 그녀가 몇 주 동안 입원할 것으로 추정하고 있다. 그녀가 다시 식사를 시작했을 때, 간호사들은 그녀가 식사의 30~40%만을 먹고 있다고 말했다. 의사는 그녀의 섭취 부족으로 인해 외상이 제대로 치료되지 않을까봐 염려스러웠다. 물리치료사는 그녀가 활동 내성이 낮고 피로가 빠르고 쉽게 찾아온다고 지적했다. 영양사는 간호사에게 그녀가 섭취한 모든 음식을 문서화하기를 요청했다. 영양사는 또한 식사 사이에 그녀가 섭취할 고단백 보조제를 처방했다.

사정

1. Betty와 그녀의 영양에 관해 어떤 정보가 있는가?
2. 영양사가 의심하는 그녀의 결핍 부분은?
3. 의사는 무엇을 의심하는가?
4. 문제의 심각성은 어느 정도인가?
5. 그녀가 사고 전에 키가 157.5cm, 체중이 49.9kg이라면, 매일 요구되는 단백질 양은 얼마인가?
6. 그녀에게 부족한 단백질의 2가지 이점은 무엇인가?

진단

7. Betty의 영양 문제 원인은 무엇인가?
8. Betty의 간호진단을 완성하시오: 그녀의 영양 불균형은 ____와 관련하여 신체요구량보다 적다.

계획/목표

9. Betty에 대한 당신의 목표는 무엇인가?

수행

10. 칼로리 카운트는 무엇을 나타내는가?
11. Betty의 음식 선호도에 대해 무엇을 알아야 하는가?
12. Kenny는 식사 도중 무엇을 할 수 있는가?
13. Betty의 식사량의 크기와 빈도는 어떻게 되어야 하는가?
14. 식욕 감각 자극제를 사용해야 하는가?
15. 액체 영양 보조제를 사용해야 하는가?
16. 어느 단백질이 최고 수준의 물기를 제공할 수 있는가?

평가/결과 기준

17. 의사, 물리치료사, 영양사는 계획의 효과를 평가하기 위해 어떤 기준을 사용해야 하는가?
18. 체중 증가가 효과적인 기준이 될 수 있는가? 그렇지 않다면, 왜인가?

생각해보기

19. 이 사례에서의 배운 점은 다른 상황에서 어떻게 사용될 수 있는가?

rate this plate

식사 사이에 단백질 보조제를 제공함과 동시에, 영양사는 Betty의 식사와 간식에 단백질 공급원을 포함하도록 권장했다. 증가된 단백질 섭취는 그녀에게 추가적인 에너지를 제공하고 골절을 치료하는 데 도움을 준다. 다음 Betty의 아침식사를 평가하시오.

오트밀 1/2컵

블루베리 1/4컵

버터 바른 통밀 토스트 1개

딸기 요거트 113g

오렌지 주스 118cc

커피 한 잔

Betty는 이 식사에서 얼마나 많은 칼로리와 단백질 그램을 섭취했는가? 이 식사는 칼로리와 단백질이 충분했는가? 단백질을 증가시키기 위해, 이 식사에 어떤 음식을 추가할 수 있는가? 그녀가 식사 시간에 50% 이상의 음식을 먹도록 격려하기 위해 할 수 있는 일은 무엇인가?

요점사례_CASE IN POINT

LOUIS: 체중 감량과 피부 손상으로 인한 위협

Louis는 79세의 아프리카계 미국인이다. 그는 6개월 전에 아내가 죽기 전까지 47년간 결혼생활을 했다. 그녀의 죽음 이후, Louis에게는 모든 상황이 달라졌다. 그는 매우 외롭고 무엇을 해야 할지 몰라 당황하고 있다. 그가 요리를 잘하지는 않았지만, 지금은 식사를 준비하고 싶은 생각이 전혀 없다. 그는 대부분의 시간을 리클라이너 안락의자에 앉아서 텔레비전을 보면서 보냈다. Louis의 남동생 Lenny는 미혼인데, Louis에 대해 많이 걱정하고 있다. Lenny는 그를 육체적으로 정서적으로 지원하기 위해 일시적이라도 그와 함께 살기로 결정했다.

Lenny가 그의 집에 도착했을 때, 그를 마지막으로 본 이후로 체중이 상당히 줄었다는 것을 알게 되었다. 그의 피부는 매우 얇고 건조해 보였다. Lenny는 그를 위해 식사를 준비하기 시작했다. Louis는 식사에 감사했지만 여전히 식욕이 없었다. Lenny는 식사를 위해 리클라이너에 계속 있겠다는 Louis의 요청을 받아들였다. Louis는 자신의 걸음걸이가 점점 불안정해졌다고 말했다.

Lenny는 약 일주일 동안 그와 함께 있으면서, Louis는 심지어 리클라이너에서 자고 있다는 것을 깨달았다. 사실상, 그는 화장실에 가야할 때만 일어나고 있었다. Lenny는 그가 샤워를 하고 거의 활동을 안 하는 것을 알게 되었고 도울 필요가 있다고 결심했다. 그를 돕는 동안, Lenny는 그의 꼬리뼈에 커다란 압력 궤양이 있는 것을 알아챘다. Lenny는 그의 상태가 매우 걱정스러웠고 그를 의사에게 데려가기로 결심했다. 의사는 Louis가 궤양을 치료하기 위해 수술을 받아야 하며 몇 주 동안은 꼬리뼈에 압력이 가해지지 않도록 하라고 하였다. Louis는 또한 상처 치유를 돕기 위해 단백질 섭취를 늘리라는 처방을 받았다. 의사는 Louis와 Lenny에게 영양사를 만나서, 상처 치유를 용이하게 할 식사 계획을 검토하고 지난 몇 개월 동안 감소한 체중의 일부를 회복하도록 도와달라고 요청하라고 하였다.

사정

1. Louis와 그의 영양에 대해 무엇을 알고 있는가?
2. 그가 균형된 식이 섭취를 하였는가?
3. 그의 치료에 어떤 장애물이 있는가?
4. 치유의 우선순위는 무엇인가?
5. 이 문제에서 영양은 얼마나 중요한가?

진단

6. Louis의 간호진단을 작성하시오.

계획/목표

7. Louis의 최우선 목표는 무엇인가?

수행

8. 영양사가 Louis를 돕기 위해 알아야 할 것은 무엇인가?
9. 영양사가 권장하는 것은 무엇인가?
10. 비타민 보조제가 어떻게 도움이 될 수 있는가?
11. 그 외에 또 누가 도울 수 있는가?
12. 그가 먹으려면 어떤 전략이 도움이 될 수 있는가?
13. 가정건강간호사는 무엇을 할 수 있는가?
14. 그는 자신을 돕기 위해 무엇을 해야 하는가?
15. 그가 체중을 유지하기에 충분한 음식을 섭취할 수 없다면, 의사는 어떤 대안을 가져야 하는가?

평가/결과 기준

16. Louis에게 튜브로 영양을 공급하는 것을 피하기 위해 무엇이 필요한가?
17. 의사는 계획이 효과적인지 판단하기 위해, 어떤 기준을 사용할 것인가?

생각해보기

18. Louis의 요구는 다른 수술 환자의 요구와 어떻게 유사한가?
19. 만약 그에게 튜브로 영양을 공급해도 치유할 수 없다면, 가장 심각한 결과는 무엇인가?

✓ rate this plate

Lenny는 Louis를 위해 다음과 같은 식사를 준비했다. 다음 식사의 단백질 품질을 평가하시오.

구운 미트로프 170g

치즈와 버터를 잘게 썬 중간 크기의 구운 감자 1개

혼합 채소 3/4컵

버터 바른 디너롤 1개

커스터드 컵 113g

이 식사에는 단백질이 몇 그램이 들어 있는가? 그의 궤양을 치료를 하기에 충분한가?

APPENDIX A

미국인을 위한 식이 가이드라인, 2015~2020: 연령, 성별, 신체 활동 수준에 따른 1일 예상 요구 열량[a]

Reprinted from Dietary *Guidelines for Americans, 2015~2020* (8th ed.), by the U.S. Department of Health and Human Services and U.S. Department of Agriculture, 2015, Washington, DC: U.S. Government Printing Office.

성별/ 활동 수준[b]	남성/ 비활동적	남성/ 보통활동	남성/ 활동적	여성[c]/ 비활동적	여성[c]/ 보통활동	여성[c]/ 활동적
연령(세)						
2	1,000	1,000	1,000	1,000	1,000	1,000
3	1,000	1,400	1,400	1,000	1,200	1,400
4	1,200	1,400	1,600	1,200	1,400	1,400
5	1,200	1,400	1,600	1,200	1,400	1,600
6	1,400	1,600	1,800	1,200	1,400	1,600
7	1,400	1,600	1,800	1,200	1,600	1,800
8	1,400	1,600	2,000	1,400	1,600	1,800
9	1,600	1,800	2,000	1,400	1,600	1,800
10	1,600	1,800	2,200	1,400	1,800	2,000
11	1,800	2,000	2,200	1,600	1,800	2,000
12	1,800	2,200	2,400	1,600	2,000	2,200
13	2,000	2,200	2,600	1,600	2,000	2,200
14	2,000	2,400	2,800	1,800	2,000	2,400
15	2,200	2,600	3,000	1,800	2,000	2,400
16	2,400	2,800	3,200	1,800	2,000	2,400
17	2,400	2,800	3,200	1,800	2,000	2,400
18	2,400	2,800	3,200	1,800	2,000	2,400
19~20	2,600	2,800	3,000	2,000	2,200	2,400
21~25	2,400	2,800	3,000	2,000	2,200	2,400
26~30	2,400	2,600	3,000	1,800	2,000	2,400

(계속)

(계속)

성별/ 활동 수준[b]	남성/ 비활동적	남성/ 보통활동	남성/ 활동적	여성[c]/ 비활동적	여성[c]/ 보통활동	여성[c]/ 활동적
31~35	2,400	2,600	3,000	1,800	2,000	2,200
36~40	2,400	2,600	2,800	1,800	2,000	2,200
연령(세)						
41~45	2,200	2,600	2,800	1,800	2,000	2,200
46~50	2,200	2,400	2,800	1,800	2,000	2,200
51~55	2,200	2,400	2,800	1,600	1,800	2,200
56~60	2,200	2,400	2,600	1,600	1,800	2,200
61~65	2,000	2,400	2,600	1,600	1,800	2,000
66~70	2,000	2,200	2,600	1,600	1,800	2,000
71~75	2,000	2,200	2,600	1,600	1,800	2,000
76+	2,000	2,200	2,400	1,600	1,800	2,000

[a] 각 연령-성별 그룹에 대한 평균 신장과 건강한 체중을 근거로 한, 예상 에너지 요구량 식에 기초. 아동과 청소년은 신장과 체중 근거가 다양함. 성인은, 남성은 177.5cm, 69.85kg 기준. 여성은 162.5cm, 57kg 기준. 예상 에너지 요구량 방정식은 미국 국립의학연구소 출처. 에너지, 탄수화물, 섬유소, 지방, 지방산, 콜레스테롤, 단백질, 아미노산에 대한 식이 섭취 기준(DC): The National Academies Press; 2002.

[b] 비활동적은 전형적인 일상과 관련된 가벼운 신체 활동을 포함하는 생활패턴을 의미한다. 보통 활동은 전형적인 일상과 관련된 가벼운 신체 활동 외에 시간당 5~6km 속도로 1일 2.4~4.8km 정도의 걷기와 동일한 활동을 포함하는 생활패턴을 의미한다. 활동적은 전형적인 일상과 관련된 가벼운 신체 활동 외에 시간당 5~6km 속도로 1일 4.8km 이상 걷는 것과 동일한 활동을 포함하는 생활패턴을 의미한다.

[c] 임신이나 수유 여성은 포함하지 않은 예상치

APPENDIX B

음식-약물 상호작용 피하기

미국 전국소비자연맹과 식품의약국 가이드

당신이 먹고 마시는 것은 약물이 작용하는 방식에 영향을 미칠 수 있다. 이 가이드를 사용하면 가능한 "음식-약물 상호작용"에 관해 깨닫고, 예방할 수 있도록 도와줄 것이다.

이 가이드에서 음식-약물 상호작용은 **음식**, **카페인**, **알코올**에 의한 약물 작용의 변화이다.

음식-약물 상호작용은:

- 약물이 작용해야 하는 방식으로부터 약물을 방해할 수 있다.
- 약물이 더 나빠지게 하거나 더 좋아지는 부작용을 일으킬 수 있다.
- 새로운 부작용을 일으킬 수 있다.

약물은 또한 당신의 몸이 음식을 사용하는 방식을 변화시킬 수도 있다. 이러한 변화는 어떤 것이라도 해가 될 수 있다.

이 가이드는 몇 가지 흔한 처방 약물, 일반의약품과 음식, 카페인, 알코올의 상호작용에 관해 다룬다. 이러한 상호작용은 FDA가 승인한 약품의 것이다. 이 가이드는 약물의 상품명이 아니라 성분명을 사용한다.

그 외 무엇이 나의 약물 작용에 영향을 미칠까?

연령, 체중, 성별; 의학적 상태; 약물 용량; 다른 약물; 비타민, 허브, 건강보조제가 당신의 약물이 작용하는 데 영향을 미칠 수 있다. 약을 사용할 때마다 항상 의사나 약사의 지시나 라벨에 적힌 정보를 주의 깊게 따라야 한다.

위가 가득 차 있거나 비어있을 때 약을 복용하는 것이 문제가 될까?

몇몇 약물은 그렇다. 어떤 약물들은 위가 가득 차 있거나 비어 있을 때 복용하면 더 빨리, 느리게, 더 좋게, 더 나쁘게 작용할 수 있다. 반면에 어떤 약물들은 위에 음식물이 있을 때, 위를 자극할 수도 있고 자극을 감소시키는 데 도움이 될 수도 있다. 만일 약물 라벨에 지시사항이 없다면 의사나 약사에게 공복(식사 1시간 전 또는 식후 2시간), 식사와 함께, 혹은 식후(위가 가득 찬) 중 언제 복용하는 것이 가장 좋은지 문의하라.

알코올과 함께 약을 복용하는 것이 문제가 될까?

그렇다. 약물의 기전이 변할 수 있다:

- 알코올과 함께 삼킬 때
- 약을 복용한 후 알코올을 섭취할 때
- 알코올을 섭취한 후 약을 복용할 때

알코올은 또한 약물에 의한 부작용을 가중시킬 수 있다. 알코올을 섭취하거나 계획이 있다면 의사에게 반드시 얘기해야 한다.

카페인이 음식이나 음료에 있는지 어떻게 알 수 있을까?

카페인 함유를 살펴보기 위해 음식이나 음료의 라벨을 확인하라. 커피, 콜라, 차, 초콜릿, 고열량 에너지 드링크, 몇 가지 소프트 음료 등은 카페인이 있다. 카페인에 대하 추가적인 정보는 www.fda.gov/downloads/UCM200805.pdf를 찾아보라.

기억하라!

이 가이드는 결코 당신의 주치의, 약사, 다른 건강관리 전문가의 조언을 대신할 수는 없다. 당신이 다른 약, 비타민, 허브, 건강보조제, 음식, 카페인, 알코올과 약을 복용할 때 당신이 가질 수 있는 문제점에 관해 항상 그들에게 물어보라.

이 가이드를 어떻게 사용하지?

이 가이드는 이렇게 정보를 배치하고 있다:

의학상태

의학 상태를 치료하는 데 사용되는 약물 유형

이러한 유형의 약물의 유효성분 **예**

음식, 카페인, 알코올

과 상호작용

만일 당신이...

- 의학적 상태
- **사용하는 약물의 유형**
- 여기 소개된 약물 중 복용하고 있다면

음식, 카페인, 알코올이 당신의 약이 작용하는 기전을 변화시킬 수 있음을 확인하라.

이 가이드는 무엇을 다루지 않는가?

이 가이드는 의료 상황을 치료하는 데 사용되는 모든 형태의 약물을 포함하지는 않는다. 그리고 단지 여기에 언급된 약물이기 때문에 당신이 사용하거나 사용하지 않아야 된다는 것을 의미하지는 않는다.

이 가이드는 단지 당신이 복용하는 약과 음식의 상호작용을 다룬다. 피부에 바르거나, 피부에 주사하거나, 눈이나 귀에 점적하거나 구강에 뿌리는 약을 다루지 않는다.

이 가이드는 또한 약물이 다른 약물에 의해 변화하는 약물과 약물 상호작용은 다루지 않는다. 처방 의약품은 다른 처방약품이나 일반의약품과 또는 일반의약품 간에도 상호작용할 수 있다.

이 가이드는 대체로 약물과 비타민, 허브, 기타 건강보조제와 약물 간의 상호작용은 다루지 않는다.

당신이 사용하는 약품이 가질 수 있는 다른 상호작용과 부작용을 찾아서 그런 점을 피하거나 방지하라. 만일 질문이 있다면 의사나 약사에게 문의하라. 당신이 약을 더 안전하게 사용할 방법을 찾는다면, 이 가이드에 제시된 웹사이트를 방문하라.

알러지

항히스타민제

항히스타민제는 감기 증상과 재채기, 콧물, 막힌 코, 안구 가려움증 같은 알러지 증상을 치료하거나 완화시킨다. 항히스타민제는 알러지 항원이 알러지 반응의 증상을 야기할 때 당신의 몸에서 방출되는 히스타민을 차단한다. 일부 항히스타민제는 일반의약품으로 구입 가능하고 일부는 의사나 건강관리 전문가가 작성한 처방이 필요한 처방약품이다. 일부 항히스타민제는 졸음을 야기할 수 있다.

예

브롬페니라민(brompheniramine)
세티리진(cetirizine)
클로르페니라민(chlorpheniramine)
클레마스틴(clemastine)
데스로라타딘(desloratadine)
디펜히드라민(diphenhydramine)
펙소페나딘(fexofenadine)
레보세티리진(levocetirizine)
트리프롤리딘(triprolidine)

상호작용

알코올: 이러한 약물들은 졸음을 가중시킬 수 있으므로 알코올은 피한다.

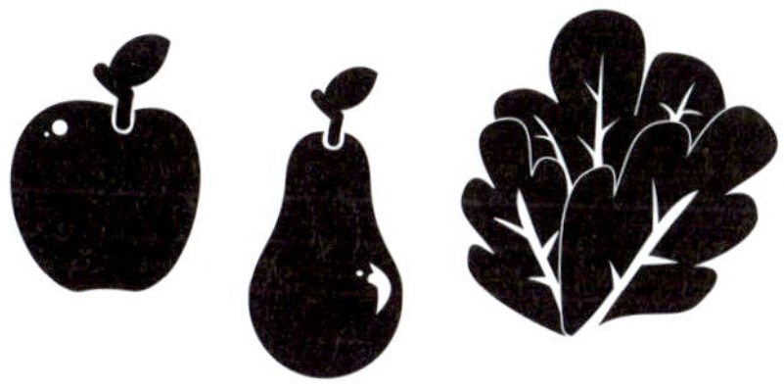

관절염, 통증, 열

진통제/해열제(통증완화/해열)

진통제/해열제는 경미한 통증에서 중등도 통증과 미열을 완화한다.

예

아세트아미노펜(acetaminophen)

아세트아미노펜은 경미한 통증에서 중등도 두통, 근육통, 치통, 요통, 생리통, 감기, 관절통, 미열을 완화시킨다.

상호작용

알코올: 만일 매일 3~4잔의 술을 마신다면 아세트아미노펜이나 다른 통증 완화제/해열제를 당신의 약과 함께 복용해야 한다면 의사에게 물어보라. 아세트아미노펜은 간 손상을 일으킬 수 있다. 만일 매일 3~4잔의 술을 마신다면 심각한 간 손상의 위험이 증가한다.

비스테로이드성 소염제(Nonsteroidal Anti-Inflammatory Drugs, NSAIDs)

NSAIDs는 통증, 열, 염증을 완화한다. 일부 NSAIDs는 일반의약품으로 구입할 수 있고 일부는 처방에 의해서만 가능하다. 일반의약품 NSAIDs는 두통, 근육통, 치통, 요통, 생리통, 관절통의 경미한 통증을 단기간 완화한다. NSAIDs는 골관절염과 같은 경우엔 처방이 된다. NSAIDs는 위 출혈을 일으킬 수 있다.

예

아스피린(aspirin)
셀레콕시브(celecoxib)
디클로페낙(diclofenac)
이부프로펜(ibuprofen)
케토프로펜(ketoprofen)
나프록센(naproxen)

상호작용

음식: 위장장애가 있다면 이러한 약물은 음식이나 우유와 함께 복용하라.

알코올: 만일 매일 3~4잔의 술을 마신다면 NSAIDs나 다른 통증 완화제/해열제를 당신의 약과 함께 복용해야 한다면 의사에게 물어보라. NSAIDs는 위 출혈을 일으킬 수 있으며 매일 3잔 이상 알코올을 섭취하다면 위험이 더 높다.

마약성 진통제

마약성 진통제는 중등도에서 심각한 통증을 치료한다. 코데인은 기침을 감소시킬 수 있다. 일부 약물은 아세트아미노펜, 아스피린, 기침약과 같은 마약성이 아닌 다른 약물과 혼합해 사용한다. 마약성 진통제는 처방에 의해서만 구입할 수 있다. 이 약물은 습관이 되거나 정확히 사용되지 않았을 때 심각한 부작용을 일으킬 수 있으므로 의사나 약사의 조언을 주의 깊게 따라야 한다.

예

코데인 + 아세트아미노펜(codeine + acetaminophen)
하이드로코돈 + 아세트아미노펜
(hydrocodone + acetaminophen)
메페리딘(meperidine)
모르핀(morphine)
옥시코돈 + 아세트아미노펜
(oxycodone + acetaminophen)

상호작용

알코올: 마약성 진통제를 사용하는 동안 알코올은 마시지 않는다. 알코올은 혼수상태나 사망에 이르는 위험한 부작용 기회를 증가시킬 수 있다.

천식

기관지확장제

기관지확장제는 천식, 만성 기관지염, 폐기종, 만성폐쇄성폐질환에 의한 호흡 문제를 치료하거나 예방한다. 이러한 약물들은 폐까지 기도를 이완시키고 열어줘 천명음, 숨가쁨, 호흡곤란, 가슴조임을 완화시켜준다.

이러한 약물들은 지시대로 복용하라. 만일 증상이 악화되거나 복용량보다 약물이 더 필요한 경우 즉시 주치의에게 상의해야 한다.

예

알부테롤(albuterol)
테오필린(theophylline)

상호작용

음식: 음식은 테오필린의 약물 형태(속효성, 지속성, 잘게 부순 결정 형태)에 따라 다른 영향을 가질 수 있다. 어떤 형태의 약을 복용하고 있고 음식이 그 약물에 어떤 영향을 미칠 수 있는지 약사와 반드시 확인하라.

잘게 부순 결정 형태 약물의 지시를 따르라. 당신은 결정 형태 캡슐 전체 혹은 캡슐을 열어서 사과소스나 푸딩과 같은 부드러운 음식과 함께 삼킬 수 있다. 음식과 혼합한 즉시 씹지 말고 삼키고, 찬물이나 주스 한 컵을 마신다.

카페인: 기관지확장제를 카페인이 함유된 음식이나 음료와 함께 복용하면 흥분, 긴장, 심계항진과 같은 부작용의 위험이 증가할 수 있다.

알코올: 테오필린을 복용하고 있다면 알코올이 오심, 구토, 두통, 불안과 같은 부작용이 증가할 수 있으므로 알코올은 피하라.

심혈관질환

이 약물들은 고혈압, 협심증(흉통), 부정맥, 심부전, 혈전, 고콜레스테롤과 같은 심혈관질환을 예방하거나 치료한다. 일부 형태의 약물은 많은 상태를 치료할 수 있다. 예를 들어, 베타-차단제는 고혈압, 협심증(흉통), 부정맥을 치료할 수 있다.

안지오텐신 전환효소(Angiotensin Converting Enzyme, ACE) 억제제

ACE 억제제는 단독 또는 다른 약물과 함께 혈압을 낮추거나 심부전을 치료한다. 이 약물들은 혈관을 이완시켜 혈류 흐름이 더 부드럽고, 심장이 더 잘 뛰게 할 수 있다.

예

캡토프릴(captopril)
에날라프릴(enalapril)
리시노프릴(lisinopril)
모엑시프릴(moexipril)
퀴나프릴(quinapril)
라미프릴(ramipril)

상호작용

음식: 캡토프릴과 모엑시프릴은 식사 1시간 전에 복용하라.

ACE 억제제는 체내 칼륨 양을 증가시킬 수 있다. 과다한 칼륨은 해로우며 부정맥과 심계항진을 야기할 수 있다. 바나나, 오렌지, 푸른잎 채소, 소금 대체물과 같이 칼륨을 포함하고 있는 음식을 과량 섭취하지 않도록 하라. 이러한 것들은 칼륨 수치를 상승시킬 수 있다. 칼륨과 함께 소금 대체물이나 칼륨 보조제, 이뇨제를 복용하면 체내 칼륨 농도를 가중시킬 수 있으므로 의사에게 말하라.

베타 차단제

베타 차단제는 고혈압을 치료하는 데 단독이나 다른 약물과 함께 사용될 수 있다. 또한 협심증(흉통)을 예방하거나 심정지를 치료한다. 이 약물들은 심박동을 늦추거나 혈관을 이완시켜 힘들게 심장이 혈액을 박출시키지 않도록 한다.

의사와 상의 없이 갑자기 베타 차단제를 중단하면 안 된다. 만일 갑작스럽게 베타 차단제를 중단하면 흉통, 부정맥 또는 심정지가 있을 수 있다. 당신의 주치의가 점차적으로 용량을 감소시키라고 말할 것이다.

예

카르베딜롤(carvedilol)
메토프롤롤(metoprolol)

상호작용

음식: 혈압이 과다하게 감소되는 것을 줄이기 위해 카르베딜롤은 음식과 함께 복용하라. 아침에 음식과 함께 카르베딜롤 서방정을 복용하라. 캡슐을 부수거나 씹거나 쪼개지 말아야 한다. 메토프롤롤은 음식과 함께 혹은 식사 직후 복용하라.

이뇨제

"Water pills"로도 불리는 이뇨제는 체내에서 수분, 나트륨, 클로라이드를 제거하도록 돕는다. 이뇨제는 나트륨, 부종 그리고 심장 또는 간질환에 의한 과도한 체액을 감소시킨다. 이뇨제는 또한 고혈압도 치료할 수 있다.

예

부메타니드(bumetanide)
푸로세미드(furosemide)
하이드로클로로티아지드(hydrochlorothiazide)
메톨라존(metolazone)
트리암테렌(triamterene)
트리암테렌 + 하이드로클로로티아지드(triamterene + hydrochlorothiazide)

상호작용

음식: 만일 위장이 자극되면 음식과 함께 이뇨제를 복용하라.

일부 이뇨제는 체내의 칼륨, 칼슘, 마그네슘과 같은 미네랄 감소를 일으킨다.

트리암테렌 같은 다른 이뇨제는 칼륨을 제거하는 신장의 기능을 떨어뜨려 혈중 내 칼륨 농도(고칼륨혈증)를 높일 수 있다. 칼륨이 너무 과하면 해가 되며 불규칙적이거나 심박동 상승을 야기할 수 있다. 체내 칼륨 농도를 상승시킬 수 있는 이뇨제를 복용할 때 바나나, 오렌지, 푸른잎 채소, 칼륨을 함유하고 있는 소금 대체물과 같은 음식은 피하라. 이러한 것들이 칼륨 농도를 더 높일 수 있다. 칼륨 함유 소금 대체물이나 체내 칼륨 양 증가를 위해 칼륨 보조제를 섭취하고 있다면 의사에게 말하라.

배당체/글리코시드

글리코시드는 심부전과 비정상적인 심장 리듬을 치료한다. 이 약물들은 심박동을 조절하고 심장이 일을 더 잘할 수 있도록 돕는다.

예

디곡신(digoxin)

상호작용

음식: 디곡신은 식사 1시간 전 혹은 식사 2시간 후 복용하라. 매일 같은 시간에 복용하도록 노력하고 라벨과 주치의의 지시를 주의 깊게 따르도록 하라. 섬유소가 많은 음식은 체내 디곡신 농도를 낮추므로 섬유소가 많은 음식(겨와 같은)을 섭취하기 2시간 전 혹은 섭취 2시간 후 복용하라.

체내에서 디곡신의 작용과 용량을 감소시키므로 차풀(senna)이나 망종화(St. John's wort)와 함께 디곡신을 복용하지 마라.

민감초(사탕, 케이크, 당류에 사용되는 글리시리진을 포함하는)와 함께 디곡신을 복용하지 마라. 글리시리진과 디곡신은 불규칙적인 심박동과 심정지를 일으킬 수 있다.

지질 전환 제제(스타틴)

스타틴은 LDL(저밀도 지질, "나쁜 콜레스테롤") 생성률을 낮춰 콜레스테롤을 낮춘다. 일부 약물은 트리글리세라이드도 낮춘다. 일부 스타틴은 HDL-C(고밀도 지질, "좋은 콜레스테롤")을 상승시킬 수 있고 심정지, 뇌졸중, 경미한 뇌졸중을 감소시킨다.

예

아토르바스타틴(atorvastatin)
플루바스타틴(fluvastatin)
로바스타틴(lovastatin)
프라바스타틴(pravastatin)
심바스타틴(simvastatin)
로수바스타틴(rosuvastatin)

상호작용

음식: 대부분의 스타틴은 위가 가득 찬 상태나 빈 상태에서 복용할 수 있다. 일부 약물은 저녁 식사와 함께 복용하는 경우 더 작용을 잘 할 것이다. 아트로바스틴, 로바스틴, 심바스틴을 복

용하고 있다면 매일 1리터 이상의 자몽주스는 마시지 않도록 한다. 다량의 자몽주스는 체내 스타틴 농도를 높여 부작용의 위험을 증가시킬 수 있다. 일부 약물은 자몽주스와 상호작용하지 않는다. 문의사항이 있으면 주치의나 약사에게 확인하라.

알코올: 간 손상의 위험이 증가될 수 있으므로 알코올은 피하라.

혈관확장제—질산염(나이트레이트)

나이트레이트는 흉통(협심증)을 예방하거나 치료한다. 심장에 혈액과 산소 흐름을 향상시키도록 심장으로 가는 혈관을 이완시킨다.

예

이소소르비드 디니트레이트 혹은 모노나이트레이트(isosorbide dinitrate or mononitrate)
니트로글리세린(nitroglycerin)

상호작용

음식: 모든 형태의 나이트레이트는 위가 가득 찬 상태나 빈 상태에서 복용할 수 있다.

알코올: 알코올은 피하라. 알코올은 나이트레이트의 혈관 이완을 가중시켜 위험한 저혈압을 야기할 수 있다.

비타민 K 길항제/항응고제

항응고제는 혈액을 묽게 만드는 "blood thinners"로도 불린다. 혈전 형성이나 혈액 또는 혈관 내에서 혈전이 커지는 것을 낮춘다. 항응고제는 측정한 형태의 불규칙적인 심박동을 가진 사람이나 인공판막(치환 혹은 기계적)을 가진 사람들을 치료하는데 사용된다. 또한 다리나 폐의 정맥 내에 형성된 혈전을 치료한다.

예

와파린(warfarin)

상호작용

음식: 와파린은 위가 가득 찬 상태나 빈 상태에서 복용할 수 있다. 비타민 K를 함유한 음식은 약물을 덜 효과적으로 만들 수 있다. 일정량의 푸른잎 채소와 함께 정상적으로 균형잡힌 식사를 섭취하고 식이를 변경하기 전에 의사에게 말하라. 비타민 K를 많이 함유한 음식에는 브로콜리, 양배추, 콜라드 그린, 시금치, 케일, 무청, 미니 양배추가 있다. 항응고제를 복용하는 동안, 크랜베리 주스나 크렌베리 제품들은 와파린의 효과를 변화시킬 수 있으므로 피하도록 한다. 많은 건강보조제와 비타민이 항응고제와 상호작용하며, 와파린의 이점을 감소시키고 위험을 증가시킬 수 있다. 마늘, 생강, 글루코사민, 인삼, 은행 추출물들은 출혈을 증가시킬 수 있으므로 피하도록 한다.

알코올: 알코올을 섭취하거나 알코올 남용과 관련된 문제가 있다면 의사나 약사에게 말하라. 와파린 용량에 영향을 끼칠 수 있으므로 알코올은 피하라.

위식도 역류성 질환과 궤양

위산억제제

위산억제제는 위에서 분비되는 산의 양을 감소시키도록 작용한다. 위가 과도하게 산을 분비하는 상태를 치료한다. 오메프라졸, 란소프라졸과 같이 잦은 식도염을 치료하기 위한 일부 약물은 일반의약품으로 구입 가능하다. 비스테로이드성 소염제를 복용하는 사람에서 궤양, 위식도역류성 질환과 같은 상태를 치료하기 위한 일부 약물은 처방에 의해서만 구입할 수 있다(관절염, 통증-해열-비스테로이드성 항염증 약물 참고) 위산억제제는 궤양을 유발하는 위의 감염을 멈추기 위해 항생제와 함께 사용된다.

위산 억제제는 다양한 형태(서방정, 분해정, 속효성 정제)가 있다. 의사와 상의없이 용량을 변경하거나 사용을 중단해서는 안된다.

예

덱스란소프라졸(dexlansoprazole)
에소메프라졸(esomeprazole)
란소프라졸(lansoprazole)
오메프라졸(omeprazole)
판토프라졸(pantoprazole)
라베프라졸(rabeprazole)

상호작용

음식: 덱스란소프라졸과 판토프라졸은 위가 가득 찬 상태나 빈 상태에서 복용할 수 있다. 에소메프라졸은 최소 식사 1시간 전

에 복용해야 한다. 란소프라졸과 오메프라졸은 식사 전에 복용해야 한다. 라베프라졸은 의사나 약사에게 어떻게 복용할지 확인하라.

약효가 지속적으로 방출되는 약물은 쪼개거나 부수거나 씹어서는 안 되기 때문에 그런 약물을 삼킬 수 없다면 의사에게 말하라. 이런 약물들 일부는 음식과 혼합될 수 있으나 라벨과 의사나 약사의 지시를 주의 깊게 따라야만 한다.

갑상샘기능저하증

갑상샘기능저하증은 갑상샘이 충분한 양의 갑상샘 호르몬을 생산하지 못하는 상태이다. 이 호르몬이 없다면, 인체는 적절히 기능할 수 없고 성장이 느리고 말도 느려지며 에너지가 부족하고 체중 증가, 탈모, 건조한 피부, 추위에 대한 민감성이 증가한다.

갑상샘 약물

갑상샘 약물은 갑상샘기능저하증을 조절하나 완치하지는 못한다. 갑상샘기능저하증의 증상을 개선한다. 갑상샘 약물은 선천적 갑상샘기능저하증(크레티니즘, cretinism), 자가면역 갑상샘기능저하증, (갑상샘 수술 후) 다른 원인의 갑상샘기능저하증, 갑상샘종(갑상샘 비대)을 치료하는 데 사용된다. 증상이 변화하는 것을 알아차리는 데 몇 주가 걸릴 수 있다. 의사와 상의 없이 약물을 중단하지 말아야 한다.

예

레보티록신(levothyroxine)

상호작용

음식: 음식에 어떤 알러지라도 있다면 의사에게 말하라. 레보티록신은 아침 공복이나 적어도 식사 1~1.5시간 전에 한 번 복용한다. 대두, 목화씨가루, 호두, 식이섬유를 먹고 있다면 용량을 변경할 필요가 있으므로 의사에게 말하라.

감염

감염에 있어서 호전되었다고 느끼더라도 모든 약물은 끝까지 복용해야 한다. 모든 약물은 감염의 원인을 죽이기 위해 요구된다. 약물을 일찍 중단해버리면 감염은 재발될 것이다. 다음 번에는 이 약물이 감염에 듣지 않을 수 있다. 당신이 감염 약물을 복용하는 동안 평상시보다 수분 섭취를 더 해야 하는지 의사에게 확인하라.

항균제

항생제 또는 항균제로 알려진 약물들은 박테리아에 의한 감염 치료에 사용된다. 이 약물들은 바이러스(에 의해 야기된 감염 감기나 플루와 같은)에 작용하지 않을 것이다.

퀴놀론 항균제

예

시프로플록사신(ciprofloxacin)
레보플록사신(levofloxacin)
목시플록사신(moxifloxacin)

상호작용

음식: 시프로플록사신과 목시플록사신은 위가 가득 찬 상태나 빈 상태에서 복용할 수 있다. 레보플록사신 *정*은 위가 가득 찬 상태나 빈 상태에서 복용하라. 레보플록사신 *구강용액*은 식사 1시간 전 혹은 2시간 후 복용하라.

시프로플록사신은 유제품(우유나 요거트)과 함께 혹은 칼슘 강화 주스와 복용하지 마라. 그러나 식사와 함께 복용할 수 있다.

카페인: 시프로플록사신을 복용할 때 카페인이 체내에 쌓일 수 있으므로 카페인 함유 음식이나 음료를 먹었다면 의사에게 말하라.

테트라사이클린 항균제

예

독시사이클린(doxycycline)
미노사이클린(minocycline)
테트라사이클린(tetracycline)

상호작용

음식: 이 약물들은 식사 1시간 전 또는 2시간 후에 물 한 잔과

함께 복용하라.

위 자극이 심하면 테트라사이클린은 음식과 함께 복용할 수 있다. 그러나 유제품(우유, 치즈, 요거트, 아이스크림)은 복용 1시간 전이나 2시간 후에 피하라. 위 자극이 심하면 미노사이클린과 일부 형태의 독시사이클린은 우유와 함께 복용할 수 있다.

옥사졸리디논 항균제

예

리네졸리드(linezolid)

상호작용

음식: 리네졸리드를 사용하는 동안 티라민이 많이 함유된 음식과 음료의 다량 섭취를 피하라. 고농도의 티라민은 갑자기 혈압을 위험하게 상승시킬 수 있다. 의사의 지시에 매우 주의 깊게 따라야 한다.

티라민 함유 음식

상하거나 냉장보관되지 않거나, 다듬어지거나 혹은 적절하게 저장된, 그리고 숙성, 초절임, 발효, 훈제 음식이 티라민을 함유할 수 있다. 이러한 음식에는

- 치즈, 특히 체다, 콜비, 블루, 브리, 모짜렐라, 파마산, 요거트, 사워 크림 같이 숙성 또는 가공된 치즈
- 고기 또는 닭 간, 건조 소시지(살라미, 페페로니 등), 캐비어, 말린 청어나 초절임 청어, 멸치, 육류 추출물, 식육연하제, 연하제에 의해 준비된 육류
- 아보카도, 바나나, 통조림 무화과, 건과일(건포도, 프룬), 라스베리, 대두, 간장, 이스트 추출물
- 누에콩
- 다량의 초콜릿

카페인: 카페인을 함유한 많은 음식과 음료가 티라민을 함유하고 있다. 카페인을 피하거나 제한해야 한다면 의사에게 상의하라.

알코올: 리네졸리드를 사용하는 동안 알코올을 피하라. 생맥주, 적포도주, 백포도주, 알코올 음료 등 많은 주류가 티라민을 포함하고 있다. 티라민은 무알콜 또는 도수가 낮은 맥주에도 있을 수 있다.

메트로니다졸 항균제

예

메트로니다졸(metronidazole)

상호작용

알코올: 메트로니다졸을 복용하는 동안 그리고 약을 중단하고 최소 24시간은 알코올을 마시지 말라. 알코올과 메트로니다졸을 함께 섭취하면 오심, 위통, 구토, 홍조, 두통을 야기할 수 있다.

항진균제

항진균제는 진균 감염을 치료하거나 예방한다. 항진균제는 감염을 일으키는 곰팡이의 성장을 느리게 하거나 멈추게 한다.

예

플루코나졸(fluconazole)
이트라코나졸(itraconazole)
포사코나졸(posaconazole)
보리코나졸(voriconazole)
그리세오풀빈(griseofulvin)
테르비나핀(terbinafine)

상호작용

음식: 이트라코나졸 *캡슐*은 음식과 함께 섭취하거나 음식 섭취 직후에 더 잘 작용할 것이다. 이트라코나졸 *용액*은 공복에 복용해야 한다. 포사코나졸은 음식과 함께 또는 음식 섭취 20분 이내, 액체 형태의 영양보조제와 함께 복용하면 더 잘 작용할 것이다. 보리코나졸 현탁액은 다른 약물, 물, 다른 액체와 함께 혼합하지 말아야 한다. 그리세오풀빈은 지방 음식과 함께 섭취하면 더 잘 작용한다.

여기 소개된 다른 항진균제들은 위가 가득 찬 상태이거나 빈 상태에 복용할 수 있다.

알코올: 그리세오풀빈을 복용하는 동안 알코올은 피하라. 그리세오풀빈은 알코올이 악화시키는 부작용(예를 들어 심박동을 상승시키고 홍조를 일으키는)을 가중시키기 때문이다.

항미생물약물

항미생물약물은 결핵이나 다른 감염을 유발하는 박테리아 형태인 미생물에 의한 감염을 치료한다.

예

에탐부톨(ethambutol)
이소니아지드(isoniazid)
리팜핀(rifampin)
리팜핀 + 이소니아지드(rifampin + isoniazid)
리팜핀 + 이소니아지드 + 피라지나마이드(rifampin + isoniazid + pyrazinamide)

상호작용

음식: 에탐부톨은 음식과 함께 혹은 음식 없이 복용할 수 있다. 이외 다른 약물들은 물 한 컵과 함께 식사 1시간 전이나 식사 2시간 후 복용하라.

이소니아지드 단독이나 다른 항미생물제와 병용해서 복용한다면 티라민이 함유된 음식과 음료, 히스타민이 함유된 음식은 피하라. 고농도의 티라민은 갑자기 혈압을 위험하게 상승시킬 수 있다. 히스타민이 함유된 음식은 두통, 발한, 심계항진, 홍조, 저혈압을 일으킬 수 있다. 의사의 지시에 매우 주의 깊게 따라야 한다.

"티라민이 함유된 음식"은 앞페이지에 열거되어 있다.

히스타민이 함유된 음식은 가다랑어, 참치 등이다.

카페인: 카페인을 함유한 많은 음식과 음료가 또한 티라민을 함유하고 있다. 카페인을 피하거나 제한해야 한다면 의사와 상의하라.

알코올: 알코올을 피하라. 생맥주, 적포도주, 백포도주, 혼성주 등 많은 주류에 티라민이 포함되어 있다. 티라민은 또한 무알코올, 도수가 낮은 맥주에도 있을 수 있다. 만일 이소니아지드를 사용하는 동안 매일 알코올을 마신다면 이소니아지드 간염의 위험이 증가할 수 있다.

항원충제

항원충제는 특정 원충(당신의 체내에 살 수 있고 설사를 유발할 수 있는 기생충)에 의한 감염을 치료한다.

예

메트로니다졸(metronidazole)
티니다졸(tinidazole)

상호작용

알코올: 알코올과 이러한 약물들은 오심, 위장장애, 구토, 홍조, 두통을 일으킬 수 있다. 메트로니다졸은 복용 동안 그리고 적어도 약물 중단 후 24시간까지 알코올 섭취는 피하라. 티니다졸은 복용 동안 그리고 약물 중단 후 3일간 알코올 섭취를 피하라.

정신 장애

우울, 양극성 장애, 범불안 장애, 사회 공포증, 공황장애, 조현병은 흔한 정신 장애이다. 당신이 호전되었다고 느끼더라도 의사가 사용하도록 한 양의 약물을 사용해야 한다. 어떤 경우에는 증상이 호전되는 데까지 몇 주가 걸릴 수 있다. 의사에게 말할 때까지는 약물을 중단하지 마라. 부작용을 피하기 위해 약물을 점차적으로 줄여야 할 것이다. 일부 약물은 당신의 생각, 판단, 신체적 기술에 영향을 미칠 수 있다. 일부는 졸음을 야기할 수 있고, 각성상태를 일으키거나 반응에 영향을 줄 수 있다. 약물이 당신에게 어떻게 영향을 미치는지 알기 전까지는 기계 작동이나 운전과 같은 활동은 하지 않는다.

항불안, 공황장애 약물

예

알프라졸람(alprazolam)
클로나제팜(clonazepam)
다이아제팜(diazepam)
로라제팜(lorazepam)

상호작용

알코올: 알코올을 피하라. 알코올은 졸음과 같은 부작용을 가중시킬 수 있다.

항우울제

항우울제는 우울, 범불안장애, 사회 공포증, 강박장애, 섭식 장애 일부, 공황발작을 치료한다. 이 약물들은 정서 균형을 유지하도록 돕는 뇌의 천연 물질인 세로토닌의 양을 증가시켜 작용한다.

의사와 상의없이 절대 항우울제를 중단해서는 안 된다. 부작용을 피하기 위해 약물을 점차적으로 줄여야 할 필요가 있다.

예

시탈로프람(citalopram)
에스시탈로프람(escitalopram)
플루옥세틴(fluoxetine)
파록세틴(paroxetine)
설트랄린(sertraline)

상호작용

음식: 이 약물들은 위가 가득 찬 상태이거나 비었을 때 복용할 수 있다. 파로세틴은 씹거나 부수지 말고 통째로 삼켜라.

알코올: 알코올을 피하라. 알코올은 졸음과 같은 부작용을 가중시킬 수 있다.

항우울제-모노아민 산화효소 억제제(Monoamine Oxidase Inhibitors, MAOIs)

MAOIs는 다른 약물로 치료되지 않는 우울이 있는 사람들을 치료한다. 정서 균형에 필요한 특정 천연 물질의 양을 증가시킨다.

예

페넬진(phenelzine)
트라닐시프로민(tranylcypromine)

상호작용

음식: MAOIs를 사용할 땐 티라민이 함유된 음식과 음료는 피하라. 고농도의 티라민은 갑작스럽게 혈압을 위험하게 상승시킨다. 의사에 지시에 매우 주의 깊게 따라야 한다.

티라민이 함유된 음식은 21페이지에 열거되어 있다.

카페인: 카페인을 함유한 많은 음식과 음료가 또한 티라민을 함유하고 있다. 카페인을 피하거나 제한해야 한다면 의사와 상의하라.

알코올: 이 약물을 복용하는 동안 알코올은 마시지 않아야 한다. 생맥주, 적포도주, 백포도주, 혼성주 등 많은 주류에 티라민이 포함되어 있다. 티라민은 또한 무알콜, 도수가 낮은 맥주에도 있을 수 있다. 알코올은 이러한 약물의 부작용을 가중시킬 수 있다.

항정신병약

향정신병약은 조현병 증상과 양극성장애의 급성 조증 또는 혼재성 증상기를 치료한다. 조현병이 있는 사람들은 실재(망상)를 믿지 않으며, 보고 듣고 느끼고 냄새맡는 모든 것들이 진짜가 아니다(환각). 그들은 또한 혼돈스럽고 비상식적인 생각과 부적절하거나 강력한 감정을 갖는다. 이러한 약물들은 뇌에서 특정 천연 물질의 활동을 변화시키도록 작용한다.

예

아리피프라졸(aripiprazole)
클로자핀(clozapine)
올란자핀(olanzapine)
쿠에티아핀(quetiapine)
리스페리돈(risperidone)
지프라시돈(ziprasidone)

상호작용

음식: 지프라시돈 캡슐은 음식과 함께 복용하라. 이 외 항정신병약들은 위가 가득 차 있거나 공복에 복용할 수 있다.

카페인: 카페인이 혈액 내 용량을 증가시킬 수 있고 부작용을 일으킬 수 있으므로 클로자핀 복용 시 카페인을 피하라.

알코올: 알코올을 피하라. 알코올은 졸음과 같은 부작용을 가중시킬 수 있다.

진정제와 수면제

진정제와 수면제는 잠들기 어렵거나 불면증이 있는 사람들을 치료한다. 이 약물들은 뇌 활동을 느리게 해서 잠에 들도록 한다. 일부 약물은 일반의약품으로 구입할 수 있으며 일부 약물은 반드시 처방에 의해서 구입할 수 있다.

만일 수면제 시작 전 알코올 남용이나 의존, 처방약물, 불법약물을 복용했다면 의사와 상의하라.

수면제에 대한 의존성이 매우 커질 수 있다.

예

에스조피클론(eszopiclone)
졸피뎀(zolpidem)

상호작용

음식: 더 빨리 잠들기 위해 이 약물들을 음식과 함께 혹은 식사 직후 복용하지 마라.

알코올: 이 약물들을 복용하는 동안 알코올을 섭취하지 마라. 알코올은 이 약물에 의해 야기되는 부작용을 가중시킬 수 있다.

양극성 장애 약물

양극성 장애가 있는 사람들은 그들의 인생에서 각기 다른 시기에 조증(비정상적으로 흥분된 분위기, 비약적 사고, 평소보다 수다스러움, 감소된 수면 욕구)과 우울을 경험한다. 양극성 장애 약물은 감정 변화가 심한 사람들에게 정서적 균형을 돕는다.

예

카르바마제핀(carbamazepine)
디발프로엑스 나트륨(divalproex sodium)
라모트리진(lamotrigine)
리튬(lithium)

상호작용

음식: 디발프로엑스는 위를 자극한다면 음식과 함께 복용하라. 리튬은 위 자극을 줄이기 위해 식사 후 즉시 혹은 음식이나 우유와 함께 복용하라. 리튬은 나트륨을 감소시킬 수 있으므로 소금을 포함하는 정상적인 식사를 유지하고 이 약을 복용하는 동안 다량(하루 8~12잔)의 물을 마시도록 하라.

알코올: 알코올을 피하라. 알코올은 졸음과 같은 부작용을 가중시킬 수 있다.

골다공증

비스포스포네이트(뼈 칼슘 인 대사)

비스포스포네이트는 뼈가 얇아지고 약해져 부러지기 쉬운 상태인 골다공증을 예방하고 치료한다. 뼈 파괴를 예방하고 뼈를 두껍게 한다.

예

알렌드로네이트 나트륨(alendronate sodium)
알렌드로네이트 나트륨 + 콜레칼시페롤(alendronate sodium + cholecalciferol)
이반드로네이트 나트륨(ibandronate sodium)
리세드로네이트 나트륨(risedronate sodium)
리세드로네이트 나트륨 + 칼슘 카보네이트(risedronate sodium + calcium carbonate)

음식: 이러한 약물들은 위가 비어있을 때만 작용한다. 아침에 앉거나 서 있는 자세에서 생수 한 컵과 함께 복용하라. 광천수(mineral water)와 복용하지 마라. 알렌드로네이트나 리세드로네이드는 복용 후 최소 30분 동안, 이반드로네이트는 복용 후 최소 60분 동안은 제산제, 다른 약물, 음식, 음료, 칼슘, 비타민, 건강보조제를 섭취하지 마라. 알렌드로네이트나 리세드로네이트는 복용 후 최소 30분 동안, 이반드로네이트는 복용 후 최소 60분 동안 누워서는 안 된다. 당신이 첫 끼 식사를 먹을 때 까지는 누워서는 안 된다.

더 안전한 약물 사용을 위해

약물을 사용하기 전에 라벨 읽기

일반의약품

일반의약품은 약품용기나 포장에 ***Drug Facts***라는 라벨이 있다. 이 라벨은 당신이나 당신의 문제를 위해 정확한 약을 선택하도록 하고 약물을 안전하게 사용하도록 돕는다. 일부 일반의

약품들은 또한 더 많은 정보를 제공하기 위해 소비자 정보 리플릿이 있기도 하다.

처방약품

Medication Guide(복용지침)

이것은 소비자들을 위해 처방약품에 관해 쓰여진 친절한 정보 중 하나이다. 약사는 모든 처방마다 복용지침을 제공해야 한다. 복용지침은 심각한 위험이 있는 특정 약물을 위해 만들어진다. 그 정보는 위험에 관해 그리고 어떻게 피할 수 있는지 알려준다. 약물을 사용하기 전에 주의 깊게 그 정보를 읽어보라. 질문이 있으면 의사나 약사에게 확인하라.

복용지침에 관해 더 추가적인 정보는: www.fda.gov/drugs

Patient Package Insert, PPI(환자 패키지 인서트)

이것은 소비자들을 위해 처방약품에 관해 쓰여진 또 다른 친절한 정보 중 하나이다. 약사는 약과 함께 당신에게 이것을 줄 것이다. 약물에 관한 정보와 사용법을 알려준다. 약사는 피임제나 에스트로겐 함유 약물은 반드시 PPI를 제공해야 한다.

참고

http://www.fda.gov/usemedicinesafely
FDA, 약물의 선택과 사용에 대한 소비자 교육

http://www.medlineplus.gov
미국 의학 연구소, 소비자에 대한 건강 정보

http://dailymed.nlm.nih.gov
미국 국립보건원, 건강전문가를 위해 쓰여진 FDA에 의해 승인된 약물 라벨; 때때로 이 라벨은 환자를 위해 쓰여진 "Patient Package Insert" 또는 "Mdeciation Guide"도 있을 수 있다.

http://www.accessdata.fda.gov/scripts/cder/drugsatfda/index.cfm
건강전문가를 위해 쓰여진 FDA 승인 라벨이 있는 Drugs@FDA 웹사이트; 때때로 이 라벨은 환자를 위해 쓰여진 "Patient Package Insert" 또는 "Mdeciation Guide"도 있을 수 있다. 약물에 대한 새로운 정보나 아직 라벨이 만들어지지 않았다면 웹사이트에 "Drug Safety Communication", "Other Important Information from FDA"가 있다.

http://www.fda.gov/drugs/ucm079489.htm
개별 약물 기록은 당신의 처방약, 일반의약품, 비타민, 허브, 당신이 사용하는 건강보조제의 이력 관리를 도와줄 수 있다. 만일 기록을 보관하고 있다면 당신의 모든 건강관리 전문가들이 사무실, 클리닉과 병원 방문 시, 그리고 응급 시 이 정보를 공유하기 쉽게 해줄 것이다.

National Consumers League
A 501(c)(3) nonprofit membership organization
Phone: 202-835-3323
Fax: 202-835-0747
Email: info@nclnet.org
Web: www.nclnet.org

U.S. Department of Health and Human Services
Food and Drug Administration
Phone: 1-888-INFO-FDA
Email questions: druginfo@fda.hhs.gov
Web: www.fda.gov/drugs

For an online version of this guide, visit:
www.nclnet.org or www.fda.gov/drugs
Publication no. (FDA) CDER 10-1933

찾아보기

한글 찾아보기

ㄱ

ㄴ

ㅈ

영어 찾아보기

A

B

C

D

E

F

G

H

I

J

K

L

M

N

O